Lineare Algebra

Herbert J. Muthsam

Lineare Algebra

und ihre Anwendungen

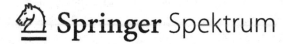

Prof. Dr. Herbert J. Muthsam
Fakultät für Mathematik
Universität Wien
Wien, Österreich

ISBN 978-3-642-39024-1   ISBN 978-3-642-39025-8 (eBook)
DOI 10.1007/978-3-642-39025-8

Die Deutsche Nationalbibliothek verzeichnet diese Publikation in der Deutschen Nationalbibliografie; detaillierte bibliografische Daten sind im Internet über http://dnb.d-nb.de abrufbar.

Springer Spektrum
© Springer-Verlag Berlin Heidelberg 2006, Nachdruck 2013

Planung und Lektorat: Dr. Andreas Rüdinger, Bianca Alton
Einbandentwurf: deblik, Berlin

Gedruckt auf säurefreiem und chlorfrei gebleichtem Papier

Springer Spektrum ist eine Marke von Springer DE. Springer DE ist Teil der Fachverlagsgruppe Springer Science+Business Media.
www.springer-spektrum.de

Vorwort

Drei Facetten machen den Inbegriff der Linearen Algebra oder entsprechend überhaupt jedes größere mathematische Gebietes aus. Zuerst geht es um den *Kerninhalt* der Linearen Algebra für sich. Dann steht die Lineare Algebra in zahlreichen *Querverbindungen* zu den *anderen mathematischen Disziplinen*, auf der hier relevanten Ebene insbesondere zur Analysis, die ja, wie die Lineare Algebra, am Eingang jedes mathematischen oder mathematisch orientierten Studiums steht. Drittens nennen wir die erstaunliche Eigenschaft mathematischer Begriffe, in vielem die *adäquate Ausdrucksform* für *unterschiedlichste andere Wissenschaften* zu sein. Dieses Buch will eine Einführung in die Lineare Algebra für ein Studium der Mathematik und überhaupt der mathematisierbaren Disziplinen bieten. Die Einführung soll insofern vollständig sein, als allen drei aufgeführten Aspekten reichlich Raum gegeben wird. Da es unseres Wissens eine derartige und ähnlich weit eindringende Darstellung in deutscher Sprache sonst nicht gibt, wird das Buch, wie wir hoffen, seinen Wert besitzen. – Was dürfen Leserin und Leser demnach erwarten?

- Zunächst geht es also um die *Kerninhalte* der Linearen Algebra. Ursprünglich vor allem in Zusammenhang mit geometrischen Anwendungen entwickelt, lässt die Lineare Algebra die Motivierung vieler dann durchaus abstrakter Begriffe aus sehr anschaulichen Überlegungen heraus zu, was der Verständlichkeit sehr zugute kommt. Diese Gelegenheit, den Zugang möglichst schonend zu gestalten, lassen wir uns nicht entgehen. Die Kerninhalte sind für die folgenden Punkte unentbehrlich .

- Wir stellen also auch *Querverbindungen zur Analysis* her, die ja gewöhnlich parallel zu unserem Gebiet gehört wird, bevölkern dadurch jenes merkwürdige Niemandsland, das sich nicht selten zwischen Linearer Algebra und Analysis erstreckt, und demonstrieren zugleich die Kraft der Methoden der Linearen Algebra, nicht zuletzt auch dadurch, dass man ohne besondere Schwierigkeiten in Regionen vorstößt, die der Analysis erst wesentlich später zugänglich sind, wie gewisse etwa partielle Differentialgeichungen; sie stellen sich uns als wenn auch großes, so doch relativ einfach zu lösendes lineares Gleichungssystem dar.

- Vielleicht noch erstaunlicher ist die Breite, in der die Mathematik, hier eben die Lineare Algebra, auf *andere Wissenschaften inklusive Technik, anwendbar* ist; unterschiedlichste Problemstellungen (aus Sicht der Einzelwissenschaften) lassen sich dabei oft mit denselben mathematischen Begriffen fassen bzw. lösen. Dementsprechend ist es natürlich, dies an ganz unterschiedlichen Beispielen zur Datenanalyse, Bildverarbeitung, den physikalischen Wissenschaften (Wärmeleitungsgleichung, Advektionsgleichung) u.a. deutlich zu machen. Dass auch die Lineare Optimierung nicht fehlt, versteht sich; hier zeigen die Beispiele wieder, dass dieses Gebiet nicht nur für Wirtschaftswissenschaften relevant ist, sondern darüber hinaus auch für Mathematik (Approximation), Steuerung technischer System usw.

- In der realen Anwendung der Linearen Algebra vollzieht sich innerhalb wie außerhalb der Mathematik i.e.S. ein entscheidender Wandel. *Numerische Verfahren*, die früher mühsamer Programmentwicklungen bedurft haben, lassen sich heute durch leistungsstarke PCs sowie mächtige Softwarepakete bzw. Programmbibliotheken leicht anwenden; der Kreis derjenigen, die Lineare Algebra in diesem Sinn wirklich nutzen, erweitert sich aus diesem Grund ständig. Die Besprechung *numerischer Methoden* darf also nicht fehlen; zahlreiche unserer Beispiele wären ohne sie undurchführbar. Dazu kommen *Programmbeispiele* in einem wohl weitgehend selbsterklärenden Pseudocode, die hoffentlich zu recht vielen eigenständigen Experimenten anregen; mehr dazu später im Vorwort.

Aufbau des Buches.   Natürlich kann das Buch von A-Z gelesen werden. Es wäre freilich eine schädliche Pedanterie, ein solches Werk unter allen Umständen Seite für Seite durchzugehen. – Am ehesten wird man geneigt sein, das erste Kapitel zu überspringen, ist doch der Inhalt vielen Lesern sicher weitgehend bekannt. (Vielen Leserinnen natürlich gleichermaßen. Wir wollen aber allzu gewundene oder holprige Sprachkonstrukte vermeiden und vertrauen darauf, dass unsere Leserinnen sich auch bei Verwendung des grammatikalischen Geschlechts voll angesprochen fühlen. Schrieben wir Latein, so stünden wir nicht an, das Femininum *persona* oft zu gebrauchen.) Gerade das erste Kapitel sollte aber nicht leichtfertig übersprungen werden, erleichtert doch die Betrachtung vieler an sich bekannter Sachverhalte vom elementaren wie auch vom höheren Standpunkt aus den notwendigen Übergang zu einer Denk- und Sprechweise, die für die Mathematik letztlich entscheidend ist.

Die Kapitel 2-8, möglicherweise 2-9, machen den traditionellen Kern der Linearen Algebra aus. Bei uns sind schon hier Anwendungen wesentlich ausgiebiger ausgefallen als sonst häufig. Wir hoffen, dass auch ein eiliger Leser, der vielleicht zunächst nur das Gerüst im Sinne hat und die größeren Anwendungen zuerst überschlägt, später zu ihnen zurückkehrt, weil dort wirklich interessante und wichtige Dinge stehen (Abschnitte 3.6, 3.7, 7.7, 7.8, 8.8-8.10).

Von den sehr anwendungsorientierten Kapiteln 10-12 kann jedes weitgehend für sich studiert werden, trotz natürlich bestehender Querverbindungen. Man wird es sicherlich z.B. im Kapitel 10 (partielle Differentialgleichungen) als äußerst bemerkenswert empfinden, zu welch großer und zu Beginn sicher ungeahnter Tragfähigkeit sich Motive entfalten, die schon recht früh und harmlos aufgetreten sind (u.a. orthogonale Projektionen im ersten Kapitel); Ähnliches gilt in Hinblick auf Kapitel 11 (numerische Verfahren), aber auch schon früher, z.B. bei der Fouriertransformation.

Am Ende der Kapitel 11 und 12 findet man *Literatur* für tieferes Studium.

Programmbeispiele. Die Programmbeispiele illustrieren die Implementation von Verfahren und beschreiben die Methoden manchmal besser als eine Abfolge von Formeln. Wir geben die Beispiele als *Pseudocode*, der ziemlich unmittelbar verständlich ist. Die Versuchung, den Code in einer bestimmten Programmiersprache zu schreiben, ist für uns keine gewesen; denn es gibt mittlerweile eine Fülle von Entwicklungsumgebungen bzw. Sprachen, und nichts hätte dem Verfasser ferner liegen können, als durch Wahl welcher Plattform auch immer die Mehrheit der Leser gegen sich aufzubringen, die auf einer anderen Plattform arbeiten, z.B., weil diese an ihrer Universität eingeführt ist. Außerdem kann man in einem Pseudocode die Darstellung auf das Wesentliche konzentrieren und vermeidet die Erdenschwere, die jeder konkreten Implementation doch anhaftet.

Natürlich hoffen wir, dass die Programmbeispiele und diverse Anregungen möglichst oft in wirkliche Programme umgesetzt und Erfahrungen mit den Methoden gesammelt werden. Dass entsprechende, gegenüber dem Herkömmlichen erweiterte Übungen zunehmend an den Universitäten angeboten werden, wird zu Versuchen zusätzlich anregen. Es ist eindrucksvoll, wie viele Aufgaben heute der numerischen Behandlung oft sogar relativ leicht zugänglich sind, an deren analytische Lösung nicht gedacht werden kann.

Für derartige Experimente kann man sich kommerzieller Umgebungen wie Matlab, Mathematica o.dgl. bedienen, die auch viele der Verfahren der Linearen Algebra schon bereitstellen. Erfreulicherweise existiert mit SCILAB hier auch eine frei erhältliche, sehr brauchbare Entwicklungsumgebung (*http://www.scilab.org*). – Programmiersprachen wie Fortran, C++ oder Java sind eine Alternative. In diesem Fall wird man auf fertige Programmbibliotheken, oft *public domain*, wie etwa LAPACK für grundlegende Verfahren zurückgreifen; siehe insbesondere das Netlib Repository (*http://www.netlib.org*).

Aufgaben. Für eine Anzahl der Aufgaben, die man nach zahlreichen Abschnitten findet und deren selbstständige Durchführung für eine Beherrschung des Stoffes unverzichtbar ist, sind unter (*http://www.univie.ac.at/acore/linalg.htm*) Lösungen gegeben.

Danksagung. Zunächst möchte ich mich bei meiner Frau Claudia herzlich dafür bedanken, dass sie durch ihren persönlichen Einsatz mir ein effizienten Arbeiten in der arbeitsintensiven Zeit der Erstellung des Buches ermöglicht hat. Bei Herrn B. Löw-Baselli bedanke ich mich für ein Durchsehen des Buches und eine Anzahl von Korrekturen, bei Herrn Chr. Obertscheider für die Erstellung der Abbildungen. Dem Elsevier-Verlag (Dr. A. Rüdinger, B. Alton) danke ich für gute Zusammenarbeit, Herrn Dr. Rüdinger insbesondere auch für Anregungen hinsichtlich Didaktik und Inhalt. Dank schulde ich schließlich auch Dr. J. Chen (UC Davis) und B. Lutzmann in Hinblick auf Abbildung 9.3 sowie Herrn J. Arnberger für wertvolle Hinweise.

Elsarn im Strassertal, September 2005							Herbert J. Muthsam

Inhaltsverzeichnis

1 Zur Einführung

Im einführenden Kapitel wollen wir möglichst undogmatisch mit der mathematische Denkweise vertraut machen. Daher gehen wir weitgehend von einfachen, der geometrischen Anschauung zugänglichen geometrischen Objekten bzw. Situationen aus. Diese werden behutsam formalisiert, wobei sich bereits Strukturen herauskristallisieren, die dann – in verallgemeinerter Form – einen großen Teil der Gedankenführung prägen werden. Die Strukturen scheinen alles andere als aufregend zu sein in einer Zeit, in der man die genetischen Grundlagen des Lebens, die beschleunigte Expansion des Universums usw. erforscht. Ein solcher Eindruck trügt; wie weit tragend die Konzepte in Wirklichkeit sind, wird man am Ende des Buches immerhin abschätzen können, wenn unterschiedlichste Anwendungen, scheinbar weit ab von jeder Geometrie, neben den zahlreichen entwickelten rein mathematischen Ergebnissen die Kraft der Begriffsbildungen gezeigt haben werden. Die Kraft der Begriffsbildungen; denn so inspirierend die unmittelbare geometrische Anschauung auch ist, weiter reichende Untersuchungen erfordern ein abstrakteres Vorgehen. – Zu dem, was man als Vektorrechnung bezeichnen kann (später: lineare Räume), tritt hier insbesondere das Konzept des inneren Produktes hinzu, woraus Maß (Länge) und Winkel abgeleitet werden können, und das somit der Geometrie eigentlich zugrunde liegt.

Übersicht

1.1   Aus der Mengenlehre

Mengen.   Grundlegend für eine prägnante Ausdrucksweise sind die Begriffe
der Mengenlehre, die wir daher zunächst kurz besprechen.

Mengen werden in unserem Zusammenhang meist explizit oder implizit in einer
Art Universum liegen. Typische Mengen sind z.B. Gerade, Kreise, Kugeln usw.,
ein typisches Universum für solche Mengen wäre die Ebene oder der dreidimensionale Raum. Es mag für den Anfang hilfreich sein, an diese Situation zu denken;
die Betrachtungen sind aber durchaus allgemein.

Mengen bestehen aus *Elementen*, bei obigen Beispielen eben aus den Punkten, die
in der jeweiligen geometrischen Figur liegen. Gilt nun für ein $\mathbf{x}$, dass es in einer
Menge M liegt, so schreibt man $\mathbf{x} \in M$ ($\mathbf{x}$ ist *Element von M*). Ist dies nicht der
Fall, so schreibt man $\mathbf{x} \notin M$ ($\mathbf{x}$ ist *kein* Element von M). – Es trifft also immer eine
und nur eine der Beziehungen $\mathbf{x} \in M$ bzw. $\mathbf{x} \notin M$ zu.

Mengen können in verschiedener Form angegeben werden. Um etwa den Kreis
(die Kreisscheibe) K mit Mittelpunkt $\mathbf{z}$ und Radius 1 in der Ebene E zu beschreiben, verwenden wir die Notation

$$K := \{\mathbf{x} : \mathbf{x} \in E, d(\mathbf{z}, \mathbf{x}) \le 1\},$$

also: K ist die Menge aller $\mathbf{x}$, sodass $\mathbf{x}$ in E liegt und die Distanz von $\mathbf{z}$ zu $\mathbf{x} \le 1$
ist. Dabei haben wir die Distanz zweier Punkte $\mathbf{z}$ und $\mathbf{x}$ mit $d(\mathbf{z}, \mathbf{x})$ bezeichnet.

Zur Deutlichkeit ist in dieser Beziehung der *definierende Doppelpunkt* (bei $K := ...$)
verwendet worden. Er besagt, dass das Symbol auf der Seite des Doppelpunkts,
K, noch nicht definiert ist; es wird aber durch den Ausdruck auf der anderen
Seite definiert.

Mengen können auch durch explizite Auflistung ihrer Elemente angegeben werden. So ist zum Beispiel $M = \{1, 2, 3, 4, 5, 6\}$ die Menge der ganzen Zahlen von 1
bis 6.

Für wichtige Mengen verwendet man standardmäßig festgesetzte Symbole, etwa

- Menge der natürlichen Zahlen $\mathbb{N} = \{1, 2, 3, ...\}$

- Menge der ganzen Zahlen $\mathbb{Z} = \{..., -1, 0, 1, 2, 3, ...\}$

- Menge der rationalen Zahlen $\mathbb{Q} = \{r : r = \frac{p}{q} \text{ mit passendem } p, q \in \mathbb{Z}, q \ne 0\}$

- Menge der reellen Zahlen $\mathbb{R}$, deren Elemente wir mit den Punkten der Zahlengeraden identifizieren, ohne auf eine mehr begriffliche Definition einzugehen

Zwischen einer Menge, die aus einem Element besteht, und diesem Element ist
zu unterscheiden. So hat beispielsweise die Menge $\mathbb{N}$ unendlich viele Elemente,
die Menge $\{\mathbb{N}\}$ hingegen nur eines, eben $\mathbb{N}$. Auch gilt zwar $1 \in \mathbb{N}$, aber $1 \notin \{\mathbb{N}\}$.
Oft gebrauchen wir das Symbol $\exists$ (Existenz); damit können wir z.B. die Menge
der rationalen Zahlen als $\mathbb{Q} = \{r : \exists p, q \in \mathbb{Z}, q \ne 0, \text{ mit } r = \frac{p}{q}\}$ beschreiben; die
Menge der rationalen Zahlen ist also die Menge aller r, für die ein p und q in $\mathbb{Z}$
existiert mit $r = \frac{p}{q}$.

Die Nichtexistenz wird mit $\nexists$ ausgedrückt. Die Menge aller Primzahlen etwa ist $P = \{n \in \mathbb{N} : n > 1 \text{ und } \nexists\, p, q \in \mathbb{N} \text{ mit } p > 1, q > 1 \text{ sodass } n = pq\}$.

Vergleich von Mengen. Ist K der Kreis mit Mittelpunkt $(0,0)$ und Radius 1 und ist Q das Quadrat mit den Eckpunkten $(-1,-1),(1,-1),(-1,1),(1,1)$, so liegt natürlich jedes $\mathbf{x} \in K$ auch in Q, etwas formaler ausgedrückt, aus $\mathbf{x} \in K$ folgt $\mathbf{x} \in Q$, kurz $\mathbf{x} \in K \Rightarrow \mathbf{x} \in Q$ unter Verwendung des *Implikationspfeils* $\Rightarrow$. Man sagt dann, K ist eine Teilmenge von Q, entsprechend der allgemeinen

Definition 1.1.1 (Ordnungsrelationen zwischen Mengen). *Es seien M und N Mengen. M heißt* Teilmenge *von N ($M \subseteq N$), wenn aus $x \in M \Rightarrow x \in N$. M heißt* echte Teilmenge *von N ($M \subset N$), wenn $M \subseteq N$ und $\exists\, x \in N$, sodass $x \notin M$. Zwei Mengen M und N heißen* gleich, *wenn $M \subseteq N$ und $N \subseteq M$.*

Bemerkung. In umgekehrter Richtung heißt N Obermenge von M ($N \supseteq M$) genau dann, wenn $M \subseteq N$. N heißt *echte Obermenge* von M ($N \supset M$), wenn $M \subset N$.

Man lasse sich nicht durch die formale Ähnlichkeit dieser Schreibweise mit dem Größenvergleich reeller Zahlen täuschen, wo ja zwei Zahlen immer vergleichbar sind, d.h. entweder $m \leq n$ oder $n \leq m$ (oder beides) gilt: selbstverständlich sind Mengen im Allgemeinen *nicht* vergleichbar, d.h., es gilt i.A. weder $M \subseteq N$ noch $N \subseteq M$; Beispiele von Punktmengen, etwa zweier Kreise, die einander teilweise überlappen, lassen dies sofort erkennen.

Mengenoperationen. Gewisse Operationen, die letztlich für beliebige Mengen sinnvoll sind, liegen im elementargeometrischen Zusammenhang (einfache Punktmengen) besonders nahe:

 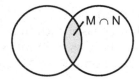 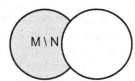

Abbildung 1.1: Vereinigung, Durchschnitt und Differenz von Mengen

Definition 1.1.2 (Vereinigung, Durchschnitt). *Die* Vereinigung *zweier Mengen M und N ist definiert durch*

$$M \cup N := \{x : x \in M \text{ oder } x \in N\},$$

der Durchschnitt *durch*

$$M \cap N := \{x : x \in M \text{ und } x \in N\}.$$

.

Bemerkung. *Oder* in Zusammenhang mit der Definition der Vereinigung (und bei uns immer) wird *einschließend* gebraucht. Im einschließenden Sinn bedeutet die Aussage x gehört zu M *oder* zu N, dass einer der drei einander wechselseitig ausschließenden Sachverhalte zutrifft:

    i) x gehört zu M und nicht zu N $(x \in M, x \notin N)$

    ii) x gehört zu N und nicht zu M $(x \in N, x \notin M)$

    iii) x gehört zu M und zu N $(x \in M$ und $x \in N)$

– (Gebraucht man oder *ausschließend*, müssten i) und ii) erfüllt sein, iii) dürfte aber nicht gelten.)

Die *Differenz* zweier Mengen M und N ist $M \backslash N := \{x : x \in M$ und $x \notin N\}$; die Abbildung verdeutlicht das.

In Zusammenhang mit der Durchschnittsbildung kann man natürlich leicht in den Fall kommen, dass zwei Mengen kein Element miteinander gemeinsam haben. Man führt daher die *leere Menge* ein, die kein Element enthält, und bezeichnet sie mit $\emptyset$. Also ist etwa $\{1, 5, 8\} \cap \{2, 3, 7\} = \emptyset$.

Satz 1.1.1 (Distributivgesetze). *Es gelten die* Distributivgesetze *für Vereinigung und Durchschnitt*,

$$L \cup (M \cap N) = (L \cup M) \cap (L \cup N)$$
$$L \cap (M \cup N) = (L \cap M) \cup (L \cap N) \tag{1.1}$$

(s. auch später bei Gleichung 1.2).

Beweis. Wir beweisen das erste dieser Gesetze. Das zweite lässt sich ähnlich herleiten. Dabei vergessen wir nicht, dass die Gleichheit zweier Mengen *zwei* Aussagen in sich schließt ($A \subseteq B$ und $B \subseteq A$). Daher gehen wir in zwei Schritten vor.

(1) Wir zeigen zunächst $L \cup (M \cap N) \subseteq (L \cup M) \cap (L \cup N)$. Dazu sei nämlich $x \in L \cup (M \cap N)$; es ist zu zeigen, dass x auch in der rechten Menge liegt. Da x in einer Vereinigungsmenge liegt, ist es in (mindestens) einem der Faktoren enthalten. Wir spalten nach den diesbezüglichen Möglichkeiten auf:

    (a) $x \in L$. Dann ist $x \in L \cup M$ und $x \in L \cup N$, also auch im Durchschnitt, $x \in (L \cup M) \cap (L \cup N)$.

    (b) $x \in M \cap N$: dann gilt $x \in M$ und daher $x \in L \cup M$; ebenso $x \in N$ und daher $x \in L \cup N$. Folglich liegt x auch im Durchschnitt der Vereinigungen, $x \in (L \cup M) \cap (L \cup N)$.

In jedem Fall gilt somit tatsächlich $x \in (L \cup M) \cap (L \cup N)$.

(2) Nun zeigen wir $(L \cup M) \cap (L \cup N) \subseteq L \cup (M \cap N)$. Wieder gehen wir von einem Element der linken Seite aus und beweisen, dass es auch rechts enthalten ist.

Es sei also $x \in (L \cup M) \cap (L \cup N)$. Wir beachten, dass dann $x \in (L \cup M)$ und $x \in (L \cup N)$. Zweckmäßig wird man danach aufschlüsseln, ob $x \in L$ oder $x \notin L$. – Ist nämlich $x \in L$, so gilt klarerweise $x \in L \cup (M \cap N)$, und wir sind fertig. – Ist aber $x \notin L$, so gilt $x \in M$ (wegen $x \in L \cup M$) und $x \in N$ (wegen $x \in L \cup N$), und daher insgesamt $x \in M \cap N$, folglich $x \in L \cup (M \cap N)$. □

Vereinigung und Durchschnitt sind keineswegs auf zwei oder endlich viele Faktoren begrenzt. Bezeichnet z.B. g_α die Gerade in der Ebene durch den Nullpunkt, die mit der x-Achse den Winkel α einschließt und bezeichnet I das Intervall $[0, \frac{\pi}{2}]$, so wird man unter $\bigcup_{\alpha \in I} g_\alpha$ die Gesamtheit aller Punkte verstehen wollen, die auf einer der beteiligten Geraden liegen, d.h. den ersten und dritten Quadranten.

In der jetzigen Situation ist also für jedes α in einer (hier sogar unendlichen) Menge I eine Menge, hier g_α gegeben; man bezeichnet dann I häufig als Indexmenge. Zum Allgemeinen zurückkehrend, gehen wir daher von einer Indexmenge I aus, sodass für jedes $i \in I$ eine Menge M_i gegeben ist und erweitern unsere bisherigen Begriffe; dabei machen wir Gebrauch vom *Allquantor* $\forall$ („für alle").

Definition 1.1.3. *Der* Durchschnitt *von Mengen* M_i $(i \in I)$ *ist durch*

$$\bigcap_{i \in I} M_i := \{x : x \in M_i \ \forall i \in I\},$$

die Vereinigung *durch*

$$\bigcup_{i \in I} M_i := \{x : \exists i_0 \in I \text{ mit } x \in M_{i_0}\}$$

definiert.

Der Durchschnitt besteht demnach aus den Elementen, die in *allen* Mengen M_i enthalten sind; die Vereinigung aus denjenigen, die in *(mindestens) einer* Menge M_{i_0} enthalten sind. (Wenn es sich um Indizes mit solch speziellen Eigenschaften handelt, wie hier bei i_0, schreibt man gerne i_0, i_1, i' oder dergleichen.)

Beispiel. Mit Z_k bezeichnen wir die Menge der ganzen Zahlen, die bei Division durch 3 den Rest k lassen ($k = 0, 1, 2$). Dann ist in wohl verständlicher Schreibweise

$$\mathbb{Z} = \bigcup_{k \in \{0,1,2\}} Z_k = \bigcup_{k=0}^{2} Z_k = Z_0 \cup Z_1 \cup Z_2.$$

Bemerkung (Distributivgesetze der Mengenlehre). Die Distributivgesetze der Mengenlehre (Satz 1.1.1) lassen sich auch auf Familien von Mengen ausdehnen, nämlich

$$L \cup \left(\bigcap_{i \in I} M_i\right) = \bigcap_{i \in I} (L \cup M_i)$$

$$L \cap \left(\bigcup_{i \in I} M_i\right) = \bigcup_{i \in I} (L \cap M_i).$$

$$(1.2)$$

Wir wollen hier für die erste Beziehung *beweisen*, dass die Menge links Teilmenge der rechts stehenden Menge ist; der Rest mag als Aufgabe überlassen bleiben. Es sei also $x \in L \cup \left(\bigcap_I M_i\right)$. Wir bedienen uns der Fallunterscheidung wie beim Satz:

(a) $x \in L$. Dann ist $x \in L \cup M_i$ $\forall i$, also auch im Durchschnitt, $x \in \bigcap (L \cup M_i)$.

(b) $x \in \bigcap M_i$: dann gilt $x \in M_i$ $\forall i$ und daher $x \in L \cup M_i$ $\forall i$. Folglich liegt x auch im Durchschnitt der Vereinigungen, $x \in \bigcap_{i \in I} (L \cup M_i)$.

In jedem Fall gilt somit tatsächlich $x \in \bigcap (L \cup M_i)$.

Aufgaben

1.1. A, B, C seien Mengen. Zeigen Sie: ist $A \subseteq B$, $B \subseteq C$, so ist $A \subseteq C$.

1.2. Kann es vorkommen, dass $A \subseteq B$, $B \nsubseteq C$, wohl aber $A \subseteq C$? (Wenn eine solche Aussage zutrifft, ist es meist am besten, dies durch ein möglichst konkretes Beispiel, etwa mit Mengen aus einzelnen Zahlen oder Buchstaben oder auch einfachen geometrische Mengen, jedenfalls durch *Aufweisung*, zu belegen.) Ebenso: kann es eintreten, dass zwar $A \nsubseteq B$, $B \nsubseteq C$, wohl aber $A \subseteq C$?

1.3. Veranschaulichen Sie die beiden Distributivgesetze aus Satz 1.1.1 mithilfe von Mengendiagrammen im Sinne der Abbildung 1.1, indem Sie die Bestandteile geeignet markieren. Beweisen Sie ferner das zweite Distributivgesetz aus Satz 1.1.1.

1.4. Führen Sie die zum Beweis der Distributivgesetze (Gl. 1.2) noch fehlenden Schritte aus.

1.2 Der *n*-dimensionale Raum

Beschreibung. Die Menge der reellen Zahlen bezeichnen wir mit $\mathbb{R}$. Diese Menge entspricht anschaulich einer *Geraden*, der so genannten Zahlengeraden.

Eine *Ebene* macht man der analytischen Behandlung durch Einführung des üblichen Koordinatensystems zugänglich. Jeder Punkt **x** der Ebene ist dann durch zwei eindeutig bestimmte reelle Zahlen, seine Koordinaten x_1, x_2 gekennzeichnet, und umgekehrt bestimmt jedes Paar reeller Zahlen (wir schreiben Paare in der Form (x_1, x_2)) eindeutig einen Punkt der Ebene. Es läuft daher auf ein und dasselbe hinaus, entweder die Ebene oder die Menge der Paare reeller Zahlen zu betrachten.

Selbstverständlich kommt es auf die Anordnung der Eintragungen im Paar an. Im Allgemeinen (nämlich immer dann, wenn $x_1 \neq x_2$) entsprechen natürlich die beiden Paare (x_1, x_2) und (x_2, x_1) unterschiedlichen Punkten. Deswegen sprechen wir hier genauer von *geordneten Paaren*: zwei (geordnete) Paare (x_1, x_2) und (y_1, y_2) heißen genau dann *gleich*, wenn $x_1 = y_1$ und $x_2 = y_2$. Man schreibt für diese Aussage auch $(x_1, x_2) = (y_1, y_2) \Leftrightarrow (x_1 = x_2$ und $y_1 = y_2)$. Das Symbol $\Leftrightarrow$ spricht man als *genau dann* oder als *dann und nur dann* aus. In unserer geometrischen Deutung sind also zwei geordnete Paare genau dann gleich, wenn sie zum selben Punkt der Ebene gehören.

So viel Pedanterie und Betonung der Ordnung mag befremden. In anderen Zusammenhängen sind allerdings *ungeordnete* Paare angemessen, z.B. bei zwei Würfen mit einem Würfel, wo es letztlich nur auf die Summe der Augenzahlen ankommt. – Wir haben es so gut wie immer mit geordneten Paaren zu tun.

Die Menge der geordneten Paare bezeichnen wir mit $\mathbb{R}^2$. Die Bezeichnung lässt erkennen, dass die Komponenten (Koordinaten) der Punkte in $\mathbb{R}$ liegen, und dass es eben jeweils zwei Komponenten gibt.

Ganz ähnlich verhält es sich mit dem *Raum* unserer Anschauung. Auch dort legen wir ein Koordinatensystem zugrunde und gelangen auf diese Weise zu (geordneten) *Tripeln* reeller Zahlen, (x_1, x_2, x_3). Jedes solche Tripel ist umkehrbar eindeutig einem Punkt des Raumes zugeordnet. Die Menge aller Tripel bezeichnen wir mit $\mathbb{R}^3$ und identifizieren diese Menge mit dem Anschauungsraum.

Gibt man von Objekten mit räumlichen Koordinaten x, y, z auch noch zusätzlich die Zeit t an, so wird die Position (inklusive Zeitkoordinate) durch ein *Quadrupel* (x, y, z, t) beschrieben. Die Menge dieser Quadrupel bezeichnet man mit $\mathbb{R}^4$, also $\mathbb{R}^4 = \{(x_1, x_2, x_3, x_4) : x_1, ..., x_4 \in \mathbb{R}\}$.

Für eine beliebige positive, ganze Zahl n geht man ähnlich vor und definiert $\mathbb{R}^n := \{(x_1, x_2, ..., x_n) : x_1, x_2, ..., x_n \in \mathbb{R}\}$. Für allgemeines n nennt man einen Ausdruck der Form $(x_1, x_2, ..., x_n)$ ein (geordnetes) *n-tupel*.

Die Elemente von $\mathbb{R}^n$ haben wir (jedenfalls für $n = 1, 2$ oder 3, wo der anschauliche Fall vorliegt) als Punkte aufgefasst. Wir können $\mathbf{x} \in \mathbb{R}^n$ aber auch als einen *Vektor* ansehen, d.h. eine gerichtete Größe, die vom Nullpunkt $\mathbf{0} := (0, 0, ..., 0)$ ausgeht und im Punkt $\mathbf{x}$ endet. Zwischen $\mathbf{x}$ als Punkt und als Vektor werden wir in der mathematischen Notation nicht unterscheiden, da der Unterschied nicht den mathematischen Gehalt, sondern lediglich die Interpretation, nämlich unsere mehr oder minder anschauliche beziehungsweise inhaltliche Vorstellung des mathematischen Objekts $\mathbf{x}$ betrifft. – Eine noch etwas andere, besonders häufige Deutung besteht wiederum in gerichteten Größen, wobei aber der Anfangspunkt beliebig ist. Zwei solche Vektoren heißen dann *gleich*, wenn sie, geometrisch gesprochen, durch Parallelverschiebung ineinander übergehen. Dieser Gleichheitsbegriff stimmt aber ganz mit unserem bisherigen für *n*-tupel überein, weil hier der Anfangspunkt gar nicht in Erscheinung tritt.

Cartesisches Produkt   Eine Verallgemeinerung der bisherigen Begriffsbildungen ist nützlich. Dazu gehen wir von n nichtleeren Mengen $M_1, M_2, ..., M_n$, die natürlich auch übereinstimmen können aus und definieren das *cartesische Produkt* als

$$M = M_1 \times M_2 \times ... \times M_n = \{x = (x_1, x_2, ..., x_n) : x_j \in M_j \text{ für } 1 \leq j \leq n\}.$$

Das cartesische Produkt (benannt nach *Renee Descartes*, latinisiert *Cartesius*) besteht also aus allen geordneten *n*-tupeln aus Elementen der Faktoren.

Die Nützlichkeit ist unmittelbar einzusehen. So stellt z.B. $\mathbb{Z} \times \mathbb{Z}$ die Menge der ganzzahligen *Gitterpunkte* in der Ebene dar.

Aufgabe

1.5. Welche geometrischen Gebilde werden durch die folgenden Mengen beschrieben: $\mathbb{N} \times \mathbb{Z}$, $\mathbb{Z} \times \mathbb{R}$, $\mathbb{Z} \times \mathbb{R} \times \mathbb{R}$, $K \times \mathbb{R}$, $K \times \mathbb{Z}$, wobei K der Einheitskreis in der Ebene ist.

1.3 Vektoraddition; skalares Vielfaches eines Vektors

Die Operationen. Die bekannte Auffassung von Vektoren als Kräfte führt in natürlicher Weise zum Begriff der *Vektoraddition*. Wenn an einem Massepunkt die beiden Kräfte $\mathbf{f} = (f_1, f_2, f_3)$ und $\mathbf{g} = (g_1, g_2, g_3)$ angreifen (Abb. 1.2; dort ist der entsprechende zweidimensionale Fall gezeichnet), so ergibt sich die resultierende Kraft $\mathbf{h} = (h_1, h_2, h_3)$ aus der bekannten Parallelogrammkonstruktion, wie in der Abbildung ersichtlich, und daher $(h_1, h_2, h_3) = (f_1 + g_1, f_2 + g_2, f_3 + g_3)$.

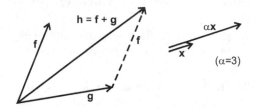

Abbildung 1.2: Vektoraddition und skalare Multiplikation

In vielerlei Zusammenhängen bildet man aus zwei Vektoren $\mathbf{f}$ und $\mathbf{g}$ einen dritten Vektor $\mathbf{h}$ genau auf diese Weise, nämlich durch Addition der entsprechenden Komponenten (*Vektoraddition*). Es besteht kein Anlass, die Definition auf die Raumdimensionen 2 oder 3 zu beschränken, und daher geben wir die

Definition 1.3.1 (Addition von Vektoren). *Die* Summe *zweier Vektoren* $\mathbf{x}, \mathbf{y} \in \mathbb{R}^n$ *ist*

$$\mathbf{x} + \mathbf{y} := (x_1 + y_1, x_2 + y_2, ...).$$

Im ersten Kapitel rechnen wir mit reellen Zahlen ganz nach unserer Gewohnheit. Die Addition reeller Zahlen ist *kommutativ*, d.h., es ist $x_1 + y_1 = y_1 + x_1$ usw. Dies führt direkt zur *Kommutativität der Vektoraddition*,

$$\mathbf{x} + \mathbf{y} = \mathbf{y} + \mathbf{x} \quad \forall \mathbf{x}, \mathbf{y} \in \mathbb{R}^n.$$

Die Streckung (Stauchung) eines Vektors lässt sich leicht in Koordinaten ausdrücken. Ist $\alpha \in \mathbb{R}$ und $\mathbf{x} \in \mathbb{R}^n$, so definiert man

$$\alpha \mathbf{x} := (\alpha x_1, \alpha x_2, ..., \alpha x_n).$$

α nennt man in diesem Zusammenhang einen Skalar (zum Unterschied von einem Vektor) und spricht von der Multiplikation eines Vektors mit einem Skalar. Die geometrische Deutung ergibt sich aus Abbildung 1.2.
Mit $\mathbf{0}$ bezeichnen wir im Folgenden stets den *Nullvektor*: $\mathbf{0} := (0, 0, ..., 0)$.

Eigenschaften der arithmetischen Operationen.   Aus den Rechenregeln für reelle Zahlen (nämlich die Komponenten der Vektoren) folgt unmittelbar

1. $(\mathbf{x} + \mathbf{y}) + \mathbf{z} = \mathbf{x} + (\mathbf{y} + \mathbf{z})$ $\forall \mathbf{x}, \mathbf{y}, \mathbf{z} \in \mathbb{R}^n$ (*Assoziativität* der Vektoraddition)

2. $\mathbf{x} + \mathbf{0} = \mathbf{x}$ $\forall \mathbf{x} \in \mathbb{R}^n$ ($\mathbf{0}$ ist *neutrales Element* bzgl. der Vektoraddition)

3. $\mathbf{x} + \mathbf{y} = \mathbf{y} + \mathbf{x}$ $\forall \mathbf{x}, \mathbf{y} \in \mathbb{R}^n$ (*Kommutativität* der Vektoraddition)

4. $\forall \mathbf{x}, \mathbf{y} \in \mathbb{R}^n, \forall \lambda, \mu \in \mathbb{R}$ gelten die *Distributivgesetze*

$$(\lambda + \mu)\mathbf{x} = \lambda\mathbf{x} + \mu\mathbf{x}$$
$$\lambda(\mathbf{x} + \mathbf{y}) = \lambda\mathbf{x} + \lambda\mathbf{y}$$
$$\lambda(\mu\mathbf{x}) = (\lambda\mu)\mathbf{x}$$

sowie

$$1\mathbf{x} = \mathbf{x}$$

Beweis. Im Hinblick auf beispielsweise die Assoziativität der Vektoraddition sieht man, dass für beliebiges i mit $1 \leq i \leq n$ die Beziehung $(x_i + y_i) + z_i = x_i + (y_i + z_i)$ gilt (weil die Addition reeller Zahlen das Assoziativgesetz erfüllt), nach Zusammenfassung der Komponenten zu Vektoren also in der Tat $(\mathbf{x} + \mathbf{y}) + \mathbf{z} = \mathbf{x} + (\mathbf{y} + \mathbf{z})$. Ebenso ist im Hinblick auf das erste Distributivgesetz $(\lambda + \mu)x_i = \lambda x_i + \mu x_i$, daher wiederum nach Zusammenfassung der Komponenten $(\lambda + \mu)\mathbf{x} = \lambda\mathbf{x} + \mu\mathbf{x}$. $\square$

1.4   Geraden

In diesem Abschnitt legen wir den $\mathbb{R}^n$ zugrunde. In Übereinstimmung mit der geometrischen Anschauung in den Fällen $n = 2$ oder 3 definieren wir eine *Gerade* als jede Menge g, die wir auf folgendem Wege erhalten können: Wir wählen einen beliebigen Punkt $\mathbf{p} \in \mathbb{R}^n$ und geben, durch ebenfalls beliebige Wahl eines Vektors $\mathbf{q} \in \mathbb{R}^n, \mathbf{q} \neq \mathbf{0}$, eine Richtung vor. Dies liefert die Gerade

$$g = \{\mathbf{x} : \exists \lambda \in \mathbb{R}, \text{ sodass } \mathbf{x} = \mathbf{p} + \lambda\mathbf{q}\}$$

durch den Punkt $\mathbf{p}$ in Richtung $\mathbf{q}$. (Wie die Bezeichnung schon suggeriert, gilt tatsächlich $\mathbf{p} \in g$; man wähle $\lambda = 0$.) Abkürzend schreiben wir derartige Mengen auch in der Form $g = \mathbf{p} + [\mathbf{q}]$ und nennen $[\mathbf{q}]$ selbst das *lineare Erzeugnis* des Vektors $\mathbf{q}$; $[\mathbf{q}]$ ist also die Gerade mit Richtungsvektor $[\mathbf{q}]$, die durch $\mathbf{0}$ geht, mehr analytisch $[\mathbf{q}] = \{\lambda\mathbf{q} : \lambda \in \mathbb{R}\}$.

Beispiel. Im $\mathbb{R}^3$ betrachten wir die beiden Geraden

$$g = (1, 4, 2) + [(3, -2, 2)] , \ h = (2, 2, -1) + [(1, 3, 1)]$$

und fragen uns, ob $g = h$ gilt. Es ist hier zwar von vornherein anschaulich klar, dass dies nicht zutrifft, denn die beiden Richtungsvektoren $(3, -2, 2)$ bzw. $(1, 3, 1)$ sind nicht parallel, wir wollen aber gerade an diesem einfachen Fall ein wichtiges Beweisprinzip, den so genannten *indirekten Beweis* erläutern.

Es ist also $g \neq h$ zu zeigen. – Dazu nehmen wir indirekt an, die zu beweisende Aussage $g \neq h$ wäre falsch, also ihr Gegenteil ($g = h$) richtig; wir führen, von dieser so genannten *indirekten Annahme* $g = h$ ausgehend, formal richtige Schlüsse durch, die aber in einen Widerspruch münden. Dann muss die indirekte Annahme falsch gewesen sein und ihr Gegenteil (die zu zeigende Behauptung) zutreffen.

Also gehen wir jetzt wirklich von der indirekten Annahme $g = h$ aus. Wie wir wissen, ist $(2, 2, -1) \in h$. Da (wir für den Moment so tun, als ob) $g = h$, ist $(2, 2, -1) \in g$. Es gibt also ein $\lambda \in \mathbb{R}$ mit $(2, 2, -1) = (1, 4, 2) + \lambda(3, -2, 2)$. Das bedeutet

$$2 = 1 + 3\lambda \,; 2 = 4 - 2\lambda \,; -1 = 2 + 2\lambda \,.$$

Aus der ersten Beziehung folgt $\lambda = \frac{1}{3}$, aus der zweiten aber $\lambda = 1$, zusammen also $\frac{1}{3} = 1$, was einen *Widerspruch* darstellt; der indirekte Beweis ist damit geführt.

Bemerkung. Wir fragen uns nun, ob die beiden Geraden von vorhin irgendeinen Punkt gemeinsam haben. Wir werden gleich sehen, dass dies nicht der Fall ist und führen dazu, genau betrachtet, wieder einen indirekten Beweis. Vektoren, die wir bisher in *Zeilenform* geschrieben haben, werden wir nun auch in *Spaltenform* angeben, also z.B. $\begin{pmatrix} 1 \\ 4 \\ 2 \end{pmatrix}$, wenn es, wie im Folgenden, suggestiver ist. (In einem späteren Zusammenhang werden Zeilen- bzw. Spaltenform durchaus Unterschiedliches ausdrücken.)

Wenn wir nämlich (indirekt) annehmen, dass es (mindestens) einen Punkt $\mathbf{x}$ gibt mit $\mathbf{x} \in g \cap h$, so existiert ein λ mit $\mathbf{x} = (1, 4, 2) + \lambda(3, -2, 2)$ (weil $\mathbf{x} \in g$) und ein μ mit $\mathbf{x} = (2, 2, -1) + \mu(1, 3, 1)$ (wegen $\mathbf{x} \in h$). Es ist daher

$$\begin{pmatrix} 1 \\ 4 \\ 2 \end{pmatrix} + \lambda \begin{pmatrix} 3 \\ -2 \\ 2 \end{pmatrix} = \begin{pmatrix} 2 \\ 2 \\ -1 \end{pmatrix} + \mu \begin{pmatrix} 1 \\ 3 \\ 1 \end{pmatrix}.$$

Multipliziert man nun aus und bringt die Ausdrücke gehörig auf die Seiten, so ist diese Vektorbeziehung äquivalent zu folgendem System von drei linearen Gleichungen mit zwei Unbekannten λ und μ:

$$\begin{aligned} 3\lambda - \mu &= 1 \\ -2\lambda - 3\mu &= -2 \\ 2\lambda - \mu &= -3 \end{aligned}$$

Löst man nun die beiden ersten Gleichungen nach λ auf, so ergibt sich $\lambda = \frac{5}{11}$, dagegen aus der ersten und dritten Gleichung $\lambda = 4$, also ähnlich wie oben ein Widerspruch; das Gleichungssystem besitzt keine Lösung, und die beiden Geraden besitzen keinen gemeinsamen Punkt.

Allgemein sieht man aus diesem Vorgehen, dass der Schnitt zweier Geraden im $\mathbb{R}^n$ zur Frage der Auflösung von n Gleichungen mit 2 Unbekannten führt.

Aufgaben

1.6. Für welchen Wert von a haben die Geraden $(1, 2, -1) + [(3, -1, 2]$ und $(4, 1, a) + [(1, 5, 2)]$ einen Schnittpunkt?

1.7. Welche Punkte haben die Geraden g : $(1, 3, 2) + [(4, -2, 4)]$ und h : $(-3, 5, -2) + [(2, -1, 2)]$ gemeinsam?

1.5   Die Geradengleichung in der Ebene

In diesem Abschnitt befinden wir uns in der Ebene $\mathbb{R}^2$ und gehen von einer Geraden $g = \mathbf{p} + [\mathbf{q}]$ mit einem $\mathbf{q} \neq \mathbf{0}$ aus. Wir wollen zunächst einen Vektor n konstruieren, der auf den Richtungsvektor $\mathbf{q}$ der Geraden g rechtwinklig (*orthogonal*) steht. Wie die Elementargeometrie lehrt, ist $\mathbf{n} := (q_2, -q_1)$ eine geeignete Wahl (Abb. 1.3).

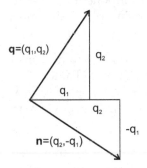

Abbildung 1.3: Orthogonalität von Vektoren im $\mathbb{R}^2$

Wir schreiben, unserer Standardnotation entsprechend, $\mathbf{n} := (n_1, n_2)$. – Ist nun $\mathbf{x}$ ein beliebiger Punkt der Geraden, also $\mathbf{x} = \mathbf{p} + \lambda \mathbf{q}$ mit einem geeigneten $\lambda \in \mathbb{R}$, so gilt $n_1 \underbrace{(x_1 - p_1)}_{\lambda q_1} + n_2 \underbrace{(x_2 - p_2)}_{\lambda q_2} = q_2(\lambda q_1) - q_1(\lambda q_2) = 0$. Mit $n_0 := n_1 p_1 + n_2 p_2$ gilt also für jedes $\mathbf{x} \in g$ die Beziehung

$$n_1 x_1 + n_2 x_2 = n_0 \quad \text{(Geradengleichung im } \mathbb{R}^2) \tag{1.3}$$

Jede Gleichung der Gestalt 1.3 mit $(n_1, n_2) \neq \mathbf{0}$ nennt man eine *Geradengleichung in der Ebene.* Diese Sprechweise wird gerechtfertigt durch folgenden

Satz 1.5.1 (Geradengleichung in der Ebene).

   i) Ist $g = \mathbf{p} + [\mathbf{q}]$ eine Gerade in der Ebene ($\mathbf{p}, \mathbf{q} \in \mathbb{R}^2, \mathbf{q} \neq \mathbf{0}$), ist weiterhin $\mathbf{n} = (n_1, n_2) := (q_2, -q_1)$ sowie $n_0 := n_1 p_1 + n_2 p_2$, so gilt für die Lösungsgesamtheit g^* der Gleichung

$$n_1 x_1 + n_2 x_2 = n_0,$$

   also für $g^* := \{\mathbf{x} \in \mathbb{R}^2 : n_1 x_1 + n_2 x_2 = n_0\}$, die Beziehung $g^* = g$.

ii) Gibt man umgekehrt einen Vektor $\mathbf{n} = (n_1, n_2) \neq \mathbf{0}$ *und ein* $n_0 \in \mathbb{R}$ *vor, so ist die Menge* $g^\star := \{\mathbf{x} \in \mathbb{R}^2 : n_1 x_1 + n_2 x_2 = n_0\}$ *eine Gerade.*

Beweis. i) Wir haben bereits gezeigt, dass jedes Element von g auch der Geradengleichung genügt, also Element von $g^\star$ ist, d.h. $g \subseteq g^\star$. Wir zeigen nun noch $g^\star \subseteq g$, sodass insgesamt $g = g^\star$ folgt.
Dazu betrachten wir ein $\mathbf{x} \in g^\star$. Wir haben

$$n_1 x_1 + n_2 x_2 = n_0 \quad , \quad n_1 p_1 + n_2 p_2 = n_0.$$

Nach Subtraktion der beiden Gleichungen und wegen $(n_1, n_2) = (q_2, -q_1)$ ergibt sich

$$q_2(x_1 - p_1) - q_1(x_2 - p_2) = 0, \tag{1.4}$$

also $q_2(x_1 - p_1) = q_1(x_2 - p_2)$. Dies nützen wir für unser Ziel, die Existenz eines $\lambda \in \mathbb{R}$ zu zeigen, sodass $\mathbf{x} = \mathbf{p} + \lambda \mathbf{q}$, also $\mathbf{x} - \mathbf{p} = \lambda \mathbf{q}$.
Da nach Voraussetzung $\mathbf{q} \neq \mathbf{0}$ ist, muss mindestens eine Komponente $\neq 0$ sein, etwa $q_2 \neq 0$. (Der Fall $q_1 \neq 0$ lässt sich völlig analog behandeln.) Wir spalten nun nach möglichen Fällen für $x_1 - p_1$ auf:

- $x_1 - p_1 \neq 0$: Die linke Seite in $q_2(x_1 - p_1) = q_1(x_2 - p_2)$ ist nicht null, also auch die rechte Seite nicht. Daher ist jeder rechts auftretende Faktor $\neq 0$. Wir dürfen daher passend dividieren und erhalten $\frac{x_1 - p_1}{q_1} = \frac{x_2 - p_2}{q_2} =: \lambda$, und mit der so definierten Größe λ gilt tatsächlich $\mathbf{x} - \mathbf{p} = \lambda \mathbf{q}$, wie man unmittelbar nachrechnet.

- $x_1 - p_1 = 0$: Jetzt ist die linke Seite in $q_2(x_1 - p_1) = q_1(x_2 - p_2)$ null, weil ein Faktor null ist; daher muss auch die rechte Seite null sein. Für die rechte Seite ist Folgendes möglich:

  - $q_1 \neq 0$: dies kann das nur mit $x_2 - p_2 = 0$ geschehen, sodass insgesamt $x_1 - p_1 = x_2 - p_2 = 0$. Es ist somit $\mathbf{x} = \mathbf{p}$, und $\lambda = 0$ leistet das Gewünschte.

  - $q_1 = 0$: Gleichung 1.4 reduziert sich auf $q_2(x_1 - p_1) = 0$ oder $x_1 = p_1$. Die Lösungsmenge hat daher die Gestalt $g^\star = \{(p_1, x_2) : x_2 \in \mathbb{R}\}$. Versucht man nun, wie es unsere Aufgabe ist, $\mathbf{x} \in g^\star$ in der Form $\mathbf{p} + \lambda \mathbf{q}$ darzustellen, so sieht man, dass die erste Komponente, p_1 mit *jedem* λ dargestellt wird ($q_1 = 0$), während für die zweite Komponente wie schon weiter oben $\lambda = \frac{x_2 - p_2}{q_2}$ das Gewünschte leistet.

ii) Nun ist $\mathbf{n} \neq \mathbf{0}$ vorgegeben, $g^\star$ wieder die Lösungsmenge von Gleichung 1.3. Wir definieren $\mathbf{q} := (-n_2, n_1)$ und erhalten die Gerade $g = \mathbf{p} + [\mathbf{q}]$. Aus $\mathbf{q}$ geht aber wiederum $\mathbf{n}$ so hervor, wie im ersten Teil des Satzes beschrieben, und daher ist nach Teil i): $g^\star = g$, insbesondere $g^\star$ wirklich eine Gerade. $\square$

Satz 1.5.2 (Lage zweier Geraden in der Ebene). *Je zwei Geraden im $\mathbb{R}^2$ haben entweder keinen, genau einen oder unendlich viele Punkte gemeinsam. In letzterem Fall stimmen sie überein.*

Beweis. Wir denken uns die beiden Geraden durch zwei Geradengleichungen gegeben:

$$m_1 x_1 \quad + \quad m_2 x_2 \quad = \quad m_0 \quad (h)$$
$$n_1 x_1 \quad + \quad n_2 x_2 \quad = \quad n_0 \quad (g) \tag{1.5}$$

und nehmen wegen **m** $\neq 0$ o.B.d.A.(ohne Beschränkung der Allgemeinheit [der Beweisführung]) an, dass etwa $m_1 \neq 0$ ist. Berechnen wir nun x_2 durch die übliche Elimination, d.h. multiplizieren wir die erste Zeile mit $-\frac{n_1}{m_1}$, addieren beide Zeilen und multiplizieren anschließend mit m_1, so ergibt sich unter Verwendung von

$$\Delta = m_1 n_2 - m_2 n_1 \tag{1.6}$$

eine Gleichung für x_2:

$$\Delta \cdot x_2 = n_0 m_1 - n_1 m_0. \tag{1.7}$$

Die wichtige Größe $\Delta = m_1 n_2 - m_2 n_1$ nennen wir *Determinante* des Gleichungssystems; dem Begriff der Determinante wird später das gesamte Kapitel 5 gewidmet. Standardschreibweisen für die Determinante sind

$$\Delta = m_1 n_2 - m_2 n_1 = \det \begin{pmatrix} m_1 & m_2 \\ n_1 & n_2 \end{pmatrix} = \begin{vmatrix} m_1 & m_2 \\ n_1 & n_2 \end{vmatrix}.$$

– Wir unterscheiden nun nach Werten von Δ.

1. $\Delta \neq 0$: Die Beziehung 1.7 hat genau eine Lösung x_2 und daher wegen der ersten Gleichung in 1.5 auch genau eine Lösung x_1 (n.b. $m_1 \neq 0$!). Siehe auch die Bemerkung nach der Punktation. Mit diesem Paar (x_1, x_2) gilt also dann $g \cap h = \{(x_1, x_2)\}$.

2. $\Delta = 0$:

   (a) $n_0 m_1 - n_1 m_0 \neq 0$. Beziehung 1.7 kann durch *kein* x_2 erfüllt werden, weil die linke Seite für jedes x_2 den Wert 0 besitzt; 1.5 hat daher keine Lösung, somit ist $g \cap h = \emptyset$.

   (b) $n_0 m_1 - n_1 m_0 = 0$. *Jedes* x_2 befriedigt 1.7; wegen der allgemeinen Voraussetzung $m_1 \neq 0$ kann zu jedem x_2 genau ein x_1 ermittelt werden, das die erste Gleichung in 1.5 erfüllt, nämlich $x_1 = -\frac{m_2}{m_1} x_2 + \frac{m_0}{m_1}$. Setzt man dieses (x_1, x_2) in die linke Seite der zweiten Gleichung in 1.5 ein, so ergibt sich tatsächlich

   $$n_1 \left(-\frac{m_2}{m_1} x_2 + \frac{m_0}{m_1}\right) + n_2 x_2 = \frac{1}{m_1} \underbrace{(-m_2 n_1 + m_1 n_2)}_{\Delta - 0} x_2 + \underbrace{\frac{n_1 m_0}{m_1}}_{n_0} = n_0,$$

   die letzte Gleichheit wegen $n_0 m_1 - n_1 m_0 = 0$. Jede Lösung der ersten Gleichung in 1.5 ist also Lösung der zweiten Gleichung, d.h. $h \subseteq g$. Da aber die beiden Gleichungen (Geraden) völlig gleichberechtigt sind, gilt auch ganz entsprechend $g \subseteq h$, insgesamt $g = h$.

   $\square$

Bemerkung (eine Fehlerquelle). Um es einmal ganz genau zu sagen: wir haben im Punkt 1. eigentlich *vorausgesetzt*, dass es mindestens eine Lösung (x_1, x_2) gibt, und dieselbe dann flott ausgerechnet. Vielleicht ist das aber falsch. Wenn es nämlich gar keine Lösung gibt, dann sind wir, formal durchaus richtig rechnend, zu einer falschen Antwort gekommen, einem notwendig falschen Ausdruck oder Zahlenwert für eine nicht existente Lösung. Erst dann, wenn man die gefundene Lösung in die ursprüngliche Gleichung 1.5 einsetzt und überprüft, dass die vermutliche Lösung die Gleichung in der Tat befriedigt, ist gezeigt, dass es sich auch wirklich um eine Lösung handelt. Das ist in diesem Fall ganz leicht, darf aber keinesfalls übersehen werden. Unterlässt man eine derartige Kontrolle, so können aus einer falschen Ausgangsbasis weitere unrichtige Schlussfolgerungen resultieren.

Der Kerninhalt des vorangehenden Satzes kann in etwas anderer Schreibweise so formuliert werden:

Satz 1.5.3 (Lösbarkeit eines linearen Gleichungssystems). *Ein lineares Gleichungssystem*

$$
\begin{aligned}
a_{11}x_1 &+ a_{12}x_2 = y_1 \\
a_{21}x_1 &+ a_{22}x_2 = y_2
\end{aligned}
$$

hat für jedes $\mathbf{y} = (y_1, y_2)$ *genau dann eine eindeutig bestimmte Lösung, wenn die Determinante* $\Delta = a_{11}a_{22} - a_{12}a_{21} \neq 0$ *ist.*

Aufgaben

1.8. Diskutieren Sie, für welche Werte von a das Gleichungssystem

$$
4x_1 + 6x_2 = 0
$$
$$
-2x_1 + ax_2 = 0
$$

genau eine oder unendlich viele Lösungen hat. Welches ist die *eine* Lösung, und welche Menge wird im Fall unendlich vieler Lösungen dargestellt? Gibt es noch andere Fälle? – Erläutern Sie das Resultat durch Betrachtung der Geraden, die durch die beiden Gleichungen dargestellt werden.

1.9. Diskutieren Sie dieselbe Frage, wobei jetzt aber auf der rechten Seite statt $0, 0$ die Eintragungen 10 und 4 stehen sollen. Wie viele Lösungen gibt es maximal? Kann der Fall eintreten, in dem keine Lösung existiert? Geben Sie auch hier eine geometrische Deutung der Resultate.

1.10. Es sei $\mathbf{q}, \mathbf{s} \in \mathbb{R}^2$, $\mathbf{q}, \mathbf{s} \neq \mathbf{0}$. Zeigen Sie: ist $[\mathbf{q}] = [\mathbf{s}]$, dann $\exists \tau \in \mathbb{R}$ mit $\mathbf{s} = \tau\mathbf{q}$. Zeigen Sie zudem: ist $[\mathbf{q}] \neq [\mathbf{s}]$, so ist $[\mathbf{q}] \cap [\mathbf{s}] = \{\mathbf{0}\}$; weiterhin existiert dann kein τ mit $\mathbf{s} = \tau\mathbf{q}$. Deuten Sie diese Aussagen geometrisch.

1.11. Zwei Geraden seien vorgelegt, $g = \mathbf{p} + [\mathbf{q}]$, $h = \mathbf{r} + [\mathbf{s}]$. Zeigen Sie: $g = h \Leftrightarrow \mathbf{r} \in g$ und $\mathbf{s} = \tau\mathbf{q}$ mit einem passenden $\tau \in \mathbb{R}$.

1.6 Das innere Produkt in der Ebene

Im vorigen Abschnitt haben wir zu jeder Geraden $g = \mathbf{p} + [\mathbf{q}]$ im $\mathbb{R}^2$ die Geraden-gleichung 1.3 aufgestellt, der genau ihre Punkte genügen,

$$n_1 x_1 + n_2 x_2 = n_0,$$

wobei $\mathbf{n} = (n_1, n_2) = (q_2, -q_1)$ war.

Aus den Komponenten von zwei Vektoren $\mathbf{n}$ und $\mathbf{x}$ gebildete Ausdrücke von der Form $n_1 x_1 + n_2 x_2$ und ihre Verallgemeinerungen spielen eine überaus wichtige Rolle; wir schreiben dafür $\langle \mathbf{n}, \mathbf{x} \rangle$. – Da die Bedeutung sich weit über den speziellen Zusammenhang mit Geraden, die uns zu dieser Begriffsbildung geführt haben, hinaus erstreckt, geben wir mit passenderer Wahl der Bezeichnungen die

Definition 1.6.1 (Euklidisches inneres Produkt in der Ebene). *Das (euklidische) innere oder skalare Produkt zweier Vektoren* $\mathbf{x}, \mathbf{y} \in \mathbb{R}^2$ *ist definiert durch*

$$\langle \mathbf{x}, \mathbf{y} \rangle := x_1 y_1 + x_2 y_2.$$

Bemerkung. Diese spezielle Form eines inneren Produktes trägt den Namen von Euklid, weil sie grundlegend ist für die Längen- und Winkelbestimmung in der üblichen, nach Euklid benannten Geometrie.

Längenbestimmung und inneres Produkt. In einfacher Weise führt das innere Produkt zur Längenbestimmung von Vektoren. Dazu beachten wir lediglich, dass nach dem pythagoreischen Lehrsatz das Quadrat der Länge von $\mathbf{x} = (x_1, x_2)$ gleich $x_1^2 + x_2^2 = \langle \mathbf{x}, \mathbf{x} \rangle$ ist (siehe Abbildung 1.4). Wir nennen die Länge eines Vektors $\mathbf{x}$ *(euklidische) Norm* von $\mathbf{x}$, in Zeichen $\|\mathbf{x}\|$. Wir können also die Norm eines Vektors im $\mathbb{R}^2$ durch das innere Produkt ausdrücken,

$$\|\mathbf{x}\| = \sqrt{\langle \mathbf{x}, \mathbf{x} \rangle}. \tag{1.8}$$

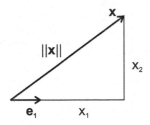

Abbildung 1.4: Zum inneren Produkt

Winkelbestimmung und inneres Produkt. Die so genannten Einheitsvektoren im $\mathbb{R}^2$, die in Richtung der Koordinatenachsen weisen, bezeichnen wir standardmäßig mit $\mathbf{e}_1, \mathbf{e}_2$, nämlich $\mathbf{e}_1 = (1, 0), \mathbf{e}_2 = (0, 1)$.

Wir beachten $\langle \mathbf{x}, \mathbf{e}_1 \rangle = x_1 = \|\mathbf{x}\| \cos \sphericalangle(\mathbf{x}, \mathbf{e}_1)$ (elementargeometrisch aus Abb. 1.4). Ähnlich sieht man $\langle \mathbf{x}, \mathbf{e}_2 \rangle = x_2 = \|\mathbf{x}\| \cos \sphericalangle(\mathbf{x}, \mathbf{e}_2)$.

Lemma 1.6.1. *Für jedes* $\mathbf{x} \in \mathbb{R}^2$ *und jedes* $\mathbf{y} = (y_1, y_2) \in \mathbb{R}^2$ *gilt*

$$\langle \mathbf{x}, y_1\mathbf{e}_1 \rangle = \|\mathbf{x}\| \, \|\mathbf{y}\| \cos \sphericalangle(\mathbf{x}, y_1\mathbf{e}_1)$$
$$\langle \mathbf{x}, y_2\mathbf{e}_2 \rangle = \|\mathbf{x}\| \, \|\mathbf{y}\| \cos \sphericalangle(\mathbf{x}, y_2\mathbf{e}_2).$$

(1.9)

Beweis. Es genügt, die erste Beziehung zu zeigen, da der Beweis für die zweite ganz analog verläuft. – Für beliebiges $y_1 \in \mathbb{R}$ ist

$$\langle \mathbf{x}, y_1\mathbf{e}_1 \rangle = x_1 y_1 = y_1 \|\mathbf{x}\| \cos \sphericalangle(\mathbf{x}, \mathbf{e}_1) = \|\mathbf{x}\| \, \|\mathbf{y}\| \cos \sphericalangle(\mathbf{x}, y_1\mathbf{e}_1).$$

Dabei ergibt sich die letzte Gleichheit aufgrund folgender Überlegungen. Ist zunächst $y_1 > 0$, so ist $\|y\mathbf{e}_1\| = y_1$; weiterhin weisen dann $\mathbf{e}_1$ und $y_1\mathbf{e}_1$ in dieselbe Richtung, folglich ist $\sphericalangle(\mathbf{x}, \mathbf{e}_1) = \sphericalangle(\mathbf{x}, y_1\mathbf{e}_1)$, auch die Cosinuswerte stimmen daher überein, und die Ausdrücke links und rechts des letzten Gleichheitszeichens sind Faktor für Faktor einander gleich. – Ist aber $y_1 < 0$, so sind die Vektoren $\mathbf{e}_1$ und $y_1\mathbf{e}_1$ antiparallel, die entsprechenden Cosinuswerte einander bis auf einen Faktor -1 gleich, und ein ebensolcher Faktor -1 tritt auch zwischen y_1 und $\|y\|$ auf, sodass insgesamt wieder Gleichheit gilt. – Der Fall $y_1 = 0$ ist trivial. $\qquad\square$

Lemma 1.6.2. *Gelten für zwei Vektoren* $\mathbf{u}, \mathbf{v}$ *und für ein* $\mathbf{x} \in \mathbb{R}^2$ *die Beziehungen* $\langle \mathbf{x}, \mathbf{u} \rangle = \|\mathbf{x}\| \, \|\mathbf{u}\| \cos \sphericalangle(\mathbf{x}, \mathbf{u})$ *bzw.* $\langle \mathbf{x}, \mathbf{v} \rangle = \|\mathbf{x}\| \, \|\mathbf{v}\| \cos \sphericalangle(\mathbf{x}, \mathbf{v})$, *so gilt die entsprechende Beziehung*

$$\langle \mathbf{x}, \mathbf{w} \rangle = \|\mathbf{x}\| \, \|\mathbf{w}\| \cos \sphericalangle(\mathbf{x}, \mathbf{w})$$

für $\mathbf{w} = \mathbf{u} + \mathbf{v}$.

Beweis. Gehen wir von Vektoren $\mathbf{x}, \mathbf{u}$ und $\mathbf{v}$ wie in der Formulierung des Lemmas aus und ist ferner $\mathbf{w} = \mathbf{u} + \mathbf{v}$, so haben wir

$$\langle \mathbf{x}, \mathbf{w} \rangle = x_1 w_1 + x_2 w_2 = x_1(u_1 + v_1) + x_2(u_2 + v_2) =$$
$$= \langle \mathbf{x}, \mathbf{u} \rangle + \langle \mathbf{x}, \mathbf{v} \rangle = \|\mathbf{x}\| \left(\|\mathbf{u}\| \cos \sphericalangle(\mathbf{x}, \mathbf{u}) + \|\mathbf{v}\| \cos \sphericalangle(\mathbf{x}, \mathbf{v}) \right).$$

Abbildung 1.5. lehrt uns aber, dass

$$\|\mathbf{u}\| \cos \sphericalangle(\mathbf{x}, \mathbf{u}) + \|\mathbf{v}\| \cos \sphericalangle(\mathbf{x}, \mathbf{v}) = \|\mathbf{w}\| \cos \sphericalangle(\mathbf{x}, \mathbf{w}),$$

was den Beweis abschließt. $\qquad\square$

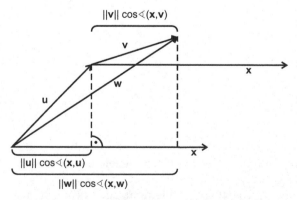

Abbildung 1.5: Winkelbestimmung und inneres Produkt

Bemerkung. Beim Beweis dieses Lemmas fällt ein Stilbruch auf: algebraischen Argumenten zu Beginn ist eine rein geometrische Schlussweise gegen Ende zu gefolgt. Es geht hier indessen darum, den Zusammenhang herzustellen zwischen einerseits der Sicht der Elementargeometrie (wo wir wissen, was ein Winkel ist) und der höheren Beschreibung, wo wir dies zunächst nicht wissen. Wenn wir überzeugt sein werden, dass mit der analytischen Beschreibung wirklich das anschaulich gegebene Objekt erfasst wird, werden wir schon bekannten Dinge wie Winkel usw., dann auch in wesentlich allgemeinerem Zusammenhang, analytisch *definieren* und davon als dem Primären ausgehen, auch die Beweise völlig darauf bauen. – Dass freilich die geometrische Intuition manch wichtiges Resultat vermuten hilft, das auf rein analytischem Weg viel schwerer aufzuspüren wäre, bleibt davon unberührt.

Aus den beiden Lemmata folgt sofort der wichtige

Satz 1.6.1 (Inneres Produkt, Norm und Winkel). *Für alle* $\mathbf{x}, \mathbf{y} \in \mathbb{R}^2$ *gilt*

$$\langle \mathbf{x}, \mathbf{y} \rangle = \|\mathbf{x}\| \, \|\mathbf{y}\| \cos \sphericalangle(\mathbf{x}, \mathbf{y}). \tag{1.10}$$

Beweis. Nach Lemma 1.6.1 gilt die Aussage des Satzes jedenfalls für die Vektoren $y_1 \mathbf{e}_1$ und $y_2 \mathbf{e}_2$, nach Lemma 1.6.2 auch für ihre Summe. Die Summe ist aber $\mathbf{y}$. ☐

Bemerkung. Eine kleine Ergänzung ist zu den obigen Ableitungen noch angebracht. Der Winkel zwischen zwei Vektoren ist natürlich nur definiert, wenn beide nicht der Nullvektor sind. Da aber die Winkel oben nur in der Form $\|\mathbf{x}\| \, \|\mathbf{y}\| \cos \sphericalangle(\mathbf{x}, \mathbf{y})$ eingehen, haben diese Ausdrücke für jede Wahl des Wertes von $\cos \sphericalangle(\mathbf{x}, \mathbf{y})$ den Wert 0, wenn einer der Vektoren $\mathbf{0}$ ist, unabhängig von der Wahl des Winkels für diesen undefinierten Fall. Eine Fallunterscheidung danach, ob nun beide Vektoren $\neq \mathbf{0}$ sind oder nicht, wäre an dieser Stelle wohl etwas zu pedantisch.

Korollar 1.6.1. *Ist* $\mathbf{x} \neq \mathbf{0}$ *und* $\mathbf{y} \neq \mathbf{0}$, *so gilt*

$$\cos \sphericalangle(\mathbf{x}, \mathbf{y}) = \frac{\langle \mathbf{x}, \mathbf{y} \rangle}{\|\mathbf{x}\| \, \|\mathbf{y}\|}. \tag{1.11}$$

Beweis. Folgt aus Satz 1.6.1. Hier ist natürlich die Voraussetzung, dass keiner der Vektoren der Nullvektor ist, nicht verzichtbar. ☐

Definition 1.6.2 (Orthogonalität). *Zwei Vektoren* $\mathbf{x}, \mathbf{y}$ *heißen* zueinander orthogonal ($\mathbf{x} \perp \mathbf{y}$), *wenn* $\langle \mathbf{x}, \mathbf{y} \rangle = 0$.

Bemerkung. Dieser Begriff bedeutet also *fast* dasselbe, wie dass die beiden Vektoren einen rechten Winkel, $\frac{\pi}{2}$, einschließen. Allerdings nur fast, weil nach dieser Definition der Nullvektor auf jeden Vektor orthogonal steht – und wenn einer der beteiligten Vektoren der Nullvektor ist, ist der entsprechende Winkel nicht definiert.

Korollar 1.6.2. *Es sei*

$$n_1 x_1 + n_2 x_2 = n_0,$$

mit $\mathbf{n} \neq \mathbf{0}$ *die Gleichung einer Geraden* g. *Dann gilt für je zwei Punkte* $\mathbf{x}, \mathbf{y} \in g$: $\mathbf{y} - \mathbf{x} \perp \mathbf{n}$.

Wird diese Gerade in Parameterform dargestellt, ist also $g = \mathbf{p} + [\mathbf{q}]$, *so gilt* $\mathbf{n} \perp \mathbf{q}$: *der Richtungsvektor* $\mathbf{q}$ *der Geraden steht orthogonal auf den Koeffizientenvektor* $\mathbf{n}$ *der Gleichung.*

Beweis. Es gelte $\mathbf{x}, \mathbf{y} \in g$. Setzt man die Koordinaten jedes der Punkte in die Geradengleichung 1.3, die sie doch erfüllen, ein und subtrahiert, so folgt

$$n_1(y_1 - x_1) + n_2(y_2 - x_2) = 0,$$

also $\langle \mathbf{n}, \mathbf{y} - \mathbf{x} \rangle = 0$, somit in der Tat $\mathbf{y} - \mathbf{x} \perp \mathbf{n}$.
Bei Benutzung der Parameterdarstellung erhält man mit $\lambda = 0$ bzw. 1 die Geradenpunkte $\mathbf{p}$ bzw. $\mathbf{p} + \mathbf{q}$; daher gilt nach den soeben durchgeführten Überlegungen $(\mathbf{p} + \mathbf{q}) - \mathbf{p} \perp \mathbf{n}$, also $\mathbf{q} \perp \mathbf{n}$. $\qquad\square$

Über das innere Produkt. Zunächst einige Rechenregeln für das innere Produkt:

Satz 1.6.2 (Eigenschaften des inneren Produktes). *Für alle* $\mathbf{x}, \mathbf{y} \in \mathbb{R}^2$ *und für alle* $\lambda, \mu \in \mathbb{R}$ *gilt*

  i) $\langle \mathbf{x}, \mathbf{x} \rangle \geq 0 \,\forall\, \mathbf{x}$ *und* $\langle \mathbf{x}, \mathbf{x} \rangle = 0 \Leftrightarrow \mathbf{x} = \mathbf{0}$ *(Positivität)*
  ii) $\langle \mathbf{x}, \mathbf{y} \rangle = \langle \mathbf{y}, \mathbf{x} \rangle$ *(Symmetrie)*
  iii) $\langle (\lambda \mathbf{x} + \mu \mathbf{x}'), \mathbf{y} \rangle = \lambda \langle \mathbf{x}, \mathbf{y} \rangle + \mu \langle \mathbf{x}', \mathbf{y} \rangle$ *(Linearität i. d. 1. Komponente)*
  iv) $\langle \mathbf{x}, \lambda \mathbf{y} + \mu \mathbf{y}' \rangle = \lambda \langle \mathbf{x}, \mathbf{y} \rangle + \mu \langle \mathbf{x}, \mathbf{y}' \rangle$ *(Linearität i. d. 2. Komponente)*

Beweis. Zu i): Als Summe von Quadraten ist zunächst $\langle \mathbf{x}, \mathbf{x} \rangle$ sicher nichtnegativ. Weiterhin tritt $\langle \mathbf{x}, \mathbf{x} \rangle = 0$ dann und nur dann ein, wenn für $i = 1, 2$ der entsprechende Summand $x_i^2 = 0$ ist, also wenn $\mathbf{x} = \mathbf{0}$. – Die restlichen Aussagen ergeben sich ganz unmittelbar. $\qquad\square$

Korrollar 1.6.3. *Es ist* $\forall \mathbf{x}, \mathbf{y} \in \mathbb{R}^2, \lambda \in \mathbb{R}$
  i) $\langle \mathbf{x} + \mathbf{y}, \mathbf{x} + \mathbf{y} \rangle = \langle \mathbf{x}, \mathbf{x} \rangle + 2\langle \mathbf{x}, \mathbf{y} \rangle + \langle \mathbf{y}, \mathbf{y} \rangle$
  ii) $\|\mathbf{y} - \mathbf{x}\|^2 = \|\mathbf{x}\|^2 + \|\mathbf{y}\|^2 - 2\,\|\mathbf{x}\|\,\|\mathbf{y}\| \cos \sphericalangle \mathbf{x}, \mathbf{y}$
  iii) $\langle \lambda \mathbf{x} + \mathbf{y}, \lambda \mathbf{x} + \mathbf{y} \rangle = \lambda^2 \langle \mathbf{x}, \mathbf{x} \rangle + 2\lambda \langle \mathbf{x}, \mathbf{y} \rangle + \langle \mathbf{y}, \mathbf{y} \rangle.$

Bemerkung. Punkt ii) des Korrollars ist der Cosinussatz der Elementargeometrie in Hinblick auf das Dreieck der folgenden Abbildung:

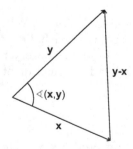

Abbildung 1.6: Zum Cosinussatz

Beweis. Zur mittleren Aussage (Cosinussatz):

$$\|\mathbf{y} - \mathbf{x}\|^2 = \langle \mathbf{y} - \mathbf{x}, \mathbf{y} - \mathbf{x} \rangle = \langle \mathbf{y}, \mathbf{y} - \mathbf{x} \rangle - \langle \mathbf{x}, \mathbf{y} - \mathbf{x} \rangle =$$
$$= \langle \mathbf{y}, \mathbf{y} \rangle + \langle \mathbf{x}, \mathbf{x} \rangle - 2\langle \mathbf{x}, \mathbf{y} \rangle = \|\mathbf{x}\|^2 + \|\mathbf{y}\|^2 - 2 \|\mathbf{x}\| \, \|\mathbf{y}\| \cos \sphericalangle \mathbf{x}, \mathbf{y}.$$

□

Korrollar 1.6.4 (Pythagoreischer Lehrsatz).

$$\mathbf{x} \perp \mathbf{y} \quad \Leftrightarrow \quad \|\mathbf{x} + \mathbf{y}\|^2 = \|\mathbf{x}\|^2 + \|\mathbf{y}\|^2 \tag{1.12}$$

Beweis. Allgemein ist $\|\mathbf{x} + \mathbf{y}\|^2 = \langle \mathbf{x}, \mathbf{x} \rangle + \langle \mathbf{y}, \mathbf{y} \rangle + 2\langle \mathbf{x}, \mathbf{y} \rangle$. Daher ist $\|\mathbf{x} + \mathbf{y}\|^2 = \|\mathbf{x}\|^2 + \|\mathbf{y}\|^2 \Leftrightarrow \langle \mathbf{x}, \mathbf{y} \rangle = 0 \Leftrightarrow \mathbf{x} \perp \mathbf{y}$. □

Aufgabe

1.12. Es sei $\mathbf{n} \in \mathbb{R}^2$, $\mathbf{n} \neq \mathbf{0}$; $\mathbf{m}$ sei ein Normalenvektor darauf. Zeigen Sie, dass $\{\mathbf{x} : \langle \mathbf{x}, \mathbf{n} \rangle \geq 0\}$ diejenige Halbebene ist, die von $[\mathbf{m}]$ begrenzt wird und in der $\mathbf{n}$ liegt. (Skizze!) – Ist fernerhin $\mathbf{x}_0 \in \mathbb{R}^2$ beliebig, so ist zu zeigen, dass $\{\mathbf{x} : \langle \mathbf{x}, \mathbf{n} \rangle \geq \langle \mathbf{x}_0, \mathbf{n} \rangle\}$ die Halbebene beschreibt, deren Berandung die Gerade $\mathbf{x}_0 + [\mathbf{m}]$ ist, und für die $\mathbf{n}$ wieder ins Innere weist.

1.7 Abstand Punkt – Gerade

Die Grundaufgabe. Wieder befinden wir uns im $\mathbb{R}^2$. Wir gehen von einer Geraden $g = \mathbf{p} + [\mathbf{q}]$ aus sowie von einem Punkt $\mathbf{x} \in \mathbb{R}^2$, siehe Abbildung 1.7.

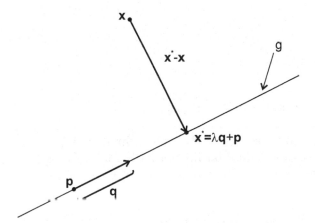

Abbildung 1.7: Abstand eines Punktes von einer Geraden

Zu jedem Wert des Parameters λ gehört ein Punkt $\mathbf{y} = \lambda\mathbf{q} + \mathbf{p}$ von g. Der Abstand $\|\mathbf{y} - \mathbf{x}\|$ zwischen $\mathbf{x}$ und $\mathbf{y}$ soll minimiert werden, d.h., es ist ein Punkt $\mathbf{x}^* = \lambda\mathbf{q} + \mathbf{p} \in g$ zu suchen, sodass $\|\mathbf{x}^* - \mathbf{x}\| \leq \|\mathbf{y} - \mathbf{x}\| \quad \forall \mathbf{y} \in g$. $\mathbf{x}^*$ wäre dann der x nächstgelegene Punkt von g. Wir zeigen, dass es ein solches $\mathbf{x}^\star$ gibt, dass $\mathbf{x}^\star$ eindeutig bestimmt ist und wie dieser Punkt ermittelt werden kann.

$\|\mathbf{y} - \mathbf{x}\|$ ist stets ≥ 0. Es läuft daher auf dasselbe hinaus, diesen Wert selbst oder das Normquadrat $f(\lambda) = \|\mathbf{y} - \mathbf{x}\|^2 = \langle \mathbf{y} - \mathbf{x}, \mathbf{y} - \mathbf{x}\rangle$ zu minimieren. – Nun ist nach den Rechenregeln von soeben $f(\lambda) = \langle \mathbf{y} - \mathbf{x}, \mathbf{y} - \mathbf{x}\rangle = \langle \lambda\mathbf{q} + (\mathbf{p} - \mathbf{x}), \lambda\mathbf{q} + (\mathbf{p} - \mathbf{x})\rangle = \lambda^2\langle \mathbf{q}, \mathbf{q}\rangle + 2\lambda\langle \mathbf{q}, \mathbf{p} - \mathbf{x}\rangle + \langle \mathbf{p} - \mathbf{x}, \mathbf{p} - \mathbf{x}\rangle$. Es handelt sich also um ein quadratisches Polynom in λ. Um den Wert λ zu finden, der dem Polynom den kleinsten Wert erteilt, könnten wir differenzieren, die Ableitung $= 0$ setzen und hätten dann denjenigen Wert $\lambda^\star$, für den der zugehörige Geradenpunkt $\mathbf{x}^\star$ unter allen Geradenpunkten zu $\mathbf{x}$ minimalen Abstand hat.

Dieses Vorgehen sei als Übung empfohlen (dass man damit wirklich ein Minimum erhält, ist auch leicht zu sehen), wir wählen aber einen anderen Weg. Abbildung 1.7 suggeriert doch eigentlich, dass man den an $\mathbf{x}$ nächstgelegenen Geradenpunkt $\mathbf{x}^\star$ erhält, indem man von $\mathbf{x}$ aus das Lot auf g fällt. Dies führen wir durch.

Zunächst *normieren* wir $\mathbf{q}$, d.h., wir betrachten den Vektor $\tilde{\mathbf{q}} = \frac{1}{\|\mathbf{q}\|}\mathbf{q}$. Man überprüft sofort, dass $\|\tilde{\mathbf{q}}\| = 1$ und $\mathbf{p}+[\mathbf{q}] = \mathbf{p}+[\tilde{\mathbf{q}}]$. Anstelle von $\tilde{\mathbf{q}}$ schreiben wir sofort wieder $\mathbf{q}$. – Natürlich ist $\mathbf{q} = (c, s)$ mit $c = \cos\phi, s = \sin\phi$, wobei $\phi = \sphericalangle(\mathbf{e}_1, \mathbf{q})$, siehe Abbildung 1.8.

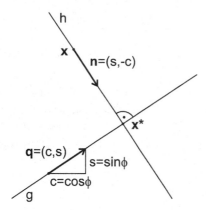

Abbildung 1.8: Orthogonalprojektion eines Punktes auf eine Gerade

Die Gerade h, die durch $\mathbf{x}$ geht und senkrecht auf g steht, schreiben wir in der Form $h = \mathbf{x} + [\mathbf{n}]$. Dabei ist $\mathbf{n} = (s, -c)$ der übliche Normalenvektor auf $\mathbf{q}$. Wir bestimmen $g \cap h$, indem wir das Gleichungssystem $\mathbf{p} + \lambda\mathbf{q} = \mathbf{x} + \nu\mathbf{n}$, d.h.

$$\begin{aligned} c\lambda &- s\nu &= x_1 - p_1 \\ s\lambda &+ c\nu &= x_2 - p_2 \end{aligned}$$

auflösen. Die Determinante des Systems ist $c^2 + s^2 = 1$, also ungleich null, und daher hat das System genau eine Lösung. Sie ergibt sich direkt zu $(\lambda^\star, \nu^\star) = (cd_1 + sd_2, -sd_1 + cd_2)$, wobei $\mathbf{d} := \mathbf{x} - \mathbf{p}$. Der Schnittpunkt ist also $\mathbf{x}^\star = \mathbf{x} + \nu^\star\mathbf{n}$. Insbesondere ist $\mathbf{x}^\star \in g$. Wir zeigen nun, dass $\mathbf{x}^\star$ die Minimaleigenschaft besitzt.

Ab sofort schreiben wir g in der Form $g = \mathbf{x}^\star + [\mathbf{q}]$. (Aus einer der Aufgaben folgt direkt, dass tatsächlich $g = \mathbf{x} + [\mathbf{q}] = \mathbf{x}^\star + [\mathbf{q}]$!) Für ein beliebiges $\mathbf{y} = \mathbf{x}^\star + \lambda\mathbf{q} \in g$ betrachten wir gleich das Normquadrat und schreiben $\|\mathbf{y} - \mathbf{x}\|^2 = \|(\mathbf{y} - \mathbf{x}^\star) + (\mathbf{x}^\star - \mathbf{x})\|^2$. Es ist aber $\mathbf{y} - \mathbf{x}^\star \perp \mathbf{x}^\star - \mathbf{x}$; denn $\langle \mathbf{y} - \mathbf{x}^\star, \mathbf{x}^\star - \mathbf{x}\rangle = \langle \lambda\mathbf{q}, \nu^\star\mathbf{n}\rangle = 0$ wegen der Orthogonalität von $\mathbf{q}$ zu $\mathbf{n}$. Daher ist für das letzte Normquadrat der pythagoreische Lehrsatz anwendbar, und wir erhalten insgesamt $\|\mathbf{y} - \mathbf{x}\|^2 = \|\mathbf{y} - \mathbf{x}^\star\|^2 + \|\mathbf{x}^\star - \mathbf{x}\|^2$, woraus klar hervorgeht, dass der kleinstmögliche Wert genau für $\mathbf{y} = \mathbf{x}^\star$ angenommen wird, weil für $\mathbf{y} \neq \mathbf{x}^\star$ wegen $\|\mathbf{y} - \mathbf{x}^\star\|^2 > 0$ stets $\|\mathbf{y} - \mathbf{x}\|^2 > \|\mathbf{x}^\star - \mathbf{x}\|^2$ ist.

Orthogonale Projektion eines Punktes auf eine Gerade durch den Nullpunkt. Wir wollen jetzt den Spezialfall einer Geraden g durch den Nullpunkt untersuchen, $g = [\mathbf{q}]$ mit $\mathbf{q} = (c, s)$. Der Ausdruck für $\nu^\star$ vereinfacht sich jetzt zu $\nu^\star = -sx_1 + cx_2$. Daraus folgt für die Komponenten von $\mathbf{x}^\star$:

$$\begin{aligned} x_1^\star &= c^2 x_1 &+& csx_2 \\ x_2^\star &= csx_1 &+& s^2 x_2 \end{aligned} \tag{1.13}$$

Die Abbildung, die jedem $\mathbf{x}$ in der beschriebenen Weise $\mathbf{x}^\star$ zuordnet, nennen wir *orthogonale Projektion* auf die durch den Nullpunkt gehende Gerade g. Bezeichnen wir sie mit $\mathcal{P}$ und schreiben wir demgemäß anstelle von $\mathbf{x}^\star$ eben $\mathcal{P}(\mathbf{x})$, so ist

$$\mathcal{P}(\mathbf{x}) = \begin{pmatrix} a_{11}x_1 &+& a_{12}x_2 \\ a_{21}x_1 &+& a_{22}x_2 \end{pmatrix}, \tag{1.14}$$

wobei $a_{11} = c^2, a_{12} = a_{21} = cs, a_{22} = s^2$. Ersichtlich haben wir hier den Vektor $\mathcal{P}(\mathbf{x})$ als Spaltenvektor geschrieben. Abbildungen dieser Gestalt (mit beliebigen Koeffizienten a_{ij}) nennt man *lineare Abbildungen* (in diesem Fall von $\mathbb{R}^2$ in den $\mathbb{R}^2$). Unter *Linearität* versteht man die in diesem Falle direkt nachzuprüfende Eigenschaft $\mathcal{P}(\lambda\mathbf{x} + \mu\mathbf{y}) = \lambda\mathcal{P}(\mathbf{x}) + \mu\mathcal{P}(\mathbf{y})$; sie ist uns schon von der entsprechenden Eigenschaft der einzelnen Faktoren des inneren Produktes her vertraut. Lineare Abbildungen bilden den Hauptgegenstand der linearen Algebra.

1.8 Das innere Produkt im Raume

Das innere Produkt. Wir wollen Geometrie im $\mathbb{R}^3$ betreiben. Wie nach den Überlegungen in der Ebene nahe liegt, geben wir folgende

Definition 1.8.1 (Euklidisches inneres Produkt im Raume). *Das (euklidische) innere oder skalare Produkt zweier Vektoren* $\mathbf{x}, \mathbf{y} \in \mathbb{R}^3$ *ist definiert durch*

$$\langle \mathbf{x}, \mathbf{y}\rangle := x_1 y_1 + x_2 y_2 + x_3 y_3. \tag{1.15}$$

Längen- und Winkelbestimmung. Die folgenden Betrachtungen verlaufen weitgehend analog zum ebenen Fall; wir können uns daher kurz fassen. – Mit $\|x\|$ bezeichnen wir die Länge des Vektors $\mathbf{x}$ bzw. den Abstand des Punktes $\mathbf{x}$

vom Nullpunkt (hier wiederum im Sinne der Elementargeometrie). Dann gilt sofort wie im ebenen Fall

$$\|\mathbf{x}\| = \sqrt{\langle \mathbf{x}, \mathbf{x} \rangle}. \tag{1.16}$$

Der *Beweis* ergibt sich elementargeometrisch durch zweimalige Anwendung des pythagoreischen Lehrsatzes sofort aus Abb. 1.9.

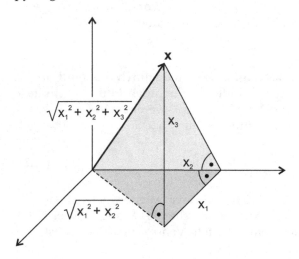

Abbildung 1.9: Zur Norm eines Vektors im $\mathbb{R}^3$

Wie in $\mathbb{R}^2$ bezeichnen wir auch im $\mathbb{R}^3$ den i-ten Einheitsvektor stets mit $\mathbf{e}_i$, also z.B. $\mathbf{e}_2 = (0, 1, 0)$. Mit dieser Bezeichnung gilt

Lemma 1.8.1. *Für* $\mathbf{x} \in \mathbb{R}^3$ *und* $\mathbf{y} = (y_1, y_2, y_3) \in \mathbb{R}^3$ *gilt*

$$\langle \mathbf{x}, y_i \mathbf{e}_i \rangle = \|\mathbf{x}\| \, \|y_i \mathbf{e}_i\| \cos \sphericalangle(\mathbf{x}, y_i \mathbf{e}_i) \quad (i = 1, 2, 3). \tag{1.17}$$

Zum *Beweis* betrachte man etwa für den Fall $i = 2$ Abbildung 1.9; dem dort hellgrau unterlegten rechtwinkligen (s.u.) Dreieck entnimmt man ganz unmittelbar $x_2 = \|\mathbf{x}\| \, \underbrace{\|\mathbf{e}_2\|}_{1} \cos \sphericalangle(\mathbf{x}, \mathbf{e}_2)$. Daher ist $x_2 y_2 = \pm \|\mathbf{x}\| \, \|y_2 \mathbf{e}_2\| \cos \sphericalangle(\mathbf{x}, y_2 \mathbf{e}_2)$. Ganz wie bei Lemma 1.6.1 sieht man, dass das positive Vorzeichen zutrifft.

Zur Rechtwinkligkeit des Dreiecks beachten wir, dass die Verbindungslinie von $(0, x_2, 0)$ zu (x_1, x_2, x_3) deswegen einen rechten Winkel mit der x_2-Achse einschließt, weil Sie ganz in der um die Größe x_2 nach rechts verschobenen x_1-x_3-Ebene liegt, die ihrerseits natürlich rechtwinklig auf die x_2-Achse steht. $\square$

Lemma 1.8.2. *Gelten für zwei Vektoren* $\mathbf{u}, \mathbf{v}$ *und für ein* $\mathbf{x} \in \mathbb{R}^3$ *die Beziehungen* $\langle \mathbf{x}, \mathbf{u} \rangle = \|\mathbf{x}\| \, \|\mathbf{u}\| \cos \sphericalangle(\mathbf{x}, \mathbf{u})$ *bzw.* $\langle \mathbf{x}, \mathbf{v} \rangle = \|\mathbf{x}\| \, \|\mathbf{v}\| \cos \sphericalangle(\mathbf{x}, \mathbf{v})$, *so gilt die entsprechende Beziehung*

$$\langle \mathbf{x}, \mathbf{w} \rangle = \|\mathbf{x}\| \, \|\mathbf{w}\| \cos \sphericalangle(\mathbf{x}, \mathbf{w}) \tag{1.18}$$

für $\mathbf{w} = \mathbf{u} + \mathbf{v}$.

Bemerkung (eine geometrische Deutung). Dem Beweis schicken wir folgende elementargeometrische Deutung von Aussagen wie $\langle \mathbf{x}, \mathbf{u} \rangle = \|\mathbf{x}\| \, \|\mathbf{u}\| \cos \sphericalangle(\mathbf{x}, \mathbf{u})$ voran. Den Bestandteil $\|\mathbf{u}\| \cos \sphericalangle(\mathbf{x}, \mathbf{u})$ kann man elementargeometrisch als die vorzeichenbehaftete Länge der senkrechten Projektion von $\mathbf{u}$ auf $\mathbf{x}$ ansehen; dies wird noch mit der Länge des anderen Faktors ($\mathbf{x}$) multipliziert. Von dieser Deutung des inneren Produktes zweier Vektoren machen wir im Folgenden Gebrauch.

Beweis. Wir betrachten Abbildung 1.5 von früher mit anderen Augen. Jetzt ist ein wenig räumliche Vorstellung gefragt. Die Vektoren $\mathbf{x}$ und $\mathbf{w}$ mögen in der Zeichenebene liegen, während $\mathbf{u}$ bzw. $\mathbf{v}$ derart aus der Ebene ragen, dass eben $\mathbf{w} = \mathbf{u} + \mathbf{v}$ wieder in ihr liegt, z.B. $\mathbf{u}$ nach hinten. Die Abbildung denken wir uns durch Parallelprojektion auf die Zeichenebene entstanden (Abbildungsstrahlen durch jeden Punkt stehen orthogonal auf die Zeichenebene; für jeden räumlichen Punkt ist der gezeichnete Bildpunkt der Durchstoßpunkt des Abbildungsstrahls durch die Zeichenebene. Die senkrechte Projektion von $\mathbf{u}$ auf den Vektor $\mathbf{x}$ erfolgt längs der strichlierten Geraden; obwohl sie nicht in der Zeichenebene liegen wird, erscheint der so gekennzeichnete Winkel auch in der Abbildung als rechter Winkel.) Mit dieser Interpretation gibt die Abbildung gerade die im Raume herrschende Situation wieder, und wir entnehmen ihr direkt wie im zweidimensionalen Fall die Gültigkeit von Gleichung 1.18.

Satz 1.8.1 (Inneres Produkt, Norm und Winkel). *(vgl. Satz 1.6.1 und sein Korrollar) Für alle* $\mathbf{x}, \mathbf{y} \in \mathbb{R}^3$ *gilt*

$$\langle \mathbf{x}, \mathbf{y} \rangle = \|\mathbf{x}\| \, \|\mathbf{y}\| \cos \sphericalangle(\mathbf{x}, \mathbf{y})$$

und für $\mathbf{x} \neq \mathbf{0}, \mathbf{y} \neq \mathbf{0}$ *daher auch*

$$\cos \sphericalangle(\mathbf{x}, \mathbf{y}) = \frac{\langle \mathbf{x}, \mathbf{y} \rangle}{\|\mathbf{x}\| \, \|\mathbf{y}\|}. \tag{1.19}$$

Beweis. Wir setzen $\mathbf{y}^\star = y_1 \mathbf{e}_1 + y_2 \mathbf{e}_2$. Nach den vorhergehenden Lemmata gilt die erste Beziehung des Satzes jedenfalls, wenn man als zweite Komponente $y_1 \mathbf{e}_1$ bzw. $y_2 \mathbf{e}_2$ wählt; daher auch für $\mathbf{y}^\star$ als zweite Komponente und, weil sie auch für $y_3 \mathbf{e}_3$ gilt, schließlich für $\mathbf{y}^\star + y_3 \mathbf{e}_3 = \mathbf{y}$. $\qquad\square$

Bemerkung (Orthogonalität). Wie schon im $\mathbb{R}^2$ nennen wir daher auch im $\mathbb{R}^3$ zwei Vektoren *orthogonal*, wenn $\langle \mathbf{x}, \mathbf{y} \rangle = 0$.

Das innere Produkt im $\mathbb{R}^n$. Einen Teil der bisherigen Aussagen können wir sofort allgemein auf den $\mathbb{R}^n$ übertragen. Die inneren Produkt im $\mathbb{R}^2$ und $\mathbb{R}^3$ entsprechen einander doch weitestgehend. Man definiert daher allgemein das *euklidische innere Produkt im $\mathbb{R}^n$* als

$$\langle \mathbf{x}, \mathbf{y} \rangle := x_1 y_1 + x_2 y_2 + \ldots + x_n y_n. \tag{1.20}$$

Von früher bekannte Eigenschaften übertragen sich ganz direkt:

Satz 1.8.2 (Eigenschaften des inneren Produktes). *Die Eigenschaften des euklidischen inneren Produktes im $\mathbb{R}^2$ aus Satz 1.6.2 (Positivität, Symmetrie, Linearität in beiden Komponenten) gelten sinngemäß für das euklidische Produkt im $\mathbb{R}^n$. Ebenso gelten die Aussagen i) und iii) von Korrollar 1.6.3. Wegen ii) vgl. die anschließenden Bemerkungen zu den Werten des Cosinus.*

Das soeben angesprochene Korrollar benutzt den Begriff der Norm. Wie schon im Fall der Ebene kann man durch das innere Produkt wieder die Norm (Länge) eines Vektors definieren,

$$\|\mathbf{x}\| := \sqrt{\langle \mathbf{x}, \mathbf{x} \rangle} = \sqrt{x_1^2 + x_2^2 + \dots x_n^2}.$$

Die Definition ist sinnvoll, weil der Ausdruck unter der Wurzel nicht negativ werden kann. Sicher hat unter dieser Definition jeder Vektor $\mathbf{x} \neq \mathbf{0}$ echt positive Länge oder Norm, weil mindestens einer der Summanden in der Quadratsumme echt positiv ist und die anderen nicht negativ sind. – Späterhin werden wir von einer Norm nur dann sprechen, wenn noch zusätzliche Eigenschaften erfüllt sind (die hier zwar zutreffen, die wir aber im Moment noch nicht beweisen).

Etwas subtiler ist die Definition des Winkels zwischen zwei Vektoren. Es ist nahe liegend, Beziehung 1.19 zu übernehmen, die ja für $n = 2, 3$ der Elementargeometrie entsprochen hat. Da im $\mathbb{R}^n$ für $n > 3$ eine elementargeometrische Winkeldefinition nicht existiert, steht uns eine (sinnvolle) Definition frei. Allerdings steht auf der linken Seite ein Cosinus; daher kommt jedenfalls nur eine solche Definition in Betracht, bei welcher der Ausdruck auf der rechten Seite zwischen -1 und $+1$ liegt. Dies trifft zwar zu, wir wissen es aber noch nicht und werden es erst später beweisen. Daher verfolgen wir die Winkelbestimmung in höherer Dimension im Moment nicht weiter. – Zum Längenbegriff zurückkehrend, ergibt sich die Nützlichkeit des inneren Produktes schon aus folgendem

Beispiel (Abstand eines Punktes von einer Geraden im $\mathbb{R}^n$). Der Einfachheit halber gehen wir hier von einer Geraden durch $\mathbf{0}$ aus

$$g = [\mathbf{q}] \quad (\mathbf{q} \in \mathbb{R}^n, \mathbf{q} \neq \mathbf{0})$$

sowie einem $\mathbf{x} \in \mathbb{R}^n$. Wir suchen wieder nach dem nächsten Punkt $\mathbf{x}^\star$ in g an $\mathbf{x}$. Es ist also $\|\mathbf{y} - \mathbf{x}\|$ zu minimieren ($\mathbf{y} \in g$), wobei wir, wie schon im ebenen Fall, gleich das Quadrat der Norm minimieren. – Schreiben wir $\mathbf{y} = \lambda \mathbf{q}$, so ist $\|\mathbf{y} - \mathbf{x}\|^2 = \langle \mathbf{y} - \mathbf{x}, \mathbf{y} - \mathbf{x} \rangle = \langle \mathbf{y}, \mathbf{y} \rangle - 2\langle \mathbf{y}, \mathbf{x} \rangle + \langle \mathbf{x}, \mathbf{x} \rangle = \lambda^2 \langle \mathbf{q}, \mathbf{q} \rangle - 2\lambda \langle \mathbf{x}, \mathbf{q} \rangle + \langle \mathbf{x}, \mathbf{x} \rangle$. Aus ähnlichen Gründen wie im ebenen Fall können wir voraussetzen, dass $\langle \mathbf{q}, \mathbf{q} \rangle = 1$; sonst dividiere man $\mathbf{q}$ eben durch $\|\mathbf{q}\|$. Es ist also die Funktion

$$f(\lambda) = \lambda^2 - 2\lambda \langle \mathbf{x}, \mathbf{q} \rangle + \langle \mathbf{x}, \mathbf{x} \rangle$$

zu minimieren. Führt man dies in der üblichen Weise durch, so ergibt sich $\lambda^\star = \langle \mathbf{x}, \mathbf{q} \rangle$ und als Konsequenz daraus

$$\mathbf{x}^\star = \langle \mathbf{x}, \mathbf{q} \rangle \mathbf{q} \tag{1.21}$$

als Lösung des Minimalproblems. Als *Aufgabe* zeige man, dass $\mathbf{x} - \mathbf{x}^\star \perp \mathbf{q}$ und dass aus $\mathbf{x} - \mathbf{y} \perp \mathbf{q}$ und $\mathbf{y} \in g$ schon folgt $\mathbf{y} = \mathbf{x}^\star$. – Wiederum heißt daher $\mathbf{x}^\star$ die *Orthogonalprojektion* von $\mathbf{x}$ auf die Gerade g.

Aufgaben

1.13. Wie muss – falls möglich – ξ gewählt werden, damit die nachfolgenden Paare von Vektoren parallel bzw. orthogonal stehen:

  i) $\mathbf{u} = (2, 4, 3)$, $\mathbf{v} = (1, \xi, 3)$

  ii) $\mathbf{u} = (2, \xi, 1)$, $\mathbf{v} = (-1, 0, 2)$

  iii) $\mathbf{u} = (-3, 1, 2)$, $\mathbf{v} = (5, -1, \xi)$.

1.14. In welchem Punkt kommt die Gerade $(4, -2, 1) + [(1, 3, -2)]$ dem Nullpunkt am nächsten?

1.15. Wir betrachten Geraden $g = [(4, -2, 4)] = [\mathbf{q}]$ und $h = (1, 1, 0) + [(1, 2, 2)] = \mathbf{r} + [\mathbf{s}]$. Jedes $\mathbf{z} \in h$, $\mathbf{z} = \mathbf{r} + \mu\mathbf{s}$ projizieren wir orthogonal auf g; das Bild nennen wir $\mathbf{x}$. Berechnen Sie $\|\mathbf{x} - \mathbf{z}\|$. Für welches $\mathbf{z}$ (d.h. für welches μ) wird dieser Ausdruck minimal? Sind die entsprechenden Punkte $\mathbf{z}$ und $\mathbf{x}$ dann die einander nächsten Punkte aus h bzw. g?

1.9   Lineare Abhängigkeit und Unabhängigkeit von Vektoren im $\mathbb{R}^n$

Definition, Beispiele.   Vorgelegt seien zwei Vektoren $\mathbf{x}, \mathbf{y} \in \mathbb{R}^n$. Das *Erzeugnis* von $\mathbf{x}, \mathbf{y}$ ist

$$[\mathbf{x}, \mathbf{y}] := \{\lambda\mathbf{x} + \mu\mathbf{y} : \lambda, \mu \in \mathbb{R}\}. \tag{1.22}$$

Einen Ausdruck der Form $\lambda\mathbf{x} + \mu\mathbf{y}$ nennen wir *Linearkombination* von $\mathbf{x}$ und $\mathbf{y}$.

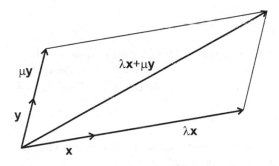

Abbildung 1.10: Nichttriviale Linearkombination

Die Anschauung suggeriert, dass jedenfalls für $n = 2, 3$ folgende Fälle möglich sind:

  a) $[\mathbf{x}, \mathbf{y}] = \{\mathbf{0}\}$ (wenn $\mathbf{x} = \mathbf{y} = \mathbf{0}$)

  b) $[\mathbf{x}, \mathbf{y}]$ ist eine Gerade (wenn beide Vektoren $\neq \mathbf{0}$ sind und $\mathbf{x} = \mu\mathbf{y}$ mit einem $\mu \neq 0$ bzw. wenn ein Vektor $\neq \mathbf{0}$, der andere aber $= \mathbf{0}$ ist

  c) $[\mathbf{x}, \mathbf{y}]$ ist eine Ebene, wenn die Vektoren nicht parallel zueinander sind.

Der Maximalfall c) hat offenbar einen gewissen Appeal. Wir wollen ihn deshalb verfolgen. Laut geometrischer Evidenz ist der Umstand, dass die Vektoren in verschiedene Richtung weisen, gleichbedeutend damit, dass der Nullvektor nur in der trivialen Weise, nämlich mit $(\lambda, \mu) = (0, 0)$ als Linearkombination von $\mathbf{x}$ und $\mathbf{y}$ dargestellt werden kann, siehe Abb. 1.10. Man fertige umgekehrt eine Skizze an, die illustriert, wie $\mathbf{0}$ in nichttrivialer Weise als Linearkombination zweier paralleler Vektoren dargestellt werden kann bzw. untersuche dies am Beispiel der Vektoren $(2, 3, -1)$ und $(-4, -6, 2)$. – Daher geben wir die

Definition 1.9.1 (Lineare Unabhängigkeit). *Zwei Elemente* $\mathbf{x}, \mathbf{y} \in \mathbb{R}^n$ *heißen* linear unabhängig, *wenn die Beziehung*

$$\lambda \mathbf{x} + \mu \mathbf{y} = \mathbf{0} \tag{1.23}$$

nur in trivialer Weise, d.h. nur für $(\lambda, \mu) = (0, 0)$ *besteht.*
Umgekehrt heißen $\mathbf{x}$ *und* $\mathbf{y}$ linear abhängig, *wenn Beziehung 1.23 auch in nichttrivial erfüllt werden kann, es also ein Paar* $(\lambda, \mu) \neq (0, 0)$ *gibt, für das* $\lambda \mathbf{x} + \mu \mathbf{y} = \mathbf{0}$ *zutrifft.*

Bemerkung. Wir bemerken zunächst, dass die zu $(\lambda, \mu) = (0, 0)$ gehörige Linearkombination

$$0\mathbf{x} + 0\mathbf{y}$$

natürlich jedenfalls $\mathbf{0}$ darstellt (*triviale Linearkombination*).

Beispiel. Wir beginnen im $\mathbb{R}^2$: *sind die Vektoren* $\mathbf{x} = (2, 5), \mathbf{y} = (1, 3)$ *linear abhängig?*
Hat also die Beziehung $\mathbf{x}\lambda + \mathbf{y}\mu = \mathbf{0}$, mithin das Gleichungssystem

$$
\begin{array}{ccccc}
x_1\lambda & + & y_1\mu & = & 0 \\
x_2\lambda & + & y_2\mu & = & 0
\end{array}
\tag{1.24}
$$

eine nichttriviale Lösung? Nach Satz 1.5.2 ist der Wert der Determinante entscheidend. Im jetzigen Beispiel ist $\Delta = x_1 y_2 - y_1 x_2 = 2 \cdot 3 - 5 \cdot 1 = 1 \neq 0$, somit gibt es genau eine Lösung, und das ist die triviale Lösung. Die beiden Vektoren sind also linear unabhängig.
Allgemein folgt aus dieser Überlegung das nützliche

Korrollar 1.9.1. *Zwei Elemente des* $\mathbb{R}^2$ *sind genau dann linear unabhängig, wenn die aus ihren Elementen gebildete Determinante von null verschieden ist.*

Beispiel. Für welche Werte von a *sind die Vektoren* $\mathbf{x} = (2, -3, 5), \mathbf{y} = (4, -6, a)$ *linear abhängig?*
Wir schreiben die relevante Beziehung in der Form $(2, -3, 5)\lambda + (4, -6, a)\mu = \mathbf{0}$. Für die erste und zweite Komponente sagt die Gleichheit dasselbe aus, $\lambda + 2\mu = 0$. Gleichheit der dritten Komponenten bedeutet $5\lambda + a\mu = 0$. Zusammen mit vorhergehenden Gleichung liegen also zwei Gleichungen in den Unbekannten λ, μ vor. Die Determinante des Systems ist $\Delta = a - 10$ und nimmt den Wert null genau für $a = 10$ an, und genau für diesen Wert sind die Vektoren linear abhängig.

Beispiel. Sind $\mathbf{x} = (3, 1, 4)$ *und* $\mathbf{y} = (5, 1, 3)$ *linear abhängig?*
Zunächst sieht man leicht wie früher, dass die Vektoren, die nur aus den beiden
ersten Komponenten bestehen, $\mathbf{x}' = (3, 1)$, $\mathbf{y}' = (5, 1)$ linear unabhängig sind.
Eine nichttriviale Beziehung für die vollen Vektoren, $\lambda \mathbf{x} + \mu \mathbf{y} = \mathbf{0}$ zöge aber auch
die entsprechende Beziehung für $\mathbf{x}'$, $\mathbf{y}'$ nach sich; sie kann daher nicht bestehen,
und $\mathbf{x}, \mathbf{y}$ sind linear unabhängig.

Parameterdarstellung einer Ebene. Den obigen Betrachtungen entsprechend
stimmt folgende Definition einer Ebene im Falle des $\mathbb{R}^3$ mit dem überein, was
die geometrische Anschauung mit diesem Begriff verbindet:

Definition 1.9.2 (Ebene). *Jede Teilmenge E des $\mathbb{R}^n$, die durch*

$$E := \mathbf{p} + [\mathbf{q}, \mathbf{r}] = \{\mathbf{x} : \mathbf{x} = \mathbf{p} + \lambda \mathbf{q} + \mu \mathbf{r}, \lambda, \mu \in \mathbb{R}\} \tag{1.25}$$

*beschrieben wird, heißt eine Ebene; dabei sind $\mathbf{p}, \mathbf{q}, \mathbf{r} \in \mathbb{R}^n$ und die Vektoren $\mathbf{q}, \mathbf{r}$ linear
unabhängig. Die Darstellung 1.25 heißt* Parameterdarstellung *von E.*

Bemerkung. Man sagt, $\mathbf{q}$ und $\mathbf{r}$ *spannen* die Ebene durch den Punkt $\mathbf{p}$ *auf.* Bei der
Darstellung eines Punktes $\mathbf{x}$ von E in der Form $\mathbf{x} = \mathbf{p} + \lambda \mathbf{q} + \mu \mathbf{r}$ heißen λ, μ die
Parameter des Punktes. Natürlich hat derselbe Punkt $\mathbf{x}$ bei einer anderen Wahl
von Vektoren zur Erzeugung der Ebene i.A. andere Parameter.

Aufgaben

1.16. Geben Sie eine nichttriviale Darstellung von $\mathbf{0}$ durch die Vektoren $(3, 1, 1)$
und $(0, 0, 0)$ an. Schließen Sie aus der gewonnenen Einsicht allgemein, dass zwei
Vektoren, deren einer der Nullvektor ist, *immer* linear abhängig sind.

1.17. Für welche Werte von a sind die Vektoren $(1, -3, -2)$, $(-2, 6, a)$ linear unabhängig?

1.18. Verwenden Sie die Parameterdarstellung von Gerade bzw. Ebene, um den
Schnittpunkt der Geraden $g = [(2, 5, 3)]$ mit der Ebene
$E = (1, 0, 0) + [(2, 1, 1), (1, 0, 1)]$ zu bestimmen.

1.19. Zeigen Sie, dass die Gerade $g = (-3, 0, 4) + [(2, 7, -2)]$ ganz in der Ebene
$E = (-2, 2, 1) + [(1, 5, 1), (-1, -2, 3)]$ enthalten ist.

1.20. Bestimmen Sie einen Punkt $\mathbf{p}$ derart, dass die Gerade $g = \mathbf{p} + [(-3, 11, -1)]$
ganz in der Ebene $E = (1, 1, 0) + [(1, 3, 1), (2, -4, 1)]$ enthalten ist!

1.10 Das äußere Produkt im Raume

Definition des äußere Produktes im $\mathbb{R}^3$. Für die Herleitung der Gleichung einer Geraden in der Ebene war es entscheidend, einen Vektor $\mathbf{n}$ anzugeben, der
normal auf die Gerade $g = \mathbf{p} + [\mathbf{q}]$, d.h. auf $\mathbf{q}$ steht. Dann konnten wir zeigen,

dass $g = \{\mathbf{x} \in \mathbb{R}^2 : n_1 x_1 + n_2 x_2 = n_1 p_1 + n_2 p_2\}$; diese Gleichung drückt eben die Orthogonalität von $\mathbf{n}$ und jedem $\mathbf{x} - \mathbf{p}$ ($= \lambda \mathbf{q}$) für $\mathbf{x} \in g$ aus: $\langle \mathbf{n}, \mathbf{x} - \mathbf{p} \rangle = 0$.

Gibt man, jetzt in $\mathbb{R}^3$, einen Vektor $\mathbf{n} \neq 0$ sowie einen Punkte $\mathbf{p}$ vor, so lässt uns die geometrische Anschauung erwarten, dass die Beziehung $\langle \mathbf{n}, \mathbf{x} - \mathbf{p} \rangle = 0$ ($\mathbf{n} \perp \mathbf{x} - \mathbf{p}$) nunmehr eine Ebene beschreibt, dass also die Gleichung einer Ebene im Raume die Gestalt

$$n_1 x_1 + n_2 x_2 + n_3 x_3 = n_0 \tag{1.26}$$

haben wird, mit $n_0 := n_1 p_1 + n_2 p_2 + n_3 p_3$.

Ein erstes Problem besteht allerdings darin, dass wir in dieser Darstellung zunächst von einer Parameterdarstellung der Ebene, $E = \mathbf{p} + [\mathbf{q}, \mathbf{r}]$, ausgehen und es zunächst nicht klar ist, wie wir überhaupt zu einem Normalenvektor auf $\mathbf{q}$ und $\mathbf{r}$ und damit, wie es obiges Anschauungsargument suggeriert, letztlich zur Ebenengleichung kommen.

Das äußere Produkt im $\mathbb{R}^3$, das wir nunmehr definieren, ermöglicht die Konstruktion eines Normalenvektors auf zwei Vektoren des $\mathbb{R}^3$; die in der Definition auftretenden Komponenten erscheinen weniger unmotiviert, wenn man in ihnen Determinanten aus zyklisch verwendeten Vektorkomponenten, nämlich

$$\begin{vmatrix} q_2 & r_2 \\ q_3 & r_3 \end{vmatrix}, \quad \begin{vmatrix} q_3 & r_3 \\ q_1 & r_1 \end{vmatrix}, \quad \begin{vmatrix} q_1 & r_1 \\ q_2 & r_2 \end{vmatrix},$$

erblickt. – Nun wirklich zur

Definition 1.10.1 (Äußeres Produkt im Raume). *Für Vektoren* $\mathbf{q}, \mathbf{r} \in \mathbb{R}^3$ *ist das äußere Produkt der Vektor*

$$\mathbf{q} \wedge \mathbf{r} := \begin{pmatrix} q_2 r_3 - q_3 r_2 \\ q_3 r_1 - q_1 r_3 \\ q_1 r_2 - q_2 r_1 \end{pmatrix} \in \mathbb{R}^3.$$

Bemerkung. Wir beachten, dass laut Definition $\mathbf{q} \wedge \mathbf{r} \in \mathbb{R}^3$. Es gibt für Räume beliebiger Dimension eine nichttriviale, aber wichtige Verallgemeinerung dieser Definition. Das Spezielle am Fall $n = 3$ ist in diesem Zusammenhang, dass es der einzige Fall ist, wo mit $\mathbf{q}$ und $\mathbf{r}$ auch $\mathbf{q} \wedge \mathbf{r}$ im Raum mit derselben Dimension n liegt.

Satz 1.10.1 (Eigenschaften des äußeren Produktes). *Es gilt für alle* $\mathbf{q}, \mathbf{r}, \mathbf{q}', \mathbf{r}' \in \mathbb{R}^3$ *sowie für alle* $\lambda, \mu \in \mathbb{R}$:

i) $\mathbf{q} \wedge \mathbf{r} \perp \mathbf{q}, \mathbf{q} \wedge \mathbf{r} \perp \mathbf{r}, d.h. \langle \mathbf{q} \wedge \mathbf{r}, \mathbf{q} \rangle = 0, \langle \mathbf{q} \wedge \mathbf{r}, \mathbf{r} \rangle = 0$ *(Orthogonalitätseigenschaft)*

ii) $\mathbf{q} \wedge \mathbf{r} = -\mathbf{r} \wedge \mathbf{q}$ *(Antisymmetrie)*

iii) $(\lambda \mathbf{q} + \mu \mathbf{q}') \wedge \mathbf{r} = \lambda (\mathbf{q} \wedge \mathbf{r}) + \mu (\mathbf{q}' \wedge \mathbf{r})$ *(Linearität in 1. Komponente)*

iv) $\mathbf{q} \wedge (\lambda \mathbf{r} + \mu \mathbf{r}') = \lambda (\mathbf{q} \wedge \mathbf{r}) + \mu (\mathbf{q} \wedge \mathbf{r}')$ *(Linearität in 2. Komponente)*.

Beweis. Zur *Orthogonalitätseigenschaft:* Direktes Nachrechnen liefert z.B.
$$\langle \mathbf{q} \wedge \mathbf{r}, \mathbf{q} \rangle = (q_2 r_3 - q_3 r_2) q_1 + (q_3 r_1 - q_1 r_3) q_2 + (q_1 r_2 - q_2 r_1) q_3$$
$$= q_1 q_2 r_3 - q_1 q_3 r_2 + q_2 q_3 r_1 - q_1 q_2 r_3 + q_1 q_3 r_2 - q_2 q_3 r_1 = 0.$$
Antisymmetrie: Es ist etwa die erste Komponente von $\mathbf{q} \wedge \mathbf{r}$ gleich $q_2 r_3 - q_3 r_2 = -(r_2 q_3 - r_3 q_2)$. Im letzten Ausdruck erkennt man aber die erste Komponente von $-\mathbf{r} \wedge \mathbf{q}$. Genauso verhält es sich für die anderen Komponenten. – Die anderen Aussagen des Satzes lassen sich ebenfalls direkt herleiten. $\square$

Beispiel. Man rechnet sofort nach
$$\begin{pmatrix} x_1 \\ x_2 \\ x_3 \end{pmatrix} \wedge \begin{pmatrix} 0 \\ 0 \\ 1 \end{pmatrix} = \begin{pmatrix} x_2 \\ -x_1 \\ 0 \end{pmatrix}.$$
Deuten Sie dieses Ergebnis geometrisch!

Satz 1.10.2.
$$\|\mathbf{q} \wedge \mathbf{r}\|^2 = \|\mathbf{q}\|^2 \|\mathbf{r}\|^2 - \langle \mathbf{q}, \mathbf{r} \rangle^2$$

Beweis. $\|\mathbf{q} \wedge \mathbf{r}\|^2 = (q_2 r_3 - q_3 r_2)^2 + \ldots = (q_1 r_2)^2 + (q_1 r_3)^2 + (q_2 r_1)^2 + (q_2 r_3)^2 + (q_3 r_1)^2 + (q_3 r_2)^2 - 2(q_1 q_2 r_1 r_2 + q_1 q_3 r_1 r_3 + q_2 q_3 r_2 r_3) = (q_1^2 + q_2^2 + q_3^2)(r_1^2 + r_2^2 + r_3^2) - (q_1 r_1 + q_2 r_2 + q_3 r_3)^2$. $\square$

Korrollar 1.10.1.
$$\|\mathbf{q} \wedge \mathbf{r}\| = \|\mathbf{q}\| \|\mathbf{r}\| |\sin \sphericalangle (\mathbf{q}, \mathbf{r})|$$

Beweis. In der Formulierung haben wir den Betrag $|\sin \sphericalangle (\mathbf{q}, \mathbf{r})|$ verwendet. Wir erinnern daran, dass für jede reelle Zahl a der *Betrag* als $|a| = \max(a, -a)$ definiert ist. Also ist der Betrag einer reellen Zahl immer ≥ 0. – Wir werden auch gleich verwenden, dass für reelles a stets $\sqrt{a^2} = |a|$ (und nicht a).
Das Korrollar folgt direkt aus dem Satz, weil
$\|\mathbf{q} \wedge \mathbf{r}\|^2 = \|\mathbf{q}\|^2 \|\mathbf{r}\|^2 - \|\mathbf{q}\|^2 \|\mathbf{r}\|^2 \cos^2 \sphericalangle (\mathbf{q}, \mathbf{r}) = \|\mathbf{q}\|^2 \|\mathbf{r}\|^2 \sin^2 \sphericalangle (\mathbf{q}, \mathbf{r})$. Zieht man daraus die Wurzel, so ergibt sich die Aussage des Korrollars. $\square$

Bemerkung. Elementargeometrisch ist $\|\mathbf{q}\| \|\mathbf{r}\| |\sin \sphericalangle (\mathbf{q}, \mathbf{r})|$ die Fläche des von den beiden Vektoren aufgespannten Parallelogramms, siehe Abbildung 1.11.

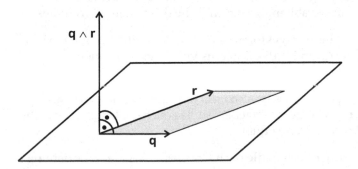

Abbildung 1.11: Äußeres Produkt von Vektoren

Das äußere Produkt steht also normal zu seinen Faktoren; die Länge entspricht der Fläche des erzeugten Parallelogramms. Insbesondere ist, geometrisch gesehen, die Fläche des Parallelogramms null, wenn die Vektoren parallel stehen, ganz in Übereinstimmung mit

Korrollar 1.10.2. *Für* $q, r \in \mathbb{R}^3$ *gilt*

$$q \wedge r = 0 \quad \Leftrightarrow \quad q \text{ und } r \text{ sind l.a.}$$

Beweis. Wir haben den Beweis im Rahmen der Linearen Algebra, d.h. ohne Rückgriff auf Elementargeometrie zu führen.
1. Wir betrachten hier den Fall, in dem q und r l.a. sind. Dann ist mit einem $\mu \in \mathbb{R}$ etwa $r = \mu q$ (oder eine derartige Beziehung besteht mit vertauschten Rollen von q und r). Es gilt dann $q \wedge r = \mu(q \wedge q)$. Dass aber $q \wedge q = 0$ ist, geht unmittelbar aus der Definition des äußeren Produktes hervor; folglich ist auch $q \wedge r = 0$.
2. seien nun q und r linear unabhängig. Dann ist keiner von ihnen der Nullvektor und es ist z.B. $[q]$ eine Gerade g. Es gilt $r \notin g$ (weil ja sonst q und r zueinander proportional, also l.a. wären). Mit $r^\star$ bezeichnen wir die orthogonale Projektion von r auf g. Dann gilt nach unseren früheren Betrachtungen über die orthogonale Projektion $(r - r^\star) =: m \perp g$. Wegen $r \notin g$, aber $r^\star \in g$, ist $m \neq 0$. Weiterhin ist mit einem $\lambda \in \mathbb{R}$: $r^\star = \lambda q$. Es folgt $q \wedge r = q \wedge (\lambda q + m) = \lambda q \wedge q + r \wedge m = q \wedge m$ (wir beachten wieder $q \wedge q = 0$). Satz 1.10.2 reduziert sich wegen $q \perp m$, also $\langle q, m \rangle = 0$, auf die Aussage $\|q \wedge m\|^2 = \|q\|^2 \|m\|^2$; jeder der beiden rechts stehenden Faktoren ist aber $\neq 0$, weil die jeweiligen Vektoren nicht 0 sind; folglich ist $q \wedge m \neq 0$ und damit $q \wedge r \neq 0$. $\square$

Beispiel. Der Rechnung $\begin{pmatrix} -2 \\ 1 \\ 3 \end{pmatrix} \wedge \begin{pmatrix} 3 \\ 2 \\ 1 \end{pmatrix} = \begin{pmatrix} -5 \\ 11 \\ -7 \end{pmatrix}$ entnimmt man sofort, dass die beiden links stehenden Vektoren linear unabhängig sind, und man hat einen Orthogonalvektor gewonnen.

Aufgaben

1.21. Entscheiden Sie die Frage, für welche Werte von a die beiden Vektoren $(1, -3, -2)$ und $(-2, 6, a)$ linear abhängig sind mithilfe des äußeren Produktes.

1.22. Berechnen Sie für die Einheitsvektoren in $\mathbb{R}^3$, e_1, e_2, e_3, diverse äußere Produkte $e_i \wedge e_j$, aber erst, nachdem Sie das Ergebnis voraus gesagt haben.

1.23. Zeigen Sie durch Rechnung, dass für das äußere Produkt in $\mathbb{R}^3$ im Allgemeinen $(p \wedge q) \wedge r \neq p \wedge (q \wedge r)$ gilt; es ist also *nicht assoziativ*. Können Sie mithilfe von Richtungsbetrachtungen Vektoren angeben, so dass sich die Ungleichheit ohne Rechnung in geometrischer Weise ergibt?

1.24. Zeigen Sie: für alle p, q, r besteht die nach *Grassmann* benannte Beziehung

$$p \wedge (q \wedge r) = \langle p, r \rangle q - \langle p, q \rangle r.$$

Weshalb kann man auch ohne Rechnung rein geometrisch sagen, dass die linke Seite der Grassmann'schen Identität sich als Linearkombination von $\mathbf{q}$ und $\mathbf{r}$ darstellen lassen muss? – Vertauschen Sie nunmehr die Argumente zyklisch und addieren Sie, um die *Jacobi'sche Identität*

$$\mathbf{p} \wedge (\mathbf{q} \wedge \mathbf{r}) + \mathbf{q} \wedge (\mathbf{r} \wedge \mathbf{p}) + \mathbf{r} \wedge (\mathbf{p} \wedge \mathbf{q}) = 0$$

zu gewinnen.

1.11   Ebenen im Raume; Abstand Punkt – Ebene

Ebenengleichung im $\mathbb{R}^3$.   Wir gehen von einer Ebene im Raume

$$E = \mathbf{p} + [\mathbf{q}, \mathbf{r}] = \{\mathbf{x} = \mathbf{p} + \lambda \mathbf{q} + \mu \mathbf{r} : \lambda, \mu \in \mathbb{R}\}$$

aus $(\mathbf{p}, \mathbf{q}, \mathbf{r} \in \mathbb{R}^3; \mathbf{q}, \mathbf{r}$ l.u.$)$.

Satz 1.11.1 (Ebenengleichung im Raume; vgl. Satz 1.5.1).

i) *Ist $E = \mathbf{p} + [\mathbf{q}, \mathbf{r}]$ ($\mathbf{q}, \mathbf{r}$ l.u.) eine Ebene im $\mathbb{R}^3$ und ist zudem $\mathbf{n} := \mathbf{q} \wedge \mathbf{r}$ sowie $n_0 = n_1 p_1 + n_2 p_2 + n_3 p_3$, so gilt für die Lösungsgesamtheit $E^\star$ der Gleichung*

$$n_1 x_1 + n_2 x_2 + n_3 x_3 = n_0 \; (\text{Ebenengleichung im } \mathbb{R}^3)$$

   die Beziehung $E^\star = E$.

ii) *Gibt man umgekehrt einen Vektor $\mathbf{n} = (n_1, n_2, n_3) \neq \mathbf{0}$ und ein $n_0 \in \mathbb{R}$ vor, so ist die Menge $E^\star := \{\mathbf{x} \in \mathbb{R}^3 : n_1 x_1 + n_2 x_2 + n_3 x_3 = n_0\}$ eine Ebene.*

Der *Beweis* kann nach dem Vorbild von Satz 1.5.1 geführt werden. Der einzige ein wenig schwierigere Teil ist der Beweis von ii). Man hat sich klar zu machen, dass es *zwei* auf $\mathbf{n}$ normale und von einander linear unabhängige Vektoren $\mathbf{q}$, $\mathbf{r}$ gibt; anschließend kann man wie im Fall der Geradengleichung argumentieren.

Abstand eines Punktes von einer Ebene.   Die Aufgabenstellung ist ganz analog wie im Fall des Abstands eines Punktes von einer Geraden in $\mathbb{R}^2$; die Bezeichnung für die Ebene $E = \mathbf{p} + [\mathbf{q}, \mathbf{r}]$ sei wie im Satz oben gewählt. Es wird hier nicht ganz so leicht sein, wie im Geradenfall mit einem Vektor analog zu (c, s) vorzugehen, schon weil wir jetzt zwei Vektoren $\mathbf{q}$, $\mathbf{r}$ vor uns haben.
Wir lassen uns aber vom Fall niedriger Dimension inspirieren, *definieren* $\mathbf{x}^\star$ als die orthogonale Projektion von $\mathbf{x}$ auf E und zeigen dann, dass $\mathbf{x}^\star$ tatsächlich der an $\mathbf{x}$ nächstgelegene Punkt der Ebene ist.
Wir definieren

$$n_1 x_1 + n_2 x_2 + n_3 x_3 =: m_0.$$

$\mathbf{x}^\star$ muss jedenfalls der Ebenengleichung

$$n_1 x_1^\star + n_2 x_2^\star + n_3 x_3^\star = n_0$$

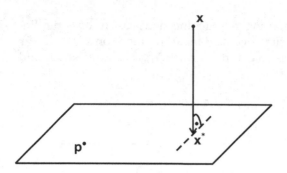

Abbildung 1.12: Orthogonale Projektion eines Punktes auf eine Ebene

genügen. Subtrahiert man die beiden Gleichungen und schreibt die linke Seite in Gestalt eines inneren Produktes, so ergibt sich $\langle \mathbf{n}, \mathbf{x} - \mathbf{x}^\star \rangle = m_0 - n_0$. Wir haben noch nicht benutzt, dass $\mathbf{x}^\star$ auf der Geraden durch $\mathbf{x}$ in Richtung $\mathbf{n}$ liegt (Abb. 1.12), also von der Gestalt $\mathbf{x}^\star = \mathbf{x} + \nu^\star \mathbf{n}$ ist; mit der Beziehung $\mathbf{x} - \mathbf{x}^\star = -\nu^\star \mathbf{n}$, im zweiten Faktor des inneren Produktes verwendet, ergibt sich $\nu^\star = \frac{n_0 - m_0}{\langle n, n \rangle}$.

In dieser Darstellung ersetzen wir n_0 durch $n_1 p_1 + n_2 p_2 + n_3 p_3$ (wegen $\mathbf{p} \in E$), ferner m_0 durch den definierenden Ausdruck, und erhalten zusammenfassend

$$\mathbf{x}^\star = \mathbf{x} + \frac{n_1(p_1 - x_1) + n_2(p_2 - x_2) + n_3(p_3 - x_3)}{n_1^2 + n_2^2 + n_3^2} \mathbf{n} . \tag{1.27}$$

Es bleibt zu zeigen, dass $\mathbf{x}^\star$ tatsächlich der an $\mathbf{x}$ nächstgelegene Punkt in E ist. Wegen $\mathbf{x}^\star \in E$ gilt auch $E = \mathbf{x}^\star + [\mathbf{q}, \mathbf{r}]$. (Hier ist wieder die kleine zusätzliche Überlegung $E = \mathbf{p} + [\mathbf{q}, \mathbf{r}] = \mathbf{x}^\star + [\mathbf{q}, \mathbf{r}]$ wegen $\mathbf{x}^\star \in E$ einzufügen.) Für $\mathbf{y} \in E$, $\mathbf{y} = \mathbf{x}^\star + \lambda \mathbf{q} + \mu \mathbf{r}$ zeigen wir $\|\mathbf{y} - \mathbf{x}\|^2 > \|\mathbf{x}^\star - \mathbf{x}\|^2$, falls $\mathbf{y} \neq \mathbf{x}^\star$. Wie man aus $\langle \mathbf{y} - \mathbf{x}^\star, \mathbf{x}^\star - \mathbf{x} \rangle = \langle \lambda \mathbf{q} + \mu \mathbf{r}, \nu^\star \mathbf{n} \rangle = \lambda \nu^\star \langle \mathbf{q}, \mathbf{n} \rangle + \mu \nu^\star \langle \mathbf{r}, \mathbf{n} \rangle = 0$ ($\mathbf{n} \perp E!$) sieht, ist $\mathbf{y} - \mathbf{x}^\star \perp \mathbf{x}^\star - \mathbf{x}$. Somit gilt unter Verwendung des pythagoreischen Lehrsatzes $\|\mathbf{y} - \mathbf{x}\|^2 = \|(\mathbf{y} - \mathbf{x}^\star) + (\mathbf{x}^\star - \mathbf{x})\|^2 = \|\mathbf{y} - \mathbf{x}^\star\|^2 + \|\mathbf{x}^\star - \mathbf{x}\|^2 > \|\mathbf{x}^\star - \mathbf{x}\|^2$, wenn $\mathbf{y} \neq \mathbf{x}^\star$, q.e.d.(= *quod erat demonstrandum*, was zu beweisen war).

Denken wir uns $\mathbf{n}$ normiert, so ist $\nu^\star$ einfach der Abstand von $\mathbf{x}$ zu E; dieser ist dann $n_0 - m_0 = n_1(p_1 - x_1) + n_2(p_2 - x_2) + n_3(p_3 - x_3)$. Wenn darüber hinaus $\mathbf{0}$ in E, also $E = [\mathbf{q}, \mathbf{r}]$, so nimmt die Darstellung der orthogonalen Projektion, Gleichung 1.27, nunmehr in Koordinaten geschrieben, die Form an

$$\begin{array}{ccccccc} x_1^\star &=& (1 - n_1^2) & x_1 &+& (n_1 n_2) & x_2 &+& (n_1 n_3) & x_3 \\ x_2^\star &=& (n_2 n_1) & x_1 &+& (1 - n_2^2) & x_2 &+& (n_2 n_3) & x_3 \\ x_3^\star &=& (n_3 n_1) & x_1 &+& (n_3 n_2) & x_2 &+& (1 - n_3^2) & x_3 \end{array} \tag{1.28}$$

Ähnlich wie bei Gleichung 1.14 definiert die rechte Seite wieder eine Abbildung $\mathcal{P}$. Für die auftretenden speziellen Koeffizienten schreiben wir $a_{11}, a_{12}, \ldots$, und somit

$$\mathcal{P}(\mathbf{x}) = \begin{pmatrix} a_{11} x_1 &+& a_{12} x_2 &+& a_{13} x_3 \\ a_{21} x_1 &+& a_{22} x_2 &+& a_{23} x_3 \\ a_{31} x_1 &+& a_{32} x_2 &+& a_{33} x_3 \end{pmatrix} . \tag{1.29}$$

Summenschreibweise. Mit höherer Dimension des Grundraumes wird die Anzahl der Summanden in einander entsprechenden Fällen immer größer; man vergleiche etwa Gl. 1.14 und 1.29, die im $\mathbb{R}^2$ bzw. $\mathbb{R}^3$ analoge Sachverhalte beschreiben. Von der Länge der Formeln ganz abgesehen, stellt sich auch die Analogie nicht ganz so deutlich dar, wie man wünschen möchte. Die Summenschreibweise schafft hier Abhilfe.

Beginnen wir mit dem Beispiel des inneren Produktes zweier Vektoren. Dann schreibt man z.B. im räumlichen Fall für das skalare Produkt $\langle \mathbf{x}, \mathbf{y} \rangle$ die Summe der $x_i y_i$, i von 1 bis 3, als

$$\langle \mathbf{x}, \mathbf{y} \rangle = x_1 y_1 + x_2 y_2 + x_3 y_3 = \sum_{i=1}^{3} x_i y_i = \sum_{1 \le i \le 3} x_i y_i.$$

Dies besagt, dass der *Summationsindex*, den wir hier mit i bezeichnet haben, von 1 bis 3 läuft und für jeden Wert von i der Summand $x_i y_i$ zu bilden und zu addieren ist. Das entsprechende innere Produkt heißt dann im $\mathbb{R}^n$ einfach $x_1 y_1 + \ldots + x_n y_n = \sum_{i=1}^{n} x_i y_i$. 1 bzw. n geben in diesem Falle die untere bzw. obere *Summationsgrenze* und damit insgesamt den *Summationsbereich* an.

Für den Summationsindex kann man ein beliebiges Symbol wählen, das noch nicht mit einer Bedeutung belegt ist. Häufig wählt man die Buchstaben $i, j, k, \ldots$. Außerhalb der Summe hat das Symbol keinen Wert und keine Bedeutung und kann daher z.B. später wieder als Summationsindex verwendet werden. – Nach diesen Bemerkungen ist z.B. $\sum_{i=1}^{n} x_i y_i = \sum_{j=1}^{n} x_j y_j$.

Kehren wir zur Projektion eines Punktes auf eine Ebene zurück (gleich in Gestalt von Gleichung 1.29, die natürlich mit allgemeinen Koeffizienten auch noch andere Abbildungen beschreibt) und setzen wir $\mathbf{y} := \mathcal{P}(\mathbf{x})$, so können wir die Abbildung auch durch

$$y_i = \sum_{j=1}^{3} a_{ij} x_j \quad (i = 1, 2, 3) \tag{1.30}$$

angeben.

Ein anderes Beispiel für die Prägnanz der Summenschreibweise liefern *Polynome*. So ist $a_0 + a_1 x + a_2 x^2 + \ldots + a_n x^n = \sum_{k=0}^{n} a_k x^k$. Speziell ist etwa $1 + 2x + 3x^2 = \sum_{k=0}^{2} k x^k$, und wem n zur Angabe der Zahl n zu langweilig ist, der schreibe dafür $\sum_{j=1}^{n} 1$.

Bemerkung (Beweis durch vollständige Induktion). Das folgende Lemma wird mit dem Beweisprinzip der *vollständigen Induktion* bewiesen. Ein Induktionsbeweis bezieht sich auf den Fall, in dem für jedes $n \in \mathbb{N}$ eine Aussage $\mathcal{A}_n$ zu zeigen ist, z.B. im Lemma

$$\mathcal{A}_n : \quad \sum_{k=1}^{n} (x_k + y_k) = \sum_{k=1}^{n} x_k + \sum_{k=1}^{n} y_k.$$

Ein *Beweis durch vollständige Induktion* gliedert sich in zwei Teile:

i) (*Induktionsanfang*) Hier wird gezeigt, dass die *erste Aussage* $\mathcal{A}_1$ zutrifft.

ii) (*Induktionsschritt*) Man zeigt: *wenn* für ein $n \in N$ die Aussage $\mathcal{A}_n$ zutrifft (so genannte *Induktionsvoraussetzung*), *dann* trifft auch $\mathcal{A}_{n+1}$ zu, kurz

$$\mathcal{A}_n \Rightarrow \mathcal{A}_{n+1}.$$

Sind diese beiden Punkte gezeigt, so ist zunächst $\mathcal{A}_1$ (Induktionsanfang) und unter Anwendung des Induktionsschrittes der Reihe nach $\mathcal{A}_2, \mathcal{A}_3, \ldots$ bewiesen.

Lemma 1.11.1. (*Rechenregeln für Summen*)

i) $\sum_{k=1}^n (x_k + y_k) = \sum_{k=1}^n x_k + \sum_{k=1}^n y_k$

ii) $\sum_{k=1}^n \lambda x_k = \lambda \sum_{k=1}^n x_k$

iii) $\sum_{k=1}^n (\lambda x_k + \mu y_k) = \lambda \sum_{k=1}^n x_k + \mu \sum_{k=1}^n y_k$

Beweis. i) Der Induktionsanfang ($n = 1$) besagt $(x_1 + y_1) = x_1 + y_1$, ist also trivialerweise richtig.
Zum Induktionsschritt: Es sei für ein n (und für alle $x_1, \ldots, x_n$; $y_1, \ldots, y_n$) die Induktionsvoraussetzung

$$\mathcal{A}_n : \sum_{k=1}^n (x_k + y_k) = \sum_{k=1}^n x_k + \sum_{k=1}^n y_k$$

bewiesen. Es ist die entsprechende Aussage $\mathcal{A}_{n+1}$ für $n + 1$ Summanden zu zeigen. Es ist aber $\sum_{k=1}^{n+1}(x_k + y_k) = \sum_{k=1}^n (x_k + y_k) + (x_{n+1} + y_{n+1}) \overset{\mathcal{A}_n}{=} \sum_{k=1}^n x_k + \sum_{k=1}^n y_k + x_{n+1} + y_{n+1} = \sum_{k=1}^{n+1} x_k + \sum_{k=1}^{n+1} y_k$.
Die Aussagen ii) und iii) beweist man ähnlich. $\square$

Bemerkung (Definition durch vollständige Induktion). Das Prinzip der vollständigen Induktion kann man abwandeln, um eine Kette $\mathcal{D}_n$ von Definitionen zu bilden ($n \in \mathbb{N}$). Man spricht dann auch von *rekursiver Definition*.
So wird z.B. exakter, als wir dies etwas weiter oben durchgeführt haben, der Begriff der Summe $\sum_{k=1}^n x_k$ durch Induktion so definiert:

i) (*Induktionsanfang*) $\mathcal{D}_1$: $\sum_{k=1}^1 x_k = x_1$

ii) (*Induktionsschritt* $\mathcal{D}_n \rightsquigarrow \mathcal{D}_{n+1}$): $\sum_{k=1}^{n+1} x_k := \sum_{k=1}^n x_k + x_{n+1}$.

Geht man zum Beweis des Lemmas zurück, so wird man bemerken, dass an einer Stelle diese rekursive Definition der Summe benutzt worden ist.

Aufgaben

1.25. Es seien $\mathbf{x}_1, \mathbf{x}_2, \ldots \in \mathbb{R}^3, \alpha \in \mathbb{R}$. Zeigen Sie durch Induktion nach der Anzahl der Summanden: $\sum_{i=1}^n \alpha \mathbf{x}_i = \alpha \sum_{i=1}^n \mathbf{x}_i$.

1.26. Die Ebene wird durch eine Gerade in zwei Teile geteilt; durch zwei Geraden in allgemeiner Lage (die Geraden weder zueinander parallel noch übereinstimmend) in vier Teile. In wie viele Teile wird eine Ebene durch drei Geraden in allgemeiner Lage geteilt? (Was hat man hier unter „allgemeine Lage" zu verstehen?)

Es bezeichne $N(n)$ die Anzahl der Teile, durch die eine Ebene durch n Geraden in allgemeiner Lage geteilt wird. Bestimmen Sie aus den Werten $N(1), N(2), N(3)$ drei Konstanten a_0, a_1, a_2, so dass für diese Werte von n: $N(n) = a_0 + a_1 n + a_2 n^2$. Zeigen Sie durch Induktion nach n, dass diese Beziehung für *alle* $n \in N$ gültig ist. (Beachten Sie dazu, wie eine weitere hinzutretende Gerade die bisherige Unterteilung der Ebene verändert.)

1.12 Abbildungen

Grundlagen. Den Begriff *Abbildung* haben wir bisher in geometrischem Zusammenhang im unmittelbar intuitiven Sinn gebraucht.

Überall dort, wo dies der Fall war, erkennt man die allgemeine Situation wieder, die wir jetzt beschreiben. X und Y seien beliebige, nichtleere Mengen. Es möge eine *Zuordnung* vorliegen, die *jedem $x \in X$ genau ein $y \in Y$ zuweist*; wir schreiben etwa für $y = f(x)$. Dann heißt f eine *Abbildung* von X nach Y, in Zeichen $f : X \longrightarrow Y$ oder $X \overset{f}{\longrightarrow} Y$.

X nennt man den *Definitionsbereich* von f, Y den *Bildbereich*.

Für den geläufigen Fall $X - Y - \mathbb{R}$ stellt man die üblichen Abbildungen (Polynome, trigonometrische Funktionen usw.) bekanntlich als *Kurve* in der Ebene dar. Den entsprechenden allgemeinen Begriff gibt die

Definition 1.12.1 (Graph einer Abbildung). *Es sei f eine Abbildung von X nach Y. Dann ist der* Graph *von* f,

$$Graph(f) := \{(x, f(x)) : x \in X\}. \tag{1.31}$$

Bemerkung. Offenbar ist $G_f := Graph(f) \subseteq X \times Y$. Ferner hat G_f aufgrund der entsprechenden Eigenschaft einer Abbildung die Eigenschaft, dass es zu jedem $x \in X$ genau ein $y \in Y$ gibt derart, dass $(x, y) \in G$.

Für $X = Y = \mathbb{R}$ und die üblichen Abbildungen ergibt sich genau die Teilmenge des $\mathbb{R}^2$, die wir aus den zahlreichen Darstellungen kennen. („Kurve" sagen wir nicht gerne, aber doch. In der Analysis ist eine Kurve etwas anderes als in unserem Zusammenhang, nämlich die Abbildung $\phi : x \to (x, f(x))$, wobei also $\mathbb{R} \overset{\phi}{\to} \mathbb{R}^2$. Hier bei uns ist die Kurve nur die Bildmenge),

Mit $X = \mathbb{R}^2$ und (wie wir jetzt sagen) $Z = \mathbb{R}$ stellt der Graph einer Abbildung $f : X \to Z$ (mit denselben Vorbehalten wie bei der Kurve) eine Fläche dar; denn jedem Paar $(x, y) \in X$ wird ein $z = f(x, y)$ zugeordnet; siehe Abbildung 1.13.

Für jede Menge X definieren wir die *identische Abbildung* oder *Identität* $\mathcal{I}_X : X \to X$, wobei $\mathcal{I}_X(x) = x \,\forall\, x \in X$.

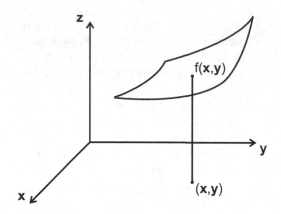

Abbildung 1.13: Graph einer Abbildung $f : \mathbb{R}^2 \to \mathbb{R}$

Zusammensetzung von Abbildungen. Wenn die „mittlere" Menge Y übereinstimmt im Sinne von $f : X \to Y$, $g : Y \to Z$, kann man f und g auf $x \in X$
sukzessive anwenden. Man spricht dann von Zusammensetzung der Abbildungen:

Definition 1.12.2 (Zusammensetzung von Abbildungen). *Für zwei Abbildungen*
$f : X \to Y$ *und* $g : Y \to Z$ *(X, Y, Z beliebige Mengen) definiert man die* zusammengesetzte Abbildung

$$h = g \circ f : X \to Z$$

durch

$$(g \circ f)(x) := g(f(x)).$$

Beispiel. $X = Y = Z = \mathbb{R}$, $f : x \to (x-1)^2$, $g : y \to (y+2)^3$. $g \circ f(x) = g(f(x)) = (f(x) + 2)^3 = ((x-1)^2 + 2)^3$.

Beispiel (Zusammensetzung linearer Abbildungen). $X = Y = Z = \mathbb{R}^2$, $\mathcal{A}$ und $\mathcal{B}$
seien lineare Abbildungen (s. Gl. 1.14), wobei wir die Koeffizienten mit a_{ij} bzw.
b_{ij} bezeichnen: Ist $\mathbf{y} = \mathcal{B}(\mathbf{x})$, so ist $y_i = b_{i1}x_1 + b_{i2}x_2$ ($i = 1, 2$). – Es ist nach
$\mathcal{C} = \mathcal{A} \circ \mathcal{B}$ gefragt.
Mit $\mathbf{y} := \mathcal{B}(\mathbf{x})$ und $\mathbf{z} := \mathcal{C}(\mathbf{y})$ ist nach Definition der Zusammensetzung $z_i = a_{i1}y_1 + a_{i2}y_2 = a_{i1}(b_{11}x_1 + b_{12}x_2) + a_{i2}(b_{21}x_1 + b_{22}x_2) = (a_{i1}b_{11} + a_{i2}b_{21})x_1 + (a_{i1}b_{12} + a_{i2}b_{22})x_2$. Wir sehen also, dass mit $\mathcal{A}, \mathcal{B}$ auch die Zusammensetzung
wieder linear ist, und zwar ist die Zusammensetzung von der Gestalt

$$\mathcal{C}(\mathbf{x}) = \mathcal{A} \circ \mathcal{B}(\mathbf{x}) = \begin{pmatrix} (a_{11}b_{11} + a_{12}b_{21})x_1 & + & (a_{11}b_{12} + a_{12}b_{22})x_2 \\ (a_{21}b_{11} + a_{22}b_{21})x_1 & + & (a_{21}b_{12} + a_{22}b_{22})x_2 \end{pmatrix}. \quad (1.32)$$

Bemerkung. Das letzte Beispiel zeigt, dass jedenfalls für Abbildungen $\mathbb{R}^2 \to \mathbb{R}^2$
die Zusammensetzung linearer Abbildungen wieder linear ist, wobei aber die Herleitung schon durchscheinen lässt, dass das Resultat allgemeiner gilt.

Beispiel (Inverses einer linearen Abbildung). Betrachten wir nun eine lineare Abbildung $\mathcal{A} : \mathbb{R}^2 \to \mathbb{R}^2$ nach Gleichung 1.14. Der Fall, in dem es zu jedem $\mathbf{y} \in \mathbb{R}^2$ genau ein $\mathbf{x} \in \mathbb{R}^2$ gibt mit $\mathbf{y} = \mathcal{A}(\mathbf{x})$, in dem also das zugehörige Gleichungssystem

$$
\begin{aligned}
a_{11}x_1 &+ a_{12}x_2 &= y_1 \\
a_{21}x_1 &+ a_{22}x_2 &= y_2
\end{aligned}
$$

für jede vorgegebene rechte Seite genau eine Lösung hat, *also der Fall, in dem die Determinante* $\Delta = a_{11}a_{22} - a_{12}a_{21} \neq 0$ *ist*, zeichnet sich dadurch aus, dass man die Abbildung $\mathcal{A}$ gleichsam umkehren (*invertieren*) kann. Die *inverse Abbildung*, die standardmäßig mit $\mathcal{A}^{-1}$ bezeichnet wird, ordnet jedem $\mathbf{y}$ das (existierende und eindeutig bestimmte) $\mathbf{x}$ zu, für welches $\mathcal{A}(\mathbf{x}) = \mathbf{y}$, also

$$
\mathbf{y} = \mathcal{A}(\mathbf{x}) \Leftrightarrow \mathbf{x} = \mathcal{A}^{-1}(\mathbf{y}).
$$

Die Gestalt der inversen Abbildung $\mathcal{A}^{-1}$, die also genau dann definiert ist, wenn $\Delta \neq 0$, kann man leicht angeben, indem man im Gleichungssystem nach $\mathbf{x}$ auflöst (siehe Satz 1.5.3); es ergibt sich

$$
\mathcal{A}^{-1}(\mathbf{y}) = \left(\begin{array}{ccc} \frac{a_{22}}{\Delta}y_1 & - & \frac{a_{12}}{\Delta}y_2 \\ -\frac{a_{21}}{\Delta}y_1 & + & \frac{a_{11}}{\Delta}y_2 \end{array} \right). \tag{1.33}
$$

Wie dieses Beispiel zeigt und wir später allgemein sehen werden, *ist das Inverse einer linearen Abbildung wieder linear*, falls vorhanden.

Folgender Gedankengang liegt nahe: wenn wir von $\mathbf{x}$ ausgehen, $\mathcal{A}$ und anschließend $\mathcal{A}^{-1}$ anwenden, müssen wir doch wieder zu $\mathbf{x}$ gelangen. Die Rechnung bestätigt dies auch: Gleichung 1.32 gibt uns die Gestalt von $\mathcal{A}^{-1} \circ \mathcal{A}$ und damit

$$
\mathcal{A}^{-1} \circ \mathcal{A}(\mathbf{x}) = \left(\begin{array}{ccc} (\frac{a_{22}}{\Delta}a_{11} - \frac{a_{12}}{\Delta}a_{21})x_1 & + & (\frac{a_{22}}{\Delta}a_{12} - \frac{a_{12}}{\Delta}a_{22})x_2 \\ (-\frac{a_{21}}{\Delta}a_{11} + \frac{a_{11}}{\Delta}a_{21})x_1 & + & (-\frac{a_{21}}{\Delta}a_{12} + \frac{a_{11}}{\Delta}a_{22})x_2 \end{array} \right) = \left(\begin{array}{c} x_1 \\ x_2 \end{array} \right),
$$

wie man unter Beachtung von $\Delta = a_{11}a_{22} - a_{12}a_{21}$ direkt erkennt; also

$$
\mathcal{A}^{-1} \circ \mathcal{A}(\mathbf{x}) = \mathbf{x} \ \forall \mathbf{x}.
$$

Auf dieselbe Weise sieht man auch, dass

$$
\mathcal{A} \circ \mathcal{A}^{-1}(\mathbf{y}) = \mathbf{y} \ \forall \mathbf{y}.
$$

Beispiel. Wir betrachten wieder die Orthogonalprojektion $\mathcal{P}$ auf eine Gerade durch $\mathbf{0}$ im ebenen Fall in der Gestalt von Gleichung 1.13. Geometrisch können wir von vornherein erwarten, dass $\mathcal{P} \circ \mathcal{P} = \mathcal{P}$; denn ein einmal projizierter Punkt bleibt unter nochmaliger Anwendung der Projektion unverändert. Wir wollen dies nun auch algebraisch zeigen. – Dazu setzen wir $\mathcal{Q} := \mathcal{P} \circ \mathcal{P}$ und zeigen, dass die Koeffizienten von $\mathcal{Q}$ mit denjenigen von $\mathcal{P}$ übereinstimmen. Denn es ist z.B. $q_{11} = c^2c^2 + cscs = c^2(c^2 + s^2) = c^2 = p_{11}$, weil c und s Cosinus- bzw. Sinuswerte sind und daher die Quadratsumme gleich 1 ist. Für die anderen Koeffizienten von $\mathcal{Q}$ geht man analog vor.

Selbstverständlich gilt ein analoges Resultat für die Projektion auf eine Ebene im räumlichen Fall.

Satz 1.12.1 (Assoziativität der Zusammensetzung). *Es seien* $f : X \to Y$, $g : Y \to Z$ *und* $h : Z \to U$ *Abbildungen. Dann sind die unten stehenden Ausdrücke sinnvoll, und die Zusammensetzung ist* assoziativ, *d.h.*

$$(h \circ g) \circ f = h \circ (g \circ f).$$

Der *Beweis* kann als Übung überlassen bleiben.

Injektive und surjektive Abbildungen.   Wir gehen jetzt wieder zu allgemeinen, d.h. nicht notwendig linearen Abbildungen über. – Bei einer Abbildung $f : X \to Y$ (X, Y beliebige Mengen) können wir zunächst fragen, ob denn unterschiedliche Argumente x auch stets zu unterschiedlichen Bildern $f(x)$ führen. (Nur dann wird späterhin aus dem Bild eine eindeutige Rekonstruktion des Originals möglich sein.) Eine derartige Eigenschaft, die in Abbildung 1.14 veranschaulicht ist, kennzeichnen wir durch eine eigene Bezeichnung:

Definition 1.12.3 (Injektivität). *Eine Abbildung* $f : X \to Y$ *heißt* injektiv, *wenn aus* $x \neq x'$ *stets folgt* $f(x) \neq f(x')$, *wenn also unterschiedliche Originale stets unterschiedliche Bilder haben.*

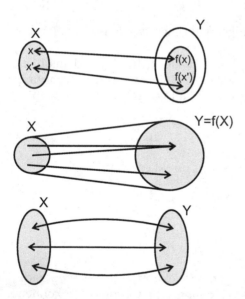

Abbildung 1.14: Injektiv, surjektiv, bijektiv

Bemerkung.   Die soeben gegebene Definition kann man auch anders wenden; offenbar ist eine Funktion f *genau dann injektiv, wenn die Implikation* $f(x) = f(x') \Rightarrow x = x'$ *gilt*.

Beispiel. Ist z.B. $X = [0, \infty), Y = [0, \infty)$ und $f : x \to x^2$, so ist Abbildung bekanntlich streng monoton steigend ($0 \le x < x' \Rightarrow f(x) = x^2 < f(x') = (x')^2$) und daher injektiv; denn für zwei Argumente x, x' mit $x \neq x'$ gilt o.B.d.A. etwa

$x < x'$ und daher $f(x) < f(x')$, also $f(x) \neq f(x')$, d.h. f ist injektiv. – Für dieselbe (eben nicht dieselbe!) Abbildung mit Definitionsbereich $X = \mathbb{R}$ verhält es sich aber ganz anders, denn es ist z.B. $f(2) = f(-2) = 4$, d.h. *diese* Abbildung ist *nicht* injektiv. – Daraus sieht man, wie wichtig es ist, zu einer Abbildung stets den Definitionsbereich und Bildbereich anzugeben. Zwei Abbildungen heißen dann gleich, wenn sie in Definitions- und Bildbereich übereinstimmen und bei Anwendung auf Elemente des Definitionsbereiches jeweils die gleichen Bilder liefern.

Bemerkung (Definition des Begriffes Abbildung). Irgendwie ist das alles etwas kompliziert. Warum? Weil wir uns bisher gescheut haben, die *wirkliche* Definition einer Abbildung zu geben. Nach all diesen Vorbereitungen aber haben wir einen besseren Durchblick: Mengen X und Y seien gegeben sowie eine Menge $G \subseteq X \times Y$, die genau der schon früher eingeführte Graph ist. Von G fordern wir daher die folgende, uns schon begegnete Eigenschaft: Zu jedem $x \in X$ gibt es genau ein $y \in Y$ mit $(x, y) \in G$. Dann definiert das Tripel (X,Y,G) eine Abbildung $f : X \to Y$. Und zwar ist $y = f(x) \Leftrightarrow (x, y) \in G$. Also sagen wir gleich und endgültig, eine Abbildung *ist* ein Tripel, $f = (X, Y, G)$, wobei G die oben genannten Eigenschaften besitzt. (Das garantiert, geometrisch anschaulich gesprochen, dass der Graph in den einfachen konkreten Fällen wirklich eine Kurve oder Fläche im elementaren Sinn ist.)

Damit stellt sich schön dar, wann zwei Abbildungen $f = (X, Y, G)$ und $f' = (X', Y', G')$ gleich sind, $f = f'$: genau dann, wenn $X = X'$ (also die Definitionsbereiche übereinstimmen), $Y = Y'$ (die Bildbereiche ebenfalls) und $G = G'$ (das besagt, dass die Werte übereinstimmen).

Beispiel. Wir betrachten wieder eine Abbildung $\mathcal{A} : \mathbb{R}^2 \to \mathbb{R}^2$ wie in Gleichung 1.14 mit Koeffizienten $a_{ij} \in \mathbb{R}$, d.h. eine lineare Abbildung. Wir fragen, wann $\mathcal{A}$ injektiv ist.

Dies ist nach Definition genau dann der Fall, wenn zu jedem **y** genau ein **x** existiert mit $\mathcal{A}(\mathbf{x}) = \mathbf{y}$. Diese letztere Beziehung ist aber ein einfaches lineares Gleichungssystem

$$a_{11}x_1 + a_{12}x_2 = y_1, \ a_{21}x_1 + a_{22}x_2 = y_2,$$

das, wie uns bereits bekannt, genau dann eindeutig lösbar ist, wenn die zugehörige Determinante $\neq 0$ ist (Satz 1.5.3), also

Lemma 1.12.1 (Injektität einer einfachen linearen Abbildung). *Eine lineare Abbildung $\mathcal{A} : \mathbb{R}^2 \to \mathbb{R}^2$ ist genau dann injektiv, wenn ihre Determinante $\Delta = a_{11}a_{22} - a_{12}a_{21} \neq 0$ ist.*

Folgende Schreibweise ist oft nützlich: Ist $f : X \to Y$, und ist $U \subseteq X$, so definieren wir das *Bild* von U unter der Abbildung f:

$$f(U) := \{y : \exists\, u \in U \text{ mit } y = f(u)\} \tag{1.34}$$

Die nächste Definition kennzeichnet den Fall, in dem alle Elemente des Wertebereiches auch wirklich angenommen werden (vgl. wieder Abbildung 1.14).

Definition 1.12.4 (Surjektivität). *Eine Abbildung $f : X \to Y$ heißt surjektiv, wenn zu jedem $y \in Y$ (mindestens) ein $x \in X$ existiert mit $y = f(x)$.*

Beispiel. $f : x \to x^2$ von $\mathbb{R}$ nach $[0, \infty)$ ist surjektiv, weil bekanntlich alle Elemente von $[0, \infty)$, also alle nichtnegativen reellen Zahlen als Quadrate reeller Zahlen darstellbar sind. – Vergrößert man indessen den Bildbereich z.B. auf $\mathbb{R}$, dann ist die entsprechende Abbildung nicht mehr surjektiv.

Beispiel (Eine nicht surjektive Abbildung). Wir haben früher die Orthogonalprojektion $\mathcal{P}$ der Punkte des $\mathbb{R}^3$ auf eine Ebene E durch $\mathbf{0}$ angegeben; vgl. Gleichung 1.29. In diesem Fall gilt natürlich $\mathcal{P}(\mathbb{R}^3) = E$ und $E \subset \mathbb{R}^3$, sodass also gewisse Elemente in $\mathbb{R}^3$, nämlich alle in $\mathbb{R}^3 \backslash E$, nicht angenommen werden. $\mathcal{P} : \mathbb{R}^3 \to \mathbb{R}^3$ ist daher *nicht* surjektiv.

Beispiel (Surjektivität linearer Abbildungen $\mathcal{A} : \mathbb{R}^2 \to \mathbb{R}^2$). Jetzt wollen wir herausfinden, wann eine lineare Abbildung $\mathbb{R}^2 \to \mathbb{R}^2$ surjektiv ist. Zunächst sehen wir sofort, dass sie sicher dann surjektiv ist, wenn die Determinante $\Delta \neq 0$ ist (Satz 1.5.3). Wir zeigen nun, dass sie sicher *nicht* surjektiv ist, wenn $\Delta = 0$.
Dazu argumentieren wir wie folgt. Es sei also $\Delta = 0$. Welche Werte kann dann $\mathcal{A}(\mathbf{x})$ annehmen? Wir fassen die Koeffizienten des expliziten Ausdrucks für $\mathcal{A}(\mathbf{x})$ zu den Vektoren $\mathbf{a}_1 = \begin{pmatrix} a_{11} \\ a_{21} \end{pmatrix}$ bzw. $\mathbf{a}_2 = \begin{pmatrix} a_{12} \\ a_{22} \end{pmatrix}$ zusammen. Die aus diesen beiden Vektoren gebildete Determinante ist gerade Δ, also 0. Daher ist ein Vektor ein Vielfaches des anderen, o.B.d.A. $\mathbf{a}_2 = \lambda \mathbf{a}_1$ mit geeignetem λ. Somit ist $\mathcal{A}(\mathbf{x}) = (x_1 + \lambda x_2)\mathbf{a}_1$. Durchlaufen x_1 und x_2 alle reellen Zahlen, so gilt dies auch für den Vorfaktor von $\mathbf{a}_1$, und daher ist $\{\mathcal{A}(\mathbf{x}) : \mathbf{x} \in \mathbb{R}^2\} = [\mathbf{a}_1]$.
Im trivialen Fall $\mathbf{a}_1 = \mathbf{0}$ kann also nur $\mathbf{0}$ als Bild angenommen werden, und von Surjektivität kann keine Rede sein. Es sei nun $\mathbf{a}_1 \neq \mathbf{0}$. Mit der anschaulichen Evidenz, dass $[\mathbf{a}_1]$ dann eine Gerade und nicht die gesamte Ebene ist, geben wir uns aber nicht zufrieden, sondern konstruieren sofort einen Vektor, der sicher nicht in $[\mathbf{a}_1]$ liegt und daher von $\mathcal{A}$ nicht als Bild angenommen wird. Der nach unserer Standardkonstruktion erstellte Normalvektor auf $\mathbf{a}_1$, $\mathbf{n} = \begin{pmatrix} -a_{21} \\ a_{11} \end{pmatrix}$ leistet das Gewünschte, ist nämlich nicht Vielfaches von $\mathbf{a}_1$. Wäre er es nämlich, so wären $\mathbf{a}_1$ und $\mathbf{n}$ linear abhängig, und die aus ihnen gebildete Determinante $\Delta' = a_{11}^2 + a_{21}^2$ wäre 0. Gerade das ist aber wegen $\mathbf{a}_1 \neq \mathbf{0}$ offenkundig nicht der Fall. Somit kann $\mathbf{n}$ nicht als Bild angenommen werden.
Unter Verwendung der Bezeichnung *bijektiv* (= surjektiv *und* injektiv; s. anschließender Paragraph) gilt daher

Satz 1.12.2 (Bijektivität einer einfachen linearen Abbildung). *Eine lineare Abbildung $\mathcal{A} : \mathbb{R}^2 \to \mathbb{R}^2$ ist genau dann bijektiv, wenn ihre Determinante $\Delta = a_{11}a_{22} - a_{12}a_{21} \neq 0$ ist.*

Bijektive Abbildungen; inverse Abbildung. Wir geben nun im Ernst die soeben vorweg genommene

Definition 1.12.5 (Bijektivität). *Eine Abbildung heißt* bijektiv, *wenn sie injektiv und surjektiv ist.*

Folgendes wichtige Resultat kann mit unseren Kenntnissen leicht als Übung bewiesen werden:

Satz 1.12.3 (Zusammensetzung bijektiver Abbildungen). *Es seien* $f : X \to Y$, $g : Y \to Z$ *Abbildungen. Dann gilt:*

i) *sind* f *und* g *injektiv, so ist auch* $g \circ f$ *injektiv;*

ii) *sind* f *und* g *surjektiv, so ist auch* $g \circ f$ *surjektiv; und daher*

iii) *sind* f *und* g *bijektiv, so ist auch* $g \circ f$ *bijektiv.*

Eine bijektive Abbildung $f : X \to Y$ ordnet also erstens unterschiedlichen Argumenten x, x' unterschiedliche Bilder y, y' zu und zweitens ist jedes $y \in Y$ Bild eines (und nach dem eben Gesagten nur eines) $x \in X$. Man kann daher gleichsam in der rechten Figur der Abbildung 1.14 die Pfeilrichtungen umkehren und erhält so eine Abbildung von Y nach X, wir nennen sie f^{-1} oder die zu f inverse Abbildung.

Bemerkung. Der „Exponent" bei f^{-1} darf keineswegs im Sinne des multiplikativen Inversen, d.h. etwa von $a^{-1} = \frac{1}{a}$ ($a \in \mathbb{R}$), verstanden werden, m.a.W., $f^{-1}(y)$ (Bild unter der inversen Abbildung; liegt in X) ist von $(f(y))^{-1}$ (inverses Element bzgl. der Multiplikation; liegt in Y) wohl zu unterscheiden, denn unsere Überlegungen haben doch keinen Bezug zur Multiplikation. Obendrein sind unsere Grundmengen beliebig, tragen also i.A. gar keine multiplikative Struktur.

Die inverse Abbildung besitzt demnach folgende Eigenschaft: Ist $f(x) = y$, so ist $x = f^{-1}(y)$, kurz $f(x) = y \Rightarrow x = f^{-1}(y)$, ja sogar

$$f(x) = y \Leftrightarrow x = f^{-1}(y).$$

Im Grunde sind die Überlegungen zur inversen Abbildung schlüssig. Wir wollen sie aber etwas mehr formalisieren und erweitern:

Satz 1.12.4 (Zur inversen Abbildung I). $f : X \to Y$ *sei eine bijektive Abbildung. Dann gilt:*

i) *Es existiert stets eine Abbildung* $f^{-1} : Y \to X$, *sodass gilt:*

$$f(x) = y \;\Rightarrow\; f^{-1}(y) = x \; (x \in X, y \in Y) \quad (INV).$$

ii) f^{-1} *ist durch die Bedingung (INV) eindeutig bestimmt.*

iii) $f^{-1} \circ f = \mathcal{I}_X$

iv) $f \circ f^{-1} = \mathcal{I}_Y$

v) *Gilt für eine Abbildung* $g : Y \to X$ *die Beziehung*

$$g \circ f = \mathcal{I}_\Lambda,$$

so ist $g = f^{-1}$.

vi) *Gilt für eine Abbildung* $g : Y \to X$ *die Beziehung*

$$f \circ g = \mathcal{I}_Y,$$

so ist $g = f^{-1}$.

Beweis. i) Weil f bijektiv ist, gibt es zu jedem $y \in Y$ genau ein $x \in X$ mit $f(x) = y$. Setzt man $f^{-1}(y) = x$, so ordnet f^{-1} jedem y ein eindeutig bestimmtes x zu und ist daher eine Abbildung. Nach Konstruktion erfüllt sie die in i) genannte Eigenschaft.

ii) ist klar, weil aus i) für jedes $y \in Y$ der zugehörige Wert $f^{-1}(y) = x$ *eindeutig* festgelegt ist. Denn wegen Bijektivität von f gibt es nur ein Element x mit $f(x) = y$.

iii) Es sei $x \in X$ beliebig und $y = f(x)$. Dann folgt wegen Punkt i) aus $y = f(x)$: $x = f^{-1}(y)$ und daher $f^{-1} \circ f(x) = f^{-1}(f(x)) = f^{-1}(y) = x$, d.h. $f^{-1} \circ f = \mathcal{I}_X$.

iv) ergibt sich ähnlich.

v) g habe die unter diesem Punkt genannten Eigenschaften. Wir zeigen, dass g (INV) erfüllt und damit nach i) und ii) $= f^{-1}$ ist. Ist aber $f(x) = y$, so ist $g(y) = g(f(x)) = \mathcal{I}_X(x) = x$.

vi) folgt ebenso.   □

Satz 1.12.5 (Zur inversen Abbildung II). *Ist $f : X \to Y$ bijektiv, so ist auch f^{-1} bijektiv und es ist*

$$(f^{-1})^{-1} = f.$$

Beweis. Der Beweis dieses Satzes gestaltet sich mit der Schreibweise $f = (X, Y, G)$ besonders durchsichtig. Zunächst bemerkt man, dass für bijektives f die Menge $G^{-1} := \{(y, x) : (x, y) \in G\}$ ein Graph ist (zu jedem y existiert genau ein x mit $(y, x) \in G^{-1}$), und zwar offenbar der zu f^{-1}. Also ist $f^{-1} = (Y, X, G^{-1})$, woraus man deutlich ersieht, wie in dieser Darstellungsweise die Inversion einer Abbildung vorzunehmen ist. Wendet man diesen Vorgang nochmals an, kommt man einerseits zu $(f^{-1})^{-1}$, aber andererseits direkt zu f.   □

Beispiel (Permutationen). Eine Permutation π der n Zahlen $1, 2, \ldots, n$ ist eine bijektive Abbildung $\pi : X \to X$, wobei $X = \{1, 2, \ldots, n\}$. Anstelle von $\pi(k)$ schreibt man in diesem Zusammenhang oft π_k. Es ist gebräuchlich, eine Permutation in Listenform anzugeben, z.B. eine Permutation von 4 Elementen in der Gestalt

$$\pi = \begin{pmatrix} 1 & 2 & 3 & 4 \\ \pi_1 & \pi_2 & \pi_3 & \pi_4 \end{pmatrix} = \begin{pmatrix} 1 & 2 & 3 & 4 \\ 3 & 4 & 2 & 1 \end{pmatrix},$$

wo in der ersten Zeile die Argumente und darunter die Bilder stehen. Eine andere Möglichkeit der Darstellung besteht darin, die Bilder von $1, 2, \ldots$ sukzessive als Komponenten eines Vektors anzuschreiben, also im obigen Beispiel

$$\pi = (\pi_1, \pi_2, \pi_3, \pi_4) = (3, 4, 2, 1).$$

(In manchen Texten wird die Darstellung von Permutationen mit *elementfremden Zyklen* gebracht, die wir indessen nicht benötigen. Sie sieht aber äußerlich der obigen Darstellung ähnlich. Es handelt sich aber begrifflich um etwas anderes. Daher warnen wir vor einer Verwechslung.)

Die inverse Permutation erhält man direkt, indem man die erste und zweite Zeile und dann die Spalten so vertauscht, dass die Argumente wieder in der natürlichen Reihenfolge stehen:

$$\pi^{-1} = \begin{pmatrix} 1 & 2 & 3 & 4 \\ 4 & 3 & 1 & 2 \end{pmatrix}.$$

Man überprüft sofort, dass

$$\pi^{-1}\pi = \pi\pi^{-1} = \mathcal{I} = \begin{pmatrix} 1 & 2 & 3 & 4 \\ 1 & 2 & 3 & 4 \end{pmatrix}.$$

(Hier stimmen Original- und Bildraum überein; daher ist $\pi^{-1}\pi = \pi\pi^{-1}$.)

Beispiel. (*Lineare Abbildung* $\mathbb{R}^2 \rightarrow \mathbb{R}^2$) Wir erinnern nochmals daran, dass eine lineare Abbildung $\mathcal{A} : \mathbb{R}^2 \rightarrow \mathbb{R}^2$ genau dann invertierbar ist, wenn ihre Determinante $\neq 0$ ist und an die in Gleichung 1.33 explizit gegebene Gestalt der inversen Abbildung.

Bemerkung. Im Allgemeinen müssen injektive Abbildungen zwischen Räumen gleicher Dimension nicht surjektiv sein (die Exponentialfunktion $x \rightarrow e^x$ von $\mathbb{R} \rightarrow \mathbb{R}$ ist steigend, also injektiv, nimmt aber nur positive Werte an und ist daher nicht surjektiv). Wie wir später sehen werden, sind *lineare (!) Abbildungen zwischen Räumen gleicher Dimension injektiv genau dann, wenn sie auch surjektiv sind*, also daher auch bijektiv genau dann, wenn sie injektiv sind. Für lineare Abbildungen $\mathbb{R}^2 \rightarrow \mathbb{R}^2$ haben wir das in diesem Abschnitt gezeigt; denn jede der Eigenschaften injektiv, surjektiv bzw. bijektiv war mit $\Delta \neq 0$ gleichbedeutend.

Wenn wir von bijektiven Abbildungen $f : X \rightarrow Y$ und $g : Y \rightarrow Z$ ausgehen, so entspricht jedem $x \in X$ vermöge f umkehrbar eindeutig ein $y \in Y$, und jedem solchen y wiederum kraft g umkehrbar eindeutig ein $z \in Z$; insgesamt also jedem $x \in X$ umkehrbar eindeutig über $g \circ f$ ein $z \in Z$. Wir fassen zusammen und geben auch gleich die Umkehrabbildung explizit an:

Satz 1.12.6 (Zusammensetzung bijektiver Abbildungen und deren Inversion). *Sind $f : X \rightarrow Y$ und $g : Y \rightarrow Z$ jeweils bijektive Abbildungen, so ist auch $g \circ f$ bijektiv und*

$$(g \circ f)^{-1} = f^{-1} \circ g^{-1}. \tag{1.35}$$

Beweis. Nachstehende Abbildung verdeutlicht die letzte Aussage des Satzes, die allein noch zu beweisen ist.

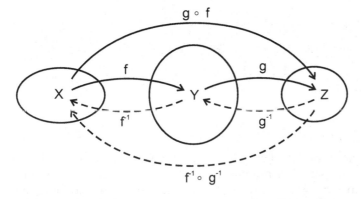

Abbildung 1.15: Inversion zusammengesetzter Abbildungen

Zunächst ist angesichts der Definitions- und Bildbereiche $f^{-1} \circ g^{-1}$ wohl definiert und eine Abbildung von $Z \to X$. Es genügt wegen Satz 1.12.4, Punkt v), zu zeigen, dass $(f^{-1} \circ g^{-1}) \circ (g \circ f) = \mathcal{I}_X$. Wegen der Assoziativität der Zusammensetzung darf man die Klammern beliebig setzen und findet

$$(f^{-1} \circ g^{-1}) \circ (g \circ f) = f^{-1} \circ \underbrace{(g^{-1} \circ g)}_{\mathcal{I}_Y} \circ f = f^{-1} \circ f = \mathcal{I}_X.$$

$\square$

Aufgaben

1.27. Sind folgende Mengen jeweils der Graph einer Abbildung von $\mathbb{R} \to \mathbb{R}$ (x und y bezeichnen jeweils reelle Zahlen):

  i) $G = \{(x, y) : y = x\}$

  ii) $G = \{(x, y) : y \geq x^2\}$

  ii) $G = \{(x, y) : \exists y \text{ mit } x = y^2\}$

1.28. Es sei $f : X \to Y$, $g : Y \to Z$. Mit G_f, G_g bezeichnen wir jeweils den Graphen. Es sei $H = G_g \circ G_f := \{(x, z) : x \in X, z \in Z \text{ sodass } \exists y \in Y \text{ mit } (x, y) \in G_f, (y, z) \in G_g\}$. Zeigen Sie, dass tatsächlich $g \circ f = (X, Z, H)$, so dass also $G_g \circ G_f = G_{g \circ f}$.

1.29. Verifizieren Sie die Aussage der vorangehenden Übung an den Permutationen $\pi = (2, 1, 4, 3)$ und $\rho = (4, 1, 3, 2)$.

1.30. Beweisen Sie Satz 1.12.1. Überprüfen Sie den Satz auch konkret anhand der Zusammensetzung der Permutationen $\pi = (2, 1, 4, 3)$, $\rho = (4, 1, 3, 2)$ und $\sigma = (3, 4, 1, 2)$.

1.31. Untersuchen sie folgende Abbildungen auf Injektivität, Surjektivität und Bijektivität:

  i) $x \xrightarrow{f} x^3$ ($\mathbb{R} \to \mathbb{R}$)

  ii) $(x_1, x_2) \xrightarrow{\mathcal{A}} x_1 + x_2$ ($\mathbb{R}^2 \to \mathbb{R}$)

  iii) $(x_1, x_2) \xrightarrow{\mathcal{A}} (x_1 + x_2, x_1 - ax_2)$ ($\mathbb{R}^2 \to \mathbb{R}^2$; $a \in \mathbb{R}$)

  iv) $(x_1, x_2) \xrightarrow{\mathcal{A}} (x_1 + x_2, x_1 - x_2, 3x_1 - 4x_2)$ ($\mathbb{R}^2 \to \mathbb{R}^3$)

1.32. Geben Sie Abbildungen $\mathbb{R} \to \mathbb{R}$ an, die

  i) injektiv, aber nicht surjektiv

  ii) surjektiv, aber nicht injektiv sind.

1.33. Beweisen Sie Satz 1.12.3.

1.34. π sei eine Permutation der Zahlen $1, 2, \ldots, n$. Zeigen Sie, dass ein $m \in \mathbb{N}$ existiert mit $\pi^m = \iota$ (identische Permutation). Beachten Sie dazu, dass in der Folge der Permutationen $\pi, \pi^2 = \pi \circ \pi, \ldots$ irgend wann einmal zwei identische Elemente auftreten müssen. Weshalb?

2 Gruppen, Körper, lineare Räume

Dieses Kapitel analysiert dasjenige genauer, was man in Zusammenhang mit den elementaren Vektoroperationen (Multiplikation mit einem Skalar, Vektoraddition) benötigt. Bei der Multiplikation mit einem Skalar ist dies zunächst die Menge, der die Skalare entstammen, im klassischen Fall also $\mathbb{R}$.

Es lohnt sich, nicht ausschließlich bei $\mathbb{R}$ stehen zu bleiben, sondern Bereiche mit ähnlichen Operationen einzubeziehen. Betrachtet man zunächst Addition und Multiplikation jeweils für sich, führt dies zum Begriff der *Gruppe*, im spezifischen Zusammenhang, in dem sie miteinander stehen, zum Begriff des *Körpers*. Neben $\mathbb{R}$ wird insbesondere der Körper $\mathbb{C}$ der komplexen Zahlen im Laufe der Zeit eine tragende Rolle spielen. Für andere Anwendungen, wie z.B. Fragen der Verschlüsselung, sind auch Körper mit endlich vielen Elementen unentbehrlich; wir stellen sie kurz vor.

Lineare Räume schließlich sind die Verallgemeinerung dessen, was bisher der $\mathbb{R}^n$ gewesen ist. Grundlegende Begriffe wie Dimension oder Koordinatensystem (in unserer Sprechweise: Basis) müssen geklärt werden. Es werden lineare Räume auftreten, deren Elemente Funktionen sind und die – anders als der $\mathbb{R}^n$ – unendlichdimensional sind; dennoch lassen sich viele Konzepte aus dem $\mathbb{R}^n$ mit Nutzen übertragen. Dies wird im Laufe der späteren Kapitel immer deutlicher hervortreten.

Übersicht

2.1 Gruppen

Gruppenaxiome. Im ersten Kapitel sind wir drei *arithmetischen Operationen* begegnet, die bei näherer Betrachtung eine sehr ähnliche Struktur aufweisen. Diese Operationen haben jeweils zwei Elementen einer Menge ein drittes Element derselben Menge zugeordnet. Es sind dies

i) Menge: $\mathbb{R}$; Operation: Addition $(+)$

ii) Menge: $\mathbb{R}^n$; Operation: Addition $(+)$

iii) Menge: $\mathbb{R}\backslash\{0\}$; Operation: Multiplikation $(\cdot)$

Wenn wir uns eine Menge, z.B. $\mathbb{R}$, mit einer Operation, etwa $+$, ausgestattet denken, schreiben wir dafür $(\mathbb{R}, +)$. Da die unter i) und ii) angeführten Fälle von vornherein ziemlich ähnlich aussehen, vergleichen wir explizit i) und iii), wobei wir noch $\mathbb{R}\backslash\{0\} =: \mathbb{R}_0$ setzen und die darauf bezüglichen Einträge mit gestrichener Nummerierung versehen:

0) $\forall\, x, y \in \mathbb{R}$ ist $x + y \in \mathbb{R}$ definiert

0') $\forall\, x, y \in \mathbb{R}_0$ ist $x \cdot y \in \mathbb{R}_0$ definiert

1) $\forall\, x, y, z \in \mathbb{R}$ ist $(x + y) + z = x + (y + z)$

1') $\forall\, x, y, z \in \mathbb{R}_0$ ist $(x \cdot y) \cdot z = x \cdot (y \cdot z)$

2) es gibt mindestens ein Element in $\mathbb{R}$, u. zw. 0 , sodass $0 + x = x \ \forall\, x \in \mathbb{R}$

2') es gibt mindestens ein Element in $\mathbb{R}_0$, u. zw. 1 , sodass $1 \cdot x = x \ \forall\, x \in \mathbb{R}_0$

3) Zu jedem $x \in \mathbb{R}\ \exists$ ein Element (Bezeichnung: $-x$), sodass $x + (-x) = 0$.

3') Zu jedem $x \in \mathbb{R}_0\ \exists$ ein Element (Bezeichnung: x^{-1}), sodass $x \cdot x^{-1} = 1$.

4) $\forall\, x, y \in \mathbb{R}$ ist $x + y = y + x$

4') $\forall\, x, y \in \mathbb{R}_0$ ist $x \cdot y = y \cdot x$

Es ist möglich, mit dem Editor die ungestrichenen Einträge in die gestrichenen umzuwandeln; im Wesentlichen hat man die Addition durch die Multiplikation zu ersetzen und die Grundmenge zu modifzieren. In der Tat ist der Text auf diesem Weg geschrieben worden. – Dass die etwa merkwürdige Menge $\mathbb{R}\backslash\{0\}$ auftritt, resultiert natürlich aus dem Bestreben, für jedes x die Existenz von x^{-1} zu gewährleisten.

Mit einer Operation versehene Mengen, die derartige Eigenschaften erfüllen, spielen in der Mathematik eine wichtige Rolle. Für die allgemeine Theorie schreiben wir die Operation multiplikativ und geben dementsprechend die

Definition 2.1.1 (Gruppe). *Eine nichtleere Menge G, versehen mit einer Abbildung $\cdot : G \times G \to G$, also ein Paar $(G, \cdot)$, heißt* Gruppe, *wenn die folgenden Eigenschaften, die* Gruppenaxiome *erfüllt sind:*

(G1) *Für alle* $x, y, z \in G$ *gilt* $(x \cdot y) \cdot z = x \cdot (y \cdot z)$. *(Assoziativität)*

(G2) *Es gibt ein* neutrales Element *e in* G, *sodass* $xe = x \ \forall x \in G$.

(G3) *Für jedes* $x \in G$ *existiert ein* inverses Element x^{-1}, *sodass* $xx^{-1} = e$.

Man spricht von einer kommutativen Gruppe, *wenn zusätzlich noch gilt:*

(G4) *Für alle* $x, y \in G$ *ist* $xy = yx$ *(Kommutativität)*.

Bemerkung. Für das Produkt zweier Elemente ist die Schreibweise $\cdot(x, y)$, wie sie eigentlich der Notation bei Abbildungen entspräche, vollkommen ungebräuchlich; man schreibt $x \cdot y$ oder auch nur xy.

Zum *neutralen Element*: schreibt man die Gruppe multiplikativ, wird das neutrale Element meist mit $e, 1, I$ oder so ähnlich bezeichnet; in der allgemeinen Theorie der Gruppen meist mit e. Schreibt man die Gruppe hingegen additiv, so wird das neutrale Element meist mit 0 o.dgl. bezeichnet.

Zum *inversen Element*: Bei additiver Schreibweise der Gruppe bezeichnet man das inverse Element zu x mit $-x$. Für $x + (-y)$ schreibt man allgemein $x - y$. Somit ist die Subtraktion auf die Addition zurückgeführt. – Bei multiplikativen Gruppen hingegen ist es mit Ausnahme der speziellen Fälle reeller (oder komplexer) Zahlen nicht üblich, anstelle von x^{-1} den Bruch $\frac{1}{x}$ zu setzen. Grundsätzlich ist aber die Division (im Fall reeller oder komplexer Zahlen) auf die Multiplikation in Zusammenhang mit der Inversion zurückgeführt.

Offenbar sind alle vorhin besprochenen Mengen kommutative Gruppen. Im Falle des $\mathbb{R}^n$ ist das neutrale Element bezüglich der Vektoraddition der Nullvektor $\mathbf{0}$.

Allgemeine Eigenschaften. Es stellt sich sofort die Frage, welche Rechenregeln sich für Elemente einer Gruppe aus den Axiomen ableiten lassen und daher für Elemente einer Gruppe stets gelten. Weist man von einem konkreten Paar $(G, \cdot)$ nach, dass die Gruppenaxiome erfüllt sind, müssen dann alle daraus abgeleiteten Rechenregeln und sonstige Folgerungen gelten.

Bemerkung (axiomatische Methode). Im Verlauf des Buches werden wir vielen Gruppen begegnen. Man verfolge allein an diesen Fällen, welchen Gewinn an Übersichtlichkeit und welche Arbeitsersparnis die axiomatische Methode bedeutet, deren Wesen darin besteht, für häufiger auftretende, wesentliche Strukturen möglichst konzise, kennzeichnende Grundvoraussetzungen (Axiome) zu formulieren, aus denen dann viele allgemein gültige Eigenschaften der jeweils durch das Axiomensystem beschriebenen Struktur folgen. – Der Reduktion auf allgemeine Grundstrukturen ist in vielen Zusammenhängen ein Grundprinzip der Mathematik und daher auch dieser Darstellung.

Zu Gruppen zurückkehrend bemerken wir mit Blick auf Axiom $G2$, dass nur die Existenz eines – und das heißt in der mathematischen Sprechweise: *mindestens eines* – neutralen Elements gefordert wird. Das neutrale Element muss übrigens seine Eigenschaft $xe = x$ nur als rechter Faktor ausüben (*Rechtsneutrales*, ebenso das Inverse nur, wenn es im Produkt rechts steht (siehe G3; *Rechtsinverses*). Die folgenden Lemmata lehren allerdings, dass Inverses und Neutrales (auch ohne Kommutativität G4!) dies stets beidseitig sind:

Lemma 2.1.1 (Rechtsinverses = Linksinverses). $x^{-1}x = e \ \forall \, x \in G$.

Beweis. Sei $x \in G$, x^{-1} rechtsinvers. Dann ist

$$x^{-1}x = (x^{-1}x)e = (x^{-1}x)(x^{-1}(x^{-1})^{-1}) = x^{-1}\underbrace{(xx^{-1})}_{e}(x^{-1})^{-1} =$$

$$= (x^{-1}e)(x^{-1})^{-1} = x^{-1}(x^{-1})^{-1} = e.$$

$\square$

Lemma 2.1.2 (Rechtsneutrales=Linksneutrales). *Für beliebiges $x \in G$ ist $ex = x$.*

Beweis. $ex = (xx^{-1})x = x(x^{-1}x) = xe = x$. $\square$

Lemma 2.1.3 (Eindeutigkeit des neutralen Elements). *Das neutrale Element einer Gruppe ist eindeutig bestimmt.*

Beweis. e, f seien neutrale Elemente. Fassen wir f als rechtsneutral auf, haben wir $e = ef$; interpretieren wir e linksneutral, $ef = f$, zusammen $e = f$. $\square$

Lemma 2.1.4 (Eindeutigkeit des inversen Elements). *Für jedes $x \in G$ ist das Inverse eindeutig bestimmt.*

Beweis. Für ein $x \in G$ seien y und z inverse Elemente, somit $xy = e$, $xz = e$. Es ist zu zeigen, dass mit Notwendigkeit $y = z$ ist. Man multipliziere die Beziehung $xy = e$ (von links!) mit z und erhält $zxy = ze = z$. Wegen $zx = e$ (Rechtsinverses=Linksinverses) ist $zxy = y$ und somit gilt $y = z$. $\square$

Lemma 2.1.5. *Für jedes $x \in G$ ist $(x^{-1})^{-1} = x$. Weiterhin ist die Abbildung $\phi : x \to x^{-1}$ ($G \to G$) bijektiv.*

Beweis. $(x^{-1})^{-1}$ ist das Inverse zu x^{-1} und leistet daher $x^{-1}(x^{-1})^{-1} = e$; für x gilt aber ebenfalls $x^{-1}x = e$. Da das Inverse (hier: zu x^{-1}) eindeutig bestimmt ist, folgt $(x^{-1})^{-1} = x$.
Zu ϕ: ϕ ist injektiv; denn gilt $x^{-1} = y^{-1}$, so folgt nach Multiplikation mit y: $x^{-1}y = e$ und nach Multiplikation mit x: $y = x$.
ϕ ist aber auch surjektiv. Denn gibt man ein erwünschtes Bild y vor, so kann man es mit $\phi(y^{-1}) = (y^{-1})^{-1} = y$ auch wirklich erreichen. $\square$

Definition 2.1.2 (Untergruppe). *$(G, \cdot)$ sei eine Gruppe. Eine Teilmenge $H \subseteq G$, $H \neq \emptyset$, heißt* Untergruppe *von G, wenn H, genauer $(H, \cdot)$, wiederum eine Gruppe ist.*

Beispiel (Additive Gruppe $\mathbb{Z}$). Die Menge der ganzen Zahlen ist eine Gruppe im Hinblick auf die Addition. Die Gruppenaxiome sind unmittelbar zu verifizieren. Also ist $(\mathbb{Z}, +)$ Untergruppe von $(\mathbb{R}, +)$; wegen $\mathbb{Z} \subset \mathbb{R}$ ist $\mathbb{Z}$ sogar eine *echte* Untergruppe.
Bezüglich der *Multiplikation* verhält es sich anders. Wohl ist mit $m, n \in \mathbb{Z}$ stets $mn \in \mathbb{Z}$, aber das Inverse m^{-1} liegt natürlich i.A. nicht in $\mathbb{Z}$. (Das neutrale Element von $(\mathbb{Z}, \cdot)$ ist das selbe wie in $(\mathbb{R}, \cdot)$. Daher müssen eventuelle Inverse in $\mathbb{Z}$ und in $\mathbb{R}$ übereinstimmen.)

Beispiel (Additive und multiplikative Gruppe $\mathbb{Q}$). Man überprüft leicht, dass $(Q, +)$ eine Gruppe ist; ebenso, zum Unterschied von $\mathbb{Z}$, $(\mathbb{Q}\backslash\{0\}, \cdot)$.

Das unterschiedliche Verhalten von $\mathbb{Z}$ bzw. $\mathbb{Q}$ in Hinblick auf die multiplikative Gruppeneigenschaft lässt es wünschenswert erscheinen, möglichst leicht zu sehen, wann eine Teilmenge einer Gruppe wiederum Gruppe ist. Der folgende Satz leistet dies und lässt sofort erkennen, weshalb zwar $\mathbb{Q}\backslash\{0\}$, nicht aber $\mathbb{Z}\backslash\{0\}$ Untergruppe hinsichtlich der Multiplikation von $\mathbb{R}\backslash\{0\}$ ist.

Satz 2.1.1 (Charakterisierung von Untergruppen). *Eine Teilmenge $H \subseteq G$ (G eine Gruppe, $H \neq \emptyset$) ist genau dann eine Gruppe, wenn die Implikation*

$$x, y \in H \Rightarrow xy^{-1} \in H \tag{2.1}$$

zutrifft.

Beweis. Der Satz beinhaltet eine *Charakterisierung* von Untergruppen, d.h. eine *notwendige und hinreichende Bedingung* dafür, dass H Untergruppe von G ist. – Dass jede Untergruppe die in 2.1 genannte Eigenschaft aufweist, ist klar.
Es möge daher umgekehrt für $H \neq \emptyset$ die Eigenschaft aus 2.1 gelten. Es ist zu zeigen, dass H Gruppe ist.
Wählt man ein $x \in H$, so gilt $xx^{-1} = e \in H$. Das neutrale Element von G liegt daher in H (und erfüllt natürlich auch dort Axiom G2).
Ist $x \in H$ beliebig, so ist $ex^{-1} = x^{-1} \in H$, da $e \in H$ bzw. wegen Eigenschaft 2.1. Also existiert zu jedem $x \in H$ ein Rechtsinverses.
Die Assoziativität (und ggf. die Kommutativität) gilt für alle Elemente von G, daher auch für alle Elemente von H und somit sind sämtliche Gruppenaxiome für H überprüft. $\square$

Bemerkung (Produkt – aber keine Gruppe). Nicht jedes so genannte Produkt erzeugt auch schon eine Gruppe. Unmittelbar klar ist das beim *skalaren Produkt* über $\mathbb{R}^n$. Denn hier liegt doch das Produkt zweier Vektoren $\langle \mathbf{p}, \mathbf{q} \rangle \in \mathbb{R}$, also gar nicht in der Menge, der die Faktoren entstammen.
Das wäre zwar beim *äußeren Produkt* $\wedge$ über $V = \mathbb{R}^3$ nicht die Schwierigkeit, dennoch ist $(V, \wedge)$ keine Gruppe, weil i.A. $(\mathbf{p} \wedge \mathbf{q}) \wedge \mathbf{r} \neq \mathbf{p} \wedge (\mathbf{q} \wedge \mathbf{r})$ ist, wie man sich leicht an konkreten Zahlenbeispielen klar macht.

Die multiplikative Gruppe komplexer Zahlen. In $\mathbb{R}(= \mathbb{R}^1)$ haben wir einerseits die Addition, andererseits eine Multiplikation; wie oben besprochen, bildet $\mathbb{R}^1\backslash\{0\}$ bezüglich der Multiplikation eine Gruppe. (Natürlich gibt es Rechenregeln, die Addition und Multiplikation miteinander verknüpfen, z.B. $a(b + c) = ab + ac$; sie werden wir im Abschnitt über so genannte *Körper* besprechen.)
Es zeigt sich nun, dass für den $\mathbb{R}^2$ neben der Addition (Vektoraddition im $\mathbb{R}^2$) eine Multiplikation erklärt werden kann, die diejenige in $\mathbb{R}$ so verallgemeinert, dass $(\mathbb{R}^2\backslash\{\mathbf{0}\}, \cdot)$ zu einer Gruppe wird. (Auch hier gelten Rechenregeln, die Addition und Multiplikation verknüpfen; diesbezüglich verweisen wir wieder auf den Abschnitt über Körper.)
Um es gleich vorwegzunehmen: Ähnlich, wie wir ein Tripel $(\mathbb{R}, +, \cdot)$ betrachten (d.h. die Menge $\mathbb{R}$ ausgestattet mit der üblichen Addition und Multiplikation),

werden wir den $\mathbb{R}^2$ mit derartigen Operationen ausstatten (die Addition ist uns im $\mathbb{R}^2$ schon bekannt). Denkt man sich aber den $\mathbb{R}^2$ mit Addition und Multiplikation versehen, so schreibt man dafür $\mathbb{C}$ und spricht von der Menge der *komplexen Zahlen*; denn die Elemente nennt man komplexe Zahlen.

Wenn man ein Element des $\mathbb{R}^2$, etwa $z = (x, y)$ in der Schreibweise komplexer Zahlen darstellen will, schreibt man $z = x + iy$; also ist i gleichsam eine Marke, durch welche die zweite Komponente des Vektors kenntlich gemacht wird. (Eigentlich sollten wir für den Vektor $\mathbf{z}$ schreiben; da wir aber dieses Objekt viel mehr als *Zahl* denn als Vektor im $\mathbb{R}^2$ ansehen, ist die gewählte Bezeichnung erklärlich.) Die neue Schreibweise wird sich später beim Rechnen mit komplexen Zahlen als viel bequemer erweisen als das Arbeiten mit der Vektordarstellung, woran aber nichts falsch wäre.

Der Hauptgrund für die Einführung komplexer Zahlen ist bekanntlich der Wunsch, auch für Gleichungen wie $z^2 = -1$ zu Lösungen zu kommen. Die angestrebte Multiplikation komplexer Zahlen lässt sich bequem formulieren, wenn wir die oben genannte „Marke" i noch so definieren, dass sie $i \cdot i = -1$ erfüllt. (So lange es nur um die additive Struktur geht, können wir einen beliebigen, lediglich von $1 = \mathbf{e}_1$ linear unabhängigen Vektor in $\mathbb{R}^2$ in der Rolle wählen, die i oben spielt. Wollen wir ein solches hypothetisches i für den Moment j nennen. Man mache sich unten nach wirklicher Einführung der Multiplikation klar, wie kompliziert sie auszuführen wäre, wenn man überall dort, wo $i^2 = -1$ auftritt, z.B. $j^2 = 5j - 8$ zu setzen hätte.)

So gewarnt, verlangen wir in der Tat $i^2 = -1$ und gehen im Übrigen davon aus, dass man wie gewohnt multiplizieren kann. Das bedeutet, wir *definieren* das Produkt zweier komplexer Zahlen $z = x + iy$, $w = u + iv$ als

$$zw = (x + iy)(u + iv) := (xu - yv) + i(xv + yu) \quad (u, v, x, y \in \mathbb{R}). \tag{2.2}$$

Mit $z = w = i$ ergibt sich natürlich auch aus dieser allgemeinen Definition $i^2 = -1$.

So ist zum Beispiel $(3 + 2i)(4 + 5i) = (12 - 10) + i(15 + 8)i = 2 + 23i$.

Satz 2.1.2 (Multiplikation komplexer Zahlen). $\mathbb{C} \backslash \{0\}$ *bildet bezüglich der Multiplikation eine Gruppe. Überdies gilt* $0 \cdot z = 0 \ \forall z \in \mathbb{C}$.

Beweis. Die Behauptung $0 \cdot z = 0$ folgt unmittelbar aus der Definition. Es genügt daher im Folgenden, von $z = x + iy$, $w = u + iv$ und $t = r + is \in \mathbb{C} \backslash \{0\}$ auszugehen.

Hinsichtlich der Gruppeneigenschaft überprüfen wir zunächst, ob $zw \neq 0$, d.h. $zw \in \mathbb{C} \backslash \{0\}$. Dazu betrachten wir die Quadratsumme der Komponenten von zw (nahe liegend, weil dies das Quadrat des Abstandes vom Nullvektor in $\mathbb{R}^2$ ist); bei $(*)$ verschwinden die gemischten Glieder aus den Quadraten wegen des unterschiedlichen Vorzeichens:

$$(xu - uv)^2 + (xv + uy)^2 \overset{(*)}{=} x^2 y^2 + y^2 v^2 + x^2 v^2 + y^2 u^2 = (x^2 + y^2)(u^2 + v^2). \tag{2.3}$$

Da jede der zuletzt auftretenden Quadratsummen $\neq 0$ ist, muss das Produkt und somit $(xu - uv)^2 + (xv + uy)^2 \neq 0$ sein; es können also nicht beide Komponenten von zw verschwinden, d.h. $zw \neq 0$.

Die *Assoziativität* verifiziert man, indem man zunächst $(zw)t$ auswertet: $(zw)t = (rux - rvy - suy - svx) + i(ruy + rvx + sux - svy)$; Berechnung von $z(wt)$ führt zum selben Resultat.

$1 = 1 + 0i$ ist wegen $(1 + 0i)(x + iy) = (1 \cdot x - 0 \cdot y) + i(1 \cdot y + 0 \cdot x) = x + iy$ das *neutrale Element*.

Direktes Nachrechnen zeigt schließlich, dass für $z = x + iy \neq 0$ durch

$$z^{-1} = \frac{1}{z} = \frac{x}{x^2 + y^2} - i\frac{y}{x^2 + y^2} \tag{2.4}$$

das multiplikative Inverse zu z gegeben ist.

Der Definition der Multiplikation entnimmt man unmittelbar, dass sie *kommutativ* ist; denn beide Faktoren z und w gehen ganz gleichartig in das Produkt ein. – Eine geometrische Deutung der Multiplikation komplexer Zahlen folgt bei der Besprechung weiterer Eigenschaften (Seite 54).   □

Die symmetrische Gruppe $\mathcal{S}_n$. n sei irgendeine natürliche Zahl und M_n eine Menge von genau n Objekten, am bequemsten $M_n = \{1, 2, \ldots, n\}$. Wir betrachten die Menge aller Permutationen ihrer Elemente, d.h. die Menge aller bijektiven Abbildungen von M_n in sich. Diese Menge bezeichnet man als die *symmetrische Gruppe $\mathcal{S}_n$* in n Elementen. Das Wort „Gruppe" erklärt sich hierbei aus folgendem

Satz 2.1.3 ($\mathcal{S}_n$ ist eine Gruppe). *Definiert man die Multiplikation in $\mathcal{S}_n$ als die Zusammensetzung der Abbildungen, so bildet $\mathcal{S}_n$ eine Gruppe (die sogenannte* symmetrische *Gruppe in n Elementen). Das neutrale Element ist die identische Permutation (Abbildung).*

Beweis. Bei der anstehenden Überprüfung Gruppenaxiome dürfen wir keineswegs vergessen, auch dasjenige zu beweisen, was vor *G1* steht, dass nämlich mit $\pi, \sigma \in \mathcal{S}_n$ auch $\sigma\pi \in \mathcal{S}_n$ ist. – Das ist aber klar, weil die Zusammensetzung zweier bijektiver Abbildungen wieder bijektiv ist.

Die *Assoziativität* ist genau die uns schon bekannte Assoziativität der Zusammensetzung von Abbildungen.

Das *neutrale Element* (das wir im Fall von $\mathcal{S}_n$ übrigens standardmäßig mit ι bezeichnen) ist die identische Permutation (Abbildung). Denn für die identische Abbildung gilt $\pi\iota = \pi \;\; \forall\, \pi \in \mathcal{S}_n$.

Das *inverse Element* (im Sinne der Gruppentheorie) eines $\pi \in \mathcal{S}_n$ ist die inverse Abbildung; denn für π^{-1} (im Sinne der inversen Abbildung) gilt doch $\pi\pi^{-1} = \iota$, womit π^{-1} auch gleichzeitig als das Inverse im gruppentheoretischen Sinne erscheint.

Die *Kommutativität* für $n = 1, 2$ ist durch direktes Nachprüfen der ganz wenigen möglichen Fälle direkt zu bestätigen, aber für $n \geq 3$, wie schon oben bemerkt, nicht gegeben. Das heißt also, dass die $\mathcal{S}_n$ im Allgemeinen eine nichtkommutative Gruppe ist.   □

Die obigen Betrachtungen sind aber offenbar viel allgemeiner. Nirgends ist eingegangen, dass die Grundmenge endlich war, und daher gilt sogar

Satz 2.1.4 (Gruppeneigenschaft bijektiver Abbildungen). *Die Menge aller bijektiven Abbildungen von einer beliebigen Menge $X \neq \emptyset$ in sich bildet eine Gruppe.*

Aufgaben

2.1. Überprüfen Sie explizit, das $(\mathbb{Q}, +)$ eine Gruppe ist; ebenso für $(\mathbb{Q} \backslash \{0\}, \cdot)$.

2.2. Bekanntlich ist $\sqrt{2} \notin \mathbb{Q}$, Wir definieren die Menge

$$\mathbb{Q}(\sqrt{2}) = \{\frac{p + \sqrt{2}q}{r + \sqrt{2}s} \; : \; p, q, r, s \in \mathbb{Q}, \, (r, s) \neq (0, 0)\}.$$

Die Bedingung $(r, s) \neq (0, 0)$ garantiert, dass der Nenner nicht verschwindet (weshalb?). Zeigen Sie, dass man jedes Element von $\mathbb{Q}(\sqrt{2})$ auch in der Form $u + \sqrt{2}v$ ($u, v \in \mathbb{Q}$) schreiben kann. (Man erweitere mit dem „Konjugierten" des Nenners, mit $r - \sqrt{2}s$. Zeigen Sie, dass sowohl $(\mathbb{Q}(\sqrt{2}), +)$ wie auch $(\mathbb{Q}(\sqrt{2}) \backslash \{0\}, \cdot)$ jeweils eine Gruppe bilden. (Da man zeigen kann, dass $\mathbb{Q} \subset \mathbb{Q}(\sqrt{2}) \subset \mathbb{R}$, ist dies wirklich jeweils eine neue Gruppe.)

2.3. Schaffen Sie ähnlich wie in der vorangegangenen Aufgabe die imaginäre Einheit i bei $\frac{1}{3-4i}$ aus dem Nenner.

2.4. Führen Sie über $G = \mathbb{R}^2 \backslash \{(0, 0)\}$ eine Multiplikation ein: $(q, r) \cdot (s, t) := (qs, rt)$. Welche der Gruppenaxiome sind erfüllt welche nicht? Bildet also diese Menge mit dieser Operation eine Gruppe?

2.5. Wir gehen von einem nicht quadratischen Rechteck aus. Es kann durch Spieglung an der horizontalen bzw. vertikalen Achse sowie durch Drehung um den Winkel π um seinen Mittelpunkt in sich übergeführt werden. Nummeriert man die Eckpunkte durch, so entspricht jede dieser Abbildungen einer Permutation dieser Eckpunkte (Zahlen). Die Gesamtheit dieser Permutationen (nebst ι) bildet die *Klein'sche Vierergruppe* $\mathcal{V}$. Schreiben Sie die Elemente von $\mathcal{V}$ taxativ an und zeigen Sie, dass $\mathcal{V}$ tatsächlich eine Gruppe ist, also eine Untergruppe von $\mathcal{S}_4$. Geben Sie fernerhin ein Element von $\mathcal{S}_4$ an, das nicht in $\mathcal{V}$ liegt.
Kann man bei einem Quadrat bei sinngemäßem Vorgehen mehr Abbildungen erhalten, die das Quadrat in sich überführen?

2.2 Körper

Allgemeines und Beispiele. Die reellen Zahlen bilden sowohl bezüglich der Addition wie auch (nach Ausschluss der Null, d.h. des neutralen Elements der Addition) bezüglich der Multiplikation eine kommutative Gruppe. Fernerhin sind Addition und Multiplikation durch gewisse Rechenregeln verknüpft. Strukturen dieser Art spielen eine große Rolle, und wir geben daher die

Definition 2.2.1. *Es seien eine nichtleere Menge K gegeben sowie zwei Abbildungen $+, \cdot : K \times K \to K$. Es gelte*

(K1) K ist bezüglich $+$ eine kommutative Gruppe. (Das neutrale Element bezeichnen wir mit 0.)

(K2) $K \setminus \{0\}$ ist bezüglich $\cdot$ eine kommutative Gruppe. (Das neutrale Element bezeichnen wir mit 1.) Wir verlangen $0 \neq 1$.

(K3) Darüberhinaus sei noch

$$x(y+z) = xy + xz \quad \forall x, y, z \in K \ (Distributivgesetz).$$ (2.5)

Dann heißt $(K, +, \cdot)$ ein Körper.

Beispiel. Nachdem die Menge $\mathbb{R}$ der *reellen Zahlen* (mit der üblichen Addition und Multiplikation) bei den Definitionen Pate gestanden hat, ist sie ein Körper.

Beispiel. Die Menge $\mathbb{Q}$ der rationalen Zahlen ist ebenfalls ein Körper. Denn es ist uns aus dem vorangehenden Paragraphen bekannt, dass $(\mathbb{Q}, +)$ und $(\mathbb{Q} \setminus \{0\}, \cdot)$ jedenfalls Gruppen sind. Das Distributivgesetz erbt $\mathbb{Q}$ aber von der größeren Menge $\mathbb{R}$.

Bemerkung (Rechenregeln in Körpern). Das Rechnen in einem Körper läuft weit gehend nach den vertrauten Gesetzen ab. Analysiert man übliche einfache Rechenoperationen, z.B. Umformungen von $(a+b)(c+d)(e+f)$, so wird man finden, dass man beim Ausmultiplizieren zuerst das distributive Gesetz und in weiterer Folge, je nach genauem Ziel der Umformung, Assoziativität und Kommutativität der Addition, eventuell auch der Multiplikation anwendet.

Auch Regeln wie z.B. das Kürzen lassen sich wie vertraut anwenden. Denn der Vorgang des Kürzens lässt sich doch in der Gleichung $(px)/(py) = x/y$ subsumieren. In der Körpersprache: $(px)(py)^{-1} = pxp^{-1}y^{-1} = (pp^{-1})xy^{-1} = xy^{-1}$. Dabei hat man von dem kleinen Sätzchen Gebrauch gemacht, wonach $(px)^{-1} = p^{-1}x^{-1}$. Dies trifft aber wegen $(p^{-1}x^{-1})(px) = (p^{-1}p)(x^{-1}x) = 1 \cdot 1 = 1$ und des Resultates, wonach das Inverse zu einem Element in einer Gruppe, hier der multiplikativen Gruppe des Körpers, eindeutig bestimmt ist, zu.

Der Körper der komplexen Zahlen. Die Menge $\mathbb{C}$ der *komplexen Zahlen* bildet einen Körper. Die Gruppeneigenschaft von Addition und Multiplikation ist uns schon bekannt. Es ist also nur noch das Distributivgesetz zu überprüfen. Dazu seien $t = r + is, w = u + iv, z = x + iy$ drei komplexe Zahlen in Standarddarstellung. Die Beziehung $t(w + z) = tw + tz$ ergibt sich aber durch einfaches Nachrechnen. – Dass hier $0 \neq 1$ ist, bedarf kaum der Erwähnung.

Damit ist $\mathbb{C}$ als Körper erkannt. – Über die allgemeinen Körpereigenschaften hinaus zeichnet sich $\mathbb{C}$ durch spezielle Eigenschaften aus. Direkt aus $\mathbb{R}^2$ übernehmen wir die Definition des *Betrages*: $|z| := \|z\|$.

Satz 2.2.1 (Eigenschaften des Betrages). *Die Betragsfunktion über $\mathbb{C}$ hat die Eigenschaften einer Norm (Positivität, Dreiecksungleichung, Homogenität bzgl. reeller Faktoren). Darüber hinaus gilt hier sogar*

$$|zw| = |z||w| \quad \forall z, w \in \mathbb{C} \quad (Multiplikativität \ des \ Betrages).$$

Beweis. Die angesprochenen Eigenschaften einer Norm werden wir erst wesentlich später behandeln. Wir fügen sie für den Fall des komplexen Betrages nur der

Vollständigkeit halber hier ein. – Die *Positivität* $|z|\big(\ = \sqrt{x^2 + y^2}\big) \geq 0 \quad \forall\, z$ und
$|z| = 0$ genau für $z = 0$ ist unmittelbar einsichtig.
Die *Dreiecksungleichung* $|z + w| \leq |z| + |w| \quad \forall\, z, w \in \mathbb{C}(= \mathbb{R}^2)$ (vgl. Abbildung 7.2,
Definition 7.3.1) werden wir erst in diesem Umfeld beweisen und vorher auch
nicht benötigen.
Die Homogenität bezüglich reeller Faktoren ($z \in \mathbb{R}$) ist in der allgemeineren Aussage von Gleichung 2.6 ($z \in \mathbb{C}$) enthalten. Die Arbeit für deren Beweis haben
wir aber schon bei Gleichung 2.3 geleistet; denn dort steht ganz links $|zw|^2$ und
rechts $|z|^2|w|^2$. Da die Beträge nicht negativ sind, gilt Gleichheit auch ohne die
Quadrate.   □

Bemerkung (Polardarstellung komplexer Zahlen). Wir betrachten zunächst eine
Zahl $w = u + iv$ mit $|w| = 1$; es gilt dann $u^2 + v^2 = 1$. Deshalb gibt es ein eindeutig
bestimmtes $\phi := \arg w$ (*Argument von w*), $-\pi \leq \phi < \pi$, mit $u = \cos\phi, v = \sin\phi$,
m.a.W., es ist $w = \cos\phi + i\sin\phi$.
Ist nun $z \in \mathbb{C}$, $z \neq 0$, so ist wegen der Multiplikativität des Betrages $\left|\left(\frac{1}{|z|}|z|\right)\right| = 1$.
Wie im letzten Absatz existiert daher wieder ein eindeutig bestimmtes $\phi =: \arg z$,
$-\pi \leq \phi < \pi$, mit $\frac{1}{|z|}z = \cos\phi + i\sin\phi$ oder

$$z = |z|(\cos\phi + i\sin\phi) \quad (\phi = \arg z;\ \textit{Polardarstellung}\ \text{von z}). \tag{2.6}$$

Aus dem ersten Faktor liest man direkt den Betrag ab, aus dem zweiten das Argument.
Ist $z = 0$, so gilt eine derartige Darstellung mit jedem ϕ; das Argument sieht man
für $z = 0$ als nicht definiert an.

Bemerkung (geometrische Deutung der Multiplikation). Die Polardarstellung liefert eine einfache geometrische Deutung der Multiplikation komplexer Zahlen,
auf die zuerst Gauß hingewiesen hat (Abb. 2.1).

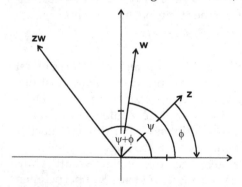

Abbildung 2.1: Multiplikation komplexer Zahlen

Mit $\phi = \arg z, \psi = \arg w$ ist nämlich

$$z = |z|(\cos\phi + i\sin\phi) \overset{kurz}{=} |z|(c_\phi + is_\phi), \ \text{analog} \ w = |w|(c_\psi + is_\psi)$$

und daher

$$zw = |z||w|(c_\phi + is_\phi)(c_\psi + is_\psi) = |z||w|\big((c_\phi c_\psi - s_\phi s_\psi) + i(c_\phi s_\psi + c_\psi s_\phi)\big) =$$
$$= |z||w|\big(\cos(\phi + \psi) + i\sin(\phi + \psi)\big).$$

Wie wir schon wissen, ist $|z||w| = |zw|$, d.h., wir sehen im letzten Ausdruck die Polarzerlegung von zw. Insbesondere ergibt sich als *geometrische Deutung der Multiplikation*, dass *Beträge multipliziert* und *Argumente addiert* werden; siehe die Abbildung.

Bezüglich der *Argumente* stellt sich eine kleine Komplikation ein; wenn auch $-\pi \leq \phi, \psi < \pi$ gilt, so muss dies doch nicht für $\phi + \psi$ zutreffen. Gegebenenfalls muss man zu $\phi + \psi$ ein ganzzahliges Vielfaches von 2π addieren (evtl. auch mit negativem Vorfaktor). Es gilt daher die *Funktionalgleichung für das Argument*

$$\arg(zw) = \arg z + \arg w \mod 2\pi,$$

also Gleichheit *modulo* 2π (bis auf ganzzahlige Vielfache von 2π).

Insbesondere ist z.B. $\arg z^2 = 2 \cdot \arg z \mod 2\pi$, entsprechend für höhere Potenzen.

Beispiel (Kreisteilungsgleichung). Diese Betrachtungen lassen eine geometrische Anwendung zu. Die Gleichung

$$z^n - 1 = 0$$

heißt die n-te *Kreisteilungsgleichung*, ihre Lösungen heißen n-te *Einheitswurzeln*. Sie lassen sich leicht angeben. Es sei $\phi_1 := \frac{2\pi}{n}$ bzw. allgemeiner $\phi_k = \frac{2\pi k}{n}$ ($0 \leq k < n$). Dann entsprechen die Zahlen $\omega_k = \cos \phi_k + i \sin \phi_k$ den Punkten des regelmäßigen n-ecks auf dem Einheitskreis; vgl. Abbildung 2.2. Sie sind die n-ten *Einheitswurzeln* $\omega_0, \omega_1, \ldots, \omega_{n-1}$.

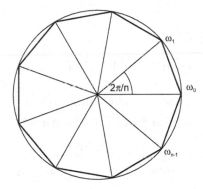

Abbildung 2.2: Einheitswurzeln

Lässt man den Index k über den Bereich von 0 bis $n - 1$ hinaus wachsen (auch zu negativen Indizes hin), so wiederholen sich die Punkte; es treten keine neuen Einheitswurzeln mehr auf.

Mit den ω_k haben wir *alle* n-ten Einheitswurzeln gefunden. Es sei nämlich ω eine solche. Dann ist $1 = |1| = |\omega^n| = |\omega|^n$. Da $|\omega| \geq 0$ gelten muss, kommt nur $|\omega| = 1$ in Betracht. – Nun zu $\phi := \arg \omega$. Wegen $\omega^n = 1$ gilt $n\phi = 0 \mod 2\pi$, d.h. $n\phi = 2\pi l$ mit einem $l \in \mathbb{Z}$, folglich $\phi = \frac{2\pi l}{n}$, also kein neuer Wert.

Die Spiegelung $\phi : \mathbb{C} \to \mathbb{C}$ an der reellen Achse ($\phi(u + iv) = u - iv$) lässt die arithmetische Operationen $+, \cdot$ invariant, wie wir gleich sehen werden; wir geben gleich allgemein (für ein Paar beliebiger Körper K, K') die

Definition 2.2.2 (Körperhomomorphismus und -isomorphismus). *Eine Abbildung* $\phi : K \to K'$ *heißt* (Körper-)Homomorphismus, *wenn*

$$\phi(z + w) = \phi(z) + \phi(w) \text{ und } \phi(z \cdot w) = \phi(z) \cdot \phi(w) \ \forall\, z, w \in K.$$

Sie heißt (Körper-)Isomorphismus, *wenn sie sogar bijektiv ist.*

Bemerkung. Natürlich ist das *Inverse eines Isomorphismus wieder ein Isomorphismus.*

Bemerkung. Isomorphe Körper (d.h. solche, zwischen denen ein Isomorphismus existiert) kann man vom Standpunkt der Körpertheorie aus als *gleich* ansehen, weil sich jede arithmetische Beziehung in einem Körper durch den Isomorphismus in den anderen übertragen lässt und umgekehrt.

Wir wenden uns wieder der Spiegelung in $\mathbb{C}$ zu, d.h. $K = K' = \mathbb{C}$. Die Abbildung $z = u + iv \to u - iv =: \bar{z}$ heißt *komplexe Konjugation* und wird allgemein mit der Symbolik $\bar{z}$ bezeichnet.

Satz 2.2.2 (Konjugation als Isomorphismus). *Die komplexe Konjugation ist ein Körperisomorphismus; insbesondere ist also*

$$\overline{z + w} = \bar{z} + \bar{w} \text{ und } \overline{zw} = \bar{z}\bar{w}.$$

Beweis. Die Bijektivität ist evident. – Mit unserer Standardbezeichnung für komplexe Zahlen ist $\overline{z + w} = \overline{(x + u) + i(y + v)} = (x + u) - i(y + v) = \bar{z} + \bar{w}$. Für das Produkt gilt ähnlich $\overline{zw} = (xu - yv) - i(xv + yu) = (x - iy)(u - iv) = \bar{z}\bar{w}$. $\quad\square$

Korrollar 2.2.1. *Es ist allgemein für* $w \neq 0$ *bzw.* $n \in \mathbb{Z}$

$$\bar{\bar{z}} = z, \text{ zudem } \overline{\left(\frac{z}{w}\right)} = \frac{\bar{z}}{\bar{w}} \text{ und } \overline{w^n} = \bar{w}^n.$$

Beweis. Doppelte Konjugation entspricht zweimaligem Wechsel des Vorzeichens im Imaginärteil, daher ist $\bar{\bar{z}} = z$.

Die Behauptung $\overline{\left(\frac{z}{w}\right)} = \frac{\bar{z}}{\bar{w}}$ bringen wir durch Multiplikation mit $\bar{w}$ auf die äquivalente Form $\bar{w}\overline{\left(\frac{z}{w}\right)} = \bar{z}$, die man aber durch Anwendung des Satzes sofort als richtig erkennt.

Die letzte Behauptung zeigt man für $n > 0$ durch einen einfachen Induktionsbeweis. Für $n < 0$ führt man sie vermöge $\overline{z^n} = 1/(\overline{z^{-n}})$ auf den Fall eines positiven Exponenten zurück. $\quad\square$

Beispiel. Durch wiederholte Anwendung der Resultate sozusagen von außen nach innen (zuerst auf den Quotienten, dann auf die Faktoren) sieht man, dass z.B. $\overline{\left(\frac{(1+i)^2}{(5-3i)(4+i)}\right)} = \frac{(1-i)^2}{(5+3i)(4-i)}$ ist. Ebenso gilt für ein Polynom $\overline{\left(\sum_k a_k z^k\right)} = \sum_k \bar{a}_k \bar{z}^k$.

Ist p ein Polynom mit *reellen* Koeffizienten ($a_k = \bar{a}_k$), so gilt daher

$$\overline{p(z)} = p(\bar{z}).$$

Insbesondere folgt daraus

Satz 2.2.3 (Nullstellen von reellen Polynomen). *Ist* $\zeta \in \mathbb{C}$ *Nullstelle eine Polynoms* p *mit reellen Koeffizienten,* $p(\zeta) = 0$, *so ist auch* $p(\bar{\zeta}) = 0$.

Satz 2.2.4 (Weiteres zur Konjugation). *Es ist* $\forall z \in \mathbb{C}$

  i) $z \in \mathbb{R} \Leftrightarrow z = \bar{z}$

  ii) $z\bar{z} \in \mathbb{R}$ *und* $z\bar{z} \geq 0$

  iii) $|z| = \sqrt{z\bar{z}}$.

Beweis. Wegen $x + iy = x - iy \Leftrightarrow y = 0$, d.h. $z \in \mathbb{R}$ ist i) trivial. Die Punkte ii) und iii) ergeben sich unmittelbar aus $z\bar{z} = x^2 + y^2$. $\qquad\square$

Bemerkung (Quaternionen). Kann man einen $\mathbb{R}^n$ ($n > 2$), in dem man die übliche Vektoraddition bereits besitzt, so mit einer Multiplikation ausstatten, dass, nach dem Vorbild von $\mathbb{C}$ im Falle $n = 2$, ein Körper entsteht? Es zeigt sich, dass dies nicht möglich ist. – Für $n = 4$ hat *Hamilton* die *Quaternionen* angegeben; sie weisen alle Eigenschaften eines Körpers bis auf die Kommutativität der Multiplikation auf. In der Mathematik des 19. Jahrhunderts sind sie viel diskutiert worden, allerdings auf Dauer eher als Vorläufer des heutigen Vektorbegriffes als in dieser mehr algebraischen Hinsicht wichtig geworden. Neuerdings werden sie in der Computergraphik benützt, weil sich z.B. Drehungen von Objekten mit ihrer Hilfe gut beschreiben lassen.

Endliche Körper. Körper wie $\mathbb{R}$ oder $\mathbb{C}$ besitzen unendlich viele Elemente. Es ist bemerkenswert, dass es auch Körper mit endlich vielen Elementen gibt (*endliche Körper*). Wenn sie auch im Text weiter keine Rolle spielen, gehören sie einerseits zum allgemeinen mathematischen Rüstzeug; andererseits sind sie für Anwendungen der linearen Algebra, z.B. in der Verschlüsselungstheorie, von Bedeutung.

Wir wollen hier nur die einfachsten Körper besprechen und erläutern zunächst den Begriff der *Restklasse*.

Mit einem $n \in \mathbb{N}$, das wir uns jetzt ein für alle Mal gewählt denken, definieren wir $n\mathbb{Z} = \{kn : k \in \mathbb{Z}\}$, also die Menge aller ganzzahligen Vielfachen von n. Es liegt nahe, diese Menge um eine ganze Zahl l zu verschieben, d.h. die Menge $l + n\mathbb{Z} = \{in + l : i \in \mathbb{Z}\}$ zu betrachten. Ist $0 \leq l < n$, so geben die Elemente dieser Menge bei Division durch n den Rest l. – Die Abbildung illustriert diese Mengen für $n = 5$.

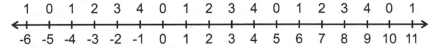

Abbildung 2.3: Restklassen *modulo* 5

Eine Menge $l + n\mathbb{Z}$ nennt man eine *Restklasse modulo* n und schreibt für sie $\bar{l}$. Ein Element $m \in \bar{l}$ nennt man einen *Repräsentanten* dieser Restklasse. Für $n = 5$ wären Repräsentanten (und damit Elemente) der Restklasse $\bar{2}$ die Zahlen $\ldots, -3, 2, 7, 12, \ldots$.

Restklassen mod 8 kann man sich durch die jeweils zusammen gehörigen weissen Tasten des Klaviers gebildet denken; wenn man so will, sind es die unterschiedlichen Töne, wobei man Oktavunterschiede nicht in Anschlag bringt.

Offenbar sind für jedes l die Elemente der Restklasse genau die Zahlen m, für die

$$m \equiv l \bmod n, \text{ d.h. } \frac{l-m}{n} \in \mathbb{Z}$$

gilt; mit anderen Worten, genau die Zahlen, die bei Division durch n denselben Rest geben. So ist z.B. in obiger Schreibweise $-3 \equiv 2 \bmod 5$.
Die Menge aller Restklassen *modulo* n bezeichnet man mit $\mathbb{Z}_n$.
Für Mengen A und B ganzer (oder auch reeller, komplexer,...) Zahlen definieren wir

$$A + B = \{a+b : a \in A, b \in B\}.$$

Sinngemäß ist auch $a + B$ mit einer „einzelnen" Zahl a erklärt.
Folgende Eigenschaften sind direkt nachzuprüfen:

Lemma 2.2.1. *Mit beliebigen ganzen Zahlen und $n \in \mathbb{N}$ gilt*

i) $k \in l + n\mathbb{Z} \Leftrightarrow k - l \in n\mathbb{Z}$

ii) $k \in l + n\mathbb{Z} \Leftrightarrow l \in k + n\mathbb{Z}$.

Insbesondere sind wegen ii) zwei Mengen $k+n\mathbb{Z}$, $l+n\mathbb{Z}$ entweder gleich (nämlich wenn $l \in k + n\mathbb{Z}$) oder disjunkt (wenn $l \notin k + n\mathbb{Z}$).

Beweis. Es geht wirklich ganz direkt, wie man etwa an Punkt ii) sieht. Die entscheidende Bedingung für $k \in l+n\mathbb{Z}$ ist doch $k-l \in n\mathbb{Z}$, d.h. $\frac{k-l}{n} \in \mathbb{Z}$. Ihr Erfülltsein ist aber gleichbedeutend mit dem Zutreffen von $\frac{l-k}{n} \in \mathbb{Z}$, d.h. $l \in k + n\mathbb{Z}$ □

Lemma 2.2.2 (Restklassen: Mengeneigenschaften). *$n \in \mathbb{N}$ sei vorgegeben. Dann gilt:*

i) Ist $l, m \in \mathbb{Z}$, so gilt für die Restklassen $\bar{l}, \bar{m}$ entweder $\bar{l} = \bar{m}$ oder $\bar{l} \cap \bar{m} = \emptyset$.

ii) Es gibt genau n verschiedene Restklassen modulo n, nämlich $\bar{0}, \bar{1}, \ldots, \overline{n-1}$. Insbesondere ist daher $\#\mathbb{Z}_n = n$.

iii) Für $l, m \in \mathbb{Z}$ ist $\bar{l} + \bar{m} = \overline{l+m}$.

iv) Bezüglich der so erklärten Addition der Restklassen bildet $\mathbb{Z}_n$ eine Gruppe.

Beweis. i) Ist $\bar{l} \cap \bar{m} = \emptyset$, dann ist es gut. – Es sei also $\bar{l} \cap \bar{m} \neq \emptyset$. Dann gibt es ein $k \in \bar{l} \cap \bar{m}$. Es ist damit $k - l \in n\mathbb{Z}$, d.h. $k - l = n\lambda$ ($\lambda \in \mathbb{Z}$, passend) und somit $\bar{k} = k + n\mathbb{Z} = l + n(\mathbb{Z} + \lambda) = l + n\mathbb{Z} = \bar{l}$. Ebenso ist $\bar{k} = \bar{m}$, insgesamt $\bar{l} = \bar{m}$.
ii) Nach dem bekannten Satz von der Division mit Rest lässt sich jedes l in der Form $l = jn + r$, $0 \leq r < n$ darstellen. Ersichtlich gilt $l \equiv r \bmod m$. Für r gibt es genau die n Möglichkeiten $0, 1, \ldots, n-1$, die zu den n Restklassen Anlass geben. Weil nämlich für mögliche Reste r, s, $0 \leq r, s < n$ notwendig $-n < r - s < n$ gilt, d.h. entweder $r - s = 0$ oder aber $r - s \notin n\mathbb{Z}$, stimmen nur für $r = s$ die Restklassen überein; ihre Anzahl beträgt daher tatsächlich n.
iii) Wir beachten, dass bei iii) die linke Seite bereits definiert ist im Sinne von $A + B$ (A, B Mengen). Es ist $\bar{l} + \bar{m} = l + n\mathbb{Z} + m + n\mathbb{Z} = (l + m) + n\mathbb{Z} = \overline{l+m}$ (wegen der leichten Aussage $n\mathbb{Z} + n\mathbb{Z} = n\mathbb{Z}$).
iv) ist direkt nachzuprüfen. □

Bemerkung (Multiplikation von Restklassen). Die *Multiplikation* von Restklassen mod n definieren wir durch

$$\bar{l} \cdot \bar{m} = \overline{lm},$$

Die Multiplikation über $\mathbb{Z}_n$ wird also auf diejenige über $\mathbb{Z}$ zurückgeführt. Dabei tritt ein typisches Problem auf: die Definition ist über Repräsentanten erfolgt, und vielleicht hätte eine andere Auswahl der Repräsentanten zu einem unterschiedlichen Ergebnis geführt. Dann wäre die Definition nicht regelrecht. Es ist also die *Unabhängigkeit von der Wahl der Repräsentanten* zu zeigen. (Das Problem besteht insbesondere darin, dass auch dann, wenn $\bar{l}$ in der *Bezeichnung* für die Menge auftritt, die Menge das *Element* l nicht in irgendeinem ausgezeichneten Sinn kennt. Jedes andere Element ist von diesem Standpunkt aus gleichwertig und eine Definition für die *Menge* darf nicht von der letztlich willkürlichen Auswahl eines Elementes abhängen.)
Die Unabhängigkeit des Produktes von der Wahl der Repräsentanten zeigen wir so. Es sei $\bar{l} = \bar{l'}$. Es ist zu zeigen, dass $\overline{lm} = \overline{l'}\bar{m}$. (Mit m und einem m' geht man dann natürlich analog vor.)
Es gilt aber $\bar{l} = \bar{l'} \Rightarrow l' = l + n\lambda$ ($\lambda \in \mathbb{Z}$, passend), daher $l'm = lm + n(\lambda m)$, daher $l'm + n\mathbb{Z} = lm + n\mathbb{Z}$, d.h. $\overline{lm} = \overline{l'}\bar{m}$. □

Wir haben jetzt über $\mathbb{Z}_n$ eine Addition und eine Multiplikation gegeben. Vielleicht ist $\mathbb{Z}_n$ ein Körper? Der folgende Satz zeigt, dass $\mathbb{Z}_n$ für jedes n gewisse Eigenschaften i)-iii) besitzt, aber nur für den Fall einer *Primzahl* $n = p$ die entscheidende Eigenschaft iv). Dabei heißt $p \in \mathbb{N}$, $p > 1$, *prim*, wenn es sich nur trivial ganzzahlig faktorisieren lässt, d.h. bei Gültigkeit der Implikation

$$p = qr \ (q, r \in \mathbb{N}) \Rightarrow q = 1 \text{ oder } r = 1.$$

Satz 2.2.5 (Körpereigenschaft von $\mathbb{Z}_p$). *Für beliebiges $n > 1$ gilt*

i) $(\mathbb{Z}_n, +)$ ist eine Gruppe

ii) $(\mathbb{Z}_n \setminus \{\bar{0}\}, \cdot)$ erfüllt die Gruppeneigenschaften, i.A. mit Ausnahme der Existenz eines inversen Elements

iii) für Addition und Multiplikation gelten die distributiven Gesetze wie bei Körpern

iv) ist $n = p$, eine Primzahl, dann existiert auch stets das multiplikative Inverse; $\mathbb{Z}_p$ ist dann sogar ein Körper (mit p Elementen; Primkörper mod p).

Beweis. Die rein arithmetischen Regeln i)–iii) führt man direkt auf $\mathbb{Z}$ zurück. So ist z.B. $(\bar{k} + \bar{l}) + \bar{m} = (k + l + n\mathbb{Z}) + (m + n\mathbb{Z}) = (k + l + m) + n\mathbb{Z} = k + ((l + m) + n\mathbb{Z}) + n\mathbb{Z} = \bar{k} + (\bar{l} + \bar{m})$.
Insbesondere sieht man direkt, dass das neutrale Element bzgl. der Addition $\bar{0}$, dasjenige bezüglich der Multiplikation $\bar{1}$ ist.
Hinsichtlich iv) arbeiten wir zunächst die Komplikation in dem Fall heraus, dass n *keine* Primzahl ist, $n = qr$, $q, r > 1$. Es ist dann $\bar{q}\bar{r} = \overline{qr} = \bar{n} = \bar{0}$. Daraus leitet man sofort ab, dass es z.B. für $\bar{q}$ kein multiplikatives Inverses $\bar{q}^{-1}$ geben kann. Im Falle seiner Existenz folgte nämlich aus $\bar{q}\bar{r} = \bar{0}$ nach Multiplikation mit $\bar{q}^{-1}$: $\bar{r} = \bar{0}\bar{q}^{-1} = \bar{0}$, also $\bar{r} = \bar{0}$, was wegen $1 \le r \le n - 1$ aber nicht zutrifft.

Nun wenden wir uns dem Fall $n = p$, p prim, zu und zeigen in diesem
Fall die Existenz des multiplikativen Inversen zu jedem $\bar{l} \neq \bar{0}$. Wir machen
dem gleich anschließend bewiesenen Lemma Gebrauch, wonach die $p - 1$ Elemente $\overline{1l}, \overline{2l}, \ldots, \overline{(n-1)l}$ – bis auf die Anordnung – genau die $p - 1$ Klassen
$\bar{1}, \bar{2}, \ldots, \overline{(n-1)}$ darstellen. Daher muss für ein k die Beziehung $\overline{kl} = \bar{1}$ gelten,
und dieses ist dann das inverse Element zu $\bar{l}$.   □

Lemma 2.2.3. *Im Fall einer Primzahl p sind für jedes l mit $1 \leq l < p$ (und damit für
jede Restklasse $\neq \bar{0}$!) die Produkte $\overline{1l}, \overline{2l}, \ldots, \overline{(p-1)l}$ – bis auf die Anordnung – genau
die $p - 1$ Klassen $\bar{1}, \bar{2}, \ldots, \overline{(p-1)}$.*

Beweis. Es genügt zu zeigen, dass keine zwei Elemente aus der ersten Liste einander gleich sind. Es gelte nun mit einem j und k, $1 \leq j, k \leq p-1$: $\overline{jl} = \overline{kl}$, d.h.
$jl + p\mathbb{Z} = kl + p\mathbb{Z}$. also $(j - k)l \in p\mathbb{Z}$ und mithin $(j - k)l = ps$ mit einem $s \in \mathbb{Z}$.
Wir berufen uns auf einen Satz aus der Zahlentheorie, dem zu Folge eine Primzahl (hier p), die ein Produkt (hier $(j - k)l$) teilt, mindestens einen der Faktoren
teilt. Wegen $1 \leq l < p$ ist dies sicher nicht l. Folglich muss es $j - k$ sein, was aber
wegen $-p < j - k < p$ nur im Falle $j - k = 0$ möglich ist, in dem Fall also, in dem
$\bar{j} = \bar{k}$.   □

Bemerkung. Zur Illustration fügen wir die *Additions- und Multiplikationstabelle für*
$\mathbb{Z}_5$ an. Die Eintragungen etwa bei der Multiplikation ergeben sich nach dem Muster $3 \cdot 4 = 12 \equiv 2 \bmod 5$. Bei den Restklasssen lassen wir jetzt die Überstreichungen weg. Die Tabellen lauten

+	0	1	2	3	4		·	0	1	2	3	4
0	0	1	2	3	4		0	0	0	0	0	0
1	1	2	3	4	0		1	0	1	2	3	4
2	2	3	4	0	1	und	2	0	2	4	1	3
3	3	4	0	1	2		3	0	3	1	4	2
4	4	0	1	2	3		4	0	4	3	2	1

Wir machen uns abschließend noch explizit klar, dass in $\mathbb{Z}_5$ Beziehungen wie
$1 + 1 + 1 + 1 + 1 = 0$ gelten.

Aufgaben

2.6. Zeigen Sie, dass $\mathbb{Q}(\sqrt{2})$ ein Körper ist.

2.7. Zeigen Sie für $z \in \mathbb{C}$: $|z| = |\bar{z}|$ und $\arg \bar{z} = -\arg z$.

2.8. Geben Sie in Zusammenhang mit der komplexen Konjugation die *geometrische* Erläuterung dafür, weshalb es sich um einen Isomorphismus handelt.

2.9. Kann es einen nichttrivialen Körperhomomorphismus $\phi : \mathbb{C} \to \mathbb{R}$ (der also
nicht nur nach 0 abbildet) geben? Leiten Sie dazu her, dass jedenfalls $\phi(0_\mathbb{C}) = 0_\mathbb{R}$
und $\phi(1_\mathbb{C}) = 1_\mathbb{R}$ und beachten Sie $i^2 = -1$.
Zeigen Sie durch explizite Angabe: es gibt einen *Gruppenhomomor phismus* bezüglich der additiven Gruppen $(\mathbb{C}, +)$, $(\mathbb{R}, +)$ (d.h. $\phi(z + z') = \phi(z) + \phi(z')$).

2.10. Stellen Sie die Additions- und Multiplikationstabellen für $\mathbb{Z}_3$, $\mathbb{Z}_6$ und $\mathbb{Z}_7$ auf. Verifizieren Sie explizit, dass $\mathbb{Z}_6$ kein Körper ist.

2.11. Kann es einen nichttrivialen Körperhomomorphismus von $\mathbb{Z}_5$ nach $\mathbb{Z}_3$ geben? Beachten Sie dabei, dass dies jedenfalls auch ein Homomorphismus bezüglich der additiven Struktur sein müsste.

2.3 Lineare Räume oder Vektorräume

Die Definition. Wir führen unser Programm fort, grundlegende Eigenschaften von Objekten aus dem 1. Kapitel herauszuschälen. Unser jetziges Modellobjekt ist der $\mathbb{R}^n$. In diesem Zusammenhang hatten wir es eigentlich mit zwei Objekten zu tun: dem $\mathbb{R}^n$ selbst (dieser wird in der folgenden Definition zum Begriff des Vektorraumes verallgemeinert) und dem Bereich, dem die Skalare entstammten, mit denen wir die Elemente des $\mathbb{R}^n$ multipliziert haben; sie entstammten den reellen Zahlen. Wir gehen hier allgemeiner von einem Körper K aus.

Definition 2.3.1 (Linearer oder Vektorraum). *K sei ein Körper, $V \neq \emptyset$ eine Menge. Es seien zwei Abbildungen gegeben, nämlich*

$$+ : V \times V \to V \ \ sowie \ \ \cdot : K \times V \to V,$$

sodass folgende Eigenschaften erfüllt sind:

V1) *$(V, +)$ ist eine kommutative Gruppe*

V2) *$\forall \mathbf{x}, \mathbf{y} \in V, \ \ \forall \lambda, \mu \in K$ ist*

  a) $(\lambda + \mu)\mathbf{x} = (\lambda\mathbf{x}) + (\mu\mathbf{x})$

  b) $\lambda(\mathbf{x} + \mathbf{y}) = \lambda\mathbf{x} + \lambda\mathbf{y}$

  c) $(\lambda\mu)\mathbf{x} = \lambda(\mu\mathbf{x})$

  d) $1\mathbf{x} = \mathbf{x}$.

Dann heißt V linearer Raum *oder* Vektorraum *über dem Körper K.*

Beispiele für lineare Räume. Da wir die Definition danach modelliert haben, ist es unmittelbar klar, dass $\mathbb{R}^n$ ein linearer Raum über dem Körper $\mathbb{R}$ ist. Einem interessanteren Beispiel schicken wir eine allgemein wichtige Bemerkung voraus.

Bemerkung (Polynome und Unbestimmte). Im ersten Kapitel haben wir Polynome (mit reellen Koeffizienten) als Abbildungen $\mathbb{R} \to \mathbb{R}$ aufgefasst. Natürlich kann und wird man bei beliebigem Grundkörper K und Koeffizienten $p_0, p_1, \ldots, p_n \in K$ die Abbildung

$$x \to p(x) = \sum_{j=0}^{n} p_j x^j$$

wieder als Polynom über K bezeichnen und als Abbildung $K \to K$ auffassen.

Es tritt hier allerdings der folgende, etwas subtilere Punkt auf. Wann sind zwei Polynome p, q über K gleich? Vom Standpunkt der Abbildungen her gesehen dann, wenn Grund- und Bildraum übereinstimmen (das trifft zu) und wenn $\forall x \in K : p(x) = q(x)$.

Für manche algebraischen Fragen ist dies aber nicht der zweckmäßige Gleichheitsbegriff und zwar aus einem Grund, der bei Polynomen über einem *endlichen Körper* am klarsten hervortritt.

Ausgehend von einem endlichen Körper K gibt es überhaupt nur endlich viele Abbildungen $K \to K$ und daher (wenn man die Gleichheit im Abbildungssinn versteht) auch nur endlich viele Polynome.

Auf der anderen Seite kann man auch bei einem endlichen Körper unendlich viele formale Ausdrücke der Gestalt

$$p(X) = p_0 + p_1 X + p_2 X^2 + \ldots + p_n X^n$$

bilden ($n \in \mathbb{N}$; $p_j \in K$ für $j = 0, 1, 2, \ldots, n$). Jeder solche formale Ausdruck entspricht genau einem rechtsseitig unendlichen Vektor

$$\mathbf{p} = (p_0, p_1, p_2, \ldots, p_n, 0, 0, \ldots),$$

wo an den höchsten Koeffizienten Nullen anschließen. Umgekehrt gibt jeder derartige Vektor, der ab einer gewissen Position nur mehr 0 enthält, zu einem derartigen formalen Ausdruck Anlass. Insgesamt sind die formalen Ausdrücke nur eine andere Schreibweise für die genannten Vektoren.

Einen Ausdruck $p(X) = p_0 + p_1 X + \ldots p_n X^n$ nennt man *Polynom in der Unbestimmten X*. Zwei solche Polynome $p(X), q(X)$ heißen *gleich*, wenn $\mathbf{p} = \mathbf{q}$, d.h. wenn $p_j = q_j$ für $j = 0, 1, 2, \ldots$. Spricht man von diesem Gleichheitsbegriff, so bringt man dies traditionell dadurch zum Ausdruck, dass man das Polynom mit dem groß geschriebenen Argument X, der *Unbestimmten X*, angibt.

Über $K = \mathbb{R}$ muss man diese Betrachtungen nicht anstellen. Denn sind zwei Polynome (als Abbildungen) gleich, d.h. $p(x) = q(x)$ $\forall x \in \mathbb{R}$, so gilt für die Differenz $r := p - q$ doch $r(x) = (p_0 - q_0) + (p_1 - q_1)x + \ldots = r_0 + r_1 x + \ldots = 0$ $\forall x$. Wir werden aber später sehen, dass daraus $r_0 = r_1 = \ldots = 0$ folgt, d.h. $p_j = q_j$ $\forall j$, also $p(X) = q(X)$. *Die Gleichheitsbegriffe im Abbildungssinn und im Sinne der Gleichheit von Polynomen in einer Unbestimmten sind im Fall $K = \mathbb{R}$ (und ähnlich $K = \mathbb{C}$) identisch.* – Von diesem Resultat machen wir im folgenden Beispiel sofort Gebrauch und schreiben x anstelle von X.

Beispiel (Menge der Polynome höchstens n-ten Grades über $\mathbb{R}$). Wir betrachten Polynome

$$p = p_0 + p_1 x + p_2 x^2 + \ldots + p_n x^n \tag{2.7}$$

mit einem $n \in \mathbb{N} \cup \{0\}$ und den *Koeffizienten* $p_0, p_1, \ldots, p_n \in \mathbb{R}$. Die Menge aller Abbildungen dieser Form bezeichnen wir mit $\mathcal{P}_n$. Die Addition von derartigen Polynomen definiert man so, wie man es, ausgehend von Abbildungen, erwarten würde: ist p w.o. und $q(x) = q_0 + q_1 x + \ldots q_n x^n$ und $\lambda \in \mathbb{R}$, so ist

$$(p + q) := (p_0 + q_0) + (p_1 + q_1)x + \ldots + (p_n + q_n)x^n$$
$$(\lambda p) := (\lambda p_0) + (\lambda p_1)x + (\lambda p_2)x^2 + \ldots + (\lambda p_n)x^n.$$

Lemma 2.3.1. $\mathcal{P}_n$ ist ein linearer Raum über $\mathbb{R}$.

Beweis. Ordnen wir jedem $p \in \mathcal{P}_n$ den Vektor $\mathbf{p}$ seiner Koeffizienten zu:

$$\mathcal{J} : p = p_0 + p_1 x + \ldots + p_n x^n \to \mathcal{J}(p) = \mathbf{p} = (p_0, p_1, \ldots, p_n),$$

so ist $\mathcal{J}$ eine bijektive Abbildung $\mathcal{P}_n \to \mathbb{R}^{n+1}$. (Man beachte, dass die Indizierung der Vektorkomponenten bei 0 beginnt). Überdies ist $\mathcal{J}$ mit den arithmetischen Operationen verträglich : $p + q \to \mathbf{p} + \mathbf{q}$ und $\lambda p \to \lambda \mathbf{p}$. Dabei sind die Operationen links in $\mathcal{P}_n$ und rechts in $\mathbb{R}^{n+1}$ zu verstehen. Weil im $\mathbb{R}^{n+1}$ aber eine Vektorraumstruktur vorliegt, ergibt sich sofort, dass auch $\mathcal{P}_n$ ein Vektorraum ist. $\qquad\square$

Bemerkung (Vektorraumisomorphismus und -homomorphismus). Allgemein nennt man eine bijektive Abbildung wie $\mathcal{J}$ zwischen Vektorräumen, die im obigen Sinn mit den Operationen (Addition, skalare Multiplikation) verträglich ist, einen *(Vektorraum-)Isomorphismus*; ist die Abbildung nicht (unbedingt) bijektiv, einen *(Vektorraum-)Homomorphismus*; stimmen schließlich Original- und Bildraum überein, einen *Endomorphismus*. Die Menge der linearen Endomorphismen eines linearen Raumes V bezeichnen wir mit $\operatorname{End} V$.

Rein vom Standpunkt der Vektorraumstruktur her sind Vektorräume, zwischen denen ein Isomorphismus besteht, einander gleich, also z.B. $\mathcal{P}_n$ und $\mathbb{R}^{n+1}$. Natürlich mag es sich so verhalten wie hier, dass in $\mathcal{P}_n$ weitere Strukturen bestehen, z.B. die Multiplikation von Polynomen, die es im $\mathbb{R}^{n+1}$ nicht gibt (außer man überträgt sie in etwas künstlicher Weise). Bezüglich solcher weiterer Strukturen sind die Räume nicht als gleich bzw. isomorph anzusehen.

Bemerkung. Eine völlig analoge Aussage wie oben gilt für die Polynome höchstens n-ten Grades über $\mathbb{C}$, bei denen Koeffizienten also in $\mathbb{C}$ liegen.

Beispiel (Menge der reellwertigen Funktionen über einem Intervall). I sei ein (möglicherweise uneigentliches) Intervall in $\mathbb{R}$, $\mathcal{F}(I) = \mathcal{F} = \{f : I \to \mathbb{R}\}$ die Menge aller Abbildungen von I nach $\mathbb{R}$. Addition von Abbildungen, $f + g$, bzw. Multiplikation mit einem Skalar, λf, definiert man punktweise,

$$(f + g)(x) := f(x) + g(x) \quad ; \quad (\lambda f)(x) := \lambda(f(x)) \ \forall x \in I.$$

Dann sieht man durch direktes Nachprüfen ein, *dass $\mathcal{F}$ ein Vektorraum ist*. Hierbei geht natürlich ein, dass der Bildraum die Menge der reellen Zahlen ist; Eigenschaften von I hingegen kommen überhaupt nicht zum Tragen. Daher ist die Menge aller reellwertigen Abbildungen, die von einer beliebigen, nichtleeren Menge ausgehen, ein linearer Raum. – Die entsprechende Aussage gilt natürlich auch für komplexwertige Abbildungen bzw. allgemein für Abbildungen mit Werten in einem Körper.

Beispiel (Menge der stetigen, reellwertigen Funktionen über einem Intervall). I sei wieder ein Intervall; die wichtige Menge der stetigen, reellwertigen Funktionen über I bezeichnen wir standardmäßig mit $\mathcal{C}(I)$, also $\mathcal{C}(I) := \{f : I \to \mathbb{R}, f \text{ stetig}\}$. Die Addition bzw. die Multiplikation mit einem Skalar führt nicht aus $\mathcal{C}(I)$ heraus: $f + g \in \mathcal{C}(I)$ bzw. $\lambda f \in \mathcal{C}(I)$, wenn $f, g \in \mathcal{C}(I)$ bzw. $\lambda \in \mathbb{R}$. Die

Axiome des Vektorraumes prüft man leicht nach. *Also ist $\mathcal{C}(I)$ ein linearer Raum über $\mathbb{R}$.* Das Nullelement bezüglich der Addition ist die Funktion 0, die konstant gleich null ist.

Genauso zeigt man, dass die Menge aller stetigen Abbildungen von einem Intervall I nach $\mathbb{C}(= \mathbb{R}^2$ für die Definition der Stetigkeit!) ein linearer Raum, diesmal über $\mathbb{C}$, ist; wir schreiben für die Menge $\mathcal{C}(I, \mathbb{C})$.

Auch die Menge aller k mal stetig differenzierbaren reellwertigen Funktionen, $\mathcal{C}^k(I)$, ist ein linearer Raum ($k \in \mathbb{N}$).

Rechenregeln in einem linearen Raum.

Lemma 2.3.2. *V sei ein linearer Raum über einem Körper K. Dann gilt für alle $\mathbf{x} \in V$, $\lambda \in K$*

i) $0 \cdot \mathbf{x} = \mathbf{0} \, ; \lambda \cdot \mathbf{0} = \mathbf{0}$

ii) $\lambda \cdot \mathbf{x} = \mathbf{0} \Rightarrow \lambda = 0$ *oder* $\mathbf{x} = \mathbf{0}$

iii) $(-1)\mathbf{x} = -\mathbf{x}$

Beweis. i): $0 \cdot \mathbf{x} = (0 + 0) \cdot \mathbf{x} = 0 \cdot \mathbf{x} + 0 \cdot \mathbf{x}$; subtrahiert man ganz links und ganz rechts $0 \cdot \mathbf{x}$, so erhält man $\mathbf{0} = 0 \cdot \mathbf{x}$.

Ferner: $\lambda \cdot \mathbf{0} = \lambda \cdot (\mathbf{0} + \mathbf{0}) = \lambda \cdot \mathbf{0} + \lambda \cdot \mathbf{0}$ und dann, nach Subtraktion von $\lambda \cdot \mathbf{0}$, eben $\mathbf{0} = \lambda \cdot \mathbf{0}$.

ii): Es sei also $\lambda \cdot \mathbf{x} = \mathbf{0}$. Es ist zu zeigen, dass entweder $\lambda = 0$ oder $\mathbf{x} = \mathbf{0}$. Wenn bereits $\lambda = 0$ gilt, so ist es gut. Es sei daher $\lambda \neq 0$. Aus $\lambda \cdot \mathbf{x} = \mathbf{0}$ ergibt sich nach Multiplikation mit λ^{-1}, das wegen $\lambda \neq 0$ existiert, $1 \cdot \mathbf{x} = 1 \cdot \mathbf{0} = \mathbf{0}$, und wegen des letzten Vektorraumaxioms ($1 \cdot \mathbf{x} = \mathbf{x}$) sofort $\mathbf{x} = \mathbf{0}$, da $1 \cdot \mathbf{x} = \mathbf{0}$.

iii): Es ist $\mathbf{x} + (-1)\mathbf{x} = 1\mathbf{x} + (-1)\mathbf{x} = (1 + (-1))\mathbf{x} = 0\mathbf{x} = \mathbf{0}$, und aus der Gleichheit des ersten und letzten Ausdrucks in der Gleichungskette nach Subtraktion von $\mathbf{x}$ direkt $(-1)\mathbf{x} = -\mathbf{x}$. □

Lineare Teilräume. Gehen wir in $V = \mathbb{R}^3$ zum Beispiel von einer Ebene E durch den Nullpunkt aus, $E = [\mathbf{q}, \mathbf{r}]$. Dann prüft man sofort nach, dass mit $\mathbf{x}, \mathbf{y} \in E$ jede Linearkombination zu E gehört. Denn mit

$$\mathbf{x} = \kappa \mathbf{p} + \lambda \mathbf{q} \, , \mathbf{y} = \mu \mathbf{p} + \nu \mathbf{q}$$

ist

$$\alpha \mathbf{x} + \beta \mathbf{y} = (\alpha \kappa + \beta \mu)\mathbf{p} + (\alpha \lambda + \beta \nu)\mathbf{q} \in E;$$

die griechischen Buchstaben bezeichnen dabei beliebige Elemente des Grundkörpers $\mathbb{R}$. Ganz direkt überprüft man auch, dass E ein linearer Raum ist. Selbstverständlich ist $E \subseteq V$, ja sogar $E \subset V$. Dies nimmt man zum Anlass für die

Definition 2.3.2 (Teilraum). *V sei ein linearer Raum über einem Körper K. $W \subseteq V$ sei ebenfalls linearer Raum über K. Dann heißt W linearer Teilraum von V; gilt sogar $W \subset V$, so heißt W echter Teilraum.*

Das folgende Lemma erspart in vielen Fällen weit gehend, sämtliche definierenden Eigenschaften eines linearen Raums nachzuprüfen, wenn festgestellt werden soll, ob eine Teilmenge $W \subseteq V$ sogar ein linearer Raum ist.

Lemma 2.3.3 (Charakterisierung linearer Teilräume). *V sei linearer Raum über einem Körper K, $W \subseteq V$, $W \neq \emptyset$. Es gilt: W ist Teilraum genau dann, wenn*

$$\forall \mathbf{x}, \mathbf{y} \in W, \quad \forall \lambda, \mu \in K \ \text{stets} \ \lambda \mathbf{x} + \mu \mathbf{y} \in W \ \text{zutrifft.}$$

Beweis. Die Richtung $\Rightarrow$ ist trivial. Wir zeigen daher $\Leftarrow$.
Es ist zuerst zu prüfen, ob $(W, +)$ eine kommutative Gruppe ist. Mit $\mathbf{x}, \mathbf{y} \in W$ ist nach Voraussetzung $1\mathbf{x} + (-1)\mathbf{y} = \mathbf{x} - \mathbf{y} \in W$. Da $W \subseteq V$ und $(V, +)$ schon eine Gruppe ist, ist nach Satz 2.1.1 $(W, +)$ ebenfalls eine Gruppe.
Die in der Definition des linearen Raumes (Def. 2.3.1) unter V2 genannten Eigenschaften gelten aber sogar für alle Elemente von V, daher auch für die Elemente von W. □

Bemerkung. Zahlreiche uns schon bekannte lineare Teilräume sind jetzt viel leichter als solche zu erkennen. Zum Beispiel ist $\mathcal{C}^1(I) \subseteq \mathcal{C}(I)$; selbstverständlich ist aber mit $f, g \in \mathcal{C}^1(I)$ jede Linearkombination wieder einmal stetig differenzierbar, also in $\mathcal{C}^1(I)$, daher ist $\mathcal{C}^1(I)$ ein linearer Teilraum von $\mathcal{C}(I)$.

Im Falle des $\mathbb{R}^3$ ist der Durchschnitt zweier Ebenen durch $\mathbf{0}$ im allgemeinen Fall eine durch $\mathbf{0}$ gehende Gerade, d.h. wieder ein Teilraum. Dies ist nun in großer Allgemeinheit richtig:

Satz 2.3.1 (Der Durchschnitt linearer Räume ist wieder ein linearer Raum). *Es seien $W_1, W_2, \ldots, W_m$ irgend m lineare Teilräume eines linearen Raumes V. Dann ist ihr Durchschnitt*

$$W := \bigcap_{i=1}^{m} W_i$$

wieder ein Teilraum.

Beweis. Es ist nur zu zeigen, dass mit $\mathbf{x}, \mathbf{y} \in W$ und $\lambda, \mu \in K$ auch $\lambda \mathbf{x} + \mu \mathbf{y} \in W$ gilt. – Wenn aber nun $\mathbf{x} \in W$ gilt, so ist $\mathbf{x} \in W_i \quad \forall i = 1, \ldots, m$; für $\mathbf{y}$ gilt Entsprechendes. Mit beliebigem $\lambda, \mu \in K$ ist folglich $\lambda \mathbf{x} + \mu \mathbf{y} \in W_i \quad \forall i$; daher auch $\lambda \mathbf{x} + \mu \mathbf{y} \in \bigcap W_i = W$. □

In den Beweis ist nicht wirklich eingegangen, dass wir nur endlich viele Teilräume vor uns hatten; es hätte genauso eine beliebige Schar von Teilräumen W_α sein können, wo α in einer Indexmenge I variiert. Daher gilt allgemeiner das

Korollar 2.3.1. *Der Durchschnitt einer beliebigen Schar W_α ($\alpha \in I$) von Teilräumen, $\bigcap_{\alpha \in I} W_\alpha$, eines linearen Raumes V ist wieder ein Teilraum.*

Bemerkung. Dass die *Vereinigung* linearer Teilräume im Allgemeinen *kein* Teilraum ist, zeigt eine Übungsaufgabe.

Aufgaben

2.12. Das Produkt zweier Polynome höchstens 2-ten Grades hat höchstens Grad 4; der Vektor seiner Koeffizienten liegt also in $\mathbb{R}^5$. Schreiben Sie das Produkt in der Vektordarstellung an.

2.13. Grundraum sei $V = \mathbb{R}^2$. $[\mathbf{q}]$ sei eine Gerade durch $\mathbf{0}$. Zeigen Sie, dass $[\mathbf{q}]$ ein linearer Raum und die orthogonale Projektion auf $[\mathbf{q}]$ ein Vektorraumhomomorphismus ist.

2.14. V sei ein linearer Raum über K, X eine beliebige Menge; $\mathcal{F}$ bezeichne die Menge aller Abbildungen $X \to V$. Zeigen Sie, dass mit punktweise definierten Operationen $f + g$ bzw. λf die Menge $\mathcal{F}$ ein linearer Raum ist.

2.15. W und X seien Teilräume eines linearen Raumes V. Es gelte weder $W \subseteq X$, noch $X \subseteq W$. Zeigen Sie: dann ist $Y = W \cup X$ kein linearer Raum. (Machen Sie Gebrauch von der Existenz eines $\mathbf{w} \in W$ mit $\mathbf{w} \notin X$ und eines $\mathbf{x} \in X$ mit $\mathbf{x} \notin W$ und betrachten Sie $\mathbf{w} + \mathbf{x}$.)

2.4 Das Erzeugnis

Gehen wir in $V = \mathbb{R}^3$ von zwei linear unabhängigen Vektoren $\mathbf{x}, \mathbf{y}$ aus, so ist $W := [\mathbf{x}, \mathbf{y}]$ ein linearer Raum, und zwar ein echter Teilraum von V; denn unserer Konstruktion eines Normalenvektors $\mathbf{n}$ (vgl. Satz 1.10.1) entnehmen wir, dass $\mathbf{n} \notin W$. Andererseits ist offenbar W der kleinste lineare Raum, der $\mathbf{x}$ und $\mathbf{y}$ enthält; denn jeder derartige lineare Raum muss mindestens die Menge aller Linearkombinationen von $\mathbf{x}, \mathbf{y}$, und das ist eben W, enthalten.

Das legt nahe, bei einer beliebig vorgegebenen Menge M von Punkten eines linearen Raumes V die Menge aller (endlichen) Linearkombinationen zu betrachten. (Eine Linearkombination ist immer als Summe *endlich vieler* Summanden definiert; M selbst mag eine unendliche Menge sein.) Genau das tun wir in

Definition 2.4.1 (Erzeugnis oder lineare Hülle). *Es sei M eine nichtleere Teilmenge eines linearen Raumes V. Das Erzeugnis oder die* lineare Hülle *von M, in Zeichen $[M]$, ist*

$$[M] := \{\mathbf{y} \in V, \text{ sodass } \exists m \in \mathbb{N} \text{ und dazu } \mathbf{x}_1, \dots, \mathbf{x}_m \in M \text{ sowie}$$
$$\lambda_1, \dots, \lambda_m \in K \text{ mit } \mathbf{y} = \lambda_1 \mathbf{x}_1 + \lambda_2 \mathbf{x}_2 + \dots + \lambda_m \mathbf{x}_m\}.$$

Satz 2.4.1 (Minimaleigenschaft des Erzeugnisses). *M sei eine nichtleere Teilmenge eines linearen Raumes V über K. Dann ist $[M]$ ein linearer Raum. Es gilt $M \subseteq [M]$. Fernerhin ist*

$$[M] = \bigcap_{W \supseteq M, W lin. Raum} W.$$

Also ist $[M]$ der kleinste lineare Raum, *der M enthält.*

Beweis. Da jedes $\mathbf{x} \in M$ sich als Linearkombination $1\mathbf{x}$ schreiben lässt, ist $M \subseteq [M]$. – Mit zwei Elementen in $[M]$ liegt jede Linearkombination wieder in [M]; denn sie lässt sich wieder als Linearkombination von Elementen von M darstellen. Daher ist [M] ein linearer Raum. – Weil schließlich jeder lineare Raum W, der M enthält, auch jede Linearkombination von Elementen aus M enthalten muss, gilt für jedes derartige W: $W \supseteq [M]$; es ist aber sogar $[M] = \bigcap W$, da wegen $M \subseteq [M]$ der Raum $[M]$ selbst im Durchschnitt auftritt. $\qquad\square$

Beispiel. Den mehr geometrisch inspirierten Beispielen wie Gerade oder Ebene lassen wir ein etwas anderes folgen. Dazu bezeichnen wir für $k \in \mathbb{N} \cup \{0\}$ mit π_k die k-te Potenzfunktion, $\pi_k(x) = x^k$ ($x \in \mathbb{R}$ oder auch $x \in \mathbb{C}$). Dann ist, wie unmittelbar ersichtlich, für ganzes $m \geq 0$: $[\pi_0, \pi_1, \ldots, \pi_m] = \mathcal{P}_m$. – Meist ist man mit der Funktionsnotation nicht so pedantisch und schreibt $\mathcal{P}_m = [x^0, x^1, x^2, \ldots, x^m]$.

Satz 2.4.2 (Ordnungseigenschaften des Erzeugnisses). *X, Y, Z seien nichtleere Teilmengen eines linearen Raumes V. Dann gilt*

i) $[[X]] = [X]$ (Idempotenz der Erzeugnisbildung $[\cdot]$)

ii) $X \subseteq Y \Rightarrow [X] \subseteq [Y]$ (Ordnungstreue)

iii) Ist $Z \subseteq X$, so ist $[X \cup Z] = [X]$

Beweis. i): Nach Satz 2.4.1 ist $[X] \subseteq [[X]]$ (man wende den Satz mit $M = [X]$ an). Ferner ist aber $[X]$ ein linearer Raum, und zudem der kleinste, der $[X]$ enthält; daher ist, nochmals nach Satz 2.4.1, $[[X]] = [X]$.
ii) trifft zu, weil wegen $X \subseteq Y$ jede Linearkombination von Elementen von X, d.h. jedes $\mathbf{u} \in [X]$, auch eine solche mit Elementen in Y ist, also $\mathbf{u} \in [Y]$ gilt; woraus $[X] \subseteq [Y]$ folgt.
iii) Nach dem soeben bewiesenen Punkt ist wegen $X \subseteq X \cup Z$ auch $[X] \subseteq [X \cup Z]$. – Ist aber nun $\mathbf{u} \in [X \cup Z]$, so ist $\mathbf{u}$ Linearkombination von Elementen von X *und* von Z; da aber die durch Z beigesteuerten Anteile auch in X liegen, auch Linearkombination nur von Elementen von X alleine; also $\mathbf{u} \in [X]$. – Insgesamt gilt somit $[X \cup Z] = [X]$. $\qquad\square$

Satz 2.4.3 (Vorbereitung zum Austauschsatz). *Mit endlich vielen Elementen* $\mathbf{x}_1, \mathbf{x}_2, \ldots, \mathbf{x}_m$ *eines linearen Raumes V und einem* $\mathbf{y} \in V, \mathbf{y} \neq 0$ *gelte*

$$\mathbf{y} \in [\mathbf{x}_1, \ldots, \mathbf{x}_m];$$

dann gibt es einen Index i, $1 \leq i \leq m$, sodass $\mathbf{y}$ gegen $\mathbf{x}_i$ ausgetauscht werden kann in dem Sinne, dass

$$[\mathbf{x}_1, \ldots, \mathbf{x}_{i-1}, \mathbf{x}_i, \mathbf{x}_{i+1}, \ldots, \mathbf{x}_m] = [\mathbf{x}_1, \ldots, \mathbf{x}_{i-1}, \mathbf{y}, \mathbf{x}_{i+1}, \ldots, \mathbf{x}_m].$$

Beweis. Wegen $\mathbf{y} \in [\mathbf{x}_1, \ldots, \mathbf{x}_m]$ gibt es eine Darstellung

$$\mathbf{y} = \lambda_1 \mathbf{x}_1 + \ldots + \lambda_i \mathbf{x}_i + \ldots + \lambda_m \mathbf{x}_m.$$

Wegen $\mathbf{y} \neq 0$ können nicht alle Summanden null sein; dies möge etwa für den schon in der Schreibweise herausgehobenen Anteil $\lambda_i \mathbf{x}_i$ gelten. Daher ist $\lambda_i \neq 0$

und $\mathbf{x}_i \neq \mathbf{0}$. $\mathbf{x}_i$ lässt sich aus dieser Darstellung von $\mathbf{y}$ als Linearkombination der übrigen $\mathbf{x}_j$ und von $\mathbf{y}$ ausdrücken. Daraus ergibt sich

$$[\mathbf{x}_1, \ldots, \mathbf{x}_{i-1}, \mathbf{x}_i, \mathbf{x}_{i+1}, \ldots, \mathbf{x}_m] \subseteq [\mathbf{x}_1, \ldots, \mathbf{x}_{i-1}, \mathbf{y}, \mathbf{x}_{i+1}, \ldots, \mathbf{x}_m].$$

Weil folglich $\mathbf{x}_i \in [\mathbf{x}_1, \ldots, \mathbf{x}_{i-1}, \mathbf{y}, \mathbf{x}_{i+1}, \ldots, \mathbf{x}_m]$ und weil $\mathbf{x}_i \neq \mathbf{0}$ liegt genau dieselbe Situation wie zu Beginn des Beweises vor, allerdings mit vertauschten Rollen von $\mathbf{y}$ und $\mathbf{x}_i$ (n.b.: der Koeffizient von $\mathbf{y}$ bei Darstellung von $\mathbf{x}_i$ ist $-\frac{1}{\lambda_i} \neq 0$). Daher ist auch umgekehrt

$$[\mathbf{x}_1, \ldots, \mathbf{x}_{i-1}, \mathbf{y}, \mathbf{x}_{i+1}, \ldots, \mathbf{x}_m] \subseteq [\mathbf{x}_1, \ldots, \mathbf{x}_{i-1}, \mathbf{x}_i, \mathbf{x}_{i+1}, \ldots, \mathbf{x}_m].$$

Die beiden Erzeugnisse stimmen deshalb überein. $\square$

Beispiel. Wir gehen aus von $V = \mathcal{P}_2$, $m = 3$, $f_1 = 1 - x$, $f_2 = 1 + 2x$, $f_3 = 1 + x^2$. Weiterhin sei $g = 1$. Dann gilt z.B. $g = 2 \cdot f_1 - f_2$. Also kann g etwa gegen f_2 ausgetauscht werden und $[1 - x, 1 + 2x, 1 + x^2] = [1 - x, 1, 1 + x^2]$. – Wie man übrigens leicht sieht, kann man ähnlich auch noch gegen x und x^2 austauschen, sodass $[1 - x, 1 + 2x, 1 + x^2] = [1, x, x^2] = \mathcal{P}_2$.

Aufgabe

2.16. Stellen Sie im Sinne des unmittelbar vorangehenden Beispiels das Polynom $q(x) = 3x^2 - x + 4$ als Linearkombination von f_1, f_2, f_3 dar.

2.5 Lineare Abhängigkeit und Unabhängigkeit

Die Definition. Der Begriff der linearen Unabhängigkeit von zwei Vektoren eines linearen Raumes V lässt sich in natürlicher Weise auf den Fall von m Vektoren übertragen:

Definition 2.5.1 (Lineare Abhängigkeit und Unabhängigkeit). *m Elemente* $\mathbf{x}_1, \mathbf{x}_2, \ldots, \mathbf{x}_m$ *($m \in \mathbb{N}$) heißen* linear unabhängig (l.u.)*, wenn die Implikation*

$$\lambda_1 \mathbf{x}_1 + \ldots + \lambda_m \mathbf{x}_m = \mathbf{0} \Rightarrow (\lambda_1, \ldots, \lambda_m) = (0, \ldots, 0)$$

gilt, d.h., wenn $\mathbf{0}$ *nur in trivialer Weise als Linearkombination dieser Elemente darstellbar ist.*
Existiert aber umgekehrt eine nichttriviale Darstellung von $\mathbf{0}$*,*

$$\lambda_1 \mathbf{x}_1 + \ldots + \lambda_m \mathbf{x}_m = \mathbf{0} \text{ mit einem } (\lambda_1, \ldots, \lambda_m) \neq (0, \ldots, 0),$$

so heißen $\mathbf{x}_1, \mathbf{x}_2, \ldots, \mathbf{x}_m$ linear abhängig (l.a.)*.*

Beispiel. Sind die Elemente

$$\mathbf{x}_1 = \begin{pmatrix} 2 \\ 3 \\ -1 \end{pmatrix}, \mathbf{x}_2 = \begin{pmatrix} 3 \\ 2 \\ -2 \end{pmatrix}, \mathbf{x}_3 = \begin{pmatrix} -2 \\ 3 \\ 2 \end{pmatrix}$$

des $\mathbb{R}^3$ linear abhängig? Die Suche nach Darstellungen von $\mathbf{0}$ in der Form $\mathbf{x}_1\lambda_1 + \mathbf{x}_2\lambda_2 + \mathbf{x}_3\lambda_3 = \mathbf{0}$ führt zur Frage nach allen Lösungen des Gleichungssystems

$$
\begin{array}{rcrcrcl}
2\lambda_1 & + & 3\lambda_2 & - & 2\lambda_3 & = & 0 \\
3\lambda_1 & + & 2\lambda_2 & + & 3\lambda_3 & = & 0 \\
-\lambda_1 & - & 2\lambda_2 & + & \lambda_3 & = & 0.
\end{array}
$$

Man sieht aber leicht, dass nur die triviale Lösung existiert; die Vektoren sind also linear unabhängig.

Der Austauschsatz von Steinitz. In diesem Abschnitt verallgemeinern wir Satz 2.4.3:

Satz 2.5.1 (Austauschsatz von Steinitz). *Wir gehen von zwei endlichen Teilmengen X, Y eines linearen Raumes aus, $X = \{\mathbf{x}_1, \ldots, \mathbf{x}_m\}$, $Y = \{\mathbf{y}_1, \ldots, \mathbf{y}_n\}$. Dabei setzen wir $\mathbf{y}_1, \ldots, \mathbf{y}_n$ als l.u. voraus. Gilt nun $Y \subseteq [X]$, so ist $\#Y \leq \#X$, d.h. $n \leq m$, und es lassen sich n Elemente in X, und zwar bei geeigneter Nummerierung die ersten n, so gegen Elemente von Y austauschen, dass*

$$[X] = [\mathbf{y}_1, \ldots, \mathbf{y}_n, \mathbf{x}_{n+1}, \ldots, \mathbf{x}_m].$$

Beweis. Wir führen den Beweis durch Induktion nach $\#Y = n$. Für $n = 1$ entspricht die Aussage ja gerade Satz 2.4.3.
Wir nehmen daher an, der Satz sei für alle Mengen mit n l.u. Elemente bewiesen, und wir betrachten jetzt eine entsprechende Menge $Y = \{\mathbf{y}_1, .., \mathbf{y}_{n+1}\}$ mit $n + 1$ l.u. Elementen, sodass $Y \subseteq [X]$. Dann können wir aufgrund der Induktionsannahme (bei geeigneter Nummerierung der Elemente von X) die ersten n Elemente von X durch die Elemente von $\{\mathbf{y}_1, .., \mathbf{y}_n\}$ so ersetzen, dass $[X] = [\mathbf{y}_1, \ldots, \mathbf{y}_n, \mathbf{x}_{n+1}, \ldots, \mathbf{x}_m]$. – Dabei haben wir zu beachten, dass, wie in der Schreibweise schon vorweggenommen, rechts in der Tat mindestens noch $\mathbf{x}_{n+1}$ auftritt; denn sonst wäre $[X] = [\mathbf{y}_1, \ldots, \mathbf{y}_n]$, und wegen $\mathbf{y}_{n+1} \in X$ wäre $\mathbf{y}_{n+1}$ Linearkombination von $\mathbf{y}_1, \ldots, \mathbf{y}_n$, im Widerspruch zur linearen Unabhängigkeit von Y. – Daher ist $n + 1 \leq m$ und somit ist der Induktionsschritt *für die Aussage* $\#Y \leq \#X$ durchgeführt.
Es ist noch die Austauschbarkeit von $\mathbf{y}_{n+1}$ gegen – etwa – $\mathbf{x}_{n+1}$ zu zeigen. Wegen $\mathbf{y}_{n+1} \in [X] = [\mathbf{y}_1, \ldots, \mathbf{y}_n, \mathbf{x}_{n+1}, \ldots, \mathbf{x}_n]$ lässt sich $\mathbf{y}_{n+1}$ als Linearkombination der aufgelisteten Elemente darstellen; dabei treten sicher nicht nur die $\mathbf{y}_k, 1 \leq k \leq n$ auf, da sonst Y linear abhängig wäre. Also tritt, bei geeigneter Nummerierung, etwa $\mathbf{x}_{n+1}$ auf und kann nach Satz 2.4.3 gegen $\mathbf{y}_{n+1}$ ausgetauscht werden. $\quad\square$

Basis und Dimension.

Definition 2.5.2 (Endlich erzeugter linearer Raum). *Ein linearer Raum V heißt endlich erzeugt, wenn es ein $m \in \mathbb{N}$ und Elemente $\mathbf{x}_1, \ldots, \mathbf{x}_m \in V$ gibt, sodass $V = [\mathbf{x}_1, \ldots, \mathbf{x}_m]$.*

Beispiel. Für jedes $m \in \mathbb{N}$ ist $V = \mathbb{R}^m$ endlich erzeugt; denn mit den m Einheitsvektoren gilt $\mathbb{R}^m = [\mathbf{e}_1, \ldots, \mathbf{e}_m]$.

Beispiel. Es sei I ein Intervall (positiver Länge), etwa $I = [0,1]$. Dann ist $\mathcal{C}(I)$ *nicht* endlich erzeugt. – Wir nehmen indirekt an, $\mathcal{C}(I)$ wäre endlich erzeugt, $\mathcal{C}(I) = [f_1, \ldots, f_m]$ mit m passenden stetigen Funktionen, wobei $m \in \mathbb{N}$. Wir wählen die $m + 1$ gleichmäßig in I verteilten Gitterpunkte $x_i = \frac{i}{m}$ ($i = 0, 1, \ldots, m$), Abbildung 2.4. Zu jedem Gitterpunkt gehört eine aus der Abbildung genügend ersichtliche Dachfunktion g_i.

Jedes g_i ist stetig, $g_i \in \mathcal{C}(I)$. Außerdem ist $g_i(x_i) = 1$ und $g_i(x_j) = 0 \ \forall j \neq i$. Daraus folgt, dass die g_i linear unabhängig sind. Denn werten wir irgendeine Darstellung der Funktion 0

$$\lambda_0 g_0 + \ldots + \lambda_m g_m = 0$$

an der Stelle x_i aus, so folgt mit dem Funktionswert

$$\lambda_0 g_0(x_i) + \ldots + \lambda_m g_m(x_i) = \lambda_i$$

unmittelbar $\lambda_i = 0 \ \forall i$.

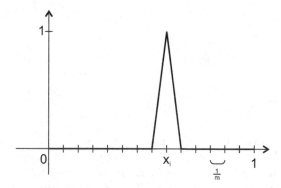

Abbildung 2.4: Dachfunktionen

Wegen $g_i \in \mathcal{C}(I)$ gilt $[g_0, \ldots, g_m] \subseteq [f_1, \ldots, f_m]$. Da aber die Eintragungen auf der linken Seite l.u. sind, gilt nach dem Satz $\#\{g_0, \ldots, g_m\} \leq \#\{f_1, \ldots, f_m\}$, also $m + 1 \leq m$, was einen *Widerspruch* bedeutet. – $\mathcal{C}(I)$ ist somit *nicht* endlich erzeugt.

Satz 2.5.2 (Dimension eines endlich erzeugten linearen Raums). *Für jeden endlich erzeugten linearen Raum $V \supset \{\mathbf{0}\}$ gilt*

    i) Es gibt ein $n \in \mathbb{N}$ und dazu n linear unabhängige Elemente $\mathbf{x}_1, \ldots, \mathbf{x}_n \in V$ mit $V = [\mathbf{x}_1, \ldots, \mathbf{x}_n]$.

    ii) Ist n wie soeben und $l \in \mathbb{N}$, $l < n$, und sind fernerhin $\mathbf{y}_1, \ldots, \mathbf{y}_l$ irgend l Elemente in V, so ist $[\mathbf{y}_1, \ldots, \mathbf{y}_l] \subset V$.

    iii) Ist $m \in \mathbb{N}$, $m > n$, so sind je m Elemente $\mathbf{z}_1, \ldots, \mathbf{z}_m \in V$ linear abhängig.

Die somit eindeutig bestimmte Maximalzahl linear unabhängiger Elemente *eines linearen Raums heißt* Dimension *von M (dim M).*

Beweis. i): V werde von gewissen r Elementen erzeugt, $V = [\mathbf{v}_1, \ldots, \mathbf{v}_r]$. Sind die $\mathbf{v}_i$ l.u., setzen wir $n := r$ und $\mathbf{x}_i := \mathbf{v}_i \quad \forall i$. Sind aber die Elemente linear abhängig, dann lässt sich eines als Linearkombination der anderen ausdrücken; dieses können wir dann ohne Veränderung des Erzeugnisses aus der Liste streichen. Diesen Prozess setzen wir so lange fort, bis wir – ohne Veränderung des Erzeugnisses – bei linear unabhängigen Vektoren angelangt sind. Ihre Anzahl bezeichnen wir mit n und sie selbst mit $\mathbf{x}_1, \ldots, \mathbf{x}_n$. Wegen $V \supset \{\mathbf{0}\}$ ist sicher $n > 0$; damit ist Punkt i) bewiesen.

ii) beweisen wir indirekt. Dabei haben n und die Vektoren $\mathbf{x}_1, \ldots, \mathbf{x}_n$ die Bedeutung wie im vorangehenden Punkt. Wir setzen $X = \{\mathbf{x}_1, \ldots, \mathbf{x}_n\}$. Gäbe es nun ein $l < n$ und dazu linear unabhängige Vektoren $\mathbf{y}_1, \ldots, \mathbf{y}_l$, sodass $[\mathbf{y}_1, \ldots, \mathbf{y}_l] = V$, dann hätten wir $X \subseteq [\mathbf{y}_1, \ldots, \mathbf{y}_l]$ und, nachdem X aus $n(> m)$ linear unabhängigen Elementen besteht, nach dem Austauschsatz von Steinitz $\#X \leq l$, also $n \leq l$, im Widerspruch zu unserer indirekten Annahme.

iii) beweisen wir indirekt und nehmen die Existenz einer Menge $Z = \{\mathbf{z}_1, \ldots, \mathbf{z}_m\}$ von $\#Z = m(> n)$ linear unabhängigen Elementen in V an. Da $Z \subseteq V = [\mathbf{x}_1, \ldots, \mathbf{x}_n]$, steht das in direktem Widerspruch zum Satz von Steinitz, nach dem doch $\#Z \leq n$. $\qquad\square$

Bemerkung. Ist $V = \{\mathbf{0}\}$, so ist das einzige Element, $\mathbf{0}$, schon linear abhängig. Die Maximalzahl der l.u. Elemente und somit die Dimension ist in diesem Fall 0.

Bemerkung (unendlichdimensionaler linearer Raum). Einen nicht endlich erzeugten Raum V nennt man *unendlichdimensional*. Man bringt dies durch die symbolische Schreibweise

$$\dim V = \infty$$

zum Ausdruck; für einen endlichdimensionalen Raum schreibt man entsprechend

$$\dim V < \infty.$$

Korrollar 2.5.1 (Eigenschaften der Dimension). *Es sei* $\dim V =: n < \infty$. *Dann gilt:*

i) Es gibt gewisse n l.u. Elemente $\mathbf{x}_1, \ldots, \mathbf{x}_n \in V$ mit $V = [\mathbf{x}_1, \ldots, \mathbf{x}_n]$.

ii) Sind $\mathbf{y}_1, \ldots, \mathbf{y}_n \in V$ irgend n l.u. Elemente, so ist schon $V = [\mathbf{y}_1, \ldots, \mathbf{y}_n]$.

iii) Ist $l < \dim V$ und sind $\mathbf{y}_1, \ldots, \mathbf{y}_l \in V$, so ist $[\mathbf{y}_1, \ldots, \mathbf{y}_l] \subset V$.

iv) Ist $m > \dim V$ und $\mathbf{z}_1, \ldots, \mathbf{z}_m \in V$, so sind die $\mathbf{z}_1, \ldots, \mathbf{z}_m$ l.a.

Beweis. i) folgt direkt aus Punkt i) des vorhergehenden Satzes.

ii) $\mathbf{y}_1, \ldots, \mathbf{y}_n$ seien l.u. Im Sinne des Austauschsatzes von Steinitz setzen wir $X := \{\mathbf{x}_1, \ldots, \mathbf{x}_n\}$, $Y := \{\mathbf{y}_1, \ldots, \mathbf{y}_n\}$. Dann besteht Y aus l.u. Elementen und es ist $Y \subseteq [X](= V)$. Daher können nach dem Satz n Elemente von X und Y ausgetauscht werden; das Resultat des Austausches ist aber in diesem Fall $[\mathbf{y}_1, \ldots, \mathbf{y}_n] = [X] = V$.

Die beiden restlichen Punkte folgen direkt aus dem vorangehenden Satz. $\qquad\square$

2.6   Basen in endlichdimensionalen Räumen

Definition und Beispiele.   Schon oft haben wir Elemente eines linearen Raumes standardmäßig als Linearkombination von l.u. Vektoren (Basisvektoren) dargestellt. Wir wollen das jetzt etwas formalisieren. Dabei gehen wir von einer (endlichen) geordneten Menge, besser gesagt von einem Tupel von Basisvektoren aus: $X = (\mathbf{x}_1, \mathbf{x}_2, \ldots, \mathbf{x}_n)$.

Definition 2.6.1 (Basis). *n Elemente eines endlichdimensionalen Raumes V, $\mathbf{x}_1, \ldots, \mathbf{x}_n$ oder genauer $X = (\mathbf{x}_1, \mathbf{x}_2, \ldots, \mathbf{x}_n)$, heißen* Basis *von V, wenn*

  i) $\mathbf{x}_1, \mathbf{x}_2, \ldots, \mathbf{x}_n$ *linear unabhängig sind und wenn*

  ii) $V = [\mathbf{x}_1, \mathbf{x}_2, \ldots, \mathbf{x}_n]$.

Korrollar 2.6.1. *In einem endlichdimensionalen Raum V bilden je $n = \dim V$ l.u. Elemente eine Basis.*

Beweis. Klar. $\qquad\qquad\qquad\qquad\qquad\qquad\qquad\qquad\qquad\qquad\qquad\qquad\square$

Beispiel (Koordinatentransformation). In $V = \mathbb{R}^2$ bilden natürlich die Einheitsvektoren $\mathbf{e}_1 = (1, 0), \mathbf{e}_2 = (0, 1)$ eine Basis; ebenso die Vektoren $\mathbf{f}_1 = (\frac{1}{\sqrt{2}}, \frac{1}{\sqrt{2}}), \mathbf{f}_2 = (-\frac{1}{\sqrt{2}}, \frac{1}{\sqrt{2}})$; man erkennt nämlich leicht, z.B. mithilfe der Determinante, dass sie l.u. sind. $\mathbf{f}_1, \mathbf{f}_2$ gehen durch eine Rotation um $\frac{\pi}{4}$ aus $\mathbf{e}_1, \mathbf{e}_2$ hervor; siehe die Abbildung.

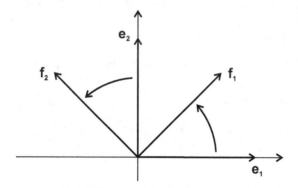

Abbildung 2.5: Gedrehtes Koordinatensystem

Ist $\mathbf{x} = (x_1, x_2) \in \mathbb{R}^2$, (das heißt also genauer $\mathbf{x} = (x_1, x_2)_E$, wobei $E = (\mathbf{e}_1, \mathbf{e}_2)$ die Standardbasis ist), so ist eben $\mathbf{x} = x_1\mathbf{e}_1 + x_2\mathbf{e}_2$. Es liegt daher nahe, $\mathbf{x}$ auch durch die Basis $\mathbf{f}_1, \mathbf{f}_2$ auszudrücken, $\mathbf{x} = \xi_1\mathbf{f}_1 + \xi_2\mathbf{f}_2$. ξ_1, ξ_2 werden wir dann als die Koordinaten in der neuen Basis bezeichnen. Welcher Zusammenhang besteht zwischen den Koordinaten in der Basis E bzw. F?
Die Beziehung $\xi_1\mathbf{f}_1 + \xi_2\mathbf{f}_2 = x_1\mathbf{e}_1 + x_2\mathbf{e}_2$ liefert folgendes Gleichungssystem für die beiden Unbekannten ξ_1, ξ_2:

$$\begin{aligned} \tfrac{1}{\sqrt{2}}\xi_1 \;-\; \tfrac{1}{\sqrt{2}}\xi_2 &= x_1 \\ \tfrac{1}{\sqrt{2}}\xi_1 \;+\; \tfrac{1}{\sqrt{2}}\xi_2 &= x_2. \end{aligned} \tag{2.8}$$

Die Determinante hat den Wert 1 und die eindeutige Lösung ergibt sich zu

$$
\begin{aligned}
\xi_1 &= \tfrac{1}{\sqrt{2}}x_1 + \tfrac{1}{\sqrt{2}}x_2 \\
\xi_2 &= -\tfrac{1}{\sqrt{2}}x_1 + \tfrac{1}{\sqrt{2}}x_2.
\end{aligned}
\tag{2.9}
$$

– Die beiden Gleichungssysteme ermöglichen die Umrechnung der Koordinaten in einem System in das jeweils andere.

Beispiel (Newton'sche Interpolationsbasis – quadratischer Fall). Nun ein ganz anders geartetes Problem. – Wir geben Zahlen $x_0, x_1, x_2 \in \mathbb{R}$ vor; keine zwei der Zahlen sollen übereinstimmen. Wir interpretieren diese Stellen als sogenannte *Knotenpunkte* auf der x-Achse, an denen wir beliebige Funktionswerte $y_0, y_1, y_2 \in \mathbb{R}$ vorgeben wollen. Vielfach handelt es sich dabei um Messwerte, die an den Stellen x_0, x_1, x_2 ermittelt worden sind. Die Aufgabe besteht nun darin, eine vernünftige Funktion p zu finden, die die *Interpolationsbedingungen* erfüllt,

$$
\mathcal{I}_2: \quad p(x_i) = y_i \quad (i = 0, 1, 2).
$$

Konkret suchen wir zur Lösung des Interpolationsproblems nach einem $p_2 \in \mathcal{P}_2$, (dem *Interpolationspolynom* zweiten Grades).
Am nächsten liegt der Ansatz $p(x) = a_0 + a_1 x + a_2 x^2$; die Koeffizienten (a_0, a_1, a_2) sind zu bestimmen. Die Interpolationsbedingungen besagen

$$
a_0 + x_i a_1 + x_i^2 a_2 = y_i \quad (i = 0, 1, 2).
\tag{2.10}
$$

Es liegen also drei lineare Gleichungen mit drei Unbekannten vor. Löst man die Gleichungen und beachtet dabei die Voraussetzung $x_i \neq x_j$ für $i \neq j$, so sieht man nach einer etwas umständlichen Rechnung, dass genau eine Lösung existiert. Zusätzlich zur Umständlichkeit liefert die Rechnung wenig Anhaltspunkte dafür, wie man in einem gleichartigen Fall mit 4 oder mehr Knotenpunkten vorgehen soll.
Daher wollen wir unseren bisherigen Grundansatz, p in der Basis $1, x, x^2$ (präziser: in π_0, π_1, π_2) auszudrücken, ändern. Die Idee der *Newton'schen Interpolationsformel*, die wir nun erläutern, besteht in der Wahl der folgenden anderen Basis.
Wir betrachten die drei höchstens quadratischen Polynome σ_0, σ_1, σ_2, u.zw. $\sigma_0(x) = 1, \sigma_1(x) = x - x_0, \sigma_2(x) = (x - x_0)(x - x_1)$ und zeigen sofort, dass sie l.u. sind.
Eine Darstellung des Nullpolynoms als Linearkombination hat die Gestalt $\lambda_0 \sigma_0 + \lambda_1 \sigma_1 + \lambda_2 \sigma_2 = 0$. Wir werten dies an der Stelle x_0 aus; da sowohl in σ_1 als auch in σ_2 der Faktor $x - x_0$ aufscheint, tragen diese Polynome an der Stelle $x = x_0$ nichts bei; daher bleibt nun $\lambda_1 \sigma_0(x_0) = 0$ und wegen $\sigma_0(x_0) = 1$ folgt $\lambda_0 = 0$.
Entsprechend liefert die Auswertung des verbleibenden Restes der Linearkombination an der Stelle $x = x_1$: $\lambda_1 \sigma_1(x_1) + \lambda_2 \sigma_2(x_1) = 0$. Dabei ist aber $\sigma_1(x_1) = x_1 - x_0 \neq 0$ $(x_1 \neq x_0!)$, hingegen wegen des in $\sigma_2(x)$ auftretenden Faktors $x - x_1$: $\sigma_2(x_1) = 0$. Es bleibt damit $\lambda_1 \sigma_1(x_1) = 0$ und wegen $\sigma_1(x_1) \neq 0$ muss $\lambda_1 = 0$ sein.
– Ähnlich findet man $\lambda_2 = 0$.
$\sigma_0, \sigma_1, \sigma_2$ sind also l.u. und bilden somit eine Basis von $\mathcal{P}_2$. Die Lösung der Interpolationsaufgabe wird durch Verwendung dieser Basis sehr erleichtert. Um

den übersichtlichsten Fall zu erhalten, wählen wir außerdem ganzzahlige Knotenpunkte, und zwar $x_i = i$ für $i = 0, 1, 2$. Der folgende Vorgang ist aber ganz allgemein.

p setzen wir demnach in der Form $p = c_0 \sigma_0 + c_1 \sigma_1 + c_2 \sigma_2$ an. Die nullte Interpolationsbedingung besagt $p(x_0) = y_0$, d.h. wegen $\sigma_1(x_0) = \sigma_2(x_0) = 0$ und $\sigma_0(x_0) = 1$ einfach $c_0 = y_0$. An der Stelle $x_1 = 1$ verschwindet σ_2, $\sigma_1(1) = 1$ und die erste Interpolationsbedingung liefert $y_0 + c_1 = y_1$, d.h. $c_1 = y_1 - y_0$. Bei Ausnutzung der zweiten Interpolationsbedingung hat man zu beachten: $\sigma_0(2) = 1$, $\sigma_1(2) = 2, \sigma_2(2) = 2$ und die schon bekannten Werte für c_0, c_1 einzusetzen und findet $y_0 + 2(y_1 - y_0) + 2c_2 = y_2$, woraus sich $c_2 = \frac{y_2 - 2y_1 + y_0}{2}$ ergibt.

Insgesamt ergibt sich für diesen Spezialfall das folgende Newton'sche Interpolationspolynom zweiter Ordnung (wir schreiben jetzt p_2 anstelle von p)

$$p_2(x) = y_0 + y_1 x + \frac{y_2 - 2y_1 + y_0}{2} x(x - 1), \tag{2.11}$$

das bei vorgegebenen Werten y_0, y_1, y_2 sehr leicht an jeder Stelle auszuwerten ist. Es wäre schädlich, hier auszumultiplizieren und p_2 letztlich in der Form $a_0 + a_1 x + a_2 x^2$ darzustellen. Das bedeutet nicht nur zusätzlichen Rechenaufwand; es wäre auch im Hinblick auf Rundungsfehler, die bei einer praktischen Rechnung meist auftreten werden, ungünstig.

Beispiel (Newton'sche Interpolationsbasis – höherer Fall.). Die Newton'sche Interpolationsbasis lässt sich für Interpolationsprobleme mit höheren Knotenzahlen rekursiv definieren. Mit $x_0, x_1, \ldots$ bezeichnen wir die Knoten, mit $y_0, y_1, \ldots$ vorgegebene Funktionswerte. Wir setzen analog zum quadratischen Fall voraus, dass $x_i \neq x_j$ für $i \neq j$. $\mathcal{I}_n$ bezeichne das Interpolationsproblem zu den $n + 1$ Knoten $x_0, \ldots, x_n$, d.h.

$$\mathcal{I}_n : \text{finde } p_n \in \mathcal{P}_n, \text{ sodass } p_n(x_j) = y_j \text{ für } 0 \leq j \leq n.$$

Zur Lösung nach Newton gehen wir wie oben von folgenden induktiv definierten Polynomen aus:

$$\sigma_0(x) = 1$$
$$\sigma_k(x) = \sigma_{k-1}(x)(x - x_{k-1}) =$$
$$= (x - x_0)(x - x_1) \ldots (x - x_{k-1}) = \prod_{j=0}^{k-1} (x - x_j) \quad (k \geq 1),$$

womit auch gleich in großer Analogie zum Summenzeichen $\sum$ das Symbol $\prod$ für ein *Produkt* eingeführt ist. – Offenbar ist $\sigma_k \in \mathcal{P}_k$. Wie oben ist wieder $\sigma_k(x_j) = 0$ für $j < k$, da σ_k den Faktor $x - x_j$ enthält, der für $x = x_j$ null wird und das gesamte Produkt zu null macht. Ferner ist $\sigma_k(x_k) = (x_k - x_0) \ldots (x_k - x_{k-1}) \neq 0$, da jeder einzelne Faktor wegen der paarweisen Verschiedenheit der Knoten von null verschieden ist. Daher sieht man wie oben, dass $[\sigma_0, \ldots, \sigma_n] = \mathcal{P}_n$.

Die Lösung des Problems $\mathcal{I}_n$ kann man nun leicht induktiv angeben, indem man diejenige von $\mathcal{I}_k$ mit p_k bezeichnet. Trivialerweise ist $p_0 = c_0 \sigma_0$, wobei

$c_0 = y_0$. Nach den Betrachtungen über den quadratischen Fall kann weiterhin p_1 die Lösung von $\mathcal{I}_1$ in der Form $p_1 = p_0 + c_1\sigma_1$ mit passendem $c_1 \in \mathbb{R}$ geschrieben werden.

Wir zeigen nun im Sinne eines Induktionsschrittes, dass $p_k = p_{k-1} + c_k\sigma_k$ mit passendem $c_k \in \mathbb{R}$ das Problem $\mathcal{I}_k$ löst. Wegen $\sigma_k(x_j) = 0$ für $0 \le j < k$ erfüllt $p_k = p_{k-1} + c_k\sigma_k$ bei zunächst *beliebigem* c_k die Interpolationsbedingungen $0, 1, \ldots, k-1$. Es bleibt also nur noch $p_k(x_k) = y_k$ zu erfüllen. Diese Bedingung verlangt $p_{k-1}(x_k) + c_k\sigma_k(x_k) = y_k$, und wegen $\sigma_k(x_k) \ne 0$ kann daraus c_k als $c_k = \frac{y_k - p_{k-1}(x_k)}{\sigma_k(x_k)}$ ermittelt werden.

Das anschließende Programmbeispiel erläutert die Codierung des Interpolationsverfahrens nach Newton.

Programmbeispiel (Interpolation nach Newton). Alle Variablen haben die Bedeutung wie soeben. Das Programm übernimmt n, $x_0, \ldots, x_n$ und die Funktionswerte $y_0, \ldots, y_n$. Die Aufgabe besteht in der Rückgabe der Koeffizienten $c_0, \ldots, c_n$.

Wie aus der obigen Beschreibung ersichtlich, werden Werte der „niedrigeren" Interpolationspolynome an gewissen Knotenstellen benötigt. Dies liefert uns die hier nicht näher ausgeführte Methode „horner", die das Horner-Schema implementiert.

Die naive Auswertung eines Polynoms (in Newton-Form) an einer Stelle ξ erfordert wegen

$$p_n(\xi) = c_0 + c_1(\xi - x_0) + c_2(\xi - x_0)(\xi - x_1) + \ldots$$

$0 + 1 + 2 + \ldots + (n-1) =: s_{n-1}$ Multiplikationen. Wie man leicht durch Induktion nach n nachweist, ist $s_n = \frac{n(n+1)}{2}$, also $s_n = \frac{1}{2}n^2 + \frac{1}{2}n$. Wir interessieren uns für einigermaßen große Werte von n (weil dann die Rechnungen am längsten dauern und Effizienz besonders gefragt ist). Da überwiegt natürlich sehr bald der quadratische Term. Wir schreiben das in der Form $s_n \doteq \frac{1}{2}n^2$. (Das gilt so auch für s_{n-1}, das wir eigentlich benötigen.)

Die obigen Betrachtungen sagen uns, dass die direkte Auswertung eines Polynoms $\doteq \frac{1}{2}n^2$ Multiplikationen (und ungefähr eben so viele Additionen; wir zählen der Einfachheit halber nur die Multiplikationen) benötigt.

Das Verfahren nach Horner beruht – im Fall eines Polynomes dritten Grades – auf der Darstellung

$$p_3(\xi) = c_0 + ((c_1 + \underbrace{(c_2 + c_3(\xi - x_2)}_{r})(\xi - x_1))(\xi - x_0)\,.$$

Im Programm wird die Hilfsgröße r in einer Schleife, die im Sinn der obigen Darstellung von innen nach außen läuft, jeweils berechnet; am Ende enthält r den gewünschten Wert; werden die Koeffizienten und Stützstellen von p_k übergeben, gibt es $p_k(\xi)$ zurück.

Der Vorteil liegt natürlich darin, dass beim Horner'schen Verfahren pro Schritt nur *eine* Multiplikation erforderlich ist, insgesamt also $\doteq n$ Multiplikationen.

Schon für relativ kleine Werte von n ist aber $n \ll \frac{1}{2}n^2$. Man mache sich die relativen Rechenzeiten an einigen Beispielen für n klar.

```
method Horner(k,c,x,ξ)
!evaluate a polynomial in Newton form at location ξ
  arguments in: k,c(0:k),x(0:k),ξ
  arguments out: Horner

  if(k==0) {Horner=c(0); return}

  r=c(k-1)+c(k)(ξ-x(k-1))
  if(k==1) {Horner=r; return}

  for(j=k-1:1:-1)
    r=c(j-1)+r(ξ-x(j-1))
  end for
  Horner=r
end method Horner


method Newton(n,x,y,c)
!Newton interpolation
  arguments in: n,x(0:n),y(0:n)
  arguments out: c(0:n)

  c(0)=y(0); if(n==0) {return}

  for (k=1:n)
    c(k)=(y(k)-Horner(k-1,c(0:k-1),x(0:k-1),x(k)) &
&       /Product((x(k)-x(0:k-1))
  end for
end method Newton
```

Einige nähere Bemerkungen, zunächst zu *Horner*. Es werden hier in einer Argumentliste Argumente übergeben, die sämtlich als Input gedacht sind. Das Resultat selbst wird in diesem Fall über den Methodennamen Horner zurückgegeben. Bei den Inputargumenten wird die untere (0) und die obere Indexgrenze angegeben. Der Rest der Methode erklärt sich wohl von selbst.

Bei *Newton* tritt als Ausgabeargument das Feld c auf. Im Nenner erblickt man an einer Stelle eine nicht ausgeführte, einfache Methode (*Product*), die genau $\sigma_k(x_k)$ berechnet. Wie z.B. in der Fortran-Konvention üblich, ist $x_k - x_{0:k-1}$ ein Vektor, der also an *Product* übergeben wird, worauf diese Methode das Produkt seiner Komponenten bildet.

Darstellung in einer Basis. Ist E eine Basis für V, so wissen wir zunächst, dass $V = [\mathbf{e}_1, \ldots, \mathbf{e}_n]$, dass sich also jede $\mathbf{x} \in V$ als Linearkombination von Basiselementen darstellen lässt; es gilt aber mehr:

Satz 2.6.1 (Eindeutigkeit der Darstellung in einer Basis). *Jedes Element* $\mathbf{x} \in V$ *lässt sich in* eindeutiger Weise *als Linearkombination der Elemente einer Basis* $E = (\mathbf{e}_1, \ldots, \mathbf{e}_n)$ *darstellen.*

Beweis. Wir gehen von *zwei* Darstellungen in E aus,

$$\mathbf{x} = x_1 \mathbf{e}_1 + x_2 \mathbf{e}_2 + \ldots + x_n \mathbf{e}_n$$

$$\mathbf{x} = \xi_1 \mathbf{e}_1 + \xi_2 \mathbf{e}_2 + \ldots + \xi_n \mathbf{e}_n$$

und zeigen sofort, dass die Darstellungen übereinstimmen, d.h. $x_i = \xi_i \; \forall i$. Subtraktion der beiden Darstellungen ergibt

$$\mathbf{0} = (x_1 - \xi_1)\mathbf{e}_1 + (x_2 - \xi_2)\mathbf{e}_2 + \ldots + (x_n - \xi_n)\mathbf{e}_n,$$

d.h. eine Darstellung des Nullelements von V durch die Elemente der Basis; da diese linear unabhängig sind, folgt $\forall i \colon x_i - \xi_i = 0$, q.e.d. $\qquad\square$

Rückblickend war man es aber kaum gewohnt, $\mathbf{x}$ in der Form $\mathbf{x} = \sum_{i=1}^{n} x_i \mathbf{e}_i$ durch eine Basis auszudrücken. Überwiegend benutzt man die *Vektorschreibweise*

$$\mathbf{x} = \sum_{i=1}^{n} x_i \mathbf{e}_i =: (x_1, x_2, \ldots, x_n)_E. \tag{2.12}$$

Der Vektor $(x_1, x_2, \ldots, x_n)_E$ bedeutet also genau diese Linearkombination der Basiselemente.
Die Basis (E) selbst ist der Vektorschreibweise $(x_1, \ldots, x_n)_E$ zu entnehmen. Besteht, wie meist, kein Zweifel, um welche Basis es sich handelt, lässt man ihre Angabe weg.

Beispiel. Früher hatten wir in einem Beispiel in $V = \mathbb{R}^2$ die beiden Basen $E = (\mathbf{e}_1, \mathbf{e}_2)$, den üblichen Einheitsvektoren, und F; dabei sind die Vektoren $\mathbf{f}_1, \mathbf{f}_2$ durch Rotation um $\frac{\pi}{4} = 45^\circ$ aus den $\mathbf{e}_1, \mathbf{e}_2$ hervorgegangen.
Gleichung 2.9 entnimmt man, wie sich die Darstellung eines Punktes in Vektorschreibweise in der Basis F ausdrückt, wenn sie in der Basis E gegeben ist,

$$\begin{pmatrix} \xi_1 \\ \xi_2 \end{pmatrix}_F = \begin{pmatrix} \frac{1}{\sqrt{2}}x_1 & + & \frac{1}{\sqrt{2}}x_2 \\ -\frac{1}{\sqrt{2}}x_1 & + & \frac{1}{\sqrt{2}}x_2 \end{pmatrix}_F = \begin{pmatrix} x_1 \\ x_2 \end{pmatrix}_E,$$

während Gleichung 2.8 umgekehrt die Transformation vom F-Koordinatensystem in das E-Koordinatensystem beschreibt:

$$\begin{pmatrix} x_1 \\ x_2 \end{pmatrix}_E = \begin{pmatrix} \frac{1}{\sqrt{2}}\xi_1 & - & \frac{1}{\sqrt{2}}\xi_2 \\ \frac{1}{\sqrt{2}}\xi_1 & + & \frac{1}{\sqrt{2}}\xi_2 \end{pmatrix}_E = \begin{pmatrix} \xi_1 \\ \xi_2 \end{pmatrix}_F.$$

Beispiel. Newton'sche Interpolationsbasis. Wir haben weiter oben das Newton'sche Interpolationspolynom im quadratischen Fall behandelt. Wählen wir jetzt als Knoten $x_0 = 0, x_1 = 1, x_2 = 2$. Dies führt zu den Basisfunktionen $\sigma_0(x) = 1, \sigma_1(x) = x, \sigma_2(x) = x(x-1)$, also zur Basis $\Sigma = (\sigma_0, \sigma_1, \sigma_2)$.

Es soll die Funktion $\pi_2(x) = x^2 \in \mathcal{P}_2$ durch diese Basisfunktionen ausgedrückt werden. Gleichung 2.11 gibt uns mit $y(x) = x^2$, also $y_0 = 0, y_1 = 1, y_2 = 4$ die Anwort

$$x^2 = 0 \cdot \sigma_0 + 1 \cdot \sigma_1 + 2 \cdot \sigma_2 = \begin{pmatrix} 0 \\ 1 \\ 2 \end{pmatrix}_\Sigma.$$

Ganz so einfach ist es freilich nicht. Wir wissen nur, dass die interpolierende Polynom p_2 die oben angegebene Gestalt hat. Allerdings ist leicht zu sehen, dass $p_2 = \pi_2$. Denn $p_2 - \pi_2$ verschwindet wegen der Interpolationseigenschaft an den drei Stellen $0, 1, 2$. Ein quadratisches Polynom, das an drei Stellen verschwindet, ist allerdings $\equiv 0$, sodass $p_2 = \pi_2$ und die oben angegebene Darstellung für π_2 wirklich zutrifft.

Aufgaben

2.17. In $V = \mathbb{R}^2$ sei neben der Standardbasis E eine weitere Basis $F = (\mathbf{f}_1, \mathbf{f}_2)$ gegeben. Dabei ist $\mathbf{f}_1 = (c, s)$, wobei $c^2 + s^2 = 1$, d.h. $\|\mathbf{f}_1\| = 1$. $\mathbf{f}_2$ soll auf $\mathbf{f}_1$ orthogonal stehen und ebenfalls normiert sein, $\|\mathbf{f}_2\| = 1$. Welche Möglichkeiten gibt es? – Geben Sie die Transformationsformeln in jede Richtung an.

2.18. (*Lagrange'sche Interpolationsformel*): Die Situation sei dieselbe wie bei der Newton-Interpolation. Für $0 \leq j \leq n$ definieren wir das Polynom $L_j(x) = \prod_{k \neq j}(x - x_k) / \prod_{k \neq j}(x_j - x_k)$.
Zeigen Sie: $L_j \in \mathcal{P}_n$, $L_j(x_k) = \delta_{jk}$ (das *Kronecker-Symbol*), $\delta_{jk} = 1$ für $j = k$ und 0 für $j \neq k$. Folgern Sie daraus, dass

$$p_n(x) = \sum_{j=0}^{n} y_j L_j(x)$$

das Interpolationsproblem löst (Lagrange'sche Interpolationsformel).

2.19. Zeigen Sie, dass die $L_j(x)$ des vorigen Beispiels eine Basis für $\mathcal{P}_n$ bilden. Geben Sie insbesondere im Fall $n = 2$ und $(x_0, x_1, x_2) = (0, 1, 2)$ die Transformationsformeln in beiden Richtungen zwischen Newton- und Lagrange-Basis an.

3 Lineare Abbildungen

Die Grundaufgabe, ein lineares Gleichungssystem mit mehreren Unbekannten zu lösen, ist wohl vertraut. Diese etwas statische Fragestellung gewinnt an Lebendigkeit, zeigt neue Gesichtspunkte und ist schließlich auch weit besser in den Griff zu bekommen, wenn man statt des Gleichungssystems eine Abbildung mit speziellen Eigenschaften (eine *lineare* Abbildung) studiert; sie wirkt zwischen dem Originalraum, in dem der gesuchte Vektor x wohnt, und dem Bildraum, in dem die vorgegebene rechte Seite, Vektor y liegt. All die Ausnahmefälle (keine Lösung, unendlich viele Lösungen) werden so klar fassbar und die höheren Methoden der späteren Kapitel zur Lösung von Gleichungssystemen wären ohne diesen Rahmen kaum darstellbar und könnten auch kaum gewonnen werden.

Wir untersuchen das Gauß'sche Eliminationsverfahren sehr ausführlich. Ein Beispiel (die so genannte Wärmeleitungsgleichung) führt uns vor Augen, wie man ganz leicht auf Gleichungssysteme mit Millionen oder mehr Gleichungen bzw. Unbekannten kommt, die mit dem Eliminationsverfahren auch auf dem größten Computer unlösbar sind und für deren Lösung wir in späteren Kapiteln ganz andere Methoden herleiten.

Übersicht

3.1 Definition und Beispiele

Einführende Bemerkungen. In den bisherigen Entwicklungen sind mehr oder minder explizit Abbildungen aufgetreten, die Linearkombinationen in folgendem Sinn respektieren:

Definition 3.1.1 (Lineare Abbildung). *Eine Abbildung $\mathcal{A}$ zwischen zwei linearen Räumen V, W über einem Körper K heißt* linear, *wenn*

$$\mathcal{A}(\lambda\mathbf{x} + \lambda'\mathbf{x}') = \lambda\mathcal{A}(\mathbf{x}) + \lambda'\mathcal{A}(\mathbf{x}') \quad \forall \lambda, \lambda' \in K, \quad \forall \mathbf{x}, \mathbf{x}' \in V. \tag{3.1}$$

Zunächst betrachten wir folgende allgemeine Situation. Mit $V = \mathbb{R}^n$ und $W = \mathbb{R}^m$ hatten wir eine Reihe von Fällen, in denen für $\mathbf{y} = \mathcal{A}(\mathbf{x})$ die Beziehung

$$y_i = \mathcal{A}(\mathbf{x})_i = \sum_{j=1}^{n} a_{ij} x_j \tag{3.2}$$

bestanden hat.

Satz 3.1.1. *Jede Abbildung der Gestalt 3.2 von $V = \mathbb{R}^n$ nach $W = \mathbb{R}^m$ ist linear.*

Beweis. Wir prüfen die wesentliche Eigenschaft der Definition nach und stellen die $\mathcal{A}$-Bilder gleich in den Komponenten dar; dabei bedeutet allgemein $(w_i)_i$ den Vektor mit Komponenten w_i:

$$\mathcal{A}(\lambda\mathbf{x} + \lambda'\mathbf{x}') = \Big(\sum_{j=1}^{n} a_{ij}(\lambda x_j + \lambda' x_j') \Big)_i = \Big(\lambda \sum_{j=1}^{n} a_{ij} x_j + \lambda' \sum_{j=1}^{n} a_{ij} x_j' \Big)_i =$$
$$= \lambda \Big(\sum_{j=1}^{n} a_{ij} x_j \Big)_i + \lambda' \Big(\sum_{j=1}^{n} a_{ij} x_j' \Big)_i = \lambda \mathcal{A}\mathbf{x} + \lambda' \mathcal{A}\mathbf{x}'. \tag{3.3}$$

$\square$

Beispiele. Der Satz lässt uns sofort lineare Abbildungen in verschiedenen Beispielen erkennen. So ist z.B. die *orthogonale Projektion* (sowohl von der Ebene auf eine Gerade durch $\mathbf{0}$, Gleichung 1.14, als auch vom Raum auf eine Ebene durch $\mathbf{0}$, Gleichung 1.29) von dieser Gestalt und daher linear. – Man mache sich die Bedeutung der Aussage geometrisch klar!

In einem weiteren Beispiel hatten wir die *Koordinatentransformation* eines Vektors $\mathbf{x} \in \mathbb{R}^2$ von der Standardbasis $\mathbf{e}_1, \mathbf{e}_2$ eine andere Basis $\mathbf{f}_1, \mathbf{f}_2$ besprochen. Dies wird durch eine Abbildung

$$\mathcal{R} : \begin{pmatrix} x_1 \\ x_2 \end{pmatrix} \rightarrow \begin{pmatrix} \xi_1 \\ \xi_2 \end{pmatrix}$$

im Sinne von Gleichung 2.9 bewerkstelligt. Der expliziten Gestalt der Abbildung entnimmt man sofort, dass diese linear ist.

Auch die *Newton'sche Interpolationsformel* ist hier zu nennen. Schreibt man den früher betrachteten Fall in der Form $p_2(x) = c_0 + c_1 x + c_2 x(x-1)$, so ist die

Frage, wie man den Koeffizientenvektor **c** aus dem Vektor der an den Knoten vorgegebenen Funktionswerte ermittelt. Gleichung 2.11 besagt im Wesentlichen, dass dies durch

$$\begin{pmatrix} y_0 \\ y_1 \\ y_2 \end{pmatrix} \rightarrow \begin{pmatrix} c_0 \\ c_1 \\ c_2 \end{pmatrix} = \begin{pmatrix} y_0 & & \\ & y_1 & \\ \frac{1}{2}y_0 & -y_1 & + & \frac{1}{2}y_2 \end{pmatrix},$$

also durch eine lineare Abbildung geleistet wird. – Wir schließen zwei neue Beispiele an.

Beispiel (Ableitung). . Mit $\mathcal{C}^k(I)$ haben wir den linearen Raum der k-fach stetig differenzierbaren reellwertigen Funktionen auf einem Intervall I bezeichnet, mit $\mathcal{C}(I)$ die Menge aller dort stetigen Funktionen. Die Ableitung

$$\frac{d}{dx} : \mathcal{C}^1(I) \rightarrow \mathcal{C}(I) \quad (f \rightarrow \frac{df}{dx} = f')$$

ist eine lineare Abbildung, weil bekanntlich $(\lambda f + \mu g)' = \lambda f' + \mu g'$ für $f, g \in \mathcal{C}^1$, $\lambda, \mu \in \mathbb{R}$.

Beispiel (Bestimmtes Integral). Mit $I = [a, b]$ bezeichnen wir ein abgeschlossenes, beschränktes Intervall. Dann ist

$$f \rightarrow \int_a^b f(x)dx$$

eine Abbildung von $\mathcal{C}(I)$ nach $\mathbb{R}$. Die bekannte Beziehung

$$\int_a^b (\lambda f(x) + \mu g(x))dx = \lambda \int_a^b f(x)dx + \mu \int_a^b g(x)dx$$

besagt gerade die Linearität dieser Abbildung.

Beispiel (Nichtlineare Abbildungen). Wir wollen aber nicht den Eindruck erwecken, als ob jede Abbildung auch schon linear wäre. So ist z.B. $f : x \rightarrow x^2$ ($\mathbb{R} \rightarrow \mathbb{R}$) nicht linear, weil i.A. $f(x + x') = (x + x')^2 \neq f(x) + f(x') = x^2 + x'^2$. Ebenso ist $g(x) = |x|$ eine nichtlineare Abbildung, weil auch hier i.A. $g(x + x') \neq g(x) + g(x')$ gilt, z.B. immer dann, wenn $x \neq 0$ und $x' = -x$, und natürlich auch sonst in vielen Fällen.
Übrigens erkennt man in der Betragsfunktion die euklidische Norm über $\mathbb{R}^n$ für $n = 1$: $|x| = (x^2)^{\frac{1}{2}}$. Mit analogen Werten für **x**, **x'** wie soeben sieht man auch direkt, dass für $n > 1$ die euklidische Norm nicht linear ist.

Aufgabe

3.1. Untersuchen sie folgende Abbildungen auf Linearität:

i) $f \rightarrow f'(x_0)$ $\quad (\mathcal{C}^1(I) \rightarrow \mathbb{R}; x_0 \in I$ beliebig, fest$)$

ii) $f \rightarrow \int_I f(x)f'(x)dx$ $\quad (\mathcal{C}^1(I) \rightarrow \mathbb{R})$

iii) $(x_1, x_2) \to \max(x_1, x_2)$ $(\mathbb{R}^2 \to \mathbb{R})$

iv) $(x_1, x_2) \to (x_1 + x_2, x_1 - x_2 - 1)$ $(\mathbb{R}^2 \to \mathbb{R})$

v) $(x_1, x_2) \to c$ $(\mathbb{R}^2 \to \mathbb{R})$; dabei ist $c \in \mathbb{R}$ vorgegeben.

3.2   Lineare Abbildungen und Matrizen

Matrixdarstellung im endlichdimensionalen Fall.   Wir gehen von zwei endlichdimensionalen linearen Räumen V, W über einem Körper K aus, $\dim V = n$, $\dim W = m$. Die beiden Räume denken wir uns mit festen Basen ausgestattet, $E = (\mathbf{e}_1, \ldots, \mathbf{e}_n)$ und $F = (\mathbf{f}_1, \ldots, \mathbf{f}_m)$, auf die wir die Koordinatendarstellungen von Vektoren beziehen.

In Satz 3.1.1 haben wir gesehen, dass die Vorgabe von Körperelementen a_{ij} ($i = 1, \ldots, m$; $j = 1, \ldots, n$) zu einer linearen Abbildung führt. Wir wollen dies hier systematischer ausarbeiten.

Dazu stellen wir die vorgegebenen Elemente von K zu einer *Matrix* zusammen:

$$A = \begin{pmatrix} a_{11} & a_{12} & \cdots & a_{1j} & \cdots & a_{1n} \\ a_{21} & a_{22} & \cdots & a_{2j} & \cdots & a_{2n} \\ \vdots & & & \vdots & & \vdots \\ a_{i1} & a_{i2} & \cdots & a_{ij} & \cdots & a_{in} \\ \vdots & & & \vdots & & \vdots \\ a_{m1} & a_{m2} & \cdots & a_{mj} & \cdots & a_{mn} \end{pmatrix} \quad \leftarrow i$$

Die Eintragungen a_{ij} heißen die *Matrixelemente*. Der erste Index (hier i) gibt die Zeile an (*Zeilenindex*), der zweite (hier j) die Spalte (*Spaltenindex*). Wir haben die Zeile i und die Spalte j hervor gehoben.

Man kann sich die Matrix aus den n *Spaltenvektoren*

$$\mathbf{a}_1 = \begin{pmatrix} a_{11} \\ a_{21} \\ \vdots \\ a_{m1} \end{pmatrix}, \mathbf{a}_2 = \begin{pmatrix} a_{12} \\ a_{22} \\ \vdots \\ a_{m2} \end{pmatrix}, \ldots, \mathbf{a}_n = \begin{pmatrix} a_{1n} \\ a_{2n} \\ \vdots \\ a_{mn} \end{pmatrix} \tag{3.4}$$

aufgebaut denken oder auch aus den m *Zeilenvektoren*

$$\begin{aligned} \tilde{\mathbf{a}}_1 &= (a_{11}, a_{12}, \ldots, a_{1n}) \\ \tilde{\mathbf{a}}_2 &= (a_{21}, a_{22}, \ldots, a_{2n}) \\ &\vdots \\ \tilde{\mathbf{a}}_m &= (a_{m1}, a_{m2}, \ldots, a_{mn}) \end{aligned} \tag{3.5}$$

und schreibt dann

$$A = (\mathbf{a}_1, \mathbf{a}_2, \ldots, \mathbf{a}_n) = \begin{pmatrix} \tilde{\mathbf{a}}_1 \\ \tilde{\mathbf{a}}_2 \\ \vdots \\ \tilde{\mathbf{a}}_m \end{pmatrix}.$$

Die Matrix A hat m Zeilen und n Spalten; man spricht von einer m×n-Matrix. – Der folgende Satz zeigt, dass lineare Abbildungen $V \to W$ und m×n-Matrizen im Wesentlichen dasselbe sind:

Satz 3.2.1 (Lineare Abbildungen und Matrizen). *Zwischen linearen Abbildungen* $\mathcal{A} : V \to W$ *und m×n-Matrizen mit Elementen in K bestehen bei fester Basiswahl in V und W folgende Beziehungen:*

  i) *Ist A eine $m \times n$ Matrix und definiert man $\mathcal{A}$ vermöge*

$$\mathcal{A}(\mathbf{x}) = \begin{pmatrix} \sum_{j=1}^{n} a_{1j} x_j \\ \sum_{j=1}^{n} a_{2j} x_j \\ \vdots \\ \sum_{j=1}^{n} a_{mj} x_j \end{pmatrix}, \tag{3.6}$$

   so ist $\mathcal{A}$ linear.

  ii) *Ist $\mathcal{A} : V \to W$ linear und betrachtet man die Bilder der Basiselemente*

$$\mathbf{a}_1 := \mathcal{A}(\mathbf{e}_1), \mathbf{a}_2 := \mathcal{A}(\mathbf{e}_2), \ldots, \mathbf{a}_n := \mathcal{A}(\mathbf{e}_n)$$

   und somit die Matrix $A := (\mathbf{a}_1, \mathbf{a}_2, \ldots, \mathbf{a}_n)$, so gilt mit dieser Matrix Gleichung 3.6.

  iii) *Auf diese Weise besteht eine umkehrbar eindeutige Beziehung zwischen der Menge der linearen Abbildungen von V nach W und der Menge der m×n-Matrizen mit Elementen in K.*

Beweis. Punkt i) ist die Aussage von Satz 3.1.1. Dass dort der Grundkörper $K = \mathbb{R}$ war, ist für den gegebenen Beweis vollkommen unerheblich.
Zu ii): Die Spaltenvektoren $\mathbf{a}_j$ und damit A sei mithilfe der linearen Abbildung $\mathcal{A}$ so definiert, wie in diesem Punkt angegeben. Ist $\mathbf{x} \in V$ beliebig, so gilt $\mathbf{x} = \sum_{j=1}^{n} x_j \mathbf{e}_j$. Daher ist

$$\mathcal{A}(\mathbf{x}) = \sum_{j=1}^{n} x_j \mathcal{A}(\mathbf{e}_j) = \sum_{j=1}^{n} x_j \mathbf{a}_j = \begin{pmatrix} \sum_{j=1}^{n} a_{1j} x_j \\ \sum_{j=1}^{n} a_{2j} x_j \\ \vdots \\ \sum_{j=1}^{n} a_{mj} x_j \end{pmatrix}. \tag{3.7}$$

iii): Gehen wir wie in ii) von der Abbildung $\mathcal{A}$ aus, so liefert Gleichung 3.7 Spaltenvektoren $\mathbf{a}_j$ und daher eine Matrix A. Unterschiedliche Abbildungen haben unterschiedliche Spaltenvektoren (weil laut der Gleichung $\mathcal{A}$ durch die

$\mathbf{a}_j = \mathcal{A}(\mathbf{e}_j)$ eindeutig fest gelegt ist). Jede Wahl der $\mathbf{a}_j$ liefert natürlich eine lineare Abbildung, d.h., es wird im Sinne von ii) jede m×n-Matrix A von einer geeigneten Abbildung $\mathcal{A}$ erzeugt. – Dass die jeweils rechts stehenden Ausdrücke aus den Gleichungen 3.7 und 3.6 (wo umgekehrt die Konstruktion von $\mathcal{A}$ aus A beschrieben wird) übereinstimmen, besagt, dass man von der gewonnenen Matrix durch Anwendung des Prozesses i) wieder zu $\mathcal{A}$ zurückgelangt. Daher entsprechen Abbildungen und Matrizen einander umkehrbar eindeutig. $\qquad\qquad\square$

Bemerkung (lineare Abbildungen – Matrizen). Künftig bezeichnen wir die *Menge der linearen Abbildungen* $V \to W$ mit $\mathfrak{L}(V, W)$ und die Menge aller m×n-Matrizen mit Elementen in K mit $\mathfrak{M}_{mn}$. Durch die beschriebene Zuordnung zwischen Abbildungen und Matrizen können wir also $\mathfrak{L}$ und $\mathfrak{M}$ *identifiizieren*.

Korrollar 3.2.1 (Lineare Abbildungen und Spaltenvektoren). *Die Bilder einer linearen Abbildung bestehen genau aus den Linearkombinationen der Spaltenvektoren, mithin*

$$\mathcal{A}(V) = [\mathbf{a}_1, \mathbf{a}_2, \dots, \mathbf{a}_n].$$

Beweis. Siehe Gleichung 3.7. $\qquad\qquad\square$

Bemerkung. Gelegentlich werden wir für die Matrix, die zu $\mathcal{A}$ gehört, auch $[\mathcal{A}]$ schreiben; das hat nichts mit dem *Spaltenraum* $[\mathbf{a}_1, \dots, \mathbf{a}_n]$ zu tun. Wollen wir die Abhängigkeit von den zugrunde gelegten Basen (die wir bisher immer E und F bezeichnet haben) zum Ausdruck bringen, schreiben wir wohl $[\mathcal{A}]_{E,F}$.

Bemerkung (Zeilen- und Spaltenvektoren). Wie bereits beim Aufbau von Matrizen aus Vektoren offenkundig, ist es ab nun ganz entscheidend, ob ein Vektor als Zeilen- oder als Spaltenvektor angeschrieben wird. Die Standardoption bilden Spaltenvektoren. Ist ein Spaltenvektor gemeint, der aber aus Gründen des Druckbildes in Zeilenform angeschrieben werden soll, bedienen wir uns der *Transposition* ^{t}:

$$\mathbf{x} = \begin{pmatrix} x_1 \\ x_2 \\ \vdots \\ x_n \end{pmatrix} = (x_1, x_2, \dots, x_n)^t.$$

Das Transponierte eines Spaltenvektors $\mathbf{y}$ ist umgekehrt ein Zeilenvektor: $\mathbf{y}^t = (\, y_1, y_2, \dots, y_n \,)$. – Die Transposition werden wir später auch für Matrizen definieren; sie wandelt durch Vertauschung der Zeilen und der Spalten eine m×n-Matrix in eine n×m-Matrix um.

Beispiel (Rotation in $\mathbb{R}^2$). Jeder Punkt $\mathbf{x} \in \mathbb{R}^2$ soll um einen Winkel ϕ um den Ursprung rotiert werden (Abb. 3.1). Damit definieren wir die Abbildung $\mathcal{R} = \mathcal{R}_\phi$. $\mathbb{R}^2$ tritt hier sowohl als Original- wie als Bildraum auf; beide Male legen wir die Standardbasis $E = (\mathbf{e}_1, \mathbf{e}_2)$ zugrunde.

Elementargeometrisch ist klar, dass $\mathcal{R}$ linear ist: denn es läuft auf dasselbe hinaus, zuerst die Parallelogrammkonstruktion durchzuführen (Linearkombination zweier Vektoren) und dann zu rotieren oder diese Operationen in umgekehrter Reihenfolge vorzunehmen.

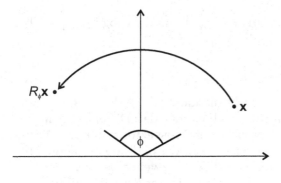

Abbildung 3.1: Drehung im $\mathbb{R}^2$

Die beiden Spaltenvektoren ergeben sich zu $\mathbf{r}_i = \mathcal{R}(\mathbf{e}_i)$, also in diesem Fall

$$\mathbf{r}_1 = \begin{pmatrix} \cos\phi \\ \sin\phi \end{pmatrix}, \quad \mathbf{r}_2 = \begin{pmatrix} -\sin\phi \\ \cos\phi \end{pmatrix},$$

zusammengefasst

$$R_\phi = \begin{pmatrix} \cos\phi & -\sin\phi \\ \sin\phi & \cos\phi \end{pmatrix} \quad \textit{(Rotationsmatrix)}. \tag{3.8}$$

Beispiel (Identität – Einheitsmatrix). $\mathcal{I} : V \to V$ sei die identische Abbildung, $\mathcal{I}(x) = x \quad \forall\, x \in V$. Natürlich ist $\mathcal{I}$ linear. Es sei $\dim V = n$ und im Original- wie im Bildraum herrsche dieselbe Basis $E = (\mathbf{e}_1, \ldots, \mathbf{e}_n)$. Wegen

$$\mathcal{I}(\mathbf{e}_1) = \mathbf{e}_1 = \begin{pmatrix} 1 \\ 0 \\ \vdots \end{pmatrix}, \quad \mathcal{I}(\mathbf{e}_2) = \mathbf{e}_2 = \begin{pmatrix} 0 \\ 1 \\ \vdots \end{pmatrix} \quad \text{usw.}$$

ergibt sich

$$I = \begin{pmatrix} 1 & 0 & 0 & \cdots & 0 \\ 0 & 1 & 0 & \cdots & 0 \\ 0 & 0 & 1 & \cdots & 0 \\ \vdots & & & & \vdots \\ 0 & 0 & 0 & \cdots & 1 \end{pmatrix} \quad \textit{(Einheitsmatrix)}. \tag{3.9}$$

Beispiel (Nochmals Rotationsmatrix). Wir greifen noch einmal das Beispiel einer Rotationsmatrix in der Ebene (Gleichung 3.8) auf. Damals haben wir die Basen sowohl im Original- wie im Bildraum gleich gewählt: $(\mathbf{e}_1, \mathbf{e}_2)$ und die Matrix R erhalten. Wir fragen uns, welche Matrix sich ergibt, wenn wir im Originalraum $E = (\mathbf{e}_1, \mathbf{e}_2)$ unverändert belassen und im Bildraum eine andere Basis $F = (\mathbf{f}_1, \mathbf{f}_2)$ wählen; dabei sollen die $\mathbf{f}_i$ die Bilder der $\mathbf{e}_i$ sein: $\mathbf{f}_i = \mathcal{R}(\mathbf{e}_i)$. Die entstehende Matrix bezeichnen wir mit $\tilde{R}(= [\mathcal{R}]_{E,F})$.

Dann ist z.B. $\tilde{\mathbf{r}}_1 = \mathcal{R}(\mathbf{e}_1) = \mathbf{f}_1 = 1\mathbf{f}_1 + 0\mathbf{f}_2 = \begin{pmatrix} 1 \\ 0 \end{pmatrix}_F$ und analog $\tilde{\mathbf{r}}_2 = \begin{pmatrix} 0 \\ 1 \end{pmatrix}_F$,
insgesamt

$$[\mathcal{R}] = \tilde{R} = \begin{pmatrix} 1 & 0 \\ 0 & 1 \end{pmatrix}_{E,F}.$$

Dabei liegt hier selbstverständlich i.A. nicht die identische Abbildung vor. Machen wir uns die hier enthaltene Aussage noch einmal klar: Die erste Spalte besagt nichts anderes, als dass bei unserer Wahl der Basisvektoren der erste Basisvektor des Originalraumes in den ersten Basisvektor des Bildraumes übergeführt wird. Die zweite Spalte besagt Entsprechendes für die zweiten Basisvektoren. Zum Verständnis kehren wir noch die Anordnung in der Basis des Bildraumes um, verwenden also die Basis $F^{\star} = (\mathbf{f}_2, \mathbf{f}_1)$. Da dann der erste Basisvektor des Originalraumes in den zweiten Basisvektor des Bildraumes übergeführt wird usw., lautet die Matrix jetzt

$$[\mathcal{R}]_{E,F^{\star}} = R^{\star} = \begin{pmatrix} 0 & 1 \\ 1 & 0 \end{pmatrix}_{E,F^{\star}}.$$

Addition und Multiplikation von linearen Abbildungen mit einem Skalar.
Mit zwei linearen Abbildungen $\mathcal{A}, \mathcal{B} \in \mathfrak{L}(V, W)$ können wir zunächst eine Linearkombination bilden $\mathcal{C} = \alpha\mathcal{A} + \beta\mathcal{B}$, und das ist jedenfalls eine Abbildung von V nach W; wie wir sofort beweisen, ist es sogar eine *lineare* Abbildung:

Satz 3.2.2 (Der lineare Raum $\mathfrak{L}(V, W)$). *Jede Linearkombination linearer Abbildungen ist wieder linear, d.h., es ist*

$$\alpha\mathcal{A} + \beta\mathcal{B} \in \mathfrak{L}(V, W) \quad \forall \mathcal{A}, \mathcal{B} \in \mathfrak{L}(V, W), \quad \forall \alpha, \beta \in K.$$

Beweis. Die Linearität von $\mathcal{C} := \alpha\mathcal{A} + \beta\mathcal{B}$ ergibt sich mit $\mathbf{z} = \lambda\mathbf{x} + \lambda'\mathbf{x}'$ aus

$$\begin{aligned}
\mathcal{C}(\lambda\mathbf{x} + \lambda'\mathbf{x}') &= \mathcal{C}(\mathbf{z}) = \\
&= (\alpha\mathcal{A} + \beta\mathcal{B})(\mathbf{z}) = \alpha\mathcal{A}(\mathbf{z}) + \beta\mathcal{B}(\mathbf{z}) = \alpha\mathcal{A}(\lambda\mathbf{x} + \lambda'\mathbf{x}') + \beta\mathcal{B}(\lambda\mathbf{x} + \lambda'\mathbf{x}') = \\
&= \alpha\lambda\mathcal{A}(\mathbf{x}) + \alpha\lambda'\mathcal{A}(\mathbf{x}') + \beta\lambda\mathcal{B}(\mathbf{x}) + \beta\lambda'\mathcal{B}(\mathbf{x}') = \\
&= \lambda(\alpha\mathcal{A}(\mathbf{x}) + \beta\mathcal{B}(\mathbf{x})) + \lambda'(\alpha\mathcal{A}(x') + \beta\mathcal{B}(x')) = \lambda\mathcal{C}(\mathbf{x}) + \lambda'\mathcal{C}(\mathbf{x}').
\end{aligned}$$

$\square$

Satz 3.2.3 (Darstellung von Linearkombinationen). *Eine Linearkombination linearer Abbildungen ($\mathcal{A}, \mathcal{B} \in \mathfrak{L}(V, W)$, $\alpha, \beta \in K$) besitzt die Matrixdarstellung*

$$[\alpha\mathcal{A} + \beta\mathcal{B}] = \alpha A + \beta B.$$

Bemerkung. Die Addition von Matrizen bzw. die Multiplikation mit einem Skalar ist, wie bei Vektoren, elementweise erklärt, d.h.

$$A + B = (a_{ij} + b_{ij})$$

und

$$\alpha A = (\alpha a_{ij}).$$

Beweis. Es ist $(\alpha\mathcal{A} + \beta\mathcal{B})\mathbf{e}_j = \alpha\mathcal{A}(\mathbf{e}_j) + \beta\mathcal{B}(\mathbf{e}_j) = \alpha\mathbf{a}_j + \beta\mathbf{b}_j$, sodass sich alle Spaltenvektoren zu $\alpha\mathcal{A} + \beta\mathcal{B}$ und damit auch die zugehörige Matrix so darstellen, wie im Satz behauptet. □

Korrollar 3.2.2. $\mathfrak{L}(V, W)$ *ist ein linearer Raum mit*

$$\dim \mathfrak{L}(V, W) = \dim V \dim W.$$

Beweis. Lediglich die Dimensionsaussage ist noch zu zeigen. Der Satz sagt uns aber, dass man mit Matrizen ganz wie mit Vektoren rechnet; die rechteckige Anordnung der Elemente tut der Sache keinen Abbruch. Daher liegen mit den Matrizen Elemente von K^{mn} vor uns, was die behauptete Dimension ergibt. □

Bemerkung. Wir können die Resultate auch so formulieren: die Abbildung $[\ ]_{E,F} : \mathfrak{L} \to \mathfrak{M}$, die jeder linearen Abbildung ihre Matrixdarstellung bezüglich vorgegebener Basen zuordnet, ist ein *Vektorraumisomorphismus*.

3.3 Zusammensetzung linearer Abbildungen

Linearität der Zusammensetzung. Wir legen jetzt *drei* Vektorräume über K zugrunde, U, V, W, dazu Abbildungen

$$\mathcal{B} : U \to V, \mathcal{A} : V \to W$$

und betrachten die zusammengesetzte Abbildung

$$\mathcal{C} : U \to W.$$

Satz 3.3.1 (Kompositionseigenschaft linearer Abbildungen). *Sind $\mathcal{A}$ und $\mathcal{B}$ lineare Abbildungen w.o., dann ist $\mathcal{C} = \mathcal{A} \circ \mathcal{B}$ wieder linear.*

Beweis. Wir untersuchen das Bild der üblichen Linearkombination:

$$\mathcal{C}(\lambda\mathbf{x} + \lambda'\mathbf{x}') = \mathcal{A}(\mathcal{B}(\lambda\mathbf{x} + \lambda'\mathbf{x}')) = \mathcal{A}(\lambda\mathcal{B}(\mathbf{x}) + \lambda'\mathcal{B}(\mathbf{x}')) =$$
$$= \lambda(\mathcal{A}(\mathcal{B}(\mathbf{x}))) + \lambda'(\mathcal{A}(\mathcal{B}(\mathbf{x}'))) = \lambda\mathcal{C}(\mathbf{x}) + \lambda'\mathcal{C}(\mathbf{x}').$$

□

Den Satz können wir kompakt so formulieren:

Korrollar 3.3.1. $\mathcal{B} \in \mathfrak{L}(U, V)$, $\mathcal{A} \in \mathfrak{L}(V, W) \Rightarrow \mathcal{A} \circ \mathcal{B} \in \mathfrak{L}(U, W)$.

Matrixmultiplikation. Die letzten Betrachtungen, wonach die Zusammensetzung linearer Abbildungen wieder linear ist, haben keine weiteren Voraussetzungen über die Dimensionalität der beteiligten linearen Räume gemacht. Nun wollen wir aber in einem engeren Sinn, nämlich im Sinn von Matrizen, mit der Zusammensetzung linearer Abbildungen wirklich *rechnen*. Wir setzen demgemäß ab nun voraus, dass die beteiligten Räume *endlichdimensional* sind und bezeichnen durchgängig

$$\dim U = n, \dim V = m, \dim W = l.$$

Im Übrigen legen wir in diesen Räumen fest gedachte *Basen E, F, G* zugrunde, auf die sich die Darstellung durch Vektoren bzw. die Matrizen bezieht. Wie erinnerlich, bezeichnen wir den i-ten Zeilenvektor von $\mathcal{A}$ mit $\tilde{a}_i$, den k-ten Spaltenvektor von $\mathcal{B}$ mit $\mathbf{b}_k$.

Die eigentliche Berechnung der Matrix C wollen wir auf zwei Arten vornehmen (nur, was die Schreibweise angeht): zuerst ausführlich, anschließend kurz und prägnant mit Summenschreibweise.

Zur ausführlichen Herleitung: Wir gehen aus von einem

$$\mathbf{x} = \begin{pmatrix} x_1 \\ x_2 \\ \vdots \\ x_n \end{pmatrix} \in U$$

und setzen

$$\mathbf{y} = \mathcal{B}(\mathbf{x}) \in V, \ \mathbf{z} = \mathcal{C}(\mathbf{x}) = \mathcal{A}(\mathbf{y}) \in W.$$

Den Umstand, dass die Vektoren die entsprechenden Bilder sind, können wir in Koordinaten folgendermaßen ausdrücken; der Schrecken vor den vielen Indizes weicht dabei bald, wenn man die Ordnung in ihnen sucht:

$$\mathbf{y} = \begin{pmatrix} y_1 \\ y_2 \\ \vdots \\ y_m \end{pmatrix} = \begin{pmatrix} b_{11}x_1 + b_{12}x_2 + \ldots + b_{1n}x_n \\ b_{21}x_1 + b_{22}x_2 + \ldots + b_{2n}x_n \\ \vdots \\ b_{m1}x_1 + b_{m2}x_2 + \ldots + b_{mn}x_n \end{pmatrix}$$

$$\mathbf{z} = \begin{pmatrix} z_1 \\ z_2 \\ \vdots \\ z_l \end{pmatrix} = \begin{pmatrix} a_{11}y_1 + a_{12}y_2 + \ldots + a_{1m}y_m \\ a_{21}y_1 + a_{22}y_2 + \ldots + a_{2m}y_m \\ \vdots \\ a_{l1}y_1 + a_{l2}y_2 + \ldots + a_{lm}y_m \end{pmatrix}.$$

Nun ist

$$\mathbf{z} = A\mathbf{y} = \mathbf{a}_1 y_1 + \mathbf{a}_2 y_2 + \ldots + \mathbf{a}_m y_m$$

und daher unter Verwendung der Darstellung der $y_1, y_2, \ldots$

$$\begin{aligned} \mathbf{z} = \ &\mathbf{a}_1(b_{11}x_1 + b_{12}x_2 + \ldots + b_{1n}x_n) \ &+ \\ &\mathbf{a}_2(b_{21}x_1 + b_{22}x_2 + \ldots + b_{2n}x_n) \ &+ \\ &\qquad\qquad\qquad \ldots \ &+ \\ &\mathbf{a}_m(b_{m1}x_1 + b_{m2}x_2 + \ldots + b_{mn}x_n). \end{aligned} \tag{3.10}$$

Die i-te Komponente von $\mathbf{z}$ erhalten wir, wenn wir rechts aus den $\mathbf{a}_j$ ebenfalls die i-te Komponente heraus greifen:

$$\begin{aligned} z_i = \ &a_{i1}(b_{11}x_1 + b_{12}x_2 + \ldots + b_{1n}x_n) \ &+ \\ &a_{i2}(b_{21}x_1 + b_{22}x_2 + \ldots + b_{2n}x_n) \ &+ \\ &\qquad\qquad\qquad \ldots \ &+ \\ &a_{im}(b_{m1}x_1 + b_{m2}x_2 + \ldots + b_{mn}x_n). \end{aligned} \tag{3.11}$$

Wir fassen nun nach $x_1, x_2, \ldots$ zusammen, ordnen also i.W. die senkrecht unter einander stehenden Terme waagrecht an:

$$z_i = (a_{i1}b_{11} + a_{i2}b_{21} + \ldots + a_{im}b_{m1})x_1 \quad +$$
$$(a_{i1}b_{12} + a_{i2}b_{22} + \ldots + a_{im}b_{m2})x_2 \quad +$$
$$\ldots \quad +$$
$$(a_{i1}b_{1n} + a_{i2}b_{2n} + \ldots + a_{im}b_{mn})x_n$$

oder etwas kompakter

$$z_i = <\tilde{\mathbf{a}}_i, \mathbf{b}_1> x_1 + <\tilde{\mathbf{a}}_i, \mathbf{b}_2> x_2 + \ldots + <\tilde{\mathbf{a}}_i, \mathbf{b}_n> x_n \quad (1 \leq i \leq l).$$

Dabei haben wir beachtet, dass $\tilde{\mathbf{a}}_i, \mathbf{b}_j \in K^m$ und dort die Abkürzung $< \mathbf{r}, \mathbf{s} > = r_1 s_1 + r_2 s_2 + \ldots + r_m s_m$ verwendet.

Man kann bei $< \mathbf{r}, \mathbf{s} >$ nicht von einem inneren Produkt sprechen; denn die Werte von $< \cdot, \cdot >$ werden im Allgemeinen gar nicht in $\mathbb{R}$ liegen, wie für das innere Produkt erforderlich (wegen der Positivität), z.B. dann nicht, wenn K ein endlicher Körper oder $\mathbb{C}$ ist. Die indessen unleugbare Ähnlichkeit mit dem inneren Produkt wird durch die ähnliche, aber nicht identische Typographie betont.

Damit ist unsere Aufgabe gelöst; denn wir hatten die Matrix C zu $\mathcal{C} = \mathcal{A} \circ \mathcal{B}$ zu bestimmen. Die $< \tilde{\mathbf{a}}_i, \mathbf{b}_k >$ leisten gerade dasjenige, was die Matrixelemente c_{ik} von C leisten müssen, nämlich

$$z_i = c_{i1}x_1 + c_{i2}x_2 + \ldots + c_{in}x_n \quad \forall i : 1 \leq i \leq l,$$

wenn $\mathbf{z} = \mathcal{C}(\mathbf{x})$, und sie sind, wie wir wissen, dadurch schon eindeutig festgelegt. Also ist $c_{ik} = <\tilde{\mathbf{a}}_i, \mathbf{b}_k >$.

Wir haben damit den folgenden Satz bewiesen, den wir anschließend zur Verdeutlichung noch einmal, in kompakterer Notation, herleiten:

Satz 3.3.2 (Matrixmultiplikation). *Es seien* U, V, W *lineare, endlichdimensionale Räume über* K, $\dim U = n$, $\dim V = m$, $\dim W = l$. *Dann gilt für die Matrixelemente von* $\mathcal{C} = \mathcal{A} \circ \mathcal{B}$

$$c_{ik} = <\tilde{\mathbf{a}}_i, \mathbf{b}_k> = \sum_{j=1}^{m} a_{ij}b_{jk} \quad (i = 1, \ldots, l; k = 1, \ldots, n) \tag{3.12}$$

Bemerkung. Die Matrix $C = (c_{ik})$ nennt man *Produktmatrix* von A und B. Das so erklärte Matrizenprodukt schreibt man in der Form

$$C = A \cdot B \text{ oder } C = AB.$$

Beweis. Wir setzen wieder $\mathbf{y} = \mathcal{B}(\mathbf{x})$, $\mathbf{z} = \mathcal{A}(\mathbf{y})$. Wegen $\mathbf{y} = \mathcal{B}(x) = \sum_{k=1}^{n} \mathbf{b}_k x_k$ ist

$$\mathbf{z} = \mathcal{A}(\mathbf{y}) = \sum_{j=1}^{m} \mathbf{a}_j y_j = \sum_{j=1}^{m} (\mathbf{a}_j \sum_{k=1}^{n} b_{jk} x_k) =$$

$$= \sum_{j=1}^{m} (\sum_{k=1}^{n} \mathbf{a}_j b_{jk} x_k) = \sum_{k=1}^{n} (\sum_{j=1}^{m} \mathbf{a}_j b_{jk}) x_k.$$

Nehmen wir von $\mathbf{z}$ und daher auch von den $\mathbf{a}_j$ die i-te Komponente, so gilt für alle i: $z_i = \sum_{k=1}^{n} (\sum_{j=1}^{m} a_{ij} b_{jk}) x_k$; da andererseits auch $z_i = \sum_{k=1}^{n} c_{ik} x_k$ und da nur ein Satz von Matrixelementen zu einer gegebenen linearen Abbildung (bei uns $\mathcal{C}$) führt, so ergibt sich tatsächlich

$$c_{ik} = <\tilde{\mathbf{a}}_i, \mathbf{b}_k> = \sum_{j=1}^{m} a_{ij} b_{jk} \quad \forall i, k.$$

$\square$

Bemerkung. Das Matrizenprodukt ist nur erklärt, wenn die mittlere Dimension der beteiligten Abbildungen übereinstimmt, weil andernfalls die Zusammensetzung der Abbildungen keinen Sinn ergibt. Das Produkt einer $l \times m$-Matrix A mit einer $m \times n$-Matrix B ist eine $l \times n$-Matrix, symbolisch

$$(l \times m) \cdot (m \times n) = (l \times n).$$

Beispiel (Spieglung und Drehung). Wir wollen in der Ebene die Punkte zunächst an der x-Achse spiegeln und sodann um einen Winkel ϕ drehen. Welche Matrix T ergibt sich insgesamt?
Da in diesem Fall $U = V = W = \mathbb{R}^2$, haben wir es ausschließlich mit 2×2-Matrizen zu tun. Die Matrix der Spiegelung bezeichnen wir mit S, die Drehmatrix mit R. Die Aufgabe verlangt die Berechnung von $T = RS$. R ist uns schon bekannt, S ermittelt man leicht:

$$R = \begin{pmatrix} c & -s \\ s & c \end{pmatrix}, \quad S = \begin{pmatrix} 1 & 0 \\ 0 & -1 \end{pmatrix}.$$

Die Matrixelemente von T berechnet man daher aus

$$\begin{pmatrix} t_{11} & t_{12} \\ t_{21} & t_{22} \end{pmatrix} = \begin{pmatrix} c & -s \\ s & c \end{pmatrix} \begin{pmatrix} 1 & 0 \\ 0 & -1 \end{pmatrix},$$

also $t_{11} = c \cdot 1 + (-s) \cdot 0 = c$, $t_{12} = c \cdot 0 + (-s) \cdot -1 = s$ usw., im Endergebnis

$$T = \begin{pmatrix} c & s \\ s & -c \end{pmatrix}.$$

Beispiel (Projektion eines Punktes auf eine Gerade). Mit unseren jetzigen Hilfsmitteln soll die Matrix für die Projektion eines Punktes auf eine Gerade g durch $\mathbf{0}$ aufgestellt werden; Grundraum ist die Ebene $\mathbb{R}^2$. Derlei Aufgaben haben wir im Kapitel 1 ausführlich gelöst. – Kennzeichnen wir die Gerade durch ihren Anstiegswinkel ϕ, so bezeichnen wir die gesuchte Projektionsmatrix mit P_ϕ; wir verwenden wieder die Abkürzung $c = \cos\phi, s = \sin\phi$.
Die orthogonale Projektion auf die x_1-Achse ist natürlich die Abbildung $\mathcal{P}_0$:
$\begin{pmatrix} x_1 \\ x_2 \end{pmatrix} \rightarrow \begin{pmatrix} x_1 \\ 0 \end{pmatrix}$, also ist $P_0 = \begin{pmatrix} 1 & 0 \\ 0 & 0 \end{pmatrix}$.

Die allgemeine Matrix P_ϕ gewinnen wir, indem wir zuerst die Gerade g durch eine Rotation um $-\phi$ in die x_1-Achse drehen (und die Drehung natürlich auch auf alle anderen Punkte der Ebene anwenden), dann die Punkte mit P_0 auf diese Achse projizieren, und zuletzt durch eine Rotation um dem Winkel ϕ die x_1-Achse wieder in die Gerade g zurückdrehen; die Rotationsmatrix um $-\phi$ drücken wir durch c und s aus, indem wir beachten, dass $\cos(-\phi) = c$, $\sin(-\phi) = -s$. Das bedeutet

$$P_\phi = R_\phi P_0 R_{-\phi} = \begin{pmatrix} c & -s \\ s & c \end{pmatrix} \begin{pmatrix} 1 & 0 \\ 0 & 0 \end{pmatrix} \begin{pmatrix} c & s \\ -s & c \end{pmatrix} = \begin{pmatrix} c^2 & cs \\ cs & s^2 \end{pmatrix}.$$

Wegen der Assoziativität der Zusammensetzung $(\mathcal{A} \circ \mathcal{B}) \circ \mathcal{C} = \mathcal{A} \circ (\mathcal{B} \circ \mathcal{C})$, entsprechend $(AB)C = A(BC)$, kann man das Produkt im Sinne beliebiger Klammerung bilden.

Beispiel (Differentiation von Polynomen). Wir gehen von $V = \mathcal{P}_n$, der Menge aller Polynome höchstens n-ten Grades, und zwar mit reellen Koeffizienten, aus. Durch die Differentiationsabbildung (den sog. Differentiationsoperator) $\mathcal{D} = \frac{d}{dx}$,

$$(a_0 + a_1 x + a_2 x_2 + \ldots a_n x^n) \xrightarrow{\mathcal{D}} (a_1 + 2a_2 x + 3a_3 x^2 + \ldots + n a_n x^{n-1}),$$

ist eine Abbildung $\mathcal{D} : \mathcal{P}_n \to \mathcal{P}_n$ gegeben. (Als Bildraum könnte man sogar $\mathcal{P}_{n-1}$ nehmen; uns wird aber $\mathcal{P}_n$ bequemer sein.) – Es ist nach der zugehörigen Matrix D gefragt. Wie schon in der Schreibweise ersichtlich, wollen wir als Basis $1, x, x^2, \ldots, x^n$ wählen.

Nach unseren allgemeinen Überlegungen steht in der j-ten Spalte von D das Bild des j-ten Basiselements, $\mathbf{d}_j = \mathcal{D}(x^j) = j x^{j-1}$. (In diesem Fall beginnen wir mit der Zählung der Zeilen und Spalten bei 0, nicht bei 1). Der Vektor $\mathbf{d}_j$ hat also lediglich die Eintragung j in der $(j-1)$-ten Position, sonst 0, ist somit

$$\mathbf{d}_j = \begin{pmatrix} 0 \\ \ldots \\ j \\ \ldots \\ 0 \end{pmatrix} \begin{matrix} \leftarrow & 0 \\ \\ \leftarrow & j-1 \\ \\ \leftarrow & n \end{matrix}$$

reiht man nun diese Vektoren nebeneinander, so ergibt sich die Matrix D. Sie hat lediglich in der ersten oberen Nebendiagonale von 0 verschiedene Eintragungen:

$$D - \begin{pmatrix} 0 & 1 & 0 & 0 & \ldots & 0 \\ 0 & 0 & 2 & 0 & & 0 \\ 0 & 0 & 0 & 3 & & 0 \\ \vdots & & & & \ddots & \vdots \\ 0 & 0 & 0 & 0 & \ldots & n-1 \\ 0 & 0 & 0 & 0 & \ldots & 0 \end{pmatrix}.$$

Die Matrix $D^2 := DD$, die zur zweimaligen Differentiation gehört, kann man entweder gewinnen, indem man ähnlich wie zuvor $\mathcal{D}$ nunmehr die zweite Ableitung $\mathcal{D}^2$ auf die Basisfunktionen anwendet und die Spaltenvektoren der Matrix ermittelt, oder aber, indem man das Produkt DD im Sinne der Matrixmultiplikation auswertet. Es sei empfohlen, beides durchzuführen. Jedenfalls ergibt sich eine Matrix, die nur in der zweiten rechten oberen Nebendiagonale von 0 verschiedene Eintragungen hat (durch $*$ gekennzeichnet):

$$
D^2 = \begin{pmatrix} 0 & 0 & * & 0 & \ldots & 0 \\ 0 & 0 & 0 & * & & 0 \\ \vdots & & & & \ddots & \vdots \\ 0 & 0 & 0 & 0 & \ldots & * \\ 0 & 0 & 0 & 0 & \ldots & 0 \\ 0 & 0 & 0 & 0 & \ldots & 0 \end{pmatrix}.
$$

Man überlege zudem, dass bei jeder weiteren Differentiation (Multiplikation mit D) die Nebendiagonale mit den von 0 verschiedenen Einträgen eine Einheit weiter nach rechts oben wandert, sodass bei D^n lediglich noch das ganz rechts oben stehende Element von null verschieden ist, während $D^{n+1} = O$ (die Nullmatrix) ist, in Übereinstimmung mit der Tatsache, dass die $(n+1)$-fache Differentiation eines Polynoms höchstens n-ten Grades das Nullpolynom ergibt.

Programmbeispiel (Matrixmultiplikation). Es soll das Matrixprodukt $C = A \cdot B$ gebildet werden. – Im Pseudocode wird die Ausgabe aus der Methode über ein Argument in der Argumentliste durchgeführt. Wir haben uns an die mathematische Schreibweise gehalten und dort, wo Matrizen gemeint sind, Großbuchstaben (z.B. C), bei den Elementen dagegen die entsprechenden Kleinbuchstaben ($c(i,k)$) verwendet. Während das z.B. in Fortran legitim ist, darf man es bei Weitem nicht in jeder Programmiersprache so machen.

Um Überladung mit Trivialitäten zu vermeiden, benutzen wir Funktionsaufrufe mit sprechenden Namen. So werden durch den Aufruf *setZero(C)* die Matrixelemente von C auf 0 gesetzt. – Nun der Code:

```
method matrixMultiplication (A,B,C)
  arguments in: A(1:l,1:m),B(1:m,1:n)
  arguments out: C(1:l,1:n)

  setZero (C)

  for i =1:l
   for k =1:n
    for j =1:m
     c(i,k)=c(i,k)+a(i,j)b(j,k)
    end for !j
   end for !k
  end for !i

end method matrixMultiplication
```

Mehr im Fortran-Stil würde man übrigens die innerste Schleife weglassen und schreiben

```
for i =1:l
  for k =1:n
  c(i,k)=sum(a(i,*)b(*,k))
 end for !k
end for !i
```

(Wir sehen davon ab, dass es in Fortran sogar ein fertiges Konstrukt für Matrix-multiplikation gibt). An die Methode *sum* wird ein Feld übergeben, das die Werte $a_{ij}b_{jk}$ enthält und durch die Methode *sum* aufsummiert wird. Von solchen feld-wertigen algebraischen Konstrukten im Sinne $a_{i*}b_{*k}$ machen wir im Folgenden immer Gebrauch.

Bemerkung (zur Programmiertechnik). Unsere Vorgangsweise, elementarere oder spezielle Operationen in eigene Methoden auszulagern, stimmt mit der all-gemeinen Forderung an eine gute Programmiertechnik überein, wonach ein Pro-gramm strukturiert aufgebaut sein soll und die Hierarchie der Teilprobleme sich in entsprechenden Methoden widerspiegelt.
In der Praxis ist es überdies so, dass gerade wichtige Aufgaben der Linearen Al-gebra vielfach in ausgefeilten Programmbibliotheken, oft für verschiedene Platt-formen und Prozessoren optimiert, zur Verfügung stehen, auf die man zurück-greifen wird. (In Umgebungen wie Mathematica, Matlab usw. ist dergleichen von vornherein integriert.) Zu den besonders wichtigen Programmbibliotheken gehört die Sammlung BLAS (*Basic Linear Algebra Subroutines* für die effizien-te Durchführung vor allem elementarer Operationen wie Matrix mal Vektor in verschiedenster konkreter Ausprägung, LAPACK (eine Sammlung von Routinen für viele, insbesondere auch komplizierte Grundaufgaben der Linearen Algebra), SSL von IBM und andere mehr.

Rechenregeln für die Matrixmultiplikation. Wiederum gehen wir von linea-ren Räumen U, V, W mit vorgegebenen Basen E, F, G über einem Körper K aus, $\dim U = n$, $\dim V = m$, $\dim W = l$. $\mathcal{L}(U, V)$ bezeichnet die Menge der li-nearen Abbildungen zwischen den genannten Räumen, $\mathfrak{M}_{mn}$ die Menge aller m×n-Matrizen.
Für die Zuordnung einer Abbildung zur entsprechenden Matrix schreiben wir Λ, $A = \Lambda(\mathcal{A})$. Dann ist Λ eine Abbildung $\mathcal{L} \xrightarrow{\Lambda} \mathfrak{M}$. (Genau genommen gibt es natürlich verschiedene Abbildungen Λ entsprechend den verschiedenen Räum-en $\mathcal{L}(U, V), \ldots$; dies zu berücksichtigen würde allerdings nur die Schreibweise komplizierter machen, ohne hier Nutzen zu stiften.)

Satz 3.3.3. *Die Matrizen $A, A', \ldots$ seien so beschaffen, dass die nachstehenden arithme-tischen Operationen sinnvoll sind. Dann gilt mit $\alpha, \alpha', \ldots \in K$ allgemein*

$$(\alpha A + \alpha' A')B = \alpha AB + \alpha' A'B$$
$$A(\beta B + \beta' B') = \beta AB + \beta' AB'. \tag{3.13}$$

Fernerhin gilt

$$\Lambda(\alpha \mathcal{A}) = (\alpha a_{ij}) \tag{3.14}$$

Beweis. Die Beziehungen in Gleichung 3.13 kann man auf zwei Arten beweisen, einerseits durch direktes Nachrechnen, andererseits in etwas abstrakterer Weise; wir wollen beides für die zweite dieser Beziehungen durchführen.
i) direkte Rechnung:

$$A(\beta B + \beta' B') = \left(a_{ij}\right)_{ij}\left(\beta b_{jk} + \beta' b'_{jk}\right)_{jk} = \left(\sum_j a_{ij}(\beta b_{jk} + \beta' b'_{jk})\right)_{ik} =$$

$$= \beta\left(\sum_j a_{ij}b_{jk}\right)_{ik} + \beta'\left(\sum_j a_{ij}b'_{jk}\right)_{ik} = \beta AB + \beta' AB'.$$

ii) abstrakteres Vorgehen: die linke Seite unserer Beziehung ist das Λ-Bild von $\mathcal{A}(\beta\mathcal{B} + \beta'\mathcal{B}')$. Für diese Abbildung gilt für beliebiges Argument $\mathbf{x}$:

$$\mathcal{A}((\beta\mathcal{B} + \beta'\mathcal{B}')(\mathbf{x})) \stackrel{\mathcal{A} linear}{=} \beta\mathcal{A}(\mathcal{B}(\mathbf{x})) + \beta'\mathcal{A}(\mathcal{B}'(\mathbf{x})).$$

Dieser Beziehung entnimmt man, dass $\mathcal{A} \circ (\beta\mathcal{B} + \beta'\mathcal{B}') = \beta\mathcal{A} \circ \mathcal{B} + \beta'\mathcal{A} \circ \mathcal{B}'$. Wendet man Λ auf die beiden Seiten dieser Beziehung an, so kommt man genau zur behaupteten Beziehung zwischen den Matrizen.
Beweis von Gleichung 3.14: Da die Multiplikation eines Skalars mit einer Abbildung punktweise definiert ist, gilt zunächst $(\alpha\mathcal{A})(\mathbf{x}) = \alpha(\mathcal{A}(\mathbf{x}))$. Außerdem folgt dann wegen Linearität von $\mathcal{A}$: $\alpha(\mathcal{A}(\mathbf{x})) = \mathcal{A}(\alpha\mathbf{x})$. Nun ist aber

$$\mathcal{A}(\alpha\mathbf{x})_i = \left(\sum_j a_{ij}(\alpha x_j)\right) = \left(\sum_j (\alpha a_{ij})x_j\right),$$

woraus unmittelbar fließt, dass die Matrixelemente zu $\alpha\mathcal{A}$ die αa_{ij} sind. $\square$

Für reelle Zahlen (oder Elemente eines Körpers) kann man bekanntlich $(a + b)^n$ stets nach dem binomischen Lehrsatz entwickeln; bei Matrizen ist mehr Vorsicht geboten:

Satz 3.3.4 (Binomischer Lehrsatz). *Für kommutierende quadratische Matrizen A und B ($AB = BA$) ist $\forall m \in \mathbb{N}$*

$$(A + B)^m = \sum_{k=0}^{m} \binom{m}{k} A^k B^{m-k} = \sum_{k=0}^{m} \binom{m}{k} A^{m-k} B^k. \tag{3.15}$$

Der *Beweis* erfolgt für kommutierende Matrizen genauso wie für reelle Variable. Die Schwierigkeit bei nichtkommutierenden Matrizen A, B besteht darin, dass z.B. bei $(A + B)^2 = A^2 + AB + BA + B^2$ eben $AB \neq BA$ ist, sodass die Aussage des binomisches Lehrsatzes dann nicht gelten kann.

Matrizen und Vektoren. Mithilfe der Matrixmultiplikation lässt sich auch $\mathcal{A}(\mathbf{x})$ in Matrixdarstellung einfach schreiben, nämlich in der Form

$$\mathcal{A}(\mathbf{x}) = A\mathbf{x} = \begin{pmatrix} a_{11} & a_{12} & \ldots & a_{1n} \\ a_{21} & a_{22} & \ldots & a_{2n} \\ \vdots & & & \vdots \\ a_{m1} & a_{m2} & \ldots & a_{mn} \end{pmatrix} \begin{pmatrix} x_1 \\ x_2 \\ \vdots \\ x_n \end{pmatrix}$$

(vgl. Gleichung 3.6). – Hier ist entscheidend, dass $\mathbf{x}$ in *Spaltenform* dargestellt wird.

Bemerkung (Multiplikation zweier Vektoren I). Kann man zwei *Vektoren* im Sinne der Matrixmultiplikation miteinander multiplizieren? Dies ist zunächst im Sinne

$$(1 \times n) \cdot (n \times 1) = (1 \times 1)$$

möglich: Das Produkt eines Zeilenvektors mit einem Spaltenvektor ergibt ein Element von K; denn 1×1 Matrizen identifiziert man mit dem Körperelement, das sie enthalten.

Wir bedienen uns wieder der Transposition ^{t}, die Spaltenvektoren in Zeilenvektoren umwandelt. Dann ist mit $\mathbf{x}, \mathbf{y} \in V$, $\dim V = n$

$$\mathbf{x}^t \mathbf{y} = \begin{pmatrix} x_1, x_2, \ldots, x_n \end{pmatrix} \begin{pmatrix} y_1 \\ y_2 \\ \vdots \\ y_n \end{pmatrix} = \sum_{i=1}^{n} x_i y_i \, .$$

Insbesondere lässt sich im $\mathbb{R}^n$ das *euklidische innere Produkt* als

$$\langle \mathbf{x}, \mathbf{y} \rangle = \mathbf{x}^t \mathbf{y}$$

angeben. Das euklidische Produkt und damit Ausdrücke $\mathbf{x}^t \mathbf{y}$, ihre Verallgemeinerungen und daraus hervorgehende Weiterentwicklungen werden das gesamte Kapitel über innere Produkte und Normen füllen und auch darüber hinaus ständig auftreten.

Bemerkung (Multiplikation zweier Vektoren II). Die zweite Möglichkeit der Multiplikation zweier Vektoren besteht gemäß

$$(n \times 1) \cdot (1 \times n) = (n \times n),$$

somit

$$\mathbf{x}\mathbf{y}^t = (x_i y_j)_{ij} = \begin{pmatrix} x_1 y_1 & x_1 y_2 & \cdots & x_1 y_n \\ x_2 y_1 & x_2 y_2 & \cdots & x_2 y_n \\ \vdots & & & \vdots \\ x_n y_1 & x_n y_2 & \cdots & x_n y_n \end{pmatrix} \, .$$

Die Matrix $\mathbf{e}_i^t \mathbf{e}_j$ etwa enthält an der Position (i, j) den Wert 1, sonst nur 0.

Dieses Produkt spielt verschiedentlich eine Rolle und wird auch unterschiedlich bezeichnet, insbesondere als *dyadisches* oder *Tensorprodukt* von $\mathbf{x}$ und $\mathbf{y}$; man schreibt wohl auch $\mathbf{x}\mathbf{y}^t = \mathbf{x} \otimes \mathbf{y}$.

Dieses Produkt wird uns in numerischem Zusammenhang mit den *Householder'schen Matrizen* nützlich sein. Auch in der Physik tritt es an diversen Stellen auf. Bezeichnet z.B. ρ die Dichte eines strömenden Gases an einer Stelle und $\mathbf{v}$ den Geschwindigkeitsvektor, so ist $\rho\mathbf{v}$ der Vektor der Impulsdichte. Die Impulsdichte selbst wird nun durch das Geschwindigkeitsfeld translatiert. Dies wird aber gerade durch die Matrix $\rho\mathbf{v} \otimes \mathbf{v}$, die sogenannte Impulsdichteflussmatrix, beschrieben, wie man z.B. der erste Spalte dieser Matrix, dem Vektor $\rho\mathbf{v}v_1$, ansieht: Er beschreibt den Transport der Impulsdichte $\rho\mathbf{v}$ in der x-Richtung (Faktor v_1).

Aufgaben

3.2. Bilden Sie sämtliche Matrizenprodukte, die sich unter Verwendung folgender Matrizen bilden lassen:

$$A = \begin{pmatrix} 1 & -1 & 2 \\ 0 & 3 & 5 \\ 1 & 8 & -7 \end{pmatrix}, \ B = \begin{pmatrix} 1 \\ 0 \\ 8 \\ -7 \end{pmatrix}, \ C = \begin{pmatrix} 1 & 4 \\ 0 & 5 \\ 6 & 8 \end{pmatrix},$$

$$D = \begin{pmatrix} -1 & 0 & 1 & 0 \\ 0 & 1 & 0 & 1 \\ 1 & 0 & -1 & 0 \end{pmatrix}, \ E = \begin{pmatrix} 1 \\ 2 \\ 0 \\ 8 \end{pmatrix}, \ F = \begin{pmatrix} 1 & 1 \\ 1 & 1 \end{pmatrix}.$$

3.3. Betrachten Sie die 2×2-Rotationsmatrizen R_ϕ, $R_{\phi'}$. Weshalb ist $R_{\phi+\phi'} = R_\phi R_{\phi'}$? Werten Sie das Matrixprodukt aus und gewinnen Sie daraus die Additionstheoreme für Sinus und Cosinus.

3.4. Jeder Permutation $\pi \in \mathcal{S}_n$ ordnet man eine $n \times n$-*Permutationsmatrix* zu: $P_\pi = (p_{ij})$, wobei $p_{ij} = 1$, wenn $j = \pi(i)$, und $p_{ij} = 0$ sonst. – Man möchte nun die Zeilen einer Matrix A gemäß einer Permutation vertauschen. Muss man dazu AP_π oder $P_\pi A$ bilden?

3.5. Erklären Sie, weshalb für $\pi, \sigma \in \mathcal{S}_n$ bzw. für die zugehörigen Permutationsmatrizen $P_{\sigma\pi} = P_\sigma P_\pi$. Was ist P_ι?
Da $\phi : \pi \to P_\pi$ injektiv ist (weshalb?) sind die Gruppen $\mathcal{S}_n$ und die multiplikative Gruppe der Permutationsmatrizen isomorph.

3.6. Was haben die möglichen Aufstellungen von 8 Türmen auf einem Schachbrett, die einander nicht bedrohen, mit Permutationsmatrizen zu tun?

3.4   Das Gauß'sche Eliminationsverfahren

Lineare Abbildungen und lineare Gleichungssysteme.   Lineare Gleichungssysteme sind im bisherigen Verlauf an verschiedenen Stellen aufgetreten. Die Aufgabe etwa, festzustellen, ob n Vektoren $a_1, a_2, \ldots, a_n \in K^m$ linear unabhängig sind, läuft darauf hinaus, nach nichttrivialen Lösungen von

$$a_1\lambda_1 + a_2\lambda_2 + \ldots + a_n\lambda_n = 0$$

zu suchen, also in unserer üblichen Notation von

$$A\lambda = 0.$$

Analog geht es beim Problem, einen Vektor $b \in K^m$ als Linearkombination von $a_1\lambda_1 + a_2\lambda_2 + \ldots + a_n\lambda_n$ darzustellen, *erstens* darum, ob es eine derartige Darstellung überhaupt gibt, und *zweitens* möchte man ggf. einen Überblick über die

Gesamtheit aller derartigen Darstellungen gewinnen. Man fragt also nach der Lösungsgesamtheit von

$$A\lambda = \mathbf{b}.$$

In ganz anderem Zusammenhang hat uns die Umwandlung von Koordinaten aus unterschiedlichen Koordinatensystemen ineinander ebenfalls auf Auflösungsfragen eines linearen Gleichungssystemes geführt.

Wir werden immer wieder auf ähnliche Probleme stoßen und beginnen daher mit einer Untersuchung der Lösungsgesamtheit von

$$A\mathbf{x} = \mathbf{b}$$

$(A \in \mathfrak{M}_{mn}, \mathbf{x} \in K^m, \mathbf{b} \in K^n)$, also von

$$
\begin{aligned}
a_{11}x_1 + a_{12}x_2 + \ldots + a_{1n}x_n &= b_1 \\
a_{21}x_1 + a_{22}x_2 + \ldots + a_{2n}x_n &= b_2 \\
&\cdots \\
a_{l1}x_1 + a_{l2}x_2 + \ldots + a_{mn}x_n &= b_m,
\end{aligned}
\tag{3.16}
$$

d.h. von m linearen Gleichungen in n Unbekannten $x_1, x_2, \ldots, x_n$. – Die zur Matrix A gehörende lineare Abbildung bezeichnen wir wie immer mit $\mathcal{A}$.

Das Gauß'sche Eliminationsverfahren: ein Beispiel. Wir wollen das bekannte Gauß'sche Eliminationsverfahren zur Ermittlung der Lösungsgesamtheit von Gleichung 3.16 in einer spezifischen Weise darstellen, und gehen dazu von folgendem Beispiel (3 Gleichungen, 3 Unbekannte) aus:

$$
\begin{aligned}
x_1 &- x_2 &+ 2x_3 &= 2 \\
3x_1 &+ x_2 &- x_3 &= 2 \\
2x_1 &+ &+ x_3 &= 1.
\end{aligned}
\tag{3.17}
$$

Ganz langsam vor gehend, eliminieren wir in einem ersten Schritt den Ausdruck $3x_1$ in der zweiten Gleichung. Daher lassen wir Gleichungen 1 und 3 unverändert; die neue zweite Gleichung ergibt sich, indem wir Gleichung 1 mit -3 multiplizieren und zur ursprünglichen zweiten Gleichung addieren. Das liefert

$$
\begin{aligned}
x_1 &- x_2 &+ 2x_3 &= 2 \\
&4x_2 &- 7x_3 &= -4 \\
2x_1 &+ &+ x_3 &= 1.
\end{aligned}
\tag{3.18}
$$

Für ein systematisches Vorgehen drücken wir diesen Schritt in Matrizenschreibweise aus, *nicht, weil wir dann wirklich Matrizen multiplizieren wollen*, sondern um Überblick zu gewinnen. – In der obigen Rechnung haben wir mit *Zeilen* gearbeitet, nämlich ein Vielfaches einer Zeile einer anderen Zeile hinzugefügt. Ist nun aber ganz allgemein $B \in \mathfrak{M}_{mn}, \mathbf{v} \in K^m$, so ist

$$\mathbf{v}^t B = v_1\tilde{\mathbf{b}}_1 + \ldots + v_m\tilde{\mathbf{b}}_m$$

eine Linearkombination der Zeilenvektoren von B. Betrachten wir den Koeffizientenvektor, den wir auf der linken Seite der zweiten Gleichung von 3.18 erblicken, so ist er durch Addition des ursprünglichen zweiten Zeilenvektors zu dem -3-fachen des ersten Zeilenvektors hervorgegangen. – Bedeutet also A die ursprüngliche 3×3-Matrix (Gl. 3.17, linke Seite), so ist der neue zweite Zeilenvektor gleich $-3\tilde{a}_1 + 1\tilde{a}_2 + 0\tilde{a}_3 = (-3, 1, 0)A$.

Man kann aber auch die zweite Zeile in ihrer *Gesamtheit*, unter Einbeziehung der rechten Seite, auf eine solche Weise ausdrücken. Das ist nicht verwunderlich; denn wir haben bei der Erstellung der neuen zweiten Zeile zur gesamten ursprünglichen zweiten Zeile das -3-fache der ersten Zeile addiert. Wir erweitern daher die Zeilenvektoren um die Eintragung auf der rechten Seite; der erweiterte zweite alte Zeilenvektor beispielsweise ist $(3, 1, -1, 2)$; wir schreiben dafür $\tilde{a}'_2$. Der erweiterte neue zweite Zeilenvektor ergibt sich daher zu

$$(0, 4, -7, -4) = -3\tilde{a}'_1 + 1\tilde{a}'_2 + 0\tilde{a}'_3 = (-3, 1, 0)A'.$$

Der Vektor $(-3, 1, 0)$, der die angewandten Operationen ausdrückt, hat sich im Vergleich zu oben nicht verändert. A' aber steht für die *erweiterte Matrix*, im Fall von 3 Gleichungen mit 3 Unbekannten in allgemeiner Schreibweise

$$A' := (A\ \mathbf{b}) = \begin{pmatrix} a_{11} & a_{12} & a_{13} & b_1 \\ a_{21} & a_{22} & a_{23} & b_2 \\ a_{31} & a_{32} & a_{33} & b_3 \end{pmatrix} \in \mathfrak{M}_{34}. \tag{3.19}$$

Es ist jetzt nicht mehr schwer, die *gesamte* erweiterte Matrix der neuen Gleichung in dieser Schreibweise auszudrücken. Den (erweiterten) Koeffizientenvektor der ersten Zeile übernehmen wir einfach. Wie die Überlegungen zur zweiten Zeile suggerieren, bilden wir also $(1, 0, 0)A'$; für die dritte Zeile entsprechend $(0, 0, 1)A'$. Zusammenfassend lässt sich die neue Koeffizentenmatrix durch die alte so ausdrücken:

$$\begin{pmatrix} 1 & -1 & 2 & 2 \\ 0 & 4 & -7 & -4 \\ 2 & 0 & 1 & 1 \end{pmatrix} = \begin{pmatrix} 1 & 0 & 0 \\ -3 & 1 & 0 \\ 0 & 0 & 1 \end{pmatrix} \begin{pmatrix} 1 & -1 & 2 & 2 \\ 3 & 1 & -1 & 2 \\ 2 & 0 & 1 & 1 \end{pmatrix}.$$

Die hier auftretende 3×3-Matrix, welche die Transformation von der alten auf die neue erweiterte Matrix bewirkt, nennen wir *Elementarmatrix* und schreiben für sie im konkreten Fall E_{21}. Dabei gibt die Position $2, 1$ die Lage des Elements in der ursprünglichen Matrix A (oder A') an, das eliminiert wurde; gleichzeitig ist es die Lage des nichttrivialen Elements, nämlich der Eintragung -3, in der Elementarmatrix; die Eintragung 1 an der Position hingegen $(2, 2)$ drückt ja nur die zunächst unveränderte Übernahme der zweiten Zeile aus, worauf anschließend eben noch das Vielfache der ersten Zeile addiert wird.

Gegenüber der gewohnten Elimination von Gleichungen haben wir bei der Erstellung der neuen erweiterten Matrix nur die Schreibweise geändert; man erkennt in der zuletzt erhaltenen Matrix daher das umgeformte Gleichungssystem 3.18 unmittelbar wieder.

Um nun als Nächstes die Eintragung 2 in der Position $(3, 1)$ zu eliminieren, verwendet man ganz analog die Elementarmatrix

$$E_{31} = \begin{pmatrix} 1 & 0 & 0 \\ 0 & 1 & 0 \\ -2 & 0 & 1 \end{pmatrix};$$

denn es ist das -2-fache der ersten Zeile zur dritten zu addieren.

Dies führt zum Abschluss des *ersten Gesamtschritts* des Gauß'schen Eliminationsverfahren: Unterhalb der Position $(1, 1)$ sind die Koeffizienten 0; die erste Spalte wird sich im Folgenden nicht mehr ändern. Wertet man die Matrixprodukte aus (bzw. nimmt man bequemer die Elimination in der gewohnten Weise vor), so erhält man

$$\begin{pmatrix} 1 & -1 & 2 & 2 \\ 0 & 4 & -7 & -4 \\ 0 & 2 & -3 & -3 \end{pmatrix} = E_{13}E_{12} \begin{pmatrix} 1 & -1 & 2 & 2 \\ 3 & 1 & -1 & 2 \\ 2 & 0 & 1 & 1 \end{pmatrix}. \tag{3.20}$$

Auch in der jetzt erhaltenen Matrix erblicken wir eine umgeformte Version unseres ursprünglichen Gleichungssystems, nämlich

$$\begin{aligned} x_1 &- x_2 &+ 2x_3 &= 2 \\ &4x_2 &- 7x_3 &= -4 \\ &2x_2 &- 3x_3 &= -3. \end{aligned} \tag{3.21}$$

Der *zweite Gesamtschritt* des Eliminationsverfahrens besteht im jetzigen Fall einfach darin, den Eintrag unterhalb von $4x_2$ zu eliminieren (Position $(3, 2)$). Dies geschieht durch die Elementarmatrix

$$E_{32} = \begin{pmatrix} 1 & 0 & 0 \\ 0 & 1 & 0 \\ 0 & -\frac{2}{4} & 1 \end{pmatrix},$$

deren Anwendung das $-\frac{2}{4}$-fache der zweiten Zeile zur dritten Zeile addiert und sonst nichts ändert. Als Resultat erhalten wir die Matrix

$$\begin{pmatrix} 1 & -1 & 2 & 2 \\ 0 & 4 & -7 & -4 \\ 0 & 0 & \frac{1}{2} & -1 \end{pmatrix} = E_{32}E_{13}E_{12} \begin{pmatrix} 1 & -1 & 2 & 2 \\ 3 & 1 & -1 & 2 \\ 2 & 0 & 1 & 1 \end{pmatrix}, \tag{3.22}$$

die dem Gleichungssystem

$$\begin{aligned} x_1 &- x_2 &+ 2x_3 &= 2 \\ &4x_2 &- 7x_3 &= -4 \\ & &\tfrac{1}{2}x_3 &= -1 \end{aligned} \tag{3.23}$$

entspricht.

Dieses Gleichungssystem lässt sich leicht von unten nach oben auswerten und wir erhalten der Reihe nach $x_3 = -2, x_2 = -\frac{9}{2}, x_1 = \frac{3}{2}$.

Beim Eliminationsschritt für die zweite Spalte ist in E_{32} der unverkürzt ange-schriebene Bruch $-\frac{2}{4}$ aufgetreten. Der Nenner 4 ergibt sich aus dem Diagonal-element, Position $(2,2)$, das glücklicher Weise nicht null ist; sonst hätten wir unmöglich durch Addition eines Vielfachen der zweiten Zeile zur dritten den x_2-Anteil in dieser eliminieren können. Das Element in Position $(2,2)$ heißt an dieser Stelle des Gauß'schen Verfahrens das *Pivotelement*. – Um voranzukommen, ist es also wesentlich, dass das Pivotelement $\neq 0$ ist.

Besser getarnt ist natürlich ein Pivotelement schon früher, bei Bearbeitung der ersten Spalte, vorgekommen. Es ist dies einfach die schlecht sichtbare 1, die in der ersten Gleichung vor x_1 steht.

Der *einfache Fall* des Gauß'schen Eliminationsverfahrens, von dem die Paragra-phenüberschrift spricht, bezieht sich auf die Voraussetzung, die wir hier treffen, *wonach alle auftretenden Pivotelemente $\neq 0$ sind.*

Ein unterbestimmtes Gleichungssystem. Das Gleichungssystem des vorherge-henden Beispiels hatte genau eine Lösung. Wir wollen jetzt eine Situation be-trachten, in der unendlich viele Lösungen auftreten werden.

Folgendes, der Einfachheit der Resultate halber homogene Gleichungssystem (rechte Seite $= 0$) sei gegeben:

$$\begin{array}{rcrcrcrcl} x_1 & + & 2x_2 & - & x_3 & + & 4x_4 & = & 0 \\ 2x_1 & + & 5x_2 & - & 5x_3 & + & 6x_4 & = & 0. \end{array} \tag{3.24}$$

Wir eliminieren in der üblichen Weise x_1 aus der zweiten Gleichung und schaffen alle Ausdrücke mit x_3 und x_4 auf die rechte Seite:

$$\begin{array}{rcrcrcr} x_1 & + & 2x_2 & = & 2x_3 & - & 4x_4 \\ & & x_2 & = & 3x_3 & + & 2x_4. \end{array} \tag{3.25}$$

Die letzte Gleichung in 3.25 erlaubt es, x_2 durch x_3 und x_4 auszudrücken. Elimi-niert man dadurch x_2 in der ersten Gleichung von 3.25, so wird auch x_1 durch x_3 und x_4 ausgedrückt.

Um die Sonderrolle von x_3 und x_4 in Vergleich zu x_1 und x_2 zu beenden, setzen wir $x_3 = \lambda_1$ und $x_4 = \lambda_2$, wo es angemessen ist. So erhalten wir die folgenden, zum Bisherigen äquivalenten Gleichungen (die man fürs Erste am Besten von unten nach oben liest):

$$\begin{array}{rcrcr} x_1 & = & -4\lambda_1 & - & 8\lambda_2 \\ x_2 & = & 3\lambda_1 & + & 2\lambda_2 \\ x_3 & = & \lambda_1 & & \\ x_4 & = & & & \lambda_2. \end{array} \tag{3.26}$$

Die obige Darstellung von x_1 ergibt sich aus $x_1 = -2(3\lambda_1 + 2\lambda_2) + 2\lambda_1 - 4\lambda_2$, – Diese Gleichungen liefern die Lösungsgesamtheit U des ursprünglichen Glei-chungssystems, wenn $\lambda := (\lambda_1, \lambda_2) \in K^2$ variiert. Wir erblicken auf der rechten Seite zwei Spaltenvektoren

$$\mathbf{x}_1^\star = \begin{pmatrix} -4 \\ 3 \\ 1 \\ 0 \end{pmatrix}, \quad \mathbf{x}_2^\star = \begin{pmatrix} -8 \\ 2 \\ 0 \\ 1 \end{pmatrix}, \tag{3.27}$$

mit deren Hilfe sich die allgemeine Lösung als

$$\mathbf{x} = \lambda_1 \mathbf{x}_1^\star + \lambda_2 \mathbf{x}_2^\star = X^\star \lambda \quad (\lambda \in K^2) \tag{3.28}$$

schreiben lässt ($X^\star := (\mathbf{x}_1^\star, \mathbf{x}_2^\star)$). Für die Lösungsgesamtheit U bedeutet das

$$U = [\mathbf{x}_1^\star, \mathbf{x}_2^\star]. \tag{3.29}$$

In diesem Fall ist also die Lösungsgesamtheit ein linearer Raum und das Gauß'sche Verfahren liefert auf dem beschriebenen Weg mit den offenbar linear unabhängigen Vektoren $\mathbf{x}_1^\star, \mathbf{x}_2^\star$ eine Basis für U.

Das Gauß'sche Eliminationsverfahren: Vorbereitung. Wenn unser Interesse der Lösungsgesamtheit von $A\mathbf{x} = \mathbf{b}$ ($A \in \mathfrak{M}_{mn}, \mathbf{x} \in K^m, \mathbf{b} \in K^n$), also von

$$\begin{aligned}
a_{11}x_1 + a_{12}x_2 + \ldots + a_{1n}x_n &= b_1 \\
a_{21}x_1 + a_{22}x_2 + \ldots + a_{2n}x_n &= b_2 \\
&\ldots \\
a_{l1}x_1 + a_{l2}x_2 + \ldots + a_{mn}x_n &= b_m,
\end{aligned} \tag{3.30}$$

mithin von m Gleichungen in n Unbekannten $x_1, x_2, \ldots, x_n$, gilt, so konstruieren wir zu A die erweiterte Matrix (Gl. 3.19) $A' := (A\ \mathbf{b})$ und wenden, wie schon in den Beispielen, auf ihre Zeilen die Eliminationsschritte an.

Der Reduktionsvorgang selbst wird aber i.W. durch die Elementarmatrizen beschrieben. Diese hängen nur von der linken Seite (A) ab, da es rechts des Gleichheitszeichens nichts zu eliminieren gilt.

Der einfacheren Schreibweise halber formulieren wir den Algorithmus nur für A. Die Anwendung auf die erweiterten Matrizen ist klar. Das Eliminationsverfahren hat auch dort seine Bedeutung, wo gar kein Gleichungssystem, sondern lediglich die Matrix A vorliegt.

Bemerkung (Invarianz der Lösungsmenge). Das Eliminationsverfahren, angewandt auf ein Gleichungssystem, beruht auf der Umformung von, d.h. Folgerungen aus Gleichungen. Jeder Vektor $\mathbf{x}$, der das ursprüngliche Gleichungssystem befriedigt, muss daher auch dem letztendlich erhaltenen System genügen.

Es fragt sich aber, ob die Schlussfolgerungen umkehrbar sind. Sind sie es nämlich nicht, dann könnte das resultierende Gleichungssystem eine größere Lösungsmenge besitzen. Dazu folgende Überlegung:

Das Verfahren beruht darauf, Vielfache einer Zeile ($\tilde{\mathbf{a}}_i$) zu einer anderen Zeile $\lambda \tilde{\mathbf{a}}_j$ zu addieren ($i < j$ im Verfahren), also auf der Bildung von $\lambda \tilde{\mathbf{a}}_i + \tilde{\mathbf{a}}_j$. Aus der neuen j-ten Zeile : $\lambda \tilde{\mathbf{a}}_i + \tilde{\mathbf{a}}_j$ lässt sich aber die ursprüngliche Zeile wieder rekonstruieren (man subtrahiere $\lambda \tilde{\mathbf{a}}_i$). Dies ist möglich, weil $\tilde{\mathbf{a}}_i$ noch unverändert vorhanden ist. Man entnimmt nämlich den Beispielen bzw. der unten gegebenen Beschreibung des Verfahrens, dass diejenigen Zeilen, deren Vielfache von anderen subtrahiert werden, im Verlaufe des Verfahrens nicht mehr verändert werden.

Es gilt also:

Satz 3.4.1 (Invarianz der Lösungsmenge). *Die Lösungsmenge eines Gleichungssystems bleibt im Zuge des Gauß'schen Eliminationsverfahrens unverändert.*

Das Gauß'sche Eliminationsverfahren: einfacher Fall. Wir wollen jetzt das Gauß'sche Eliminationsverfahren allgemein erläutern. In diesem Paragraphen betrachten wir den *einfachen Fall*, in dem wir voraussetzen, *dass alle auftretenden Pivotelemente $\neq 0$ sind.*

Es werden wieder m×m-Elementarmatrizen auftreten, die wir von links auf A multiplizieren. Eine *Elementarmatrix* zur k-ten Zeile und l-ten Spalte ist eine Matrix der Form

$$E_{kl} = I + F_{kl},$$

wobei F_{kl} nur an der Position (k, l) eine von null verschiedene Eintragung besitzt.

Bemerkung (Algorithmus und Elementarmatrizen). Die Verwendung der Elementarmatrizen wird sehr viel zum Verständnis und auch zur Anwendbarkeit des Gauß'schen Eliminationsverfahrens beitragen (insbesondere LR-Zerlegung). Für den *tatsächlichen Rechenvorgang* wäre andererseits die direkte Verwendung der Elementarmatrizen vollkommen verfehlt. Es würden Matrizen abgespeichert, die an den meisten, noch dazu vorhersagbaren Stellen 0 enthalten. Bei den Matrixmultiplikationen sind viele der Produkte, die aufsummiert werden, von vornherein 0. Ein direktes Vorgehen mit allgemeinen Matrixmultiplikationsroutinen u. dgl. wäre im höchsten Grade unökonomisch. – Jedes vernünftige Programm zur Durchführung des Eliminationsverfahrens wird die strenge Gesetzmäßigkeit in der Verwendung und Änderung der im Laufe der Rechnung auftretenden Koeffizienten berücksichtigen, wie dies auch schon bei händischer Rechnung geschieht.

Wir beschreiben nun den *ersten Gesamtschritt* des Gauß'schen Eliminationsverfahrens. Er transformiert die Matrix $A^0 := A$ in die Matrix A^1. (Die Exponenten sind hier natürlich keine Potenzen im Sinne der Matrixmultiplikation, sondern geben den Schritt an.) Die Matrizen haben die folgenden Eintragungen:

$$A^0 = \begin{pmatrix} a_{11}^0 & a_{12}^0 & a_{13}^0 & \cdots & a_{1n}^0 \\ a_{21}^0 & a_{22}^0 & a_{23}^0 & & a_{2n}^0 \\ a_{31}^0 & a_{32}^0 & a_{33}^0 & & a_{3n}^0 \\ \vdots & & & \ddots & \vdots \\ a_{m1}^0 & a_{m2}^0 & a_{m3}^0 & & a_{mn}^0 \end{pmatrix}$$

und

$$A^1 = \begin{pmatrix} a_{11}^0 & a_{12}^0 & a_{13}^0 & \cdots & a_{1n}^0 \\ 0 & a_{22}^1 & a_{23}^1 & & a_{2n}^1 \\ 0 & a_{32}^1 & a_{33}^1 & & a_{3n}^1 \\ \vdots & & & \ddots & \vdots \\ 0 & a_{m2}^1 & a_{m3}^1 & & a_{mn}^1 \end{pmatrix}.$$

Aus dem Verfahren, das wir sofort beschreiben, wird hervorgehen, dass sich die erste Zeile der Matrix nicht ändert, was in der Notation der Matrix A^1 zum Ausdruck gebracht ist, wo in der ersten Zeile die Elemente der Originalmatrix zu erblicken sind.

Der erste Gesamtschritt setzt sich aus den *Teilschritten* 2, 3, 4, . . . zusammen; der i-te Teilschritt addiert ein geeignetes Vielfaches (Faktor $-\frac{a_{i1}}{a_{11}}$) der ersten Zeile zur

i-ten Zeile und macht damit den Koeffizienten vor x_1 in der i-ten Zeile zu null. Dies wird durch eine Elementarmatrix E_{i1} mit eben der Eintragung $-\frac{a_{i1}}{a_{11}}$ an der Position $(i, 1)$ geleistet.

Der erste *Gesamtschritt* liefert daher

$$A^1 = E_{m1} \ldots E_{31} E_{21} A^0 \tag{3.31}$$

oder

$$A^1 = \begin{pmatrix} a_{11}^0 & a_{12}^0 & a_{13}^0 & \cdots \\ 0 & a_{22}^1 & a_{23}^1 & \\ 0 & a_{32}^1 & a_{33}^1 & \\ \vdots & & & \ddots \\ 0 & a_{m2}^1 & a_{m3}^1 & \cdots \end{pmatrix} =$$

$$= \begin{pmatrix} 1 & 0 & 0 & \cdots \\ -\frac{a_{21}}{a_{11}} & 1 & 0 & \\ -\frac{a_{31}}{a_{11}} & 0 & 1 & \\ \vdots & & & \ddots \\ -\frac{a_{m1}}{a_{11}} & 0 & 0 & \cdots \end{pmatrix} \begin{pmatrix} a_{11}^0 & a_{12}^0 & a_{13}^0 & \cdots \\ a_{21}^0 & a_{22}^0 & a_{23}^0 & \\ a_{31}^0 & a_{32}^0 & a_{33}^0 & \\ \vdots & & & \ddots \\ a_{m1}^0 & a_{m2}^0 & a_{m3}^0 & \cdots \end{pmatrix}.$$

Der *zweite* Gesamtschritt hat zum Ziel, in der aus A^1 zu erzeugenden Matrix A^2 alle Elemente unterhalb der Position $(2, 2)$ zu null zu machen. Für die i-te Zeile ($i = 3, 4, \ldots$) leistet dies die Matrix E_{i2} mit dem nichttrivialen Eintrag $-\frac{a_{i2}^1}{a_{22}^1}$; hier tritt also a_{22}^1 als Pivotelement auf. Diese Matrizen verändern aber die erste und zweite Zeile nicht mehr. Das Resultat hat daher die Gestalt

$$A^2 = \begin{pmatrix} a_{11}^0 & a_{12}^0 & a_{13}^0 & a_{14}^0 & \cdots \\ 0 & a_{22}^1 & a_{23}^1 & a_{24}^1 & \\ 0 & 0 & a_{33}^2 & a_{34}^2 & \\ 0 & 0 & a_{43}^2 & a_{44}^2 & \\ \vdots & & & & \ddots \\ 0 & 0 & a_{m3}^2 & a_{m4}^2 & \cdots \end{pmatrix}.$$

Wenn man den Prozess fortführt, kommt man im Fall einer quadratischen Ausgangsmatrix ($m = n$) als Resultat zu einer *rechten oberen Matrix*

$$A^{n-1} = \begin{pmatrix} * & * & * & \cdots & * \\ & * & * & & * \\ & & \ast & & \ast \\ & & & \ddots & \vdots \\ & & & & * \end{pmatrix},$$

wo die leeren Einträge mit 0 belegt sind.

Auch im nichtquadratischen Fall kommt man zu einer Matrix, in der links unterhalb der Hauptdigonale nur 0 auftritt.

Lösung linearer Gleichungssysteme. Das Eliminationsverfahren soll jetzt dazu dienen, lineare Gleichungssysteme zu lösen bzw. einen Überblick über die Lösungsmenge zu gewinnen – nach wie vor unter der Voraussetzung, dass kein Pivotelement $= 0$ ist.

Für das Gleichungssystem

$$A\mathbf{x} = \mathbf{b}$$

ist die erweiterte Matrix $(A\ \mathbf{b})$ zu bearbeiten. Wir unterscheiden drei Fälle:

Fall A: $m = n$. Als Gleichungssystem geschrieben lautet das Endergebnis

$$
\begin{aligned}
a_{11}^0 x_1 \ + \ a_{12}^0 x_2 \ + \ \cdots \ + \ a_{1\,n-1}^0 x_{n-1} \ &+ \ a_{1n}^0 x_n \ = \ b_1^0 \\
a_{22}^1 x_2 \ + \ \cdots \ + \ a_{2,n-1}^1 x_{n-1} \ &+ \ a_{2n}^1 x_n \ = \ b_2^1 \\
\ddots \qquad\qquad \vdots \qquad\qquad\qquad &\qquad\qquad \vdots \\
a_{n-1,n-1}^{n-2} x_{n-1} \ &+ \ a_{n-1\,n}^{n-2} x_n \ = \ b_{n-1}^{n-2} \\
&\qquad a_{n,n}^{n-1} x_n \ = \ b_n^{n-1}.
\end{aligned}
$$

$$(3.32)$$

Hinsichtlich der Lösbarkeit sind folgende drei einander wechselseitig ausschließende Fälle zu unterscheiden:

A1) $a_{n,n}^{n-1} \neq 0$: Hier gibt es für die letzte Gleichung genau eine Lösung x_n, und in den Gleichungen aufsteigend gewinnt man eine eindeutig bestimmte Lösung $\mathbf{x}^\star$. (Alle Elemente in der Hauptdiagonale vor $a_{n,n}^{n-1}$ sind aufgrund unserer allgemeinen Voraussetzung über die Pivotelemente ebenfalls $\neq 0$!)

A2) $a_{n,n}^{n-1} = 0, b_n^{n-1} = 0$: *jedes* x_n löst die letzte Gleichung; bei gegebenem x_n sind wieder die vorangehenden x_k eindeutig bestimmt. Man setzt $x_n = \lambda_1$, ein beliebiger Parameter, und drückt durch Aufsteigen im Gleichungssystem der Reihe nach $x_{n-1}, \ldots, x_1$ durch λ_1 aus, ähnlich wie szt. beim Beispiel mit einem unterbestimmten Gleichungssystem.

A3) $a_{n,n}^{n-1} = 0, b_n^{n-1} \neq 0$: ein Widerspruch. Die Gleichung besitzt keine Lösung.

Fall B: $m < n$. Es liegen weniger Gleichungen vor als Unbekannte. In diesem Fall kann man bis zur letzten Gleichung eliminieren und bringt die Ausdrücke, die $x_{m+1}, \ldots, x_n$ enthalten, auf die rechte Seite; Matrixschreibweise ist hier am übersichtlichsten:

$$
\begin{pmatrix}
a_{11}^0 & a_{12}^0 & \cdots & a_{1m}^0 \\
         & a_{22}^1 & \cdots & a_{2m}^1 \\
         &   & \ddots & \vdots \\
         &   &   & a_{mm}^{m-1}
\end{pmatrix}
\begin{pmatrix}
x_1 \\ x_2 \\ \vdots \\ x_m
\end{pmatrix}
=
$$

$$(3.33)$$

$$
=
\begin{pmatrix}
b_1^0 \\ b_2^1 \\ \vdots \\ b_m^{m-1}
\end{pmatrix}
-
\begin{pmatrix}
a_{1\,m+1}^0 & a_{1\,m+2}^0 & \cdots & a_{1n}^0 \\
a_{2\,m+1}^1 & a_{2\,m+2}^1 & \cdots & a_{2n}^1 \\
\vdots & & & \vdots \\
a_{m\,m+1}^{m-1} & a_{m\,m+2}^{m-1} & \cdots & a_{mn}^{m-1}
\end{pmatrix}
\begin{pmatrix}
x_{m+1} \\ x_{m+2} \\ \vdots \\ x_n
\end{pmatrix}.
$$

Hier ist eine weitere Fallunterscheidung notwendig:

B1) $a_{mm}^{m-1} \neq 0$: Dieser Fall entspricht dem oben als Beispiel vorgeführten unterbestimmten Gleichungssystem. Man kann beliebige Werte für $x_{m+1}, \ldots, x_n$ vorgeben und durch Rücksubstitution sukzessive $x_m, x_{m-1}, \ldots, x_1$ ermitteln. Die Sonderrolle der $x_{m+1}, \ldots$ behebt man entsprechend dem Beispiel durch Einführung von Größen $\lambda_1, \ldots, \lambda_q$ ($q := n - m$), wodurch sich das Gleichungssystem äquivalent umformt.

B2) $a_{mm}^{m-1} = 0$. Die linke Seite der letzten Zeile in 3.33 ist dann jedenfalls $= 0$. In jedem konkreten Fall ist leicht zu entscheiden, ob die Gleichung, die der letzten Zeile von 3.33 entspricht,

$$a_{m\,m+1}^{m-1}x_{m+1} + a_{m\,m+2}^{m-1}x_{m+2} + \ldots a_{mn}^{m-1}x_n = b_m^{m-1}$$

keine Lösung, eine Lösung oder unendlich viele Lösungen $(x_{m+1}^{\star}, \ldots, x_n^{\star})$ hat. Jede eventuelle derartige Lösung kann man, indem man noch $x_m^{\star}$ beliebig wählt, durch Aufsteigen in den Gleichungen in eindeutiger Weise zu einer Lösung $\mathbf{x}^{\star}$ von $A\mathbf{x} = \mathbf{b}$ erweitern, und auf diese Weise erhält man alle Lösungen; das ergibt sich aus der früher bemerkten Äquivalenz der umgeformten Gleichungssysteme.

Fall C: $m > n$. Wenn, wie jetzt, mehr Gleichungen als Unbekannte vorliegen, kann man bis zur n-ten Gleichung eliminieren. Die Gleichung in Matrizenschreibweise hat dann die folgende Gestalt:

$$\begin{pmatrix} a_{11}^0 & a_{12}^0 & \cdots & a_{1\,n-1}^0 & a_{1n}^0 \\ & a_{22}^1 & \cdots & a_{2\,n-1}^1 & a_{2n}^1 \\ & & \ddots & \vdots & \vdots \\ & & & a_{n-1\,n-1}^{n-2} & a_{n-1\,n}^{n-2} \\ & & & 0 & a_{nn}^{n-1} \\ & & & 0 & a_{n+1\,n}^{n-1} \\ & & & \vdots & \vdots \\ & & & 0 & a_{mn}^{n-1} \end{pmatrix} \begin{pmatrix} x_1 \\ x_2 \\ \vdots \\ x_{n-1} \\ x_n \end{pmatrix} = \begin{pmatrix} b_1^0 \\ b_2^1 \\ \vdots \\ b_{n-1}^{n-2} \\ b_n^{n-1} \\ b_{n+1}^{n-1} \\ \vdots \\ b_m^{n-1} \end{pmatrix}.$$

Um einen Überblick über die Lösungen zu gewinnen, betrachten wir die letzten Gleichungen, die nur x_n enthalten:

$$a_{nn}^{n-1}x_n = b_n^{n-1}$$
$$\vdots$$
$$a_{mn}^{n-1}x_n = b_m^{n-1}.$$

Diese Gleichungen sind jede von einem der drei Typen

$$\begin{aligned} 0x_n &= \beta \quad (\beta \neq 0) \\ \alpha x_n &= \beta \quad (\alpha \neq 0,\ \beta \in K) \\ 0x_n &= 0 \end{aligned}$$

und haben daher jede, je nachdem, kein, genau ein oder alle Elemente von K als Lösung. Der Durchschnitt aller Lösungen besteht daher aus keinem, genau einem oder allen Elementen von K. Falls der Durchschnitt $\neq \emptyset$ ist, erweitert man wieder jedes Element $x_n^{\star}$ des Durchschnitts aufsteigend zu den Lösungen von $A\mathbf{x} = \mathbf{b}$.

Das Gauß'sche Eliminationsverfahren: Pivotproblematik. Der vorhergehende Abschnitt hat einen vollkommenen Überblick über den Ablauf und das Ergebnis des Gauß'schen Eliminationsverfahrens für den Fall gegeben, dass alle auftretenden Pivotelemente $\neq 0$ waren. Was geschieht aber, wenn ein Pivotelement $= 0$ ist?

Wie aus dem vorhergehenden Abschnitt ersichtlich, hängen die Pivotelemente nur von der Matrix A (nicht einer eventuellen erweiterten Matrix) ab. Wir beschränken uns daher auf die Betrachtung von A.

Wenn wir nach $k - 1$ Schritten auf ein Pivotelement 0 stoßen, liegt eine Matrix folgenden Typs vor

$$
\begin{array}{c}
k \\
\downarrow
\end{array}
$$

$$
k \rightarrow
\begin{pmatrix}
* & * & \cdots & * & * & \cdots & * \\
  & * &   & * & * &   & * \\
  &   & \ddots & \vdots & & & \vdots \\
  &   &   & 0 & * & \cdots & * \\
  &   &   & * & * &   & * \\
  &   &   & \vdots & & & \vdots \\
  &   &   & * & * & \cdots & *
\end{pmatrix} .
$$

Entscheidend ist nun der rechte untere Anteil

$$
\begin{pmatrix}
0 & * & \cdots & * \\
* & * &   & * \\
\vdots & & & \vdots \\
* & * & \cdots & *
\end{pmatrix} ,
$$

für den folgende Möglichkeiten bestehen:

A) *Alle Eintragungen* $= 0$: Die Elimination kann dann nicht fortgesetzt werden. Bezüglich der Reduktion von A sind wir am Ende angelangt, mit einem Nullblock rechts unten.

   Was bedeutet das im Falle eines Gleichungssystems? Das hängt von der rechten Seite ab.

   A1) *Entweder* stehen auch rechts ab der k-ten Zeile nur Nullen; dann stellen die Gleichungen ab der k-ten keine weiteren Bedingungen. Alle $(x_k, \ldots, x_n)^t \in K^{n-k+1}$ erfüllen diese Gleichungen. Es tritt, ähnlich wie früher, ein Fall mit Größen $\lambda_1, \ldots, \lambda_{n-k+1}$ auf.

   A2) *Oder* es sind rechts gewisse Einträge $\neq 0$; dann bedeutet dies eine Gleichung, auf deren linken Seite 0 steht, und auf der rechten eben nicht. Es ist ein Widerspruch aufgetreten, und das ursprüngliche Gleichungssystem kann keine Lösung haben.

B) *Eine Eintragung ist* $\neq 0$. Die Position dieser Eintragung möge (i, j) sein.

Am einfachsten liegt der Fall, wenn $j = k$, wenn also diese Eintragung in der k-ten Spalte, unterhalb von 0 steht. Dann muss man nur die i-te und die k-te Zeile (Gleichung) vertauschen, ändert an der Lösungsgesamtheit dadurch nichts und kann wegen des nun von 0 verschiedenen Pivotelements fortfahren.

Steht aber das Element in einer späteren Spalte $(j > k)$, so vertausche man in der gesamten Matrix die j-te und die k-te Spalte; dann steht das Element schon in der richtigen Spalte und muss evtl. nur noch durch Zeilenvertauschung wie soeben an die Position (k, k) gerückt werden, worauf man fortfahren kann.

Damit ist insgesamt beschrieben, *wie auch ohne Voraussetzungen an das natürlicherweise auftretende Pivotelement das Gauß'sche Eliminationsverfahren durchgeführt wird.* Allerdings müssen dann u.U. *Zeilen (Gleichungen)* vertauscht werden. Es kann auch erforderlich werden, *Spalten* (Variable) zu vertauschen. Die Elimination und später die Rücksubstitution im Falle eines Gleichungssystems geht dann nicht in der natürlichen Anordnung der Variablen vor sich.

Insgesamt spricht man in diesem Fall von *Pivotsuche*. Ein Computerprogramm, das den Gauß'schen Algorithmus implementiert, muss bei einigem Anspruch auf Allgemeingültigkeit Pivotsuche vorsehen. Es muss über die Vertauschungen Buch geführt bzw. der Zugriff des Programmes auf die jeweils richtigen Koeffizienten und Variablen sichergestellt werden, was den Code einigermaßen komplizierter gestaltet als ohne Pivotsuche.

Die LR-Zerlegung einer quadratischen Matrix. In diesem Paragraphen gehen wir von einer quadratischen n×n-Matrix A aus; wir nehmen an, dass das Gauß'sche Eliminationsverfahren für A *ohne Pivotsuche* durchgeführt werden kann.

Das Ergebnis des Gauß'schen Eliminationsverfahrens ist die Matrix

$$A^{n-1} = \begin{pmatrix} * & * & * & \cdots & * \\ & * & * & & * \\ & & * & & * \\ & & & \ddots & \vdots \\ & & & & * \end{pmatrix},$$

in der nur an den mit $*$ markierten Stellen Eintragungen stehen, die möglicherweise von 0 verschieden sind. Auf Grund des Eintragungsmusters nennt man eine solche Matrix eine *rechte obere* Matrix, eine *obere Dreiecksmatrix* o.dgl.

Sehen wir uns die *Elementarmatrizen* $E_{ik} = I + F_{ik}$ näher an, mit deren verborgener Hilfe wir die Transformation auf rechte obere Gestalt vorgenommen haben! Die n×n-Matrix F_{ik} hat höchstens an der Position (i, k) einen von 0 verschiedenen Eintrag. Die Elementarmatrizen, die beim Gauß'schen Eliminationsverfahren aufgetreten sind, waren immer *linke untere* Matrizen ($i \geq k$), d.h. nur Eintragungen in der Hauptdiagonale (Einsen) und links unterhalb davon sind möglicherweise $\neq 0$.

Den Eintrag an der Stelle (i,k) haben wir bisher nicht angegeben. Wir schreiben bei Bedarf genauer $E_{ik}(\lambda_{ik})$, wenn λ_{ik} dieser Eintrag ist.

Das folgende Lemma gestattet uns, das Produkt elementarer Matrizen, die zur gleichen Spalte gehören, in einfacher Weise zu bilden; wie erinnerlich, ist bei jedem Gesamtschritt des Gauß'schen Verfahrens ein derartiges Produkt aufgetreten.

Lemma 3.4.1 (Rechenregeln für Elementarmatrizen). *Es sei $i > k, j > k, i \neq j$. Dann ist*

i) $F_{ik}F_{jk} = O$ *(Nullmatrix)*

ii) $E_{ik}E_{jk} = I + F_{ik} + F_{jk}$

iii) $\prod_{i=k+1}^{n} E_{ik} = I + \sum_{i=k+1}^{n} F_{ik}$

Beweis. Es ist $F_{ik} = F_{ik}(\lambda_{ik}) = \lambda_{ik}\mathbf{e}_i^t\mathbf{e}_j$. Also ist

$$F_{ik}F_{jk} = (\lambda_{ik}\mathbf{e}_i^t\mathbf{e}_k)(\lambda_{jk}\mathbf{e}_j^t\mathbf{e}_k) = \lambda_{ik}\lambda_{jk}\mathbf{e}_i^t(\mathbf{e}_k\mathbf{e}_j^t)\mathbf{e}_k;$$

man beachte dazu, dass man einen Vorfaktor (λ_{jk}) aus einem Matrixprodukt herausziehen darf ($C(\lambda D) = \lambda C D$) und wende dann die Assoziativität der Matrixmultiplikation zur Klammerung an. Ist nun $j > k$, also insbesondere $j \neq k$, so ist $(\mathbf{e}_k\mathbf{e}_j^t) = \langle \mathbf{e}_k, \mathbf{e}_j \rangle = 0$, sodass das gesamte Produkt zu O wird.

Punkt ii) folgt unmittelbar daraus. Denn es ist $E_{ik}E_{jk} = (I + F_{ik})(I + F_{jk}) = I + F_{ik} + F_{jk} + F_{ik}F_{jk}$; der letzte Summand trägt aber wegen i) nichts bei, sodass ii) bewiesen ist. – iii) ergibt sich ähnlich. □

Bemerkung (Matrix eines Gauß'schen Gesamtschrittes). Es hat z.B. der erste Gauß'sche Gesamtschritt darin bestanden, die ursprüngliche Matrix A von links mit $E_{m1} \ldots E_{31}E_{21}$ zu multiplizieren; wir wollen diese Matrix mit E_1 bezeichnen. Das Produkt hat nach dem Lemma die Gestalt

$$E_1 = E_{n1} \cdots E_{31}E_{21} = \begin{pmatrix} 1 & 0 & 0 & \ldots & 0 \\ \lambda_{21} & 1 & 0 & & 0 \\ \lambda_{31} & 0 & 1 & & 0 \\ \vdots & & & \ddots & \vdots \\ \lambda_{n1} & 0 & 0 & \ldots & 1 \end{pmatrix},$$

wobei die λ_{i1} die früher näher beschriebenen Faktoren sind. – Für die Matrix des k-ten Gesamtschrittes stehen natürlich entsprechende Faktoren unterhalb der Position (k,k). Bezeichnen wir die Matrizen, die zu einem Gesamtschritt gehören, mit E_k, so läuft das Gauß'sche Verfahren im Wesentlichen auf die Bildung von

$$A^{n-1} = E_{n-1} \cdots E_2 E_1 A \tag{3.34}$$

hinaus.

Bemerkung. Was bewirkt die Anwendung von E_1 auf A^0 im Sinne von $E_1 A^0$? Wie wir wissen, nichts anderes, als dass für alle $i = 2, 3, \ldots, n$ zur i-ten Zeile das λ_{i1}-fache der ersten Zeile addiert wird. Das kann man, wie wir schon überlegt haben und auch unmittelbar klar ist, rückgängig machen, wenn man zu jeder (neuen) $i - ten$ Zeile das $-\lambda_{i1}$-fache der ersten Zeile addiert; das lässt sich natürlich wieder durch eine Matrix des Typs wie E_1 ausdrücken, aber mit den entsprechenden negativen Eintragungen unter der Position $(1, 1)$. – Bezeichnen wir daher die entsprechende Matrix mit L_1,

$$
L_1 = \begin{pmatrix}
1 & 0 & 0 & \cdots & 0 \\
-\lambda_{21} & 1 & 0 & & 0 \\
-\lambda_{31} & 0 & 1 & & 0 \\
\vdots & & & \ddots & \vdots \\
-\lambda_{n1} & 0 & 0 & \cdots & 1
\end{pmatrix},
$$

so ist $A^0 = L_1 E_1 A^0$.

Das bringt uns auf die Vermutung, dass das folgende Lemma richtig sein könnte:

Lemma 3.4.2.

$$
L_1 E_1 = \begin{pmatrix}
1 & 0 & 0 & \cdots & 0 \\
-\lambda_{21} & 1 & 0 & & 0 \\
-\lambda_{31} & 0 & 1 & & 0 \\
\vdots & & & \ddots & \vdots \\
-\lambda_{n1} & 0 & 0 & \cdots & 1
\end{pmatrix}
\begin{pmatrix}
1 & 0 & 0 & \cdots & 0 \\
\lambda_{21} & 1 & 0 & & 0 \\
\lambda_{31} & 0 & 1 & & 0 \\
\vdots & & & \ddots & \vdots \\
\lambda_{n1} & 0 & 0 & \cdots & 1
\end{pmatrix}
= I,
$$

d.h.

$$
L_1 = E_1^{-1}.
$$

Für analog definierte Matrizen L_k gilt allgemein $L_k = E_k^{-1}$ $(k = 1, 2, \ldots, n)$.

Beweis. Nachrechnen. $\qquad\qquad\qquad\qquad\qquad\qquad\qquad\qquad\qquad\qquad\qquad$ $\square$

Bemerkung. Wir können Beziehung 3.34, die das Wesentliche der Gauß'schen Eliminationsverfahrens enthält, dadurch umformen, dass wir von links der Reihe nach mit $L_{n-1}, \ldots, L_2, L_1$ multiplizieren; dann bleibt, indem wir noch die Seiten vertauschen

$$
A = L_1 L_2 \cdots L_{n-1} A^{n-1}. \tag{3.35}
$$

Hier steht auf der rechten Seite zunächst ein Produkt linker unterer Matrizen; A^{n-1} ist eine rechte obere Matrix. – Betrachten wir allgemein das Produkt unterer Matrizen zuerst. Dann gilt der einfache, aber wichtige

Satz 3.4.2 (Produkt unterer bzw. oberer Matrizen). *Sind L_1, L_2 (beliebige) linke untere Matrizen $(L_1 = (l_{ij}^1), L_2 = (l_{ij}^2))$, so ist*

$$
L := L_1 L_2
$$

wieder eine linke untere Matrix. Für ihre Diagonalelemente gilt

$$l_{ii} = l_{ii}^1 l_{ii}^2.$$

Eine entsprechende Aussage gilt für das Produkt rechter oberer Matrizen $R = R_1 R_2$; R ist insbesondere wieder eine rechte obere Matrix.

Der *Beweis* sei in die Aufgaben verlagert.

Bemerkung. Der Satz zieht nach sich, *dass das Produkt beliebig (endlich) vieler linker unterer Matrizen wieder eine linke untere Matrix ist.* Die *Diagonalelemente des Produktes sind die Produkte der entsprechenden Diagonalelemente* der Faktoren. – Ähnliches für rechte obere Matrizen.

Bemerkung (Produkt der Elementarmatrizen). Beim Gauß'schen Verfahren ist das Produkt linker unterer Matrizen in der Form $L_1 L_2 \cdots L_{n-1}$ aufgetreten; dabei standen in der Diagonale der L_j nur Einsen, und weitere von null verschiedene Eintragungen treten nur unterhalb der Position (j, j) auf. Daher ist nach dem Satz $L := L_1 L_2 \cdots L_{n-1}$ eine linke untere Matrix mit Einsen in der Diagonale. Sie ergibt sich aber in besonders einfacher Form aus den einzelnen Faktoren. Das Wesentliche daran erkennt man bereits bei Betrachtung von $L_1 L_2$. Es ist nämlich

$$L_1 L_2 = \begin{pmatrix} 1 & 0 & 0 & 0 & \cdots & 0 \\ -\lambda_{21} & 1 & 0 & 0 & & 0 \\ -\lambda_{31} & 0 & 1 & 0 & & 0 \\ -\lambda_{41} & 0 & 0 & 1 & & 0 \\ \vdots & & & & \ddots & \vdots \\ -\lambda_{n1} & 0 & 0 & 0 & \cdots & 1 \end{pmatrix} \begin{pmatrix} 1 & 0 & 0 & 0 & \cdots & 0 \\ 0 & 1 & 0 & 0 & & 0 \\ 0 & -\lambda_{32} & 1 & 0 & & 0 \\ 0 & -\lambda_{42} & 0 & 1 & & 0 \\ \vdots & & & & \ddots & \vdots \\ 0 & -\lambda_{n2} & 0 & 0 & \cdots & 1 \end{pmatrix} =$$

$$= \begin{pmatrix} 1 & 0 & 0 & 0 & \cdots & 0 \\ -\lambda_{21} & 1 & 0 & 0 & & 0 \\ -\lambda_{31} & -\lambda_{32} & 1 & 0 & & 0 \\ -\lambda_{41} & -\lambda_{42} & 0 & 1 & & 0 \\ \vdots & & & & \ddots & \vdots \\ -\lambda_{n1} & -\lambda_{n2} & 0 & 0 & \cdots & 1 \end{pmatrix}.$$

Dementsprechend ist

$$L := L_1 L_2 \cdots L_{n-1} = \begin{pmatrix} 1 & 0 & 0 & 0 & \cdots & 0 \\ -\lambda_{21} & 1 & 0 & 0 & & 0 \\ -\lambda_{31} & -\lambda_{32} & 1 & 0 & & 0 \\ -\lambda_{41} & -\lambda_{42} & -\lambda_{43} & 1 & & 0 \\ \vdots & & & & \ddots & \vdots \\ -\lambda_{n1} & -\lambda_{n2} & -\lambda_{n3} & -\lambda_{n4} & \cdots & 1 \end{pmatrix}.$$

Bemerkung (LR-Zerlegung von A). Nach dieser letzten Gleichung sind in $L = L_1 L_2 \cdots L_{n-1}$ lediglich die Faktoren einzutragen, die uns von der Urform des Eliminationsverfahrens her bekannt sind, als wir noch Vielfache einer Gleichung von einer anderen abgezogen haben. Blicken wir nun zu Gleichung 3.35, so steht rechts in unserer jetzigen Schreibweise LA^{n-1}. Der letzte Faktor A^{n-1} ist eine rechte obere Matrix; wir schreiben jetzt dafür R. Dann haben wir die Beziehung

$$
A = LR = \begin{pmatrix} 1 & 0 & 0 & \dots & 0 \\ * & 1 & 0 & & 0 \\ * & * & 1 & & 0 \\ \vdots & & & \ddots & \vdots \\ * & * & * & \dots & 1 \end{pmatrix} \begin{pmatrix} a_{11}^0 & * & * & \dots & * \\ 0 & a_{22}^1 & * & & * \\ 0 & 0 & a_{33}^2 & & * \\ \vdots & & & \ddots & \vdots \\ 0 & 0 & 0 & \dots & a_{nn}^{n-1} \end{pmatrix} \quad (3.36)
$$

gefunden. Eine derartige Darstellung von A als Produkt einer linken unteren und rechten oberen Matrix nennt man *LR-Zerlegung* von A.

Zusammenfassend gilt

Satz 3.4.3 (Gauß'sches Verfahren und LR-Zerlegung). *Ist bei einer quadratischen Matrix A das Gauß'sche Eliminationsverfahren ohne Pivotsuche durchführbar, liefert es eine LR-Zerlegung von A (Gl. 3.36). – Wir beachten aber, dass nicht jede quadratische Matrix eine LR-Zerlegung besitzt.*

Bemerkung (Existenz einer LR-Zerlegung). Wir liefern hier ein Beispiel für eine Matrix, die keine LR-Zerlegung besitzt. Das bedeutet insbesondere, dass das Gauß'sche Eliminationsverfahren dann, wenn Pivotisierung nötig wird, im Allgemeinen keine LR-Zerlegung liefert (dies auch schon deshalb, weil durch die Permutationen die für diesen Zweck notwendige spezielle Anordnung der Komponenten gestört wird).
Als Beispiel für die Nichtexistenz einer LR-Zerlegung genügt es, nachzuprüfen, welche 2×2-Matrizen im LR-Sinn faktorisiert werden können. Mit $\alpha, \beta, \gamma, \delta \in \mathbb{R}$ ist doch

$$
LR = \begin{pmatrix} 1 & 0 \\ \alpha & 1 \end{pmatrix} \begin{pmatrix} \beta & \gamma \\ 0 & \delta \end{pmatrix} = \begin{pmatrix} \beta & \gamma \\ \alpha\beta & \alpha\gamma + \delta \end{pmatrix}.
$$

Wenn also eine 2×2-Matrix an der Position (1,1) einen Nulleintrag hat und sie eine LR-Zerlegung besitzt ($\beta = 0$), muss notwendig auch $a_{21} = 0$ sein, d.h., es kommen nicht alle Matrizen in Frage.

Bemerkung (gewonnene Einsicht). Im gleichsam schönsten Fall (n Gleichungen mit n Unbekannten, keine Pivotsuche nötig) wissen wir, dass genau eine Lösung eines Gleichungssystems $A\mathbf{x} = \mathbf{b}$ existiert. Mehr kann man in einem gewissen Sinn nicht erwarten. – In komplexeren Fällen hat es uns schon wertvolle Hinweise gegeben, denen wir später noch ausführlich nachgehen werden. So haben wir z.B. in Zusammenhang mit dem unterbestimmten Gleichungssystem 3.24 gesehen, dass die Lösungsmenge ein linearer (Teil-)Raum ist. (Wäre die rechte Seite nicht $\mathbf{0}$, so wäre es eine Menge der Gestalt $\mathbf{x}^* + U$; solche Mengen nennt man *affiner Teilraum* . Ein affiner Teilraum ist im Allgemeinen kein linearer Teilraum. Geometrisch handelt es sich in niedrigdimensionalen Fällen um eine Gerade bzw. Ebene, die i.A. den Nullpunkt $\mathbf{0}$ nicht enthält). Wenn auch nicht bis ins Letzte ausgearbeitet, ist Derartiges auch bei der späteren allgemeinen Diskussion angeklungen.

Numerische Aspekte; Komplexität. Das Gauß'sche Eliminationsverfahren bietet eine Methode, *vollständige Kenntnis der Lösungsgesamtheit* eines linearen Gleichungssystems zu erhalten. Seine Bedeutung ist hoch; allerdings sind eine ganze Reihe von Anmerkungen zu machen. – Soweit die folgenden Bemerkungen auf „wirkliches" Rechnen abzielen, gehen wir vom Grundkörper $\mathbb{R}$ oder $\mathbb{C}$ aus.

Bemerkung (Pivotsuche). In der theoretischen Herleitung ist es klar: Entweder ist bei der Lösung eines Gleichungssystems Pivotsuche nötig oder eben nicht. Die Entscheidung hängt daran, ob man ein Pivotelement 0 vermeiden muss oder ob ein solches gar nicht auftritt.

In numerischen Rechnungen arbeitet man fast immer mit *Gleitkommazahlen*; diese stellen maschinenintern reelle Zahlen dar. Natürlich hat man nur endlich viele (binäre) Stellen zur Verfügung. Daher kann man reelle Zahlen nicht exakt speichern und bei den arithmetischen Operationen treten fast sicher weitere *Rundungsfehler* auf. Eine Zahl, vielleicht ein mögliches Pivotelement, die bei exakter Rechnung 0 wäre, wird es nicht mehr sein. Ein naives Programm würde dieses Element doch als Pivot verwenden. Es ist aber klar, dass ein Verfahren, das im Idealfall zum Abbruch käme, nicht durch den Einfluss von Rundungsfehlern sinnvoll gerettet wird.

Nähere Analyse zeigt, dass selbst dann, wenn dieser Extremfall nicht eintritt, Pivotelemente sehr sorgfältig gewählt werden müssen, z.B. das betragsgrößte Element im verbleibenden Teil der relvanten Spalte, da sonst Rundungsfehler leicht das Resultat verderben können.

Eine gute *Pivotstrategie* ist daher ein wesentlicher Bestandteil jedes Programmes, mit dem man das Gauß'sche Eliminationsverfahren verlässlich durchführen will.

Bemerkung (Lösung eines Gleichungssystem: gestaffelte Gleichungen). Bisher haben wir, ohne an eine rechte Seite im Falle einer Gleichung zu denken, die LR-Zerlegung der Matrix $A = LR$ besprochen, deren wesentliche Gestalt in Gleichung 3.36 ersichtlich ist. Ist aber die LR-Zerlegung erst gefunden, so ist die Lösung jeder Gleichung

$$A\mathbf{x} = \mathbf{b}$$

einfach; man schreibe sie in der Form

$$L(R\mathbf{x}) = \mathbf{b}. \tag{3.37}$$

Dies suggeriert die Definition der Größe $\mathbf{y} \in K^n$ mit $R\mathbf{x} =: \mathbf{y}$. Dann lässt sich Gleichung 3.37 äquivalent in *gestaffelter Form*

$$\begin{aligned} L\mathbf{y} &= \mathbf{b} \\ R\mathbf{x} &= \mathbf{y} \end{aligned} \tag{3.38}$$

anschreiben. Wir haben also *ein* Gleichungssystem durch *zwei* Systeme ersetzt. Jedoch ist uns bekannt (vgl. die Diskussion um 3.32), dass sich ein Gleichungssystem mit einer rechten oberen Matrix einfach von unten nach oben lösen lässt. Ganz ähnlich lässt sich aber auch das erste unserer beiden Systeme mit der linken unteren Matrix, nämlich

$$
\begin{aligned}
y_1 &= b_1 \\
y_2 &= b_2 + \lambda_{21} y_1 \\
y_3 &= b_3 + \lambda_{31} y_1 + \lambda_{32} y_2 \\
&\cdots
\end{aligned}
\tag{3.39}
$$

lösen, in diesem Fall von oben nach unten. (Die Diagonalelemente von L sind 1.) Nach erfolgter LR-Zerlegung wird also das erste Gleichungssystem abwärts und das zweite aufwärts zur Bestimmung der Lösung $\mathbf{x}^*$ abgearbeitet.

Bemerkung (Lösung mehrerer Gleichungssysteme; Matrixinversion). Hat man *mehrere*, etwa m Gleichungssysteme

$$
A\mathbf{x} = \mathbf{b}_j \quad (j = 1, 2, \ldots, m)
$$

mit derselben linken, aber unterschiedlichen rechten Seiten zu lösen, so kann man natürlich die einmal ermittelte *LR-Zerlegung der linken Seite mehrfach benutzen*; lediglich die gestaffelten Gleichungssysteme sind für jede rechte Seite neu zu lösen. Wir wählen nun für die rechte Seite die Einheitsvektoren $\mathbf{e}_1, \mathbf{e}_2, \ldots, \mathbf{e}_n$. Mit den Lösungen $\mathbf{x}_j$ der Gleichungen $A\mathbf{x} = \mathbf{e}_j$ $(j = 1, 2, \ldots, n)$ definieren wir die $n \times n$-Matrix

$$
X := (\mathbf{x}_1, \mathbf{x}_2, \ldots, \mathbf{x}_n).
$$

Es gilt $AX = A(\mathbf{x}_1, \mathbf{x}_2, \ldots, \mathbf{x}_n) = (\mathbf{e}_1, \mathbf{e}_2, \ldots, \mathbf{e}_n) = I$, in Abbildungen

$$
\mathcal{A}\mathcal{X} = \mathcal{I};
$$

es ist also $\mathcal{X} = \mathcal{A}^{-1}$ und daher $\mathcal{X}$ die zu $\mathcal{A}$ *inverse Abbildung*. Dementsprechend nennt man X die *inverse Matrix* zu A und schreibt $X = A^{-1}$. – Diese Begriffsbildungen werden wir später eingehender untersuchen.

Jetzt schon wollen wir aber bemerken, dass die inverse Matrix selbst wegen des Aufwandes (es sind n Gleichungssysteme zu lösen) eher selten tatsächlich ermittelt wird. Ein Gleichungssystem $A\mathbf{x} = \mathbf{b}$ löst man, außer vielleicht für kleines n, kaum je in der Form $\mathbf{x} = A^{-1}\mathbf{b}$.

Beispiel. Wir betrachten die so genannte *Hilbert'sche Segmentmatrix* dritter Ordnung

$$
H_3 = \begin{pmatrix} 1 & \frac{1}{2} & \frac{1}{3} \\ \frac{1}{2} & \frac{1}{3} & \frac{1}{4} \\ \frac{1}{3} & \frac{1}{4} & \frac{1}{5} \end{pmatrix}.
$$

Es ist eine LR-Zerlegung und A^{-1} zu bestimmen. – Die LR-Zerlegung ergibt sich ähnlich wie früher zu

$$
H_3 = LR = \begin{pmatrix} 1 & 0 & 0 \\ \frac{1}{2} & 1 & 0 \\ \frac{1}{3} & 1 & 1 \end{pmatrix} \begin{pmatrix} 1 & \frac{1}{2} & \frac{1}{3} \\ 0 & \frac{1}{12} & \frac{1}{12} \\ 0 & 0 & \frac{1}{180} \end{pmatrix}.
$$

Zur Bestimmung von H_3^{-1} ist zunächst das Gleichungssystem $H_3 \mathbf{x}_1 = LR\mathbf{x}_1 = \mathbf{e}_1$ zu lösen. Das Gleichungssystem

$$L\mathbf{y} = \begin{pmatrix} 1 & 0 & 0 \\ \frac{1}{2} & 1 & 0 \\ \frac{1}{3} & 1 & 1 \end{pmatrix} \begin{pmatrix} y_1 \\ y_2 \\ y_3 \end{pmatrix} = \begin{pmatrix} 1 \\ 0 \\ 0 \end{pmatrix}$$

ergibt der Reihe nach $y_1 = 1$, $\frac{1}{2} + y_2 = 0$, d.h. $y_2 = -\frac{1}{2}$ und ähnlich $y_3 = \frac{1}{6}$. Daraufhin löst man das Gleichungssystem

$$R\mathbf{x}_1 = \begin{pmatrix} 1 & \frac{1}{2} & \frac{1}{3} \\ 0 & \frac{1}{12} & \frac{1}{12} \\ 0 & 0 & \frac{1}{180} \end{pmatrix} \mathbf{x}_1 = \begin{pmatrix} 1 \\ -\frac{1}{2} \\ \frac{1}{6} \end{pmatrix}$$

in aufsteigender Richtung und findet

$$\mathbf{x}_1 = \begin{pmatrix} 9 \\ -36 \\ 30 \end{pmatrix}.$$

Verfährt man ähnlich für die Einheitsvektoren $\mathbf{e}_2, \mathbf{e}_3$, so ergibt sich die inverse Matrix

$$H_3^{-1} = \begin{pmatrix} 9 & -36 & 30 \\ -36 & 192 & -80 \\ 30 & -180 & 180 \end{pmatrix}.$$

Die Hilbert'sche Segmentmatrix H_n einer höheren Ordnung n ist in nahe liegender Weise definiert. In Zusammenhang mit H_3 (und noch ausgeprägter mit H_n für höheres n) ist es bemerkenswert, dass bei Matrixelementen, die von der Größenordnung 1 sind, die inverse Matrix so große Eintragungen besitzt. Da bei der Bestimmung der Inversen nur Addition, Multiplikation und Division vorkommt und da die Anzahl der Operationen mäßig ist, ist das nur so zu erklären, dass man irgendwo durch eine kleine Zahl dividieren *muss*. (Bei H_4 und H_5 wären die Erscheinungen noch ausgeprägter.)

Der verantwortliche Punkt ist, dass $\mathcal{H} = \mathcal{H}_3$ (die zugehörige Abbildung) „gerade noch" bijektiv ist. Genauer bedeutet das Folgendes: Das Bild von $\mathbb{R}^3$ unter $\mathcal{H}$ ist doch das Erzeugnis der Spaltenvektoren: $\mathcal{H}(\mathbb{R}^3) = [\mathbf{h}_1, \mathbf{h}_2, \mathbf{h}_3]$. Bezeichnen wir für den Moment mit $\mathbf{h}_1'$ etc. die Teilvektoren, die nur aus den beiden ersten Komponenten bestehen, so ist mit $\lambda_1 = -\frac{1}{6}$, $\mathbf{h}_2 = 1$: $\lambda_1 \mathbf{h}_1' + \lambda_2 \mathbf{h}_2' = \mathbf{h}_3'$. Gehen wir wieder zu den vollen Vektoren über und bilden $\mathbf{k}_3 = \lambda_1 \mathbf{h}_1 + \lambda_2 \mathbf{h}_2$, so ist $\mathbf{k}_3 = \begin{pmatrix} 1/3 \\ 1/4 \\ 7/36 \end{pmatrix}$. Die beiden ersten Komponenten stimmen mit $\mathbf{h}_3$ überein, die dritten Komponenten sind aber 0.2 ($\mathbf{h}_3$) bzw. 0.194 ($\mathbf{k}_3$). H_3 unterscheidet sich also beinahe nicht von einer Matrix mit linear abhängigen Spaltenvektoren; das Erzeugnis der Spaltenvektoren ist dann nur mehr eine Ebene, d.h. die geringfügig modifizierte Abbildung ist nicht surjektiv (und auch nicht mehr injektiv). Aus diesem Grund ist $\mathcal{H}_3$ fast nicht invertierbar, was sich in den notwendig auftretenden kleinen Nennern niederschlägt; bei der modifizierten Matrix müsste man beim Versuch der Inversion irgendwann durch 0 dividieren.

Das hat auch markante Auswirkungen auf die *Genauigkeit*, mit der Gleichungssysteme mit der entsprechenden Matrix in der Praxis gelöst werden können. Sowohl Ungenauigkeiten in den Matrixelementen selbst wie auch Rundungsfehler während der Rechnung gehen ungebührlich stark ein, weil die kleinen Änderungen der rechten Seite eben mit den großen Elementen der inversen Matrix multipliziert werden. Betrachten wir z.B. die beiden von H_3 inspirierten Matrizen A und B, bei denen wir uns die Matrixelemente (durch irgendwelche vorangegangenen Rechnungen) durch Rundungsfehler entstellt denken; A und B unterscheiden sich lediglich im Element $(3, 3)$ um 0.001:

$$A = \begin{pmatrix} 1.000 & 0.500 & 0.333 \\ 0.500 & 0.333 & 0.250 \\ 0.333 & 0.250 & 0.200 \end{pmatrix}, \; B = \begin{pmatrix} 1.000 & 0.500 & 0.333 \\ 0.500 & 0.333 & 0.250 \\ 0.333 & 0.250 & 0.199 \end{pmatrix}.$$

$\mathbf{x}$ sei die (numerisch mit Mathematica gewonnene) Lösung zu $A\mathbf{x} = \mathbf{e}_1$. $\mathbf{y}$ löst entsprechend $B\mathbf{y} = \mathbf{e}_1$. Es ergibt sich

$$\mathbf{x} = \begin{pmatrix} 9.67066 \\ -39.5082 \\ 33.2836 \end{pmatrix}, \; \mathbf{y} = \begin{pmatrix} 11.0481 \\ -47.6591 \\ 41.3857 \end{pmatrix}.$$

Man bemerkt die außerordentlich starke Abhängigkeit des Ergebnisses von den Eingangsdaten (Matrixelemente; ggf. natürlich auch rechte Seite) und von den Rundungsfehlern während der Rechnung. Derartige Probleme nennt man *schlecht konditioniert*. Wenn in einem solchen Problem die Matrix oder die rechte Seite durch Rundungs- oder Messfehler verfälscht ist, ist eine Lösung mit hoher Genauigkeit nicht möglich. Selbst bei exakter Matrix bzw. rechter Seite muss man bei Rechnung mit Gleitkommazahlen mit u.U. katastrophalem Genauigkeitsverlust rechnen. Bei Algorithmen zur Lösung solcher Gleichungen ist dann nicht nur auf die Zahl der Rechenoperationen zu achten, sondern auch darauf, wie empfindlich sie auf Rundungsfehler reagieren. Hier gibt es große Unterschiede. – Im Fall des Gauß'schen Eliminationsverfahrens verwendet man aus diesem Grund auch dann Pivotisierung, wenn sie rein algebraisch gesehen nicht nötig wäre. Durch geeignete Suchstrategien nach betragsgroßen Pivotelementen kann man die Genauigkeit der numerischen Lösungen oft ganz entscheidend steigern.

Meist wird das Problem, die Gleichung zu lösen, nicht von vornherein so gegeben sein, sondern z.B. im Rahmen der Bildung eines Modelles für einen Vorgang aus Wissenschaft oder Technik auftreten. Da fragt es sich, ob man ein besser konditioniertes Modell herleiten kann. Es gibt allerdings Probleme, die von vornherein schlecht konditioniert sind (so genannte *unsachgemäß gestellte Probleme*). Ein solches unsachgemäßes Problem liegt z.B. vor, wenn aus den Absorptionen der einzelnen Strahlen, die bei einer Computertomogrammaufnahme den Körper in verschiedenen Richtungen durchdringen, der (ortsabhängige) Absorptionskoeffizient und damit letztlich eine bildliche Darstellung der entsprechenden Körperregion gewonnen werden soll. Kleine Änderungen in der gemessenen Absorption der Strahlen entsprechen großen Änderungen in der zugrunde liegenden räumlichen Verteilung des Absorptionskoeffizienten auch bei der exakten Beschreibung des Vorganges. Um hier dennoch vernünftige Resultate zu erzielen, sind spezielle Überlegungen nötig.

Bemerkung (Komplexität der Faktorisierung). Es ist der Aufwand abzuschätzen, der mit einer LR-Faktorisierung bzw. der Lösung eines Gleichungssystems mit n Unbekannten verbunden ist. Die Durchführung des Eliminationsverfahrens von Hand aus wird mit wachsender Zahl n der Gleichungen *rasch* sehr mühsam bzw. völlig unmöglich. Ein System mit 4 Unbekannten ist noch machbar. In den Anwendungen treten ganz routinemäßig Werte von $n = 10^3$, $n = 10^6$ oder noch höhere Werte auf. Daher stellt sich die Frage, wie die Rechenzeit auf einem Computer mit n ansteigt, d.h. im Wesentlichen die Frage nach der *Komplexität*, $\kappa(n)$, der Zahl der arithmetischen Operationen.

Für Einprozessormaschinen, z.B. einen PC, gibt das i.A. ein vernünftiges Maß für die Schnelligkeit eines Algorithmus. (Prozessoren mit mehreren Kernen werden diese Aussage zunehmend relativieren.) Für größere Anwendungen stehen aber häufig *Parallelrechner* zur Verfügung, bei denen mehrere oder sogar sehr viele Prozessoren gleichzeitig an einem Problem arbeiten (sollen). Liegt nun ein Algorithmus vor, der streng sequenziell ist und gleichsam nur in linearer Anordnung abgearbeitet werden kann, so wird er auch bei an sich günstiger Komplexität für Parallelrechner zu verwerfen sein. Ein Beispiel hierfür ist die induktive Auswertung einer einfachen Funktion $x_{n+1} = f(x_n)$, wo man keine Gelegenheit hat, mehrere Prozessoren zu beschäftigen. Die Entwicklung und Implementation von Algorithmen insbesondere auch für Parallelrechner unterschiedlichen Designs ist ein sehr aktives Forschungsgebiet der Linearen Algebra. – Wir gehen hier von einem klassischen Einprozessorrechner aus und verwenden die Komplexität als Maßzahl.

Da die meisten Verfahren, jedenfalls alle, denen wir begegnen, ein ausgewogenes Verhältnis von Additionen zu Multiplikationen haben und es uns vor um eine Orientierung über die Größenordnung ankommt, werden wir uns darauf beschränken, die Multiplikationen (+ Divisionen) zu zählen. Im Übrigen interessieren wir uns für große Werte von n und behalten daher nur den *führenden Term* bei.

Dazu eine Erläuterung. Die Komplexität von Operationen in Zusammenhang mit einer $n \times n$-Matrix (Zahl der Multiplikationen) wird bei uns immer ein Polynom in n sein, z.B.

$$\kappa(n) = an^2 + bn + c$$

($a \neq 0$). Wir schreiben dies in der Form $\kappa(n) = an^2(1 + \frac{b}{an} + \frac{c}{an^2}) = an^2 h(n)$, wobei $h(n) \to 1$ mit $h \to \infty$.

Als wesentliche Maßzahl sehen wir daher an^2 an und schreiben

$$\kappa(n) \doteq an^2.$$

Ist die numerische Konstante a mäßig, so werden wir auch sie nicht immer mitführen und schreiben mit dem *Landau-Symbol O*

$$\kappa(n) = O(n^2).$$

Die letzte Aussage ist nicht als Gleichheit im üblichen Sinn zu verstehen, sondern als Abkürzung für die Beziehung

$$\limsup_{n \to \infty} |\frac{\kappa(n)}{n^2}| < \infty.$$

Zur Gauß-Elimination: Wir schätzen jetzt getrennt den Aufwand für die Bearbeitung der linken Seite (LR-Faktorisierung von A), der Bearbeitung der rechten Seite sowie der Auflösung des gestaffelten Gleichungssystems ab.

- *Faktorisierung*: Mit $\kappa_E(n)$ bezeichnen wir die Komplexität des ersten Eliminationsschrittes bei einer $n \times n$-Matrix. Man hat bei diesem Schritt für $i = 2, \ldots, n$ die $n - 1$ Werte $\frac{a_{i2}}{a_{11}}$ sukzessive an die $n - 1$ Elemente der ersten Zeile (außer a_{11}) zu multiplizieren (und anschließend von der entsprechenden Zeile zu subtrahieren): macht $\kappa_E(n) = (n-1)^2$ Multiplikationen. Beim nächsten Eliminationsschritt geht man ähnlich vor, aber wegen der verkleinerten Matrix nur mehr mit $\kappa_E(n-1) = (n-2)^2$ Operationen usw. Insgesamt beträgt die Gesamtkomplexität $\kappa_{LR}(n)$ einer LR-Zerlegung nach Gauß

$$\kappa_{LR}(n) = \kappa_E(n) + \kappa_E(n-1) + \ldots = (n-1)^2 + (n-2)^2 + \ldots \doteq \frac{n^3}{3}.$$

- *Rechte Seite*: Im ersten Gesamtschritt bei der Reduktion des Gleichungssystems $Ax = b$ ist jede betroffene Komponente b_j ($j = 2, \ldots, n$) mit dem Eliminationsfaktor $-\frac{a_{j1}}{a_{11}}$ zu multiplizieren, was auf $n - 1$ Multiplikationen kommt; die entsprechende Zahl vermindert sich in den folgenden Schritten um jeweils 1. Die Komplexität der Bearbeitung der *rechten Seite* beträgt daher

$$\kappa_{RS}(n) = (n-1) + (n-2) + \ldots \doteq \frac{n^2}{2}.$$

- *Gestaffeltes Gleichungssystem*: Es sind zwei Gleichungen mit den Matrizen L bzw. R zu lösen; der Aufwand ist beide Male der selbe. Wir betrachten daher das Gleichungssystem zu L (3.39). Diesen Gleichungen entnimmt man sofort, dass $1 + 2 + \ldots + n \doteq \frac{n^2}{2}$ Multiplikationen nötig sind, insgesamt für die *gestaffelten Gleichungen*

$$\kappa_{GG}(n) \doteq n^2.$$

Das Aufwendigste ist also die LR-Zerlegung. Die *Komplexität der LR-Zerlegung bzw. des Gauß'schen Eliminationsverfahrens für eine Gleichung* beträgt im Sinne der Zählung der Multiplikationen

$$\kappa_{Gauß}(n) \doteq \frac{n^3}{3}. \tag{3.40}$$

Bemerkung (Komplexität einer Matrixinversion). Die Matrixinversion nach dem Gauß'schen Eliminationsverfahren entspricht der Lösung von n Gleichungen mit

n Unbekannten. Die entsprechende Komplexität ist unter Verwendung der Resultate des vorigen Abschnittes $\kappa_{Inv}(n) = \kappa_{LR}(n) + n\kappa_{RS}(n) + n\kappa_{GG}(n)$, also

$$\kappa_{Inv}(n) \doteq \frac{11}{6}n^3. \tag{3.41}$$

Bemerkung (optimale Komplexität). Eine allgemeine $n \times n$-Matrix (in der die meisten Eintragungen $\neq 0$ sind) hat $O(n^2)$ nichttriviale Eintragungen. Zweifellos muss man bei Lösung eines Gleichungssystems mit dieser Matrix jeden der Koeffizienten eingehen lassen, also eine arithmetische Operation mit ihm ausführen; daher kann eine *optimale Komplexität* nicht besser als $O(n^2)$ sein. Davon ist das Gauß'sche Eliminationsverfahren um einen Faktor $O(n)$ entfernt, was bei $n = 10^6$ nun eben $\sim 10^6$ ist. Einige Bemerkungen dazu, ob man der Komplexität $O(n^2)$ näher kommen kann, findet man in der Einleitung zu Kapitel 11.

Bemerkung (Folgerungen für die Praxis). Bis zu welcher Größe lassen sich Matrizen auf einem gut ausgestatteten PC invertieren? Es geht im Folgenden natürlich nur um größenordnungsmäßige Abschätzungen; ein Faktor 2 (etwa wegen der nicht mitgezählten Additionen) wird uns nicht kümmern. Die Anforderungen betreffen Speicherbedarf und Rechenzeit:

- *Speicherbedarf.* Geht man von einem Arbeitsspeicher von 1GB (Gigabyte=10^9 byte) aus und legt man einen Speicherbedarf von 8byte pro gespeicherter Zahl zugrunde (so genannte doppeltgenaue Rechnung, entsprechend etwa 14-stelliger Genauigkeit), so bedeutet Speichermöglichkeit für $\approx 10^8$ Zahlen, d.h. eine $10^4 \times 10^4$-Matrix.

- Bei einer Prozessorleistung von 1GFLOP (=1GigaFLOP=10^9 Gleitkommaoperationen pro Sekunde; FLOP = FLOating Point operations per second) ergibt sich für unsere Matrix von soeben ($n = 10^4$) ein Aufwand von $\sim \frac{11}{6}n^3 \sim 1.8\,10^{12}$ Operationen und folglich ~ 1800 Sekunden , entsprechend ~ 30 Minuten. Grundsätzlich ist also das Problem auch ohne Hochleistungsrechner lösbar, aber nicht oft. Wegen der hohen ($O(n^3)$) Abhängigkeit der Rechenzeit von n, der Zahl der Unbekannten, wird das Verfahren auch für Hochleistungsrechner bald unökonomisch bzw. undurchführbar.

  Viele Problemstellungen erfordern aber gerade das häufige Lösen großer Gleichungssysteme. Da ist für die Durchführbarkeit auch auf großen Rechenanlagen ein Problemansatz entscheidend, der auf Typen von Matrizen führt, die effizienteren Lösungsverfahren entgegenkommen. Diese Aufgabenstellung ist zentral, und an ihr wird bis zum heutigen Tage geforscht. Gleich anschließend werden wir eine erste einschlägige Idee kennen lernen.

Aufgaben

3.7. Bestimmen Sie die Lösungsgesamtheit folgenden Gleichungssystems:

$$\begin{array}{rcrcrcr}
3x & + & 2y & - & 2z & = & 2 \\
-5x & + & y & + & 3z & = & 8 \\
& & y & + & 5z & = & -3
\end{array}$$

3.8. Ebenso:

$$
\begin{array}{rcrcrcr}
3x & - & 3y & + & 2z & = & 9 \\
x & + & 2y & - & z & = & 1 \\
x & - & 7y & + & 4z & = & 2
\end{array}
$$

Modifzieren Sie die rechte Seite so, dass das Gleichungssystem eine Lösung hat. Können Sie zwei verschiedene Methoden angeben, um dies zu erreichen? Geben Sie eine möglichst übersichtliche Darstellung aller rechten Seiten, für die das System lösbar ist. Gibt es eine rechte Seite, für die das Gleichungssystem genau *eine* Lösung hat?

3.9. Ist folgende Aussage richtig oder falsch (Begründung oder Gegenbeispiel): Jedes lineare Gleichungssystem mit mehr Unbekannten als Gleichungen hat mindestens eine Lösung.

3.10. Ebenso: addiert man bei einem System zwei Gleichungen, fügt die neue Gleichung dem System hinzu, entfernt aber einen der beiden Summanden, so ändert sich die Lösungsmenge nicht.

3.11. Beweisen Sie, dass das Produkt zweier linker unterer Matrizen eine ebensolche ist (Satz 3.4.2).

3.12. Eine $m \times m$-Matrix A besitze eine LR-Zerlegung $A = LR$. Eine Matrix B gehe aus A so hervor, dass man rechts noch gewisse Spalten anschließt. In welchem Sinn kann man von einer LR-Zerlegung von B sprechen?

3.5 Invertierung linearer Abbildungen

Folgendes grundlegende Resultat stellen wir voran:

Satz 3.5.1 (Linearität des Inversen). *Die inverse Abbildung $\mathcal{A}^{-1}$ zu einer bijektiven linearen Abbildung $\mathcal{A} : V \to W$ ist wieder linear.*

Beweis. Es seien $\mathbf{y}_1, \mathbf{y}_2 \in W$, $\lambda_1, \lambda_2 \in K$; fernerhin gelte $\mathbf{y}_1 = \mathcal{A}(\mathbf{x}_1)$, $\mathbf{y}_2 = \mathcal{A}(\mathbf{x}_2)$. $\mathbf{x}_1$ und $\mathbf{x}_2$ sind dadurch wegen Bijektivität von $\mathcal{A}$ eindeutig bestimmt. Es ist $\mathcal{A}^{-1}(\mathbf{y}_1) = \mathbf{x}_1$ und $\mathcal{A}^{-1}(\mathbf{y}_2) = \mathbf{x}_2$. Wegen $\lambda_1 \mathbf{y}_1 + \lambda_2 \mathbf{y}_2 = \mathcal{A}(\lambda_1 \mathbf{x}_1 + \lambda_2 \mathbf{x}_2)$ ist entsprechend $\mathcal{A}^{-1}(\lambda_1 \mathbf{y}_1 + \lambda_2 \mathbf{y}_2) = \lambda_1 \mathbf{x}_1 + \lambda_2 \mathbf{x}_2 = \lambda_1 \mathcal{A}^{-1}(\mathbf{y}_1) + \lambda_2 \mathcal{A}^{-1}(\mathbf{y}_2)$. □

Bemerkung. Dieses Resultat gilt kraft Herleitung ganz allgemein, d.h. unabhängig vom Grundkörper K und für beliebige, auch unendliche Dimension der Räume. – Im Folgenden arbeiten wir aber wieder mit Matrixdarstellungen, d.h. mit endlichdimensionalen Räumen.

Inverse Matrix. $\mathcal{A} : V \to W$ sei eine bijektive lineare Abbildung zwischen den linearen Räumen V und W mit $\dim V = \dim W = n < \infty$. In V und W mögen die Standardbasen bestehen, auf die sich dann die Matrixdarstellungen beziehen. Nach dem eben bewiesenen Satz ist dann $\mathcal{A}^{-1} : W \to V$ wieder eine lineare Abbildung. Ihre Matrix bezeichnen wir mit A^{-1}; wegen $\mathcal{A}^{-1} \circ \mathcal{A} = \mathcal{I}_V$ gilt $A^{-1} A = I$. – Auf der Ebene der quadratischen Matrizen geben wir daher die folgende

Definition 3.5.1 (Inverse Matrix). *Eine $n \times n$-Matrix B heißt* invers *zu A, wenn $BA = I$.*

Satz 3.5.2 (Grundeigenschaft inverser Matrizen). *Das Inverse zu einer nichtsingulären $n \times n$-Matrix A ist eindeutig bestimmt; wir schreiben dafür A^{-1}. Es ist*

$$A^{-1}A = I \text{ und } AA^{-1} = I. \tag{3.42}$$

Erfüllt eine $n \times n$-Matrix B eine der Beziehungen

$$BA = I \text{ oder } AB = I, \tag{3.43}$$

so gilt schon $B = A^{-1}$.

Beweis. Auf der Ebene allgemeiner *Abbildungen* ist uns die Aussage von Gleichung 3.42 bekannt; siehe Satz 1.12.4. Da $\mathcal{A}^{-1}$ linear ist, stellt die Gleichung den Sachverhalt lediglich in Sprache der Matrizen dar. Dasselbe gilt für Gleichung 3.43. $\square$

Die Matrix A^{-1}, deren Existenz bisher nur eher abstrakt gezeigt ist, lässt sich mit dem Gauß'schen Eliminationsverfahren berechnen, wie wir sofort ausführen wollen. Die Matrixelemente von A^{-1} bezeichnen wir mit a_{jk}^-, die Spaltenvektoren entsprechend, also

$$A^{-1} = (a_{jk}^-) = (\mathbf{a}_1^-, \mathbf{a}_2^-, \ldots, \mathbf{a}_n^-).$$

Zunächst verifiziert man für zwei $n \times n$-Matrizen A, B sofort, dass unter Benutzung unserer Standardnotation

$$AB = A(\mathbf{b}_1, \ldots, \mathbf{b}_n) = (A\mathbf{b}_1, \ldots, A\mathbf{b}_n)$$

ist. Da wir nun nach der Matrix A^{-1} suchen, für die eben

$$A(\mathbf{a}_1^-, \ldots, \mathbf{a}_n^-) = AA^{-1} = I = (\mathbf{e}_1, \ldots, \mathbf{e}_n)$$

gilt, folgt sofort

Lemma 3.5.1 (Spaltenvektoren der inversen Matrix). *Die Spaltenvektoren $\mathbf{a}_j^-$ der inversen Matrix erfüllen*

$$A\mathbf{a}_j^- = \mathbf{e}_j \quad (j = 1, 2, \ldots, n).$$

Damit ist vom algorithmischen Standpunkt aus die Invertierung einer nichtsingulären Matrix auf die Lösung von n Gleichungssystemen mit *ein und derselben* Matrix A zurückgeführt. Diese Lösung kann z.B. mit dem Gauß'schen Eliminationsverfahren durchgeführt werden. Wenn eine LR-Zerlegung von A möglich ist, wird man diese natürlich nur einmal durchführen, sodass die Aufgabe dann auf die Lösung der n gestaffelten Gleichungen

$$LR\mathbf{a}_j^- = \mathbf{e}_j \quad (j = 1, 2, \ldots, n)$$

hinausläuft. Ist Pivotsuche erforderlich, so verhält sich die Sache ähnlich; es ist lediglich der Wirkung der Permutationen gehörig Rechnung zu tragen.

Bemerkung (Lösung von Gleichungen – Matrixinversion). Nur selten ist es angezeigt, zur Lösung eines Gleichungssystems $A\mathbf{x} = \mathbf{b}$ so, wie oben beschrieben, A^{-1}
zu ermitteln und dann die Lösung vermöge $\mathbf{x} = A^{-1}\mathbf{b}$ zu berechnen. Zur Ermittlung von A^{-1} sind doch nach unseren Überlegungen eine LR-Zerlegung und n
Lösungen gestaffelter Gleichungen nötig. Anschließend müsste noch $A^{-1}b$ gebildet werden. Da ist die direkte Lösung mit einer erforderlichen LR-Zerlegung und
einem gestaffelten System deutlich vorzuziehen. – Lediglich bei der Lösung von
vielen Gleichungen mit derselben Matrix A mag dieser Weg einmal zielführend
sein.

Ein *Beispiel* zur tatsächlichen Invertierung einer Matrix haben wir in Zusammenhang mit der Hilbert'schen Segmentmatrix schon geliefert (S. 113).

Transposition. Zeilen und Spalten von Matrizen sind einander grundsätzlich
sehr ähnlich; dennoch treten sie in unterschiedlichen Rollen auf. Das ist in so fern
verständlich, als die Zeilen sozusagen für den Bildraum zuständig sind (lediglich
der i-te Zeilenvektor geht in die i-te Komponente von $A\mathbf{x}$ ein). Die Spaltenvektoren wiederum sind in dem Sinn mit dem Originalraum assoziiert, als $\mathbf{a}_j$ bei
Bildung von $A\mathbf{x}$ mit x_j, der j-ten Komponente des Originals, multipliziert wird.
Dennoch bleibt die in einer Matrix direkt sichtbare Ähnlichkeit von Zeilen und
Spalten bestehen. Daher fragt es sich: was geschieht, wenn man Zeilen in Spalten
umwandelt und umgekehrt. Wir wollen hier einige sozusagen formale Resultate
zusammenstellen, die öfters nützlich sind. Die tiefere Bedeutung wird uns später
beschäftigen; siehe Kapitel 8.

Definition 3.5.2 (Transponierte Matrix). *A sei eine $m \times n$-Matrix. Die* transponierte
Matrix A^t *ist die $n \times m$-Matrix*

$$A^t = (a_{ij}^t) = \begin{pmatrix} a_{11}^t & a_{12}^t & \cdots & a_{1m}^t \\ a_{21}^t & a_{22}^t & \cdots & a_{2m}^t \\ \vdots & & & \vdots \\ a_{n1}^t & a_{n2}^t & \cdots & a_{nm}^t \end{pmatrix} := \begin{pmatrix} a_{11} & a_{21} & \cdots & a_{m1} \\ a_{12} & a_{22} & \cdots & a_{m2} \\ \vdots & & & \vdots \\ a_{1n} & a_{2n} & \cdots & a_{mn} \end{pmatrix},$$

d.h., es ist

$$a_{ij}^t = a_{ji} \quad (1 \le i \le n, \, 1 \le j \le m).$$

Für Vektoren haben wir den Begriff der Transposition bereits früher eingeführt,
daher gleich das Matrizenbeispiel

$$\begin{pmatrix} 1 & 3 & 5 & 2 \\ 2 & 4 & 0 & 1 \\ 3 & 7 & 4 & 0 \end{pmatrix}^t = \begin{pmatrix} 1 & 2 & 3 \\ 3 & 4 & 7 \\ 5 & 0 & 4 \\ 2 & 1 & 0 \end{pmatrix}.$$

Folgende Aussage versteht sich von selbst:

Lemma 3.5.2. $(A^t)^t = A$.

Satz 3.5.3 (Rechenregeln). *Für Matrizen* $A, B \in \mathfrak{M}_{lm}$, $C, D \in \mathfrak{M}_{mn}$ *und für* $\alpha, \beta, \gamma, \delta \in K$ *ist*

i) $(AC)^t = C^t A^t$

ii) $((\alpha A + \beta B)C)^t = \alpha(AC)^t + \beta(BC)^t$

iii) $(A(\gamma C + \delta D))^t = \gamma(AC)^t + \delta(AD)^t$

Beweis. i): Wir beachten zunächst, dass die Matrixmultiplikation $C^t A^t$ sinnvoll ist; denn das Produkt ist vom Typ $(n \times m) \cdot (m \times l) = n \times l$. – Das Element an der Position (i, k) von AC ist $< \tilde{a}_i, c_k >$; dies ist somit auch das Element (k, i) von $(AC)^t$. – Wie man den beiden Faktoren entnimmt, steht auf der rechten Seite an dieser Stelle $< c_k, \tilde{a}_i >$, womit die Übereinstimmung erwiesen ist.
Die anderen Beziehungen lassen sich gleichermaßen direkt herleiten. □

Satz 3.5.4 (Inversion und Transposition). $A \in \mathfrak{M}_{nn}$ *ist genau dann invertierbar, wenn auch* A^t *invertierbar ist. Es gilt dann*

$$(A^t)^{-1} = (A^{-1})^t.$$

Beweis. Es sei z.B. A invertierbar. Dann ist $AA^{-1} = I$ und daher nach Transposition $(A^{-1})^t A^t = I^t = I$, woraus man sofort die Existenz von $(A^t)^{-1}$ und die Gleichheit $(A^t)^{-1} = (A^{-1})^t$ erschließt. Also ist für invertierbares A auch A^t invertierbar; somit ist bei invertierbarem A^t auch $A^{tt} = A$ invertierbar. □

Aufgaben

3.13. Geben Sie die LR-Zerlegung für

$$A = \begin{pmatrix} 2 & 1 & -3 \\ 4 & 4 & -7 \\ -4 & 4 & -6 \end{pmatrix}.$$

Bestimmen Sie A^{-1}.

3.14. Weisen Sie nach, dass eine linke untere quadratische Matrix L genau dann invertierbar ist, wenn $l_{ii} \neq 0$ $\forall i$. (Entsprechendes für rechte obere Matrizen). Geben Sie dann L^{-1} an. (Beginnen Sie mit kleinen Matrizen.)

3.15. Weshalb gilt dann auch: eine linke untere quadratische Matrix ist genau dann injektiv, wenn $l_{ii} \neq 0$ $\forall i$?

3.16. A sei eine quadratische Matrix und besitze eine LR-Zerlegung. Zeigen Sie: A ist genau dann invertierbar, wenn $r_{ii} \neq 0$ $\forall i$.

3.17. Es sei $\mathfrak{C} := \{ \begin{pmatrix} a & -b \\ b & a \end{pmatrix} : a, b \in \mathbb{R} \} \subset \mathfrak{M}_{22}$.
Weisen Sie nach, das $\mathfrak{C}$ mit der üblichen Matrixaddition und -multiplikation ein Körper ist.

Zeigen Sie ferner, dass in $\mathfrak{C}$ die Gleichung $X^2 + I = O$ lösbar ist.
Finden Sie schließlich einen Körperisomosphismus $\phi : \mathfrak{C} \to \mathfrak{C}$, also eine bijektive Abbildung, die die Körperoperationen $+, \cdot$ respektiert: $\phi(Z \circ W) = \phi(Z) \circ \phi(W)$ $(\circ = +, \cdot)$.

3.18. Zeigen Sie: sind A und B kommutierende ($AB = BA$), invertierbare Matrizen, so kommutieren auch A^{-1} und B^{-1}. Kann in der anderen Richtung der Fall eintreten, dass zwar A^{-1} und B^{-1} kommutieren, A und B aber nicht?

3.19. A sei eine m×n-Matrix. Zeigen Sie, dass $B := A^t A$ und $C = AA^t$ quadratische Matrizen (welcher Größe?) sind. Zeigen Sie darüber hinaus, dass B und C *symmetrische* oder *selbstadjungierte* Matrizen sind: $B^t = B$, $C^t = C$.
Ist das in einem Spezialfall bereits vorgekommen?

3.20. Zeigen Sie, dass für eine quadratische Matrix $A \neq O$ zwar $A^2 = O$ sein mag, niemals aber $A^t A = O$.

3.6 Weiteres zum Eliminationsverfahren

Dieser Abschnitt beschäftigt sich mit der Durchführung des Eliminationsverfahrens für *tridiagonale Matrizen*; der folgende mit einer Anwendung der Resultate auf die Wärmeleitungsgleichung. – Leser, denen zunächst an einem raschen Durchdringen der Grundzüge gelegen ist, können gleich zum nächsten Kapitel übergehen und etwa später hier her zurückschlagen.

Tridiagonale (Block-)Matrizen. Glücklicherweise besitzen Matrizen, die in Anwendungen auftreten, häufig Eigenschaften, die eine wesentlich effizientere Lösung der Gleichungssysteme gestatten als im allgemeinen Fall. Eine dieser Eigenschaften besteht darin, dass die Matrix *dünn besetzt* ist, dass also nur relativ wenige Einträge $\neq 0$ sind und die Positionen dieser Einträge innerhalb der Matrix ein vernünftiges Muster bilden.
Den einfachsten und einen gleichzeitig sehr wichtigen diesbezüglichen Fall stellen *Tridiagonalmatrizen* dar, d.h. Matrizen der Form

$$T = \text{tridi}(a_i, b_i, c_i) = \begin{pmatrix} b_1 & c_1 & 0 & 0 & \dots & 0 & 0 \\ a_2 & b_2 & c_2 & 0 & & 0 & 0 \\ 0 & a_3 & b_3 & c_3 & & 0 & 0 \\ 0 & 0 & a_4 & b_4 & & 0 & 0 \\ \vdots & & & \vdots & & \vdots & \vdots \\ 0 & 0 & 0 & 0 & \dots & a_n & b_n \end{pmatrix}. \tag{3.44}$$

Wie ersichtlich, geht man bei Tridiagonalmatrizen zweckmäßig von der sonst üblichen doppelten Indizierung der Matrixelemente ab. Im Computer speichert man in aller Regel solche Matrizen keineswegs in der üblichen Weise, sondern lediglich die nicht trivialen Diagonalvektoren. Operationen wie die Multiplikation einer Matrix mit einem Vektor realisiert man mithilfe spezieller darauf aus gelegter Programme (oder benutzt vorzugsweise fertige Programmbibliotheken, die solche Routinen in oft sehr effizienter Implementierung anbieten.)

Eine nützliche Verallgemeinerung stellen *tridiagonale Blockmatrizen* dar. Dies sind Matrizen, deren Eintragungen tridiagonal angeordnete *Blöcke*, also wiederum Matrizen, sagen wir $m \times m$-Matrizen A_i, B_i, C_i, sind. Eine tridiagonale Blockmatrix ist dementsprechend von der Gestalt

$$
T = \mathrm{tridi}(A_i, B_i, C_i) = \begin{pmatrix} B_1 & C_1 & O & O & \ldots & O & O \\ A_2 & B_2 & C_2 & O & & O & O \\ O & A_3 & B_3 & C_3 & & O & O \\ O & O & A_4 & B_4 & & O & O \\ \vdots & & & & \vdots & & \vdots \\ O & O & O & O & \ldots & A_n & B_n \end{pmatrix}, \qquad (3.45)
$$

wobei O die $m \times m$-Nullmatrix bezeichnet.

Bemerkung (LR-Zerlegung einer Tridiagonalmatrix). Bei gewöhnlichen Tridiagonalmatrizen (keine Blöcke) können wir sofort die allgemeine Gestalt der LR-Faktorisierung angeben (immer unter der Voraussetzung, dass keine Pivotsuche nötig wird).

Untersuchen wir die Zerlegung $T = LR$, und zwar zunächst die Matrix L. – Die Eintragungen sind die Eliminationsfaktoren $-\lambda_{ij}$, von denen wir die meisten aber sofort zu 0 erkennen. Denn bei der Bearbeitung der ersten Spalte von T ist lediglich in der Position $(2,1)$ zu eliminieren, da alle darunterliegenden Elemente von vornherein 0 sind. Daher tritt in der ersten Spalte unterhalb der Diagonale nur $-\lambda_{21}$ auf; in der zweiten Spalte nur $-\lambda_{32}$ usw. Also hat L die Gestalt

$$
L = \mathrm{tridi}(*, 1, 0) = \begin{pmatrix} 1 & 0 & 0 & 0 & \ldots \\ * & 1 & 0 & 0 \\ 0 & * & 1 & 0 \\ 0 & 0 & * & 1 \\ \vdots & & & & \ddots \end{pmatrix}.
$$

So wie L nur in der Diagonale und der linken unteren Nebendiagonale Eintragungen hat, besitzt R solche nur in der Diagonale und der rechten oberen Nebendiagonale. Denn weiter oben ist schon ursprünglich 0 enthalten, was sich durch Addition eines Vielfachen von noch weiter darüberstehenden Elementen, also wiederum 0, nicht ändert. Daher ist R von der Gestalt

$$
R = \mathrm{tridi}(0, *, *) = \begin{pmatrix} * & * & 0 & 0 & \ldots \\ 0 & * & * & 0 \\ 0 & 0 & * & * \\ 0 & 0 & 0 & * \\ \vdots & & & & \ddots \end{pmatrix}.
$$

Das folgende Lemma gibt eine einfache, aber wichtige allgemeine Rechenregel für Blockmatrizen:

Lemma 3.6.1 (Multiplikation von Blockmatrizen). $A = (A_{ij})_{i,j=1,\ldots,n}$ *und* $B = (B_{jk})_{j,k=1,\ldots,n}$ *seien Blockmatrizen aus* $m \times m$-*Matrizen* A_{ij} *bzw.* B_{jk}. *Dann ist*

$$AB = \Big(\sum_{j=1}^{n} A_{ij} B_{jk} \Big)_{i,k=1,\ldots,n}$$

Das Lemma besagt also, dass man bei der Bildung des Matrizenproduktes mit Blockeintragungen genauso vorgehen kann, als ob man Zahlen vor sich hätte, wobei natürlich jetzt Addition und Multiplikation die Matrixoperationen für die $m \times m$-Matrizen sind. – Der *Beweis* erfolgt in den Aufgaben.

Bemerkung (LR-Zerlegung von Tridiagonal- und Blocktridiagonalmatrizen). Für tridiagonale Matrizen könnten wir leicht unsere Überlegungen aus dem vorhergehenden Paragraphen entsprechend spezialisieren. Wir wollen aber gleichzeitig auch Resultate für den Blockfall herleiten, lassen uns daher von den gewonnenen Resultaten zwar leiten, behandeln aber die Fragen im gegenwärtigen Zusammenhang.

Wir bemühen uns, in Anlehnung an den nichtgeblockten Fall, eine Block-LR-Zerlegung der Form

$$T = LR = \begin{pmatrix} B_1 & C_1 & O & \ldots \\ A_2 & B_2 & C_2 & O \\ O & A_3 & B_3 & C_3 \\ O & O & A_4 & B_4 \\ \vdots & & & \ddots \end{pmatrix} =$$

$$= \begin{pmatrix} I & O & O & O & \ldots \\ F_2 & I & O & O \\ O & F_3 & I & O \\ O & O & F_4 & I \\ \vdots & & & \ddots \end{pmatrix} \begin{pmatrix} G_1 & H_1 & O & O & \ldots \\ O & G_2 & H_2 & O \\ O & O & G_3 & H_3 \\ O & O & O & G_4 \\ \vdots & & & \ddots \end{pmatrix}$$

(3.46)

mit $m \times m$-Matrizen I (Einheitsmatrix), F_i und G_i zu finden. (Natürlich müssen wir hier eine analoge Bedingung dazu erwarten, dass die Pivotelemente nicht verschwinden dürfen. Jetzt, im Blockfall, wird das auf die Invertierbarkeit gewisser $m \times m$-Matrizen hinaus laufen).

Die erste Zeile der Matrixgleichung besagt

$$B_1 = G_1 \; ; \; C_1 = H_1,$$

während die i-te Zeile folgende drei Relationen beinhaltet

$$A_i = F_i G_{i-1} \; ; \; B_i = F_i H_{i-1} + G_i \; ; \; C_i = H_i. \tag{3.47}$$

Von diesen ist die Letzte die erfreulichste, denn sie erlaubt es, in die rechte obere Diagonale von R einfach die C_i einzutragen, womit die H_i verschwunden sind.

Zudem wissen wir sofort $G_1 = B_1$. Im Übrigen gestatten dann die verbleibenden Relationen die sukzessive Bestimmung der F_i und der G_i (in dieser Reihenfolge) für wachsendes i.

Denn aus der ersten Beziehung für $i = 2$ können wir $F_2 := A_2 G_1^{-1}$ ermitteln, *falls G_1 invertierbar ist*. Die zweite Beziehung liefert dann G_2.

Wenn wir daher annehmen, dass F_{i-1} und G_{i-1} definiert sind und darüber hinaus G_{i-1} invertierbar ist, so definieren wir induktiv

$$F_i := A_i G_{i-1}^{-1} \; ; \; G_i := B_i - F_i H_{i-1}. \tag{3.48}$$

Programmbeispiel (LR-Zerlegung für tridiagonale Matrizen). Besonders klar wird der Algorithmus durch einen Pseudocode, zunächst für den skalaren Fall. Der Code gibt die Matrizen (hier: Zahlen) f_i, g_i und h_i zurück. Es wäre vollkommen unsachgemäß, z.B. die Matrix T wirklich mit all ihren Eintragungen, die doch überwiegend 0 sind, zu speichern. Stattdessen stellt man derartige Tridiagonalmatrizen durch explizite Angabe der Haupt- und, soweit nicht null, Nebendiagonalen dar.

```
method TridiLRDecomposition
  arguments in: a(1:n−1),b(1:n),c(2:n)
  arguments out: f(2:n),g(1:n),h(1:n−1)

  h=c ! wirkt vektoriell; h(*)=c(*) ginge auch

  g(1)=b(1)
  for i=2:n
    f(i)=a(i)/g(i−1)
    g(i)=b(i)−f(i)h(i−1)
  end for

end method TridiLRDecomposition
```

Programmbeispiel (Lösung eines tridiagonalen Systems). Hier sollen die Felder f und g bereits zur Verfügung stehen. Wir lösen mit der Zerlegung $T = LR$ aus Gleichung 3.46 (im skalaren, d.h. Nicht-Block-Sinn) ein Gleichungssystem $T\mathbf{x} = \mathbf{b}$, indem wir staffeln: $L\mathbf{z} = \mathbf{b}$ und $R\mathbf{x} = \mathbf{z}$.

```
method solveTridiLR
  arguments in: f(2:n),g(1:n),h(1:n−1),b(1:n),c(1:n−1)
  arguments out: x(1:n)

  !Lz=b
  z(1)=b(1)
  for i=2:n
    z(i)=b(i)−f(i)z(i−1)
  end for

  !Rx=t
```

```
x(n)=z(n)/g(n)
for  i=n−1,1,−1  !von n−1 zu 1 in   Schritten  von −1
  x(i)=(z(i)−c(i)x(i+1))/g(i)
end for
```

end method solveTridiLR

Programmbeispiel (Block-LR-Zerlegung). Im *Blockfall* ist die Block-LR-Zerlegung für tridi A_i, B_i, C_i auch nicht komplizierter. Die Prägnanz eines entsprechenden echten Codes lebt freilich davon, dass man sich einer Programmiersprache arbeitet, die bequemes Arbeiten mit mehrdimensionalen Feldern, feldwertigen Ausdrücken usw. gestattet. – Eine Inversionsroutine (*Inverse*) muss man je nach spezieller Natur der Matrizen G_i noch beisteuern.

method blockLRDecomposition
arguments in: A(m,m,1:n−1),B(m,m,1:n),C(m,m,2:n)
arguments out: F(m,m,2:n),G(m,m,1:n),H(m,m,1:n−1)

```
H(∗,∗,∗)=C(∗,∗,∗)
G(∗,∗,1)=B(∗,∗,1)
for  i=2:n
  F(∗,∗,i)=A(∗,∗,i)·Inverse(G(∗,∗,i−1))
  G(∗,∗,i)=B(∗,∗,i)−F(∗,∗,i)· H(∗,∗,i−1)
end for
```

end method blockLRDecomposition

Bemerkung (Komplexität). Betrachten wir zunächst den *skalaren* (nicht geblockten) *Fall*: wie unmittelbar aus Gleichung 3.48 ersichtlich, sind pro Zeile lediglich 2 Multiplikationen (und eine Division, die wir auch zählen) auszuführen; daher ist die Komplexität für die LR-Zerlegung $3n$, d.h. *proportional der Zahl der Zeilen oder Gleichungen*, was vom Exponenten bei n her, nämlich 1, optimal ist; denn man wird für jede Zeile gewisse Aktionen veranschlagen müssen. Im Übrigen ist der Faktor 3 durchaus mäßig. (Ein astronomisch hoher Faktor würde natürlich für realistische Werte von n das günstige Resultat für den Exponenten praktisch nutzlos machen). Auch die Bearbeitung der rechten Seite ändert an diesem günstigen Bild nichts, wie man dem kleinen Programmausschnitt zur Lösung einer Gleichung bei gegebener LR-Zerlegung entnimmt.

Im *Blockfall* kostet die Invertierung eines Blockes, G_i^{-1}, jeweils $O(m^3)$ Operationen, falls man Gauß-Elimination benutzt, ebenso die Multiplikation der Blockmatrizen. Die Gesamtkomplexität beträgt daher $O(m^3 n)$. Sie ist somit bemerkenswerterweise linear in der Zahl der Blöcke (n), wenn auch nicht der Gleichungen (nm). Daher ist das Verfahren für mäßiges m, also bei nicht sehr großen Blöcken, oder dann, wenn sich die G_i einfach invertieren und die Blockmatrizen effizient multiplizieren lassen, günstig und oft verwendet.

Aufgaben

3.21. Ermitteln Sie die LR-Zerlegung der 5×5-Tridiagonalmatrix $A = \mathrm{tridi}(1,4,1)$.

3.22. Für welche Werte die Diagonalelements α besitzen 3×3-Tridiagonal-matrizen $T = \mathrm{tridi}(1,\alpha,1)$ keine LU-Zerlegung? Für welche Werte sind sie nicht invertierbar?

3.23. Beweisen Sie die Aussage von Lemma 3.6.1 (Rechnen mit Blockmatrizen)!

3.7 Anwendung: Zur Wärmeleitungsgleichung

Beispiel (Diskretes Modell der 1D stationären Wärmeleitung). Die zugrunde liegende Struktur des Problems, das wir hier in einem möglichst einfachen Fall beschreiben, tritt in vielerlei Anwendungen auf. – Wir betrachten einen Stab, das Intervall $J = [0,1]$. Der Stab möge aus Wärme leitendem Material bestehen und an den beiden Endpunkten bei konstanter Temperatur gehalten werden; dann wird sich im Laufe der Zeit die Temperatur als Funktion der Position, $T(x)$, einer gewissen Funktion, der *asymptotischen* oder *stationären Temperaturverteilung* immer mehr annähern, die wir bestimmen wollen.

Derlei Probleme treten natürlich (eventuell in mehreren räumlichen Dimensionen) häufig auf: von alltäglichen Problemen wie der Temperaturverteilung einer Ziegelwand von innen nach außen bis zu beispielsweise geophysikalischen Fragestellungen, etwa der Temperatur im Erdkörper als Funktion des Abstandes vom Erdmittelpunkt usw.

Zur Bearbeitung gehen wir von einem *diskreten Modell* des Stabes aus: Wir zerlegen ihn in endlich viele Intervalle und sehen jedes solche Intervall gleichsam als Atom unserer diskreten Struktur an. Zur Unterteilung wählen wir eine Intervalllänge $h = \frac{1}{n}$ mit einem $n \in \mathbb{N}$ und führen die $n + 1$ gleichmäßig verteilten *Gitterpunkte* $x_0 = 0, x_1 = h, x_2 = 2h, \ldots, x_n = nh = 1$, ein:

$$x_i = ih \; (i = 0, 1, \ldots, n).$$

Jeder dieser Gitterpunkte ist *Mittelpunkt* des zugehörigen Intervalls $J_i = [x_i - \frac{h}{2}, x_i + \frac{h}{2}]$ der Länge h. Unter Verwendung *halbzahlige Gitterpunkte*

$$x_{i+\frac{1}{2}} = \left(i + \frac{1}{2}\right)h \;\; \forall i,$$

die die Intervallgrenzen beschreiben, ist $J_i = [x_{i-\frac{1}{2}}, x_{i+\frac{1}{2}}]$.

Die Funktion $T(x)$ des kontinuierlichen Arguments x ersetzen wir nun durch die *diskrete*, d.h. nur auf den ganzzahligen Gitterpunkten definierte Version. T_i bezeichnet den Wert dieser Funktion an der Stelle x_i. Die T_i sollen so bestimmt werden, dass T_i hoffentlich eine vernünftige Approximation für $T(x_i)$ ist.

Ab nun bewegen wir uns nur noch in der diskreten Welt. Wir betrachten den Vektor

$$\tilde{T} := (T_i)_{i=0,1,\ldots,n}^t \in \mathbb{R}^{n+1}.$$

Da wir aber nach Voraussetzung die Temperatur an den beiden Enden des Stabes vorgegeben haben (also T_0 und T_n kennen), interessieren wir uns für den Vektor

$$T := (T_i)^t{}_{i=1,\ldots,n-1} \in \mathbb{R}^{n-1}.$$

Die fundamentale Größe in der Physik ist aber die Energie, nicht die Temperatur. Daher müssen wir für ein wirkliches Verständnis der Situation mit Energien arbeiten. Es bezeichne e_i die *(Wärme-)Energiedichte* an der Stelle x_i (gleich im diskreten Sinn). Bei uns ist das die Energie pro cm, nicht wie sonst allgemein pro cm^3, da die Situation räumlich eindimensional ist. Wir nehmen an, dass

$$e_i = cT_i$$

mit einer Konstanten c ist: Die innere Energiedichte ist proportional zur Temperatur, eine unter Alltagsverhältnissen sehr häufige Situation.

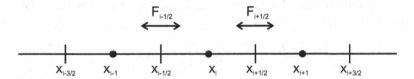

Abbildung 3.2: Zur 1D Wärmeleitungsgleichung

Die Temperatur kann sich im Laufe der Zeit in unserem Stab nur dadurch ändern, dass Wärmeenergie von heißeren zu kühleren Stellen strömt. (Wir betrachten nicht die Situation, dass etwa längs des Stabes geheizt oder gekühlt würde.) Dieser Vorgang wird durch die (diskrete Version der) *Flussfunktion F* beschrieben: $F_{i+\frac{1}{2}}$ ist die Energiemenge, die pro Sekunde durch $x_{i+\frac{1}{2}}$ in Folge Wärmeleitung, des einzigen Energietransportmechanismus, den wir hier untersuchen, strömt; positiv bei Transport von links nach rechts, negativ, wenn von rechts nach links. Die Energieänderung pro Sekunde, die die Zelle J_i durch Energietransport über den rechten Randpunkt erfährt, ist demnach $-F_{i+\frac{1}{2}}$. (Das negative Vorzeichen ergibt sich daraus, dass etwa ein positiver Energiefluss, also von links nach rechts, ein Abströmen der Energie aus der Zelle bedeutet.) Der Energietransport durch den linken Randpunkt $x_{i-\frac{1}{2}}$ schlägt entsprechend mit $+F_{i-\frac{1}{2}}$ zu Buche. Insgesamt ist daher die Energieänderung pro Sekunde $-(F_{i+\frac{1}{2}} - F_{i-\frac{1}{2}})$. Wir betrachten aber den stationären, zeitunabhängigen Zustand: dann muss die Energieänderung pro Sekunde 0 sein und wir erhalten

$$(F_{i+\frac{1}{2}} - F_{i-\frac{1}{2}}) = 0 \quad (i = 1, 2, \ldots, n-1).$$

Diese Gleichung drückt die *Energiebilanz* in unserem Falle aus.
Allerdings ist nicht zu sehen, wofür die Gleichungen nütze sind, denn die Temperaturen, die wir doch bestimmen wollen, treten gar nicht auf! – Es kommt darauf an, den Energiefluss mit den T_i in Verbindung zu bringen. Ohne jetzt auf die Frage einzugehen, wie die Wärmeenergie wirklich transportiert wird, wollen wir

einen plausiblen, durch tiefere Überlegungen begründbaren und in vielen praktischen Situationen angemessenen Ansatz machen, nämlich das *Newton'sche Gesetz* in der diskreten Form

$$F_{i+\frac{1}{2}} = -\mu_{i+\frac{1}{2}} \frac{T_{i+1} - T_i}{h}. \tag{3.49}$$

Dieser Ansatz besagt, dass Wärmeleitung nur durch unterschiedliche Temperaturen ($T_{i+1} - T_i \neq 0$) veranlasst wird und dass die Effizienz proportional zur Temperaturdifferenz pro Längeneinheit ist, also zu $\frac{T_{i+1} - T_i}{h}$ ist. Diese Proportionalität wird durch einen Faktor μ in eine Gleichheit verwandelt. μ ist eine Materialkonstante. Allerdings kann z.B. die Zusammensetzung des Stabes und damit auch μ in Abhängigkeit von der Position variieren, was wir in der Gleichung durch den orts- (bzw. index-)abhängigen Faktor $\mu_{i+\frac{1}{2}} = \mu(x_{i+\frac{1}{2}})$ gleich vorgesehen haben. – Das negative Vorzeichen in 3.49 befriedigt den Wunsch nach positivem μ (wenn die Wärme von den heißen zu den kühlen Stellen fließt), wie man sich leicht klar macht.

Setzen wir die Ausdrücke für den Fluss nach dem Newton'schen Gesetz in die Energiebilanzgleichung ein, so ergibt sich

$$-\mu_{i+\frac{1}{2}} \frac{T_{i+1} - T_i}{h} + \mu_{i-\frac{1}{2}} \frac{T_i - T_{i-1}}{h} = 0. \tag{3.50}$$

Wir denken uns die Gleichungen mit h multipliziert und betrachten sogleich die erste Gleichung ($i = 1$). Dort tritt T_0 auf. Die Temperatur am Rande haben wir aber vorgegeben. Daher schaffen wir diesen Anteil nach rechts. Ebenso gehen wir in der letzten, n–1-ten Gleichung, mit T_n vor. Definieren wir einen Vektor $\mathbf{s} \in \mathbb{R}^{n-1}$ mit Komponenten $s_1 = \mu_{\frac{1}{2}} T_0$, $s_{n-1} = \mu_{n-\frac{1}{2}} T_n$, $s_i = 0$ sonst, so nimmt das Gleichungssystem für T die Gestalt

$$\text{tridi}\left(-\mu_{i-\frac{1}{2}} \,,\; \mu_{i-\frac{1}{2}} + \mu_{i+\frac{1}{2}} \,,\; -\mu_{i+\frac{1}{2}} \right) T = \mathbf{s} \tag{3.51}$$

an. Falls μ nicht von der Position i abhängt, können wir durch den gemeinsamen Faktor μ dividieren, und wir erhalten mit dem neuen Vektor $\mathbf{q} := \frac{1}{\mu}\mathbf{s}$ das System

$$\text{tridi}(-1, 2, -1)\, T = \mathbf{q}, \tag{3.52}$$

wobei die rechte Seite nach wie vor die Randbedingungen enthält.

Die Gleichung 3.50 bzw. 3.52 nennt man die *diskrete Wärmeleitungslgleichung* (im eindimensionalen, zeitunabhängigen Fall). Sie ist in Tridiagonalgestalt und kann mit Gauß-Elimination im Tridiagonalfall sehr effizient gelöst werden. Es ist eine nicht über Gebühr schwierige Übung, zu zeigen, dass jedenfalls bei 3.52 kein Pivotelement 0 werden kann (Induktion von oben nach unten im Sinne der Elimination).

Bemerkung. Betrachten wir noch einmal die Energiebilanz in der Form von Gleichung 3.50. Dann liegt es doch nahe, in den beiden Differenzenquotienten Approximationen für die Ableitung $\frac{dT}{dx}$ an den halbzahligen Gitterpunkten zu sehen:

$$\frac{T_{i+1} - T_i}{h} \approx \frac{dT}{dx}(x_{i+\frac{1}{2}}) \,, \quad \frac{T_i - T_{i-1}}{h} \approx \frac{dT}{dx}(x_{i-\frac{1}{2}}).$$

Dividiert man noch durch h und ersetzt die Differenzenquotienten in diesem Sinne, so erhalten wir

$$\frac{\mu_{i+\frac{1}{2}}\frac{dT}{dx}(x_{i+\frac{1}{2}}) - \mu_{i-\frac{1}{2}}\frac{dT}{dx}(x_{i-\frac{1}{2}})}{h} = 0.$$

Hier steht links wieder ein Differenzenquotient, und zwar derjenige zu $\mu(x)\frac{dT}{dx}(x)$; im Nenner steht nämlich wirklich die Differenz der Argumente $x_{i+\frac{1}{2}} - x_{i-\frac{1}{2}} = h$. Dies führt zum *kontinuierlichen Modell* für die Wärmeleitung (immer 1D, zeitunabhängig), der so genannten *Wärmeleitungsgleichung* im einfachsten Fall, nämlich zu

$$-\frac{d}{dx}(\mu(x)\frac{dT}{dx}) = 0, \tag{3.53}$$

bzw. im Fall konstanter Wärmeleitfähigkeit μ, wo man μ aus der Ableitung hervorziehen und durchdividieren kann, zu

$$-\frac{d^2T}{dx^2} = 0. \tag{3.54}$$

– Bei aller Liebe zu positiven Vorzeichen belässt man hier besser das negative Vorzeichen auf der linken Seite; den Grund dafür werden wir im späteren Verlauf erkennen.

Es scheint jetzt, als hätten wir zumindest im Falle konstanter Wärmeleitfähigkeit mit der *diskreten Formulierung* 3.50 mit Kanonen auf Spatzen geschossen. Denn die *kontinuierliche Gleichung* 3.54 kann sofort zweimal nach x integriert werden und liefert die allgemeine Lösung $T(x) = a + bx$. Da wir aber als *Randbedingungen* $T(0)$ und $T(1)$ vorgegeben haben, sieht man sofort, dass die Lösung

$$T(x) = T(0) + (T(1) - T(0))x \quad (0 \le x \le 1)$$

ist. Diese Bemerkung trifft natürlich zu. Auf der anderen Seite zeigt der eindimensionale Fall schon wesentliche Aspekte der numerischen Behandlung des zwei- und dreidimensionalen Falles. In diesen höherdimensionalen Fällen ist aber eine einfache analytische Lösung im Allgemeinen nicht mehr möglich und man ist auf die Numerik angewiesen.

Beispiel (Diskretes Modell der 2D stationären Wärmeleitungsgleichung). In aller Kürze wollen wir daher den 2D-Fall besprechen. Grundbereich ist hier das Einheitquadrat $D = [0,1] \times [0,1]$. Mit $h = \frac{1}{n}$ betrachten wir die Gitterpunkte $(x_i, y_j) = (ih, jh)$. Jeder solche Gitterpunkt ist Mittelpunkt eines Quadrates, dessen Eckpunkte genau die benachbarten halbzahligen Gitterpunkte sind. Wir haben jetzt natürlich Energiefluss durch Verbindungsstrecken von $(x_{i+\frac{1}{2}}, y_{j-\frac{1}{2}})$ nach $(x_{i+\frac{1}{2}}, y_{j+\frac{1}{2}})$ (Fluss in der x-Richtung; Flussfunktion $F_{i+\frac{1}{2},j}$) bzw. von $(x_{i-\frac{1}{2}}, y_{j+\frac{1}{2}})$ nach $(x_{i+\frac{1}{2}}, y_{j+\frac{1}{2}})$ (Fluss in der y-Richtung; Flussfunktion $G_{i,j+\frac{1}{2}}$) zu betrachten; siehe dazu Abbildung 3.3.

Die Energiebilanz nimmt diesmal die Form

$$(F_{i+\frac{1}{2},j} - F_{i-\frac{1}{2},j}) + (G_{i,j+\frac{1}{2}} - G_{i,j-\frac{1}{2}}) = 0 \quad \forall i,j$$

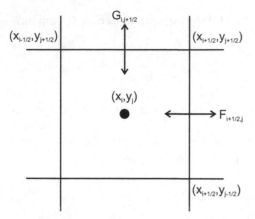

Abbildung 3.3: Zur 2D Wärmeleitungsgleichung

an. Die Flussfunktionen drückt man wie in 3.49 durch den Differenzenquotienten der Temperatur (für F in x-Richtung, für G in y-Richtung) aus und erhält aus obiger Bilanzgleichung in Analogie zu 3.50 die Beziehung

$$-\left(\mu_{i+\frac{1}{2},j}\frac{T_{i+1,j}-T_{i,j}}{h}+\mu_{i-\frac{1}{2},j}\frac{T_{i,j}-T_{i-1,j}}{h}\right)-$$
$$\left(\mu_{i,j+\frac{1}{2}}\frac{T_{i,j+1}-T_{i,j}}{h}+\mu_{i,j-\frac{1}{2}}\frac{T_{i,j}-T_{i,j-1}}{h}\right)\;=\;0. \tag{3.55}$$

Ganz wie im 1D Fall denken wir uns an den Randpunkten ($i = 0$ oder $i = n$ sowie $j = 0$ oder $j = n$) die Werte von T vorgegeben.
In kontinuierlicher Form ergibt dies

$$-\partial_x\big(\mu(x,y)\partial_x T(x,y)\big) - \partial_y\big(\mu(x,y)\partial_y T(x,y)\big) = 0. \tag{3.56}$$

Dies ist einer partielle Differentialgleichung (weil die gesuchte Funktion T unter partiellen Ableitungen auftritt). Man nennt sie die *(2D-)Wärmeleitungsgleichung mit variablem Koeffizienten μ.*
Ist μ sogar konstant, so wird dies zu

$$-\partial_x^2 T - \partial_y^2 T = 0, \tag{3.57}$$

der so genannten *(2D)-Wärmeleitunggleichung mit konstantem Koeffizienten* oder *Poisson-Gleichung.*
Wird übrigens der Körper in ortsabhängiger Weise gewärmt oder gekühlt und wird (bis auf Skalierungsaktoren) die zugeführte Energie pro Sekunde und Flächeneinheit durch eine Funktion $f = f(x,y)$ beschrieben, so steht anstelle der 0(-Funktion) auf der rechten Seite f.
Diese Gleichungen treten in vielerlei Bedeutung in allen Bereichen der mathematisierbaren Wissenschaften auf. – In 3 Dimensionen haben Sie ganz ähnliche Gestalt.
In *numerischer Hinsicht* sehen wir in Gleichung 3.55 ein großes lineares Gleichungssystem. (Man beachte, dass ähnlich wie im 1D-Fall die vorgegebenen Temperaturdaten an den Randpunkten auf die rechte Seite zu verbringen sind, sodass

es sich um *kein* homogenes Gleichungssystem mit rechter Seite 0 handelt!). Gleichung 3.55 zum Index (i, j) (man indiziert die Punkte und daher die Komponenten des Temperaturvektors mit zwei Indizes) enthält nur 5 Terme (nicht volle $(n-1)^2$) (Indizes (i, j) und $(i \pm 1, j \pm 1)$). Daher speichert man keinesfalls die volle Matrix mit $(n-1)^2$ Eintragungen pro Zeile, sondern nur diese 5 Koeffizienten, die im Falle $\mu = const$ noch dazu für alle Punkte gleich sind.

Jedenfalls liegt mit 3.55 ein Gleichungssystem mit $(n-1)^2 \doteq n^2$ Unbekannten vor, bei einer Auflösung von 1000×1000 Gitterpunkten bereits 10^6 Unbekannte. In drei Dimensionen hat man es überhaupt mit n^3 Unbekannten zu tun, was dann sehr bald den Bedarf nach wirklich effizienten numerischen Methoden einerseits und Hochleistungsrechnern andererseits weckt.

Bei vielen Aufgaben in Physik, Chemie (z.B. Molekülsimulation), der technischen Zweige, aber auch der Wirtschaftswissenschaften stellen sich mehr oder minder ähnliche Probleme laufend.

Aufgabe

3.24. Schreiben Sie in Ihrer Computersprache ein Programm zur Lösung von Gleichungssystemen mit tridiagonaler Matrix. Verwenden Sie dieses, um die $1D$-Wärmeleitungsgleichung $-T_{xx} = x^3$ auf dem Einheitsintervall mit verschiedenen Gittermaschenweiten zu lösen (Randbedingungen $T(0) = T(1) = 1$). – Vergleichen Sie mit der exakten Lösung, die Sie erhalten, indem Sie die Gleichung zweimal integrieren und die Integrationskonstanten so bestimmen, dass die Randbedingungen erfüllt sind!

---

4 Geometrie linearer Abbildungen

Zuletzt haben wir Fragen, z.B. die nach der Lösungsgesamtheit eines linearen Gleichungssystems, vorwiegend algorithmisch behandelt; und doch hat schon das einführende und vor allem das vorangehende Kapitel den geometrischen Charakter derartiger Fragestellungen ans Licht gebracht. Jetzt sollen wechselseitige Beziehungen zwischen mehr geometrischer Betrachtung einerseits und dem algorithmischen bzw. algebraischen Standpunkt auf der anderen Seite entwickelt werden.

Wie wir zeigen werden, bildet die Gesamtheit aller Lösungen von $\mathcal{A}(\mathbf{x}) = \mathbf{0}$ einen linearen Raum, den *Nullraum* oder *Kern*, $\mathcal{N}(\mathcal{A})$. – Kennt man *eine* Lösung $\mathbf{x}^\star$ eines inhomogenen Systems $\mathcal{A}(\mathbf{x}) = \mathbf{b}$, so hat man bei bekanntem Nullraum schon *alle* Lösungen gefunden: $\mathbf{x}^\star + \mathcal{N}(\mathcal{A})$.

Das Bild des Originalraumes, der *Bildraum*, ist ebenfalls leicht als linearer Raum zu erkennen.

Die Matrixdarstellung endlichdimensionaler linearer Abbildung hängt von den zugrunde gelegten Basen ab; wir behandeln die Frage, wie die Matrizen ein und derselben Abbildung, aber bei Verwendung unterschiedlicher Basen, mit einander zusammehängen.

Abstrahiert man im Originalraum in der Weise, dass wir zwischen Elementen nicht unterscheiden, die durch Addition eines Elemente von $\mathcal{N}(\mathcal{A})$ auseinander hervorgehen, werden wir zum Begriff des Quotientenraums geführt. Diese Begriffsbildungen ermöglichen im endlichdimensionalen Fall eine besonders einfache Matrixdarstellung von $\mathcal{A}$, die einige wesentliche Aspekte linearer Abbildungen besonders klar hervortreten lässt.

Uboroioht

4.1 Der Nullraum oder Kern

Definitionen, Grundeigenschaften. Gegeben sei eine lineare Abbildung $\mathcal{A}$: $V \to W$ zwischen Vektorräumen V und W über einem Grundkörper K.

Definition 4.1.1 (Nullraum). *Die Menge*

$$\mathcal{N}(\mathcal{A}) := \{\mathbf{x} \in V : \mathcal{A}(\mathbf{x}) = \mathbf{0}\} = \mathcal{A}^{-1}\{\mathbf{0}\}$$

heißt Nullraum *oder* Kern *von* $\mathcal{A}$.

Bemerkung. In der klassischen linearen Algebra spricht man eher von Kern. Wo der entsprechende Begriff z.B. in Fragen der Analysis, Physik usw. auftritt, ist der Terminus *Nullraum* gebräuchlicher.

Satz 4.1.1 (Der Nullraum ist Teilraum). *Der Nullraum* $\mathcal{N}(\mathcal{A})$ *einer linearen Abbildung* $\mathcal{N}(\mathcal{A}) : V \to W$ *ist linearer Teilraum von* V.

Beweis. Wegen $\mathcal{A}(\mathbf{0}) = \mathbf{0}$ ist jedenfalls $\mathbf{0} \in \mathcal{N}(\mathcal{A})$, d.h. $\mathcal{N}(\mathcal{A}) \neq \emptyset$. – Ist nun $\mathbf{x}, \mathbf{x}' \in \mathcal{N}(\mathcal{A})$, $\lambda, \lambda' \in K$, so ist $\mathcal{A}(\lambda\mathbf{x}+\lambda'\mathbf{x}') = \lambda\mathcal{A}(\mathbf{x})+\lambda'\mathcal{A}(\mathbf{x}') = \mathbf{0}$, also tatsächlich $\lambda\mathbf{x} + \lambda'\mathbf{x}' \in \mathcal{N}(\mathcal{A})$. $\qquad\square$

Gauß'sches Eliminationsverfahren und Nullraum Wir fragen uns nun, inwieweit das Gauß'sche Eliminationsverfahren für ein System von Gleichungen sich vom gerade bewiesenen Satz her interpretieren lässt.

Im Grunde ist das Wesentliche schon dem im Bereich von Gl. 3.24-3.29 angesiedelten Elementarbeispiel zu entnehmen. Die „überflüssigen" Unbekannten wandern nach rechts und werden zu den Parametern. Wie dort beschrieben, gewinnt man Vektoren, deren lineares Erzeugnis genau die Lösungsgesamtheit des homogenen Gleichungssystems bildet.

Geht man zu einem allgemeinen System $A\mathbf{x} = \mathbf{0}$ über, so lernt man bald die Segnungen der abstrakteren Sichtweise schätzen, denn ohne sie muss man im Prinzip all die möglichen Fälle des Gauß'schen Eliminationsverfahren durchdenken. Zum Fall, in dem das Gleichungssystem nur die triviale Lösung $\mathbf{x}^\star = \mathbf{0}$ hat, ist wenig zu sagen. (Wir beachten, dass sich eine rechte Seite $\mathbf{0}$ durch die Eliminationsschritte nicht ändert!) Bei einem konkreten Beispiel muss man natürlich in das Eliminationsverfahren mit seinen Fallunterscheidungen (und ggf. Pivotsuche) einsteigen. Am illustrativsten ist der Fall, der in Gleichung 3.33 zum Ausdruck kommt (mehr Gleichungen als Unbekannte, $a_{mn}^{m-1} \neq 0$). Die dort schon auf die rechte Seite gebrachten Variablen $x_{m+1}, \ldots, x_n$ setzt man als freie Parameter $\lambda_1, \ldots, \lambda_q$ $(q = n - m)$.

Jedem dieser Parameter λ_k ordnet man, ganz im Sinne des obigen Elementarbeispieles, einen Lösungsvektor $\mathbf{x}_k^\star$ von $A\mathbf{x} = \mathbf{0}$ so zu, dass insgesamt q unabhängige Vektoren entstehen.

Am Beispiel von λ_1 sieht dies so aus. Wir füllen die Komponenten des zu konstruierenden Vektors $\mathbf{x}_1^\star$ (im Folgenden kurz die x_j) zuerst mit den Eintragungen des $m+1$-ten Einheitsvektors (d.h. $x_{m+1} = 1, x_j = 0$ sonst). Die über x_{m+1} stehenden Komponenten modifzieren wir nun; in Gleichung 3.33 aufsteigend, ermitteln wir sukzessive $x_m, x_{m-1}, \ldots$. Das ergibt eine Lösung $\mathbf{x}_1^*$ des homogenen Systems. Die Lösungen $\mathbf{x}_2^*, \ldots, \mathbf{x}_q^*$ ermittelt man ähnlich aus den Vektoren $\mathbf{e}_{m+2}, \ldots, \mathbf{e}_n$. Da sie in ihren letzten Komponenten die Einheitsvektoren sind, handelt es sich um linear unabhängige Vektoren, die nach Konstruktion die Lösungsmenge U erzeugen. Mit der Matrix $X^* := (\mathbf{x}_1^*, \ldots, \mathbf{x}_q^*)$ ist die Lösungsmenge von $A\mathbf{x} = 0$, also der Kern von A,

$$U = \{\lambda_1 \mathbf{x}_1^* + \ldots + \lambda_q \mathbf{x}_q^* : \lambda_1, \ldots, \lambda_q \in K\} = [\mathbf{x}_1^*, \ldots, \mathbf{x}_q^*] = \{X^* \lambda : \lambda \in K^q\}.$$

Inhomogene Systeme   Kennt man für eine lineare Abbildung bzw. Matrix den Nullraum, so hat man auch für die Lösungsmenge von $\mathcal{A}(\mathbf{x}) = \mathbf{b}$ ($\mathbf{b} \neq 0$). Es gilt nämlich

Satz 4.1.2 (Lösungsmenge im inhomogenen Fall). *Die Lösungsmenge von* $\mathcal{A}(\mathbf{x}) = \mathbf{b}$ *sei* $\neq \emptyset$. $\mathbf{x}^* \in V$ *sei eine Lösung. Dann gilt für die Lösungsmenge im inhomogenen Fall*

$$\{\mathbf{x} : \mathcal{A}(\mathbf{x}) = \mathbf{b}\} = \mathbf{x}^* + \mathcal{N}(\mathcal{A}).$$

Beweis. Es ist doch $\mathbf{y} \in \{\mathbf{x} : \mathcal{A}(\mathbf{x}) = \mathbf{b}\} \Leftrightarrow \mathcal{A}(\mathbf{y}) = \mathbf{b} \overset{\mathcal{A}(\mathbf{x}^*)=\mathbf{b}}{\Leftrightarrow} \mathcal{A}(\mathbf{y} - \mathbf{x}^*) = 0 \Leftrightarrow \mathbf{y} - \mathbf{x}^* \in \mathcal{N}(\mathcal{A}) \Leftrightarrow \mathbf{y} \in \mathbf{x}^* + \mathcal{N}(\mathcal{A})$. – Wir erinnern aber daran, dass ein inhomogenes System nicht unbedingt eine Lösung besitzen muss. □

Beispiele dazu finden sich für Gleichungssysteme bereits in Abschnitt 3.4. – Der Satz ist auch sonst vielfach nützlich, z.B. bei linearen Differentialgleichungen. Der Leser wird ihn in entsprechenden Vorlesungen wahrscheinlich in Zusammenhang mit der Methode der *Variation der Konstanten* verwendet sehen.

4.2   Das Bild

Definition und Grundeigenschaften.   Für das Bild von V verfügt man über eine ganz allgemeine Bezeichung: $\mathcal{A}(V)$. In der linearen Algebra benutzt man stattdessen häufig die Bezeichnung Image von $\mathcal{A}$,

$$Im(\mathcal{A}) := \mathcal{A}(V) = \{\mathbf{y} \in W : \mathbf{y} = \mathcal{A}(\mathbf{x}) \text{ für ein } \mathbf{x} \in V\}. \tag{4.1}$$

Dies ist eine historisch gewachsene Besonderheit der linearen Algebra, die wir respektieren wollen, zumal nicht immer auf den ersten Blick klar ist, ob V in $\mathcal{A}(V)$ nicht etwa einen Teilraum bezeichnet.

Satz 4.2.1 (Das Bild ist Teilraum). *Das Bild von* V *unter der linearen Abbildung* $\mathcal{A}$ *ist ein linearer Teilraum von* W.

Beweis. Es sei $\mathbf{y}, \mathbf{y}' \in Im(\mathcal{A})$, $\lambda, \lambda' \in K$. Dann existiert ein $\mathbf{x} \in V$ mit $\mathbf{y} = \mathcal{A}(\mathbf{x})$ und ein $\mathbf{x}' \in V$ mit $\mathbf{y}' = \mathcal{A}(\mathbf{x}')$. Wegen $\lambda \mathbf{y} + \lambda' \mathbf{y}' = \mathcal{A}(\lambda \mathbf{x} + \lambda' \mathbf{x}')$ folgt $\lambda \mathbf{y} + \lambda' \mathbf{y}' \in Im(\mathcal{A})$. Daher ist $Im(\mathcal{A})$ ein linearer Raum. □

Wir heben noch einen Punkt hervor, der teilweise schon früher aufgetreten ist. Dabei gehen wir von *endlichdimensionalen* Räumen V und W aus, in denen Basen gegeben sind; wir verwenden, dass daher die Standardbasis bzw. die Matrixdarstellung von $\mathcal{A}$ Sinn macht.

Lemma 4.2.1. *Ist* $\mathbf{b}_1, \ldots, \mathbf{b}_n$ *irgendeine Basis von* V, *so ist*

$$Im(\mathcal{A}) = [\mathcal{A}(\mathbf{b}_1), \ldots, \mathcal{A}(\mathbf{b}_n)].$$

Liegen nun in V und W Basen vor, auf die sich die folgende Darstellung von $\mathcal{A}$ durch Spaltenvektoren bezieht, so ist

$$Im(\mathcal{A}) = [\mathbf{a}_1, \ldots, \mathbf{a}_n].$$

Beweis. Wegen der Linearität von $\mathcal{A}$ ist $\mathcal{A}([\mathbf{b}_1, \ldots, \mathbf{b}_n]) = [\mathcal{A}(\mathbf{b}_1), \ldots, \mathcal{A}(\mathbf{b}_n)]$. Jede Linearkombination von Elementen von V wird nämlich durch $\mathcal{A}$ in eine Linearkombination ihrer Bilder (mit denselben Koeffizienten) übergeführt. Die zweite Beziehung folgt aus der ersten, weil der j-te Spaltenvektor $\mathbf{a}_j = \mathcal{A}(\mathbf{e}_j)$ ist, wenn $\mathbf{e}_1, \ldots, \mathbf{e}_n$ die Standardbasis in V bezeichnet. □

4.3 Basiswechsel

Das Prinzip. Eine lineare Abbildung $\mathcal{A} : V \to W$ zwischen den endlichdimensionalen Räumen V (dim $V = n$) und W (dim $W = m$) stellen wir bezüglich einer Basis E von V und F von W durch die Matrix $A = [\mathcal{A}]_{EF}$ dar. Bezüglich anderer Basen E', F' sei die zugehörige Matrix $A' = [\mathcal{A}]_{E'F'}$. Wie gehen A und A' auseinander hervor?

Uns liegen folgende lineare Räume (jeweils mit Basen) bzw. Abbildungen vor:

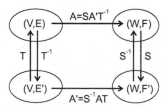

Abbildung 4.1: Zum Basiswechsel

Der Vektor $\mathbf{x}$ bezeichne ein Element von V, dargestellt in der Basis E, $\mathbf{x}'$ dasselbe Element, diesmal bezüglich E'. In ähnlicher Weise stellen $\mathbf{y}$ und $\mathbf{y}'$ dasselbe Element von W bezüglich der Basen F bzw. F' dar.

Wir wissen, wie wir z.B. von $\mathbf{x}'$ zu $\mathbf{x}$ übergehen: es ist $\mathbf{x} = T\mathbf{x}'$. Die Spalten der Matrix T bestehen aus den Bildern der Elemente von E', dargestellt in der Basis E. T ist eine nichtsinguläre $n \times n$-Matrix. – Genauso ist $\mathbf{y} = S\mathbf{y}'$ bzw. $\mathbf{y}' = S^{-1}\mathbf{y}$ mit einer nichtsingulären $m \times m$-Matrix S.

Um die Matrix A' aus A zu gewinnen, verfahren wir wie folgt. Es sei $\mathbf{y}' = A\mathbf{x}'$. Dann können wir $\mathbf{y}'$ auch erhalten, indem wir zuerst $\mathbf{x}'$ in der Basis E ausdrücken

($\mathbf{x} = T\mathbf{x}'$), dann $\mathcal{A}$ wirken lassen und das Ergebnis in der Basis F darstellen: $\mathbf{y} = A\mathbf{x} = AT\mathbf{x}'$ und schließlich, wie gewünscht, $\mathbf{y}$ in der Basis F' angeben: $\mathbf{y}' = S^{-1}\mathbf{y} = S^{-1}AT\mathbf{x}'$. Dem entnehmen wir die Gültigkeit von

Satz 4.3.1 (Basiswechsel und Matrizen). *Es mögen in V bzw. W Basen gemäß Abbildung 4.1 ineinander übergeführt werden. Dann gilt für die entsprechenden Matrizen*

$$A' = S^{-1}AT \quad bzw. \quad A = SA'T^{-1}. \tag{4.2}$$

Ist speziell $V = W$, $E = F$, $E' = F'$ und daher $S = T$, so gilt folglich

$$A' = T^{-1}AT \quad bzw. \quad A = TA'T^{-1}. \tag{4.3}$$

Bemerkung. Die Beziehungen in Gleichung 4.2 kann man natürlich auch folgendermaßen deuten. Zu T gehört eine lineare Abbildung $\mathcal{T} : K^n \to K^n$, die jeder Darstellung eines Vektors in der Basis E' diejenige in der Basis E zuordnet. $\mathcal{S} : K^m \to K^m$ leiste Entsprechendes im Bildraum. $\mathcal{A}$ fassen wir als Abbildung $K^n \to K^m$ auf (Koordinaten bzgl. der ungestrichenen Basen), ebenso $\mathcal{A}' : K^n \to K^m$ (Koordinaten bzgl. der gestrichenen Basen). Dann ist

$$\mathcal{A}' = \mathcal{S}^{-1} \circ \mathcal{A} \circ \mathcal{T} \quad bzw. \quad \mathcal{A} = \mathcal{S} \circ \mathcal{A}' \circ \mathcal{T}^{-1}.$$

Bemerkung. Ordnet man umgekehrt jedem $A \in \mathfrak{M}_{mn}$ ein $A' \in \mathfrak{M}_{mn}$ vermöge $A' = S^{-1}AT$ mit gewissen invertierbaren n×n- bzw. m×m-Matrizen T bzw. S zu, so kann man dies als die Durchführung eines Basiswechsels deuten, wo eben z.B. die Basisvektoren in E' in die Spaltenvektoren von T abgebildet werden. – *Also sind Basiswechsel genau Transformationen im Sinne von Gleichung 4.2.*

Beispiel (Basiswechsel in $\mathbb{R}^2$). Es sei $V = W = \mathbb{R}^2$. Die Basen im Original- und Bildraum mögen jeweils übereinstimmen. Die Matrix A soll in einer durch Rotation aus der ursprünglichen hervor gegangenen Basis dargestellt werden. Für die Rotationsmatrix R_ϕ ist $R_\phi^{-1} = R_\phi^t$ und daher mit $c = \cos\phi, s = \sin\phi$

$$A' = \begin{pmatrix} c & s \\ -s & c \end{pmatrix} A \begin{pmatrix} c & -s \\ s & c \end{pmatrix}.$$

Beispiel (Newton-Darstellung von Polynomen). Es soll für Polynome höchstens zweiten Grades $\int_0^1 p(t)dt$ ermittelt werden. Es ist also $V = \mathcal{P}_2$ und $W = \mathbb{R}$. Der Punkt dabei ist, dass wir uns p in Newton-Gestalt gegeben denken mit den Knoten $0, 1, 2$, d.h. den Basisfunktionen $e_0' = 1, e_1' = t, e_2' = t(t-1)$, während $e_0 = 1, e_1 = t, e_2 = t^2$. – In $W = \mathbb{R}$ ist kein Basiswechsel vorzunehmen, d.h. S=I. Wegen $\int_0^1 (r_0 + r_1 t + r_2 t^2)dt = r_0 + \frac{1}{2}r_1 + \frac{1}{3}r_2$ ist die Matrix in der Standardbasis $A = (1, \frac{1}{2}, \frac{1}{3})$. Wegen $e_2' = t^2 - t = e_2 - e_1$ ergibt sich die Matrix T zu

$\begin{pmatrix} 1 & 0 & 0 \\ 0 & 1 & -1 \\ 0 & 0 & 1 \end{pmatrix}$, und damit $A' = AT = (1, \frac{1}{2}, -\frac{1}{6}))$ (n.b. $-\frac{1}{2} + \frac{1}{3} = -\frac{1}{6}$), also

$\int_0^1 (y_0 + y_1 t + y_2 t(t-1))dt = y_0 + \frac{1}{2}y_1 - \frac{1}{6}y_2$, was man in diesem Fall auch leicht durch direktes Ausintegrieren bestätigt.

Ähnliche Matrizen. Wir vorhin sei $\dim V = n$, $\dim W = m$. Die Notation für die Darstellung von Matrizen bzgl. der Basen E, F bzw. E', F' übernehmen wir unverändert.

Wir wissen, dass die Abbildung $\mathcal{A} \to [\mathcal{A}]_{EF} = A$ von $\mathfrak{L}(V, W) \to \mathfrak{M}_{mn}$ ein Isomorphismus bezüglich der Vektoroperationen in $\mathfrak{L}$ ($\mathfrak{M}$) ist:

$$\lambda \mathcal{A} + \mu \mathcal{B} \to \lambda A + \mu B.$$

Dasselbe gilt für die Version bezüglich der gestrichenen Basen. Daher ist allgemein

$$S^{-1}(\lambda A + \mu B)T = \lambda A' + \mu B',$$

was man übrigens sofort auch nach den Regeln der Matrizenrechnung nachprüft:

$$S^{-1}(\lambda A + \mu B)T = (S^{-1}(\lambda A + \mu B))T = \lambda S^{-1}AT + \mu S^{-1}BT.$$

Im Fall $(V, E) = (W, F)$ und damit $S = T$ werden Produkte AB bzw. Potenzen A^n ineinander übergeführt im Sinne

$$(A'B') = T^{-1}(AB)T \quad \text{bzw.} \quad (A')^n = T^{-1}(A)^n T,$$

d.h., man kann das Produkt bzw. Potenzen wahlweise im System E bilden und dann transformieren oder aber es gleich im System F ermitteln.

Der *Beweis* für die obige Bemerkung versteht sich von selbst: In jeder Basis drücken die Matrizen genau die zugehörigen Abbildungen aus und Produkt- bzw. Potenzbildung bei Matrizen stellen gerade die entsprechenden Zusammensetzungen der Abbildungen in den verschiedenen Basen dar.

Beispiel. In manchen Basen sind z.B. Potenzen einfach zu berechnen. Es sei

$$A = \begin{pmatrix} 2 & 0 \\ 0 & 1 \end{pmatrix}, \ T = \begin{pmatrix} 1 & 1 \\ -1 & 1 \end{pmatrix}, \ A' := T^{-1}AT = \begin{pmatrix} \frac{3}{2} & \frac{1}{2} \\ \frac{1}{2} & \frac{3}{2} \end{pmatrix}.$$

$(A')^{10}$ soll ermittelt werden. Während direktes Ausmultiplizieren mühsam ist (jedenfalls ohne das in diesem einfachen Fall sichtbare Bildungsgesetz zu benutzen), erhält man wegen $A^{10} = \mathrm{diag}(2^{10}, 1)$ sofort

$$(A')^{10} = T^{-1}A^{10}T = \begin{pmatrix} \frac{1025}{2} & \frac{1023}{2} \\ \frac{1023}{2} & \frac{1025}{2} \end{pmatrix}.$$

Aufgaben

4.1. Gibt es eine Drehung in der Ebene, durch die sich die Matrix $A = \begin{pmatrix} 1 & -1 \\ 1 & 1 \end{pmatrix}$ bzw. $B = \begin{pmatrix} 1 & 1 \\ 1 & 1 \end{pmatrix}$ auf Diagonalgestalt transformieren lässt, wo also nur die Diagonalelemente $\neq 0$ sind?

4.2. Stellen Sie die Matrix R auf, die in $\mathbb{R}^3$ die Drehung um einen Winkel ϕ beschreibt (Rotationsachse = z-Achse). Stellen Sie sodann die Matrix in der Basis $F = ((2, 1, -4)^t, (-1, 1, 1)^t, (1, 0, -2)^t)$ dar.

4.3. Stellen Sie die Differentiationsabbildung $\mathcal{D} : \mathcal{P}_3 \to \mathcal{P}_2$ in Matrixform dar. Näherhin geht es um die Matrix hinsichtlich der Newton'schen Basispolynome zu den Knoten $0, 1, 2, 3$, die aus der Matrix in der üblichen Basis zu gewinnen ist.

4.4 Der Rang einer linearen Abbildung

Die Dimensionsformel. V und W seien in diesem Abschnitt lineare Räume über einem Körper K.

Satz 4.4.1 (Dimension von Kern und Bild). *$\mathcal{A} : V \to W$ sei eine lineare Abbildung. V sei endlichdimensional. Dann gilt*

$$\dim \mathcal{N}(\mathcal{A}) + \dim Im(\mathcal{A}) = \dim V. \tag{4.4}$$

Zum *Beweis* formulieren und zeigen wir erst das folgende

Lemma 4.4.1. *Ist*

$$\mathbf{u}_1, \mathbf{u}_2, \ldots, \mathbf{u}_k \in V \text{ eine Basis für } \mathcal{N}(\mathcal{A}),$$

ist weiterhin

$$\mathbf{w}_1, \mathbf{w}_2, \ldots, \mathbf{w}_r \in W \text{ eine Basis für } Im(\mathcal{A})$$

und sind schließlich $\mathbf{v}_1, \mathbf{v}_2, \ldots, \mathbf{v}_r \in V$ so beschaffen, dass

$$\mathcal{A}(\mathbf{v}_i) = \mathbf{w}_i \ \forall i = 1, \ldots, r,$$

dann bildet $\mathbf{v}_1, \ldots, \mathbf{v}_r, \mathbf{u}_1, \ldots, \mathbf{u}_k$ eine Basis für V. – Insbesondere ist dann

$$r + k = \dim V.$$

Beweis. Vorab weisen wir darauf hin, dass W nicht als endlichdimensional vorausgesetzt worden ist. Wir sprechen aber von der Dimension von $Im(\mathcal{A}) \subseteq W$. Das ist zulässig, denn $Im(\mathcal{A})$ wird von den Bildern der (endlich vielen) Elemente irgendeiner Basis von V aufgespannt.
i) Wir zeigen zunächst, dass unter den Voraussetzungen des Lemmas $[\mathbf{v}_1, \ldots, \mathbf{v}_r, \mathbf{u}_1, \ldots, \mathbf{u}_k] \supseteq V$ und daher $= V$ ist. – Für beliebiges $\mathbf{x} \in V$ gilt $\mathcal{A}(\mathbf{x}) \in Im(\mathcal{A})$. Daher existieren $\lambda_1, \ldots, \lambda_r \in K$ mit $\mathcal{A}(\mathbf{x}) = \lambda_1 \mathbf{w}_1 + \ldots \lambda_r \mathbf{w}_r$. Setzen wir nun

$$\mathbf{x}' = \mathbf{x} - \lambda_1 \mathbf{v}_1 - \ldots - \lambda_r \mathbf{v}_r,$$

so ist $\mathcal{A}(\mathbf{x}') = \mathbf{0}$ (man muss nur $\mathcal{A}$ anwenden und $\mathcal{A}(\mathbf{v}_i) = \mathbf{w}_i$ berücksichtigen). Also ist $\mathbf{x}' \in \mathcal{N}(\mathcal{A})$ und daher von der Gestalt

$$\mathbf{x}' = \mu_1 \mathbf{u}_1 + \ldots + \mu_k \mathbf{u}_k$$

mit geeigneten $\mu_j \in K$. Insgesamt ist folglich

$$\mathbf{x} = \sum_i \lambda_i \mathbf{v}_i + \sum_j \mu_j \mathbf{u}_j \in [\mathbf{v}_1, \ldots, \mathbf{v}_r, \mathbf{u}_1, \ldots, \mathbf{u}_k]$$

und, da $\mathbf{x} \in V$ beliebig war, $[\mathbf{v}_1, \ldots, \mathbf{v}_r, \mathbf{u}_1, \ldots, \mathbf{u}_k] \supseteq V$ und somit $= V$.

ii) Nun zeigen wir, dass $\mathbf{v}_1, \ldots, \mathbf{v}_r, \mathbf{u}_1, \ldots, \mathbf{u}_k$ l.u. sind. – Gehen wir nämlich von einer linearen Relation

$$\sum_i \lambda_i \mathbf{v}_i + \sum_j \mu_j \mathbf{u}_j = 0$$

aus und wenden wir $\mathcal{A}$ an ($\mathcal{A}(\mathbf{u}_j) = 0$ und $\mathcal{A}(\mathbf{v}_i) = \mathbf{w}_i$), so bleibt $\sum_i \lambda_i \mathbf{w}_i = 0$, also $\lambda_i = 0 \;\; \forall i$. Die Relation reduziert sich so auf $\sum_j \mu_j \mathbf{u}_j = 0$, woraus man wegen der linearen Unabhängigkeit der $\mathbf{u}_j$ direkt $\mu_j = 0 \;\; \forall j$ erschließt. Die ursprüngliche Relation war also trivial und die Vektoren daher, wie behauptet, linear unabhängig. $\square$

Beweis des Satzes. Setzen wir $\dim \mathcal{N}(\mathcal{A}) =: k$, so gibt es $\mathbf{u}_1, \ldots, \mathbf{u}_k \in V$, die eine Basis für $\mathcal{N}(\mathcal{A})$ bilden. Setzen wir weiter $\dim Im(\mathcal{A}) = r$, so gibt es eine Basis aus r Elementen für $Im(\mathcal{A})$; wir nennen sie $\mathbf{w}_1, \mathbf{w}_2, \ldots, \mathbf{w}_r$. Sie sind $\mathcal{A}$-Bilder gewisser $\mathbf{v}_1, \mathbf{v}_2, \ldots, \mathbf{v}_r \in V$. Die Vektoren erfüllen also genau die Voraussetzungen des Lemmas, und daher ist $k + r = \dim V$, d.h. tatsächlich $\dim \mathcal{N}(\mathcal{A}) + \dim Im(\mathcal{A}) = \dim V$. $\square$

Der Rang. Um direkt mit Matrizen arbeiten zu können, verlangen wir nun auch $\dim W < \infty$. (Falls man das nicht wünscht, verkleinere man im Folgenden einfach W auf $Im(\mathcal{A})$, wodurch sich die wesentlichen Gedanken nicht ändern.) – Der Beweis des vorhergehenden Satzes bzw. Lemmas lehrt, dass wir mit $F := (\mathbf{v}_1, \ldots, \mathbf{v}_r, \mathbf{u}_1, \ldots, \mathbf{u}_k)$ eine Basis von V gewonnen haben. Die $\mathbf{w}_1, \ldots, \mathbf{w}_r$ bilden eine Basis von $Im(\mathcal{A})$, die man, falls erforderlich, d.h. falls $Im(\mathcal{A}) \subset W$, mithilfe von Vektoren $\mathbf{t}_1, \ldots, \mathbf{t}_s$ zu einer Basis von W erweitern kann, sodass dann insgesamt $G := (\mathbf{w}_1, \ldots, \mathbf{w}_r, \mathbf{t}_1, \ldots, \mathbf{t}_s)$ eine Basis von W darstellt. Wir können daher die Matrix $A = [\mathcal{A}]_{FG}$ anschreiben, wobei wir die Zeilen und Spalten durch Anführen der Basiselemente näher kennzeichnen:

$$A = \left(\begin{array}{ccc|ccc} 1 & \cdots & 0 & 0 & & 0 \\ \vdots & \ddots & \vdots & & \ddots & \\ 0 & \cdots & 1 & 0 & & 0 \\ \hline 0 & & 0 & 0 & & 0 \\ & \ddots & & & \ddots & \\ 0 & & 0 & 0 & & 0 \end{array}\right) \begin{array}{l} \mathbf{w}_1 \\ \vdots \\ \mathbf{w}_r \\ \mathbf{t}_1 \\ \vdots \\ \mathbf{t}_s \end{array} \qquad (4.5)$$
$$\mathbf{v}_1 \; \cdots \; \mathbf{v}_r \quad \mathbf{u}_1 \; \cdots \; \mathbf{u}_k$$

Diese Matrixdarstellung führt leicht zu

Korollar 4.4.1. $\mathcal{A}$ *ist injektiv* $\Leftrightarrow \mathcal{N}(\mathcal{A}) = \{0\}$.

Beweis. Den Beweis führen wir nach folgender Schlussfigur, die bisher nicht aufgetreten ist: Wir zeigen nämlich

   i) $\mathcal{N}(\mathcal{A}) \neq \{0\} \Rightarrow \mathcal{A}$ nicht injektiv
   ii) $\mathcal{N}(\mathcal{A}) = \{0\} \Rightarrow \mathcal{A}$ injektiv,

was zusammen gerade die Aussage des Korollars ergibt.

i): Ist $\mathcal{N}(\mathcal{A}) \neq \{\mathbf{0}\}$ und daher $\supset \{\mathbf{0}\}$, so ist $\mathcal{A}$ sicher nicht injektiv. Denn mehrere Elemente werden auf $\mathbf{0}$ abgebildet. – Man sieht übrigens an der Matrix deutlich, dass der rechte Teil mit den Nulleintragungen für den Mangel an Injektivität verantwortlich ist; denn bei Multiplikation der Matrix mit einem Vektor haben die letzten Komponenten des Vektors (ab der $r + 1$-ten) keine Möglichkeit, zum Bild beizutragen.

ii): Ist indessen $\mathcal{N}(\mathcal{A}) = \{\mathbf{0}\}$, so treten die Vektoren $\mathbf{u}_1, \ldots, \mathbf{u}_k$ und damit der rechte Nullteil der Matrix gar nicht auf. Es werden die Koeffizienten der $\mathbf{v}_j$ wegen der Einheitsmatrix direkt zu den entsprechenden Koeffizienten der $\mathbf{w}_j$, sodass unterschiedliche Vektoren zu unterschiedlichen Bildern führen und die Abbildung somit injektiv ist. $\qquad\qquad\qquad\qquad\qquad\qquad\qquad\qquad\qquad\qquad\qquad\qquad$ $\square$

Korollar 4.4.2 (injektiv=bijektiv). *Ein Endomorphismus $\mathcal{A}$ über V ($\dim V < \infty$) ist bijektiv $\Leftrightarrow \mathcal{N}(\mathcal{A}) = \{\mathbf{0}\}$.*

Beweis. Zunächst ist nach dem vorangehenden Korollar $\mathcal{A}$ genau dann injektiv, wenn $\mathcal{N}(\mathcal{A}) = \{\mathbf{0}\}$. Im Weiteren ist aber ein Endomorphismus zwischen endlichdimensionalen Vektorräumen genau dann bijektiv, wenn er injektiv ist; denn die Dimensionsformel reduziert sich im injektiven Fall, wo $\dim \mathcal{N}(\mathcal{A}) = 0$, auf $\dim Im(\mathcal{A}) = \dim V$. Ein injektives $\mathcal{A}$ ist infolgedessen auch surjektiv. $\qquad$ $\square$

Definition 4.4.1 (Rang einer linearen Abbildung). *Der Rang einer linearen Abbildung $\mathcal{A}$ zwischen endlichdimensionalen linearen Räumen ist die Dimension des Bildes,*

$$\mathrm{rg}\,\mathcal{A} := \dim Im(\mathcal{A}).$$

Stellen wir $\mathcal{A}$ in irgendwelchen Basen als Matrix A dar, so wissen wir, dass $Im(\mathcal{A}) = [\mathbf{a}_1, \mathbf{a}_2, \ldots]$, der von den Spaltenvektoren erzeugte Raum ist. Die Maximalzahl linear unabhängiger Spaltenvektoren ist daher die Dimension des Bildes. Somit:

Korollar 4.4.3 (Rang und Spaltenvektoren). *Der Rang einer linearen Abbildung ist die Maximalzahl der linear unabhängigen Spaltenvektoren in jeder Matrixdarstellung von $\mathcal{A}$. Insbesondere hat daher jede Matrixdarstellung dieselbe Maximalzahl linear unabhängiger Spaltenvektoren.*

Es stellt sich sofort die Frage: Was kann man über die Maximalzahl der linear unabhängigen *Zeilen*vektoren von $\mathcal{A}$ aussagen? Vorübergehend nennen wir diese Größe *Zeilen*rang von $\mathcal{A}$ – vorübergehend deshalb, weil wir sofort zeigen, dass der Zeilenrang mit dem ursprünglich über Spalten definierten Rang übereinstimmt.

Dazu betrachten wir noch einmal die Darstellung von $\mathcal{A}$ in Gleichung 4.5. Es ist sofort klar: In *dieser* Darstellung (und daher in *jeder* Darstellung) ist der (Spalten-)Rang r (die ersten r Spaltenvektoren sind ein maximales System linear unabhängiger Spaltenvektoren) und der Zeilenrang ist ebenfalls r. Zum Unterschied vom Spaltenrang wissen wir aber (noch) nicht, ob der Zeilenrang bezüglich einer anderen Basis nicht vielleicht einen anderen Wert annimmt.

Um diese Frage zu klären, argumentieren wir wie folgt. Die spezielle Darstellung von $\mathcal{A}$ aus Gleichung 4.5 bezeichnen wir mit $\breve{A}$. Wir gelangen doch zu *allen* Darstellungen von $\mathcal{A}$, wenn wir in V und W alle Basen in Betracht ziehen, d.h. für alle nichtsingulären $m \times m$-Matrizen S und $n \times n$-Matrizen T die Matrix $S^{-1}\breve{A}T$ bilden.

Nun ist aber mit S auch S^{-1} nichtsingulär, und *jede* nichtsinguläre Matrix R kann in der Form $R = S^{-1}$ mit einem derartigen S gewonnen werden; man nehme $S := R^{-1}$. Daraus folgt

Lemma 4.4.2. *Alle Matrixdarstellungen von* $\mathcal{A}$ *ergeben sich genau in der Form*

$$A = R\breve{A}T \quad (R \in \mathfrak{M}_{mm}, T \in \mathfrak{M}_{nn}, \ R, T \ nichtsingulär).$$

Das liefert uns nun leicht das

Korrollar 4.4.4 (Rang und Zeilenvektoren). *Der Rang einer linearen Abbildung ist die Maximalzahl der linear unabhängigen Zeilenvektoren in jeder Matrixdarstellung von* $\mathcal{A}$. *Insbesondere hat daher jede Matrixdarstellung dieselbe Maximalzahl linear unabhängiger Zeilenvektoren.*

Beweis. Wir betrachten eine beliebige Darstellung von $\mathcal{A}$ wie vorhin: $A = R\breve{A}T$. Transposition liefert $A^t = T^t \breve{A}^t R^t$. T^t bzw. R^t sind quadratische, nichtsinguläre $n \times n$- bzw. $m \times m$-Matrizen, weil T und R es sind (vgl. Satz 3.5.4). Nun wissen wir für $\breve{A}^t$, dass Zeilen- und Spaltenrang denselben Wert (r in der damaligen Bezeichnung) hat. Nach Korollar 4.4.3 ändert sich der *Spaltenrang* von $\breve{A}^t$ nicht durch Bildung von $T^t \breve{A}^t R^t$. Der Spaltenrang von A^t ist aber der Zeilenrang von A, welcher daher ebenfalls r beträgt. □

Wir fassen zusammen:

Satz 4.4.2 (Zeilen- und Spaltenrang). *Der Rang jeder* $m \times n$-*Matrix A ist sowohl die Maximalzahl linear unabhängiger Zeilen wie auch die Maximalzahl linear unabhängiger Spalten in jeder Matrixdarstellung. Weiterhin gilt*

$$\operatorname{rg} A = \operatorname{rg} A^t.$$

Äquivalenz von Matrizen. Manchmal ist der Begriff der Gleichheit zu scharf, um gute Fragestellungen zuzulassen. So sind z.B. Matrizen, die ein und dieselbe Abbildung in verschiedenen Basen beschreiben, zwar i.A. nicht gleich, aber in gewissem Sinne äquivalent.

Wir definieren den wichtigen Begriff einer Äquivalenzrelation ganz allgemein. Man fragt sich, wann zwei Elemente einer Menge X (z.B. zwei Matrizen) zueinander äquivalent sind. Da man es bei dieser Fragestellung automatisch mit Paaren von Elementen aus X zu tun hat, befindet man sich von vornherein in $X \times X$. – Freilich soll nicht jede Auflistung von Paaren (d.h. jede Teilmenge von $X \times X$) eine Äquivalenzrelation darstellen; von der Gleichheit als dem Urbild aller Äquivalenzrelationen wollen wir doch einiges übernehmen und geben die

Definition 4.4.2 (Äquivalenzrelation). *Eine Teilmenge $R \subseteq X \times X$ heißt* Äquivalenzrelation, *wenn gilt*

   i) $(x, x) \in R \;\; \forall \, x \in X$ *(Reflexivität)*

   ii) $(x, y) \in R \Rightarrow (y, x) \in R$ *(Symmetrie)*

   iii) $(x, y) \in R, (y, z) \in R \Rightarrow (x, z) \in R$ *(Transitivität)*

Bemerkung. Die Ähnlichkeit mit dem Gleichheitsbegriff kommt in der üblicheren Schreibweise dafür, dass x zu y äquivalent ist,

$$x \frown y :\Leftrightarrow (x, y) \in R,$$

besser zum Ausdruck. Die einzelnen Punkte der Definition besagen dann

$$
\begin{aligned}
x &\frown x & \text{(Reflexivität)} \\
x \frown y &\Rightarrow y \frown x & \text{(Symmetrie)} \\
x \frown y, y \frown z &\Rightarrow x \frown z & \text{(Transitivität)}.
\end{aligned}
$$

Im konkreten Fall nennen wir zwei m×n-Matrizen *äquivalent*, wenn sie dieselbe lineare Abbildung darstellen. Es ist sofort klar, dass es sich hier um eine Äquivalenzrelation handelt und es gilt

Satz 4.4.3 (Rang und Äquivalenz von Matrizen). *Zwei m×n-Matrizen A, B über K sind genau dann äquivalent, wenn* rg $A = $ rg B.

Beweis. Gehören A und B zur selben Abbildung, so lassen sie sich beide in die Standardform S laut Gleichung 4.5 überführen. Es gilt also $A \frown S$, $B \frown S$, daher $S \frown B$ und nach Transitivität $A \frown B$. – Ist umgekehrt rg $A = $ rg B, so besitzt ihre Standardform denselben Wert von r ($= $ rg $A = $ rg B) und die Matrizen sind beide wieder zu S und somit zueinander äquivalent. $\square$

Bemerkung. Man kann diesen Betrachtungen eine etwas andere Wendung geben, indem man zwei lineare Abbildungen $\mathcal{A} : V_{\mathcal{A}} \to W_{\mathcal{A}}$, $\mathcal{B} : V_{\mathcal{B}} \to W_{\mathcal{B}}$ (wobei $\dim V_{\mathcal{A}} = \dim V_{\mathcal{B}}$, $\dim W_{\mathcal{A}} = \dim W_{\mathcal{B}}$) als *äquivalent* bezeichnet, wenn sie – in geeigneten Basen – durch dieselbe Matrix beschrieben werden können. In diesem Sinne sind zwei Abbildungen zwischen Räumen gleicher Dimension genau dann äquivalent, wenn ihr Rang gleich ist.

Beispiel. Dieses Beispiel soll uns auf einen Punkt in Zusammenhang mit der Äquivalenz von Matrizen hinweisen. Die 2×2-Matrix $A = \begin{pmatrix} 1 & -1 \\ 1 & 1 \end{pmatrix}$ besitzt ersichtlich den Rang 2 und ist daher äquivalent zur Standardform $S = \begin{pmatrix} 1 & 0 \\ 0 & 1 \end{pmatrix}$. Nun sind in diesem Fall der Original- und der Bildraum einander gleich, während der allgemeine Fall natürlich von i.A. verschiedenen Räumen spricht; daher haben die Basen nichts miteinander zu tun. Im jetzigen Fall bedeutet der Satz, dass wir sicher durch Basiswechsel A in S transformieren können; wir müssen aber, der allgemeinen Theorie entsprechend, mit der Möglichkeit rechnen, dass wir in V als Originalraum eine andere Basis (und daher eine andere Basiswechselmatrix) zu verwenden haben als in V als Bildraum.

Wir fragen uns daher, ob man nicht auch mit einer einzigen Basis das Auslangen findet. Wir müssten dann die Argumente (in der einheitlichen Original- und Bildbasis, auf die sich die Darstellung durch S bezieht) in die Argumente im A-System transformieren; die Matrix bezeichnen wir mit R; im Bild hingegen wäre die Transformation in umgekehrter Richtung vorzunehmen, d.h. es wäre

$$S = R^{-1}AR.$$

Die Frage lautet also, ob es eine derartige Matrix R gibt.

Dazu bringen wir die Matrixgleichung in die bequemere Form $RS = AR$. Als Aufgabe weise man nach, dass diese Beziehung nur mit $R = O$ besteht. Die Matrix $R = O$ freilich nicht invertierbar und keine Basiswechselmatrix. Daher existiert keine Matrix R der gesuchten Art.

Das Beispiel legt es nahe, zwischen $n \times n$-Matrizen den Begriff der *Ähnlichkeit* einzuführen:

Definition 4.4.3 (Ähnliche Matrizen). *Zwei $n \times n$-Matrizen A, B heißen zueinander ähnlich, wenn es eine invertierbare $n \times n$-Matrix T gibt mit $B = T^{-1}AT$.*

Zwei Matrizen sind also genau dann ähnlich, wenn sie dieselbe lineare Abbildung hinsichtlich unterschiedlicher, aber zwischen Original- und Bildraum identischer Basen darstellen. Von ähnlichen Matrizen kann man daher nur im Falle $V = W$ sprechen.

Es ist nicht schwer, nachzuweisen, dass die *Ähnlichkeit von Matrizen eine Äquivalenzrelation ist* (Aufgabe).

Während ein einfaches Kriterium (notwendige und hinreichende Bedingung) dafür angeben konnten, wann zwei Matrizen äquivalent sind (Gleichheit des Ranges), liegt eine befriedigende Bedingung für die Ähnlichkeit wesentlich tiefer (Jordan'sche Normalform, Abschnitt 9.1).

Aufgaben

4.4. Es sei $\mathcal{A}, \mathcal{B} \in \mathfrak{L}_{V,V}$, $\dim V < \infty$, $\operatorname{rg}\mathcal{A} = r$, $\operatorname{rg}\mathcal{B} = s$. Geben Sie Beispiele, in denen folgendes eintritt bzw. eine Begründung im Falle der Unmöglichkeit ($\mathcal{C} := \mathcal{A} \circ \mathcal{B}$):

    i) $\operatorname{rg}\mathcal{C} = \min(r, s)$

   ii) $\operatorname{rg}\mathcal{C} < \min(r, s)$

  iii) $\operatorname{rg}\mathcal{C} > \min(r, s)$.

4.5. Zeigen Sie, dass die Matrizen $A = \begin{pmatrix} 1 & -1 \\ 1 & 1 \end{pmatrix}$ und $S = \begin{pmatrix} 1 & 0 \\ 0 & 1 \end{pmatrix}$ nicht ähnlich sind.

4.6. Kann es ähnliche Matrizen unterschiedlichen Ranges geben?

4.7. Untersuchen Sie, ob je zwei 2×2-Matrizen des Ranges 1 zueinander ähnlich sind!

4.8. Zeigen Sie, dass die Ähnlichkeit von Matrizen zu einer Äquivalenzrelation führt.

4.9. Die m×n-Matrix A stelle die Abbildung $\mathcal{A} : V \to W$ dar. Es sei $\mathcal{A}(V) \subset W$. Welche Ungleichungen in starker ($<$) oder schwacher ($\leq$) Form bestehen zwischen den Größen m, n und $r = \mathrm{rg}\,\mathcal{A}$? Schließen Sie, dass es eine nichttriviale Lösung von $A^t \mathbf{y} = \mathbf{0}$ gibt ($\mathbf{y} \in K^m$).

4.5 Direkte Summen; Quotientenräume

Summe und direkte Summe linearer Räume. In diesem Abschnitt sei W ein linearer Raum über K, U und V Teilräume von W.

Definition 4.5.1 (Summe von Räumen). *Die* Summe zweier linearer Teilräume $U + V$ *ist*

$$U + V = \{\mathbf{x} : \exists\, \mathbf{u} \in U, \mathbf{v} \in V \text{ mit } \mathbf{x} = \mathbf{u} + \mathbf{v}\}.$$

Bemerkung. Die Verallgemeinerung der Summe für endlich viele Summanden liegt auf der Hand.

Lemma 4.5.1. *Mit U und V ist $U + V$ wieder ein linearer Raum. Außerdem gilt*

$$U + U = U.$$

Der *Beweis* ergibt sich ganz direkt.

Satz 4.5.1 (Charakterisierung der Summe). *Es ist*

$$U + V = \bigcap_{T \supseteq U, V} T.$$

Dabei wird der Durchschnitt über Teilräume von W erstreckt.

Beweis. Wir setzen $S := U + V$ und $R = \bigcap_{T \supseteq U, V} T$. Dann gilt für den linearen Raum S klarerweise $S \supseteq U, V$. S wird also zum Durchschnitt zugelassen und somit ist $S \supseteq R$. – Andererseits muss jeder lineare Raum, der U und V enthält, auch jede Linearkombination von Elementen von U bzw. V enthalten, also die Elemente von S. Somit gilt auch $S \subseteq R$ und insgesamt $R = S$. $\quad\square$

Bemerkung. Diese Aussage gilt sinngemäß für endlich viele Summanden.

Beispiel. Wie durch Betrachtung aufspannender Vektoren leicht überprüfbar, ist im Falle $W = \mathbb{R}^3$ die Summe aus einer Ebene E durch $\mathbf{0}$ und einer Geraden g durch $\mathbf{0}$ (die nicht in der Ebene liegen soll), $\mathbb{R}^3$, und jedes $\mathbf{x} \in \mathbb{R}^3$ lässt sich eindeutig in der Form $\mathbf{x} = \mathbf{u} + \mathbf{v}$ ($\mathbf{u} \in E$, $\mathbf{v} \in g$) darstellen. – Ersetzt man die Gerade g durch eine Ebene F (die E nur in einer Geraden schneidet), so trifft diese Aussage auch zu, allerdings ist die Eindeutigkeit der Darstellung nicht mehr gegeben. Wir betrachten z.B. die vielen Darstellungen von $\mathbf{0}$ als einschlägige Summe,

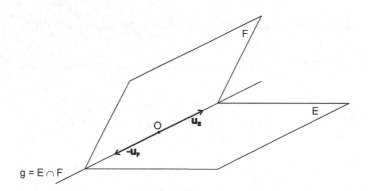

Abbildung 4.2: Zur Summe von Teilräumen

$0 = \mathbf{u}_E + (-\mathbf{u}_F)$ mit einem beliebigen und in mannigfacher Weise wählbaren Vektor $\mathbf{u} \in g = E \cap F$. (Die Indizes geben an, als in welchem Raum liegend wir $\mathbf{u}$ jeweils betrachten.) Siehe die Abbildung.
– Den Fall, in dem die Darstellung eindeutig ist, zeichnet man durch eine Definition aus:

Definition 4.5.2 (Direkte Summe). *S heißt* direkte Summe *der linearen Teilräume $U, V \subseteq W$, wenn*

   i) $S = U + V$ *und*

   ii) jede Zerlegung $\mathbf{x} = \mathbf{u} + \mathbf{v}$ *($\mathbf{x} \in S, \mathbf{u} \in U, \mathbf{v} \in V$) eindeutig ist.*

Man schreibt in diesem Falle
$$X = U \oplus V.$$

Der folgende Satz wird schon durch die obigen Beispiele im $\mathbb{R}^3$ nahe gelegt bzw. illustriert:

Satz 4.5.2 (Charakterisierung der direkten Summe).

$$S = U \oplus V \Leftrightarrow \begin{cases} i) & S = U + V \, und \\ ii) & U \cap V = \{\mathbf{0}\} \end{cases}$$

Beweis. i) ($\Rightarrow$) Wenn $S = U \oplus V$, so ist jedenfalls $S = U + V$. Nehmen wir an, es wäre $U \cap V \supset \{\mathbf{0}\}$. Dann wählen wir ein $\mathbf{x} \in U \cap V, \mathbf{x} \neq \mathbf{0}$. Sei $\mathbf{u} + \mathbf{v}$ eine Darstellung irgendeines Elementes von S ($\mathbf{u} \in U, \mathbf{v} \in V$). Dann ist $(\mathbf{u}-\mathbf{x})+(\mathbf{v}+\mathbf{x})$ eine gleichartige, aber andere Darstellung dieses Elementes, im Widerspruch zu $S = U \oplus V$.

ii) ($\Leftarrow$) Es mögen jetzt die beiden Eigenschaften auf der rechten Seite gelten. Wir betrachten ein $\mathbf{s} \in S$ und zwei Darstellungen,

$$\mathbf{s} = \mathbf{u} + \mathbf{v}, \quad \mathbf{s}' = \mathbf{u}' + \mathbf{v}',$$

mit $\mathbf{u}, \mathbf{u}' \in U, \mathbf{v}, \mathbf{v}' \in V$ (*zulässige* Darstellungen). Subtraktion ergibt eine zulässige Darstellung von $\mathbf{0} = (\mathbf{u} - \mathbf{u}') + (\mathbf{v} - \mathbf{v}')$, d.h. $\mathbf{u}' - \mathbf{u} = \mathbf{v} - \mathbf{v}'$. Links (rechts) vom Gleichheitszeichen steht ein Element von U (V), also liegen beide Seiten der Gleichung in $U \cap V$. Es folgt $\mathbf{u} - \mathbf{u}' = \mathbf{v} - \mathbf{v}' = \mathbf{0}$, die gestrichenen und die nicht gestrichenen Größen stimmen überein. Somit hat es sich ursprünglich notwendig um dieselbe Darstellung gehandelt und somit ist $S = U \oplus V$. $\qquad\square$

Beispiel (Gerade und ungerade Funktionen). I sei ein um $0 \in \mathbb{R}$ symmetrisches Interverall, F der lineare Raum aller Abbildungen $I \to \mathbb{R}$. $f \in F$ heißt *gerade*, wenn $f(x) = f(-x) \;\; \forall x \in I$, und *ungerade*, wenn $f(x) = -f(-x) \;\; \forall x \in I$. Die Menge aller geraden Abbildungen bezeichnen wir mit U, die Menge aller ungeraden mit V. Offensichtlich sind U und V lineare Räume.

Jedem $f \in F$ kann nun eine gerade Funktion u und eine ungerade Funktion v zugeordnet werden kraft

$$u(x) = \frac{1}{2}(f(x) + f(-x)) \text{ bzw. } v(x) = \frac{1}{2}(f(x) - f(-x))$$

und ersichtlich ist $f = u + v$, d.h. $F = U + V$. Aus der Definition der Begriffe gerade bzw. ungerade geht sofort hervor, dass $U \cap V = \{0\}$ (die konstante Funktion 0). Nach dem Satz liegt damit sogar eine direkte Summe vor: $F = U \oplus V$. Die Zerlegung in geraden und ungeraden Anteil ist also *eindeutig*.

Folgende Verallgemeinerung der direkten Summe liegt auf der Hand:

Definition 4.5.3 (Direkte Summe – allgemeiner). *S heißt* direkte Summe *von linearen Teilräumen* $U_1, \dots, U_m \subseteq W$, *wenn*

i) $S = \sum_{j=1}^{m} U_j$ *und*

ii) jede Zerlegung $\mathbf{x} = \sum_{j=1}^{m} \mathbf{u}_j$ ($\mathbf{x} \in S, \mathbf{u}_j \in U_j$) *eindeutig ist.*

Man schreibt in diesem Falle

$$X = \bigoplus_{j=1}^{m} U_j.$$

Beispiel. Auch für mehrere Summanden sind uns direkte Summen von der Sache her nichts wirklich Neues. Man wähle in $V = \mathbb{R}^n$ als direkte Summanden die Koordinatenachsen $U_j = [\mathbf{e}_j]$. Die übliche (und bei gegebener Basis eindeutige!) Darstellung eines Vektors $\mathbf{x} = \sum_j x_j \mathbf{e}_j$ erscheint unter diesem Gesichtswinkel als eine Darstellung durch Elemente $x_j \mathbf{e}_j$ der direkten Summanden U_j.

Für die folgende Kennzeichnung direkter Summen verwenden wir auch die Summenräume

$$V_j := \sum_{k \neq j} U_k,$$

wo also U_j als Summand nicht zugelassen wird.

Satz 4.5.3 (Charakterisierung der direkten Summe).

$$S = \bigoplus U_j \Leftrightarrow \left\{ \begin{array}{ll} i) & S = \sum U_j \, und \\ ii) & U_j \cap V_j = \{\mathbf{0}\} \; \forall j \end{array} \right.$$

Beweis. $\Rightarrow$: Gültigkeit der Aussage i) ist klar. Zum Beweis von ii) untersuchen wir für einen beliebigen Index j ein $x \in U_j \cap V_j$. Wenn $x \neq 0$ wäre, so hätten wir folgende Darstellung für $0 \in \bigoplus U_j$: $0 = x + (-x)$, wobei natürlich auch $-x \in V_j$ und somit $-x = \sum_{k \neq j} v_k$ mit passenden $v_k \in U_k$. Setzen wir noch $v_j := x (\in U_j!)$, so haben wir eine nichttriviale Darstellung $0 = \sum_j v_j$ im Sinne der Summe der U_j; indessen ist $\sum_j 0$ eine gleichartige Darstellung, im Widerspruch zur Eindeutigkeit der Darstellung jedes Elementes bei einer direkten Summe. Es muss also in der Tat $U_j \cap V_j = \{0\} \; \forall j$ sein.

$\Leftarrow$: Es mögen die Eigenschaften i) und ii) erfüllt sein. Nehmen wir indirekt an, dass S nicht *direkte* Summe ist, so kann das wegen Erfülltsein von i) nur bedeuten, dass ein gewisses $x \in S$ zwei Darstellungen im Sinn der Summe hat: $x = \sum_j u_j = \sum_j u'_j$. Es sei o.B.d.A. $u_1 \neq u'_1$. Dann ist $u'_1 - u_1 = \sum_{j>1}(u_j - u'_j)$. Natürlich ist $u'_1 - u_1 \in U_1$, wegen der rechten Seite aber auch in V_1, also $U_1 \cap V_1 \supset \{0\}$, im Widerspruch zur vorausgesetzten Gültigkeit von ii). $\qquad \Box$

Dimensionsaussagen für direkte Summen. Bei der Bildung der Summe zweier Räume U, V wird sich i.A. die Dimension gegenüber den Einzelräumen vergrößern. Natürlich kann man nicht erwarten, dass sich die Dimensionen einfach addieren, wie man am Falle $U = V$ sieht, wo ja $\dim(U + V) = \dim U$. Es gilt aber

Satz 4.5.4 (Dimensionssatz für Summen). *Für Teilräume $U, V \subseteq W$ gilt*

$$\dim(U + V) + \dim(U \cap V) = \dim U + \dim V. \tag{4.6}$$

Beweis. Ausgehend von einer Basis $B_0 = (f_1, \ldots, f_p)$ für $U \cap V$ ergänzen wir zu einer

Basis für U: $B_U = (f_1, \ldots, f_p, g_1, \ldots, g_q)$

Basis für V: $B_V = (f_1, \ldots, f_p, h_1, \ldots, h_r)$ und zum

System von Vektoren $B = (f_1, \ldots, f_p, g_1, \ldots, g_q, h_1, \ldots, h_r)$.

Wir zeigen: *B ist eine Basis zu $U + V$*. Ist dies gezeigt, so ist der Satz bewiesen. Denn in der algebraisch zweifellos richtigen Beziehung

$$(p + q + r) + (p) = (p + q) + (p + r)$$

erkennt man dann in den geklammerten Ausdrücken die in Gleichung 4.6 auftretenden Dimensionen.

Zunächst sieht man leicht allgemein, dass für irgendwelche Systeme C und D von Vektoren

$$[C \cup D] = [C] + [D]$$

ist; daher gilt wegen $B = B_U \cup B_V$ die Beziehung $[B] = [B_U] + [B_V]$, d.h. $[B] = U + V$.

Es bleibt also nur noch zu zeigen, dass die Eintragungen in B linear unabhängig sind. Dazu gehen wir von irgendeiner Darstellung von 0 aus: $\sum_i \lambda_i f_i + \sum_j \mu_j g_j + \sum_k \nu_k h_k = 0$. Diese Darstellung schreiben wir sofort in der Form

$\sum_i \lambda_i \mathbf{f}_i + \sum_j \mu_j \mathbf{g}_j = -\sum_k \nu_k \mathbf{h}_k$. Nach Ausweis der beteiligten Basiselemente gehört die linke Seite zu U, die rechte zu V, daher beide zu $U \cap V$.

Wenden wir uns zuerst dem rechts stehenden Element zu, so ist es in der Form $-\sum_k \nu_k \mathbf{h}_k = \sum_i \lambda_i' \mathbf{f}_i$ mit gewissen Koeffizienten λ_i' darstellbar, da die $\mathbf{f}_i$ eine Basis von $U \cap V$ bilden; d.h., es ist $\sum_i \lambda_i' \mathbf{f}_i + \sum_k \nu_k \mathbf{h}_k = \mathbf{0}$, und da die auftretenden Vektoren gerade die Basiselemente von V sind, müssen alle Koeffizienten 0 sein. Insbesondere gilt $\forall k : \nu_k = 0$, also $-\sum_k \nu_k \mathbf{h}_k = \mathbf{0}$.

Von der oben stehenden Beziehung verbleibt damit $\sum_i \lambda_i \mathbf{f}_i + \sum_j \mu_j \mathbf{g}_j = \mathbf{0}$. Da jetzt gerade die Basisvektoren von U auftreten, folgt $\lambda_i = 0 \ \forall i$ und $\mu_j = 0 \ \forall j$. Die ursprüngliche Linearkombination ist damit die triviale.

$\square$

Satz 4.5.5 (Dimensionssatz für direkte Summen). *Sind $U_1, \ldots, U_r$ solche Teilräume von W, dass die Summe $\sum_j U_j$ sogar eine direkte ist, dann besteht die Beziehung*

$$\dim(\bigoplus_{j=1}^r U_j) = \sum_{j=1}^r \dim U_j. \tag{4.7}$$

Beweis. Der Beweis erfolgt durch Induktion nach r, der Anzahl der Summanden. Für $r = 2$ handelt es sich gerade um die Aussage des vorangehenden Satzes unter Beachtung des Umstandes, dass für direkte Summanden $U_1 \cap U_2 = \{\mathbf{0}\}$ gilt. – Der Induktionsschritt lässt sich genügend klar am Übergang $2 \rightsquigarrow 3$ erläutern. Wir bedenken dazu, dass unter unseren Voraussetzungen $(U_1 \oplus U_2) \cap U_3 = \{\mathbf{0}\}$ ist. Direkte Anwendung des vorhergehenden Satzes liefert dann

$$\dim((U_1 \oplus U_2) \oplus U_3) = \dim(U_1 \oplus U_2) + \dim U_3 = \sum_j dim U_j.$$

$\square$

Quotientenräume. U sei ein Teilraum von V, z.B. der Kern einer linearen Abbildung $\mathcal{A} : V \to W$. Dann liegt es nahe, zwei Elemente $\mathbf{x}, \mathbf{x}' \in V$ nur dann für unterschiedlich (nicht äquivalent) zu halten, wenn sie unterschiedliches $\mathcal{A}$-Bild liefern, d.h. $\mathcal{A}(\mathbf{x} - \mathbf{x}') = \mathbf{0}$, d.h. $\mathbf{x} - \mathbf{x}' \in U$. Wir nehmen das zum Anlass für die Definition

$$\mathbf{x} \overset{U}{\sim} \mathbf{x}' \Leftrightarrow \mathbf{x} - \mathbf{x}' \in U.$$

Man beweist ohne Schwierigkeiten

Lemma 4.5.2. $\overset{U}{\sim}$ *ist eine Äquivalenzrelation in V. Zudem gilt*

$$\mathbf{x} \overset{U}{\sim} \mathbf{x}' \Leftrightarrow \mathbf{x} \in \mathbf{x}' + U \text{ bzw. gleichermaßen } \mathbf{x}' \in \mathbf{x} + U.$$

Beispiel. Ist $V = \mathbb{R}^2$ und U eine Gerade g durch $\mathbf{0}$, so ist $\mathbf{x} \sim \mathbf{x}'$, wenn $\mathbf{x}' \in \mathbf{x} + g$, d.h. wenn beide Punkte auf ein und derselben parallel verschobenen Version der Geraden liegen. – Ähnlich verhält es sich, wenn $V = \mathbb{R}^3$ und U wieder eine Gerade oder Ebene durch $\mathbf{0}$ ist.

Fasst man alle zu $\mathbf{x}$ äquivalenten Punkte zusammen, so erhält man genau $\mathbf{x}+U =:$ $\bar{\mathbf{x}}$. Trotz der Schreibweise handelt es sich bei $\bar{\mathbf{x}}$ um kein *Element*, sondern um eine *Teilmenge* von V. Nun gilt aber für beliebiges $\mathbf{x}, \mathbf{y} \in V$ Folgendes (man beachte dabei, dass $U + U = U$): $(\mathbf{x} + U) + (\mathbf{y} + U) = (\mathbf{x} + \mathbf{y}) + U$.

Im Falle des Beispiels von vorhin ($U = g$) ist $\mathbf{x}+g$ genau Gerade g, die so verschoben ist, dass sie durch $\mathbf{x}$ geht. Für $\mathbf{y}$ gilt das Entsprechende. In einer Gleichheit $(\mathbf{x} + g) + (\mathbf{y} + g) = (\mathbf{x} + \mathbf{y}) + g$ finden wir *links* die Menge aller Punkte, die als Summe je eines Elements von $\mathbf{x} + g$ und von $\mathbf{y} + g$ darstellbar sind; laut geometrischer Evidenz ergibt dies genau die Gerade $(\mathbf{x} + \mathbf{y}) + g$. In dem Sinn können wir also die $\bar{\mathbf{x}}$ usw., d.h. die Geraden $\mathbf{x} + g$ usw. addieren, wie die Abbildung weiter illustriert.

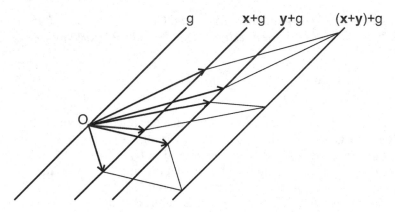

Abbildung 4.3: Zur Addition von Elementen des Quotientenraums

Wir kehren zum Allgemeinen zurück und machen mit der Addition $\bar{\mathbf{x}} + \bar{\mathbf{y}} = (\mathbf{x} + U) + (\mathbf{y} + U)$ Ernst. Dazu betrachten wir als grundlegende Menge

$$V/U := \{\bar{\mathbf{x}} : \mathbf{x} \in V\} \quad (\textit{Quotientenraum V nach U})$$

Die *Addition* definieren wir durch

$$\bar{\mathbf{x}} + \bar{\mathbf{y}} := \overline{(\mathbf{x} + \mathbf{y})}$$

und die Multiplikation mit $\lambda \in K$ gemäß

$$\lambda \bar{\mathbf{x}} := \overline{\lambda \mathbf{x}}.$$

Zunächst beruhigen wir unser Gewissen:

Lemma 4.5.3. *Addition sowie Multiplikation mit einem Skalar in V/U sind wohl definiert.*

Beweis. Man sieht das Problem und seine Lösung hinreichend klar bereits am Fall der Addition. Das Problem besteht darin, dass zwar vielleicht für gewisse Elemente $\mathbf{x}, \mathbf{x}', \mathbf{y}, \mathbf{y}'$ die Gleichheit $\bar{\mathbf{x}} = \bar{\mathbf{x}}'$ und $\bar{\mathbf{y}} = \bar{\mathbf{y}}'$ bestehen könnte, aber vielleicht $\overline{\mathbf{x} + \mathbf{y}} \neq \overline{\mathbf{x}' + \mathbf{y}'}$ wäre. In diesem Fall wäre die Definition von der Grundstruktur her fehlerhaft; denn die linke Seite in der Definition hat als Argumente nur $\bar{x}$ und $\bar{y}$, daher darf $\bar{x} + \bar{y}$ *nur* von diesen Argumenten abhängen. Man kann aber z.B. aus $\bar{x}$ das Vektorraumelement x nicht „herausziehen", weil $\bar{x}$ die gewisse Menge ist, in der x von den anderen Elementen durch nichts ausgezeichnet ist; dass wir x zur Beschreibung der Menge verwendet haben, ändert diesen Umstand nicht.

Etwas anders gewendet: notieren wir die zu definierende Addition als $\xi + \eta$ ($\xi, \eta \in V/U$), wählen wir dann, um die obige Definition anschreiben zu können, willkürlich $x \in \xi$, $y \in \eta$ und definieren $\xi + \eta = \overline{x + y}$. Soll dies sinnvoll sein, muss die rechte Seite für jede Wahl der *Repräsentanten* x, y von ξ, η dasselbe Resultat ergeben.

Dies trifft aber zu. Es seien nämlich x', y' irgendwelche anderen Repräsentanten von ξ bzw. η. Beachten wir, dass allgemein für $u \in U$ stets $u + U = U$ (leicht). Dann ist wegen $x' - x \in U$, $y' - y \in U$

$$\overline{x' + y'} = x' + y' + U = x + y + \underbrace{(x - x')}_{\in U} + \underbrace{(y - y')}_{\in U} + U = x + y + U = \overline{x + y}.$$

Die für eine sinnvolle Definition notwendige *Unabhängigkeit von der Wahl der Repräsentanten* ist damit erwiesen. $\square$

Quotientenabbildung. $\mathcal{A} : V \to W$ sei eine lineare Abbildung. Von Interesse ist hier vor allem der Fall eines nicht trivialen Nullraums $\mathcal{N}(\mathcal{A}) =: U \supset \{0\}$ oder dass $Im(\mathcal{A}) \subset W$. Wie kann man aus $\mathcal{A}$ eine bijektive Abbildung konstruieren, die das Wesentliche beibehält?

Dazu lassen wir im Originalraum die störenden Anteile aus $\mathcal{N}(\mathcal{A})$ gleichsam weg, wir gehen über zu $V/\mathcal{N}(\mathcal{A})$; im Bildraum behalten wir lediglich die benötigten Elemente bei, d.h., wir betrachten als Bildraum $Im(\mathcal{A})$. Wegen $\mathcal{A}(\mathcal{N}(\mathcal{A})) = \{0\}$ ist $\mathcal{A}(x + \mathcal{N}(\mathcal{A})) = \mathcal{A}(x)$. Definiert man also eine Abbildung $\tilde{\mathcal{A}} : V/\mathcal{N}(\mathcal{A}) \to Im(\mathcal{A})$ gemäß $\tilde{\mathcal{A}}(\bar{x}) := \mathcal{A}(x)$, so ist diese wegen der soeben gezeigten Konstanz von $\mathcal{A}$ auf $x + \mathcal{N}(\mathcal{A})$ wohl definiert. – Diese und weitere Eigenschaften formulieren wir im

Satz 4.5.6 (Quotientenabbildung: Existenz und Eindeutigkeit). *Für jede lineare Abbildung $\mathcal{A}$ ist die* Quotientenabbildung

$$\tilde{\mathcal{A}}(\bar{x}) := \mathcal{A}(x) \quad (\tilde{\mathcal{A}} : V/\mathcal{N}(\mathcal{A}) \to Im(\mathcal{A}))$$

wohl definiert, linear und bijektiv.

Beweis. Hinsichtlich Linearität zeigt man zuerst die Additivität. Bezüglich der Addition im Quotientenraum siehe Lemma 4.5.3. Es ist dann einfach $\tilde{\mathcal{A}}(x + x') = \mathcal{A}(x + x') = \mathcal{A}(x) + \mathcal{A}(x') = \tilde{\mathcal{A}}(\bar{x}) + \tilde{\mathcal{A}}(\overline{x'})$. Wir beachten dabei wiederum, dass für jeden Repräsentanten einer Klasse $\bar{x}$ das $\mathcal{A}$-Bild das Nämliche ist. – Die Homogenität zeigt man ähnlich.

Aus folgendem Grund ist $\tilde{\mathcal{A}}$ injektiv: gilt $\tilde{\mathcal{A}}(\bar{x}) = \tilde{\mathcal{A}}(\overline{x'})$, so gilt für die Bilder der entsprechenden Repräsentanten $\mathcal{A}(x) = \mathcal{A}(x')$, folglich $x - x' \in \mathcal{N}(\mathcal{A})$, d.h. $\bar{x} = \overline{x'}$.

Schließlich ist $\tilde{\mathcal{A}}$ surjektiv, weil sie dieselben Bilder annimmt wie $\mathcal{A}$ und der Bildraum als $Im(\mathcal{A})$ gewählt wurde. $\qquad\square$

Beispiel (Differentiation von Polynomen). Wir betrachten die Differentiationsabbildung $\mathcal{D} : \mathcal{P}_n \to \mathcal{P}_n$, $\mathcal{D}(p) = p'$. $\mathcal{P}_n$ ist dabei die Menge aller Polynome höchstens n-ten Grades. $\mathcal{N}(\mathcal{D})$ ist die Menge aller konstanten Polynome, also $\mathcal{P}_0$, und $D(\mathcal{P}_n) = \mathcal{P}_{n-1}$. Somit gilt $\tilde{\mathcal{D}} : \mathcal{P}_n/\mathcal{P}_0 \to \mathcal{P}_{n-1}$. Die Bildmenge setzt der Deutung keine Schwierigkeiten entgegen. Der Originalraum besteht aus Klassen von Polynomen, die sich um eine additive Konstante unterscheiden und die wir daher bezüglich der Differentiation als gleich ansehen dürfen.

Beispiel. Es lohnt, vom jetzigen Standpunkt aus zur speziellen Matrixdarstellung einer beliebigen linearen Abbildung in Gleichung 4.5 zurückzukehren. Wie ein Blick unter der jetzigen Betrachtungsweise lehrt, ist die Matrix von $\tilde{\mathcal{A}}$ bezüglich nahe liegender Basen die Einheitsmatrix links oben. Als Basis für $V/\mathcal{N}(\mathcal{A})$ wählt man einfach $\bar{\mathbf{v}}_1, \ldots, \bar{\mathbf{v}}_r$, während man im Bildraum die $\mathcal{A}(\mathbf{v}_j)$ als Basiselemente wählt, womit man gerade $Im(\mathcal{A})$ erzeugt.

Isomorphismen. Wann sind zwei lineare Räume als gleich anzusehen? Sicher wird man dazu verlangen müssen, dass der Grundkörper K übereinstimmt. Im Übrigen wird ein linearer Raum aufgebaut durch

  i) die grundlegende Menge und

  ii) die additive Struktur gemäß den Vektorraumaxiomen.

Lassen sich nun diese Strukturen für zwei lineare Räume wechselweise ineinander überführen, so kann man in gewisser Weise die Räume als gleich ansehen (haben wir schon gemacht: wir haben z.B. für ein Polynom $\sum a_k x^k$ alternativ $(a_0, a_1, \ldots, a_n) \in \mathbb{R}^{n+1}$ geschrieben). Wie geben daher die

Definition 4.5.4 (Vektorraumisomorphie). *Eine lineare Abbildung $\mathcal{A}: V \to W$ (V, W lineare Räume) heißt* (Vektorraum-)Isomorphismus, *wenn*

  i) $\mathcal{A}$ bijektiv ist und

  ii) $\mathcal{A}$ und $\mathcal{A}^{-1}$ linear sind.

Zwei lineare Räume heißen isomorph, *wenn es einen Vektorraumisomorphismus zwischen ihnen gibt.*

Bemerkung. Die Forderung an $\mathcal{A}^{-1}$ stellen wir natürlich nur, um eine Symmetrie augenfällig zu machen. Wir wissen, dass das Inverse einer invertierbaren linearen Abbildung wieder linear ist.

Lemma 4.5.4 (Isomorphie als Äquivalenzrelation). *Die Isomorphie von Vektorräumen ist eine Äquivalenzrelation über der Gesamtheit aller Vektorräume über einem Körper K.*

Beweis. Im Falle der Isomorphie schreiben wir $V \sim W$. – *Erstens* ist stets $V \sim V$, da die Identität $\mathcal{I} : V \to V$ ein Isomorphismus ist. – *Zweitens* gilt die Reflexivität: denn aufgrund der sorgfältigen Formulierung von Punkt ii) in der Definition sieht man sofort, dass aus $V \sim W$ auch $W \sim V$ folgt. – *Drittens* ist die Relation transitiv: vermittelt nämlich $\mathcal{A}$ eine Isomorphie zwischen V und W, $\mathcal{B}$ eine solche zwischen W und X, so ist es unmittelbar klar, dass $\mathcal{B} \circ \mathcal{A} : V \to X$ ein Isomorphismus zwischen V und X ist. $\qquad\square$

Satz 4.5.7 (Isomorphie und Dimension). *Zwei endlichdimensionale lineare Räume über K sind genau dann isomorph, wenn ihre Dimensionen übereinstimmen.*

Beweis. *Erstens* möge für zwei lineare Räume gelten: $\dim V = \dim W =: n$. $(\mathbf{e}_1, \ldots, \mathbf{e}_n)$ sei eine Basis für V, $(\mathbf{f}_1, \ldots, \mathbf{f}_n)$ eine für W. Die lineare Abbildung, die bezüglich diesen Basen durch die Einheitsmatrix dargestellt wird, ist dann unmittelbar als Isomorphismus zu erkennen.
Zweitens mögen die Räume isomorph sein; $\mathcal{A}$ sei ein Isomorphismus. Betrachten wir irgendwelche Vektoren $\mathbf{v}_1, \mathbf{v}_2, \ldots$ in V und die Bilder $\mathbf{w}_1 = \mathcal{A}(\mathbf{v}_1), \ldots$ in W, so entspricht jede triviale (nichttiviale) Darstellung $\sum \lambda_j \mathbf{v}_j = \mathbf{0}$ von $\mathbf{0}$ in V umkehrbar eindeutig einer trivialen (nichttrivialen) Darstellung $\sum_j \lambda_j \mathbf{w}_j = \mathbf{0}$ in W; insbesondere stimmt daher die Maximalzahl linear unabhängiger Vektoren, also die Dimension, überein. $\qquad\square$

Wegen $\dim K^n = n$ gilt daher

Korrollar 4.5.1. *Jeder endlichdimensionale lineare Raum V ist isomorph zu K^n, wobei K der Grundkörper und $n = \dim V$ ist.*

Bemerkung (Automorphismus). Eine bijektive lineare Abbildung eines linearen Raumes V in sich heißt *(Vektorraum-)Automorphismus* von V. – Die Menge aller Autmorphismen über V bildet, wie man in bekannter Weise direkt nachprüft, bezüglich der Zusammensetzung eine Gruppe. Diese ist ihrerseits im gruppentheoretischen Sinn isomorph zur multiplikativen Gruppe der nichtsingulären $n \times n$-Matrizen ($n = \dim V$) über dem Grundkörper K.

Einige Isomorphiesätze. U und V seien Teilräume eines linearen Raumes W. Wir betrachten zwei Quotientenräume, und zwar $(U + V)/U$ sowie $V/(U \cap V)$. Die Zuordnung $U + V \to (U + V)/U$ drücken wir durch $\mathbf{x} \to \bar{\mathbf{x}}$ aus, jene von $V \to V/(U \cap V)$ durch $\mathbf{v} \to \check{\mathbf{v}}$.

Satz 4.5.8. *Die genannten Quotientenräume sind isomorph:*

$$(U + V)/U \sim V/(U \cap V).$$

Beweis. Wir beachten zunächst, dass mit $\mathbf{u} \in U$, $\mathbf{v} \in V$: $\overline{\mathbf{u} + \mathbf{v}} = \mathbf{v} + (\mathbf{u} + U) = \bar{\mathbf{v}}$. Wir erhalten also mit $\bar{\mathbf{v}}$ ($\mathbf{v} \in V$) genau die Elemente von $(U + V)/U$. Jetzt geben wir den Isomorphismus $\phi : (U + V)/U \to V/(U \cap V)$ an:

$$\bar{\mathbf{v}} \to \phi(\bar{\mathbf{v}}) := \check{\mathbf{v}} \quad (\mathbf{v} \in V).$$

Diese Zuordnung wirkt dermaßen: man wähle zu $\bar{\mathbf{v}}$ einen Repräsentanten $\mathbf{v} \in V$ und bilde sodann $\check{\mathbf{v}}$. – Vielleicht liefert ein anderer Repräsentant $\mathbf{v}' \in V$ von $\bar{\mathbf{v}}$ ein unterschiedliches Resultat? Dann wäre ϕ nicht wohldefiniert.

Diese Sorge ist aber unbegründet. Es sei nämlich $\bar{\mathbf{v}} = \overline{\mathbf{v}'}$ ($\mathbf{v}, \mathbf{v}' \in V$). Wir haben zu zeigen $\check{\mathbf{v}} = \check{\mathbf{v}}'$, d.h. $(\mathbf{v} - \mathbf{v}')\check{} = \check{\mathbf{0}}$. Nun ist $\bar{\mathbf{v}} = \overline{\mathbf{v}'}$, d.h. $\mathbf{v} + U = \mathbf{v}' + U$, mithin $\mathbf{v} - \mathbf{v}' \in U$ und natürlich auch $\in V$, also $\mathbf{v} - \mathbf{v}' \in U \cap V$, was $(\mathbf{v} - \mathbf{v}')\check{} = \check{\mathbf{0}}$ bedeutet. – ϕ ist also *wohl definiert*.

Wir zeigen fernerhin: ϕ *ist injektiv*. Es gelte nämlich $\phi(\bar{\mathbf{v}}) = \phi(\overline{\mathbf{v}'})$, d.h. $\check{\mathbf{v}} = \check{\mathbf{v}}'$. Wir formen um:

$$\check{\mathbf{v}} = \check{\mathbf{v}}' \Rightarrow \mathbf{v} + U \cap V = \mathbf{v}' + U \cap V \Rightarrow \mathbf{v} - \mathbf{v}' \in U \cap V \Rightarrow \mathbf{v} - \mathbf{v}' \in U \Rightarrow \bar{\mathbf{v}} = \overline{\mathbf{v}'}.$$

Die *Surjektivität* ergibt sich daraus, dass die als Argumente von ϕ auftretenden $\bar{\mathbf{v}}$ jedenfalls alle diejenigen umfassen, die man mit $\mathbf{v} \in V$ erzielt; woraus folgt, dass alle $\check{\mathbf{v}}$ mit $\mathbf{v} \in V$ als ϕ-Bilder auftreten, was aber die gesamte Menge $V/(U + V)$ erzeugt.

Der Nachweis der *Verträglichkeit mit der linearen Struktur* steht noch aus. Hier wählen wir für Repräsentanten von Argumenten von ϕ gleich Elemente in V ($\mathbf{u} = \mathbf{0}$ in unserer früheren Bezeichnung). Daher:

$$\phi(\lambda\bar{\mathbf{v}} + \lambda'\overline{\mathbf{v}'}) = \phi(\overline{\lambda\mathbf{v} + \lambda'\mathbf{v}'}) = (\lambda\mathbf{v} + \lambda'\mathbf{v}')\check{} = \lambda\check{\mathbf{v}} + \lambda'\check{\mathbf{v}}' = \lambda\phi(\bar{\mathbf{v}}) + \lambda'\phi(\overline{\mathbf{v}'}).$$

□

Kehren wir zur direkten Summe zurück, so liegt doch die Frage nahe, ob es sozusagen eine direkte Differenz gibt, d.h., ob es zu linearen Räumen S und U, $S \supset U$, ein V gibt mit $S = U \oplus V$. – Man macht sich am Fall $S = R^2$, $U = g$, eine Gerade durch $\mathbf{0}$, sofort klar, dass jede Gerade h durch $\mathbf{0}$ mit $g \cap h = \{\mathbf{0}\}$ die Beziehung $S = g \oplus h$ erfüllt, dass somit alle derartigen eindimensionalen Teilräume dies leisten. Eindeutigkeit ist also sicher nicht gegeben. Auf Grund dieses und ähnlicher Beispiele niedriger Dimension vermuten wir

Satz 4.5.9 (Existenz des Komplements). *S und U seien lineare Räume, $S \supset U$, $\dim(S) < \infty$. Dann existiert ein Teilraum $V \subset S$ (das* Komplement von U in S*) mit $S = U \oplus V$. – Das Komplement V ist i.A. nicht eindeutig bestimmt.*

Beweis. Man ergänze einfach eine Basis $\mathbf{u}_1, \ldots, \mathbf{u}_m$ von U zu einer Basis $\mathbf{u}_1, \ldots, \mathbf{u}_m, \mathbf{u}_{m+1}, \ldots, \mathbf{u}_n$ von S. Dann leistet $V := [\mathbf{u}_{m+1}, \ldots, \mathbf{u}_n]$ offenkundig das Gewünschte. □

Wenn auch das Komplement selbst nicht eindeutig bestimmt ist, so doch die Anzahl der fehlenden Dimensionen $\dim S - \dim U$. Dies nennt man die *Codimension* von U in S,

$$\operatorname{codim} U = \dim S - \dim U.$$

Die Differenz $\dim S - \dim U$ kennen wir aber schon. Es ist die Dimension von S/U, weil bei der Quotientenbildung die Basiselemente von U gleichsam weggefallen sind: Sie werden auf $\bar{\mathbf{0}}$ abgebildet. Also gilt der

Satz 4.5.10 (Dimension des Quotientenraums).

$$\dim S/U = \dim S - \dim U = \operatorname{codim} U$$

Wir betrachten jetzt wieder eine lineare Abbildung zwischen endlichdimensionalen linearen Räumen $\mathcal{A} : V \to W$. Dann gilt

Satz 4.5.11 (Dimension von Kern und Bild).

$$\dim V = \dim \mathcal{N}(\mathcal{A}) + \dim Im(\mathcal{A}) \tag{4.8}$$

Beweis. Wie wir wissen, ist $Im\mathcal{A} \sim V/\mathcal{N}(\mathcal{A}))$ (Satz 4.5.6). Folglich ist $\dim Im(\mathcal{A}) = \dim V - \dim \mathcal{N}(\mathcal{A})$. $\qquad\qquad \square$

Bemerkung. Die Aussagen des letzten Satzes sind nicht wirklich neu. Begeben wir uns in die Betrachtungsweise um Gleichung 4.5 und adaptieren wir für unsere jetzige Situation. Sofort lassen wir den uninteressanten Teil des Bildraumes, der nicht getroffen wird, weg und nehmen daher an $W = Im(\mathcal{A})$.
Im Originalraum tritt zunächst $\mathcal{N}(\mathcal{A})$ auf. Seine Dimension nennen wir ν, eine Basis sei $\mathbf{n}_1, \ldots, \mathbf{n}_\nu$. $\mathcal{N}(\mathcal{A})$ wird genau auf $\mathbf{0}$ abgebildet. Daher muss ein beliebiges Komplement U (Basis $\mathbf{u}_1, \ldots, \mathbf{u}_\mu$ mit $\mu = n - \nu$) genau auf $W = Im(\mathcal{A})$ abgebildet werden (Basis $\mathbf{w}_1 := \mathcal{A}(\mathbf{u}_1), \ldots$). Wir sind – mit der Vereinfachung bezüglich des Bildraumes und der jetzigen Notation – genau bei 4.5 und erhalten jetzigen Zusammenhang eine Matrixdarstellung

$$A = \begin{pmatrix} 1 & \cdots & 0 & 0 & & 0 \\ \vdots & \ddots & \vdots & & \ddots & \\ 0 & \cdots & 1 & 0 & & 0 \end{pmatrix} \begin{matrix} \mathbf{w}_1 \\ \vdots \\ \mathbf{w}_\mu \end{matrix} \tag{4.9}$$
$$\ \ \mathbf{u}_1 \ \cdots \ \mathbf{u}_\mu \ \ \mathbf{n}_1 \ \cdots \mathbf{n}_\nu$$

In ihr sieht man die Zerlegung des Originalraums in einen zum Bild isomorphen Raum und dem Nullraum klar und deutlich, woraus sich nochmals die Dimensionsformel ergibt.

Aufgaben

4.10. $g \subset \mathbb{R}^2$ bezeichne eine Gerade, die *nicht* durch $\mathbf{0}$ geht. Ist dann $\mathbf{x} \sim \mathbf{x}' \Leftrightarrow \mathbf{x} - \mathbf{x}' \in g$ eine Äquivalenzrelation?

4.11. V sei ein linearer Raum, M eine Menge $0 \subset M \subseteq V$. Welche Eigenschaften muss M besitzen, damit die Relation $\mathbf{x} \overset{M}{\sim} \mathbf{x}' :\Leftrightarrow \mathbf{x} - \mathbf{x}' \in M$ eine Äquivalenzrelation ist? Können Sie im Falle des $\mathbb{R}^2$, ja schon des $\mathbb{R}^1$, einfache, regelmäßig aufgebaute Mengen angeben (keine linearen Teilräume), die eine Äquivalenzrelation induzieren? Beschreiben Sie die Relation!

4.12. Überprüfen Sie in Zusammenhang mit den Operationen im Quotientenraum, dass $\lambda \bar{\mathbf{x}}$ wohl definiert ist.

5 Lineare Abbildungen – Determinanten

Das Gauß'sche Eliminationsverfahren liefert einen im Grunde vollständigen Überblick über die Lösungsmenge eines linearen Gleichungssystems, kann in Computerprogrammen implementiert werden und seine tatsächliche Verwendung ist weit verbreitet. Das Verfahren beruht im Wesentlichen auf dem Begriff der Linearkombination von Vektoren.

Übersicht

5.1 Determinanten kleiner Matrizen

Verschiedene Beispiele haben uns im Fall von 2×2-Matrizen zum Begriff der Determinante geführt. Dieses Kapitel widmet sich vor allem 3×3-Matrizen bzw. ihren Determinanten. Denn in diesem Fall können wir die geeignete Definition noch leicht herleiten und wollen dies zunächst durchführen.

3×3-Determinanten. Im 2×2-Fall war die Determinante einer Matrix aus Spaltenvektoren a_1, a_2 genau dann $\neq 0$, wenn a_1, a_2 linear unabhängig waren. Zusätzlich zu den obigen Bemerkungen, wonach der Werte der Determinante Auskunft über eventuelle lineare Abhängigkeit gibt, hat die Determinante auch das übersichtliche Anschreiben der Lösung des Gleichungssystems gestattet.
Ein 3×3-Gleichungssystem $Ax = b$ ist genau dann stets eindeutig lösbar, wenn die Spaltenvektoren a_1, a_2, a_3 linear unabhängig sind. Wir suchen daher jetzt nach einer Abbildung $\det : \mathfrak{M}_{33} \to K$ (für die jetzigen Zwecke $K = \mathbb{R}$), sodass

$$\det(a_1, a_2, a_3) \neq 0 \Leftrightarrow a_1, a_2, a_3 \text{ sind l.u.}$$

Folgende geometrische Überlegung ermöglicht eine Herleitung einer solchen Abbildung. Für die lineare Unabhängigkeit von 3 Vektoren a_1, a_2, a_3 ist entscheidend, dass sie nicht in einer Ebene liegen. Nun ist $a_1 \wedge a_2 \perp [a_1, a_2]$. Das Erzeugnis $[a_1, a_2]$ ist im Allgemeinen eine Ebene bzw. in Ausartungsfällen eine Gerade oder ein Punkt.
Die Größe

$$\Delta := \langle a_1 \wedge a_2, a_3 \rangle = \|a_1 \wedge a_2\| \, \|a_3\| \cos \sphericalangle(a_1 \wedge a_2, a_3)$$

hat genau die gewünschten Eigenschaften. *Elementargeometrisch* ist sie nämlich das Volumen des erzeugten Parallelepipeds: $\|a_1 \wedge a_2\|$ ist die Fläche des von a_1 und a_2 aufgespannten Parallelogramms, also die Grundfläche; die Höhe wird aber durch $\|a_3\| \cos \sphericalangle(a_1 \wedge a_2, a_3)$ gegeben, da $\|a_3\|$ mit dem richtigen Verkürzungsfaktor versehen ist.
Sehen wir nun von der Elementargeometrie ab und fragen wir uns auf begrifflicher Ebene, ob $\Delta \neq 0$ tatsächlich genau die lineare Unabhängigkeit der Vektoren ausdrückt. Es ist $\Delta \neq 0$ genau dann, wenn

  i) $\|a_1 \wedge a_2\| \neq 0$ und daher $a_1 \neq 0$, $a_2 \neq 0$ und $a_1 \nparallel a_2$, weshalb $[a_1, a_2]$ eine Ebene (mit Normalenvektor $a_1 \wedge a_2$) ist,

  ii) wenn ferner $a_3 \neq 0$,

  iii) und wenn schließlich noch $\cos \sphericalangle(a_1 \wedge a_2, a_3) \neq 0$ ist, wenn also $a_1 \wedge a_2$ und a_3 nicht orthogonal stehen, d.h., $a_3 \notin [a_1, a_2]$ ($a_1 \wedge a_2$ ist der Normalenvektor auf die Ebene!).

Die Bedingungen drücken zusammen aber gerade die lineare Unabhängigkeit von a_1, a_2, a_3 aus; diese ist demnach gleichbedeutend zu $\Delta \neq 0$, sodass Δ diese erwünschte Eigenschaft besitzt. – Wir halten uns also überzeugt, mit Δ das richtige Objekt gefunden zu haben.

Der Ausdruck $\langle \mathbf{a}_1 \wedge \mathbf{a}_2, \mathbf{a}_3 \rangle$ für Δ lässt sich aber leicht auswerten, so dass man zur *Definition der Determinante im 3×3-Fall* gelangt:

$$\Delta = \det A = \det(\mathbf{a}_1, \mathbf{a}_2, \mathbf{a}_3) = \begin{vmatrix} a_{11} & a_{12} & a_{13} \\ a_{21} & a_{22} & a_{23} \\ a_{31} & a_{32} & a_{33} \end{vmatrix} :=$$

$$:= +a_{11}a_{22}a_{33} + a_{12}a_{23}a_{31} + a_{13}a_{21}a_{32}$$

$$- a_{11}a_{23}a_{32} - a_{12}a_{21}a_{33} - a_{13}a_{22}a_{31}. \tag{5.1}$$

Determinante und Gleichungssystem. Löst man – mit mehr Rechenaufwand, aber ähnlich wie im 2×2-Fall – ein 3×3-Gleichungssystem auf, so erhält man eine Formel, in der bemerkenswerter Weise wiederum gerade diese Größe Δ im Nenner auftritt, und nicht nur das: Sie tritt sogar im Zähler auf. Löst man nämlich die Gleichung

$$A\mathbf{x} = \mathbf{b} \quad (A \in \mathfrak{M}_{33}, \mathbf{b} \in \mathbb{R}^3)$$

fleißig mit dem Gauß'schen Eliminationsverfahren formal (ohne Rücksicht auf Pivotfragen, die man natürlich bei allgemeiner Rechnung nicht abfangen kann) auf, so ergibt sich z.B. für x_1

$$x_1 = \frac{+b_1 a_{22} a_{33} + a_{12} a_{23} b_3 + a_{13} b_2 a_{32} - b_1 a_{23} a_{32} - a_{12} b_2 a_{33} - a_{13} a_{22} b_3}{+a_{11} a_{22} a_{33} + a_{12} a_{23} a_{31} + a_{13} a_{21} a_{32} - a_{11} a_{23} a_{32} - a_{12} a_{21} a_{33} - a_{13} a_{22} a_{31}}.$$

(Da dem Verf. die Geduld mangelt, hat er die Rechnung an Mathematica übergeben.) Im Nenner erkennt man die Determinante. Es muss sich infolgedessen für den 3×3-Fall auch in dieser Hinsicht um die angemessene Definition des Begriffes Determinante handeln. – Darüber hinaus ist nun auch im Zähler eine Determinante zu erblicken, sodass insgesamt ein Quotient zweier Determinanten

$$x_1 = \frac{\begin{vmatrix} b_1 & a_{12} & a_{13} \\ b_2 & a_{22} & a_{23} \\ b_3 & a_{32} & a_{33} \end{vmatrix}}{\begin{vmatrix} a_{11} & a_{12} & a_{13} \\ a_{21} & a_{22} & a_{23} \\ a_{31} & a_{32} & a_{33} \end{vmatrix}}$$

resultiert. Für x_2 und x_3 ergeben sich ähnliche Formeln, z.B.

$$x_2 = \frac{\begin{vmatrix} a_{11} & b_1 & a_{13} \\ a_{21} & b_2 & a_{23} \\ a_{31} & b_3 & a_{33} \end{vmatrix}}{\begin{vmatrix} a_{11} & a_{12} & a_{13} \\ a_{21} & a_{22} & a_{23} \\ a_{31} & a_{32} & a_{33} \end{vmatrix}}.$$

Der explizite Ausdruck für eine Determinante in Gleichung 5.1 erscheint unübersichtlich. Zur Vereinfachung denkt man sich die jeweilige Matrix nach rechts erweitert, indem man nochmals die erste und zweite Spalte anfügt. Dann ist im folgenden Schema das Produkt der jeweils mit gleichartigen Symbolen bezeichneten Elemente zu bilden und mit *positivem Vorzeichen* zu versehen

$$\begin{pmatrix} \bullet & \star & \circ & \\ & \bullet & \star & \circ \\ & & \bullet & \star & \circ \end{pmatrix} \tag{5.2}$$

und im nächsten Schema mit *negativem Vorzeichen* entsprechend zu verfahren

$$\begin{pmatrix} & \bullet & \star & \circ \\ & \bullet & \star & \circ \\ \bullet & \star & \circ & \end{pmatrix}. \tag{5.3}$$

Auf diese Weise kann man leicht z.B. x_2 aus dem Gleichungssystem 3.17 bestimmen,

$$x_2 = \frac{\begin{vmatrix} 1 & 2 & 2 \\ 3 & 2 & -1 \\ 2 & 1 & 1 \end{vmatrix}}{\begin{vmatrix} 1 & -1 & 2 \\ 3 & 1 & -1 \\ 2 & 0 & 1 \end{vmatrix}} = -\frac{9}{2}.$$

Der Weg zum allgemeinen Fall. 5.2 bzw. 5.3 suggeriert, wie vielleicht die Determinante auch für höhere Matrizen definiert werden könnte (Multiplikation längs der Diagonalenrichtungen, Summation mit ersichtlicher Vorzeichenwahl). Die Suggestion trügt indessen, die adäquaten Ansatzpunkte liegen tiefer. Als wirklich weiter führend kristallisiert sich nämlich das Verhalten von Determinanten beim Vertauschen von Spalten untereinander (oder auch von Zeilen untereinander) heraus.

Zum Begriff der Determinante sind wir geometrisch, über das Volumen eine Parallelepipeds, geführt worden. Vertauscht man zwei Vektoren, die dieses erzeugen, so sollte sich das Volumen nicht ändern. Führt man diese Vertauschung von zwei Vektoren (Spalten) in der Determinante durch, so treten bei Auswertung der neuen Determinante Δ' die nämlichen Produkte wie bei Δ (Gl. 5.1) auf, allerdings mit genau entgegengesetzten Vorzeichen. Daher ist

$$\Delta' = -\Delta. \tag{5.4}$$

Vom 2×2-Fall ist uns das analoge Ergebnis bekannt.

Das bedeutet zunächst, dass man bei algebraischen Aufgaben (Lösung eines Gleichungssystems) nicht der Versuchung erliegen darf, den Determinantenbegriff aus 5.1 durch Hinzufügen eines Betrages abzuändern, was gerechtfertigt erschiene, weil es sich doch um ein Volumen handelt; man würde sich bei der Lösung von Gleichungen damit i.A. falsche Vorzeichen einhandeln.

Aber auch rein geometrisch hat der Umstand, dass die Vertauschung zweier Spalten das Vorzeichen ändert, eine einfache und gerade deswegen das Wesen des

Volumens tief berührende Bedeutung. Das Volumen eines entarteten Parallelepipeds, bei dem zwei Kanten übereinstimmen, ist 0. Jede Funktion der Vektoren, die ein Volumen beschreiben soll, muss diese Eigenschaft reproduzieren. Auf der Ebene der Determinanten ergibt sich das als *Folgerung* aus der gerade gemachten Bemerkung: Bei Vertauschung der beiden Spalten erhalten wir in einem solchen Fall einerseits wie oben $\Delta' = -\Delta$, andererseits $\Delta' = \Delta$, weil sich ja die Matrix nicht geändert hat; insgesamt $\Delta = \Delta' = 0$. Eigenschaft 5.4 gewährleistet also diese mit der Geometrie übereinstimmende Eigenschaft, und sie wird sich als tragfähig genug erweisen, für quadratische Matrizen beliebiger Größe, wo man hinsichtlich des Maßes analog argumentieren kann wie hier bezüglich des Volumens, den Determinantenbegriff sachgemäß zu entwickeln.

Zumindest im Fall $n = 3$ kann man jede Permutation der Zahlen $1, 2, 3$ (bzw. der entsprechenden Spalten) durch sukzessives Anwenden von Vertauschungen zweier Zahlen (so genannte *Transpositionen*) erzielen. Eine Matrix $A = (\mathbf{a}_1, \mathbf{a}_2, \mathbf{a}_3)$ geht durch eine Permutation $\pi \in \mathcal{S}_3$ über in

$$A_\pi := (\mathbf{a}_{\pi_1}, \mathbf{a}_{\pi_2}, \mathbf{a}_{\pi_3}).$$

Für die entsprechende Determinante Δ_π gilt dann

$$\Delta_\pi = \pm\Delta,$$

das positive oder negative Vorzeichen je nachdem, ob sich π als Produkt einer geraden oder ungeraden Anzahl von Transpositionen schreiben lässt; denn jede Transposition gibt zu einem Faktor -1 Anlass. Daraus folgt übrigens, dass sich jedes $\pi \in \mathcal{S}_3$ als Produkt *entweder* einer geraden *oder* (ausschließend) einer ungeraden Anzahl von Transpositionen schreiben lässt.

All das deutet bereits an, dass vor die Einführung des angemessenen Determinantenbegriffs die genauere Untersuchung von Permutationen gesetzt ist, die wir im kommenden Abschnitt aufnehmen.

Aufgaben

5.1. Werten Sie $\langle \mathbf{a}_1 \wedge \mathbf{a}_2, \mathbf{a}_3 \rangle$ tatsächlich aus! $(\mathbf{a}_1, \mathbf{a}_2, \mathbf{a}_3 \in \mathbb{R}^3)$

5.2. Ermitteln Sie mithilfe von Determinanten, für welche Werte von ξ die Vektoren $\begin{pmatrix} 5 \\ 3 \\ \xi \end{pmatrix}, \begin{pmatrix} 2 \\ \xi \\ -2 \end{pmatrix}, \begin{pmatrix} 1 \\ 1 \\ 2 \end{pmatrix}$ linear abhängig sind!

5.3. Lösen Sie das Gleichungssystem $\begin{pmatrix} 1 & -1 & -2 \\ 2 & -1 & 2 \\ 1 & -2 & 1 \end{pmatrix} \mathbf{x} = \begin{pmatrix} -3 \\ 11 \\ 7 \end{pmatrix}$ unter Verwendung von Determinanten.

5.4. Betrachten Sie die Schar der Gleichungssysteme $\begin{pmatrix} 1 & 4 & 0 \\ 2 & 2 & -1 \\ 1 & 1 & -2 \end{pmatrix} \mathbf{x} = \begin{pmatrix} 0 \\ 0 \\ t \end{pmatrix}$, wobei $t \in \mathbb{R}$ variieren soll. Die Gesamtheit der Vektoren $\mathbf{x}$, die einem

solchen System genügen ergibt sich natürlich als die Gesamtheit aller Lösungen der beiden ersten Gleichungen. Stellen Sie diese Gesamtheit explizit dar.
Ermitteln Sie diese Gesamtheit der x mit obigen Eigenschaften, indem Sie die Bedingungen $x_1 = 0$, $x_2 = 0$ durch Determinanten ausdrücken.

5.2 Permutationen

Die symmetrische Gruppe. Für $n \in \mathbb{N}$ sei $M_n = \{1, 2, \ldots, n\}$. Mit $\mathcal{S}_n$ bezeichnen wir die Menge aller bijektiven Abbildungen von M_n. $\mathcal{S}_n$, ausgestattet mit der Verknüpfung von Abbildungen als multiplikative Struktur, ist eine Gruppe: siehe Satz 2.1.3. – Wir fragen nach der Anzahl der Elemente von $\mathcal{S}_n$ und geben zuerst die Definition von $n!$ (n Faktorielle oder n Fakultät):

Definition 5.2.1 (n Faktorielle).

$$n! := 1 \cdot 2 \cdots n. \tag{5.5}$$

Satz 5.2.1 (Zahl der Elemente in $\mathcal{S}_n$).

$$\#\mathcal{S}_n = n!$$

Beweis. Für $n = 1$ gibt es lediglich die identische Abbildung von $M_1 = \{1\}$ nach M_1, und diese ist natürlich bijektiv. Für $n = 2$ hat man einerseits $2! = 2$, andererseits besitzt $\mathcal{S}_2$ genau zwei Elemente: die identische Permutation und die Permutation, die 1 mit 2 vertauscht.
Allgemein argumentieren wir wie folgt: Wir legen zunächst das Bild von 1 fest; dafür gibt es genau n Möglichkeiten. Das lässt für das Bild von 2 noch $n - 1$ Möglichkeiten offen; insgesamt haben wir bisher $n(n - 1)$ Möglichkeiten. Für 3 kann man noch aus $n - 2$ Elementen wählen, was die Zahl der Möglichkeiten auf $n(n - 1)(n - 2)$ bringt. Bis man schließlich auch das Bild von n festgelegt hat, ist man auf $n \cdot (n-1) \cdot (n-2) \ldots 2 \cdot 1$ Möglichkeiten, d.h. Permutationen, gekommen, wie behauptet. □

Ist eine Permutation π nicht die identische Permutation ι, so muss es mindestens zwei Argumente i_1, i_2 geben mit $\pi(i_1) \neq i_1$ und $\pi(i_2) \neq i_2$. Denn wegen $\pi \neq \iota$ gibt es jedenfalls *ein* derartiges Element, nennen wir es i_1. Setzen wir $i_2 = \pi(i_1)$, so gilt also $i_2 \neq i_1$ und daher $\pi(i_2) \neq \pi(i_1)$ (da π bijektiv und somit injektiv ist); folglich ist $\pi(i_2) \neq i_2(= \pi(i_1))$.
Eine Permutation $\neq \iota$ muss also *mindestens zwei Elemente verändern*.

Definition 5.2.2 (Transposition). *Ein Element $\tau \in \mathcal{S}_n$ heißt* Transposition, *wenn genau zwei Elemente $i_1, i_2 \in M_n$ existieren mit $\tau(i_1) \neq i_1$, $\tau(i_2) \neq i_2$.*

Lemma 5.2.1. *Ist τ eine Transposition und sind i_1, i_2 wie in der Definition, so gilt $\tau(i_1) = i_2$, $\tau(i_2) = i_1$, d.h. τ vertauscht i_1 und i_2.*

Beweis. Nach den Überlegungen kurz vor der Definition ist jedenfalls $\tau(i_1) \neq i_1$ und daher notwendig $\tau(i_1) = i_2$. Mit vertauschten Rollen von i_1 und i_2 gilt das Entsprechende. □

Lemma 5.2.2. *Für jede Transposition τ gilt $\tau\tau = \iota$, d.h. $\tau = \tau^{-1}$.*

Beweis. Es genügt die Bemerkung, dass (Bezeichung w.o.) $i_1 \overset{\tau}{\to} i_2 \overset{\tau}{\to} i_1$, also $i_1 \overset{\tau\tau}{\to} i_1$. Für i_2 gilt Entsprechendes und die übrigen Elemente bleiben ohnedies unverändert. $\qquad\square$

Satz 5.2.2 (Erzeugung der $\mathcal{S}_n$ durch Transpositionen). *Jede Permutation $\pi \in \mathcal{S}_n$ kann als Produkt (Zusammensetzung) von Transpositionen geschrieben werden. (Die Darstellung ist nicht eindeutig.) Die Gruppe $\mathcal{S}_n$ wird, wie man sagt, durch die Transpositionen erzeugt.*

Beweis. Falls zunächst $\pi = \iota$, so ist nach dem Lemma $\pi = \tau\tau$ für *jede* Transposition. Es sei daher im Folgenden $\pi \neq \iota$. i_1 sei das kleinste Element in M_n mit $\pi(i_1) \neq i_1$. Dann ist $\pi|\{1, 2, \dots, i_1 - 1\} = \iota|\{1, 2, \dots, i_1 - 1\}$. Sei $i_2 = \pi(i_1)$, dann ist $i_2 > i_1$ (denn die Elemente links von i_1 sind sämtlich π-Bilder von sich selbst). Wir definieren die Transposition $\tau_1 : i_1 \leftrightarrow i_2$ (in wohl verständlicher Notation) und $\pi_1 = \tau_1\pi$. Dann ist natürlich $\pi_1(k) = \pi(k) \quad \forall k < i_1$, zusätzlich aber $\pi_1(i_1) = \tau_1(\pi(i_1)) = \tau_1(i_2) = i_1$. – Der Prozess wird nun induktiv fortgesetzt, indem man ggf. durch eine weitere Transposition τ_2 den Bereich konstant gehaltener Argumente mindestens um 1 vermehrt, $\pi_2 = \tau_2\pi_1 = \tau_2\tau_1\pi$, bis man schließlich bei der identischen Transformation angelangt ist,

$$\iota = \tau_r\tau_{r-1}\dots\tau_2\tau_1\pi.$$

Multipliziert man der Reihe nach $\tau_r^{-1}(= \tau_r), \tau_{r-1}^{-1}, \dots$ von links an diesen Ausdruck, so ergibt sich

$$\pi = \tau_1\tau_2\dots\tau_{r-1}\tau_r.$$

$\qquad\square$

Signatur einer Permutation. Wir betrachten eine Permutation $\pi \in \mathcal{S}_n$ und Paare $(i, j) \in M_n \times M_n$. (i, j) heißt *Fehlstand*, wenn zwar $i < j$, aber $\pi(i) > \pi(j)$. Wir müssen z.B. für die Permutation $\pi = (2, 4, 3, 1)$ die Bilder von $(1, 2)$, $(1, 3)$, $(1, 4)$, $(2, 3)$, $(2, 4)$ und $(3, 4)$ untersuchen. $(1, 2)$ liefert als Bild $(2, 4)$ und ist kein Fehlstand, $(1, 4)$ mit Bild $(2, 1)$ hingegen schon. – Insgesamt ergeben sich die Fehlstände $(1, 4)$, $(2, 3)$, $(2, 4)$ und $(3, 4)$.
Die Menge der Fehlstände einer Permutation bezeichnen wir mit F_π und geben die

Definition 5.2.3 (Signatur). *Die Signatur oder das Vorzeichen einer Permutation ist*

$$\epsilon(\pi) = (-1)^{\#F_\pi}. \tag{5.6}$$

π heißt gerade, *wenn $\epsilon(\pi) = +1$ und* ungerade, *wenn $\epsilon(\pi) = -1$.*

Beispiel Für die eben besprochene Permutation $\pi = (2, 4, 3, 1)$ umfasst die Menge F_π vier Elemente; die Permutation ist also gerade.

Lemma 5.2.3. *Es sei P_n die Menge aller* ungeordneten *Paare $[i, j]$ $(i, j \in M_n)$ mit $i \neq j$. Für jedes $\pi \in \mathcal{S}_n$ erklären wir die Abbildung $\pi^* : P_n \to P_n$ durch*

$$\pi^*[i, j] = [\pi(i), \pi(j)].$$

Dann ist π^* bijektiv.

Beweis. *Injektivität:* Für $[i,j], [k,l] \in P_n$ gelte $\pi^*[i,j] = \pi^*[k,l]$. Es ist zu zeigen $[i,j] = [k,l]$, d.h. entweder $i = k$ und $j = l$ oder $i = l$ und $j = k$. Es ist aber *entweder* $\pi(i) = \pi(k)$ und $\pi(j) = \pi(l)$ und wegen der Injektivität von π daher tatsächlich $i = k, j = l$, *oder aber* $\pi(i) = \pi(l)$ und $\pi(j) = \pi(k)$ und daher ganz ähnlich $i = l, j = k$.

Dass π^* *surjektiv* ist, ergibt sich auch ganz leicht. $\qquad\qquad\qquad\qquad\square$

Bemerkung. Wir definieren die Abbildung $\delta : P_n \to \mathbb{R}$, $\delta[i,j] = |j - i|$. – Zunächst beachten wir, dass δ *wohl definiert* ist. Denn für die (gleichen!) Paare $[i,j]$ und $[j,i]$ ergibt sich derselbe Wert: $|j - i| = |i - j|$.

Bemerkung. Es sei $D_n := \{(i,j) : 1 \le i < j \le n\}$. Dann ist

$$\prod_{(i,j) \in D_n} (j - i) = \prod_{[i,j] \in P_n} \delta[i,j].$$

Dies ergibt sich unmittelbar daraus, dass für $(i,j) \in D_n$ eben $j - i > 0$ ist und daher $j - i = \delta[i,j]$; die beiden Produkte links und rechts stimmen folglich Faktor für Faktor überein.

Lemma 5.2.4.

$$\epsilon(\pi) = \prod_{1 \le i < j \le n} \frac{\pi(j) - \pi(i)}{j - i} \qquad\qquad (5.7)$$

Beweis. Ziehen wir das Produkt jeweils in den Zähler und den Nenner, so ist der Nenner der rechten Seite nach der Bemerkung vor dem Lemma $\prod_{(i,j) \in D_n} (j - i) = \prod_{(i,j) \in P_n} \delta[i,j]$. – Zum Zähler: Untersuchen wir zunächst ein Produkt, das nach seinem Muster geformt ist:

$$\prod_{(i,j) \in D_n} |(\pi(j) - \pi(i))| = \prod_{(i,j) \in D_n} \delta(\pi^*[i,j]) \overset{\pi^* \, bij.}{=} \prod_{(i,j) \in D_n} \delta[i,j].$$

Ein Produkt über die $\pi(j) - \pi(i)$ ohne die Beträge stimmt mit diesem Wert überein, wenn wir nur noch für jeden Fehlstand einen Faktor -1 anbringen, insgesamt also ein Faktor $(-1)^{\#F_n}$. Daraus ergibt sich

$$\prod_{(i,j) \in D_n} (\pi(j) - \pi(i)) = \underbrace{(-1)^{\#F_n}}_{\epsilon(\pi)} \prod_{(i,j) \in P_n} \delta[i,j] \overset{Bem.}{=} \epsilon(\pi) \prod_{(i,j) \in D_n} (j - i),$$

d.h. Gleichung 5.7. $\qquad\qquad\qquad\qquad\qquad\qquad\qquad\qquad\qquad\qquad\qquad\square$

Satz 5.2.3 (Multiplikativität der Signatur). *Die Signatur von Permutationen ist* multiplikativ, *d.h.*

$$\epsilon(\rho\pi) = \epsilon(\rho)\epsilon(\pi) \quad \forall \, \pi, \rho \in \mathcal{S}_n. \qquad\qquad (5.8)$$

Bemerkung. $G = \{1, -1\}$ ist eine multiplikative Gruppe, die Signatur eine Abbildung $\epsilon : \mathcal{S}_n \to G$. In der Terminologie der allgemeinen Gruppentheorie stellt der Satz also fest, dass ϵ ein Gruppenhomomorphismus ist.

Beweis. Wir setzen $\sigma = \rho\pi$. Dann ist

$$\epsilon(\sigma) = \prod_{(i,j)\in D_n} \frac{\sigma(j) - \sigma(i)}{j - i} = \prod_{(i,j)\in D_n} \frac{\sigma(j) - \sigma(i)}{\pi(j) - \pi(i)}\, \frac{\pi(j) - \pi(i)}{j - i} \stackrel{(*)}{=}$$

$$\stackrel{(*)}{=} \prod_{(i,j)\in D_n} \frac{\rho(\pi(j)) - \rho(\pi((i)))}{\pi(j) - \pi(i)} \prod_{(i,j)\in D_n} \frac{\pi(j) - \pi(i)}{j - i} = \epsilon(\rho)\epsilon(\pi).$$

Lediglich bei $(*)$ bedarf es noch einer Begründung, und zwar hinsichtlich der Gleichheit der beiden ersten Faktoren. Nun entspricht aber jedem $(\pi(i), \pi(j))$ mit $(i, j) \in D_n$ umkehrbar eindeutig ein $(k, l) \in D_n$, wenn man nur

$$k := \min(\pi(i), \pi(j))\ ,\quad l := \max(\pi(i), \pi(j))$$

setzt. Wir haben aber dann

$$\frac{\rho(\pi(j)) - \rho(\pi((i)))}{\pi(j) - \pi(i)} = \frac{\rho(l) - \rho(k)}{l - k}.$$

Dies gilt nämlich von vornherein, wenn $(\pi(i), \pi(j)) = (k, l)$. Sind aber $(\pi(i), \pi(j))$ und (k, l) entgegengesetzt angeordnet, unterscheiden sich sowohl Zähler als auch Nenner lediglich um einen Faktor -1, der sich sofort wegkürzt. Somit stimmen auch insgesamt die ersten Faktoren bei $(*)$ überein. □

Lemma 5.2.5 (Signatur einer Transposition). *Die Signatur einer Transposition τ ist*

$$\epsilon(\tau) = -1.$$

Beweis. Für die Transposition τ_{12} $(1 \leftrightarrow 2)$ ist das Resultat unmittelbar zu sehen, denn der einzige Fehlstand ist $(1, 2)$ und daher $\epsilon(\tau_{12}) = -1$. Nach folgender Überlegung folgt das Resultat dann für *jede* Transposition τ $(i \leftrightarrow j)$.
Wir betrachten nämlich die Permutation σ, die $1 \leftrightarrow i$ und $2 \leftrightarrow j$ leistet, die übrigen Elemente aber konstant hält, und behaupten, dass $\tau_{ij} = \sigma\tau_{12}\sigma^{-1}$. Die Faktoren der rechts stehende Permutation wirken doch der Reihe nach (v.r.n.l.) in der Weise $i \to 1 \to 2 \to j$, sodass man sich insgesamt leicht von den behaupteten Eigenschaften überzeugt. – Damit ist aber dann

$$\epsilon(\tau_{ij}) = \epsilon(\sigma)\epsilon(\tau_{12})\epsilon(\sigma^{-1}) = \underbrace{\epsilon(\sigma\sigma^{-1})}_{1}\underbrace{\epsilon(\tau_{12})}_{-1} = -1.$$

□

Aus Satz 5.2.2 ist uns bekannt, dass sich jede Permutation als Produkt von Transpositionen schreiben lässt; es gilt schärfer

Satz 5.2.4 (Signatur und Darstellung durch Transpositionen). *Eine ungerade Permutation lässt sich (nur) als Produkt einer ungeraden Anzahl von Transpositionen darstellen, eine gerade Permutation als Produkt einer geraden Anzahl.*

Beweis. Lässt sich eine Permutation π als Produkt von r Transpositionen darstellen, $\pi = \tau_1 \cdots \tau_r$, so ist wegen der Multiplikativität der Signatur und wegen $\epsilon(\tau_k) = -1 \ \forall k : \ \epsilon(\pi) = (-1)^r$. Da sich aber für $\epsilon(\pi)$ ein Wert $+1$ oder -1 ergeben muss, je nachdem π gerade oder ungerade ist, muss entsprechend r gerade oder ungerade sein.   □

Lemma 5.2.6 (Alternierende Gruppe). $\mathcal{A}_n := \{\pi \in \mathcal{S}_n, \epsilon(\pi) = +1\}$ *ist eine Gruppe* (*die* alternierende Gruppe *in* n *Elementen*). *Für* $n > 1$ *ist*

$$\#\mathcal{A}_n = \frac{\#\mathcal{S}_n}{2} = \frac{n!}{2}.$$

Beweis. Wir setzen $n > 1$ voraus. Nach Satz 2.1.1 ist die Gruppeneigenschaft von $\mathcal{A}_n$ gezeigt, wenn nachgewiesen ist, dass $\quad \forall \pi, \rho \in \mathcal{A}_n$ gilt: $\rho^{-1}\pi \in \mathcal{A}_n$. Wegen $\rho^{-1}\rho = \iota$ gilt $\epsilon(\rho^{-1})\epsilon(\rho) = 1$, und da für die Signaturen nur Werte $+1$ oder -1 infrage kommen, $\epsilon(\rho^{-1}) = \epsilon(\rho)$. – Für $\pi, \rho \in \mathcal{A}_n$ gilt daher $\epsilon(\rho^{-1}\pi) = \epsilon(\rho)\epsilon(\pi) = 1$, also $\rho^{-1}\pi \in \mathcal{A}_n$.   □

Aufgaben

5.5. Ist π eine Permutation, zu der es ein $\sigma \in \mathcal{S}_n$ gibt mit $\pi = \sigma\sigma$, so ist $\epsilon(\pi) = $ ___.

5.6. G und H seien Gruppen, $\phi : G \to H$ ein Gruppenhomomorphismus. $H' \subseteq H$ sei ebenfalls eine Gruppe (*Untergruppe*) von H. Es ist zu zeigen: $G' := \{g' \in G : \phi(g') \in H'\}$ ist dann ebenfalls eine Gruppe.

5.7. G sei eine Gruppe, $s \in G$ beliebig, fest. Zeigen Sie, dass $\phi : x \to s^{-1}xs$ ein Gruppenisomorphismus von $G \to G$ ist.
Zeigen Sie weiterhin, dass für $G = \mathcal{S}_n$ und beliebiges $\sigma \in \mathcal{S}_n$: $\sigma^{-1}\mathcal{A}_n\sigma = \mathcal{A}_n$; die alternierende Gruppe ist also *invariant* unter derartigen Isomorphismen.

5.3   Determinanten – Vorbereitung

Determinantenfunktion.   Wir wenden uns zunächst nochmals 3×3-Matrizen zu. *Eine* wesentliche Eigenschaft haben wir bereits herausgearbeitet, dass nämlich bei Vertauschung zweier Spalten $\Delta' = -\Delta$ gilt. Man sagt, die Determinante ist *alternierend*.
Was für einen *Typ* von Funktion stellt aber $\det(\mathbf{a}_1, \mathbf{a}_2, \mathbf{a}_3)$ dar? Bei dem Versuch, strukturelle Prinzipien aus der etwas komplizierten rechten Seite von 5.1 zu extrahieren, fällt auf, dass es sich bei den Summanden

- um ein Produkt von Elementen der Spaltenvektoren handelt und

- jeder Spaltenvektor zu jedem Summanden genau einen Faktor beisteuert.

Während die Determinante wegen der Produkte natürlich keine lineare Funktion ihrer Eintragungen ist, ist sie wegen der letzten Bemerkung sehr wohl linear in jeder Spalte (bei festgehaltenen anderen Spalten), also ist z.B.

$$\mathbf{u} \to \det(\mathbf{u}, \mathbf{a}_2, \mathbf{a}_3),$$

linear, wie man ja der Beziehung

$$\det(\mathbf{u}, \mathbf{a}_2, \mathbf{a}_3) = (a_{22}a_{33} - a_{23}a_{32})u_1 + (a_{13}a_{32} - a_{12}a_{33})u_2 + (a_{12}a_{23} - a_{22}a_{13})u_3,$$

die durch Zusammenfassen aus 5.1 folgt, unmittelbar entnimmt.

Damit verfügen wir jetzt über alles, was zu einer erfolgreichen allgemeinen Definition der Determinante nötig ist. Wir wenden uns deshalb n×n-Matrizen zu, die wir durch jeweils n Spaltenvektoren beschreiben, also durch n Elemente in K^n; dabei ist K nunmehr ein *beliebiger* Körper. Die Elemente von K^n mögen wieder in einem grundlegenden Vektorraum V liegen ($V = K^n$, wenn uns gar nichts anderes einfällt); wir identifizieren daher

$$\mathcal{M}_{nn} = K^n \times K^n \times \cdots \times K^n = V \times V \times \cdots \times V.$$

Definition 5.3.1 (Alternierende Multilinearform oder Determinantenfunktion). *Eine Abbildung*

$$\delta : V \times V \times \cdots \times V \to K$$

heißt alternierende Multilinearform *oder* Determinantenfunktion, *wenn*

i) *δ multilinear ist, d.h. für jedes k die Abbildung*

$$\mathbf{a}_k \to \delta(\mathbf{a}_1, \ldots, \mathbf{a}_{k-1}, \mathbf{a}_k, \mathbf{a}_{k+1}, \ldots, \mathbf{a}_n) \qquad (5.9)$$

   linear ist und

ii) *δ alternierend ist, d.h.*

$$\delta(\mathbf{a}_{\pi_1}, \ldots, \mathbf{a}_{\pi_n}) = \epsilon(\pi)\delta(\mathbf{a}_1, \ldots, \mathbf{a}_n) \quad \forall \pi \in \mathcal{S}_n, \quad \forall \mathbf{a}_1, \ldots, \mathbf{a}_n \in V \qquad (5.10)$$

Im folgenden Paragraphen leiten wir die Gestalt einer Determinantenfunktion unter der Voraussetzung ihrer Existenz her, im daran anschließenden zeigen wir, dass das Konstrukt tatsächlich die gewünschten Eigenschaften aufweist. Die Existenz einer Determinantenfunktion ist damit auf konstruktivem Wege gezeigt.

Darstellung alternierender Multilinearformen. Wir setzen also voraus, dass es eine Determinantenfunktion δ gibt, die somit multilinear und alternierend ist. Die explizite Gestalt von δ geben wir zunächst im Fall $n = 2$ explizit an, anschließend für beliebiges n.

Für $n = 2$ schreiben wir die Argumente von δ in der Form

$$\mathbf{a}_1 = a_{11}\mathbf{e}_1 + a_{21}\mathbf{e}_2, \quad \mathbf{a}_2 = a_{12}\mathbf{e}_1 + a_{22}\mathbf{e}_2.$$

Damit ergibt sich

$$\delta(\mathbf{a}_1, \mathbf{a}_2) = \delta(a_{11}\mathbf{e}_1 + a_{21}\mathbf{e}_2, a_{12}\mathbf{e}_1 + a_{22}\mathbf{e}_2) \overset{Lin1}{=}$$

$$= a_{11}\delta(\mathbf{e}_1, a_{12}\mathbf{e}_1 + a_{22}\mathbf{e}_2) + a_{21}\delta(\mathbf{e}_2, a_{12}\mathbf{e}_1 + a_{22}\mathbf{e}_2) \overset{Lin2}{=}$$

$$= a_{11}a_{12}\delta(\mathbf{e}_1, \mathbf{e}_1) + a_{11}a_{22}\delta(\mathbf{e}_1, \mathbf{e}_2) + a_{21}a_{12}\delta(\mathbf{e}_2, \mathbf{e}_1) + a_{21}a_{22}\delta(\mathbf{e}_2, \mathbf{e}_2) =$$

$$= \sum_{i_1=1}^{2} \sum_{i_2=1}^{2} a_{i_11}a_{i_22}\delta(\mathbf{e}_{i_1}, \mathbf{e}_{i_2}).$$

– Man mache sich klar, dass man in der Doppelsumme genau die vorhin angeschriebenen Summanden wieder findet.

Für allgemeines n schreiben wir ganz ähnlich den j-ten Eintrag in ihre Argumentenliste in der Form

$$\mathbf{a}_j = \sum_{i_j=1}^{n} a_{i_j j} \mathbf{e}_{i_j},$$

wobei wir vorsorglich für die vielen sofort auftretenden Indizes die Bezeichnung i_j für den Summationsindex verwendet haben, der zum j-ten Eintrag gehört. Daher ist

$$\delta(\mathbf{a}_1, \mathbf{a}_2, \ldots, \mathbf{a}_n) = \delta\Big(\sum_{i_1=1}^{n} a_{i_1 1} \mathbf{e}_{i_1}, \mathbf{a}_2, \ldots, \mathbf{a}_n \Big) \overset{Lin.1.Komp.}{=}$$

$$= \sum_{i_1=1}^{n} a_{i_1 1}\, \delta\Big(\mathbf{e}_{i_1}, \sum_{i_2=1}^{n} a_{i_2 2}\mathbf{e}_{i_2}, \ldots, \mathbf{a}_n \Big) = \ldots =$$

$$= \sum_{i_1=1}^{n} \sum_{i_2=1}^{n} \cdots \sum_{i_n=1}^{n} a_{i_1 1} a_{i_2 2} \cdots a_{i_n n} \delta(\mathbf{e}_{i_1}, \mathbf{e}_{i_2}, \ldots, \mathbf{e}_{i_n}).$$

In dieser eindrucksvoll aussehenden Summe durchlaufen die $i_1, i_2, \ldots, i_n$ in der Tat unabhängig voneinander alle Werte von 1 bis n.

Betrachten wir einen Summanden, also eine Auswahl von $i_1, i_2, \ldots, i_n$, und zwar zunächst nur den Anteil $\delta(\mathbf{e}_{i_1}, \mathbf{e}_{i_2}, \ldots, \mathbf{e}_{i_n})$. Wir unterscheiden zwei Fälle:

i): *Für ein k und ein l ist $i_k = i_l$.* Bezeichnen wir den gemeinsamen Wert von i_k und i_l mit $i^\star$. Dann bedeutet die Voraussetzung einfach, dass in der k-ten und in der l-ten Position der Eintragungen derselbe Einheitsvektor $\mathbf{e}_{i^\star}$ auftritt:

$$\delta \quad (\mathbf{e}_{i_1}, \quad \ldots \quad \mathbf{e}_{i^\star}, \quad \ldots \quad \mathbf{e}_{i^\star}, \quad \ldots \quad \mathbf{e}_{i_n}).$$
$$\uparrow \qquad\qquad\quad \uparrow$$
$$k \qquad\qquad\quad l$$

Vertauscht man die Spalten k und l, so ändert man einerseits das Vorzeichen von δ, weil δ alternierend ist, andererseits aber nichts, weil die Argumentenliste in sich übergeht. Es folgt $\delta(\mathbf{e}_{i_1}, \ldots \mathbf{e}_{i_k}, \ldots \mathbf{e}_{i_l}, \ldots \mathbf{e}_{i_n}) = 0$. Es tragen also solche Summanden nichts bei, für die zwei der Summationsindizes i_k, i_l übereinstimmen.

ii) $i_k \neq i_l$ *für alle $k \neq l$.* Diese Bedingung besagt nichts anderes, als dass sich nunmehr hinter dem Multiindex $(i_1, i_2, \ldots, i_n)$ eine Permutation π verbirgt: $(i_1, i_2, \ldots, i_n) = (\pi_1, \pi_2, \ldots, \pi_n)$. Was kann man über $\delta(\mathbf{e}_{\pi_1}, \ldots, \mathbf{e}_{\pi_n})$ aussagen? Die Einheitsvektoren in den Spalten treten in der Anordnung $(\pi_1, \pi_2, \ldots, \pi_n)$ auf. Zu dieser Anordnung gelangt man aber, indem man auf die natürliche Anordnung $(1, 2, \ldots, n)$ die Permutation π anwendet. Da δ alternierend ist, besteht die Beziehung

$$\delta(\mathbf{e}_{\pi_1}, \ldots, \mathbf{e}_{\pi_n}) = \epsilon(\pi)\delta(\mathbf{e}_1, \ldots, \mathbf{e}_n).$$

Es tritt also ein Skalenfaktor $\delta(\mathbf{e}_1, \ldots, \mathbf{e}_n) =: \bar{\delta}$ auf, der alle anderen derartigen Werte festlegt.

Insgesamt ergibt sich, dass nur die Summationsanteile gemäß Fall ii) beitragen, und dass es sich bei der Summe letztlich um eine Summe über alle Permutationen handelt:

Satz 5.3.1 (Gestalt alternierender Multilinearformen). *Wenn alternierende Multilinearformen*

$$\delta : V^n \to K$$

existieren, so haben sie die Gestalt

$$\delta(\mathbf{a}_1, \mathbf{a}_2, \ldots, \mathbf{a}_n) = \bar{\delta} \sum_{\pi \in \mathcal{S}_n} \epsilon(\pi) a_{\pi_1 1} a_{\pi_2 2} \ldots a_{\pi_n n} \tag{5.11}$$

mit einem $\bar{\delta} \in K$.

Satz 5.3.2 (Gesamtheit alternierender Linearformen). *Die in Gleichung 5.11 gegebenenen Abbildungen δ sind für jede Wahl von $\bar{\delta} \in K$ multilinear und alternierend. – Wegen Satz 5.3.1 sind dies somit genau die alternierenden Multilinearformen.*

Beweis. Wir beweisen die Aussage zunächst für $\bar{\delta} = 1$. Gilt sie für die entsprechende Funktion δ, so ist sie für jede Abbildung der Form $\bar{\delta}\delta$ ($\bar{\delta} \in K$) unmittelbar als richtig zu erkennen.

Die *Linearität* in den Komponenten, etwa in der j-ten, ist direkt aus der Form der rechten Seite zu erkennen, tritt doch in jedem Summanden genau ein Faktor, der zu $\mathbf{a}_j$ gehört, d.h. ein Faktor der Form a_{*j}, auf; für jeden einzelnen Summanden gilt daher die Linearität, und daher auch für die Summe.

Zum Nachweis, dass die Abbildung *alternierend* ist, genügt es wieder, die entsprechende Aussage für eine Transposition zu betrachten, einfacher Schreibweise halber etwa $\tau : 1 \leftrightarrow 2$. Wir beachten, dass die Abbildung $\pi \to \pi\tau$ die Gruppe $\mathcal{S}_n$ bijektiv in sich abbildet (leicht aus den allgemeinen Eigenschaften einer Gruppe), und schreiben

$$\det(\mathbf{a}_{\tau_1}, \mathbf{a}_{\tau_2}, \mathbf{a}_{\tau_3} \ldots, \mathbf{a}_{\tau_n}) =$$

$$= \det(\mathbf{a}_2, \mathbf{a}_1, \mathbf{a}_3, \ldots, \mathbf{a}_n) = \sum_{\pi \in \mathcal{S}_n} \epsilon(\pi) a_{\pi_1 2} a_{\pi_2 1} a_{\pi_3 3} \ldots a_{\pi_n n} \overset{\rho = \pi\tau}{=}$$

$$\overset{\rho = \pi\tau}{=} \sum_{\rho \in \mathcal{S}_n} \epsilon(\rho\tau^{-1}) a_{\rho_2 2} a_{1\rho_1 1} a_{\rho_3 3} \ldots a_{\rho_n n} = -\det(\mathbf{a}_1, \mathbf{a}_2, \mathbf{a}_3, \ldots, \mathbf{a}_n). \tag{5.12}$$

Dabei haben wir die Multiplikativität von ϵ sowie $\epsilon(\tau^{-1}) = -1$ und, dass für zusammen gehörige π und ρ: $\pi_1 = \rho_2, \pi_2 = \rho_1$ ist, verwendet. □

5.4 Grundeigenschaften von Determinanten

Die Definition. Die Determinantenfunktion des letzten Abschnittes mit $\bar{\delta} = 1$ zeichnet man besonders aus und benennt sie nach *Leibniz*:

Definition 5.4.1 (Determinante). *Die Abbildung*

$$A = (\mathbf{a}_1, \ldots, \mathbf{a}_n) \to \det A = \det(\mathbf{a}_1, \ldots, \mathbf{a}_n) := \sum_{\pi \in \mathcal{S}_n} \epsilon(\pi) a_{\pi_1 1} a_{\pi_2 2} \ldots a_{\pi_n n} \tag{5.13}$$

von $\mathcal{M}_{nn} \to K$ bzw. $V \times \ldots \times V \to K$ heißt Determinante.

Bemerkung (Determinante linearer Abbildungen). Die Determinante ist über der Menge der n×n-Matrizen definiert; diesen Standpunkt wollen wir bis auf Weiteres beibehalten. Matrizen beschreiben aber lineare Abbildungen; gegen Ende dieses Abschnittes werden wir den Determinantenbegriff auf einer lineare Abbildungen übertragen.

Bemerkung (Skalierung). Die Determinante entspricht der Wahl $\bar{\delta} = 1$ gemäß dem vorigen Abschnitt. Diese Wahl wird durch den geometrischen Umstand gerechtfertigt, dass für $K = \mathbb{R}$ und $n = 2, 3$ der Wert von $\det(e_1, e_2)$ bzw. $\det(e_1, e_2, e_3)$ dann genau das Maß des Einheitsquadrates bzw. -quaders angibt, nämlich 1.

Bemerkung. Es ist $\det(e_1, \ldots, e_n) = 1$ für die Einheitsvektoren in K^n. Denn die identische Permutation liefert als Summanden das Produkt von Einsen (Diagonalelemente), also 1; für jedes andere $\pi \in \mathcal{S}_n$ gibt es aber ein i mit $\pi(i) \neq i$. Das zugehörige Matrixelement liegt dann an der Position $(\pi(i), i)$, somit nicht auf der Diagonale, und ist deshalb 0; das gilt dann auch für das zugehörige Produkt.

Bei der Definition der Determinante ist eine gewisse Asymmetrie zwischen Zeilen- und Spaltenindizes festzustellen. Die Produkte haben doch die Gestalt $\epsilon(\pi)a_{\pi_1 1}a_{\pi_2 2}\ldots a_{\pi_n n}$, d.h., man wählt zur Spalte 1 eine Zeile π_1 aus, zur Spalte 2 eine Zeile π_2 usw. Man spricht daher bei Beziehung 5.13 von der *Determinantenentwicklung nach Spalten*. – Die Asymmetrie ist aber nur scheinbar. Denn es wird für gegebenens $\pi \in \mathcal{S}_n$ jede Zeile genau einmal getroffen (π ist bijektiv). Man kann also auch nach Zeilen anordnen. Genauer gilt

Satz 5.4.1 (Determinantenentwicklung nach Zeilen).

$$\det A = \sum_{\rho \in \mathcal{S}_n} \epsilon(\rho)a_{1\rho_1}a_{2\rho_2}\ldots a_{n\rho_n} \tag{5.14}$$

Beweis. Die Abbildung $\pi \to \pi^{-1}$ von $\mathcal{S}_n$ in sich bijektiv ist (Lemma 2.1.5). Daher können wir jeden Summanden in der ursprünglichen Entwicklung von $\det A$, also $\epsilon(\pi)a_{\pi_1 1}a_{\pi_2 2}\ldots a_{\pi_n n}$ so schreiben, dass wir die Zeilenindizes $\pi_1, \pi_2, \ldots$ der Reihe nach anordnen; dann erhalten wir einfach $1, 2, \ldots$. Jedes Matrixelement $a_{\pi_i i}$ können wir dann in der Form $a_{j\rho_j}$ schreiben mit $j = \pi_i$ und $\rho := \pi^{-1}$. Weil nun überdies aufgrund von $\epsilon(\pi)\epsilon(\pi^{-1}) = \epsilon(\pi\pi^{-1}) = 1$ auch $\epsilon(\pi) = \epsilon(\pi^{-1}) = \epsilon(\rho)$ gilt, gewinnen wir

$$\det A = \sum_{\pi \in \mathcal{S}_n} \epsilon(\pi)a_{\pi_1 1}a_{\pi_2 2}\ldots a_{\pi_n n} = \sum_{\rho \in \mathcal{S}_n} \epsilon(\rho)a_{1\rho_1}a_{2\rho_2}\ldots a_{n\rho_n}.$$

$\square$

Transposition; weitere Eigenschaften. Die beiden Darstellungen der Determinante in Gleichung 5.13 bzw. 5.14 lehren unmittelbar, dass Zeilen und Spalten ganz gleichartig behandelt werden. Daher gilt

Satz 5.4.2 (Determinante und Transposition). *Die Determinante einer $n \times n$-Matrix ändert sich bei Vertauschung der Zeilen und der Spalten nicht,*

$$\det A = \det A^t. \tag{5.15}$$

Beweis. Im Grunde ist der Satz durch die obige Bemerkung bereits bewiesen. Wir wollen aber den Gedankengang noch etwas formalisieren und argumentieren, dass

$$\det A^t = \sum_{\rho} \epsilon(\rho) a^t_{1\rho_1} \dots a^t_{n\rho_n} = \sum_{\rho} \epsilon(\rho) a_{\rho_1 1} \dots a_{\rho_n n} = \det A.$$

$\square$

Satz 5.4.3 (Invarianz bei Zeilen-(Spalten-)Operationen). *Eine Determinante ändert sich nicht, wenn man zu einer Zeile (Spalte) ein Vielfaches einer* anderen *Zeile (Spalte) addiert, für Spalten also in Formeln*

$$\det(\dots, \mathbf{a}_k, \dots, \mathbf{a}_l, \dots) = \det(\dots, \mathbf{a}_k + \lambda \mathbf{a}_l, \dots, \mathbf{a}_l, \dots) \quad (\lambda \in K).$$

Beweis. Wegen der Gleichartigkeit, mit der Zeilen bzw. Spalten in Determinanten auftreten, also wegen $\det A = \det A^t$ genügt es, den Satz etwa für Spalten zu beweisen. Es möge sich o.B.d.A. um die Spalten 1 und 2 handeln. Wegen der Linearität von det in der 1-ten Komponente (Spalte) gilt

$$\det(\mathbf{a}_1 + \lambda \mathbf{a}_2, \mathbf{a}_2, \dots) = \det(\mathbf{a}_1, \mathbf{a}_2, \dots) + \lambda \det(\mathbf{a}_2, \mathbf{a}_2, \dots) = \det(\mathbf{a}_1, \mathbf{a}_2, \dots);$$

da det alternierend ist, hat nämlich $\det(\mathbf{a}_2, \mathbf{a}_2, \dots)$ den Wert 0. $\square$

Es sei, wie jetzt ständig, $\dim V = n$. Dann gilt

Satz 5.4.4 (Determinante und lineare Unabhängigkeit).

$$\mathbf{a}_1, \mathbf{a}_2, \dots, \mathbf{a}_n \in V \text{ linear unabh.} \Leftrightarrow \det(\mathbf{a}_1, \mathbf{a}_2, \dots, \mathbf{a}_n) \neq 0.$$

Beweis. Wir zeigen den Satz in zwei Schritten. Man beachte dabei, dass beide bewiesenen Aussagen zusammen wirklich die Aussage des Satzes ergeben.
i) $\mathbf{a}_1, \mathbf{a}_2, \dots, \mathbf{a}_n$ *lin. abh.* $\Rightarrow \det(\mathbf{a}_1, \mathbf{a}_2, \dots, \mathbf{a}_n) = 0$. – Es kann dann einer der Vektoren, etwa $\mathbf{a}_1$, als Linearkombination der anderen geschrieben werden, $\mathbf{a}_1 = \lambda_2 \mathbf{a}_2 + \dots + \lambda_n \mathbf{a}_n$. Ersetzt man $\mathbf{a}_1$ in der Determinante durch diesen Ausdruck und subtrahiert man von der ersten Spalte die $\lambda_j \mathbf{a}_j$, so ändert sich die Determinante nicht; in der ersten Spalte tritt schließlich aber nur mehr 0 auf. Daher ist jedes der Produkte, das in der Definition der Determinate erscheint, 0, also $\det A = 0$.
ii) $\mathbf{a}_1, \mathbf{a}_2, \dots, \mathbf{a}_n$ *lin. unabh.* $\Rightarrow \det(\mathbf{a}_1, \mathbf{a}_2, \dots, \mathbf{a}_n) \neq 0$. – Da jetzt die $\mathbf{a}_1, \mathbf{a}_2, \dots, \mathbf{a}_n$ linear unabhängig sind, bilden sie eine Basis. Jeder Vektor, insbesondere jeder Einheitsvektor $\mathbf{e}_k$, lässt sich durch die Basis ausdrücken:

$$\mathbf{e}_k = \sum_{l_k=1}^{n} b_{kl_k} \mathbf{a}_{l_k}.$$

Wie in der Herleitung von Satz 5.3.1 erscheint im Folgenden Summation über die $\mathcal{S}_n$:

$$
1 = \det(\mathbf{e}_1, \ldots, \mathbf{e}_n) = \sum_{l_1} \cdots \sum_{l_n} b_{1l_1} \ldots b_{nl_n} \det(\mathbf{a}_{l_1}, \ldots, \mathbf{a}_{l_n}) =
$$

$$
= \sum_{\pi \in \mathcal{S}_n} b_{1\pi_1} \ldots b_{n\pi_n} \det(\mathbf{a}_{\pi_1}, \ldots, \mathbf{a}_{\pi_n}) = \tag{5.16}
$$

$$
= \sum_{\pi \in \mathcal{S}_n} \epsilon(\pi) b_{1\pi_1} \ldots b_{n\pi_n} \det(\mathbf{a}_1, \ldots, \mathbf{a}_n).
$$

Da der Wert des gesamten Ausdrucks 1 ist, muss $\det(\mathbf{a}_1, \ldots, \mathbf{a}_n) \neq 0$ sein. $\square$

Satz 5.4.5 (Multiplikativität der Determinante).

$$
\det AB = \det A \det B \ \ \forall A, B \in \mathcal{M}_{nn}. \tag{5.17}
$$

Beweis. $C := AB$ besitzt die Matrixelemente $c_{ik} = <\tilde{\mathbf{a}}_i, \mathbf{b}_k> = \sum_j a_{ij} b_{jk}$. Dabei haben wir, wie schon früher, den i-ten Zeilenvektor von A mit $\tilde{\mathbf{a}}_i$ bezeichnet. Fassen wir dies bei festem k für alle i zusammen (Spaltenvektor), so erhalten wir

$$
\mathbf{c}_k = \mathbf{a}_1 b_{1k} + \mathbf{a}_2 b_{2k} + \ldots + \mathbf{a}_n b_{nk} = \sum_{l_k=1}^{n} b_{l_k k} \mathbf{a}_{l_k}.
$$

Ganz ähnlich wie im vorhergehenden Satz ist daher

$$
\det(C) = \det(\mathbf{c}_1, \ldots, \mathbf{c}_n) = \sum_{l_1, \ldots, l_n} b_{l_1 1} \ldots b_{l_n n} \det(\mathbf{a}_{l_1}, \ldots, \mathbf{a}_{l_n}) =
$$

$$
= \left(\sum_{\mathcal{S}_n} \epsilon(\pi) b_{\pi_1 1} \ldots b_{\pi_n n} \right) \det A = \det A \det B.
$$

$\square$

Bemerkung (Determinante als Gruppenhomomorphismus). Die Menge aller invertierbaren linearen n×n-Matrizen bezeichnen wir mit $\mathfrak{GL}(K, n)$. (*general linear group; allgemeine lineare Gruppe*).

Ein wichtiges Resultat besagt: $\mathfrak{GL}(K, n)$ *ist bezüglich der Matrixmultipliation eine Gruppe.*

Das sieht man ein wie folgt. Zunächst beachten wir, dass für $A \in \mathfrak{GL}$ eben A^{-1} existiert und natürlich seinerseits invertierbar ist; also $A^{-1} \in \mathfrak{GL}$. Indem wir die Matrizen als Abbildungen bezüglich irgend einer Basis auffassen, wechseln wir sofort zum Abbildungsstandpunkt. Die Menge $\mathfrak{B}$ aller bijektiven Abbildungen von $V \to V$ ist, wie wir wissen, eine Gruppe bezüglich der Zusammensetzung. Natürlich ist $\mathfrak{GL} \subseteq \mathfrak{B}$. Wir zeigen, dass mit $A, B \in \mathfrak{GL}$ auch $A^{-1}B \in \mathfrak{GL}$ gilt. Damit ist dann $\mathfrak{GL}$ als Unter*gruppe* von $\mathfrak{B}$ erkannt. – Für solche A, B ist aber $\det A^{-1}B = \det A^{-1} \det B \neq 0$, da jeder Faktor $\neq 0$ ist. Wir fassen zusammen:

Korrollar 5.4.1 (Determinante als Gruppenhomomorphismus). *Schränkt man die Determinante auf $\mathfrak{GL}(K,n)$ ein, so ist sie ein Gruppenhomomorphismus nach $K\backslash\{0\}$ (multiplikative Gruppe). – Für invertierbares $A \in \mathfrak{M}_{nn}$ ist*

$$\det(A^{-1}) = (\det A)^{-1}. \tag{5.18}$$

Beweis. Wegen $1 = \det I = \det AA^{-1} = \det A \det A^{-1}$ folgt $\det A^{-1} = \frac{1}{\det A}$. – Abstrakter folgt das Resultat daraus, dass ein Homomorphismus die Gruppenoperationen, insbesondere Inversion, respektiert. $\qquad\square$

Determinante einer linearen Abbildung. Bis jetzt waren die Determinanten Funktionen von n×n-Matrizen. Wir gehen zu linearen Abbildungen $V \to V$ über. Eine solche Abbildung $\mathcal{A}$ stellen wir kanonisch (Basis im Originalraum V = Basis im Bildraum V) durch eine Matrix A dar; in einer anderen kanonischen Darstellung sei die Matrix A'. Mit einer nichtsingulären Matrix T stehen die Darstellungen über $A' = T^{-1}AT$ in Verbindung; es ist aber wegen $\det T^{-1} = (\det T)^{-1}$: $\det A' = \det T^{-1}AT = \det T^{-1} \det A \det T = \det A$. Wir sehen also

Satz 5.4.6 (Determinante einer linearen Abbildung). *Bezüglich jeder kanonischen Matrixdarstellung A einer linearen Abbildung $\mathcal{A}: V \to V$ hat $\det A$ denselben Wert. Daher ist $\det \mathcal{A}$ über die Beziehung $\det \mathcal{A} = \det A$ wohl definiert. Aussagen wie*

$$\det \mathcal{A} \circ \mathcal{B} = \det \mathcal{A} \cdot \det \mathcal{B} \quad und \quad \det \mathcal{A}^{-1} = (\det \mathcal{A})^{-1}$$

(Letztere bei invertierbarem $\mathcal{A}$) übertragen sich unmittelbar von den entsprechenden Aussagen über Matrizen.

Beispiel. Über der Menge aller höchstens quadratischen Polynomie $\mathcal{P}_2$ betrachten wir die Abbildung $\mathcal{A}: p \to p + 2xp'$ (p' bezeichnet die Ableitung). Die Bilder der Basiselemente $(1, x, x^2)$ sind $(1, 3x, 6x^2)$, d.h., mit dieser Basis ist die Matrix $A = \mathrm{diag}(1, 3, 6)$ und daher $\det \mathcal{A} = 18$; es handelt sich hier wirklich um einen Wert, welcher der Abbildung zukommt, nicht nur der Matrix. – Insbesondere bedeutet das natürlich, dass zu jedem $q \in \mathcal{P}_2$ genau ein $p \in \mathcal{P}_2$ existiert mit $\mathcal{A}(p) = q$.

Aufgaben

5.8. G und H seien Gruppen, ϕ ein Homomorphismus von G nach H. Zeigen Sie: $\phi(x^{-1}) = (\phi(x))^{-1} \ \forall x \in G$. – In welchem Zusammenhang steht dieses Resultat mit der Aussage über $\det A^{-1}$ in Korrollar 5.4.1?

5.9. Für ein $A \in \mathfrak{M}_{nn}$ und ein $\nu \in \mathbb{N}$ gelte $A^\nu = I$. Welche Werte kommen für $\det A$ in Frage?

5.10. Für die Freunde der lateinischen Sprache lassen wir Leibniz selbst zu Wort kommen: *Datis aequationibus quotcunque sufficientibus ad tollendas quantitates, quae simplicem gradum non egrediuntur, pro aequatione prodeunte primo summendae sunt*

omnes combinationes possibiles, quas ingreditur una tantum coefficiens uniuscunque ae-
quationis; secundo eae combinationes opposita habent signa, si in eodem prodeuntis ae-
quationis latere ponantur, quae habent tot coefficientes communes quot sunt unitates in
numero quantitatum tollandarum unitate minuto; caeterae habent eadem signa." (G.W.
Leibniz, 1693 in einem Brief an de l'Hospital). Was will Leibniz damit sagen? –
Übrigens sind die Determinanten unabhängig von Leibniz etwa zur selben Zeit
in Japan erfunden (entdeckt?) worden.

5.5 Algorithmisches

Die Überlegungen dieses Abschnittes sind vielfach nützlich, wenn man Determinanten berechnen oder überhaupt mit ihnen geschickt umgehen will.

Entwicklungssätze. Zunächst ein Lemma über n×n-Matrizen einer speziellen
Form:

Lemma 5.5.1.

$$
\det_{n}
\begin{pmatrix}
1 & 0 & \cdots & 0 \\
\hline
* & & & \\
\vdots & & B & \\
* & & &
\end{pmatrix}
= \det_{n-1} B.
$$

Beweis. In der Formulierung ist explizit ersichtlich, auf welche Dimensionen
die Determinanten sich beziehen. Ebenso werden wir mit I_{n-1} bzw. I_n die Einheitsmatrix über dem Raum der entsprechenden Dimension bezeichnen. Mit
$\mathbf{b}_1, \mathbf{b}_2, \ldots, \mathbf{b}_{n-1}$ bezeichnen wir schließlich die Spaltenvektoren der (n–1)×(n–1)-
Matrix B.
Die linke Seite der behaupteten Gleichung definiert nun eine Abbildung δ :
$K^{n-1} \times K^{n-1} \times \ldots \times K^{n-1} \to K$, eben

$$
\delta(\mathbf{b}_1, \mathbf{b}_2, \ldots, \mathbf{b}_{n-1}) = \det
\begin{pmatrix}
1 & 0 & \cdots & 0 \\
\hline
* & & & \\
\vdots & & (\mathbf{b}_1, \mathbf{b}_2, \ldots, \mathbf{b}_{n-1}) & \\
* & & &
\end{pmatrix}.
$$

Zunächst ist unmittelbar klar, dass $\delta(I_{n-1}) = \det_n I_n = 1$, was im Folgenden
zum übereinstimmenden Skalenfaktor führt. Weil aber δ bei Vertauschung zweier
Spalten das Vorzeichen ändert (es ist doch mithilfe von $\det_n$ definiert worden,
wofür dies zutrifft) und weil δ aus demselben Grund multilinear ist, ist nach Satz
5.3.2 klar bewiesen, dass $\delta(B) = \det_{n-1} B$.   □

Wir gehen von einer Matrix $A \in \mathcal{M}_{nn}$ aus und betrachten gleich ihren j-ten Spaltenvektor $\mathbf{a}_j = (a_{1j}, a_{2j}, \ldots, a_{nj})^t = \sum_i a_{ij} \mathbf{e}_i$. Wegen der Linearität von $\det A$ in
der j-ten Spalte ist somit

$$
\det A = \sum_i a_{ij} \tilde{A}_{ij}. \tag{5.19}
$$

Dabei sind die $\tilde{A}_{ij}$ die Determinanten

$$\tilde{A}_{ij} = \det(\mathbf{a}_1, \ldots, \mathbf{a}_{j-1}, \mathbf{e}_i, \mathbf{a}_{j+1}, \ldots, \mathbf{a}_n),$$

also die Determinanten modifizierter Versionen von A, die entstehen, wenn man in der j-ten Spalte den Vektor $\mathbf{e}_i$ einträgt.

Diese n×n-Determinanten $\tilde{A}_{ij}$ lassen sich in folgender Weise auf (n–1)×(n–1)-Determinanten zurückführen. Wir rücken den j-ten Spaltenvektor $\mathbf{e}_i$ durch Vertauschung mit dem jeweiligen linken Nachbarn in die erste Spalte vor:

$$\begin{pmatrix} a_{11} & a_{12} & \cdots & a_{1j-1} & 0 & a_{1j+1} & \cdots & a_{1n} \\ \vdots & & & \vdots & & \vdots & & \vdots \\ a_{i1} & a_{i2} & \cdots & a_{ij-1} & 1 & a_{ij+1} & \cdots & a_{in} \\ \vdots & & & \vdots & & \vdots & & \vdots \\ a_{n1} & a_{n2} & \cdots & a_{nj-1} & 0 & a_{nj+1} & \cdots & a_{nn} \end{pmatrix} \rightsquigarrow$$

$$\rightsquigarrow \begin{pmatrix} 0 & a_{11} & a_{12} & \cdots & a_{1j-1} & a_{1j+1} & \cdots & a_{1n} \\ \vdots & \vdots & & & \vdots & \vdots & & \vdots \\ 1 & a_{i1} & a_{i2} & \cdots & a_{ij-1} & a_{ij+1} & \cdots & a_{in} \\ \vdots & \vdots & & & \vdots & \vdots & & \vdots \\ 0 & a_{n1} & a_{n2} & \cdots & a_{nj-1} & a_{nj+1} & \cdots & a_{nn} \end{pmatrix}.$$

Dies erfordert $j-1$ Transpositionen. Wie man sieht, stoßen die ursprünglichen Spalten $j-1$ bzw. $j+1$ aneinander, wie wenn die j-te Spalte gestrichen wäre. In ähnlicher Weise rücken wir die Zeile i vermittels $i-1$ Transpositionen in die erste Zeile. Es entsteht eine Determinante des Typs

$$\det \begin{pmatrix} 1 & * & \cdots & * \\ \hline 0 & & & \\ \vdots & & B_{ij} & \\ 0 & & & \end{pmatrix} \overset{(*)}{=} \det B_{ij} =: \alpha_{ij},$$

bei $(*)$ nach der transponierten Version von Lemma 5.5.1. In der (n–1)×(n–1)-Matrix B_{ij} stoßen nach den Überlegungen von vorhin die Spalten $j-1$ und $j+1$ von A an einander, und in ähnlicher Weise auch die ursprünglichen Zeilen $i-1$ und $i+1$. Die Matrix B_{ij} entsteht also aus A, indem man die i-te Zeile und die j-te Spalte streicht. Wir haben oben insgesamt $(j-1)+(i-1)$ Transpositionen vorgenommen und müssen daher an der Determinante noch das Vorzeichen $(-1)^{i+j-2} = (-1)^{i+j}$ anbringen. Indem wir uns noch an die Definition $\alpha_{ij} := \det B_{ij}$ erinnern, erhalten wir

Satz 5.5.1 (Entwicklungssätze für Determinanten).

$$\det A = \sum_i (-1)^{i+j} a_{ij} \alpha_{ij} \text{ (Entwicklung nach der j-ten Spalte)}$$

$$\det A = \sum_j (-1)^{i+j} a_{ij} \alpha_{ij} \text{ (Entwicklung nach der i-ten Zeile)}$$

Bemerkung. Der Satz reduziert die Berechnung einer $n \times n$-Determinante im Wesentlichen auf die Berechnung von n Determinanten der Größe $(n-1) \times (n-1)$. Während das im Allgemeinen keinen Vorteil bietet, erspart man doch Rechenarbeit, wenn eine Zeile (Spalte) viele Nullen enthält, so dass die entsprechenden Anteile weg fallen; dann wird man nach dieser Zeile oder Spalte entwickeln.

Bemerkung. Die $(-1)^{i+j}$ ergeben ein schachbrettartiges Muster an Vorzeichen, das links oben mit $+1$ beginnt.

Beispiel. Folgende Determinante wird durch Entwicklung nach der 3. Spalte berechnet:

$$\begin{vmatrix} 3 & 2 & 1 \\ 5 & -2 & 2 \\ -1 & 3 & 0 \end{vmatrix} = 1 \begin{vmatrix} 5 & -2 \\ -1 & 3 \end{vmatrix} - 2 \begin{vmatrix} 3 & 2 \\ -1 & 3 \end{vmatrix} = 13 - 22 = -9.$$

Mit $n+1$ Elementen $x_0, x_1, \ldots, x_n \in K$ betrachtet man die so genannte *Vandermonde'sche Determinante* $\det(x_i^j)_{i,j=0,1,\ldots,n}$. Die entsprechende Matrix ist uns schon bei der Polynominterpolation begegnet, wie man genügend deutlich an der Gleichung für die Koeffizienten des Interpolationspolynoms im quadratischen Fall sieht (Gl. 2.10).

Lemma 5.5.2 (Vandermonde'sche Determinante).

$$\begin{vmatrix} 1 & x_0 & x_0^2 & \ldots & x_0^n \\ 1 & x_1 & x_1^2 & \ldots & x_1^n \\ \vdots & & & & \vdots \\ 1 & x_n & x_n^2 & \ldots & x_n^n \end{vmatrix} = \prod_{0 \le i < j \le n} (x_j - x_i). \tag{5.20}$$

Beweis. Für $n = 2$ ist der Satz ganz leicht als richtig zu erkennen. Wir stellen einen Zusammenhang zwischen Vandermonde'schen Determinanten mit n bzw. $n+1$ Zeilen her, der dann direkt den Induktionsschritt ergibt.
Dazu gehen wir von der größeren Determinante aus und reduzieren sie derart, dass im Laufe jedes Schrittes von rechts unten beginnend und nach links fortschreitend das jeweils nächste Element der letzten Zeile zu 0 modifiziert wird (ohne Änderung des Wertes der Determinante). Dazu ziehen wir

i) von der Spalte n (letzte Spalte) das x_n-fache der Spalte $n - 1$ ab; sodann

ii) von der Spalte $n - 1$ das x_n-fache von Spalte $n - 2$; sodann

iii) von der Spalte $n - 2 \ldots$

und nehmen dann

iv) die Entwicklung nach der sehr einfach gewordenen letzten Zeile vor, wodurch ein Faktor $(-1)^n$ ins Spiel kommt. Bei diesem Schritt ziehen wir auch die Faktoren $\Delta_0, \Delta_1, \ldots$ (s.u.), die jeder in einer Zeile auftreten, aus der Determinante (Homogenität!).

In genügender Deutlichkeit sieht man das bereits für $n = 3$, wobei wir abkürzend noch $\Delta_k := x_k - x_3$ schreiben:

$$
\begin{vmatrix}
1 & x_0 & x_0^2 & x_0^3 \\
1 & x_1 & x_1^2 & x_1^3 \\
1 & x_2 & x_2^2 & x_2^3 \\
1 & x_3 & x_3^2 & x_3^3
\end{vmatrix}
\overset{i)}{=}
\begin{vmatrix}
1 & x_0 & x_0^2 & x_0^2(x_0 - x_3) \\
1 & x_1 & x_1^2 & x_1^2(x_1 - x_3) \\
1 & x_2 & x_2^2 & x_2^2(x_2 - x_3) \\
1 & x_3 & x_3^2 & 0
\end{vmatrix}
\overset{ii)}{=}
$$

$$
\overset{ii)}{=}
\begin{vmatrix}
1 & x_0 & x_0\Delta_0 & x_0^2\Delta_0 \\
1 & x_1 & x_1\Delta_1 & x_1^2\Delta_1 \\
1 & x_2 & x_2\Delta_2 & x_2^2\Delta_2 \\
1 & x_3 & 0 & 0
\end{vmatrix}
\overset{iii)}{=}
\begin{vmatrix}
1 & \Delta_0 & x_0\Delta_0 & x_0^2\Delta_0 \\
1 & \Delta_1 & x_1\Delta_1 & x_1^2\Delta_1 \\
1 & \Delta_2 & x_2\Delta_2 & x_2^2\Delta_2 \\
1 & 0 & 0 & 0
\end{vmatrix}
\overset{iv)}{=}
$$

$$
\overset{iv)}{=}
\underbrace{\Delta_0}_{-(x_3-x_0)} \cdot \underbrace{\Delta_1}_{-(x_3-x_1)} \cdot \underbrace{\Delta_2}_{-(x_3-x_2)} \cdot (-1)^3
\begin{vmatrix}
1 & x_0 & x_0^2 \\
1 & x_1 & x_1^2 \\
1 & x_2 & x_2^2
\end{vmatrix}
\overset{(*)}{=}
$$

$$
\overset{(*)}{=} (x_3 - x_0)(x_3 - x_1)(x_3 - x_2)
\begin{vmatrix}
1 & x_0 & x_0^2 \\
1 & x_1 & x_1^2 \\
1 & x_2 & x_2^2
\end{vmatrix}.
$$

Bei $(*)$ beachten wir, dass der 3-fach (allg.: n-fach) auftretende Faktor -1 beim Übergang von den Δ_k zu den $x_3 - x_k$ (allg.: $x_n - x_k$) sich mit dem Faktor $(-1)^3$ $((-1)^n)$ gerade ausgleicht. – Insgesamt werden auf diesem Wege die von der kleineren Determinante im Sinne einer Induktionsannahme vorhandenen Faktoren $\prod_{0 \leq i < j \leq n-1}(x_j - x_i)$ durch $(x_n - x_0)(x_n - x_0) \dots (x_n - x_{n-1})$ ergänzt, wodurch sich das behauptete Produkt einstellt. □

Satz 5.5.2 (Determinante einer Dreiecksmatrix). *Die Determinante einer linken unteren (rechten oberen) Matrix L (R) ist das Produkt der Diagonalelemente,*

$$\det L = l_{11}l_{22} \dots l_{nn} \quad und \quad \det R = r_{11}r_{22} \dots r_{nn}.$$

Beweis. Entwicklung nach der ersten Zeile ergibt $l_{11} \begin{vmatrix} l_{22} & \cdots \\ \vdots & \ddots \end{vmatrix}$, wo also die Determinante der um die erste Zeile und Spalte verkleinerten Matrix auftritt; da dies wieder eine linke untere Matrix ist, fährt man gleichartig fort und erhält schließlich das behauptete Resultat. □

Satz 5.5.3 (Determinante einer Permutationsmatrix). *Ist P_π die Permutationsmatrix zu $\pi \in \mathcal{S}_n$, so gilt*

$$\det P_\pi = \epsilon(\pi).$$

Beweis. Es ist $P_\pi I = P_\pi$ und daher $\det P_\pi I = \det P_\pi$. Andererseits sind bei $P_\pi I$ die Zeilen von I gemäß π permutiert und daher $\det P_\pi I = \epsilon(\pi) \det I = \epsilon(\pi)$, woraus insgesamt $\det P_\pi = \epsilon(\pi)$ folgt. □

Determinanten – numerische Komplexität – LR-Zerlegung. So fundamental die Leibniz'sche Determinantenformel auch ohne Zweifel ist: Ihre Komplexität macht sie für etwas größere Werte von n für *direkte Rechnung* vollkommen unbrauchbar. Die Anzahl der Summanden ist $n!$, für jeden einzelnen von ihnen ist noch dazu ein Produkt aus n Elementen zu bilden. Allein die Faktoriellen ergeben schon z.B. $10! = 3\,628\,800$ und gar $100! \sim 9.33 \cdot 10^{157} \sim 10^{158}$, also ca. 10^{160} Multiplikationen für die Determinante. Die Rechenzeit für eine Determinante ($n = 100$) wäre auf unserem Standardcomputer $\sim 10^{151}$ Sekunden, damit ca. 10^{143} Jahre oder 10^{133} Weltalter.

Mit dem *Gauß'schen Eliminationsverfahren* ist die Berechnung einer solchen Determinante leicht möglich. – Im einfachsten Fall (ohne Pivotisierung) ergibt sich eine LR-Zerlegung

$$A = LR,$$

wobei alle Diagonaleinträge von $L = 1$ sind. Ihre Determinante ist daher als Produkt dieser Diagonalelemente $= 1$ und somit

$$\det A = \prod_{i=1}^{n} r_{ii},$$

Ist, wie häufig, Pivotisierung, also Vertauschung von Zeilen bzw. Spalten, nötig, so lässt sich das nach Satz 5.5.3 leicht berücksichtigen. Mit Permutationsmatrizen, die den Zeilen- bzw. Spaltenvertauschungen entsprechen, ist dann $P_\pi A P_\rho = LR$ und daher

$$\det A = \epsilon(\pi)\epsilon(\rho) \prod_{i=1}^{n} r_{ii}.$$

Man muss also lediglich über die Signatur der Zeilen- bzw. Spaltenpermutationen Buch führen. Das Aufwendigste an dieser Art der Determinantenberechnung ist natürlich die Ermittlung der LR-Zerlegung, sodass sich die Komplexität wieder zu $O(n^3)$, was für $n = 100$ eine Rechenzeit im Bereich einiger 10^{-4} Sekunden erwarten lässt.

Cramer'sche Regel.   Mithilfe von Determinanten lässt sich die Lösung $\mathbf{x}^\star$ eines linearen Gleichungssystems

$$A\mathbf{x} = \mathbf{b}$$

($A \in \mathcal{M}_{nn}$, nichtsingulär) explizit angeben:

Satz 5.5.4 (Cramer'sche Regel).

$$x_i^\star = \frac{1}{\det A} \det(\mathbf{a}_1, \ldots, \mathbf{a}_{i-1}, \mathbf{b}, \mathbf{a}_{i+1}, \ldots, \mathbf{a}_n) \tag{5.21}$$

Beweis. Die Gleichung $A\mathbf{x} = \mathbf{b}$ besagt ja nichts anderes, als dass

$$\mathbf{b} = x_1^\star \mathbf{a}_1 + \ldots + x_i^\star \mathbf{a}_i + \ldots + x_n^\star \mathbf{a}_n$$

ist. Setzt man dies für $\mathbf{b}$ im Determinantenausdruck auf der rechten Seite von Gleichung 5.21 ein und subtrahiert – ohne Änderung der Determinante – in der i-ten Spalte die $x_k^\star \mathbf{a}_k \ \forall\, k \neq i$, so erhält man

$$\det(\mathbf{a}_1, \ldots, \mathbf{a}_{i-1}, \mathbf{b}, \mathbf{a}_{i+1}, \ldots, \mathbf{a}_n) = \det(\mathbf{a}_1, \ldots, \mathbf{a}_{i-1}, x_i^\star \mathbf{a}_i, \mathbf{a}_{i+1}, \ldots, \mathbf{a}_n).$$

Daraus lässt sich $x_i^\star$ unmittelbar darstellen und es ergibt sich eben die Behauptung des Satzes. □

Beispiel. Vorgelegt sei das Gleichungssystem

$$\begin{pmatrix} 2 & -1 & 3 \\ 1 & 3 & 0 \\ 4 & -1 & 1 \end{pmatrix} \mathbf{x} = \begin{pmatrix} 2 \\ 3 \\ -2 \end{pmatrix}.$$

$x_2^\star$ ist gefragt. – Die Determinante der Matrix ergibt sich zu -32. Im Übrigen ist

$$\begin{vmatrix} 2 & 2 & 3 \\ 1 & 3 & 0 \\ 4 & -2 & 1 \end{vmatrix} = -38$$

und daher $x_2^\star = \frac{-38}{-32} = \frac{19}{16}$.

Beispiel (Kreis durch drei Punkte). Durch drei Punkte in $\mathbb{R}^2$, die nicht auf einer Geraden liegen, soll ein Kreis gelegt werden. Aus der Elementargeometrie ist bekannt, und es wird sich auch bei uns gleich zeigen, dass diese Aufgabe genau eine Lösung hat. Die allgemeine Gleichung eines Kreises in der Ebene lautet

$$(x^2 + y^2)a_0 + xa_1 + ya_2 + a_3 = 0, \tag{5.22}$$

wobei $a_0 \neq 0$. Da es auf einen von null verschiedenen multiplikativen Faktor nicht ankommt, setzen wir $a_0 = -1$ und erhalten die Gleichung in der Form

$$xa_1 + ya_2 + a_3 = (x^2 + y^2).$$

Durch Einsetzen der (x_i, y_i), $i = 1, 2, 3$ gelangen wir zu dem linearen Gleichungssystem

$$\begin{pmatrix} x_1 & y_1 & 1 \\ x_2 & y_2 & 1 \\ x_3 & y_3 & 1 \end{pmatrix} \begin{pmatrix} a_1 \\ a_2 \\ a_3 \end{pmatrix} = \begin{pmatrix} x_1^2 + y_1^2 \\ x_2^2 + y_2^2 \\ x_3^2 + y_3^2 \end{pmatrix}.$$

Eine derartige Gleichung hat genau dann eine eindeutige Lösung, wenn die Determinante der Matrix $\neq 0$ ist. Zur Berechnung der Determinante subtrahieren wir die erste Zeile von den beiden anderen und entwickeln nach letzten Spalte:

$$\begin{vmatrix} x_1 & y_1 & 1 \\ x_2 & y_2 & 1 \\ x_3 & y_3 & 1 \end{vmatrix} = \begin{vmatrix} x_1 & y_1 & 1 \\ x_2 - x_1 & y_2 - y_1 & 0 \\ x_3 - x_1 & y_3 - y_1 & 0 \end{vmatrix} = \begin{vmatrix} x_2 - x_1 & y_2 - y_1 \\ x_3 - x_1 & y_3 - y_1 \end{vmatrix}.$$

Die zuletzt auftretende Determinante beschreibt die Fläche des von den Punkten $(x_2 - x_1, y_2 - y_1)^t$ und $(x_3 - x_1, y_3 - y_1)^t$ aufgespannten Parallelogramms und ist unter unserer Voraussetzung, wonach nämlich die drei Punkte nicht auf einer Geraden liegen, $\neq 0$. Daher lässt sich das Gleichungssystem für (a_1, a_2, a_3) leicht, und zwar wieder unter Zuhilfenahme von Determinanten, auflösen. – Sind aber die drei Punkte paarweise verschieden und ist die Determinante $= 0$, so lehrt elementare Diskussion des Gleichungssystems, dass keine Lösung existiert.

Beispiel (Nochmals: Kreis durch drei Punkte). Mithilfe von Determinanten lässt sich auch die *Gleichung* des Kreises aus dem vorhergehenden Beispiel explizit darstellen. Wir gehen von der ursprünglichen Form der Kreisgleichung (5.22) aus und setzen einen beliebigen Kreispunkt (x, y) und sodann unsere drei gegebenen Punkte ein. Es entsteht ein homogenes Gleichungssystem für (a_0, a_1, a_2, a_3):

$$\begin{pmatrix} x^2 + y^2 & x & y & 1 \\ x_1^2 + y_1^2 & x_1 & y_1 & 1 \\ x_2^2 + y_2^2 & x_2 & y_2 & 1 \\ x_3^2 + y_3^2 & x_3 & y_3 & 1 \end{pmatrix} \begin{pmatrix} a_0 \\ a_1 \\ a_2 \\ a_3 \end{pmatrix} = \begin{pmatrix} 0 \\ 0 \\ 0 \\ 0 \end{pmatrix}.$$

Dass also alle vier Punkte und insbesondere (x, y) auf dem Kreis liegen, bedeutet, dass das homogene Gleichungssystem eine nichttriviale Lösung hat. Dies ist wiederum gleichbedeutend mit

$$\begin{vmatrix} x^2 + y^2 & x & y & 1 \\ x_1^2 + y_1^2 & x_1 & y_1 & 1 \\ x_2^2 + y_2^2 & x_2 & y_2 & 1 \\ x_3^2 + y_3^2 & x_3 & y_3 & 1 \end{vmatrix} = 0,$$

sodass auf diesem Wege die Kreisgleichung dargestellt wird.

Beispiel (Darstellung einer Planeten- oder Kometenbahn). Nach dem ersten Kepler'schen Gesetz ist die Bahn eines Planeten, Asteroiden, Kometen o. dgl. um die Sonne eine Ellipse (allgemeiner: eine Kurve zweiter Ordnung). (Dies gilt im so genannten Zweikörperproblem, d.h. bei Vernachlässigung der Anwesenheit anderer Körper, die Anziehungskraft ausüben, insbesondere Jupiters bzw. eines Planeten, dem der uns interessierende Körper nahe kommt.) Eine solche Kurve (nebst verschiedenen Ausartungsformen) ist durch eine Gleichung der Gestalt

$$a_0 x^2 + a_1 xy + a_2 y^2 + a_3 x + a_4 y + a_5 = 0$$

gegeben. Dabei dürfen nicht alle Koeffizienten $a_0, a_1, \ldots$ verschwinden. Kennt man (i.A.) 5 Positionen (x_i, y_i) des Körpers in seiner Bahnebene, so ist es leicht, eine ähnliche Darstellung für die Kurve zu finden wie soeben für den Kreis. Die Gleichung enthält jetzt auf der linken Seite natürlich eine 6×6-Determinante. – Realistische Positionen für Körper entnimmt man astronomischen Jahrbüchern, wobei man darauf achte, Körper mit kleinen Werten von z (Abstand von der Ekliptik = Ebene, in der die Erde um die Sonne läuft) zu nehmen, weil man zur Vereinfachung der Aufgabe annehmen wird, dass $z = 0$, der Körper sich also in der Ekliptik bewegt. Mars empfiehlt sich hier auch wegen seiner deutlich elliptischen Bahn.

Aufgaben

5.11. Lösen Sie das Gleichungssystem

$$\begin{array}{rcrcr} 2x_1 & + & 3x_2 & = & -1 \\ 4x_1 & + & 5x_2 & = & 3 \end{array}$$

mit der Cramer'schen Regel

5.12. Berechnen Sie (nur) x_2 so, dass das Gleichungssystem

$$
\begin{array}{rcrcrcrcr}
3x_1 & - & 2x_2 & + & x_3 & - & 3x_4 & = & -3 \\
2x_1 & + & 4x_2 & - & 4x_3 & + & 3x_4 & = & -8 \\
x_1 & + & 3x_2 & - & 2x_3 & + & 4x_4 & = & 5 \\
-x_1 & + & 2x_2 & + & x_3 & - & 2x_4 & = & 11
\end{array}
$$

befriedigt ist. (Es wird zweckmäßig sein, z.B. durch Addition von Zeilen Nulleintragungen zu erzielen.)

5.13. Entwickeln Sie geschickt nach Zeilen bzw. Spalten:

$$
\begin{vmatrix}
1 & 1 & 2 & 1 \\
0 & 2 & 3 & 4 \\
2 & 1 & 0 & 3 \\
0 & 2 & 2 & 1
\end{vmatrix}, \quad
\begin{vmatrix}
2 & 4 & 0 & 0 \\
1 & 3 & 2 & 2 \\
0 & 4 & 3 & 1 \\
2 & 3 & 4 & 1
\end{vmatrix}, \quad
\begin{vmatrix}
1 & 4 & 4 & 3 \\
1 & 3 & 2 & 1 \\
1 & 1 & 0 & 2 \\
1 & 2 & 2 & 0
\end{vmatrix}.
$$

5.14. Berechnen Sie die Determinanten

$$
\begin{vmatrix}
0 & 1 & 1 & 1 & 1 \\
1 & 0 & 1 & 1 & 1 \\
1 & 1 & 0 & 1 & 1 \\
1 & 1 & 1 & 0 & 1 \\
1 & 1 & 1 & 1 & 0
\end{vmatrix} \quad \text{und} \quad
\begin{vmatrix}
1 & 2 & 3 \\
2 & 5 & 1 \\
2 & 7 & 9
\end{vmatrix}.
$$

5.15. Zeigen Sie $\begin{vmatrix} t & 1 & 1 \\ 1 & t & 1 \\ 1 & 1 & t \end{vmatrix} = (t-1)^2(t+2)$.

5.16. Ebenso $\begin{vmatrix} a^2+1 & ab & ac \\ ab & b^2+1 & bc \\ ac & bc & c^2+1 \end{vmatrix} = a^2 + b^2 + c^2 + 1$.

5.17. p und q seien Polynome über $K = \mathbb{R}, \mathbb{C}$, und zwar

$$
\begin{aligned}
p(t) &= a_0 + a_1 t + \ldots + a_m t^m \quad (a_m \neq 0) \\
q(t) &= b_0 + b_1 t + \ldots + b_n t^n \quad (b_n \neq 0),
\end{aligned}
$$

wobei $m > 0$, $n > 0$. Die (m+n)×(m+n)-Determinante

$$
\operatorname{Res}_{p,q} := \begin{vmatrix}
a_0 & a_1 & \ldots & \ldots & \ldots & \\
0 & a_0 & a_1 & \ldots & \ldots & \\
\vdots & \ddots & \ddots & \ddots & & \vdots \\
b_0 & b_1 & \ldots & \ldots & \ldots & \\
0 & b_0 & b_1 & \ldots & \ldots & \\
\vdots & \ddots & \ddots & \ddots & & \vdots
\end{vmatrix},
$$

in deren Zeilen die Koeffizienten rechts von a_m bzw. b_n rechts mit Nullen aufzufüllen sind und bei der n Zeilen für p und m Zeilen für q vorgesehen sind, heißt *Resolvente* von p und q. Zeigen Sie, dass folgende Aussagen zueinander äquivalent sind:

i) $\mathrm{Res}_{p,q} = 0$

ii) $p, tp, \dots, t^{n-1}p, q, tq, \dots, t^{m-1}q$ sind l.a.

iii) $\exists r \in \mathcal{P}_{n-1}, s \in \mathcal{P}_{m-1}, r, s \neq 0$ mit $rp + sq = 0$.

Mit Kenntnissen aus Abschnitt 6.1 (Zerlegung eines Polynomes in Linearfaktoren) lässt sich weiterhin beweisen, dass die letzte Aussage äquivalent dazu ist, *dass p und q eine gemeinsame Nullstelle, somit einen gemeinsamen Linearfaktor besitzen*; das gilt daher für alle obigen Aussagen, insbesondere i). – Während sich die Nullstellen i.A. nicht leicht berechnen und daher auch nicht auf Gemeinsamkeit überprüfen lassen, ist die Resolvente durchaus handhabbar.

6 Eigenwerte und Eigenvektoren

So linear, wie es die Bezeichnung vermuten ließe, geht es in der Linearen Algebra auch wieder nicht zu. Inneres Produkt und Determinante sind Abbildungen, die zwar linear in jeder Komponente sind, aber eben nicht linear schlechthin. Bei der folgenden Fragestellung wird die Nichtlinearität voll zum Durchbruch kommen. Das Problem, auf das wir hinsteuern, scheint einerseits harmlos und andererseits nur mäßig interessant zu sein: $\mathcal{A} : V \to V$ sei eine lineare Abbildung von V in sich. Wann ist dann $\mathcal{A}(\mathbf{x}) \parallel \mathbf{x}$, das heißt also, wann existiert ein $\alpha \in K$, sodass

$$\mathcal{A}(\mathbf{x}) = \alpha\mathbf{x}$$

ist? (Natürlich verlangen wir sofort $\mathbf{x} \neq \mathbf{0}$, weil ja für $\mathbf{x} = \mathbf{0}$ schon die geometrische Frage uninteressant ist und überdies jedes α die Aufgabe löst.) α heißt dann *Eigenwert* von $\mathcal{A}$, $\mathbf{x}$ *Eigenvektor*.

Indessen ist die Frage erstens *nicht harmlos*. Sowohl α als auch $\mathbf{x}$ sind ja gefragt (jedenfalls kann man ohne α die Frage schwer formulieren). Die beiden Größen sind hier aber in einem Produkt $\alpha\mathbf{x}$, also durch nichtlineare Verknüpfung, miteinander verbunden; daher betreten wir hier wirkliches Neuland.

Zweitens ist die Frage *nur scheinbar mäßig interessant*. Sie tritt in mannigfachster Gestalt auf, wofür einige außermathematische und ein innermathematisches Beispiel stellvertretend stehen mögen:

Übersicht

- *Oszillationen* der verschiedensten Art (elektrische Schwingkreise, die Frage
  der Unterdrückung von Schwingungen von Bauteilen von Autos oder von
  Gebäuden durch geeignete Konstruktion, Schwingungen des Erdkörpers
  in Zusammenhang mit Erdbeben usw.) führen auf Eigenwertprobleme; die
  Eigenwerte geben dann Auskunft über die Perioden und das Dämpfungs-
  verhalten der Schwingungen.

- *Stabilitätsfragen* wie z.B. das Problem, ob ein mechanisches System im sta-
  bilen oder labilen Gleichgewicht ist, behandelt man oft am angemessensten
  mit Eigenwerten.

- In der *Bildverarbeitung* (Datenkompression von Bildern) hat man ein z.B.
  quadratisches Muster von $N = n \times n$ Helligkeitswerten (und Farbinforma-
  tion) auf den einzelnen Pixeln gegeben. Meist ist dabei der Wert an einem
  Pixel ziemlich genau das arithmetische Mittel der Werte an den benachbarten Pixeln. Die Daten liegen daher jedenfalls nahe einem Unterraum des $\mathbb{R}^N$
  von wesentlich geringerer Dimension. Dies kann man zum Ausgangspunkt
  von wichtigen Verfahren zur Bild- (oder allgemeiner: Daten-)kompression
  bzw. Datenanalyse machen. Eigenwerte spielen hier eine unverzichtbare
  Rolle; siehe z.B. den Abschnitt über Singulärwertzerlegung (Abschnitt 9.3).

- *Quantenmechanik*: Hier geben Eigenvektoren die stationären Quanten-
  zustände von Atomen oder Molekülen an, Eigenwerte die zugehörige Energie. Auf dieser Basis gewinnt man ein Verständnis für den Molekülbau, d.h.
  letztlich die gesamte Chemie, und kann „Chemie am Computer" betreiben.

- *Lineare Algebra*: In unterschiedlichen Koordinatensystemen sieht die Matrix
  zu $\mathcal{A} : V \to V$ ganz unterschiedlich aus. Gibt es eine in gewissem Sinn optimale Matrixdarstellung von $\mathcal{A}$, die einfach ist und das Wesentliche von $\mathcal{A}$
  klar und deutlich erkennen lässt? Die diesbezüglich befriedigendsten Ant-
  worten behandeln wir in Kapitel 9.

In diesem Kapitel beginnen wir mit der Behandlung dieser in Wahrheit also fun-
damentalen Problemstellung, die uns für den Rest des Buches immer begleiten
wird.

Bemerkung. Hier und allgemein in Zusammenhang mit Eigenwerten und Eigenvektoren treffen wir grundsätzlich die *Voraussetzungen*

- $K = \mathbb{R}$ oder $K = \mathbb{C}$

- Die beteiligten linearen Räume sind *endlichdimensional*.

6.1 Von den Polynomen

Stellen wir einmal die Frage, wann $\mathcal{A}(\mathbf{x}) = \alpha\mathbf{x}$ ($\mathbf{x} \neq 0$) ist, im Fall einer 2×2-
Matrix. Sie ist doch gleichbedeutend mit der nichttrivialen Lösbarkeit der Glei-
chung $(\mathcal{A} - \alpha\mathcal{I})\mathbf{x} = 0$, also damit, für welche α denn $\det(\mathcal{A} - \alpha\mathcal{I}) = 0$ ist.

Nun ist aber

$$\det(A - \alpha I) = \begin{vmatrix} a_{11} - \alpha & a_{12} \\ a_{21} & a_{22} - \alpha \end{vmatrix} =$$
$$= \alpha^2 - (a_{11} + a_{22})\alpha + (a_{11}a_{12} - a_{21}a_{22}) =: \chi_A(\alpha).$$

Es tritt also ein Polynom $\chi_{\mathcal{A}}$ (hier zweiten Grades) in α auf (das *charakteristische Polynom* von $\mathcal{A}$), dessen Nullstellen genau die Werte von α angeben, für die unser geometrisches Problem eine Lösung hat.

Genau dieselbe Rolle spielen für allgemeines n die Nullstellen der Abbildung $\alpha \to \det(\mathcal{A} - \alpha\mathcal{I})$, und man kann sich jetzt schon überlegen , dass auch dies ein Polynom, diesmal n-ten Grades ist. Wir werden den Punkt im nächsten Abschnitt ausarbeiten. – All das bedeutet Grund genug, uns zunächst mit Polynomen zu befassen.

Polynomdivision mit Rest.

Definition 6.1.1 (Grad eines Polynoms). *Es sei* $p = \sum_{j=0}^{n} a_k x^k$ *ein Polynom über* $K(=\mathbb{R}, \mathbb{C})$. *Dann ist der Grad von* p

$$\operatorname{Grad} p := \max\{k : a_k \neq 0\}. \tag{6.1}$$

Für das Nullpolynom 0 *definiert man*

$$\operatorname{Grad} 0 := -\infty.$$

Eine Erläuterung dazu folgt unten.

Satz 6.1.1 (Eigenschaften des Grades). *Für Polynome* p, q *gilt*

   i) $\operatorname{Grad}(p + q) \leq \max(\operatorname{Grad}(p), \operatorname{Grad}(q))$

  ii) $\operatorname{Grad}(p\,q) = \operatorname{Grad}(p) + \operatorname{Grad}(q).$

Beweis. i) ist unmittelbar klar. Denn durch Addition können keine von 0 verschiedenen Koeffizienten bei höheren Potenzen als schon bei p und q auftreten. Wohl aber kann dann, wenn beide Polynome denselben Grad haben, der Fall eintreten, dass sich die Koeffizienten der höchsten Potenz zu 0 addieren; dann wird der Grad vermindert. Extrembeispiel: $\operatorname{Grad} p + \operatorname{Grad}(-p) = \operatorname{Grad}(0) = -\infty \ \forall p$.

ii): Setzen wir zunächst voraus, dass $p \neq 0, q \neq 0$ (das Nullpolynom). Die Grade bezeichnen wir mit n bzw. m. Schreiben wir jeweils die im Sinne der Potenzen führenden Terme an, so ist etwa

$$p(x) = a_n x^n + \dots, \quad q(x) = b_m x^m + \dots$$

Dann ist aber $(p\,q)(x) = a_n b_m x^{n+m} + \dots$ und somit

$$\operatorname{Grad}(p\,q) = n + m = \operatorname{Grad} p + \operatorname{Grad} q.$$

Jetzt lässt sich auch der Sinn der vielleicht merkwürdig anmutenden Definition des Grades des Nullpolynoms ausmachen. Denn nur für $-\infty$ als Grad lässt sich die Aussage von Teil ii) retten. Ist nämlich p irgendein Polynom eines Grades $m > 0$, so ist $p\,0 = 0$, und soll der Gradsatz ii) auch hier gelten, so brauchen wir $n + \text{Grad}\,0 = \text{Grad}\,0$, was nur mit $\text{Grad}\,0 = -\infty$ erfüllbar ist. (Den zunächst noch möglichen Wert von $+\infty$ wird man von vornherein für keine gute Idee halten. Im Übrigen möge man in das Rechnen mit ∞ hier nichts hineingeheimsen, als ob wir mit diesem Symbol so wie mit Zahlen wirklich rechnen wollten. Wir verwenden es nur in diesem Zusammenhang mit dem Ziel einer prägnanten Ausdrucksweise.) $\square$

Satz 6.1.2 (Polynomdivision mit Rest).
i) p und $q \neq 0$ seien Polynome. Dann gibt es Polynome s und r mit

$$p = sq + r,$$

wobei zusätzlich noch $\text{Grad}\,r < \text{Grad}\,q$.
ii) s und r sind eindeutig bestimmt.

Bemerkung. Wo bleibt die Division? Man muss dazu eben wirklich durch q dividieren:

$$\frac{p}{q} = s + \frac{r}{q}.$$

r heißt *Rest* bei der Division von p durch q.

Beweis. *Existenz*: Die Existenz einer derartigen Darstellung zeigen wir auf konstruktiv, indem wir mit dem *Euklidischen Algorithmus* ein Verfahren angeben, das s bzw. r wirklich zu liefern vermag. Gleichzeitig gehen wir induktiv nach dem Grad n von p vor. Dabei können wir sofort annehmen, dass $m := \text{Grad}\,q > 0$; denn für $m = 0$, d.h. Division durch eine Konstante, ist die Aussage des Satzes eine Trivialität.
Wir schreiben $q(x) = b_m x^m + b_{m-1} x^{m-1} + \ldots$ ($b_m \neq 0$). – Ist zunächst $n < m$, so leisten offenbar $s = 0$ und $r = p$ das Gewünschte, was die Existenzaussage $\forall\, p \in \mathcal{P}_{m-1}$ beweist. – Es sei nunmehr $n \geq m$ und die Aussage i) für alle Polynome aus $\mathcal{P}_{n-1}$ bereits gezeigt. Wir betrachten dementsprechend jetzt ein Polynom $p(x) = a_n x^n + \ldots$ mit $\text{Grad}\,p = n$. Subtrahiert man von p das Polynom $\frac{a_n}{b_m} x^{n-m} q(x)$, so vernichtet man den Term n-ter Ordnung und erhält das Polynom

$$p(x) - \frac{a_n}{b_m} x^{n-m} q =: \tilde{p} \in \mathcal{P}_{n-1}.$$

Gemäß der Induktionsvoraussetzung existiert eine Darstellung $\tilde{p} = \tilde{s} q + \tilde{r}$ mit $\text{Grad}\,\tilde{r} < \text{Grad}\,q$. Unter Benutzung dieses Ausdrucks für $\tilde{p}$ erhalten wir

$$p = \left(\frac{a_n}{b_m} x^{n-m} + \tilde{s} \right) q + \tilde{r} =: sq + r$$

mit nahe liegender Bedeutung von s und q, d.h. die Aussage für $\mathcal{P}_n$.
Eindeutigkeit: Geht man von zwei Darstellungen im Sinne des Satzes aus, $p = s_i q + r_i$ ($i = 1, 2$), und subtrahiert man sie voneinander, so fließt daraus $0 = (s_1 - s_2)q + (r_1 - r_2)$, d.h. $r_1 - r_2 = (s_2 - s_1)q$. Wegen $l := \text{Grad}(r_1 - r_2) < m$ und $\text{Grad}((s_2 - s_1)q) = \text{Grad}(s_1 - s_2) + m$ kann Gleichheit der Grade, also $l = \text{Grad}(s_1 - s_2) + m$, nur mit $l = \text{Grad}(s_1 - s_2) = -\infty$ bestehen, d.h. $r_1 - r_2 = s_1 - s_2 = \mathbf{0}$. Die Darstellungen stimmen also notwendig überein. $\square$

Beispiel (Durchführung der Polynomdivision mit Rest).

$$
\begin{array}{l}
(\quad x^4 - 2x^3 + x^2 - x + 1) : (x^2 - 2x + 3) = x^2 - 2 + \dfrac{-5x + 7}{x^2 - 2x + 3} \\
\underline{\ - x^4 + 2x^3 - 3x^2} \\
\qquad\qquad - 2x^2 - x + 1 \\
\qquad\qquad \underline{2x^2 - 4x + 6} \\
\qquad\qquad\qquad - 5x + 7
\end{array}
$$

Abspaltung von Linearfaktoren.   Die Stellen, an denen ein Polynom den Wert 0 annimmt, sind der Schlüssel zu einer wichtigen Darstellung des Polynoms. Wir geben daher die

Definition 6.1.2 (Nullstelle eines Polynoms). $\xi \in K$ *heißt* Nullstelle *oder* Wurzel *des Polynoms p, wenn $p\,(\xi) = 0$ ist.*

Bemerkung. Der Ausdruck *Wurzel* für die Nullstelle rührt daher, dass man bei Polynomen zweiten Grades die Nullstellen durch die bekannten Wurzelausdrücke darstellen kann. Bei Polynomen dritten und vierten Grades ist dies in komplizierterer Form auch noch möglich, bei Polynomen höheren Grades jedoch im Allgemeinen grundsätzlich nicht, wie Galois bewiesen hat.
Selbstverständlich muss ein Polynom über einem Körper K keine Nullstelle besitzen, wie das Polynom $p(x) = x^2 + 1$ über $K = \mathbb{R}$ belegt.

Satz 6.1.3 (Abspaltung eines Linearfaktors). *Ist p_0 ein Polynom,* $\operatorname{Grad} p_0 = n > 0$ *und gilt für ein $\xi_1 \in K$ $p_0(\xi_1) = 0$, so ist*

$$
p_0 = (x - \xi_1)p_1
$$

mit einem $p_1 \in \mathcal{P}_{n-1}$.

Bemerkung. Der Satz besagt also, dass bei Division eines Polynoms durch $x - \xi_1$ kein Rest bleibt, wenn ξ_1 eine Nullstelle ist.

Beweis. Wir dividieren mit Rest: $p_0(x) = p_1(x)(x - \xi_1) + r_1(x)$ mit $\operatorname{Grad} r_1 \leq 0$. Wertet man nun die Darstellung von p_0 an der Stelle ξ_1 aus, so ergibt sich $r_1(\xi_1) = 0$, also ist r_1 das Nullpolynom (man beachte $\operatorname{Grad} r_1 \leq 0$, r_1 ist also eine Konstante); es bleibt kein Rest. $\qquad\square$

Es liegt nahe, den Satz induktiv fortzusetzen. Es mag nämlich sein, dass auch p_1 eine Nullstelle ξ_2 besitzt ($\xi_2 = \xi_1$ ist durchaus möglich). Dann ist entsprechend $p_1 = (x - \xi_2)p_2$ mit einem $p_2 \in \mathcal{P}_{n-2}$. Dann gilt aber auch $p_0 = (x - \xi_1)p_1 = (x - \xi_1)(x - \xi_2)p_2$. Insbesondere ist daher ξ_2 auch Nullstelle von p_0, wie die Auswertung des Faktors $x - \xi_2$ an der Stelle ξ_2 lehrt.
Führt man dieses Verfahren fort, solange Nullstellen in K auftreten, so erhält man eine Darstellung der Gestalt

$$
p(x) = p_k(x) \cdot (x - \xi_1)^{\mu_1} \ldots (x - \xi_r)^{\mu_r}.
$$

Zu dieser Darstellung sind Erläuterungen nötig. Zum Unterschied von vorhin haben wir etwa mehrfach auftretende Nullstellen gleich bezeichnet und der Vielfachheit ggf. durch einen Exponenten $\mu_k > 1$ Rechnung getragen. Wir haben also in der obigen Darstellung r paarweise verschiedene Nullstellen $\xi_1, \ldots, \xi_r$ vor uns und somit $\mu_1 + \ldots \mu_r = k$ Divisionsschritte durchgeführt. Daher ist notwendigerweise $\mu_1 + \ldots + \mu_r \leq n$. Der Grad der Polynome $p_0, p_1, \ldots$ reduziert sich nämlich pro Schritt um 1 und man kann höchstens bis zu $p_n \in \mathcal{P}_0$ gelangen: Dieses Polynom hat dann keine Nullstelle mehr.

Aus diesem Grunde hat ein p_0 ($\mathrm{Grad}\, p_0 = n$) auch höchstens n verschiedene Nullstellen, weil dann das Verfahren abbricht. Das konstante Polynom p_n, das am Ende einer derartigen Prozedur auftritt, ist sicher $\neq 0$ (denn sonst wäre schon p_0 das Nullpolynom), und wir haben $p_0(x) = p_n(x - \xi_1^{\mu_1}) \ldots (x - \xi_r)^{\mu_r}$; Nullstellen bestehen nur dort, wo ein Faktor verschwindet, d.h. an den Stellen ξ_k ($k = 1, \ldots, r$). Etwas Sorge bereiten uns bei näherer Betrachtung aber die mehrfachen Nullstellen. Der gesamte Divisionsvorgang ist ja nicht eindeutig festgelegt, weil wir im j-ten Schritt willkürlich eine Nullstelle des Polynoms p_{j-1} auswählen. Vielleicht ergeben sich dann, je nach Auswahl, ganz unterschiedliche Exponenten μ_l. (Dass sich die Nummerierung der Nullstellen je nach Auswahl anders gestalten wird, ertragen wir mit Gelassenheit.) Zur näheren Untersuchung des Sachverhalts zunächst folgende

Definition 6.1.3 (Vielfachheit einer Nullstelle). *ξ sei Nullstelle eines Polynoms p. Die* Vielfachheit *$\mu = \mu_\xi$ ist die größte natürliche Zahl, sodass $(x - \xi)^\mu$ p teilt, d.h. $p = s \cdot (x - \xi)^\mu$ mit einem Polynom s (kein Rest).*

Mit dieser Definition ist einmal die leidige Frage, in welcher Reihenfolge man diviert und ob die Vielfachheit des Auftretens einer Nullstelle etwa von der Reihenfolge abhängt, umgangen. – Jede derartige Zahl μ muss aus Gründen des Grades $\leq n$ sein; es gibt also eine größte natürliche Zahl mit dieser Eigenschaft. Die Definition ist also sinnvoll.

Wir modifizieren unsere Vorgangsweise bei den Divisionen folgendermaßen. Wir spalten, wie oben beschrieben, die Nullstellen ab, so lange es mit Elementen in K möglich ist; dabei legen wir aber eine Liste an, in der wir die Nullstellen jeweils einmal eintragen. Es ergebe sich $\xi_1, \ldots, \xi_r$. Sodann bilden wir unter Verwendung der Vielfachheiten im Sinne der Definition (die Vielfachheit von ξ_k bezeichnen wir mit μ_k) das Polynom $q(x) = (x - \xi_1)^{\mu_1} \ldots (x - \xi_r)^{\mu_r}$. Dann gilt

Lemma 6.1.1. *q teilt p.*

Beweis. Wir beweisen das Lemma durch Induktion nach der Anzahl r der verschiedenen Nullstellen. Für $r = 1$ handelt es sich gerade um die Definition der Vielfachheit μ_1 der einen Nullstelle ξ_1. – Es sei also die Aussage für alle Polynome mit $r - 1$ verschiedenenen Nullstellen bewiesen und es liege jetzt ein Polynom p mit genau $r > 1$ verschiedenen Nullstellen vor. Nach Voraussetzung ist $\tilde{p}(x) := p/(x - \xi_1)^{\mu_1}$ ein Polynom und $\tilde{p}$ hat offenbar genau die $r - 1$ verschiedenen Nullstellen $\xi_2, \ldots, \xi_r$. Nach Induktionsvoraussetzung ist daher $\tilde{p} = \tilde{s} \cdot (x - \xi_2)^{\mu_2} \ldots (x - \xi_r)^{\mu_r}$ mit einem Polynom $\tilde{s}$, woraus nach Multiplikation mit $(x - \xi_1)^{\mu_1}$ gerade die Aussage folgt. $\quad\square$

Satz 6.1.4 (Vielfachheit und Grad). *p bezeichne ein Polynom n-ten Grades ($n \geq 1$) über K. $\xi_1, \ldots, \xi_r$ seien die verschiedenen Nullstellen von p in K, $\mu_1, \ldots, \mu_r$ ihre Vielfachheit. Dann übersteigt die Anzahl der Nullstellen unter Berücksichtigung ihrer Vielfachheit n nicht,*

$$\mu_1 + \ldots + \mu_r \leq n = \operatorname{Grad} p.$$

Beweis. q (s. das vorangehende Lemma) hat den Grad $\mu_1 + \ldots + \mu_r$ und teilt p; es gilt aber $0 \leq \operatorname{Grad} \frac{p}{q} = \operatorname{Grad} p - \operatorname{Grad} q = n - (\mu_1 + \ldots + \mu_r)$. (Weshalb ist im Falle der Teilbarkeit $\operatorname{Grad} \frac{p}{q} = \operatorname{Grad} p - \operatorname{Grad} q$?)

Bemerkung. Den Leser wird das unangenehme Gefühl beschleichen, dass wir ja gar nicht wissen, wie wir Nullstellen eines Polynoms höheren Grades finden sollen. Darauf kommt es uns hier auch gar nicht an. Wenn es eine Nullstelle gibt, können wir sie abspalten, besser gesagt, sie uns abgespalten *denken*. In einer virtuellen Welt wie der gegenwärtigen wird dieser Vorgang akzeptabel erscheinen. – In Wirklichkeit möchte man aber doch die Nullstellen bestimmen können. Für die häufigen Fälle, wo das nicht in geschlossener Form möglich ist, bedient man (im Falle $K = \mathbb{R}$ oder $K = \mathbb{C}$) numerischer Software, die in den gängigen Programmpaketen direkt verfügbar ist. Eigenwertaufgaben führen, wie wir sehen werden, auf die Nullstellenbestimmung von Polynomen. In diesem Fall ist es – außer bei kleinen Matrizen – unzweckmäßig, das Polynom wirklich in der üblichen Form anzugeben. Zwei Verfahren, wie man dann etwa praktisch vorgehen kann, beschreiben wir in den Abschnitten 11.9 bzw. 11.11; weitere wichtige Methoden werden in den Lehrbüchern der Numerischen Mathematik vorgestellt.

Bemerkung. Es gibt Körper und dazu Polynome, in denen im obigen Satz $<$ zutrifft. Bekanntlich ist $\sqrt{2} \notin \mathbb{Q}$, wohl aber Nullstelle von $p(x) = x^2 - 2$, sodass dieses Polynom in $\mathbb{Q}$ *keine* Nullstelle hat. Dieser unschöne Umstand wird durch Übergang zum größeren Körper $\mathbb{R}$ für diesen Fall behoben, aber nicht durchgängig, denn über $\mathbb{R}$ hat wiederum das Polynom $p(x) = x^2 + 1$ keine Nullstelle, was man durch Übergang zum noch größeren Körper $\mathbb{C}$ erfolgreich bekämpft. Dort ist aber Schluss, denn es gilt

Satz 6.1.5 (Fundamentalsatz der Algebra). *Jedes Polynom n-ten Grades mit Koeffizienten in $\mathbb{C}$ hat – unter Berücksichtigung der Vielfachheit – genau n Nullstellen in $\mathbb{C}$.*

Dieser wichtige Satz wurde nach langen vorhergehenden vergeblichen Versuchen von Gauß bewiesen. Heute wird er in Vorlesungen über (nichtlineare) Algebra gezeigt. Wir werden den Beweis hier also nicht führen, wohl aber den Satz oft benutzen. Es ist dies übrigens ein typischer *Existenzsatz*, der als solcher keine Handhabe zur praktischen Nullstellenbestimmung bietet.

Folgendes einfache Resultat ist oft sehr nützlich:

Satz 6.1.6 (Nullstellen von Polynomen mit reellen Koeffizienten). *Für Polynome p mit reellen Koeffizienten gilt:*

   i) Ist α eine (komplexe) Nullstelle, so auch $\bar{\alpha}$, und zwar mit derselben Vielfachheit.

   ii) Ist $\operatorname{Grad} p$ ungerade, so besitzt p mindestens eine reelle Nullstelle.

Beweis. i) Es sei α eine echt komplexe Nullstelle. Dann besteht eine Beziehung $p(\alpha) = a_n\alpha^n + a_{n-1}\alpha^{n-1} + \ldots + a_1\alpha + a_0 = 0$, die nach Konjugation sofort in $p(\bar{\alpha}) = 0$ übergeht; denn die reellen Koeffizienten a_k werden in sich übergeführt. Nun zur Vielfachheit von α bzw. $\bar{\alpha}$. Man betrachte einen, z.B. den ersten Abspaltungsschritt beim Beweis von Satz 6.1.3. Im Sinne der dortigen Notation sei unsere echt komplexe Nullstelle ξ_1 und $\xi_2 = \bar{\xi}_1$. Dann ist doch $p_1(\xi_2) = 0$, und daher kann dem ersten Abspaltungsschritt, der ξ_1 betrifft, sofort einer für ξ_2 folgen. Ersichtlich lässt sich die Abspaltung bei komplexen Nullstellen dann auch weiterhin paarweise fortsetzen, was Gleichheit der Vielfachheiten nach sich zieht. ii) folgt aus i), denn echt komplexe Nullstellen treten immer paarweise und mit übereinstimmender Vielfachheit auf. Daher muss ein Polynom, das nur echt komplexe Nullstellen besitzt, notwendig von geradem Grade sein.   □

Aufgaben

6.1. Stellen Sie mithilfe der Resolvente fest, ob $p(x) = x^3 - 2x^2 - 7x - 4$ und $q(x) = x^3 - 5x^2 + 3x + 4$ eine gemeinsame Nullstelle besitzen.

6.2. Ebenso für $p(x) = x^3 - 2x^2 - 7x + 4$ und $q(x) = x^3 - 5x^2 + 3x + 4$.

6.3. Ermitteln Sie durch sukzessives Abspalten die Nullstellen und deren Vielfachheiten für $p(x) = x^5 + 10x^3 + 40x^3 + 80x^2 + 80x + 32$. (Die Nullstellen sind betragskleine ganze Zahlen.)

6.4. Es sei $p(x) = a_0 + a_1x + \ldots a_nx^n$, wobei $a_0 \neq 0$ sein möge. Die Nullstellen seien $\xi_1, \ldots, \xi_n$. Es gilt $\xi_j \neq 0 \;\; \forall j$ (weshalb?). Geben Sie ein Polynom an, dessen Wurzeln die $\frac{1}{\xi_1}, \ldots, \frac{1}{\xi_n}$ sind.

6.5. Hier betrachten wir normierte Polynome (Koeffizient der höchsten Potenz $= 1$). Drücken Sie für die Grade $n = 2, \ldots, 5$ die Koeffizienten eines normierten Polynoms durch seine Nullstellen $\xi_1, \xi_2, \ldots$ aus.

6.2 Eigenwerte und Eigenvektoren: Grundeigenschaften

$\mathcal{A}$ sei eine lineare Abbildung von $\mathbb{R}^n$ in sich. Die Frage ist: Für welche Vektoren $\mathbf{x} \neq 0$ das Bild $\mathcal{A}(\mathbf{x})$ parallel zu $\mathbf{x}$, für welche $\mathbf{x}$ gilt also $\mathcal{A}(\mathbf{x}) = \alpha\mathbf{x}$ für ein gewisses α? – Wir gießen dies gleich in die allgemeine

Definition 6.2.1 (Eigenvektor, Eigenwert). *Für eine lineare Abbildung $\mathcal{A} : V \to V$ eines Vektorraumes V über K in sich heißt $\mathbf{x} \neq 0$ Eigenvektor und $\alpha \in K$ Eigenwert (zu $\mathbf{x}$), wenn*

$$\mathcal{A}(\mathbf{x}) = \alpha\mathbf{x}. \tag{6.2}$$

Die Voraussetzung $\mathbf{x} \neq 0$ trifft man, wie schon erwähnt, deshalb, weil für $\mathbf{x} = 0$ die Beziehung $\mathcal{A}(\mathbf{x}) = \alpha\mathbf{x}$ für jedes α gilt. – Wohlgemerkt studieren wir jetzt Abbildungen von V in sich, weil ja in einer Eigenwertbeziehung $\mathcal{A}(\mathbf{x}) = \alpha\mathbf{x}$ die rechte Seite in V liegt (Grundraum), was daher auch für die linke Seite (Bildraum) zutreffen muss.

In diesem Kapitel treffen wir generell die

$$\text{Voraussetzung: } \dim V = n < \infty.$$

Satz 6.2.1 (Eigenwert und homogenes Gleichungssystem). $\alpha \in K$ *ist genau dann ein Eigenwert der linearen Abbildung* $\mathcal{A}$, *wenn*

$$(\mathcal{A} - \alpha \mathcal{I})\mathbf{x} = \mathbf{0} \tag{6.3}$$

eine nichttriviale Lösung besitzt. Jede solche nichttriviale Lösung ist dann Eigenvektor von $\mathcal{A}$ *zum Eigenwert* α.

Der Satz folgt direkt aus der Definition, wenn man dort $\alpha \mathbf{x}$ auf beiden Seiten subtrahiert. – Klarerweise gilt das

Korrollar 6.2.1. *Die Menge aller Eigenvektoren von* $\mathcal{A}$ *zu einem Eigenwert* α *sind genau die nichttrivialen (d.h. von* $\mathbf{0}$ *verschiedenen) Elemente des Nullraums von* $\mathcal{A} - \alpha \mathcal{I}$.

Definition 6.2.2 (Eigenraum). *Der Eigenraum* E_α *zu einem Eigenwert* α *von* $\mathcal{A}$ *ist der Nullraum von* $\mathcal{A} - \alpha \mathcal{I}$, *d.h.*

$$E_\alpha = \{\mathbf{x} \in V : \mathcal{A}(\mathbf{x}) = \alpha \mathbf{x}\}.$$

Ein weiterer nunmehr einfacher, aber wichtiger Satz ist

Satz 6.2.2 (Eigenwert und Determinante). $\alpha \in K$ *ist genau dann Eigenwert zu* $\mathcal{A}$, *wenn*

$$\det(\mathcal{A} - \alpha \mathcal{I}) = 0.$$

Verwenden wir den letzten Satz, um in einem konkreten Beispiel die Eigenwerte zu bestimmen und dann gleich die Matrix in die Basis aus Eigenvektoren zu transformieren, in der sie Diagonalgestalt annimmt:

Beispiel (Praktische Durchführung der Diagonalisierung). Über $V = \mathbb{R}^2$ betrachten wir die lineare Abbildung zu

$$A = \begin{pmatrix} 1 & 2 \\ 4 & 3 \end{pmatrix}.$$

Es ist $\chi_{\mathcal{A}}(\alpha) := \det(A - \alpha I) = (1 - \alpha)(3 - \alpha) - 8 = \alpha^2 - 4\alpha - 5$ und damit $\chi_{\mathcal{A}}(\alpha) = 0$ für $\alpha_1 = 5, \alpha_2 = -1$.

Für α_1 lautet das zugehörige Gleichungssystem $(A - 5I)\mathbf{x}_1 = \mathbf{0}$ zur Bestimmung der Eigenvektoren

$$\begin{array}{rcrcl} -4x_1 & + & 2x_2 & = & 0 \\ 4x_1 & - & 2x_2 & = & 0 \end{array}$$

mit $\mathbf{x}_1 = (1, 2)^t$ und genau den Vielfachen davon als Lösung. Entsprechend sind die Lösungen zu α_2 der Vektor $\mathbf{x}_2 = (1, -1)^t$ bzw. $[(1, -1)^t]$. – In diesem Beispiel gibt es also zwei Eigenwerte und zu jedem von ihnen einen jeweils eindimensionalen Eigenraum. Die Abbildung repräsentiert sich in der durch die Eigenvektoren gebildeten Basis als Diagonalmatrix $A' = \begin{pmatrix} 5 & 0 \\ 0 & -1 \end{pmatrix}$.

Will man die Transformationsmatrix T explizit ins Spiel bringen, so hat man sie aus den Eigenvektoren zusammen zu stellen, $T = (\mathbf{x}_1, \mathbf{x}_2)$, und findet wieder

$$A' = T^{-1}AT = \begin{pmatrix} \frac{1}{3} & \frac{1}{3} \\ \frac{2}{3} & -\frac{1}{3} \end{pmatrix} \begin{pmatrix} 1 & 2 \\ 4 & 3 \end{pmatrix} \begin{pmatrix} 1 & 1 \\ 2 & -1 \end{pmatrix} = \begin{pmatrix} 5 & 0 \\ 0 & -1 \end{pmatrix}.$$

Dass im Falle einer 2×2-Matrix ein quadratische Polynom auftritt, lässt bereits die Befürchtung aufkommen, dass man durchaus auch mit komplexen Zahlen als Eigenwerten rechnen muss. Mit (wirklich) komplexem α sind natürlich auch die Lösungen von $(A - \alpha I)\mathbf{x} = 0$ Vektoren mit i.A. (wirklich) komplexen Komponenten. Im Falle eines komplexen Eigenwertes gehen wir daher automatisch von $\mathbb{R}^n$, wo wir uns etwa befunden haben, zu $\mathbb{C}^n$ über. Nach einem Beispiel muss man nicht lange suchen:

Beispiel. In $\mathbb{R}^2$ betrachten wir eine Rotation um $\frac{\pi}{4}$ und können von vornherein nicht erwarten, dass ein rotierter (reeller) Vektor parallel zu sich selbst ist. – Laut Gleichung 3.8 hat die zugehörige Matrix die Gestalt $R = \begin{pmatrix} c & -s \\ s & c \end{pmatrix}$, und zwar in diesem Fall mit $c = s = \frac{1}{\sqrt{2}}$. Die Eigenwerte ergeben sich daher aus $\det(R - \rho I) = \rho^2 - 2c\rho + 1 = 0$ zu $\rho_{1,2} = c \pm \sqrt{c^2 - 1}$, im konkreten Fall daher $\rho_{1,2} = \frac{1}{\sqrt{2}}(1 \pm i)$.

Die Lösung der homogenen Gleichungssysteme liefert den Eigenraum zu ρ_1: $[(1, i)^t]$ und zu ρ_2: $[(1, -i)^t]$. In dieser Basis stellt sich die Rotation als diagonale Matrix

$$R' = \begin{pmatrix} \frac{1}{\sqrt{2}}(1 + i) & 0 \\ 0 & \frac{1}{\sqrt{2}}(1 - i) \end{pmatrix}$$

dar.

Wir beachten noch, dass wir beim Übergang von $\mathbb{R}^2$ zu $\mathbb{C}^2$ nicht nur den Vektorraum, sondern auch den Grundkörper geändert haben (statt $\mathbb{R}$ nun $\mathbb{C}$): Auch über $\mathbb{C}^2$ kann eine nichttriviale Beziehung $R\mathbf{x} = \rho\mathbf{x}$ mit *reellem* ρ nicht gelten, denn sie kann aufgrund der obigen Herleitung nur mit den beiden in der Tat komplexen Zahlen $\rho_{1,2}$ bestehen.

6.3 Das charakteristische Polynom

Nach Satz 6.2.2 müssen wir nach den Nullstellen von $det(\mathcal{A} - \lambda\mathcal{I})$ suchen, um genau die Eigenwerte von $\mathcal{A}$ zu erhalten.

Satz 6.3.1 (Charakteristisches Polynom). *Für $\mathcal{A} : V \to V$ ($\dim V = n$) ist*

$$\alpha \to \det(\mathcal{A} - \alpha\mathcal{I}) =: \chi_{\mathcal{A}}(\alpha)$$

ein Polynom genau n-ten Grades (charakteristisches Polynom von $\mathcal{A}$).

Beweis. Wir schreiben die Determinante unter Verwendung einer kanonischen Matrixdarstellung (Basis in V als Originalraum = Basis von V im Bildraum) von

$\mathcal{A}$ an:

$$\chi_{\mathcal{A}}(\alpha) = \begin{vmatrix} a_{11} - \alpha & a_{12} & \cdots & a_{1n} \\ a_{21} & a_{11} - \alpha & & a_{2n} \\ \vdots & & \ddots & \vdots \\ a_{n1} & a_{n1} & \cdots & a_{nn} - \alpha \end{vmatrix}$$

und berufen uns auf Satz 5.4.6, demzufolge eine Determinante *nur* von der linearen Abbildung und *nicht* von der speziellen Wahl der kanonischen Matrixdarstellung abhängt, sodass also unsere Betrachtungen trotz Verwendung einer Darstellung nicht von ihr abhängen. – Entwickeln wir nun nach Leibniz, so sind die Faktoren in den Produkten, über die summiert wird, entweder Polynome nullten Grades (wenn der Faktor kein Diagonalelement ist) oder ersten Grades (Diagonalelement). Es entsteht ein Polynom. Die höchste Potenz von α rührt von der identischen Permutation her, d.h. von

$$\prod_{j=1}^{n}(a_{jj} - \alpha) = (-1)^n \alpha^n + \dots,$$

sodass Grad $\chi_{\mathcal{A}} = n$. – Der Koeffizient von α^n ist nämlich in der Tat $(-1)^n$; denn α^n kann nur durch das Produkt aller Diagonalelemente, also durch Auswertung $(a_{11} - \alpha) \dots (a_{11} - \alpha) = (-1)^n \alpha^n + \dots$ entstehen. $\qquad\square$

Bemerkung (weitere Koeffizienten von $\chi_{\mathcal{A}}$). Wir bestimmen zunächst den Koeffizienten von α^{n-1}. Diese Potenz von α wird ebenfalls nur aus der identischen Permutation in der Summe nach Leibniz gespeist. Denn jede andere Permutation muss mindestens zwei Elemente verändern, d.h. mindestens zwei nicht der Diagonale angehörige Faktoren liefern, was dann höchstens zu α^{n-2} führt. Das jetzt relevante Produkt $(a_{11} - \alpha) \dots (a_{nn} - \alpha)$ führt zu α^{n-1}, indem man $(n-1)$ mal den Faktor $(-\alpha)$ und einmal ein a_{jj} wählt. Insgesamt resultiert $(-1)^{n-1}(a_{11} + \dots + a_{nn})\alpha^{n-1}$. – Den Koeffizienten von α^0 schließlich erhält man, indem man $\det(A - \alpha I)$ an der Stelle $\alpha = 0$ auswertet. Denn für jedes Polynom $p(\alpha) = p_0 + p_1\alpha + \dots p_n\alpha^n$ ist $p(0) = p_0$. Es ist daher $\det(A - 0I) = \det A$ der Koeffizient von α^0.

Definition 6.3.1 (Spur). *Für eine lineare Abbildung $\mathcal{A}$ bzw. ihre $n \times n$-Matrix A heißt*

$$\mathrm{Sp}\, A = \sum_{j=1}^{n} a_{jj} \tag{6.4}$$

die Spur *von A.*

Aus der obigen Bemerkung ziehen wir folgende Konsequenzen:

Korrollar 6.3.1 (Invarianz der Spur). *Die Spur jeder kanonischen Matrixdarstellung eines Endomorphismus $\mathcal{A} : V \to V$ ist unabhängig von der speziellen Wahl der Basen. Insbesondere ist die Spur ähnlicher Matrizen gleich. Den gemeinsamen Wert bezeichnet man als die* Spur *von $\mathcal{A}$, $\mathrm{Sp}\,\mathcal{A}$.*

Beweis. Die Spur einer Matrix haben wir über das charakteristische Polynom definiert (i.W. Koeffizient von α^{n-1}). Das charakteristische Polynom ist aber nur von $\mathcal{A}$ und nicht von der speziellen kanonischen Matrixdarstellung abhängig.   □

Korrollar 6.3.2 (Gestalt des charakteristischen Polynoms). *Das charakteristische Polynom von $\mathcal{A}$ hat die Gestalt*

$$\chi_{\mathcal{A}}(\alpha) = (-1)^n \alpha^n + (-1)^{n-1} \operatorname{Sp} \mathcal{A} \, \alpha^{n-1} + \ldots + \det \mathcal{A}. \qquad (6.5)$$

Beweis. Siehe die obige Bemerkung.   □

Wenn wir vom Grundkörper $\mathbb{C}$ ausgehen oder $\mathbb{R}$ bei Bedarf dazu erweitern, dann gibt es – unter Berücksichtigung der Vielfachheiten der Nullstellen von $\chi_{\mathcal{A}}$ – genau n Nullstellen $\alpha_1, \ldots, \alpha_r$ des charakteristischen Polynoms $\chi_{\mathcal{A}}$. Die Vielfachheit μ_k von α_k nennt man auch die *algebraische Vielfachheit* des Eigenwertes α_k. Dann gilt das

Korrollar 6.3.3 (Charakteristisches Polynom: Linearfaktorzerlegung). *Das charakteristische Polynom von $\mathcal{A}$ ist*

$$\chi_{\mathcal{A}}(\alpha) = (-1)^n (\alpha - \alpha_1)^{\mu_1} \ldots (\alpha - \alpha_r)^{\mu_r}.$$

Dabei sind $\mu_1, \ldots, \mu_r$ die algebraischen Vielfachheiten der Eigenwerte $\alpha_1, \ldots, \alpha_r$.

Beweis. Sowohl Nullstellen (nebst Vielfachheit) als auch der führende Koeffizient des Ausdrucks auf der rechten Seite stimmen mit den entsprechenden Werten von $\chi_{\mathcal{A}}$ überein. Daher herrscht Gleichheit der Polynome.   □

Wir multiplizieren die eben erhaltene Linearfaktorzerlegung aus und erhalten durch Koeffizientenvergleich bei α^{n-1} und α_0 mit der Darstellung in Korrollar 6.3.2 unmittelbar

Korrollar 6.3.4 (Spur, Determinante und Eigenwerte). *Es ist*

$$\operatorname{Sp} A = \mu_1 \alpha_1 + \mu_2 \alpha_2 + \ldots + \mu_r \alpha_r \qquad (6.6)$$

und

$$\det A = \alpha_1^{\mu_1} \alpha_2^{\mu_2} \ldots \alpha_r^{\mu_r}. \qquad (6.7)$$

Im Fall durchgängig einfacher Eigenwerte sind Spur bzw. Determinante die Summe bzw. das Produkt der Eigenwerte.

Beispiel. Mit diesen Resultaten können wir sofort feststellen, dass z.B. die Matrizen

$$A = \begin{pmatrix} 4 & -2 & 1 \\ -3 & -5 & 0 \\ 2 & 2 & 1 \end{pmatrix} \quad \text{und} \quad B = \begin{pmatrix} 1 & 2 & 6 \\ 3 & 2 & 2 \\ -3 & -1 & 1 \end{pmatrix}$$

zueinander *nicht* ähnlich sind. A ist nämlich *spurfrei*, $\operatorname{Sp} A = 0$, während doch $\operatorname{Sp} B = 4$ gilt.

In fast allen Fällen, in denen man die Eigenwerte einer Matrix benötigt, muss man sie mühsam berechnen. In einem wichtigen Fall sieht man sie aber direkt:

Satz 6.3.2 (Eigenwerte einer Dreiecksmatrix). *Die Diagonalelemente einer (linken unteren oder rechten oberen) Dreiecksmatrix sind genau die Eigenwerte in der richtigen Vielfachheit.*

Beweis. Wie wir wissen, ist für eine Dreiecksmatrix die Determinante das Produkt der Diagonalelemente; daher z.B. für eine rechte obere Matrix R

$$\det(R - \rho I) = (r_{11} - \rho)(r_{22} - \rho) \ldots (r_{nn} - \rho),$$

womit wir bereits eine Linearfaktorzerlegung von χ_R vorfinden, aus der man sofort die Nullstellen in der behaupteten Form abliest. □

Bemerkung (Determinante und Gauß'sches Eliminationsverfahren). Ohne Pivotsuche führt das Gauß'sche Verfahren zu einer LR-Zerlegung $A = LR$. Da nach Konstruktion $l_{ii} = 1 \ \forall\, i$, so ist $\det L = 1$ und es verbleibt daher

$$\det A = \det R = \prod_i r_{ii}.$$

Daher erfordert die Berechnung einer Determinante $O(n^3)$ Operationen. – Ist Pivotsuche erforderlich, gilt die Aussage entsprechend; es ist lediglich ein Faktor $\prod_\pi \epsilon(\pi)$ anzubringen, in dem die Signatur der aufgetretenen Permutationen berücksichtigt ist.

Bemerkung. Die Darstellung der Determinante als Produkt der Eigenwerte ist von großer theoretischer Bedeutung. Für die praktische Berechnung der Determinante kommt dieser Weg freilich kaum je in Betracht. Die Ermittlung einer LR-Zerlegung oder, wie später in diesem Buch besprochen, einer QR-Zerlegung und die Berechnung der Determinante daraus ist schon aus Gründen des Rechenaufwandes bei Weitem vorzuziehen.

Aufgaben

6.6. Berechnen Sie die Eigenwerte der Matrix $\begin{pmatrix} 1 & 2 & 0 \\ 0 & 1 & 3 \\ 1 & 0 & 2 \end{pmatrix}$.

6.7. A sei eine allgemeine 2×2-Matrix. Die Eigenwerte bezeichnen wir mit α_1, α_2. Prüfen Sie nach, dass α_1^2, α_2^2 die Eigenwerte von A^2 sind. – Können Sie für diese Aussage eine allgemeine Begründung (für beliebige $n \times n$-Matrizen) geben? Welche Art der Begründung – direktes Nachrechnen oder allgemein – ist vorzuziehen?

6.8. Es sei $P = \begin{pmatrix} 0 & 1 & 0 \\ 0 & 0 & 1 \\ 1 & 0 & 0 \end{pmatrix}$. Berechnen Sie die Eigenwerte von P. Alle Eigenwerte haben den Betrag 1. Können Sie einen allgemeinen Grund dafür angeben?

6.4 Eigenräume

Bemerkung. Im Falle des Grundkörpers $K = \mathbb{R}$ kann es dazu kommen, dass vielleicht sogar alle Eigenwerte (echt) komplex sind und es daher (über $\mathbb{R}$) keine Eigenwerte gibt oder jedenfalls weniger als erwartet. Das ist bei den folgenden Sätzen zu beachten. Wir betonen nochmals, dass sich dieses Problem durch Übergang zu $K = \mathbb{C}$ (*Komplexifizierung*) beheben lässt, falls gewünscht.

Das gegenseitige Verhältnis von Eigenräumen. Wir gehen von r Eigenwerten $\alpha_1, \ldots, \alpha_r$ von $\mathcal{A}$ aus. Für die entsprechenden Eigenräume schreiben wir anstelle von E_{α_k} wohl auch kurz E_k.

Satz 6.4.1 (Eigenräume und direkte Summe). *Die Summe der Eigenräume $E_1 + \ldots + E_r$ ist sogar eine direkte Summe $E_1 \oplus \ldots \oplus E_r$.*

Beweis. Mit $\mathbf{x}_j \in E_j$ $(1 \le j \le r)$ betrachten wir eine Relation $\mathbf{x}_1 + \ldots + \mathbf{x}_r = 0$. Es ist zu zeigen, dass dies mit Notwendigkeit die triviale Relation ist. l-fache Anwendung von $\mathcal{A}$ liefert

$$\alpha_1^l \mathbf{x}_1 + \ldots + \alpha_j^l \mathbf{x}_j + \ldots + \alpha_r^l \mathbf{x}_r = 0.$$

Multipliziert man für endlich viele Werte von $l = 0, 1, \ldots$ diese Relation mit beliebigen Faktoren $p_0, p_1, \ldots \in K$, so ergibt sich nach Addition

$$p(\alpha_1)\mathbf{x}_1 + \ldots + p(\alpha_j)\mathbf{x}_j + \ldots + p(\alpha_r)\mathbf{x}_r = 0$$

mit dem Polynom p, mit dessen Koeffizienten wir multipliziert haben. Dies gilt also kraft Herleitung für alle Polynome p. Wählt man für p insbesondere das Polynom L_j gemäß der Lagrange'schen Interpolationsbasis ($L_j(\alpha_k) = 1$ für $k = j$ und 0 sonst), so folgt $\mathbf{x}_j = 0$ für beliebiges j und daher für alle j. $\square$

Korollar 6.4.1 (Lineare Unabhängigkeit von Eigenvektoren). *Eigenvektoren $\mathbf{x}_1, \ldots, \mathbf{x}_r$ zu r unterschiedlichen Eigenwerten sind stets linear unabhängig.*

Korollar 6.4.2 (Durchschnitt unterschiedlicher Eigenräume). *Für Eigenräume zu unterschiedlichen Eigenwerten α, α' gilt stets*

$$E_\alpha \cap E_{\alpha'} = \{\mathbf{0}\}.$$

Eigenräume und Matrixdarstellung. Betrachten wir zunächst *einen* Eigenwert α_1 von A mit Eigenraum E_1, $\dim E_1 = s$. Wir legen dort eine Basis $\mathbf{f}_1, \ldots, \mathbf{f}_s$ zugrunde und fügen, falls erforderlich, noch weitere Basiselemente $\mathbf{g}_1, \ldots, \mathbf{g}_t$ an, um insgesamt eine Basis für V zu erhalten. In dieser Basis hat $\mathcal{A}$ die Matrixdarstellung

$$\left(\begin{array}{c|ccc} & * & \ldots & * \\ \operatorname{diag}(\alpha_1)_{s \times s} & & \ldots & \\ & * & \ldots & * \\ \hline & * & \ldots & * \\ O & & \ldots & \\ & * & \ldots & * \end{array} \right). \tag{6.8}$$

Selbst dann, wenn A nur einen Eigenwert hat, ist nicht gesagt, dass der Eigenraum E_1 ganz V ergibt, d.h. die *gesamte* Matrix diagonal ist (siehe das Beispiel unten). Insgesamt erhalten wir im allgemeinen Fall mit r verschiedenen Eigenwerten zunächst r Diagonalmatrizen, die als Blöcke längs der Diagonale angeordnet sind, und rechts davon bzw. rechts darunter einen „Rest".

Definition 6.4.1 (Algebraische und geometrische Vielfachheit). α *sei ein Eigenwert von A. Dann ist die*

$$\text{algebraische Vielfachheit } von \ \alpha := \mu_\alpha,$$

also die Vielfachheit, von α als Nullstelle von χ_A. – Hingegen ist die

$$\text{geometrische Vielfachheit } = \nu_\alpha := dim(E_\alpha),$$

die Dimension des Eigenraumes zu α.

Satz 6.4.2 (Vergleich: algebraische – geometrische Vielfachheit). *Die geometrische Vielfachheit eines Eigenwertes α ist höchstens gleich der algebraischen Vielfachheit,*

$$\nu_\alpha \le \mu_\alpha. \tag{6.9}$$

Beweis. Wir stellen A entsprechend in der Form von 6.8 als Blockmatrix dar, wobei der linke obere Diagonalblock $\text{diag}(\alpha)$ jetzt zu ν_α Basisvektoren von E_α gehört. Dann ist

$$\chi_A(\lambda) = \det(A - \lambda I) = \det(\text{diag}(\alpha) - \lambda) \det(B - \lambda I) = (\alpha - \lambda)^{\nu_\alpha} \det(B - \lambda I).$$

B bezeichnet dabei die Matrix im rechten unteren Quadranten; die angegebene Beziehung für Determinanten ergibt sich aus Entwicklung nach den Zeilen $1, \ldots, \nu_\alpha$, wo immer nur der Anteil mit $\alpha - \lambda$ beiträgt. Da der Faktor $\alpha - \lambda$ in χ_A zur Potenz μ_α auftritt, muss $\nu_\alpha \le \mu_\alpha$ sein. $\square$

Beispiel (Ein Fall mit $\nu_\alpha < \mu_\alpha$). Man betrachte die Matrix

$$A = \begin{pmatrix} 1 & 1 \\ 0 & 1 \end{pmatrix}.$$

Da man bei einer rechten oberen Matrix die Eigenwerte in der Diagonale abliest (Satz 6.3.2), ergibt sich ein algebraisch zweifacher Eigenwert 1. Das Gleichungssystem $A\mathbf{x} = \mathbf{x}$ für Eigenwerte reduziert sich auf $x_1 + x_2 = x_1$, d.h. $x_2 = 0$, und somit ist der Eigenraum $E_1 = [(1,0)^t] = [\mathbf{e}_1]$ von der Dimension 1.
Wir wirkt diese Matrix? Es ist doch

$$A(x_1 \mathbf{e}_1 + x_2 \mathbf{e}_2) = (x_1 + x_2)\mathbf{e}_1 + x_2 \mathbf{e}_2.$$

Geht man von irgendeinem Startvektor $\not\parallel \mathbf{e}_1$ aus, so bleibt seine x_2-Komponente erhalten und wird außerdem zur x_1-Komponente dazu geschlagen, sodass sich die Richtung jedes derartigen Vektors durch Anwendung von A ändert. Daher kann es keinen Eigenvektor $\not\parallel \mathbf{e}_1$ geben, 1 ist in diesem Beispiel ein algebraisch zweifacher, geometrisch aber einfacher Eigenwert.

Beispiele zur *praktischen Durchführung der Diagonalisierung* haben wir schon in zwei Beispielen vorgeführt (siehe S. 193). Der Rechnung von Hand aus sind natürlich sowohl aufgrund der Notwendigkeit, Eigenwerte zu finden, als auch wegen der erforderlichen Lösung der entstehenden homogenen Systeme enge Grenzen hinsichtlich Matrixgröße gesetzt; mit den üblichen Programmpaketen ist dagegen vieles leicht zu bewerkstelligen.

Schur'sche Normalform. Die bisherigen Resultate gestatten es, eine beliebige quadratische Matrix auf einfachere Form zu bringen:

Satz 6.4.3 (Die Schur'sche Normalform einer Matrix). *Jede lineare Abbildung $\mathcal{A}$: $V \to V$ kann durch eine Matrix in rechter oberer Dreieckgestalt dargestellt werden, wenn das charakteristische Polynom in K vollständig zerfällt.*
Die rechte obere Dreiecksmatrix nennt man Darstellung in Schur'scher Normalform. *Sie enthält in der Diagonale die Eigenwerte von $\mathcal{A}$ entsprechend ihrer Vielfachheit.*

Beweis. Abgehend von unserem sonstigen Sprachgebrauch zählen wir bei diesem Beweis die Nullstellen von $\chi_\mathcal{A}$ durch, d.h., mehrfache Nullstellen treten in der Liste $\alpha_1, \alpha_2, \ldots, \alpha_n$ entsprechend oft auf ($n = \dim V$).
Den Beweis selbst führen wir durch Induktion nach n. Für $n = 1$ ist der Satz trivialerweise richtig, er sei also für Räume der Dimension $n - 1$ bewiesen.
Nunmehr sei $\dim V = n$. Zum Eigenwert α_1 von $\mathcal{A}$ gibt es einen Eigenvektor $\mathbf{f}_1$. V' sei Komplement zu $F = [\mathbf{f}_1]$, und $\mathbf{f}_2, \ldots, \mathbf{f}_n$ sei eine Basis zu V'. Dann hat die Matrix A zu $\mathcal{A}$ jedenfalls die Gestalt

$$\left(\begin{array}{c|ccc} \alpha_1 & * & \cdots & * \\ \hline 0 & & & \\ \vdots & & A' & \\ 0 & & & \end{array} \right).$$

Die Matrix A' beschreibt die Abbildung des Raumes F' ($\dim F' = n - 1$) in sich. Bei geeigneter Wahl der Basisvektoren $\mathbf{f}_2, \ldots, \mathbf{f}_n$ (die ja bisher keinerlei Einschränkung unterworfen waren) ist A' nach Induktionsvoraussetzung eine rechte obere Dreiecksmatrix. Die spezielle Wahl der Vektoren beeinflusst zwar die Eintragungen in der ersten Zeile rechts von a_{11}, lässt aber die Nulleintragungen in der ersten Spalte unterhalb a_{11} unverändert; denn die erste Spalte ist

$$\mathcal{A}(\mathbf{f}_1) = \alpha_1 \mathbf{f}_1 = (\alpha_1, 0, \ldots, 0)^t_{\mathbf{f}_1, \ldots, \mathbf{f}_n}.$$

Daher hat auch A Dreiecksgestalt. $\square$

Aufgaben

6.9. Bestimmen Sie Eigenwerte und Eigenräume zu $A = \left(\begin{array}{ccc} -1 & 2 & -2 \\ 4 & -3 & 4 \\ 4 & -4 & 5 \end{array} \right)$.

Stellen Sie, falls möglich, A in Diagonalgestalt dar. Geben Sie im diagonalisierbaren Fall die Transformationsmatrix an. *Muss* man in diesem Fall zwecks Diagonalisierung Eigenvektoren bestimmen?

6.10. Die selbe Aufgabe für $B = \begin{pmatrix} 8 & 0 & 3 \\ 4 & 4 & 3 \\ -6 & -2 & -2 \end{pmatrix}$.

6.11. Ebenso für $C = \begin{pmatrix} 1 & -\frac{1}{2} & 0 \\ 1 & 1 & 1 \\ 0 & -\frac{1}{2} & 1 \end{pmatrix}$.

6.12. Geben Sie eine möglichst übersichtliche Darstellung für alle 2×2-Matrizen, welche die Gerade $g = [(3, -4)^t]$ in sich überführen!

6.13. Zeigen Sie, dass die Eigenwerte einer reellen, symmetrischen ($a_{12} = a_{21}$) 2×2-Matrix immer reell sind.

7 Innere Produkte und Normen

Dieses Kapitel musste kommen. Wir haben es doch in der Tat, von der Einleitung abgesehen, bis zur vorangehenden Seite verstanden, Geometrie ohne Länge und ohne Winkel zu betreiben. Das kann so nicht bleiben.

Wir befassen uns also mit Normen und Winkeln, dabei aber nicht so sehr mit zahlreichen elementargeometrischen Sätzen z.B. über Dreiecke, die man hier vielleicht erwarten würde. Vielmehr steht zunächst die Frage im Zentrum, wie man zu durchaus unterschiedlichen Normen kommt. Eine besondere Rolle spielen bei uns diejenigen Normen, die sich, wie es im 1. Kapitel schon anklingt, von inneren Produkten herleiten. Daher müssen wir aus den Eigenschaften des euklidischen Produktes die entscheidenden herausarbeiten, um zu einem allgemeinen Begriff des inneren Produktes zu gelangen. Der daraufhin zur Verfügung stehende Begriff des Winkels, insbesondere der Orthogonalität, erfährt seine ersten konkreten Anwendungen in der Behandlung verschiedener Fragen, etwa, wie man eine glatte Kurve durch streuende Datenpunkte legt, oder auch, wie man wirklich große ganze Zahlen (mit tausenden, zehntausenden usw. Stellen) effizient miteinander multipliziert und anderes mehr. – Die Begriffe und Resultate dieses Kapitels werden auch in den späteren Kapiteln immer wieder zentral Verwendung finden.

Übersicht

7.1 Inneres Produkt – reeller Fall

Der Begriff. Wollten wir uns von vornherein nur auf das euklidische Produkt beschränken, würden wir uns wesentliche Möglichkeiten verbauen. Nicht unbedingt größtmögliche, aber angemessene Allgemeinheit ist ein gesundes Prinzip. – Wir haben schon Vorarbeiten geleistet und in Satz 1.6.2 für das konkret gegebene euklidische innere Produkt in der Ebene die Eigenschaften *bewiesen*, die wir im Sinne eines axiomatischen Zugangs von einem inneren Produkt nunmehr *fordern*. – Der Grundkörper ist in diesem Abschnitt immer $K = \mathbb{R}$.

Definition 7.1.1 (Inneres oder skalares Produkt). *V sei ein linearer Raum über $\mathbb{R}$. Eine Abbildung*

$$\langle \cdot, \cdot \rangle : V \to \mathbb{R}$$

heißt inneres *oder* skalares Produkt, *wenn für alle* $\mathbf{x}, \mathbf{y} \in V$ *und für alle* $\lambda, \mu \in \mathbb{R}$ *gilt:*

i) $\langle \mathbf{x}, \mathbf{x} \rangle \geq 0 \, \forall \, \mathbf{x}$ *und* $\langle \mathbf{x}, \mathbf{x} \rangle = 0 \Leftrightarrow \mathbf{x} = \mathbf{0}$ *(Positivität)*

ii) $\langle \mathbf{x}, \mathbf{y} \rangle = \langle \mathbf{y}, \mathbf{x} \rangle$ *(Symmetrie)*

iii) $\langle \lambda \mathbf{x} + \mu \mathbf{x}', \mathbf{y} \rangle = \lambda \langle \mathbf{x}, \mathbf{y} \rangle + \mu \langle \mathbf{x}', \mathbf{y} \rangle$ *(Linearität im 1. Argument)*

iv) $\langle \mathbf{x}, \lambda \mathbf{y} + \mu \mathbf{y}' \rangle = \lambda \langle \mathbf{x}, \mathbf{y} \rangle + \mu \langle \mathbf{x}, \mathbf{y}' \rangle$ *(Linearität im 2. Argument)*

Beispiel (Euklidisches Produkt im $\mathbb{R}^n$). Wir führen hier im Ernst das *euklidische Produkt* im $\mathbb{R}^n$ ein:

$$\langle \mathbf{x}, \mathbf{y} \rangle_2 = \sum_{j=1}^{n} x_j y_j. \tag{7.1}$$

Zur Unterscheidung von anderen inneren Produkten kennzeichnet man im Zweifelsfall das euklidische Produkt durch den Index 2 und spricht auch vom 2-Produkt. – Dass damit wirklich ein inneres Produkt definiert wird, ist uns bekannt; siehe Satz 1.6.2 und 1.8.2.

Beispiel (Ein modifiziertes euklidisches Produkt). Als Grundraum wählen wir wieder $V = \mathbb{R}^n$. Wir geben n positive Zahlen vor: $\alpha_1, \alpha_2, \ldots, \alpha_n$ ($\alpha_j > 0 \; \forall \, j$). Es sei $A = \operatorname{diag}(\alpha_1, \alpha_2, \ldots, \alpha_n)$. Mit $\langle \cdot, \cdot \rangle$ bezeichnen wir das *euklidische* Produkt über V und studieren jetzt das zu A gehörige Produkt

$$\langle \mathbf{x}, \mathbf{y} \rangle_A := \langle A\mathbf{x}, \mathbf{y} \rangle = \alpha_1 x_1 y_1 + \alpha_2 x_2 y_2 + \ldots + \alpha_n x_n y_n.$$

Zur Positivität beachten wir, dass $\langle A\mathbf{x}, \mathbf{x} \rangle = \sum_j \alpha_j x_j^2$. Wegen $\alpha_j > 0 \; \forall \, j$ ist dies sicher nichtnegativ und 0 nur dann, wenn $x_j^2 = 0 \quad \forall \, j$, d.h. $\mathbf{x} = 0$. Die Symmetrie geht direkt aus der expliziten Summendarstellung hervor und Linearität bezüglich erstem und zweitem Argument ergibt sich ganz so wie beim euklidischen Produkt.

Definition 7.1.2 (Euklidischer Raum). *Ein Paar* $(V, \langle \cdot, \cdot \rangle)$, *d.h. ein mit einem Skalarprodukt versehener linearer Raum, heißt* euklidischer Raum.

Bemerkung. Dass ein euklidischer Raum vorliegt, bedeutet *nicht*, dass das innere Produkt das euklidische ist, z.B. $\sum_k x_k y_k$; vielmehr kann es ein ganz andersartiges inneres Produkt sein, wie wir solchen später begegnen werden.

Cauchy-Schwarz'sche Ungleichung. Ein inneres Produkt besitzt zwei Argumente. Es ist überaus nützlich, dass sich ein Produkt dem Betrage nach durch Ausdrücke abschätzen lässt, die jeweils nur eines der Argumente enthalten:

Satz 7.1.1 (Cauchy-Schwarz'sche Ungleichung).

$$|\langle \mathbf{x}, \mathbf{y} \rangle| \leq \langle \mathbf{x}, \mathbf{x} \rangle^{\frac{1}{2}} \langle \mathbf{y}, \mathbf{y} \rangle^{\frac{1}{2}} \tag{7.2}$$

Beweis. Ist auch nur einer der Vektoren $\mathbf{x}$ oder $\mathbf{y} = \mathbf{0}$, so trifft die Ungleichung trivialerweise zu, da die Ausdrücke auf der rechten und linken Seite dann beide 0 sind; ebenso, wenn $\langle \mathbf{x}, \mathbf{y} \rangle = 0$. Wir betrachten daher den Fall, in dem all dieses *nicht* statt findet.
Setzen wir $\xi := \langle \mathbf{x}, \mathbf{x} \rangle^{\frac{1}{2}}$, $\eta := \langle \mathbf{y}, \mathbf{y} \rangle^{\frac{1}{2}}$ und anschließend $\tilde{\mathbf{x}} := \mathbf{x}/\xi, \tilde{\mathbf{y}} := \mathbf{y}/\eta$. (Wir ahnen, was unausgesprochen hinter diesen Ansätzen steckt: Im Falle des euklidischen Produktes ist ξ bzw. η die Norm von $\mathbf{x}$ bzw. $\mathbf{y}$, $\tilde{\mathbf{x}}$ und $\tilde{\mathbf{y}}$ sind die entsprechenden normierten Vektoren. All das trifft auch für das jetzige Skalarprodukt zu, aber wir haben den Zusammenhang mit Normen noch nicht allgemein zur Verfügung.) Immerhin ist $\langle \tilde{\mathbf{x}}, \tilde{\mathbf{x}} \rangle = \frac{\langle \mathbf{x}, \mathbf{x} \rangle}{\xi \cdot \xi} = 1$, ähnlich $\langle \tilde{\mathbf{y}}, \tilde{\mathbf{y}} \rangle = 1$.
Nun ist für beliebiges $\lambda \in \mathbb{R}$

$$0 \leq \langle \tilde{\mathbf{y}} - \lambda \tilde{\mathbf{x}}, \tilde{\mathbf{y}} - \lambda \tilde{\mathbf{x}} \rangle = \lambda^2 \langle \tilde{\mathbf{x}}, \tilde{\mathbf{x}} \rangle - 2\lambda \langle \tilde{\mathbf{x}}, \tilde{\mathbf{y}} \rangle + \langle \tilde{\mathbf{y}}, \tilde{\mathbf{y}} \rangle = \lambda^2 - 2\lambda \langle \tilde{\mathbf{x}}, \tilde{\mathbf{y}} \rangle + 1 =: \phi(\lambda). \tag{7.3}$$

Der Wert von λ wird die stärkste Aussage liefern, der ϕ minimiert; dies ist $\lambda^* = \langle \tilde{\mathbf{x}}, \tilde{\mathbf{y}} \rangle$. Damit erhalten wir $0 \leq \phi(\lambda^*) = -\langle \tilde{\mathbf{x}}, \tilde{\mathbf{y}} \rangle^2 + 1$ oder eben $|\langle \tilde{\mathbf{x}}, \tilde{\mathbf{y}} \rangle| \leq 1$ und nach Multiplikation mit $\xi\eta$: $|\langle \mathbf{x}, \mathbf{y} \rangle| \leq \xi\eta = \langle \mathbf{x}, \mathbf{x} \rangle^{\frac{1}{2}} \langle \mathbf{y}, \mathbf{y} \rangle^{\frac{1}{2}}$, q.e.d.

Beispiel (Cauchy-Schwarz'sche Ungleichung für das euklidische Produkt). Im Fall des euklidischen Produktes über $\mathbb{R}^n$ liefert die Cauchy-Schwarz'sche Ungleichung insbesondere

$$\Big| \sum_{k=1}^{n} x_k y_k \Big| \leq \Big(\sum_{k=1}^{n} x_k^2 \Big)^{\frac{1}{2}} \Big(\sum_{k=1}^{n} y_k^2 \Big)^{\frac{1}{2}}. \tag{7.4}$$

Auch in dieser speziellen Form spricht man von der Cauchy-Schwarz'schen Ungleichung.

Nicht nur im $\mathbb{R}^n$, auch über linearen Räumen von Funktionen spielen innere Produkte eine große Rolle, insbesondere das folgende euklidische oder 2-Produkt:

Satz 7.1.2 (2-Produkt für Funktionen). *$I = [a, b]$ bezeichne ein beschränktes, abgeschlossenes Intervall, $\mathcal{C}(I)$ die Menge der stetigen Abbildungen von I nach $\mathbb{R}$. Dann ist durch*

$$\langle f, g \rangle_2 := \int_I f(x) g(x) dx \quad (f, g \in \mathcal{C}(I)) \tag{7.5}$$

ein inneres Produkt definiert (euklidisches inneres Produkt *für Funktionen*).

Beweis. Zum Beweise der *Positivität* benutzen wir folgenden aus der Analysis bekannten Umstand: Ist für ein $\phi \in \mathcal{C}(I)$ mit $\phi(x) \geq 0 \quad \forall x$ an einer Stelle

$x_0 \in I$ sogar $\phi(x_0) > 0$, so ist $\int_I \phi(x)dx > 0$. – Dass zunächst für $f \in \mathcal{C}(I)$ stets $\int_I f^2(x)dx \geq 0$ ist, ergibt sich aus der Nichtnegativität des Integranden. Nunmehr sei $f \neq 0$, also $f(x_0) \neq 0$ für ein $x_0 \in I$. Dann erfüllt f^2 die Voraussetzungen, die vorhin für ϕ genannt worden sind, und daher ist $\langle f, f\rangle = \int_I f^2(x)dx > 0$.

Die *Symmetrie* ist dem definierenden Ausdruck unmittelbar zu entnehmen und auch die *Linearität* in den beiden Komponenten des inneren Produktes ergibt sich völlig direkt.

Beispiel. Es folgt daher sofort die *Cauchy-Schwarz'sche Ungleichung für Funktionen*:

$$\left| \int_I f(x)g(x)dx \right| \leq \left(\int_I f^2(x)dx \right)^{\frac{1}{2}} \left(\int_I g^2(x)dx \right)^{\frac{1}{2}}. \tag{7.6}$$

Winkelbestimmung; Orthogonalität. Division der Cauchy-Schwarz'schen Ungleichung durch die rechte Seite im Falle $\mathbf{x} \neq 0$, $\mathbf{y} \neq 0$ liefert

$$\left| \frac{\langle \mathbf{x}, \mathbf{y}\rangle}{\langle \mathbf{x}, \mathbf{x}\rangle^{\frac{1}{2}} \langle \mathbf{y}, \mathbf{y}\rangle^{\frac{1}{2}}} \right| \leq 1.$$

Der Quotient auf der linken Seite (ohne Betrag) liegt also in $[-1, 1]$ und kann daher als der Cosinus eines Winkels angesehen werden. Die *Definition des Winkels* ist somit in Übereinstimmung mit den elementargeometrischen Fällen des ersten Kapitels

$$\cos \sphericalangle \mathbf{x}, \mathbf{y} := \frac{\langle \mathbf{x}, \mathbf{y}\rangle}{\langle \mathbf{x}, \mathbf{x}\rangle^{\frac{1}{2}} \langle \mathbf{y}, \mathbf{y}\rangle^{\frac{1}{2}}} \qquad (\mathbf{x}, \mathbf{y} \neq 0). \tag{7.7}$$

Um Eindeutigkeit zu erzielen, schränkt man den zulässigen Bereich des Winkels ein: $-\frac{\pi}{2} \leq \sphericalangle \mathbf{x}, \mathbf{y} < \frac{\pi}{2}$.

Von besonderer Bedeutung ist die *Orthogonalität* von Elementen des linearen Raumes. Hier schließen die Vektoren einen Winkel von $\frac{\pi}{2}$ ein; dabei lassen wir auch den Fall des Nullvektors zu:

Definition 7.1.3 (Orthogonalität). $\mathbf{x}, \mathbf{y} \in V$ *sind* orthogonal *bezüglich des inneren Produktes,*

$$\mathbf{x} \perp \mathbf{y} :\Leftrightarrow \langle \mathbf{x}, \mathbf{y}\rangle = 0. \tag{7.8}$$

Lemma 7.1.1 (Eigenschaften der Orthogonalität). *Es gilt*

i) $\langle \mathbf{x}, \mathbf{0}\rangle = 0$ *(also* $\mathbf{x} \perp \mathbf{0}$*)* $\forall \mathbf{x} \in V$

ii) $\langle \mathbf{x}, \mathbf{y}\rangle = 0$ *(also* $\mathbf{x} \perp \mathbf{y}$*)* $\forall \mathbf{x} \in V \Rightarrow \mathbf{y} = \mathbf{0}$

Beweis. i) ist klar. Zu ii): gilt $\langle \mathbf{x}, \mathbf{y}\rangle = 0$ $\forall \mathbf{x} \in V$, so wähle man $\mathbf{x} = \mathbf{y}$ und findet $\langle \mathbf{y}, \mathbf{y}\rangle = 0$, d.h. $\mathbf{y} = 0$. – Genau der Nullvektor steht mithin orthogonal auf alle Elemente des linearen Raumes.

Im einführenden Kapitel ist die Orthogonalität in Bezug auf das euklidische Produkt in $\mathbb{R}^2$ oder $\mathbb{R}^3$ an zahlreichen Stellen aufgetreten. Wir wenden uns daher gleich der Orthogonalität von Funktionen zu und legen das Intervall $I = [-\pi, \pi)$ zugrunde. Auf diesem betrachten wir die Funktionen

$$c_k(x) := \cos(kx) \ (k = 0, 1, 2, \ldots) \ \text{und} \ s_l(x) = \sin(lx) \ (l = 1, 2, 3, \ldots).$$

c_0 ist die konstante Funktion 1. Bei c_k bzw. s_l gehen genau k bzw. l volle Schwingungen auf das Intervall. Beispiele steuert Abbildung 7.1 bei.

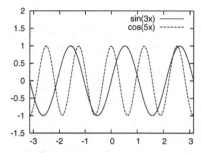

Abbildung 7.1: Graphen von $\sin 3x$ und $\cos 5x$

Als inneres Produkt wählen wir – bis auf eine kleine Modifikation bei der Normierung – das bisherige euklidische Produkt, nämlich

$$\langle f, g \rangle := \frac{1}{2\pi} \int_I f(x) g(x) dx.$$

Für eine bequemere Sprechweise definieren wir noch

$$\delta_{kl} = \begin{cases} 1 & k = l \\ 0 & \text{sonst} \end{cases} \quad \text{(Kroneckersymbol)}.$$

Satz 7.1.3 (Orthogonalitätsrelationen der trigonometrischen Funktionen). *Für* $c_k(x) = \cos kx$ *und* $s_l(x) = \sin lx$ *gilt*

$$\begin{aligned} \langle c_k, c_l \rangle &= \delta_{kl} \quad (k, l = 0, 1, 2, \ldots) \\ \langle s_k, s_l \rangle &= \delta_{kl} \quad (k, l = 1, 2, 3, \ldots) \\ \langle c_k, s_l \rangle &= 0 \quad (k = 0, 1, 2, \ldots; l = 1, 2, 3, \ldots). \end{aligned}$$

Beweis. Der Satz besagt also, dass die genannten trigonometrischen Funktionen paarweise aufeinander orthogonal stehen. Der Beweis erfolgt durch Auswertung der Integrale. Zum Beispiel sieht man für $k > 0$ unter Anwendung einer bekannten trigonometrischen Beziehung

$$\int_I \cos kx \cos lx \, dx = \frac{1}{2} \left(\int_I \cos(k+l)x \, dx + \int_I \cos(k-l)x \, dx \right).$$

Das erste Integral ist $\frac{1}{k+l} \left(\sin(k+l)\pi - \sin(k+l)(-\pi) \right) = 0$, weil der Sinus an ganzzahligen Vielfachen von π stets den Wert 0 annimmt. Zum zweiten Integral: ist $k = l$, so ist der Integrand 1 und das Integral 2π. Unter Berücksichtigung des Vorfaktors beim inneren Produkt nimmt dieses dann den Wert 1 an. Ist $k \neq l$, so ist $k - l \neq 0$ und ähnlich wie für das erste Integral ergibt sich auch für das zweite der Wert 0. Das innere Produkt ist daher in diesem Falle 0. – Die anderen anstehenden Integrale wertet man ähnlich aus.

Aufgaben

7.1. Zeigen Sie, dass für Elemente $\mathbf{x}, \mathbf{y}$ eines euklidischen Raumes genau dann $\|\mathbf{x}\| = \|\mathbf{y}\|$ gilt, wenn $(\mathbf{x} - \mathbf{y}) \perp (\mathbf{x} + \mathbf{y})$. Geben Sie eine geometrische Deutung!

7.2. Leiten Sie die Orthogonalitätsrelationen für die trigonometrischen Funktionen vollständig her.

7.3. Nunmehr sei $I = [0, \pi]$. Zeigen Sie, dass die Funktionen $s_l(x) := \sin lx$ ($l = 1, 2, \ldots$) bezüglich des euklidischen Produktes ein Orthogonalsystem bilden. – Trifft das auch noch zu, wenn man die Cosinusfunktionen $c_0, c_1, \ldots$ hinzufügt?

7.4. B sei die Einheitskugel in V ($\mathbf{x} \in B \Leftrightarrow \|\mathbf{x}\| \leq 1$). Das Innere der Einheitskugel, B', wird durch $\|\mathbf{x}\| < 1$ gekennzeichnet. Zeigen Sie, dass B *strikt konvex* ist, wenn $\| \ \|$ durch ein inneres Produkt induziert ist.
Strikt konvex bedeutet: mit $\mathbf{x}, \mathbf{y} \in B$ beschreibt man mit $\mathbf{x} + \theta(\mathbf{y} - \mathbf{x})$ ($0 \leq \theta \leq 1$) die Verbindungsstrecke $\overline{\mathbf{xy}}$ von $\mathbf{x}$ und $\mathbf{y}$. Im *konvexen* Fall wird nun verlangt: $\overline{\mathbf{xy}} \subseteq B \quad \forall \mathbf{x}, \mathbf{y} \in B$; im *strikt konvexen* Fall stärker: $\mathbf{x} + \theta(\mathbf{y} - \mathbf{x}) \in B' \quad \forall \mathbf{x}, \mathbf{y} \in B, \mathbf{x} \neq \mathbf{y}, 0 < \theta < 1$. Die *inneren* Punkte einer nicht entarteten Verbindungsstrecke ($\mathbf{x} \neq \mathbf{y}$) müssen also im Innern von B liegen.
Anleitung: arbeiten Sie mit $\phi(\theta) := \|\mathbf{x} + \theta(\mathbf{y} - \mathbf{x})\|^2$.

7.5. Das Integral $\int_0^1 \sqrt{1 + x^2}\, dx$ ist ohne Mathematica oder wenn es in Analysis nicht dran war, lästig zu berechnen (Wert ~ 1.14779). Schätzen Sie es in der Form $\int_0^1 \sqrt{1 + x^2} \cdot 1\, dx$ mithilfe der Cauchy-Schwarz'schen Ungleichung nach oben ab!

7.2 Inneres Produkt – komplexer Fall

Der Begriff. Nun tritt ein linearer Raum V mit Grundkörper $\mathbb{C}$ auf. – Wie in den Elementarbeispielen des ersten Kapitels, die sich ausschließlich auf den reellen Fall bezogen haben, zielen wir insbesondere auf Längenbestimmung (Norm), die sich aus dem zu definierenden inneren Produkt ergibt, ab. Dabei soll wie damals die Norm von $\mathbf{x}$ eine nicht negative, reelle Zahl sein und als $\|\mathbf{x}\| = \sqrt{\langle \mathbf{x}, \mathbf{x} \rangle}$ definiert werden. Wir benötigen also $\langle \mathbf{x}, \mathbf{x} \rangle \in \mathbb{R}$ und $\langle \mathbf{x}, \mathbf{x} \rangle \geq 0$.
Wie müsste nun ein Analogon zum euklidischen Skalarprodukt über $\mathbb{R}^n$ im Falle von $\mathbb{C}^n$ aussehen? Beginnen wir beim einfachsten Fall, $n = 1$. Das reelle euklidische Produkt von $\mathbf{x} = (x_1)$ und $\mathbf{y} = (y_1)$ ist $\langle \mathbf{x}, \mathbf{y} \rangle = x_1 y_1$. Entsprechend ist die Norm (hier: der Betrag) von $\mathbf{x}$: $\|\mathbf{x}\| = \langle \mathbf{x}, \mathbf{x} \rangle^{\frac{1}{2}} = (x_1 x_1)^{\frac{1}{2}}$. Geht man über $\mathbb{C}^1$ allzu direkt vor und übernimmt das skalare Produkt, so erhält man z.B. für $\mathbf{x} = (i)$ die Norm $\|\mathbf{x}\| = (-1)^{\frac{1}{2}} = i$, womit man keine Freude hat. Statt dessen erhält man die gewünschte Norm (den Betrag der komplexen Zahl i, also 1), wenn man $\|\mathbf{x}\| = (x_1 \bar{x}_1)^{\frac{1}{2}}$ anschreibt, wie wir ja vom Betrag her schon wissen. Das legt es nahe, als euklidisches inneres Produkt über $\mathbb{C}^1$ den Ausdruck $\langle \mathbf{x}, \mathbf{y} \rangle_2 = x_1 \bar{y}_1$ zu wählen, und entsprechend über $\mathbb{C}^n$

$$\langle \mathbf{x}, \mathbf{y} \rangle_2 = \sum_{j=1}^{n} x_j \bar{y}_j.$$

Dies stellt sich tatsächlich als erfolgreiche Definition heraus. – Zur Untersuchung der Eigenschaften übergehend bemerkt man aber gleich, dass die Linearität in der zweiten Komponente nicht gegeben ist. Vielmehr ist doch

$$\langle \mathbf{x}, \lambda\mathbf{y} + \mu\mathbf{z}\rangle_2 = \sum_j x_j \overline{(\lambda y_j + \mu z_j)} = \sum_j \bar\lambda x_j \bar y_j + \sum_j \bar\mu x_j \bar z_j = \bar\lambda \langle \mathbf{x}, \mathbf{y}\rangle_2 + \bar\mu \langle \mathbf{x}, \mathbf{z}\rangle_2.$$

Man muss also in der zweiten Komponente skalare Faktoren in konjugierter Form herausheben. Ebenso sieht man direkt, dass $\langle \mathbf{x}, \mathbf{y}\rangle_2 = \overline{\langle \mathbf{y}, \mathbf{x}\rangle}_2$. Daher geben wir die

Definition 7.2.1. *V sei ein linearer Raum über* $\mathbb{C}$. *Eine Abbildung*

$$\langle \cdot, \cdot \rangle : V \to \mathbb{C}$$

heißt inneres *oder* skalares Produkt, *wenn für alle* $\mathbf{x}, \mathbf{y} \in V$ *und für alle* $\lambda, \mu \in \mathbb{C}$ *gilt*

i) $\langle \mathbf{x}, \mathbf{x}\rangle \in \mathbb{R}$ *und* $\langle \mathbf{x}, \mathbf{x}\rangle \geq 0$ $\forall \mathbf{x}$ *sowie* $\langle \mathbf{x}, \mathbf{x}\rangle = 0 \Leftrightarrow \mathbf{x} = \mathbf{0}$ *(Positivität)*

ii) $\langle \mathbf{x}, \mathbf{y}\rangle = \overline{\langle \mathbf{y}, \mathbf{x}\rangle}$ *(konjugierte Symmetrie)*

iii) $\langle \lambda\mathbf{x} + \mu\mathbf{x}', \mathbf{y}\rangle = \lambda\langle \mathbf{x}, \mathbf{y}\rangle + \mu\langle \mathbf{x}', \mathbf{y}\rangle$ *(Linearität im 1. Argument)*

iv) $\langle \mathbf{x}, \lambda\mathbf{y} + \mu\mathbf{y}'\rangle = \bar\lambda\langle \mathbf{x}, \mathbf{y}\rangle + \bar\mu\langle \mathbf{x}, \mathbf{y}'\rangle$ *(konjugierte Linearität im 2. Argument)*

Man beachte, dass die konjugierte Linearität eben keine Linearität ist. – Wer minimale Definitionen anstrebt, wird übrigens bemerken, dass aus der konjugierten Symmetrie $\langle \mathbf{x}, \mathbf{y}\rangle = \overline{\langle \mathbf{y}, \mathbf{x}\rangle}$ $\forall \mathbf{x}, \mathbf{y}$ bereits folgt $\langle \mathbf{x}, \mathbf{x}\rangle \in \mathbb{R}$ $\forall \mathbf{x}$.

Beispiel (Euklidisches inneres Produkt für komplexwertige Funktionen). Für Räume komplexwertiger Funktionen gibt es ebenfalls ein Analogon zum euklidischen Produkt über $\mathbb{C}^n$. Wie im gleichartigen reellen Fall sei I ein (reelles) beschränktes, abgeschlossenes Intervall. $\mathcal{C}(I, \mathbb{C})$ oder kurz $\mathcal{C}(I)$ sei die Menge aller stetigen Funktionen von I nach $\mathbb{C}$. (Eine Funktion f mit Werten in $\mathbb{C}$ heißt stetig, wenn $\Re(f)$ und $\Im(f)$ stetige Abbildungen $I \to \mathbb{R}$ sind.) $\mathcal{C}(I)$ ist wiederum ein linearer Raum.

Das euklidische innere Produkt (oder 2-Produkt) über $\mathcal{C}(I)$ definiert man in Analogie zum 2-Produkt über $\mathbb{C}^n$ durch ein Integral einer nun im Allgemeinen komplexwertigen Funktion. Dabei ist für eine komplexwertige, stetige Funktion $f = u + iv$ das Integral vermöge

$$\int_I f(x)\, dx := \int_I u(x)\, dx + i \int_I v(x)\, dx$$

erklärt. Die Definition des 2-Produktes für stetige Funktionen liegt nunmehr nahe:

$$\langle f, g \rangle := \int_I f(x)\bar g(x)\, dx. \tag{7.9}$$

Die für ein inneres Produkt notwendigen Eigenschaften prüft man direkt nach. Die Eigenschaft $\langle f, f \rangle > 0$ für $f \neq 0$ ergibt sich ähnlich wie im reellen Fall. Denn zerlegt man f in Real- und Imaginärteil, $f = u + iv$, so ist

$$\langle f, f \rangle = \int_I (u^2 + v^2)\, dx = 0$$

nur für $u = v = 0$.

Wie im Reellen gilt

Satz 7.2.1 (Cauchy-Schwarz'sche Ungleichung).

$$|\langle \mathbf{x}, \mathbf{y} \rangle| \leq \langle \mathbf{x}, \mathbf{x} \rangle^{\frac{1}{2}} \langle \mathbf{y}, \mathbf{y} \rangle^{\frac{1}{2}}.$$

Beweis. Der Beweis verläuft zunächst wie im Reellen (Satz 7.2). Beim „Ausquadrieren" und der Definition der Funktion $\phi(\lambda)$ müssen wir allerdings der konjugierten Linearität in der zweiten Komponente Rechnung tragen. Wir haben dann

$$\forall\, \lambda \in \mathbb{C}:\ 0 \leq \phi(\lambda) = \lambda\bar{\lambda} - \lambda\langle \tilde{\mathbf{x}}, \tilde{\mathbf{y}} \rangle - \bar{\lambda}\langle \tilde{\mathbf{y}}, \tilde{\mathbf{x}} \rangle + 1.$$

Mit dem vom reellen Fall inspirierten Wert $\lambda^\star := \overline{\langle \tilde{\mathbf{x}}, \tilde{\mathbf{y}} \rangle}$ gewinnen wir $0 < -|\langle \tilde{\mathbf{x}}, \tilde{\mathbf{y}} \rangle|^2 + 1$, also wieder $|\langle \tilde{\mathbf{x}}, \tilde{\mathbf{y}} \rangle| < 1$, worauf man den Beweis wie im reellen Fall abschließt.

Bemerkung (Spezialfälle). Dem Reellen entsprechend, hat man hier für Elemente des $\mathbb{C}^n$ bzw. für Funktionen die Ungleichungen

$$\left| \sum_k x_k \bar{y}_k \right| \leq \left(\sum_k x_k \bar{x}_k \right)^{\frac{1}{2}} \left(\sum_k y_k \bar{y}_k \right)^{\frac{1}{2}} \text{ und } \left| \int_I f\bar{g}\,dx \right| \leq \left(\int_I f\bar{f}\,dx \right)^{\frac{1}{2}} \left(\int_I g\bar{g}\,dx \right)^{\frac{1}{2}}.$$

$\square$

Aufgabe

7.6. Zeigen Sie, dass das System komplexwertiger Funktionen $e_k(x) = \cos kx + i\sin kx$ ($k \in \mathbb{Z}(!)$, Grundintervall $I = [-\pi, \pi)$) bezüglich des euklidischen Produktes ein Orthogonalsystem bildet. Welchen Vorfaktor muss man wählen, um $\langle e_k, e_l \rangle = \delta_{kl}$ zu erreichen?

7.3 Normierte Räume

Norm: Begriffsbildung. Im $\mathbb{R}^2$ bzw. $\mathbb{R}^n$ ist uns der Begriff der Norm im Falle der *euklidischen Norm* (elementargeometrischer Abstand eines Punktes $\mathbf{x}$ von $\mathbf{0}$ bzw. Länge des Vektors $\mathbf{x}$) schon begegnet, $\|\mathbf{x}\|_2 = (\sum x_j^2)^{\frac{1}{2}}$. Wie uns bekannt ist, leitet sich jedenfalls die euklidische Norm von einem inneren Produkt ab.

Es ist allerdings zweckmäßig, für allgemeine Betrachtungen den Begriff der Norm unabhängig von einem inneren Produkt zu fassen. Wenn wir auch sehen werden, dass jedes innere Produkt über einem linearen Raum zu einer Norm Anlass gibt, so gibt es doch auch wichtige Normen über linearen Räumen, die nicht von inneren Produkten herrühren.

Im $\mathbb{R}^1$ (oder $\mathbb{C}^1$) ist die euklidische Norm der gewöhnliche Betrag. In der Analysis wird viel mit dem Betrag gearbeitet, und zwar meistens in untrennbarer Verbindung mit der *Dreiecksungleichung* $|x+y| \leq |x|+|y|$. Wohl ist uns diese bisher nicht begegnet, sie wird aber im Weiteren eine große Rolle spielen. Deshalb sehen wir sie vorsorglich als unverzichtbare Eigenschaft einer Norm an und geben die

Definition 7.3.1 (Norm). *Eine Abbildung $\|\ \| : V \to \mathbb{R}$ von einem linearen Raum V über $K = \mathbb{R}$ oder $K = \mathbb{C}$ heißt* Norm, *wenn folgende Eigenschaften erfüllt sind:*

i) $\|\mathbf{x}\| \geq 0 \ \forall \mathbf{x} \in V$ *und* $\|\mathbf{x}\| = 0 \Leftrightarrow \mathbf{x} = \mathbf{0}$ *(Positivität)*

ii) $\|\lambda\mathbf{x}\| = |\lambda|\,\|\mathbf{x}\| \ \ \forall\,\lambda \in K, \mathbf{x} \in V$ *(Homogenität)*

iii) $\|\mathbf{x} + \mathbf{y}\| \leq \|\mathbf{x}\| + \|\mathbf{y}\|$ *(Dreiecksungleichung)*

Man beachte, dass auch im Falle $K = \mathbb{C}$ eine Norm immer reelle Werte annehmen muss. Die Eigenschaften Homogenität und Dreiecksungleichung zeigen die Notwendigkeit einer algebraischen Struktur (Vektorraumstruktur) für diese Begriffsbildungen.

Bemerkung (Dreiecksungleichung). Der Name Dreiecksungleichung für die Beziehung $\|\mathbf{x} + \mathbf{y}\| \leq \|\mathbf{x}\| + \|\mathbf{y}\|$ erhält seine Berechtigung, wenn man z.B. den $\mathbb{R}^2$ zugrunde legt. Die Dreiecksungleichung drückt im Falle der euklidischen Norm die elementargeometrische Tatsache aus, dass die Länge einer Dreiecksseite jeweils höchstens die Summe der beiden anderen Seitenlängen ist, wie das Abbildung 7.2 verdeutlicht.

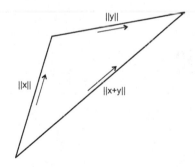

Abbildung 7.2: Zur Dreiecksungleichung

Zum Standardrepertoire über Normen gehört

Satz 7.3.1 (Eine Normungleichung). *Für alle* $\mathbf{x}, \mathbf{y} \in V$ *und jede Norm gilt*

$$\big|\ \|\mathbf{x}\| - \|\mathbf{y}\|\ \big| \leq \|\mathbf{x} - \mathbf{y}\|. \tag{7.10}$$

Beweis. Da der Wert von rechter und linker Seite bei Vertauschung von $\mathbf{x}$ und $\mathbf{y}$ in sich übergeht (z.B. rechts wegen $\|\mathbf{x} - \mathbf{y}\| = \|(-1)(\mathbf{y} - \mathbf{x})\| \overset{Hom.}{=} \|\mathbf{y} - \mathbf{x}\|$), können wir o.B.d.A. $\|\mathbf{x}\| \geq \|\mathbf{y}\|$ annehmen, also $\|\mathbf{x}\| - \|\mathbf{y}\| = \big|\ \|\mathbf{x}\| - \|\mathbf{y}\|\ \big|$. Es ist $\|\mathbf{x}\| = \|\mathbf{y} + (\mathbf{x} - \mathbf{y})\| \leq \|\mathbf{y}\| + \|\mathbf{x} - \mathbf{y}\|$, somit also $(0 \leq)\,\|\mathbf{x}\| - \|\mathbf{y}\| \leq \|\mathbf{x} - \mathbf{y}\|$. $\square$

Normen und innere Produkte. Woher nimmt man nun Normen? Einen Hinweis darauf gibt uns schon das einleitende Kapitel, in dem wir die euklidische Norm aus dem euklidischen Skalarprodukt hergeleitet haben (vgl. die Diskussion ab S. 15), und tatsächlich gilt ganz allgemein

Satz 7.3.2 (Inneres Produkt und Norm). *Jedes innere Produkt* $\langle \cdot, \cdot \rangle$ *über* V *gibt vermöge*

$$\|\mathbf{x}\| := \langle \mathbf{x}, \mathbf{x} \rangle^{\frac{1}{2}} \tag{7.11}$$

zu einer Norm Anlass.

Beweis. $\| \; \|$ sei wie im Satz definiert. Wegen der Positivität des inneren Produktes ist stets $\langle \mathbf{x}, \mathbf{x} \rangle \geq 0$. Daher ist $\|\mathbf{x}\|$ erstens reell und zweitens ≥ 0. $\|\mathbf{x}\| = 0$ tritt genau dann ein, wenn auch $\langle \mathbf{x}, \mathbf{x} \rangle = 0$, d.h. für $\mathbf{x} = \mathbf{0}$.

Zur Homogenität: $\|\lambda \mathbf{x}\| = \langle \lambda \mathbf{x}, \lambda \mathbf{x} \rangle^{\frac{1}{2}} = (\lambda \bar{\lambda} \langle \mathbf{x}, \mathbf{x} \rangle)^{\frac{1}{2}} = |\lambda| \, \|\mathbf{x}\|$. (Im Falle $K = \mathbb{R}$ ist die Konjugation natürlich zu unterlassen bzw. überflüssig.)

Nun die Dreiecksungleichung. Wir beachten, dass $\langle \mathbf{x}, \mathbf{y} \rangle + \langle \mathbf{y}, \mathbf{x} \rangle \in \mathbb{R}$ und nach Cauchy-Schwarz $\langle \mathbf{x}, \mathbf{y} \rangle + \langle \mathbf{y}, \mathbf{x} \rangle = 2\Re\langle \mathbf{x}, \mathbf{y} \rangle \leq 2\langle \mathbf{x}, \mathbf{x} \rangle^{\frac{1}{2}} \langle \mathbf{y}, \mathbf{y} \rangle^{\frac{1}{2}}$, dem zu Folge

$$\|\mathbf{x} + \mathbf{y}\|^2 = \langle \mathbf{x} + \mathbf{y}, \mathbf{x} + \mathbf{y} \rangle = \langle \mathbf{x}, \mathbf{x} \rangle + \langle \mathbf{x}, \mathbf{y} \rangle + \langle \mathbf{y}, \mathbf{x} \rangle + \langle \mathbf{y}, \mathbf{y} \rangle \leq$$

$$\leq \langle \mathbf{x}, \mathbf{x} \rangle + 2\langle \mathbf{x}, \mathbf{x} \rangle^{\frac{1}{2}} \langle \mathbf{y}, \mathbf{y} \rangle^{\frac{1}{2}} + \langle \mathbf{y}, \mathbf{y} \rangle =$$

$$= (\langle \mathbf{x}, \mathbf{x} \rangle^{\frac{1}{2}} + \langle \mathbf{y}, \mathbf{y} \rangle^{\frac{1}{2}})^2 = (\|\mathbf{x}\| + \|\mathbf{y}\|)^2,$$

zusammengefasst $\|\mathbf{x} + \mathbf{y}\|^2 \leq (\|\mathbf{x}\| + \|\mathbf{y}\|)^2$. Wegen Positivität der quadrierten Ausdrücke gilt auch $\|\mathbf{x} + \mathbf{y}\| \leq \|\mathbf{x}\| + \|\mathbf{y}\|$. $\qquad \square$

Spezialisiert man dieses Ergebnis und geht vom euklidischen inneren Produkt über $\mathbb{R}^n$ oder $\mathbb{C}^n$ aus, so gilt sofort

Satz 7.3.3 (Euklidische Norm). *Über* $V = \mathbb{R}^n$ *ist durch*

$$\|\mathbf{x}\|_2 := \langle \mathbf{x}, \mathbf{x} \rangle_2 = \left(\sum_j x_j^2 \right)^{\frac{1}{2}}$$

eine Norm gegeben, ebenso über $V = \mathbb{C}^n$ *durch*

$$\|\mathbf{x}\|_2 := \langle \mathbf{x}, \mathbf{x} \rangle_2 = \left(\sum_j x_j \bar{x}_j \right)^{\frac{1}{2}}$$

(euklidische oder 2-Norm *über* $\mathbb{R}^n$ *oder* $\mathbb{C}^n$).

Satz 7.3.4 (Euklidische Norm über Funktionenräumen). *Ist* $I = [a, b]$ *ein beschränktes, abgeschlossenes Intervall, so ist durch*

$$\|f\|_2 := \langle f, f \rangle_2 = \left(\int_I f^2(x) \, dx \right)^{\frac{1}{2}}$$

eine Norm über $V = \mathcal{C}(I, \mathbb{R})$ *gegeben, ebenso über* $V = \mathcal{C}(I, \mathbb{C})$ *durch*

$$\|f\|_2 := \langle f, f \rangle_2 = \left(\int_I f(x) \bar{f}(x) \, dx \right)^{\frac{1}{2}}$$

(euklidische oder 2-Norm).

Beispiel (1-Norm, Maximumxnorm). Über $V = \mathbb{R}^n$ (und ganz analog über $\mathbb{C}^n$) definiert man

$$\|\mathbf{x}\|_1 := \sum_k |x_k| \quad \text{(1-Norm)}$$

bzw.

$$\|\mathbf{x}\|_\infty := \max_k |x_k| \quad \text{(Maximumsnorm)}.$$

Die Normeigenschaften überprüft man direkt (Aufgabe). Vielleicht noch am schwierigsten ist die Dreiecksungleichung für die Maximumsnorm: $\|\mathbf{x} + \mathbf{y}\|_\infty = \max_k |x_k + y_k| \leq \max(|x_k| + |y_k|) \leq \max|x_k| + \max|y_k| = \|\mathbf{x}\|_\infty + \|\mathbf{y}\|_\infty$. – Wichtige Eigenschaften enthalten die nachstehenden

---

Aufgaben

7.7. Weisen Sie nach, dass durch $\|\ \|_1$ bzw. $\|\ \|_\infty$ tatsächlich Normen über $\mathbb{R}^n$ bzw. $\mathbb{C}^n$ gegeben sind.

7.8. Beschreiben Sie für niedrige Dimensionen ($n = 2, 3$) die Einheitskugel bezüglich $\|\ \|_1$ bzw. $\|\ \|_\infty$ in $\mathbb{R}^n$. Zeigen Sie ferner, dass diese Einheitskugeln *nicht* strikt konvex sind. Die Normen können daher nicht von einem inneren Produkt stammen (vgl. die entsprechenden Aufgabe zu Abschnitt 7.1).

7.9. Die 1-Norm bzw. Maximumsnorm über $V = \mathcal{C}(I, \mathbb{R})$ oder $V = \mathcal{C}(I, \mathbb{C})$ (I ein kompaktes Intervall) definiert man entsprechend als $\|f\|_1 = \int_I |f| dx$ bzw. $\|f\|_\infty = \max\{|f(x)| : x \in I|\}$. Weisen Sie nach, dass auch hiermit Normen vorliegen.

7.4 Orthogonalisierung von Vektoren

Das Orthogonalisierungsverfahren von Gram-Schmidt. So schön, wie in nicht allzu weit zurückliegenden Beispielen, wo die Vektoren (oder Funktionen wie bei den trigonometrischen Funktionen) schon von vornherein orthogonal aufeinander stehen, ist es im Allgemeinen natürlich nicht. Zu den Grundaufgaben der linearen Algebra gehört es, gegebene Elemente $\mathbf{v}_1, \mathbf{v}_2, \ldots$ eines euklidischen Raumes zu *orthogonalisieren*, das heißt, falls möglich durch Linearkombinationen der $\mathbf{v}_1, \mathbf{v}_2, \ldots$ gewisse aufeinander orthogonale Vektoren $\mathbf{w}_1, \mathbf{w}_2, \ldots$ zu erzeugen, sodass $[\mathbf{v}_1, \mathbf{v}_2, \ldots] = [\mathbf{w}_1, \mathbf{w}_2, \ldots]$. Der folgende Satz bzw. sein Beweis liefert hierzu auch praktische Handhabe:

Satz 7.4.1 (Orthogonalisierung nach Gram-Schmidt). *Im euklidischen Raum V seien linear unabhängige Vektoren $\mathbf{v}_1, \mathbf{v}_2, \ldots, \mathbf{v}_n$ vorgelegt. Dann gibt es dazu Vektoren $\mathbf{w}_1, \mathbf{w}_2, \ldots, \mathbf{w}_n$ mit den Eigenschaften*

i) $[\mathbf{w}_1, \mathbf{w}_2, \ldots, \mathbf{w}_k] = [\mathbf{v}_1, \mathbf{v}_2, \ldots, \mathbf{v}_k] \quad \forall k \leq n$

ii) $\langle \mathbf{w}_k, \mathbf{w}_l \rangle = 0$ *für $k \neq l$.*

Es lassen sich also n linear unabhängige Vektoren stets unter Beibehaltung der erzeugten Räume orthogonalisieren.

Bemerkung. Das gerade in praktischen Rechnungen oft angewandte Konstruktionsprinzip für die Orthogonalisierung ist in Gleichung 7.12 und 7.13 weiter unten enthalten.

Beweis. Das Verfahren bzw. der Beweis geht induktiv (nach der Zahl k der bearbeiteten Vektoren) vor. Zu Beginn (k=1) setzen wir $\mathbf{w}_1 := \mathbf{v}_1$. Die Aussagen des Satzes sind trivialerweise erfüllt.

Wir führen auch den Fall $k = 2$ explizit vor und gehen von einem Ansatz $\mathbf{w}_2 = \mathbf{v}_2 + \alpha_{21}\mathbf{w}_1$ aus. α_{21} bestimmen wir so, dass die Aussagen des Satzes für $k = 2$ erfüllt sind. – Dazu trachten wir, die einzige hier relevante Orthogonalitätsbedingung $\langle\mathbf{w}_2, \mathbf{w}_1\rangle = 0$ zu erfüllen. Dies liefert

$$\langle\mathbf{v}_2, \mathbf{w}_1\rangle + \alpha_{21}\langle\mathbf{w}_1, \mathbf{w}_1\rangle = 0,$$

woraus α_{21} leicht und eindeutig bestimmt werden kann. Man beachte, dass $\langle\mathbf{w}_1, \mathbf{w}_1\rangle \neq 0$, weil ja sonst schon $\mathbf{w}_1$ (und damit $\mathbf{v}_1$) linear abhängig wäre. Übrigens ist $\mathbf{w}_2 \neq 0$; das ergibt sich aus $\mathbf{w}_2 = 1 \cdot \mathbf{v}_2 + \alpha_{21}\mathbf{w}_1$ und der linearen Unabhängigkeit von $\mathbf{w}_1(= \mathbf{v}_1), \mathbf{v}_2$.

Es sei nun die Aussage des Satzes für k Schritte bewiesen; $\mathbf{w}_1, \ldots, \mathbf{w}_k$ genüge der Aussage. Nach der Bemerkung für $\mathbf{w}_2$ können wir im induktiven Sinne auch annehmen, dass $\mathbf{w}_1 \neq 0, \ldots, \mathbf{w}_k \neq 0$.

Für den nächsten Vektor verwenden wir den Ansatz

$$\mathbf{w}_{k+1} = \mathbf{v}_{k+1} + \alpha_{k+1,1}\mathbf{w}_1 + \ldots + \alpha_{k+1,k}\mathbf{w}_k. \tag{7.12}$$

Innerliche Multiplikation mit $\mathbf{w}_l$ ($1 \leq l \leq k$) lässt aus Orthogonalitätsgründen nur den Anteil mit $\langle\mathbf{v}_{k+1}, \mathbf{w}_l\rangle$ sowie $\langle\mathbf{w}_l, \mathbf{w}_l\rangle$ überleben und liefert

$$\langle\mathbf{v}_{k+1}, \mathbf{w}_l\rangle + \alpha_{k+1,l}\langle\mathbf{w}_l, \mathbf{w}_l\rangle = 0.$$

Da $\mathbf{w}_l \neq 0$, folgt leicht und eindeutig

$$\alpha_{k+1,l} = -\frac{\langle\mathbf{v}_{k+1}, \mathbf{w}_l\rangle}{\langle\mathbf{w}_l, \mathbf{w}_l\rangle} \quad (1 \leq l \leq k). \tag{7.13}$$

Die Konstruktion ist also durchführbar. – Nun ist aber $\mathbf{v}_{k+1}$ nach Voraussetzung von $\mathbf{v}_1, \ldots, \mathbf{v}_k$ und daher auch von deren Linearkombinationen $\mathbf{w}_1, \ldots, \mathbf{w}_k$ linear unabhängig. Somit stellt die rechte Seite von Gleichung 7.12 wegen des echten Auftretens von $\mathbf{v}_{k+1}$ ein Element $\mathbf{w}_{k+1}$ dar, das in $[\mathbf{v}_{k+1}, \mathbf{v}_1, \ldots, \mathbf{v}_k]$, aber nicht in $[\mathbf{v}_1, \ldots, \mathbf{v}_k]$ liegt. Damit ergibt sich $[\mathbf{v}_1, \ldots, \mathbf{v}_{k+1}] = [\mathbf{w}_1, \ldots, \mathbf{w}_{k+1}]$. Überdies muss $\mathbf{w}_{k+1}$ wegen des echten Auftretens von $\mathbf{v}_{k+1}$ von 0 verschieden sein. $\square$

Beispiel (Orthogonalisierung von Vektoren). Es sollen die drei Vektoren

$$\mathbf{v}_1 = \begin{pmatrix} 1 \\ 2 \\ 2 \end{pmatrix}, \ \mathbf{v}_2 = \begin{pmatrix} -5 \\ 1 \\ 0 \end{pmatrix}, \ \mathbf{v}_3 = \begin{pmatrix} 4 \\ -5 \\ 3 \end{pmatrix}$$

orthogonalisiert werden.

Zunächst setzen wir

$$\mathbf{w}_1 = \mathbf{v}_1 = \begin{pmatrix} 1 \\ 2 \\ 2 \end{pmatrix}$$

und ermitteln

$$\alpha_{21} = -\frac{\langle \mathbf{v}_2, \mathbf{w}_1 \rangle}{\langle \mathbf{w}_1, \mathbf{w}_1 \rangle} = -\frac{(-5) \cdot 1 + 1 \cdot 2 + 0 \cdot 2}{1 \cdot 1 + 2 \cdot 2 + 2 \cdot 2} = \frac{1}{3}.$$

Daraus resultiert

$$\mathbf{w}_2 = \mathbf{v}_2 + \alpha_{21}\mathbf{w}_1 = \begin{pmatrix} -5 \\ 1 \\ 0 \end{pmatrix} + \frac{1}{3} \begin{pmatrix} 1 \\ 2 \\ 2 \end{pmatrix} = \frac{1}{3} \begin{pmatrix} -14 \\ 5 \\ 2 \end{pmatrix}.$$

Der Faktor $\frac{1}{3}$ wäre bei weiterer Rechnung lästig. Es spricht nichts dagegen, den Vektor $\mathbf{w}_2$ zu skalieren und mit dem skalierten Vektor

$$\mathbf{w}_2 = \begin{pmatrix} -14 \\ 5 \\ 2 \end{pmatrix}$$

weiterzuarbeiten; denn die Voraussetzungen des Induktionsschrittes, insbesondere die Orthogonalität von $\mathbf{w}_1$ und $\mathbf{w}_2$ und der Umstand, dass $\mathbf{w}_2 \in [\mathbf{v}_1, \mathbf{v}_2]$ liegt, bleiben erfüllt.

Die nächsten Koeffizienten sind

$$\alpha_{31} = -\frac{\langle \mathbf{v}_3, \mathbf{w}_1 \rangle}{\langle \mathbf{w}_1, \mathbf{w}_1 \rangle} = 0$$

und

$$\alpha_{32} = -\frac{\langle \mathbf{v}_3, \mathbf{w}_2 \rangle}{\langle \mathbf{w}_2, \mathbf{w}_2 \rangle} = -\frac{-75}{225} = \frac{1}{3}.$$

Somit ist

$$\mathbf{w}_3 = \begin{pmatrix} 4 \\ -5 \\ 3 \end{pmatrix} + \frac{1}{3} \begin{pmatrix} -14 \\ 5 \\ 2 \end{pmatrix} = \frac{1}{3} \begin{pmatrix} -2 \\ -10 \\ 11 \end{pmatrix},$$

wobei man bei $\mathbf{w}_3$ für weitere Rechnungen wohl wieder den Faktor $\frac{1}{3}$ weglassen wird.

Beispiel (Orthogonalisierung von Polynomen). Es sei $I = [-1, 1]$ und $V = \mathcal{P}_2$, d.h. $V = [1, x, x^2]$. Es sind die angegebenen Basiselemente von V, also die Funktionen $\pi_0 = 1$, $\pi_1 = x$, $\pi_2 = x^2$, bezüglich des euklidischen inneren Produktes zu orthogonalisieren. Die sich ergebenden so genannten *Orthogonalpolynome* bezeichnen wir mit p_0, p_1, p_2. Sie heißen (mit in der Literatur durchaus variabler Normierung) *Legendre-Polynome*.

Nach dem Gram-Schmidt'schen Verfahren ist $p_0 = 1$; sodann $p_1 = \pi_1 + \alpha_{1,0}\pi_0$, wobei gemäß Gleichung 7.13

$$\alpha_{1,0} = -\frac{\langle \pi_1, p_0 \rangle}{\langle p_0, p_0 \rangle}$$

(man beachte, dass in diesem Beispiel die Indizierung um eine Einheit früher beginnt). Es sind noch die inneren Produkte auszuwerten. Es ist aber $\langle \pi_1, p_0 \rangle = \int_{-1}^{1} x\, dx = 0$, daher $\alpha_{1,0} = 0$ und somit $p_1 = x$.

Die Berechnung von p_2 verlangt Kenntnis der Produkte $\langle p_0, p_0 \rangle = \langle 1, 1 \rangle = 2$, $\langle p_1, p_1 \rangle = \langle x, x \rangle = \frac{1}{3}$, $\langle \pi_2, p_0 \rangle = \langle x^2, 1 \rangle = \frac{2}{3}$ und $\langle \pi_2, p_1 \rangle = \langle x^2, x \rangle = 0$. Daraus resultiert $\alpha_{2,0} = -\frac{1}{3}$ und $\alpha_{2,1} = 0$ und somit $p_2 = x^2 - \frac{1}{3}$.

Die auf diesem Weg gewonnenen Polynome nennt man Orthogonalpolynome. Konkret (angesichts des gewählten Intervalls und skalaren Produkts) sind dies eben die ersten drei *Legendre-Polynome*.

Orthogonalraum. Im $\mathbb{R}^3$ stellt $\{\mathbf{x} : \mathbf{x} \perp \mathbf{n}\}$ ($\mathbf{n} \neq \mathbf{0}$ vorgegeben) eine Ebene durch $\mathbf{0}$, insbesondere einen linearen Raum, dar; Letzteres gilt auch für die Menge aller Vektoren, die auf eine Ebene durch $\mathbf{0}$ orthogonal stehen. Allgemein, übrigens auch ohne Beschränkung auf den endlichdimensionalen Fall, gilt

Satz 7.4.2 (Orthogonalraum). *V sei ein euklidischer Raum, $W \subseteq V$ ein Teilraum. Dann ist die Menge*

$$W^{\perp} := \{\mathbf{x} \in V : \langle \mathbf{x}, \mathbf{w} \rangle = 0 \ \forall \mathbf{w} \in W\} \tag{7.14}$$

ein linearer Raum, der Orthogonalraum *oder das* orthogonale Komplement *zu W.*

Beweis. Gilt für $\mathbf{x}$ bzw. $\mathbf{y}$: $\langle \mathbf{x}, \mathbf{w} \rangle = 0$ bzw. $\langle \mathbf{y}, \mathbf{w} \rangle = 0$ $\ \forall \ \mathbf{w} \in W$, so gilt dies klarer Weise auch für alle Linearkombinationen. $\qquad \square$

Wir interessieren uns im Folgenden für Summen von Teilräumen von V, sagen wir $W_1, \ldots, W_r$, die *auf einander paarweise orthogonal* stehen, d.h. $\langle \mathbf{w}_k, \mathbf{w}_l \rangle = 0$ $\forall \mathbf{w}_k \in W_k, \mathbf{w}_l \in W_l (k \neq l)$. Dann gilt

Satz 7.4.3 (Orthogonale Summe ist direkt). *Jede Summe von paarweise orthogonalen Räumen $W_1, \ldots, W_r$ ist direkt.*

Beweis. Es sei $W = \sum_j W_j$. Gemäß der Summe betrachten wir zwei Darstellungen eines Elemente in W: $\sum_j \mathbf{w}_j = \sum_j \mathbf{w}'_j$. Subtraktion der rechten Seite liefert $\sum_j \mathbf{u}_j = \mathbf{0}$ ($\mathbf{u}_j := \mathbf{w}_j - \mathbf{w}'_j$); wir sind fertig, wenn gezeigt ist, dass es sich um die triviale Darstellung von $\mathbf{0}$ handelt; dann ist nämlich $\mathbf{w}_j = \mathbf{w}'_j \ \forall j$. Dazu multiplizieren wir innerlich bei beliebigem k mit einem $\mathbf{v}_k \in W_k$. Aus Orthogonalitätsgründen überlebt nur $\mathbf{u}_k$: $\langle \mathbf{u}_k, \mathbf{v}_k \rangle = 0$ $\ \forall \mathbf{v}_k \in W_k$, woraus wegen $\mathbf{u}_k \in W_k$: $\mathbf{u}_k = \mathbf{0}$ folgt (vgl. Lemma 7.1.1). $\qquad \square$

Liegt im Sinne des obigen Satzes eine Summe von orthogonalen Räumen vor, so spricht man von *orthogonaler Summe*, in Zeichen

$$W = W_1 \overset{\perp}{\oplus} \ldots \overset{\perp}{\oplus} W_r.$$

Satz 7.4.4 (Orthogonale Zerlegung). *Es sei W ein Teilraum des euklidischen Raumes V (dim $V = n < \infty$). Dann ist $V = W \overset{\perp}{\oplus} W^\perp$.*

Beweis. Es sei $\dim W = r$ und $\mathbf{f}_1, \ldots, \mathbf{f}_r$ eine Orthogonalbasis zu W. Wir ergänzen diese zu einer Orthogonalbasis von V: $\mathbf{f}_1, \ldots, \mathbf{f}_r, \mathbf{f}_{r+1}, \ldots, \mathbf{f}_n$. Klarer Weise ist $W^\perp \supseteq [\mathbf{f}_{r+1}, \ldots, \mathbf{f}_n]$; sollte hier Gleichheit gelten, dann ist offenbar schon $V = W \overset{\perp}{\oplus} W^\perp$ und wir sind fertig. Dem Auftreten einer Basis von V entnehmen wir immerhin bereits, dass $V = W + W^\perp$.

Wir zeigen $W^\perp = [\mathbf{f}_{r+1}, \ldots, \mathbf{f}_n]$. Dazu beachten wir zuerst $W \cap W^\perp = \{\mathbf{0}\}$. Ist nämlich $\mathbf{x} \in W \cap W^\perp$, so ist $\langle \mathbf{x}, \mathbf{x} \rangle = 0$ (erster Faktor in W, zweiter Faktor in $W^\perp$!) und somit $\mathbf{x} = \mathbf{0}$. Damit steht im Dimensionssatz 4.5.4, angewendet auf die Räume W und $W^\perp$ links n und rechts $r + \dim W^\perp$, also $\dim W^\perp = n - r$ und damit tatsächlich $W^\perp = [\mathbf{f}_{r+1}, \ldots, \mathbf{f}_n]$ □

Satz 7.4.5 (Komplement des Komplements). *Für jeden Teilraum $W \subseteq V$ (dim $V < \infty$) ist*

$$(W^\perp)^\perp = W.$$

Beweis. Zunächst erkennen wir sofort, dass $W \subseteq (W^\perp)^\perp$. Mit $\mathbf{x} \in W$ gilt nämlich $\langle \mathbf{x}, \mathbf{y} \rangle = 0 \ \forall \mathbf{y} \in W^\perp \Rightarrow \mathbf{x} \in (W^\perp)^\perp$.

Angenommen nun, es wäre $W \subset (W^\perp)^\perp$. Wir leiten einen Widerspruch her, indem wir von einem $\mathbf{x} \in (W^\perp)^\perp \setminus W$ ausgehen. Im Sinne von $W \overset{\perp}{\oplus} W^\perp$ stellen wir $\mathbf{x}$ dar: $\mathbf{x} = \mathbf{w} + \mathbf{w}'$ ($\mathbf{w} \in W$, $\mathbf{w}' \in W^\perp$). Auf Grund der indirekten Annahme ist $\mathbf{w}' \neq \mathbf{0}$. Multiplizieren wir innerlich mit beliebigem $\mathbf{u} \in W^\perp$, so gilt

$$0 \overset{\mathbf{x} \in (W^\perp)^\perp}{=} \langle \mathbf{x}, \mathbf{u} \rangle = \underbrace{\langle \mathbf{w}, \mathbf{u} \rangle}_{0: \, \mathbf{w} \in W, \mathbf{u} \in W^\perp} + \langle \mathbf{w}', \mathbf{u} \rangle,$$

also $\langle \mathbf{w}', \mathbf{u} \rangle = 0 \ \forall \mathbf{u} \in W^\perp$, woraus $\mathbf{w}' = 0$ folgt, also ein Widerspruch. □

Aufgaben

7.10. Orthogonalisieren Sie die Vektoren $\mathbf{v}_1 = (1, 3, 1)^t, \mathbf{v}_2 = (1, -1, 0)^t, \mathbf{v}_3 = (-1, 2, 1)^t$ bezüglich des euklidischen Produktes.

7.11. Ebenso, bezüglich des Produktes $\langle \mathbf{x}, \mathbf{y} \rangle = x_1 y_1 + 2 x_2 y_2 + 3 x_3 y_3$.

7.12. Geben Sie zwei orthogonale Vektoren in der Ebene $E \subseteq \mathbb{R}^3$ an (dabei ist $E \perp \mathbf{n} = (1, 3, -2)^t, \mathbf{0} \in E$).

7.13. Stellen die folgenden Ausdrücke jeweils ein inneres Produkt über $V = \mathbb{R}^2$ dar? (Begründung!)

  i) $x_1 y_1 + x_1 y_2$ (sic!)

  ii) $x_1^2 y_1^2 + x_2^2 y_2^2$

  iii) $x_2 y_2$

iv) $\langle \mathbf{x}, R\mathbf{y}\rangle_2$ (dabei $\langle \cdot, \cdot \rangle_2$ das übliche euklidische Produkt; R die Rotationsmatrix um den Winkel $\frac{\pi}{2}$).

7.14. Ebenso über der Menge $\mathcal{C}^1([a,b],\mathbb{R})$: $\int_a^b \frac{df}{dx}\frac{dg}{dx}dx$.

7.15. Zeigen Sie, dass durch $\langle p,q\rangle := \int_0^\infty p(x)q(x)e^{-x}dx$ ein inneres Produkt über dem linearen Raum aller Polynome mit reellen Koeffizienten gegeben ist. (Für alle $k \in \mathbb{N} \cup \{0\}$ ist $\int_0^\infty x^k e^{-x}dx < \infty$; gute Übung zur Analysis.) Orthogonalisieren Sie die Funktionen $1, x, x^2$. Auf diese Weise erhält man die ersten *Laguerre'schen Polynome*.

7.16. Schreiben Sie ein Programm, das Vektoren (entweder des $\mathbb{R}^3$ oder eines beliebigen $\mathbb{R}^n$) nach Gram-Schmidt orthogonalisiert und erproben Sie es an einfachen Beispielen. Schreiben Sie eine Testroutine, die das Ergebnis auf Orthogonalität überprüft. Wie gehen Sie dazu vor?

7.17. Es sei $W = [(1,2,0,-1)^t, (0,2,1,-1)^t] \subseteq \mathbb{R}^4$; ermitteln Sie eine Basis und insbesondere eine orthogonale Basis zu $W^\perp$.

7.18. Ebenso für $W = [(1+i, 1-i, 1, -1)^t, (1,i,2,0)^t] \subseteq \mathbb{C}^4$.

7.5 Orthogonale Basen und andere

V sei ein endlichdimensionaler euklidischer Raum über $K = \mathbb{R}$ oder $K = \mathbb{C}$. Die üblicherweise bei geometrischen Betrachtungen verwendete Standardbasis besteht aus orthogonalen Vektoren. Daher geben wir die

Definition 7.5.1 (Orthogonalbasis bzw. Orthonormalbasis). *Eine Basis* $\mathbf{f}_1, \ldots, \mathbf{f}_n$ *von V heißt* Orthogonalbasis, *wenn*

$$\langle \mathbf{f}_j, \mathbf{f}_k\rangle = 0 \text{ für } j \neq k.$$

Sie heißt Orthonormalbasis, *wenn*

$$\langle \mathbf{f}_j, \mathbf{f}_k\rangle = \delta_{jk} \text{ für } 1 \leq j, k \leq n.$$

Entwicklung nach einer Orthogonalbasis. $\mathbf{f}_1, \mathbf{f}_2, \ldots, \mathbf{f}_n$ bezeichne in diesem Paragraphen eine Orthogonalbasis. Stellt man ein $\mathbf{x} \in V$ in der Basis dar, so hat man

$$\mathbf{x} = \sum_j x_j \mathbf{f}_j.$$

Innerliche Multiplikation mit einem Basisvektor $\mathbf{f}_k$ liefert $\langle \mathbf{x}, \mathbf{f}_k\rangle = \sum_j x_j \langle \mathbf{f}_j, \mathbf{f}_k\rangle$. Aus Orthogonalitätsgründen ist in der Summe nur das Produkt $\langle \mathbf{f}_k, \mathbf{f}_k\rangle \neq 0$ und es ergibt sich

$$x_k = \frac{\langle \mathbf{x}, \mathbf{f}_k\rangle}{\langle \mathbf{f}_k, \mathbf{f}_k\rangle}.$$

(In einer schiefwinkligen Basis ist eine so einfache Darstellung der Vektorkomponenten durch ein inneres Produkt offenbar nicht möglich.)

Satz 7.5.1 (Entwicklung nach einer Orthogonalbasis). *Ist* $\mathbf{f}_1, \mathbf{f}_2, \ldots, \mathbf{f}_n$ *eine Orthogonalbasis von V, so gilt für jedes* $\mathbf{x} \in V$

$$\mathbf{x} = \sum_{k=1}^{n} \frac{\langle \mathbf{x}, \mathbf{f}_k \rangle}{\langle \mathbf{f}_k, \mathbf{f}_k \rangle} \mathbf{f}_k. \tag{7.15}$$

Ist aber $\mathbf{f}_1, \mathbf{f}_2, \ldots, \mathbf{f}_n$ sogar eine Orthonormalbasis, *so besteht die Entwicklung*

$$\mathbf{x} = \sum_{k=1}^{n} \langle \mathbf{x}, \mathbf{f}_k \rangle \mathbf{f}_k. \tag{7.16}$$

Beweis. Für eine Orthogonalbasis haben wir die Entwicklung gerade gezeigt, und für eine Orthonormalbasis kann man wegen $\langle \mathbf{f}_k, \mathbf{f}_k \rangle = 1$ den Nenner weglassen. $\square$

Beispiel. Vor Kurzem haben wir eine Orthogonalbasis in $\mathbb{R}^3$ konstruiert, nämlich

$$\mathbf{f}_1 = \begin{pmatrix} 1 \\ 2 \\ 2 \end{pmatrix}, \ \mathbf{f}_2 = \begin{pmatrix} -14 \\ 5 \\ 2 \end{pmatrix}, \ \mathbf{f}_3 = \begin{pmatrix} -2 \\ -10 \\ 11 \end{pmatrix}.$$

Es soll

$$\mathbf{x} = \begin{pmatrix} -9 \\ 15 \\ 12 \end{pmatrix}$$

nach dieser Basis entwickelt werden.

Wir verschaffen uns die Normquadrate der Basisvektoren

$$\langle \mathbf{f}_1, \mathbf{f}_1 \rangle = 9, \ \langle \mathbf{f}_2, \mathbf{f}_2 \rangle = 225 \text{ und } \langle \mathbf{f}_3, \mathbf{f}_3 \rangle = 225.$$

Leichte Rechnung liefert

$$\langle \mathbf{x}, \mathbf{f}_1 \rangle = 45, \ \langle \mathbf{x}, \mathbf{f}_2 \rangle = 225 \text{ und } \langle \mathbf{x}, \mathbf{f}_3 \rangle = 0.$$

Es resultiert

$$\mathbf{x} = \frac{45}{9} \mathbf{f}_1 + \frac{225}{225} \mathbf{f}_2 + \frac{0}{225} \mathbf{f}_3$$

oder

$$\mathbf{x} = (5, 1, 0)_{\mathbf{f}}^{t}.$$

Beispiel (Entwicklung nach Orthogonalpolynomen). Es soll das Polynom $f(x) = 3x^2 - 2$ nach Legendre-Polynomen $p_0 = 1, p_1 = x, p_2 = x^2 - \frac{1}{3}$ entwickelt werden (vgl. das Beispiel auf Seite 215).

Wir benötigen wieder die Normquadrate der Basisfunktionen. Davon kennen wir schon $\langle p_0, p_0 \rangle = 2$ und $\langle p_1, p_1 \rangle = \frac{2}{3}$. Es fehlt noch

$$\langle p_2, p_2 \rangle = \int_{-1}^{1} \left(x - \frac{1}{3} \right)^2 dx = \frac{8}{45}.$$

Zudem gilt $\langle f, p_0 \rangle = \int_{-1}^{1} \left(3x^2 - 2 \right) dx = -2, \langle f, p_1 \rangle = 0, \langle f, p_2 \rangle = -\frac{8}{15}$. Das ergibt die Darstellung

$$3x^2 - 2 = \frac{-2}{2} \cdot p_0 + \frac{8}{15} : \frac{8}{45} p_2 = -1 + 3 \left(x^2 - \frac{1}{3} \right).$$

Entwicklung nach einer beliebigen Basis. Es sei nunmehr $f_1, f_2, \ldots, f_n$ eine *beliebige*, also im Allgemeinen nicht orthogonale Basis. Wir wollen untersuchen, wie sich dann die Entwicklungskoeffizienten von $x \in V$ in dieser Basis bestimmen lassen.

Wir setzen $x = \sum_k x_k f_k$. Nach innerlicher Multiplikation mit f_j ergibt sich $\langle x, f_j \rangle = \sum_k \langle f_k, f_j \rangle x_k$. Hier erscheint die *Gram'sche Matrix*

$$G(f) = G = (f_{jk}) := (\langle f_k, f_j \rangle), \tag{7.17}$$

unter deren Verwendung

$$\begin{pmatrix} \langle x, f_1 \rangle \\ \vdots \\ \langle x, f_n \rangle \end{pmatrix} = \begin{pmatrix} \langle f_1, f_1 \rangle & \cdots & \langle f_n, f_1 \rangle \\ \vdots & & \vdots \\ \langle f_1, f_n \rangle & \cdots & \langle f_n, f_n \rangle \end{pmatrix} \begin{pmatrix} x_1 \\ \vdots \\ x_n \end{pmatrix} = G \cdot x. \tag{7.18}$$

gilt. (Die Reihenfolge der Indizes in den inneren Produkten ist hier wesentlich; der Spaltenindex steht zuerst. Im Reellen ist das gleichgültig, weil wegen Symmetrie des inneren Produktes ohnedies $f_{jk} = f_{kj}$ ist. Im Komplexen ist allerdings wegen $f_{jk} = \bar{f}_{kj}$ sehr wohl darauf zu achten.)

Lemma 7.5.1. *Die Gram'sche Matrix G ist nichtsingulär.*

Beweis. Es genügt zu zeigen: Ist $x \in K^n$, $x \neq 0$, so ist $Gx \neq 0$ (vgl. Korrollar 4.4.2).
Es sei also $x \neq 0$. Da die f_j eine Basis bilden, ist somit auch $z := \sum_j x_j f_j \neq 0$, und daher

$$0 < \langle z, z \rangle = \langle \sum_k x_k f_k, \sum_j x_j f_j \rangle =$$

$$= \sum_k x_k \langle f_k, \sum_j x_j f_j \rangle = \sum_{j,k} \langle f_k, f_j \rangle x_k \bar{x}_j = \sum_{j,k} f_{jk} x_k \bar{x}_j.$$

Den letzten Ausdruck auf der rechten Seite nennt man *quadratische Form*. Unter Benutzung der Matrix G stellen wir ihn so dar:

$$\sum_{j,k} f_{jk} x_k \bar{x}_j = \langle x, Gx \rangle.$$

Denn $\langle x, Gx \rangle = \sum_k x_k \overline{(Gx)}_k = \sum_k (\sum_j \bar{f}_{kj} \bar{x}_j) x_k = \sum_{j,k} f_{jk} x_k \bar{x}_j$ (unter Beachtung von $\bar{f}_{kj} = f_{jk}$). Damit gilt also für $x \neq 0$ stets $0 < \langle z, z \rangle = \langle x, Gx \rangle$, somit auch $Gx \neq 0$. □

Wir fassen die Ergebnisse zusammen:

Satz 7.5.2. $f_1, \ldots, f_n$ *sei eine Basis des linearen euklidischen Raumes V über $K = \mathbb{R}$ oder $K = \mathbb{C}$. Es sei $G = (\langle f_k, f_j \rangle)$ die Gram'sche Matrix der Basis und ferner*

$$x = x_1 f_1 + \ldots + x_n f_n.$$

Dann genügen die Entwicklungskoeffizienten x_j von $\mathbf{x}$ in der Basis $\mathbf{f}_1, \ldots, \mathbf{f}_n$ der Beziehung 7.18, d.h. dem Gram'schen Gleichungssystem

$$\sum_{k=1}^{n} \langle \mathbf{f}_k, \mathbf{f}_j \rangle x_k = \langle \mathbf{x}, \mathbf{f}_j \rangle \quad (j = 1, 2, \ldots, n). \tag{7.19}$$

Die Gram'sche Matrix ist $G(\mathbf{f}) = (f_{jk}) = (\langle \mathbf{f}_k, \mathbf{f}_j \rangle)$ ist nichtsingulär und selbstadjungiert, *d.h. $f_{jk} = f_{kj}$ bzw. $f_{jk} = \bar{f}_{kj} \; \forall j, k \; (K = \mathbb{R} \; bzw. \; K = \mathbb{C})$.*
Weiterhin ist $\langle \mathbf{x}, G\mathbf{x} \rangle \in \mathbb{R} \; \forall \mathbf{x} \in V$, und $\forall \mathbf{x} \neq 0$ gilt $\langle \mathbf{x}, G\mathbf{x} \rangle > 0$. Wir nehmen eine spätere Sprechweise vorweg und sagen, G sei positiv definit.

Zur Berechnung der Entwicklungskoeffizienten eines Vektors in einer allgemeinen Basis muss man also ein lineares Gleichungssystem, und zwar mit einer selbstadjungierten, positiv definiten Matrix, lösen.

7.6 Adjunktion, Transposition und Hermite'sche Konjugation

Die Matrizen des letzten Abschnittes weisen spezielle Eigenschaften bezüglich der Vertauschung von Zeilen und Spalten auf. Diese und verwandte Operationen werden sich immer mehr in den Vordergrund schieben. Daher wenden wir uns jetzt derartigen Fragen zu. – Als Grundkörper setzen wir immer $K = \mathbb{R}$ oder $K = \mathbb{C}$ voraus.

Adjunktion. V und W seien endlichdimensionale euklidische Räume, für Zwecke der Erläuterung zunächst über $\mathbb{R}$ ($\dim V = n, \dim W = m$). A sei eine m×n-Matrix. Alle Vektoren mögen bezüglich der orthonormalen Standardbasen dargestellt werden.
Wir wollen die transponierte Matrix A^t (vgl. Seite 121 ff.) von einem anderen Gesichtspunkt aus betrachten (und dann auch anders benennen). Zur Transposition reicht ein linearer Raum ohne weitere Struktur aus. Dem Begriff lässt sich indessen eine andere Wendung geben, wenn, wie jetzt, ein inneres Produkt vorliegt (bzw. deren zwei, in V und in W).
Da für das euklidische Produkt $\langle \mathbf{u}, \mathbf{v} \rangle_2 = \sum_j u_j v_j = \mathbf{v}^t \mathbf{u} \; \forall \mathbf{u}, \mathbf{v} \in W$ gilt, ist nach den Rechenregeln für Transponierte

$$\langle A\mathbf{x}, \mathbf{y} \rangle = \mathbf{y}^t(A\mathbf{x}) = (\mathbf{y}^t A)\mathbf{x} = (A^t \mathbf{y})^t \mathbf{x} = \langle \mathbf{x}, A^t \mathbf{y} \rangle \; \forall \mathbf{x} \in V, \mathbf{y} \in W,$$

also

$$\langle A\mathbf{x}, \mathbf{y} \rangle = \langle \mathbf{x}, A^t \mathbf{y} \rangle \; \forall \mathbf{x} \in V, \mathbf{y} \in W. \tag{7.20}$$

Wir wählen ein beliebiges $\mathbf{y}$, halten es fest und fragen uns: Gibt es eine anderes Element als $A^t \mathbf{y}$, sagen wir $\mathbf{z_y}$, sodass $\; \forall \mathbf{x} \in V : \langle A\mathbf{x}, \mathbf{y} \rangle = \langle \mathbf{x}, \mathbf{z_y} \rangle$ gilt? – Folgendes Lemma beantwortet diese Frage:

Lemma 7.6.1. *($K = \mathbb{R}, \mathbb{C}$; W ein beliebiger euklidischer linearer Raum) Gilt für ein $\mathbf{u}$ und ein $\mathbf{v}$*

$$\langle \mathbf{w}, \mathbf{u} \rangle = \langle \mathbf{w}, \mathbf{v} \rangle \; \forall \mathbf{w} \in W,$$

so ist $\mathbf{u} = \mathbf{v}$.

Beweis. Subtraktion der rechten Seite liefert $\langle \mathbf{w}, \mathbf{u} - \mathbf{v} \rangle = 0 \;\; \forall \mathbf{w} \in W$, woraus man mit Wahl von $\mathbf{w} = \mathbf{u} - \mathbf{v}$ auf $\langle \mathbf{u} - \mathbf{v}, \mathbf{u} - \mathbf{v} \rangle = 0$, mithin auf $\mathbf{u} - \mathbf{v} = \mathbf{0}$ schließt. $\qquad \square$

– In Zusammenhang mit unseren vorangehenden Überlegungen bedeutet das: ist $\mathbf{z_y} \in W$ so beschaffen, dass $\;\; \forall \mathbf{x} : \langle \mathbf{x}, A^t \mathbf{y} \rangle = \langle \mathbf{x}, \mathbf{z_y} \rangle$ ist, dann ist nach dem Lemma $\mathbf{z_y} = A^t \mathbf{y}$. Für alle $\mathbf{y}$ ist demnach durch die Beziehung 7.20 der rechte Faktor im zweiten inneren Produkt eindeutig festgelegt ist. Insbesondere gibt es auch keine andere Matrix B als eben $B = A^t$, sodass $\langle A\mathbf{x}, \mathbf{y} \rangle = \langle \mathbf{x}, B\mathbf{y} \rangle$ für alle $\mathbf{x} \in V, \mathbf{y} \in W$ gilt.

Halten wir fest: Wir haben zunächst durch sozusagen rein mechanisches Vertauschen der Zeilen- und Spaltenvektoren die Transposition von Matrizen definiert. Jetzt, wo zusätzlich das euklidische Produkt vorliegt, haben wir gesehen, dass wir durch Beziehung 7.20 die Matrix A^t eindeutig kennzeichnen können.

Wir trennen die Ebene der Transposition im ursprünglichen Sinn von derjenigen der jetzigen Betrachtungsweise und nennen die vermittels des inneren Produktes definierte Matrix von Stund ab *die zu A adjungierte Matrix*, in Zeichen A^*. Der Grund dafür wird im sogleich anschließenden Paragraphen klarer, der den komplexen Fall gemeinsam mit dem reellen, den wir dort noch einmal aufnehmen, behandelt. Im Kapitel 8 werden wir die Problematik von einem endgültig befriedigenden Standpunkt aus erörtern.

Schon bei Projektionsmatrizen, aber auch jetzt wieder bei der Gram-Matrix ist der Fall aufgetreten, dass die Matrix bei Vertauschung von Zeilen und Spalten in sich übergeht (so genannte *symmetrische* oder *selbstadjungierte Matrizen*).

Adjunktion – allgemeine Betrachtung. Nun wollen wir analoge Resultate auch für $K = \mathbb{C}$ herleiten. In der Tat betrachten wir $K = \mathbb{C}$ und nochmals $K = \mathbb{R}$ gemeinsam, wobei der Unterschied nur darin besteht, dass für $K = \mathbb{R}$ komplexe Konjugationen keine Wirkung entfalten. – V und W seien hier stets endlichdimensionale euklidische Räume, $\dim V = n < \infty$, $\dim W = m < \infty$.

Satz 7.6.1 (Adjungierte Matrix). *In V, W liege das euklidische innere Produkt vor; die Darstellung der Vektoren erfolge in einer Orthonormalbasis. Dann gilt: zu jedem $A \in \mathfrak{M}_{mn}$ existiert genau eine Matrix $A^* \in \mathfrak{M}_{nm}$, sodass*

$$\langle A\mathbf{x}, \mathbf{y} \rangle = \langle \mathbf{x}, A^* \mathbf{y} \rangle \;\; \forall \mathbf{x} \in V, \; \mathbf{y} \in W. \tag{7.21}$$

Es ist $A^* = (a_{jk}^*)$ mit

$$a_{jk}^* = \bar{a}_{kj} = \overline{a_{jk}^t}. \tag{7.22}$$

Beweis. *Existenz*: Wir bemerken zunächst, dass die inneren wegen der zugrunde gelegten Orthogonalbasis die Gestalt $\sum_j u_j \bar{v}_j$ aufweisen und zeigen sofort, dass die Matrix A^* mit $a_{jk}^* := \bar{a}_{kj}$ das Gewünschte leistet. – Es ist allgemein

$$\langle A\mathbf{x}, \mathbf{y} \rangle = \sum_j \left(\sum_k a_{jk} x_k \right) \bar{y}_j = \sum_{j,k} a_{jk} x_k \bar{y}_j =$$

$$= \sum_k \left(\sum_j \bar{a}_{jk} y_j \right) x_k = \sum_k \left(\sum_j a_{kj}^* y_j \right) x_k = \langle \mathbf{x}, A^* \mathbf{y} \rangle.$$

Die *Eindeutigkeit* ergibt sich wieder aus Lemma 7.6.1. Gilt nämlich für beliebiges $\mathbf{y}$ für ein $\mathbf{z_y}$ die Beziehung $\langle \mathbf{w}, A^*\mathbf{y} \rangle = \langle \mathbf{w}, \mathbf{z_y} \rangle \;\forall \mathbf{x}$, so folgt schon $\mathbf{z_y} = A^*\mathbf{y} \;\forall \mathbf{y}$, womit alle Bilder vorgegeben sind und daher, wie wir wissen, die Matrix festgelegt ist. $\qquad \square$

Beispiel.

$$A = \begin{pmatrix} 1 & 1+i \\ 0 & i \end{pmatrix} \;;\; A^* \begin{pmatrix} 1 & 0 \\ 1-i & -i \end{pmatrix}.$$

Es ist

$$\langle A\mathbf{x}, \mathbf{y} \rangle = \big(x_1 + (1+i)x_2\big)\bar{y}_1 + ix_2\bar{y}_2 = x_1\bar{y}_1 + (1+i)x_2\bar{y}_1 + ix_2\bar{y}_2$$

und

$$\langle \mathbf{x}, A^*\mathbf{y} \rangle = x_1\bar{y}_1 + x_2\overline{\big((1-i)y_1 - iy_2\big)} = x_1\bar{y}_1 + (1+i)x_2\bar{y}_1 + ix_2\bar{y}_2.$$

Die im kommenden Satz genannten Eigenschaften der adjungierten Matrix lassen sich leicht direkt beweisen, indem doch die Adjunktion über die Transposition mit anschließender komplexer Konjugation definiert ist. Wir ziehen aber einen begrifflicheren Beweis vor, der vom vorhergehenden Satz Gebrauch macht.

Satz 7.6.2 (Eigenschaften der Adjunktion). *Es ist*

  i) $(\lambda A + \mu B)^* = \bar{\lambda}A^* + \bar{\mu}B^* \;\forall A, B \in \mathfrak{M}_{mn}, \lambda, \mu \in K,$

  ii) $(CD)^* = D^*C^* \;\forall C \in \mathfrak{M}_{lm}, D \in \mathfrak{M}_{mn}$

  iii) $(A^*)^* = A \;\forall A \in \mathfrak{M}_{mn}.$

Beweis. i) *Konjugierte Linearität*: Für alle $\mathbf{x} \in V, \mathbf{y} \in W$ gilt nämlich

$$\langle (\lambda A + \mu B)\mathbf{x}, \mathbf{y} \rangle_2 = \lambda\langle A\mathbf{x}, \mathbf{y} \rangle_2 + \mu\langle B\mathbf{x}, \mathbf{y} \rangle_2 =$$
$$= \lambda\langle \mathbf{x}, A^*\mathbf{y} \rangle_2 + \mu\langle \mathbf{x}, B^*\mathbf{y} \rangle_2 = \langle \mathbf{x}, (\bar{\lambda}A^* + \bar{\mu}B^*)\mathbf{y} \rangle_2.$$

Gleichheit des ersten und des letzten Ausdrucks liefert in Zusammenhalt mit der Eindeutigkeitsaussage in Satz 7.6.1 die Beziehung i).

ii) ergibt sich ähnlich unter Berücksichtigung des Umstandes, dass allgemein $\langle CD\mathbf{x}, \mathbf{y} \rangle_2 = \langle D\mathbf{x}, C^*\mathbf{y} \rangle_2 = \langle \mathbf{x}, D^*C^*\mathbf{y} \rangle_2$, während iii) in ähnlicher Schlussweise aus $\langle A\mathbf{x}, \mathbf{y} \rangle = \langle \mathbf{x}, A^*\mathbf{y} \rangle = \overline{\langle A^*\mathbf{y}, \mathbf{x} \rangle} = \langle \mathbf{y}, (A^*)^*\mathbf{x} \rangle = \langle (A^*)^*\mathbf{x}, \mathbf{y} \rangle$ folgt. $\qquad \square$

Definition 7.6.1 (Selbstadjungierte Matrix). *Eine Matrix A heißt* selbstadjungiert, *wenn $A^* = A$ ist.*

Bemerkung (klassische Ausdrucksweise). Aus historischen Gründen wird teilweise noch heute im reellen bzw. komplexen Fall unterschiedliche Sprechweise verwendet. Der Begriff *Adjunktion* wird im Komplexen wohl häufig durch den Ausdruck *Hermite'sche Konjugation* ersetzt.
Eine *selbstadjungierte Matrix* heißt im reellen Fall oft *symmetrisch*; im Komplexen wird sie teils nur *hermitesch*, von anderen *hermitesch selbstadjungiert* oder ähnlich genannt. Eine einheitliche Ausdrucksweise ist zweifellos vorzuziehen. – Wir werden den Begriff der Adjunktion verwenden, wenn im Hintergrund ein inneres Produkt steht.

Bemerkung (Stabilität gegenüber Operationen). Während also Linearkombinationen selbstadjungierter Matrizen (Abbildungen) wieder selbstadjungiert sind, kommt diese Eigenschaft *Produkten* derartiger Matrizen im Allgemeinen nicht wieder zu; Beispiele hiefür findet man ganz leicht.

Betrachtung vom Abbildungsstandpunkt aus. Wir versetzen uns in die Situation von Satz 7.6.1. Da bei gegebenen Basen Matrizen und lineare Abbildungen einander umkehrbar eindeutig entsprechen, ergibt sich sofort

Satz 7.6.3 (Adjungierte Abbildung). *Unter den Voraussetzungen von Satz 7.6.1 gibt es zu jeder linearen Abbildung*

$$\mathcal{A} : V \to W$$

genau eine lineare Abbildung $\mathcal{A}^*$ (die adjungierte Abbildung),

$$\mathcal{A}^* : W \to V,$$

sodass

$$\langle \mathcal{A}(\mathbf{x}), \mathbf{y} \rangle = \langle \mathbf{x}, \mathcal{A}^*(\mathbf{y}) \rangle \quad \forall \, \mathbf{x} \in V, \; \mathbf{y} \in W.$$

– Liegt insbesondere eine Abbildung $\mathcal{A}$ von V in sich vor, so nennt man sie *selbstadjungiert*, wenn $\mathcal{A}^* = \mathcal{A}$.

Korrollar 7.6.1 (Adjungierte Abbildung – adjungierte Matrix). *Ist A die Matrix zu einer linearen Abbildung $\mathcal{A}$ in einer beliebigen Orthonormalbasis in V bzw. W, so ist die adjungierte Matrix A^* die Matrix zu $\mathcal{A}^*$ (in denselben Basen). – Bezüglich nicht orthonormaler Basen wird hingegen die adjungierte Abbildung i.A. nicht durch die adjungierte Matrix dargestellt.*

Beweis. Den ersten Teil des Korrollars haben wir im Satz bewiesen. Zum Beweis der letzten Aussage genügt es, ein Beispiel zu betrachten, das zugleich die allgemeine Begründung transparent werden lässt. Für das Beispiel nehmen wir gleich $V = W$ an. Die Matrix bzw. Vektoren in der Standardbasis bezeichnen wir mit $A, \mathbf{x}, \mathbf{y}$, in der zweiten, nicht orthogonalen Basis mit $B, \mathbf{v}, \mathbf{w}$. Es sei demgemäß $\mathbf{y} = A\mathbf{x}$, $\mathbf{v} = B\mathbf{w}$ und $\mathbf{v} = T\mathbf{x}$, $\mathbf{w} = T\mathbf{y}$ mit der Basiswechselmatrix T, die jetzt natürlich nicht orthogonal sein wird.

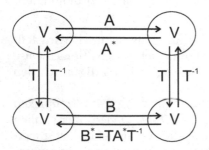

Abbildung 7.3: Matrizen zu $\mathcal{A}$ und $\mathcal{A}^*$ (V=W)

Die Matrix zur adjungierte Abbildung in der zweiten Basis ist TA^*T^{-1} (Abb. 7.3). Andererseits ergibt $(TAT^{-1})^* = (T^{-1})^*A^*T^*$; ist nun, wie bei uns jetzt, T nicht orthogonal und daher $T^* \neq T^{-1}$, so muss man i.A. $TA^*T^{-1} \neq (T^{-1})^*A^*T^*$ erwarten. Das konkrete Beispiel $A = \begin{pmatrix} 3 & 2 \\ -1 & 4 \end{pmatrix}$ bzw. $T = \begin{pmatrix} 1 & 1 \\ 0 & 1 \end{pmatrix}$ bestätigt dies. Einerseits ist $TA^*T^{-1} = \begin{pmatrix} 5 & -2 \\ 2 & 2 \end{pmatrix}$, andererseits $(TAT^{-1})^* = \begin{pmatrix} 2 & -1 \\ 4 & 5 \end{pmatrix}$. $\qquad\square$

Bemerkung. Folgende Klarstellung ist vielleicht hilfreich. Wir haben für den endlichdimensionalen Fall die Existenz der adjungierten Abbildung unter der Voraussetzung gezeigt, dass das innere Produkt in den Räumen das euklidische ist ($\sum u_j \bar{v}_j$). Da wir aber zu einem gegebenen Produkt stets Orthonormalbasen konstruieren können, bei deren Verwendung das Produkt genau diese Gestalt hat, macht diese Voraussetzung keine Einschränkung aus und die *Existenz* der adjungierten Abbildung ist daher im endlichdimensionaeln Fall allgemein bewiesen. Bei anderer Gestalt des inneren Produktes wird freilich die zugehörige Matrix nicht die adjungierte Matrix sein.

Satz 7.6.4. *[Inversion adjungierter Endomorphismen] Ist $\mathcal{A} : V \to V$ ein invertierbarer Endomorphismus, so ist $\mathcal{A}^*$ ebenfalls invertierbar und*

$$(\mathcal{A}^*)^{-1} = (\mathcal{A}^{-1})^*. \qquad (7.23)$$

Beweis. Der Satz besagt also, dass Adjunktion und Inversion so wie die anderen algebraischen Matrixoperationen kommutieren. – Wegen Satz 7.6.2, Punkt ii, ist $(\mathcal{A}^{-1})^* \circ \mathcal{A}^* = (\mathcal{A} \circ \mathcal{A}^{-1})^* = \mathcal{I}^* = \mathcal{I}$, woraus sich die Invertierbarkeit von $\mathcal{A}^*$ und Beziehung 7.23 ergibt. $\qquad\square$

Satz 7.6.5 (Charakteristische Räume und Adjunktion). *Zwischen den Räumen $\mathcal{N}_{\mathcal{A}}$, $\mathcal{A}(V)$, $\mathcal{N}_{\mathcal{A}^*}$ und $\mathcal{A}^*(W)$ einer linearen Abbildung $\mathcal{A} : V \to W$ bestehen die Beziehungen*

i) $\mathcal{N}(\mathcal{A})^\perp = \mathcal{A}^*(W)$

ii) $\mathcal{N}(\mathcal{A}^*)^\perp = \mathcal{A}(V)$.

Beweis. Es ist

$$\mathcal{N}(\mathcal{A}) = \{\mathbf{x} \in V : \mathcal{A}(\mathbf{x}) = \mathbf{0}\} = \{\mathbf{x} \in V : \langle \mathcal{A}(\mathbf{x}), \mathbf{y} \rangle = 0 \;\; \forall \mathbf{y} \in W\} =$$
$$= \{\mathbf{x} \in V : \langle \mathbf{x}, \mathcal{A}^*(\mathbf{y}) \rangle = 0 \;\; \forall \mathbf{y} \in W\} = \{\mathbf{x} \in V : \mathbf{x} \perp \mathcal{A}^*(W)\} =$$
$$= \mathcal{A}^*(W)^\perp.$$

Bildet man das orthogonale Komplement des ersten und letzten Gliedes der Gleichungskette, so folgt die erste Behauptung.

Die zweite ergibt sich, indem man in der ersten $\mathcal{A}$ durch $\mathcal{A}^*$ und dementsprechend $\mathcal{A}^*$ durch $\mathcal{A}^{**} = \mathcal{A}$ ersetzt und in Übereinstimmung damit V und W vertauscht. $\qquad\square$

Bemerkung (Anwendungen). Die Bedeutung der Adjunktion und selbstadjungierter Abbildungen kann nicht hoch genug eingeschätzt werden. Ein erstes Anwendungsgebiet ergibt sich über die beste Approximation durch Elemente von Teilräumen und insbesondere in Zusammenhang mit Ausgleichsproblemen in den Abschnitten 7.7 und 7.8. Nachdem wir im nächsten Kapitel vor allem selbstadjungierte lineare Abbildungen noch ausführlicher studiert haben werden, folgen Untersuchungen über die Fouriertransformation und ihre Anwendungen. Wir wissen schon aus dem dritten Kapitel, dass die Matrix, zu der uns die Wärmeleitungsgleichung geführt hat, symmetrisch ist. Wir werden das später tiefer gehend untersuchen; die entsprechende Eigenschaft der Wärmeleitungsgleichung, die auch vielen anderen wichtigen Problemen zukommt, hat dann entscheidende Auswirkungen auf die numerischen Lösungsmethoden für derartige Problemstellungen.

Bemerkung (weiterführende Bemerkungen). An dieser Stelle mögen einige weiterführende Bemerkungen ihren Platz finden. Wir gehen vom Fall $V = W$ aus. Wie sehen die obigen Betrachtungen aus, wenn $\dim V = \infty$?
Oben konnten wir mit Matrizen arbeiten und daher das Element $A^*\mathbf{y}$ direkt konstruieren; jetzt macht es die Schwierigkeit aus, dass zunächst nicht klar ist, ob es zu jedem $\mathbf{y}$ ein Element (sagen wir wieder $\mathbf{z_y}$) gibt mit $\langle A(\mathbf{x}), \mathbf{y} \rangle = \langle \mathbf{x}, \mathbf{z_y} \rangle$. *Wenn es ein derartiges Element gibt, so ist es eindeutig bestimmt;* der Beweis dafür ändert sich nicht.
Um auf die *Existenz* schließen zu können, bedarf es Voraussetzungen. Man darf zunächst nicht alle linearen Abbildungen $V \to V$ zulassen, sondern nur die stetigen (oder beschränkten; siehe Kap. 11.3). Mit einer geeigneten, natürlichen Begriffsbildung für Stetigkeit lässt sich dann allgemein zeigen, dass die Abbildung $\langle \cdot, \cdot \rangle : V \times V \Rightarrow K$ stetig ist, und daher auch für beliebiges, aber festes $\mathbf{y} \in V$ die Abbildung $\phi_\mathbf{y} : \mathbf{x} \to \langle A(\mathbf{x}), \mathbf{y} \rangle$. Dies ist eine (offenbar lineare) Abbildung $V \to K$. Als Zusammensetzung stetiger Abbildungen ist diese lineare Abbildung wieder stetig.
Ist nun V ein *Hilbert-Raum* (d.h. ein euklidischer Raum, in dem jede Cauchy-Folge gegen ein Element aus V (!) konvergiert), so lässt sich zeigen, dass es zu jeder stetigen linearen Abbildung $L : V \to K$ ein $l \in V$ gibt mit $L(\mathbf{x}) = \langle \mathbf{x}, l \rangle$.
Auf $\phi_\mathbf{y}$ angewandt bedeutet das, dass es für jedes $\mathbf{y}$ ein Element (entsprechend dem allgemeinen l, das aber nun natürlich von $\mathbf{y}$ abhängt, da wir eine ganze Schar von linearen Abbildungen haben) gibt, wir nennen es $A^*(\mathbf{y})$, mit $\langle A(\mathbf{x}), \mathbf{y} \rangle = \langle \mathbf{x}, A^*(\mathbf{y}) \rangle \; \forall \mathbf{x}$. Dass für jedes $\mathbf{y}$ dann $A^*(\mathbf{y})$ eindeutig bestimmt ist, wissen wir schon. Es ist damit eine Abbildung $A^* : V \to V$ mit denselben Eigenschaften wie im endlichdimensionalen Fall gegeben. Dass A^* *linear* ist, lässt sich leicht überprüfen.

Aufgaben

7.19. Beweisen Sie die in Satz 7.6.2 aufgeführten Eigenschaften der Adjunktion mithilfe des Matrizenkalküls.

7.20. Beweisen Sie Satz 7.6.4 mithilfe des Matrizenkalküls.

7.7 Beste Approximation durch Teilräume

Wir nehmen in allgemeinem Zusammenhang die Untersuchungen wieder auf, die wir im einführenden Kapitel zu Fragen wie Abstand Punkt-Gerade oder Punkt-Ebene durchgeführt haben (vgl. die Abschnitte 1.7 und 1.11). V sei ein linearer Raum über $K = \mathbb{R}$ oder $K = \mathbb{C}$ und mit einem inneren Produkt und der zugehörigen Norm ausgestattet. W bezeichne im Folgenden einen *endlichdimensionalen* Teilraum; dim $V = \infty$ hingegen ist durchaus zugelassen, und dieser Fall wird später eine große Rolle spielen.

Die Aufgabe besteht darin, zu einem vorgegebenen Punkt $\mathbf{x} \in V$ den nächstliegenden Punkt $\mathbf{x}^\star \in W$ zu finden, d.h. genauer

  i) die Existenz eines solchen $\mathbf{x}^\star$ nachzuweisen

  ii) zu zeigen, dass $\mathbf{x}^\star$ eindeutig bestimmt ist und

  iii) Überlegungen anzustellen, wie $\mathbf{x}^\star$ konkret ermittelt werden kann

In den früheren Fällen haben wir gesehen, dass die Aufgabe durch die orthogonale Projektion auf W (in der jetzigen Sprechweise) gelöst wird. Wir werden uns bei unserem Ansatz daran orientieren und suchen zunächst einen Vektor $\mathbf{x}^\star$, sodass $\mathbf{x} - \mathbf{x}^\star \perp W$:

Satz 7.7.1 (Orthogonalprojektion auf endlichdim. Teilraum). *Zu jedem $\mathbf{x} \in V$ existiert genau ein $\mathbf{x}^\star \in W$ mit $\mathbf{x} - \mathbf{x}^\star \perp W$. $\mathbf{x}^\star$ heißt die* orthogonale Projektion *von $\mathbf{x}$ auf W. Auf diesem Wege wird eine Abbildung*

$$\mathcal{P} = \mathcal{P}_W : V \to W \quad (\mathbf{x} \to \mathcal{P}(\mathbf{x}) := \mathbf{x}^\star)$$

definiert, die orthogonale Projektion *auf W.*

Beweis. In W legen wir eine Basis $\mathbf{f}_1, \ldots, \mathbf{f}_n$ zugrunde, entwickeln ein beliebiges $\mathbf{w} \in W$ danach, $\mathbf{w} = \sum_j \xi_j \mathbf{f}_j$ und schreiben die Orthogonalitätsbedingung $\mathbf{x} - \mathbf{w} \perp \mathbf{f}_k \ \forall k$ explizit an: $\langle \mathbf{x}, \mathbf{f}_k \rangle = \sum_j \langle \mathbf{f}_j, \mathbf{f}_k \rangle \xi_j \ \forall k$. Es ist dies ein Gleichungssystem für $(\xi_1, \ldots, \xi_n)$ mit der Gram'schen Matrix. Diese ist nichtsingulär (Satz 7.5.2 und daher existiert eine eindeutige Lösung $(x_1^\star, \ldots, x_n^\star)$. $\qquad \square$

Satz 7.7.2 (Eigenschaften der Orthogonalprojektion). *Die orthogonale Projektion $\mathcal{P}_W = \mathcal{P}$ auf W ist*

  i) *linear*

  ii) *idempotent ($\mathcal{P} \circ \mathcal{P} = \mathcal{P}$)*

  iii) *selbstadjungiert ($\mathcal{P}^* = \mathcal{P}$)*

  iv) *leistet $\mathcal{P}(V) = W$ sowie $\mathcal{P}|_W = \mathcal{I}_W$*

Beweis. Nach den Ausführungen des vorhergehenden Satzes ist $\mathcal{P}(\mathbf{x})$ eindeutig durch die Eigenschaften: $\mathcal{P}(\mathbf{x}) \in W$ und $\mathbf{x} - \mathcal{P}(\mathbf{x}) \perp W$ gekennzeichnet. Davon machen wir im Folgenden Gebrauch.

Zur Linearität: Es sei $\mathbf{x}, \mathbf{y} \in V$, $\mu, \nu \in K$. Dann ist trivialerweise

$$\mu \mathcal{P}(\mathbf{x}) + \nu \mathcal{P}(\mathbf{y}) \in W$$

und

$$(\mu \mathbf{x} + \nu \mathbf{y}) - (\mu \mathcal{P}(\mathbf{x}) + \nu \mathcal{P}(\mathbf{y})) \perp W,$$

Letzteres, weil für alle k

$$\langle (\mu \mathbf{x} + \nu \mathbf{y}) - (\mu \mathcal{P}(\mathbf{x}) + \nu \mathcal{P}(\mathbf{y})), \mathbf{f}_k \rangle = \mu \langle \mathbf{x} - \mathcal{P}(\mathbf{x}), \mathbf{f}_k \rangle + \nu \langle \mathbf{y} - \mathcal{P}(\mathbf{y}), \mathbf{f}_k \rangle = 0.$$

Idempotenz: für ein $\mathbf{x} \in V$ sei $\mathbf{x}^\star = \mathcal{P}(\mathbf{x})$. Wir fragen nach $\mathcal{P}(\mathcal{P}(\mathbf{x})) = \mathcal{P}(\mathbf{x}^\star)$. Dies ist $\mathbf{x}^\star$, denn $\mathbf{x}^\star$ weist die kennzeichnenden Eigenschaften $\mathbf{x}^\star \in W$ und $\mathbf{x}^\star - \mathbf{x}^\star (= \mathbf{0}) \perp W$ auf.

Zu Punkt iii): für beliebiges $\mathbf{x}, \mathbf{y} \in V$ schreiben wir $\mathcal{P}(\mathbf{x}) = \mathbf{x}^\star$, $\mathcal{P}(\mathbf{y}) = \mathbf{y}^\star$. $\mathbf{x}$ und $\mathbf{y}$ zerlegen wir in $\mathbf{x} = \mathbf{x}^\star + \mathbf{x}'$, $\mathbf{y} = \mathbf{y}^\star + \mathbf{y}'$, wobei $\mathbf{x}', \mathbf{y}' \perp W$. Dann ist $\langle \mathcal{P}(\mathbf{x}), \mathbf{y} \rangle = \langle \mathbf{x}^\star, \mathbf{y}^\star + \mathbf{y}' \rangle \overset{\mathbf{y}' \perp \mathbf{x}^\star}{=} \langle \mathbf{x}^\star, \mathbf{y}^\star \rangle$. Gehen wir aber von $\langle \mathbf{x}, \mathcal{P}(\mathbf{y}) \rangle$ aus, so erhalten wir ebenso $\langle \mathbf{x}^\star, \mathbf{y}^\star \rangle$, woraus sich aus dem Eindeutigkeitslemma 7.6.1 sofort $\mathcal{P}(\mathbf{y}) = \mathcal{P}^*(\mathbf{y})$ $\forall \mathbf{y}$, also $\mathcal{P} = \mathcal{P}^*$ ergibt.

Eigenschaft iv) folgt direkt daraus, dass von vornherein $\mathcal{P}(V) \subseteq W$ gilt, und aus der in Zusammenhang mit der Idempotenz durchgeführten Schlussweise, wonach $\mathcal{P}(\mathbf{x}) = \mathbf{x}$ $\forall \mathbf{x} \in W$. $\square$

Satz 7.7.3. *Ist* $\mathbf{f}_1, \ldots, \mathbf{f}_n$ *eine Orthonormalbasis von* W, *so ist*

$$\mathcal{P}_W(\mathbf{x}) = \sum_{j=1}^{n} \langle \mathbf{x}, \mathbf{f}_j \rangle \mathbf{f}_j. \tag{7.24}$$

Beweis. Definiert man $\tilde{\mathbf{x}}$ durch die rechte Seite in Gleichung 7.24, so ist klarerweise $\tilde{\mathbf{x}} \in W$. Nach Satz 7.7.1 haben wir nur noch zu zeigen, dass $\mathbf{x} - \tilde{\mathbf{x}} \perp W$, d.h. $\mathbf{x} - \tilde{\mathbf{x}} \perp \mathbf{f}_k$ $(k = 1, \ldots, n)$. – Mit einem derartigen k bilden wir

$$\langle \mathbf{x} - \tilde{\mathbf{x}}, \mathbf{f}_k \rangle = \langle \mathbf{x}, \mathbf{f}_k \rangle - \sum_{j} \langle \mathbf{x}, \mathbf{f}_j \rangle \underbrace{\langle \mathbf{f}_j, \mathbf{f}_k \rangle}_{\delta_{jk}} = 0.$$

$\square$

Bemerkung (Matrixdarstellung der orthogonalen Projektion). Für diese Bemerkung sei auch V endlichdimensional, $\dim V = m$. Gehen wir von einer Orthonormalbasis $\mathbf{f}_1, \ldots, \mathbf{f}_n$ von W aus, so können wir diese zu einer Orthonormalbasis $F = (\mathbf{f}_1, \ldots, \mathbf{f}_n, \mathbf{f}_{n+1}, \ldots, \mathbf{f}_m)$ für V ergänzen. Es sei $\mathbf{x} = (x_1, \ldots, x_m)_F^t \in V$. Dann ist $x_j = \langle \mathbf{x}, \mathbf{f}_j \rangle$ und die Darstellung der Orthogonalprojektion aus Gleichung 7.24 nimmt die Gestalt

$$\mathcal{P}_W(\mathbf{x}) = (x_1, \ldots, x_n, 0, \ldots, 0)_F^t \tag{7.25}$$

an. Daraus entnehmen wir direkt die Matrixdarstellung der Projektion

$$(\mathcal{P}_W)_{FF} = \begin{matrix} 1 \to \\ \\ n \to \\ n+1 \to \\ \\ m \to \end{matrix} \begin{pmatrix} 1 & \cdots & 0 & 0 & \cdots & 0 \\ \vdots & \ddots & & & & \vdots \\ 0 & \cdots & 1 & 0 & \cdots & 0 \\ 0 & \cdots & 0 & 0 & \cdots & 0 \\ \vdots & & & & \ddots & \vdots \\ 0 & \cdots & 0 & 0 & \cdots & 0 \end{pmatrix}.$$

Die Matrizen bzw. damals verwendeten Darstellungen in unseren seinerzeitigen Beispielen (Projektion auf eine Gerade bzw. Ebene, Gleichungen 1.13, 1.28) stellen diese Projektionen in einem allgemeinen Koordinatensystem für die damals betrachteten Fälle dar.

Um nun $\mathcal{P}_W$ in der Standardbasis auszudrücken, wenn mit $\mathbf{f}_1, \dots, \mathbf{f}_n$ eine Orthonormalbasis für W gegeben ist, notieren wir $\mathbf{f}_j$ in der Form $\mathbf{f}_j = (f_{1j}, \dots, f_{nj})^t$. Wir bilden die Matrix $F = (\mathbf{f}_1, \dots, \mathbf{f}_n)$, in der diese Vektoren also spaltenweise eingetragen sind. Von Gleichung 7.24 schreiben wir nunmehr die l-te Zeile von $\mathcal{P}(\mathbf{x})$ an und formen um:

$$\mathcal{P}(\mathbf{x})_l = \sum_{j=1}^{n} \langle \mathbf{x}, \mathbf{f}_j \rangle f_{lj} = \sum_{j,k} x_k \bar{f}_{kj} f_{lj} = \sum_{j,k} f_{lj} f_{jk}^* x_k = \sum_{k} \left(\sum_{j} f_{lj} f_{jk}^* \right) x_k.$$

In $\sum_j f_{lj} f_{jk}^*$ erkennen wir aber das Matrixelement (Position (l, k)) von FF^*. Daher:

Satz 7.7.4 (Orthogonale Projektion: Matrixdarstellung). $\mathbf{f}_1, \dots, \mathbf{f}_n$ *sei eine Orthonormalbasis für den Teilraum* W, $F = (\mathbf{f}_1, \dots, \mathbf{f}_n)$. *Dann ist gilt für die orthogonale Projektion auf* W:

$$\mathcal{P}_W(\mathbf{x}) = FF^* \mathbf{x}. \tag{7.26}$$

Die orthogonale Projektion lässt auch eine andere Sichtweise zu, die uns in Ansätzen schon aus dem ersten Kapitel bekannt ist:

Satz 7.7.5 (Beste Approximation und Orthogonalprojektion). V *sei ein linearer Raum über* $K = \mathbb{R}, \mathbb{C}$, *ausgestattet mit einem inneren Produkt und der zugehörigen Norm.* W *sei ein endlichdimensionaler Teilraum von* V. *Es sei* $\mathbf{x} \in V$. *Die Aufgabe der besten Approximation von* $\mathbf{x}$ *durch ein Element von* W,

$$\mathbf{w} \to \|\mathbf{w} - \mathbf{x}\| = Min! \quad (\mathbf{w} \in W), \tag{7.27}$$

hat eine eindeutig bestimmte Lösung $\mathbf{x}^\star \in W$. *Diese ist die orthogonale Projektion von* $\mathbf{x}$, $\mathbf{x}^\star = \mathcal{P}_W(\mathbf{x})$ *und durch die Bedingungen*

$$\mathbf{x} - \mathbf{x}^\star \perp W, \mathbf{x}^\star \in W$$

eindeutig bestimmt. $\mathbf{x}^\star$ *heißt das Proximum an* $\mathbf{x}$ *in* W.

Beweis. Wir definieren $\mathbf{x}^\star$ über $\mathbf{x}^\star = \mathcal{P}_W(\mathbf{x})$. Die Kennzeichnung von $\mathbf{x}^\star$ durch die Orthogonalitätseigenschaft ist uns bereits bekannt; es bleibt lediglich noch die Minimalitätseigenschaft zu überprüfen.

Dazu setzen wir ein beliebiges $\mathbf{w} \in W$ in der Form $\mathbf{w} = \mathbf{x}^\star + \mathbf{u}$ an, mit $\mathbf{u} := \mathbf{x}^\star - \mathbf{w} \in W$. Wir betrachten sogleich das Normquadrat

$$\|\mathbf{w} - \mathbf{x}\|^2 = \langle(\mathbf{x}^\star - \mathbf{x}) + \mathbf{u}, (\mathbf{x}^\star - \mathbf{x}) + \mathbf{u}\rangle = \langle\mathbf{x}^\star - \mathbf{x}, \mathbf{x}^\star - \mathbf{x}\rangle + \langle\mathbf{u}, \mathbf{u}\rangle,$$

bei dem die gemischten Terme wie $\langle\mathbf{u}, \mathbf{x}^\star - \mathbf{x}\rangle = 0$ sind (wegen $\mathbf{x}^\star - \mathbf{x} \perp \mathbf{u} \in W$!) und entfallen; dieses Normquadrat wird somit genau durch $\mathbf{u} = \mathbf{0}$, d.h. durch $\mathbf{w} = \mathbf{x}^\star$ minimiert. □

Aufgaben

7.21. Geben Sie die Matrix der orthogonalen Projektion von $\mathbb{R}^3$ auf die durch die Gleichung $3x_1 + x_2 - x_3 = 0$ bestimmte Ebene an!

7.22. In $\mathcal{P}_3$ herrsche das innere Produkt $\langle f, g\rangle = \int_{-1}^{1} f(x)g(x)dx$. Geben Sie die Matrix der orthogonalen Projektion auf $\mathcal{P}_2$ an!

7.8 Ausgleichsprobleme

In diesem Abschnitt wollen wir unterschiedliche Anwendungen des letzten Satzes vorführen. – Als Grundkörper setzen wir zunächst $K = \mathbb{R}$ voraus, kommen aber später auf den Fall $K = \mathbb{C}$ zu sprechen.

Ausgleichungsrechnung: die Grundaufgabe. Für eine lineare Abbildung $\mathcal{A}: U \to V$ ($\dim U = \dim V = n$) mit nichtsingulärer Matrix A lässt sich das Gleichungssystem

$$A\mathbf{x} = \mathbf{y} \tag{7.28}$$

bei vorgegebenem $\mathbf{y}$ eindeutig lösen. Ist hingegen $\dim U = n, \dim V = m$ und $m > n$, so ist notwendigerweise $\mathcal{A}(U) \subset V$, und für gewisse $\mathbf{y} \in V$ existiert keine Lösung von Gleichung 7.28, nämlich für alle $\mathbf{y} \in V \backslash \mathcal{A}(U)$.

Um nicht völlig auf eine Lösung verzichten zu müssen, liegt es nahe, wenigstens nach einem solchen $\mathbf{x}^\star$ zu suchen, wofür $A\mathbf{x}^\star$ möglichst nahe an $\mathbf{y}$ liegt. Man nennt dann Gleichung 7.28, aber nicht als Gleichung, sondern als das eben genannte Minimalproblem interpretiert, ein *Ausgleichsproblem*.

Exakter: Es sei V mit einem skalaren Produkt und der zugehörigen Norm ausgestattet. Vektoren und Matrizen denken wir uns in Orthonormalbasen dargestellt. Das Ausgleichsproblem $A\mathbf{x} = \mathbf{y}$ ist die Minimalaufgabe

$$\mathbf{x} \to \|\mathbf{y} - A\mathbf{x}\| = Min! \quad (\mathbf{x} \in U). \tag{7.29}$$

Da die Norm stets nichtnegativ ist, läuft es auf dasselbe hinaus, sie oder ihr Quadrat zu minimieren; das Quadrat schreiben wir als inneres Produkt und betrachten daher endgültig das Ausgleichsproblem

$$\mathbf{x} \to \langle\mathbf{y} - A\mathbf{x}, \mathbf{y} - A\mathbf{x}\rangle = Min! \quad (\mathbf{x} \in U). \tag{7.30}$$

Satz 7.8.1 (Lösung des Ausgleichsproblems). *Es sei $m > n$. Die reelle oder komplexe Matrix $A \in \mathcal{M}_{nm}$ habe Maximalrang, $\operatorname{rg} A = n$. Dann besitzt das Ausgleichsproblem 7.29 eine eindeutig bestimmte Lösung $\mathbf{x}^\star$. Diese ist Lösung der* Normalgleichungen *des Ausgleichsproblems*

$$(A^* A)\mathbf{x} = A^* \mathbf{y}. \tag{7.31}$$

Die Matrix $A^* A$ des Normalgleichungssystems ist selbstadjungiert und nichtsingulär, sodass das System der Normalgleichungen eine eindeutig bestimmte Lösung besitzt.

Beweis. $\mathcal{A}$ sei die zu A gehörige Abbildung und $W := \mathcal{A}(U) \subset V$. Wir beachten zunächst, dass $\mathcal{A}$ injektiv ist. Denn nach Voraussetzung besitzt die Matrix A den Rang n, d.h. die Spaltenvektoren $\mathbf{a}_1, \dots, \mathbf{a}_n$ sind linear unabhängig. Nun ist aber $W = \mathcal{A}(U) = [\mathbf{a}_1, \dots, \mathbf{a}_n]$ und somit $\dim W = n$. Nach Satz 4.4.1 ist daher $\dim \mathcal{N}(\mathcal{A}) + \dim \mathcal{A}(U) = \dim U$, d.h. $\dim \mathcal{N}(\mathcal{A}) + n = n$, mithin $\dim \mathcal{N}(\mathcal{A}) = 0$ und folglich $\mathcal{A}$ injektiv bzw. als Abbildung $U \to W$ aufgefasst bijektiv.

Mit $\mathbf{w} = A\mathbf{x}$ lösen wir zuerst das Minimalproblem im Bildraum W:

$$\mathbf{w} \to \|\mathbf{w} - \mathbf{y}\| = Min! \quad (\mathbf{w} \in W).$$

Nach Satz 7.7.5 hat dieses Problem eine eindeutig bestimmte Lösung $\mathbf{y}^\star \in W$; dieses Proximum ist durch die Orthogonaleigenschaft $\mathbf{y}^\star - \mathbf{y} \perp W$ eindeutig bestimmt. Da zu jedem $\mathbf{w} \in W$ umkehrbar eindeutig ein $\mathbf{x} \in U$ gehört mit $\mathbf{w} = \mathcal{A}(\mathbf{x})$, hat auch das ursprüngliche Problem

$$\mathbf{x} \to \|\mathcal{A}(\mathbf{x}) - \mathbf{y}\| = Min! \quad (\mathbf{x} \in U)$$

eine eindeutig bestimmte Lösung $\mathbf{x}^\star$, die zu $\mathbf{y}^\star$ gehört: $\mathbf{y}^\star = \mathcal{A}(\mathbf{x}^\star)$. Sie ist daher ebenfalls eindeutig durch die Orthogonaleigenschaft, nunmehr $\mathcal{A}(\mathbf{x}^\star) - \mathbf{y} \perp W$, bestimmt. Es ist aber

$$\mathcal{A}(\mathbf{x}^\star) - \mathbf{y} \perp W \Leftrightarrow A\mathbf{x}^\star - \mathbf{y} \perp \mathbf{a}_j \;\; \forall j = 1, \dots, n \Leftrightarrow$$
$$\Leftrightarrow \mathbf{a}_j^* (A\mathbf{x}^\star - \mathbf{y}) = 0 \;\; \forall j \Leftrightarrow A^* (A\mathbf{x}^\star - \mathbf{y}) = 0 \Leftrightarrow (A^* A)\mathbf{x}^\star = A^* \mathbf{y}.$$

Die Matrix $A^* A$ ist selbstadjungiert wegen $(A^* A)^* = A^* (A^*)^* = A^* A$.

Da $\mathbf{x}^\star$, wie oben bemerkt, durch die Orthogonalitätseigenschaft eindeutig bestimmt ist, ist sie auch durch die letzte Gleichung eindeutig bestimmt. $A^* A$ ist eine $n \times n$-Matrix. Wenn nun allgemein ein Gleichungssystem $B\mathbf{r} = \mathbf{s}$ mit quadratischer Matrix B für auch nur *eine* rechte Seite eine *eindeutige* Lösung $\mathbf{r}^\star$ hat, so ist $\mathcal{N}(B) = \{\mathbf{0}\}$, da die Lösungsgesamtheit $\mathbf{r}^\star + \mathcal{N}(B)$ ist. Also ist in unserem Falle $\mathcal{N}(A^* A) = \{\mathbf{0}\}$ und $A^* A$ somit nichtsingulär. $\square$

Der eben bewiesene Satz sagt u.a. aus, $\operatorname{rg} A = \operatorname{rg} A^* A$, wenn A Maximalrang besitzt. Wir beweisen in diese Richtung noch folgendes Ergebnis:

Satz 7.8.2 (Rang von $A^* A$). *Unter den Bezeichnungen des vorigen Satzes, aber bei beliebigem Rang von A gilt*

$$\operatorname{rg} A = \operatorname{rg} A^* A = \operatorname{rg} A A^*. \tag{7.32}$$

Beweis. Zunächst gilt sicher für jedes $\mathbf{x}$ mit $A\mathbf{x} = \mathbf{0}$ auch $A^*A\mathbf{x} = \mathbf{0}$. Ist andererseits $A\mathbf{x} \neq \mathbf{0}$, so gilt $0 \neq \langle A\mathbf{x}, A\mathbf{x} \rangle = \langle A^*A\mathbf{x}, \mathbf{x} \rangle$, infolgedessen $A^*A\mathbf{x} \neq \mathbf{0}$. Die Nullräume von A und A^*A stimmen überein, daher auch deren Dimensionen, und aufgrund der Dimensionsformel 4.4.1 auch die Dimension der Bildräume, d.h. die Ränge. – Für AA^* läuft die Argumentation ähnlich. □

Polynomausgleichung. Es seien $m + 1$ Messpunkte vorgegeben $(x_j, y_j), j = 0, \ldots, m$; $x_j, y_j \in K = \mathbb{R}$. Es soll eine vernünftige Kurve, gegeben durch eine Funktion $y = f(x)$, durch diese Punkte gelegt werden. Wir gehen von der Vorstellung aus, dass die x_j exakt bekannt sind, während die y_j merkliche Messfehler aufweisen; das wird etwa der Fall sein, wenn die x_j die Zeitpunkte der Messung und die y_j eine schwieriger zu bestimmene Größe darstellen, z.B. eine Temperatur oder die Position eines Körpers.

Ein derartiges Problem haben wir bereits in Zusammenhang mit der Polynominterpolation behandelt und auch in Beispiel 2.6 durch die Newton'sche Interpolationsformel unter der Voraussetzung $x_j \neq x_k$ für $j \neq k$ gelöst.

Allerdings geht das interpolierende Polynom eben durch jeden Datenpunkt, und gerade das wird im Falle stark streuender Messwerte nicht das Richtige sein. Statt dessen liegt es nahe, lediglich Polynome deutlich geringeren Grades n als im Interpolationsfall (m) zuzulassen. Man kann dann erwarten, dass die Gesamtheit der Messungen durch eine glattere Kurve dargestellt wird, die natürlich i.A. nicht durch jeden Datenpunkt gehen wird. Gleichzeitig wird man bestrebt sein, die Messwerte in einem passenden Sinn optimal darzustellen.

Die j-te Potenzfunktion bezeichnen wir wieder mit π_j: $\pi_j(x) = x^j$. Zur Darstellung der Daten verwenden wir also genau Polynome höchstens n-ten Grades, die Elemente von $\mathcal{P}_n$. Wie definieren wir nur die Güte, mit der ein Polynom p die Datenpunkte darstellt? Für einen Datenpunkt, etwa den k-ten, wird $y_k - p(x_k)$ eine vernünftige Maßzahl sein; ist sie 0, ist die Darstellung perfekt. Der nahe liegende Ausdruck $\sum_{k=1}^{m}(y_k - p(x_k))$ ist aber offenbar nicht brauchbar. Denn er kann den Wert 0 annehmen, gleichzeitig können aber manche Summanden dem Betrag nach überaus große positive bzw. negative Werte annehmen, die sich in der Summe wegheben. Die Idee, $\sum_{k=1}^{m}|y_k - p(x_k)|$ zu minieren, ist schon besser, führt aber auf begrifflich wie algorithmisch ziemlich komplizierte Probleme, die wir im 12. Kapitel behandeln werden. Das Minimalproblem

$$p \rightarrow \sum_{k=1}^{m}(y_k - p(x_k))^2 = Min! \quad (p \in \mathcal{P}_n), \qquad (7.33)$$

also die Aufgabe, unter allen $p \in \mathcal{P}_n$ dasjenige zu finden, das der Summe der Quadrate den kleinsten Wert erteilt, ist aber der Problemstellung sehr angemessen. Erstens schlägt in der Quadratsumme jeder Fehler positiv zu Buche. Zweitens führt dieser Ansatz zu einem gut überschaubaren Verfahren. Drittens schließlich hat, wie wir hier nur kurz bemerken, Gauß gezeigt, dass die Natur der Messfehler selbst ein solches Verfahren in vielen Fällen rechtfertigt. – Nun zur Ausarbeitung.

Erstens konstruieren wir Räume V und W, die den gleichnamigen Räumen des vorangegangenen Abschnittes entsprechen. Wir wollen doch insgesamt die y_j optimal approximieren, d.h. den Vektor $\mathbf{y} = (y_0, \ldots, y_n)^t$. Das legt es nahe, für V den Raum $V = \mathbb{R}^{n+1}$ zu wählen. Durch die Problemstellung ist also $\mathbf{y} \in V$ gegeben.

Der Raum W wird daher aus den Tupeln von Funktionswerten an den Knotenpunkten bestehen, die man mit den $p \in \mathcal{P}_n$ erzielen kann,

$$W := \{\mathbf{z} = (p(x_j)) \in V(= R^{m+1}) : p \in \mathcal{P}_n\}.$$

Um zu sehen, dass W tatsächlich ein linearer Raum ist, stellen wir jedes $p \in \mathcal{P}_n$ durch die Entwicklungskoffizienten dar,

$$p = p_0\pi_0 + p_1\pi_1 + \ldots p_n\pi_n = (p_0, p_1, \ldots, p_n)^t_\pi = \mathbf{p} \in \mathbb{R}^{n+1}.$$

Wir identifizieren also jedes Polynom mit dem Vektor seiner Komponenten. Wenn man, wie es oft hilfreich ist, in jeder Summe von Produkten ein euklidisches inneres Produkt erblickt, schreibt man den Wert $p(x_j)$ in der Form

$$p(x_j) = p_0 x_j^0 + p_1 x_j^1 + \ldots + p_n x_j^n = \langle \tilde{\mathbf{x}}_j, \mathbf{p} \rangle,$$

wobei $\tilde{\mathbf{x}}_j = (x_j^0, x_j^1, \ldots, x_j^n)$. Dies wiederum lässt uns an die Matrix vom Vandermonde'schen Typ mit Zeilenvektoren $\tilde{\mathbf{x}}_j$ zu denken,

$$X := \begin{pmatrix} 1 & x_0 & x_0^2 & \ldots & x_0^n \\ 1 & x_1 & x_1^2 & \ldots & x_1^n \\ \vdots & & & & \vdots \\ 1 & x_m & x_m^2 & \ldots & x_m^n \end{pmatrix},$$

mit deren Hilfe wir dann $(p(x_j))_j = X\mathbf{p}$ schreiben können. Mit der zugehörigen linearen Abbildung $\mathcal{X}$ ist dann $W = \mathcal{X}(\mathbb{R}^{n+1})$ (da $\mathbf{p}$ in $\mathbb{R}^{n+1}$ variiert), also in der Tat ein linearer Raum, dessen Dimension wir übrigens sofort zu $n+1$ erkennen, da die Vandermonde-artige Matrix X Maximalrang $n+1$ hat; denn die aus den ersten $n+1$ Zeilen gebildete Matrix ist nichtsingulär (Vandermonde'sche Matrix mit paarweise verschiedenen Stützstellen x_j). Daher ist der Nullraum $\mathcal{N}(\mathcal{X}) = \{0\}$ und wegen Satz 4.4.1 ist $\dim \mathcal{X}(\mathbb{R}^{n+1}) = n+1$, also $\dim W = n+1$.

Nachdem uns nun die grundlegenden Räume zur Verfügung stehen, stellen wir *zweitens* den Zusammenhang mit dem Minimalproblem des vorhergehenden Abschnittes her. Dazu wenden wir das häufig nützliche Prinzip an, *in einer Quadratsumme das Quadrat einer euklidischen Norm zu erblicken*, also in der zu minimierenden Summe $\sum_{k=1}^{m}(y_k - p(x_k))^2$ den Ausdruck $\langle \mathbf{y} - (p(x_j)), \mathbf{y} - (p(x_j)) \rangle$. Die Vektoren $(p(x_j))$ variieren aber genau in W, wenn p in $\mathcal{P}_n$ variiert.

Drittens sind wir hiermit gerade im Bereich von Satz 7.8.1 angelangt und können schon die Schlüsse ziehen: Das Problem ist eindeutig lösbar; die relevante Matrix ist diesmal X und die *Normalgleichungen für die Polynomausgleichung* lauten

$$(X^*X)\mathbf{p} = X^*\mathbf{y}.$$

Bemerkung. Das Ergebnis gilt genauso für den Fall komplexer y_j. Es ist lediglich das Fehlermaß (Quadratsumme) dahingehend zu modifzieren, dass in der Quadratsumme der sozusagen zweite Faktor konjugiert wird; demgemäß ist bei der euklidischen Norm die komplexe Version zu verwenden.

Optimale Approximation durch Polynome. Die Aufgabe, $f \in \mathcal{C}(I)$ im euklidischen Sinn optimal über $I = [a, b]$ durch *Polynome* in $\mathcal{P}_n$ zu approximieren, wird zweckmäßig dadurch gelöst, dass man sich zunächst die Orthogonalpolynome verschafft. Dazu kann man das Verfahren von Gram-Schmidt (vgl. Satz 7.4.1, insbesondere die Gleichungen 7.12 und 7.13) heranziehen. Allerdings weisen die Orthogonalpolynome reiche mathematische Eigenschaften auf, die freilich nicht dem Bereich der Linearen Algebra zuzuordnen sind; diese speziellen Eigenschaften ermöglichen die Konstruktion von Orthogonalpolynomen auf anderen Wegen, die in diesem Fall oft empfehlenswerter sind.

Die Orthogonalpolynome $p_0, p_1, \ldots, p_n$ mögen jedenfalls vorliegen. Dann können wir wegen $\mathcal{P}_n = [1, x, \ldots, x^n] = [p_0, p_1, \ldots, p_n]$ die optimale Approximation von f, d.h. die orthogonale Projektion auf $\mathcal{P}_n$ sofort angeben:

$$f^\star = \sum_{j=1}^n \frac{\langle f, p_j \rangle}{\langle p_j, p_j \rangle} p_j \,.$$

Für die Praxis ist es übrigens oft bedeutsam, dass man allgemeiner als bisher auch von inneren Produkten der Form

$$(f, g) \to \int_I f(x) g(x) w(x) dx$$

ausgehen kann; dabei ist die *Gewichtsfunktion* $w : I \to \mathbb{R}$ eine vorgegebene, stetige Funktion, $w \geq 0$ und $w(x) = 0$ höchstens an endlich vielen Stellen. (Diese Eigenschaft stellt Positivität des Produktes sicher.)

Beispiel. Im Sinne der 2-Norm soll $f(x) = \frac{1}{1+x^2}$ auf $I = [-1, 1]$ durch ein quadratisches Polynom optimal approximiert werden. Die Orthogonalpolynome p_0, p_1, p_2 entnehmen wir Beispiel 7.4. Die notwendigen Integrale ergeben sich nach etwas länglicher Rechnung (oder Benutzung von *Mathematica* oder ähnlicher Software) zu $\langle p_0, p_0 \rangle = 2, \langle p_1, p_1 \rangle = \frac{2}{3}$ und $\langle p_2, p_2 \rangle = \frac{8}{45}$; ferner $\langle f, p_0 \rangle = \frac{\pi}{2}, \langle f, p_1 \rangle = 0$ und $\langle f, p_2 \rangle = 2 - \frac{2\pi}{3}$. Daraus ergibt sich

$$f^\star(x) = \frac{\pi}{4} + \frac{45}{8}(2 - \frac{2\pi}{3})(x^2 - \frac{1}{3}).$$

Abbildung 7.4 zeigt das Ergebnis.

Aufgabe

7.23. Schreiben Sie ein Programm zur Ermittlung des Ausgleichspolynoms einer bestimmten Ordnung zu eingegebenen Datenpunkten. (Die Lösung der Normalgleichungen kann mit einer Methode Ihrer Softwarebasis oder mithilfe der Methode von Gauß-Seidel erfolgen; siehe das Programmbeispiel auf Seite 370 dieses

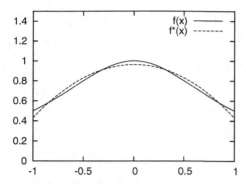

Abbildung 7.4: Optimale Approximation durch ein quadratisches Polynom

Buches.) Bringen Sie an den y-Datenwerten, die von „schönen" Funktionen her rühren, Störungen an und beobachten Sie die Glättungseigenschaften beim Ausgleichspolynom.

8 Adjungierte Transformation und selbstadjungierte Abbildungen

In verschiedensten Zusammenhängen ist die adjungierte Abbildung $\mathcal{A}^*$ zu $\mathcal{A}$ aufgetreten, entweder in der Kombination $\mathcal{A}^*\mathcal{A}$ oder in dem Sinne, dass $\mathcal{A}^* = \mathcal{A}$. Wir erinnern an so unterschiedliche Fälle wie orthogonale Projektion, Wärmeleitungsgleichung, Ausgleichsprobleme oder Gram'sche Matrix.

Ist $\mathcal{A}$ eine Abbildung $V \to W$ ($m \times n$-Matrix), so können wir $\mathcal{A}^*$ als eine Abbildung $W \to V$ auffassen ($n \times m$-Matrix), was immerhin merkwürdig ist und uns gemeinsam damit, dass in den gerade genannten Zusammenhängen $\mathcal{A}^*$ ungerufen aufgetreten ist, eine tiefere strukturelle Bedeutung vermuten lässt.

In der Tat spielen z.B. selbstadjungierte Matrizen bzw. Operatoren (Abbildungen zwischen Räumen von Funktionen) $\mathcal{A}^* = \mathcal{A}$ an wichtigen Stellen in der Mechanik (Zähigkeitsmatrix oder -tensor), in der Quantenmechanik (Schrödinger-Gleichung), in der Statistik (Kovarianzmatrix) und in zahlreichen anderen Zusammenhängen eine entscheidende Rolle, sodass eine eingehendere Untersuchung geboten ist.

Übersicht

8.1 Die adjungierte Transformation

Linearformen; Dualraum. V bezeichne in diesem Abschnitt einen *endlichdimensionalen reellen oder komplexen euklidischen Raum*. Die Darstellungen von Vektoren bzw. Matrizen beziehen sich auf die orthonormale Standardbasis.

Ziel dieses Abschnittes ist es, die Adjunktion von Matrizen (Abschnitt 7.6) von einem höheren Standpunkt aus zu betrachten. – Zunächst die Definition einer Sprechweise:

Definition 8.1.1 (Linearform; Dualraum). *Eine lineare Abbildung*

$$\mathcal{A} : V \to K$$

heißt Linearform. – *Die Gesamtheit aller Linearformen heißt* Dualraum *von V und wird mit V^* bezeichnet.*

Da K trivialerweise ein linearer Raum (der Dimension 1) über K ist und da die Menge aller linearen Abbildungen zwischen zwei linearen Räumen wieder einen linearen Raum bildet, ist V^* ein *linearer Raum*.

Wir führen uns einen schon bekannten Sachverhalt vor Augen, zunächst im Reellen: jeder Linearform $\mathcal{A} : V \to K$ entspricht (bei Verwendung der Standardbasis) eine eindeutig bestimmte 1×n-Matrix $\mathbf{y}_\mathcal{A}^t$ sodass $\mathcal{A}(\mathbf{x}) = \mathbf{y}_\mathcal{A}^t \cdot \mathbf{x} = \langle \mathbf{x}, \mathbf{y}_\mathcal{A} \rangle$. $\mathbf{y}_\mathcal{A}^t$ erscheint hier transponiert, weil wir, wie üblich, $\mathbf{y}_\mathcal{A}$ gerne als Spaltenvektor ansehen.

Umgekehrt liefert jedes $\mathbf{y}^t \in \mathfrak{M}_{1n}$ vermöge $\mathbf{x} \to \langle \mathbf{x}, \mathbf{y} \rangle$ eine lineare Abbildung von $V \to K$. Die Zuordnung, die dies leistet, bezeichnen wir mit ι:

$$\iota : \mathbf{y} \to \iota_\mathbf{y} := \Big(\langle \cdot, \mathbf{y} \rangle : \mathbf{x} \to \langle \mathbf{x}, \mathbf{y} \rangle \Big) \quad (V \to V^*),$$

sodass also $\iota_\mathbf{y}(\mathbf{x}) = \langle \mathbf{x}, \mathbf{y} \rangle$.

Allerdings trennt sich hier die *Transposition* von der gleich zu besprechenden *Adjunktion*, die im Komplexen deutlicher als neue Begriffsbildung hervortritt und um derentwillen wir auch im Reellen anstelle von $\mathcal{A}(\mathbf{x}) = \mathbf{y}_\mathcal{A}^t \cdot \mathbf{x}$ in diesem Zusammenhang $\mathcal{A}(\mathbf{x}) = \mathbf{y}_\mathcal{A}^* \cdot \mathbf{x}$ schreiben. ($\mathbf{y}_\mathcal{A}^*$ ist *das Adjungierte*, wohl auch gelegentlich *Konjugierte*, von $\mathbf{y}_\mathcal{A}$.)

Für $K = \mathbb{C}$ gelten die Argumente genauso und es heißt wieder $\mathcal{A}(\mathbf{x}) = \mathbf{y}_\mathcal{A}^* \cdot \mathbf{x} = \langle \mathbf{x}, \mathbf{y}_\mathcal{A} \rangle$; allerdings ist das Adjungierte eines Spaltenvektors der Zeilenvektor *mit den komplex konjugierten Eintragungen*.

Der Zusatz „konjugiert" in den folgenden Aussagen bezieht sich immer auf den Fall $K = \mathbb{C}$ und übt im Falle $K = \mathbb{R}$ keine Wirkung aus!

– Mit alledem gilt daher:

Satz 8.1.1 (Originalraum und Dualraum). *Ist V ein euklidischer Raum, $\dim V < \infty$, so gilt*

    i) Jedes $\mathbf{y} \in V$ definiert gemäß $\mathbf{x} \to \iota_\mathbf{y} := \langle \mathbf{x}, \mathbf{y} \rangle = \mathcal{A}(\mathbf{x})$ eine lineare Abbildung $\mathcal{A} = \mathcal{A}_\mathbf{y}$ von $V \to K$. ι ist injektiv. (Dieser Teil gilt auch für $\dim V = \infty$; in den konkreten Anwendungen ist übrigens $\mathcal{A}_\mathbf{y}$ vielleicht sprechender als $\iota_\mathbf{y}$).

ii) Jede lineare Abbildung $\mathcal{A}$ von einem endlichdimensionalen euklidischen Raum $V \to K$ lässt sich mit einem $\mathbf{y} = \mathbf{y}_{\mathcal{A}} \in V$ in der Form $\mathbf{x} \to \mathcal{A}(\mathbf{x}) = \langle \mathbf{x}, \mathbf{y}_{\mathcal{A}} \rangle$ darstellen. (Es ist also $\mathbf{y}_{\mathcal{A}} = \iota^{-1}(\mathcal{A})$.)

iii) Die Zuordnung $\mathbf{y} \to \iota_{\mathbf{y}} = \mathcal{A}_{\mathbf{y}}$ ist (konjugiert) linear und bijektiv, mithin ein konjugierter Isomorphismus *zwischen den linearen Räumen V und V^*.*

Beweis. Für den endlichdimensionalen Fall sind alle Aussagen bereits bewiesen. Im Fall $\dim V = \infty$, den wir bei Punkt i) zulassen können, ist nur die Injektivität von ι nicht von vornherein klar. Sie zeigen wir gleich mit bekannter Schlussweise. Ist nämlich für lineare Abbildungen $\mathcal{A}, \mathcal{B} : V \to V$ stets $\langle \mathcal{A}(\mathbf{x}), \mathbf{y} \rangle = \langle \mathcal{B}(\mathbf{x}), \mathbf{y} \rangle$, so gilt allgemein $\langle (\mathcal{A} - \mathcal{B})(\mathbf{x}), \mathbf{y} \rangle = 0$ und daher mit $\mathbf{y} = (\mathcal{A} - \mathcal{B})(\mathbf{x})$: $\langle (\mathcal{A} - \mathcal{B})(\mathbf{x}), (\mathcal{A} - \mathcal{B})(\mathbf{x}) \rangle = 0 \ \forall \mathbf{x}$, woraus direkt $\mathcal{A} = \mathcal{B}$ folgt. $\quad\square$

Bemerkung (Dualraum). Der vorhergehende Satz stellt also insbesondere die wichtige (konjugierte) Isomorphie im Falle $\dim V < \infty$ zwischen V und V^* sicher. In diesem Sinne kann man V und V^* identifizieren.
Im Falle eines *unendlichdimensionalen* euklidischen Raumes V liefert natürlich jedes $\mathbf{y} \in V$ wieder eine Linearform und wir wissen nach Punkt i) des Satzes, dass $\iota : V \to V^*$ injektiv ist. – ι ist aber dann im Allgemeinen nicht surjektiv. Nach dem Riesz'schen Darstellungssatz kann man allerdings im Falle eines so genannten *Hilbertraumes* jede *stetige* Linearform in der Form $\langle \cdot, \mathbf{y} \rangle$ mit einem $\mathbf{y} \in V$ darstellen. Ein Hilbertraum V ist ein euklidischer Raum über $\mathbb{R}$ oder $\mathbb{C}$, in dem jede Cauchyfolge gegen ein Element in V konvergiert.

Die adjungierte Abbildung. Wir betrachten jetzt *zwei* endlichdimensionale euklidische Räume V, W über K, $\dim V = n$, $\dim W = m$ und dazu eine lineare Abbildung $\mathcal{A} : V \to W$ mit zugehöriger Matrix A. – Ist $K = \mathbb{R}$, so ist nach einfacher Matrizenrechnung $\mathbf{y}^t \cdot (A\mathbf{x}) = (A^t \mathbf{y})^t \cdot \mathbf{x}$, was sich im inneren Produkt als $\langle A\mathbf{x}, \mathbf{y} \rangle_W = \langle \mathbf{x}, A^t \mathbf{y} \rangle_V$ ausdrückt.
Im Fall $K = \mathbb{C}$ erzielt man die entsprechende Relation $\langle A\mathbf{x}, \mathbf{y} \rangle = \langle \mathbf{x}, A^* \mathbf{y} \rangle$, wie schon in der Bezeichnung A^* anstelle von A^t anklingt, nicht durch simple Transposition, sondern man muss die Matrixelemente zusätzlich komplex konjugieren:

$$A^* = (a_{ij}^*) := (\bar{a}_{ji}).$$

A^* heißt die *adjungierte*, wohl auch hermitesch konjugierte Matrix zu A. – Die gewünschte Beziehung zwischen den beiden Skalarprodukten verifizierte man sofort: $\langle \mathbf{x}, A^* \mathbf{y} \rangle = \sum_{j=1}^n x_j \overline{(\sum_{k=1}^m a_{jk}^* y_k)} = \sum_{j=1}^n \sum_{k=1}^m \overline{a_{jk}^* y_k} x_j = \sum_{k=1}^m (\sum_{j=1}^n a_{kj} x_j) \bar{y}_k = \langle A\mathbf{x}, \mathbf{y} \rangle$.
Wir schreiben auch im reellen Fall anstelle von A^t, der transponierten Matrix, A^* (adjungierte Matrix), wenn gewissermaßen nicht der mechanische Vorgang der Vertauschung von Zeilen und Spalten im Vordergrund steht, sondern wenn A – in adjungierter Form – auf die andere Seite eines inneren Produktes gebracht werden soll.
Jedenfalls liegt damit sowohl für $K = \mathbb{R}$ wie für $K = \mathbb{C}$ für jedes lineare $\mathcal{A} : V \to W$ eine wiederum lineare Abbildung $\mathcal{A}^* : W \to V$ vor, die *adjungierte Abbildung*, die durch die adjungierte Matrix dargestellt wird.

Satz 8.1.2. *Für lineare Abbildungen* $\mathcal{A} : V \to W$ *und* $\mathcal{B} : W \to V$ *(V, W endlichdimensionale euklidische Räume über* $\mathbb{R}$ *oder* $\mathbb{C}$*) gilt die Beziehung*

$$\langle \mathcal{A}(\mathbf{x}), \mathbf{y} \rangle_W = \langle \mathbf{x}, \mathcal{B}(\mathbf{y}) \rangle_V \quad \forall \mathbf{x} \in V, \ \mathbf{y} \in W$$

genau dann, wenn $\mathcal{B} = \mathcal{A}^*$.

Beweis. Es ist nur noch die Implikation $\Rightarrow$ zu beweisen. Es gelte also $\langle \mathcal{A}(\mathbf{x}), \mathbf{y} \rangle = \langle \mathbf{x}, \mathcal{B}(\mathbf{y}) \rangle \ \forall \mathbf{x}, \mathbf{y}$. Subtrahiert man davon die Beziehung $\langle \mathcal{A}(\mathbf{x}), \mathbf{y} \rangle = \langle \mathbf{x}, \mathcal{A}^*(\mathbf{y}) \rangle$, so ergibt sich $0 = \langle \mathbf{x}, \mathcal{B}(\mathbf{y}) - \mathcal{A}^*(\mathbf{y}) \rangle \ \forall \mathbf{x}, \mathbf{y}$. Für beliebiges $\mathbf{y}$ folgt mit der Wahl $\mathbf{x} = \mathcal{B}(\mathbf{y}) - \mathcal{A}^*(\mathbf{y})$: $\mathcal{B}(\mathbf{y}) - \mathcal{A}^*(\mathbf{y}) = 0$, also $\mathcal{B} = \mathcal{A}^*$. $\square$

Bemerkung (Zusammenhang mit dem Dualraum). Halten wir uns nochmals die Beziehung $\langle \mathcal{A}(\mathbf{x}), \mathbf{y} \rangle_W = \langle \mathbf{x}, \mathcal{A}^*(\mathbf{y}) \rangle_V$ vor Augen. Beim Produkt links fasst man $\mathbf{y}$ häufig eher als Element des Dualraumes auf, $\mathbf{y} \in W^*$, entsprechend rechts $\mathcal{A}^*(\mathbf{y}) \in V^*$. Bei dieser Sichtweise bildet dann $\mathcal{A}^* : W^* \to V^*$ ab.

Satz 8.1.3 (Adjunktion der Zusammensetzung). *Sind* $\mathcal{B} : U \to V$ *und* $\mathcal{A} : V \to W$ *lineare Abbildungen zwischen euklidischen Räumen, so ist*

$$(\mathcal{A} \circ \mathcal{B})^* = \mathcal{B}^* \circ \mathcal{A}^*. \tag{8.1}$$

Beweis. Für beliebiges $\mathbf{u} \in U$ und $\mathbf{w} \in W$ gilt $\langle \mathbf{u}, \mathcal{B}^* \circ \mathcal{A}^*(\mathbf{w}) \rangle = \langle \mathbf{u}, \mathcal{B}^*(\mathcal{A}^*(\mathbf{w})) \rangle = \langle \mathcal{B}(\mathbf{u}), \mathcal{A}^*(\mathbf{w}) \rangle = \langle (\mathcal{A} \circ \mathcal{B}(\mathbf{u}), \mathbf{w} \rangle$. Aus der Übereinstimmung des ersten und letzten Gliedes der Kette schließen wir nach Satz 8.1.2 auf $(\mathcal{A} \circ \mathcal{B})^* = \mathcal{B}^* \circ \mathcal{A}^*$. $\square$

8.2 Normale Abbildungen

Wir haben Abbildungen $V \to V$ (V endlichdimensionaler euklidischer Raum) kennen gelernt, die mit ihrer Adjungierten in einer einfachen Beziehung standen. Für verschiedene Typen von Matrizen bilden z.B. die Spaltenvektoren ein Orthonormalsystem. Das trifft immer dann zu, wenn die Standardbasis durch die Abbildung in ein anderes System orthonormaler Vektoren $\mathbf{a}_1, \ldots, \mathbf{a}_n$ übergeführt wird; also z.B. bei Drehungen in der Ebene (oder auch im Raum) oder bei Spieglungen. Dann ist doch $A^* A = (\tilde{\mathbf{a}}_j^* \cdot \mathbf{a}_k) = (\langle \mathbf{a}_k, \mathbf{a}_j \rangle)_{jk} = (\delta_{jk})$. Leichte Rechnung liefert für AA^* dasselbe Resultat, sodass in diesem Fall die Beziehung

$$A^* A = AA^* \tag{8.2}$$

besteht.

In einem anderen Typ von Fällen hat $A^* = A$ gegolten, z.B. bei Orthogonalprojektionen auf einen Teilraum, oder, in ganz anderem Zusammenhang, auch bei der Matrix der diskretisierten Wärmeleitungsgleichung. Auch in diesen Fällen besteht offenbar die Beziehung $A^* A = AA^*$.

Wir werden in diesem Kapitel die wichtigen Typen von Matrizen, die sich hier abzeichnen, näher besprechen. Es empfiehlt sich aber, zuvor über die umfassende Klasse von Abbildungen bzw. Matrizen zu sprechen, die 8.2 genügen. Denn auf dieser Ebene treten gewisse allgemeine Eigenschaften hervor, die dann auch für die spezielleren Abbildungen gelten. Daher geben wir die

Definition 8.2.1 (Normale Abbildung). *Eine lineare Abbildung* $\mathcal{A} : V \to V$ *eines endlichdimensionalen reellen oder komplexen euklidischen Raumes in sich heißt* normal, *wenn*

$$\mathcal{A}^*\mathcal{A} = \mathcal{A}\mathcal{A}^*. \tag{8.3}$$

Lemma 8.2.1. *Ist* $\mathcal{A}$ *normal, so ist*

$$\langle \mathcal{A}(\mathbf{x}), \mathcal{A}(\mathbf{x}) \rangle = \langle \mathcal{A}^*(\mathbf{x}), \mathcal{A}^*(\mathbf{x}) \rangle \quad \forall\, \mathbf{x} \in V.$$

Beweis. Wir beachten in der Rechnung unten, dass die auftretenden inneren Produkte wegen Übereinstimmung beider Faktoren reell sind; es muss also auch im komplexen Fall dort keine Konjugation vorgenommen werden, wo sie im Allgemeinen erforderlich wäre. – Es ist

$$\langle \mathcal{A}(\mathbf{x}), \mathcal{A}(\mathbf{x}) \rangle = \langle \mathbf{x}, \mathcal{A}^*(\mathcal{A}(\mathbf{x})) \rangle \overset{1 \leftrightarrow 2}{=} \langle \mathcal{A}^*(\mathcal{A}(\mathbf{x})), \mathbf{x} \rangle = \langle \mathbf{x}, (\mathcal{A}^*\mathcal{A})^*(\mathbf{x}) \rangle \overset{\mathcal{A}\ normal}{=}$$
$$= \langle \mathbf{x}, (\mathcal{A}\mathcal{A}^*)^*(\mathbf{x}) \rangle = \langle \mathbf{x}, (\mathcal{A}^*)^*\mathcal{A}^*(\mathbf{x}) \rangle = \langle \mathcal{A}^*(\mathbf{x}), \mathcal{A}^*(\mathbf{x}) \rangle.$$

$\square$

Satz 8.2.1 (Eigenwerte und -vektoren normaler Abbildungen). *Die Abbildung* $\mathcal{A} : V \to V$ *sei normal. Dann gilt*

   i) Jeder Eigenvektor $\mathbf{x}$ *von* $\mathcal{A}$ *zu einem Eigenwert* α *ist Eigenvektor von* $\mathcal{A}^*$ *zum Eigenwert* $\bar{\alpha}$, *d.h.*

$$\mathcal{A}(\mathbf{x}) = \alpha\mathbf{x} \Rightarrow \mathcal{A}^*(\mathbf{x}) = \bar{\alpha}\mathbf{x}.$$

   ii) Ist E_α *der Eigenraum zum Eigenwert* α *und* $F \subseteq E_\alpha$ *irgendein Teilraum davon, so ist* $\mathcal{A}(F^\perp) \subseteq F^\perp$.

Beweis. i) Ist $\mathcal{A}(\mathbf{x}) = \alpha\mathbf{x}$, so ist $\mathcal{A}(\mathbf{x}) - \alpha\mathbf{x} = \mathbf{0}$. Da $\mathcal{A}^*$ mit $\mathcal{A}$ über das innere Produkt in Verbindung steht, schreiben wir die letzte Aussage mithilfe eines inneren Produktes an und formen dann weiter um:

$$0 = \langle \mathcal{A}(\mathbf{x}) - \alpha\mathbf{x}, \mathcal{A}(\mathbf{x}) - \alpha\mathbf{x} \rangle =$$
$$= \langle \mathcal{A}\mathbf{x}, \mathcal{A}\mathbf{x} \rangle - \bar{\alpha}\langle \mathcal{A}\mathbf{x}, \mathbf{x} \rangle - \alpha\langle \mathbf{x}, \mathcal{A}\mathbf{x} \rangle + \alpha\bar{\alpha}\langle \mathbf{x}, \mathbf{x} \rangle \overset{Lemma}{=}$$
$$= \langle \mathcal{A}^*\mathbf{x}, \mathcal{A}^*\mathbf{x} \rangle - \bar{\alpha}\langle \mathbf{x}, \mathcal{A}^*\mathbf{x} \rangle - \alpha\langle \mathcal{A}^*\mathbf{x}, \mathbf{x} \rangle + \alpha\bar{\alpha}\langle \mathbf{x}, \mathbf{x} \rangle =$$
$$= \langle \mathcal{A}^*(\mathbf{x}) - \bar{\alpha}\mathbf{x}, \mathcal{A}^*(\mathbf{x}) - \bar{\alpha}\mathbf{x} \rangle,$$

was $\mathcal{A}^*(\mathbf{x}) - \bar{\alpha}\mathbf{x} = \mathbf{0}$ nach sich zieht.

ii) α und F mögen die in diesem Punkt angegebenen Eigenschaften besitzen. Es sei $\mathbf{y} \in F^\perp$, also $\mathbf{y} \perp \mathbf{x}$ $\forall\, \mathbf{x} \in F$. Dann ist für alle $\mathbf{x} \in F$: $\langle \mathcal{A}(\mathbf{y}), \mathbf{x} \rangle = \langle \mathbf{y}, \mathcal{A}^*\mathbf{x} \rangle = \langle \mathbf{y}, \alpha\mathbf{x} \rangle = \alpha\langle \mathbf{y}, \mathbf{x} \rangle = 0$. Also ist $\mathcal{A}(\mathbf{y}) \perp \mathbf{x}$ $\forall\, \mathbf{x} \in F$, folglich $\mathcal{A}(\mathbf{y}) \in F^\perp$. $\square$

Satz 8.2.2 (Eine Charakterisierung normaler Abbildungen). *Normale Abbildungen* $V \to V$ *sind genau jene, denen in einer gewissen Orthonormalbasis von* V *eine Diagonalmatrix entspricht. Für* $K = \mathbb{R}$ *ist allerdings zu beachten, dass bei Vorliegen (echt) komplexer Eigenwerte der Satz nur in der Komplexifizierung von* V *zutrifft.*

Bemerkung. Neugierde, wohin man kommen kann, wenn man im reellen Fall nicht bereit ist, zu komplexifizieren, wird in Beispiel 8.4 befriedigt.

Beweis. ⇒: Wir beweisen die Aussage durch Induktion nach n. Für $n = 1$ ist jede lineare Abbildung trivialerweise normal und jede 1×1-Matrix diagonal. – Es sei also die Aussage bis zur Dimension $n - 1$ bewiesen. Um sie für eine Abbildung $\mathcal{A} : V \to V$ (dim $V = n$) zu beweisen, wählen wir eine (möglicherweise komplexe!) Nullstelle α von $\chi_{\mathcal{A}}$, dazu einen Eigenvektor $\mathbf{x}$ bzw. das Erzeugnis $F = [\mathbf{x}]$. Nach Satz 8.2.1 ist $\mathcal{A}(F^{\perp}) \subseteq F^{\perp}$. Somit kann wegen dim $F^{\perp} = n - 1$ und weil $\mathcal{A}|_{F^{\perp}}$ als Abbildung von $F^{\perp} \to F^{\perp}$ trivialerweise wieder normal ist, diese Abbildung in einem geeigneten orthogonalen Basissystem $\mathbf{g}_1, \ldots, \mathbf{g}_{n-1}$ von $F^{\perp}$ diagonal dargestellt werden. Das Basissystem ergänzen wir durch $\mathbf{g}_n = \mathbf{x}$. Wegen $\mathcal{A}(\mathbf{g}_n) = \alpha \mathbf{g}_n$ ist dann der n-te Spaltenvektor von A durch $(0, 0, \ldots, \alpha)^t$ gegeben und der n-te Zeilenvektor durch $(0, 0, \ldots, \alpha)$, Letzteres auch noch deshalb, weil nach Punkt ii) des vorangehenden Satzes $\mathcal{A}([\mathbf{g}_1, \ldots, \mathbf{g}_{n-1}]) \subseteq [\mathbf{g}_1, \ldots, \mathbf{g}_{n-1}]$ gilt. – Die ursprüngliche Basis wird demnach durch $\mathbf{g}_n = \mathbf{x}$ so erweitert, dass auch die erweiterte Matrix Diagonalstruktur besitzt.

⇐: Wird $\mathcal{A}$ in einer orthonormalen Basis durch eine Diagonalmatrix $A = \text{diag}(\alpha_j)$ beschrieben, so ist $A^* = \text{diag}(\bar{\alpha}_j)$ und $\langle A\mathbf{x}, A\mathbf{x} \rangle = \sum_j \alpha_j \bar{\alpha}_j x_j \bar{x}_j$. – Für $\langle A^*\mathbf{x}, A^*\mathbf{x} \rangle$ resultiert der selbe Wert, also ist allgemein $\langle A\mathbf{x}, A\mathbf{x} \rangle = \langle A^*\mathbf{x}, A^*\mathbf{x} \rangle$. □

Bemerkung. Wir verlieren nicht aus den Augen, dass eine Basis, in der $\mathcal{A}$ diagonal erscheint, notwendigerweise aus Eigenvektoren besteht.

Daher sieht man auch Folgendes direkt: es sei $E_\alpha = [\mathbf{f}_s, \ldots, \mathbf{f}_t]$ ein Eigenraum zum Eigenwert α. Dann ist $\mathcal{A}(E_\alpha) = E_\alpha$ falls $\alpha \neq 0$, und natürlich $\mathcal{A}(E_\alpha) = \{\mathbf{0}\}$, falls $\alpha = 0$.

Die Möglichkeit der Darstellung einer normalen Abbildung $\mathcal{A}$ durch eine Diagonalmatrix A in einer orthogonalen Basis, von der wir im Folgenden Gebrauch machen, lässt uns folgende Resultate mühelos gewinnen; $\mathfrak{E}_{\mathcal{A}} \subseteq \mathbb{C}$ bezeichnet dabei die Menge der Eigenwerte von $\mathcal{A}$.

Satz 8.2.3 (Spektralzerlegung normaler Abbildungen). *Für normale Transformationen gilt (nach eventueller Komplexifizierung, wenn nämlich $K = \mathbb{R}$ und $\mathfrak{E}_{\mathcal{A}} \nsubseteq \mathbb{R}$)*

i) Spektralzerlegung von $\mathcal{A}$:

$$\mathcal{A} = \sum_{\alpha \in \mathfrak{E}_{\mathcal{A}}} \alpha \mathcal{P}_{E_\alpha}, \tag{8.4}$$

wobei $\mathcal{P}_{E_\alpha}$ die orthogonale Projektion auf den Eigenraum E_α zu einem $\alpha \in \mathfrak{E}_{\mathcal{A}}$ bezeichnet.

ii) V *ist die* orthogonale Summe der Eigenräume von $\mathcal{A}$:

$$V = \bigoplus_{\alpha \in \mathfrak{E}_{\mathcal{A}}}^{\perp} E_\alpha.$$

iii) Die Eigenwerte von $\mathcal{A}$ und $\mathcal{A}^*$ sind zueinander konjugiert komplex. Die Eigenräume einander zugehöriger Eigenwerte stimmen überein.

Beweis. Wir gehen bei der Matrixdarstellung von einer Orthonormalbasis $g_1, \ldots, g_n$ von Eigenvektoren aus. Ist nun z.B. $E_{\alpha_1} = [g_1, \ldots, g_r]$, so ist der zu α_1 gehörige Anteil von A, also $\operatorname{diag}(\alpha_1, \ldots, \alpha_1, 0, \ldots, 0) = \alpha_1 P_{E_{\alpha_1}}$. Aus solchen Überlegungen ergibt sich direkt die Summendarstellung von A.– Der Eigenraum eines Eigenwertes von A, z.B. von α_1, hat in obiger Bezeichnung die Gestalt $[g_1, \ldots, g_r]$; der Eigenraum zu einem anderen Eigenwert β lautet in ähnlicher Notation $[g_s, \ldots, g_t]$, sodass wegen wechselseitiger Orthogonalität der Basiselemente sofort die Orthogonalität der beiden Eigenräume folgt. – Da A bzw. A^* diagonal ist, liest man die Eigenwerte unmittelbar aus den Diagonaleintragungen ab; die Diagonalelemente von A und A^* gehen aber durch komplexe Konjugation ineinander über. □

Beispiel (Rotationen im $\mathbb{R}^2$). Die Spaltenvektoren einer Rotationsmatrix im $\mathbb{R}^2$ sind zueinander orthogonal und daher ist $\mathcal{R}$ normal. Wir wollen für die Rotation $\mathcal{R}$ (Winkel $\frac{\pi}{2}$) die Spektralzerlegung angeben. Mit $c = \frac{1}{\sqrt{2}}, s = \frac{1}{\sqrt{2}}$ ist

$$R = \begin{pmatrix} c & -s \\ s & c \end{pmatrix}.$$

Als Eigenwerte treten

$$\rho_{1,2} = \frac{1}{\sqrt{2}}(1 \pm i)$$

auf, als nomierten Eigenvektoren

$$q_{1,2} = \frac{1}{\sqrt{2}}(\pm i, 1)^t.$$

Die Projektion etwa auf den ersten Eigenraum ist durch $x \to \langle x, q_1 \rangle q_1$ gegeben, und insgesamt finden wir

$$\mathcal{R}(x) = \frac{1}{2\sqrt{2}}\left[(1+i)(-ix_1 + x_2) \begin{pmatrix} i \\ 1 \end{pmatrix} + (1-i)(ix_1 + x_2) \begin{pmatrix} -i \\ 1 \end{pmatrix} \right].$$

Beispiel (Eine reelle selbstadjungierte Abbildung). Es soll die symmetrische Matrix

$$S = \begin{pmatrix} 3 & -2 \\ -2 & 3 \end{pmatrix}$$

spektral zerlegt werden. Leichte Rechnung ergibt $\sigma_1 = 5, \sigma_2 = 1$ als Eigenwerte, zu denen die normierten Eigenvektoren $q_1 = \frac{1}{\sqrt{2}}(-1, 1)^t$ und $q_2 = \frac{1}{\sqrt{2}}(1, 1)^t$ gehören. Die Spektralzerlegung ist mithin

$$\mathcal{S}(x) = \frac{1}{\sqrt{2}}(-5x_1 + 5x_2) \begin{pmatrix} -1 \\ 1 \end{pmatrix} + \frac{1}{\sqrt{2}}(x_1 + x_2) \begin{pmatrix} 1 \\ 1 \end{pmatrix}.$$

Bemerkung (Krümmungsverhalten einer Fläche). Mit einer entsprechend differenzierbaren Funktion $f : \mathbb{R}^2 \to \mathbb{R}$ betrachten wir ihren Graphen G_f. In welche Richtungen ist die Fläche $G = G_f$ an einer Stelle $p = (x_0, y_0)$ am stärksten (schwächsten) gekrümmt? – Der Einfachheit halber nehmen wir an, dass (x_0, y_0) eine *kritische Stelle* sei, $f_x(x_0, y_0) = f_y(x_0, y_0) = 0$.

Wir erinnern daran, dass für eine Abbildung $\psi : \mathbb{R} \to \mathbb{R}$ der vorzeichenbehaftete Krümmungsradius für $t = t_0$ durch $r(t_0) = \frac{(1+\psi'(t_0))^{3/2}}{\psi''(t_0)^2}$ gegeben ist. Ist t_0 eine kritische Stelle, $\psi'(t_0) = 0$, so vereinfacht sich dies zu $r(t_0) = \frac{1}{\psi''(t_0)^2}$.

Um nun die Krümmung von G an unserer Stelle in eine gewisse Richtung $\mathbf{s}$, $\|\mathbf{s}\| = 1$, zu bestimmen, betrachten wir den Weg in diese Richtung, $\gamma_{\mathbf{s}}(t) = \mathbf{p} + t\mathbf{s}$, bestimmen für $t_0 = 0$ die entsprechende Krümmung $r_{\mathbf{s}}(t_0)$ für die Abbildung $t \to f(\gamma_{\mathbf{s}}(t)) := \psi_{\mathbf{s}}(t)$; dann suchen wir nach Richtungen $\mathbf{s}$, die $r_{\mathbf{s}}(t_0)$ extremal machen. Wegen der entsprechenden Eigenschaft von f in (x_0, y_0) ist $t_0 = 0$ eine kritische Stelle für jedes $\psi_{\mathbf{s}}$: die Tangenten liegen waagrecht. Somit involviert die Krümmung in Richtung $\mathbf{s}$ nur die zweite Ableitung von $\psi_{\mathbf{s}}$.

Die Ableitungen von $\psi_{\mathbf{s}}$ bestimmen wir mit der Kettenregel, wobei wir Ableitungen nach t durch Punkte ausdrücken; f und seine Ableitungen werden stets an der Stelle $\mathbf{p}$ ausgewertet, die Ableitungen von γ in $t_0 = 0$. Wir beachten $\dot{\gamma}_1 = s_1$, $\dot{\gamma}_2 = s_2$ – Es ist dann $\dot{\psi}_{\mathbf{s}}(t_0) = f_x\dot{\gamma}_1 + f_y\dot{\gamma}_2 = f_x s_1 + f_y s_2$ und $\ddot{\psi}_{\mathbf{s}}(t_0) = (f_{xx}\dot{\gamma}_1 + f_{xy}\dot{\gamma}_2)s_1 + (f_{yx}\dot{\gamma}_1 + f_{yy}\dot{\gamma}_2)s_2 = f_{xx}s_1^2 + f_{xy}s_1 s_2 + f_{yx}s_2 s_1 + f_{yy}s_2^2 =: q(\mathbf{s})$. Es sind also Vektoren $\mathbf{s} = (s_1, s_2)^t$ zu suchen ($\|\mathbf{s}\| = 1$, d.h. $s_1^2 + s_2^2 = 1$), die $q(\mathbf{s})$ minimal machen. Nun erblickt man aber in dieser Problemstellung die 2×2-Matrix der zweiten Ableitungen von f: $Q := (\partial_i \partial_j f)$, wobei $(\partial_i = \partial_{x_i})$. Ist $f \in \mathcal{C}^2$, was wir hiermit voraussetzen, so ist diese nach Sätzen der Analysis selbstadjungiert ($\partial_1 \partial_2 f = \partial_2 \partial_1 f$). Wie man sofort nachrechnet, ist die uns interessierende Funktion $q(\mathbf{s}) = \langle Q\mathbf{s}, \mathbf{s} \rangle$.

Beispiel. Hier ein konkretes Beispiel. Es sei $f(x, y) = (x-y)^2 + \cos(x+y)$. Die Stelle $(x_0, y_0) = (0, 0)$ ist eine kritische Stelle für diese Funktion. Berechnen wir die zweiten Ableitungen, werten sie aus und stellen sie in einer Matrix zusammen, so gelangen wir zu $Q = \begin{pmatrix} -1 & -3 \\ -3 & -1 \end{pmatrix}$.

Die Aufgabe besteht nun darin, solche Werte zu suchen, für die r bzw. sein Reziprokes ψ extremal wird. Das verlangt die Lösung der Extremalaufgabe

$$\langle Q\mathbf{s}, \mathbf{s} \rangle = Extr! \quad (\text{NB}: \langle \mathbf{s}, \mathbf{s} \rangle = 1).$$

Zur Lösung dieser Extremalaufgabe werden uns die Eigenwerte und -vektoren zu Q behilflich sein. Die Eigenwerte berechnen wir wie im vorangehenden Beispiel und gelangen zu $\lambda_1 = -4, \lambda_2 = 2$ und den zugehörigen normierten Eigenvektoren $\mathbf{f}_1 = \frac{1}{\sqrt{2}}(1, 1)^t$, $\mathbf{f}_2 = \frac{1}{\sqrt{2}}(-1, 1)^t$. Die Eigenvektoren stehen orthogonal. Das nützen wir aus, indem wir sie als neue Basisvektoren wählen (gestrichenen System). Weil die Koordinatentransformation in das neue System eine Rotation ist, bleiben Längen und Winkel, insbesondere innere Produkte erhalten. Im neuen System lautet die Matrix $Q' = \operatorname{diag}(-4, 2)$.

Es ist daher $q(\mathbf{s}) = \langle Q\mathbf{s}, \mathbf{s} \rangle = \langle Q'\mathbf{s}', \mathbf{s}' \rangle = -4(s_1')^2 + 2(s_2')^2$. Dies ist unter der Nebenbedingung $1 = \|\mathbf{s}'\|^2 = (s_1')^2 + (s_2')^2$ zum Extremum zu machen. Das geschieht aber klarer Weise, indem man das maximal verfügbare Gewicht (1) entweder zum Faktor -4 oder zum Faktor 2 schlägt, d.h. durch die Einheitsvektoren im gestrichenen System.

Im Originalsystem ergeben sich daher die durch die beiden Eigenvektoren gegebenen Richtungen f_1, f_2 als Lösung der Aufgabe; in ihre Richtung hat der Graph kleinste bzw. größte Krümmung.

In Richtung f_1 ist also die Fläche wegen des negativen Vorzeichens am stärksten nach unten gekrümmt, in Richtung f_2 am stärksten nach oben. Der Betrag des Krümmungsradius ist in Richtung f_2 maximal, dies ist also die Richtung der stärksten absoluten Krümmung.

Es ist bemerkenswert, dass in diesem Beispiel teilweise dieselben Strukturen aufgetreten sind wie im Beispiel zuvor. Die selbstadjungierte Matrix hatte *reelle* Eigenwerte, die Eigenvektoren sind *orthogonal* zueinander gestanden. (Das war sehr nützlich, sonst hätte das innere Produkt im neuen System nicht so einfach ausgesehen.) Wir gelangen dazu, dahinter einen allgemeinen Sachverhalt zu vermuten, den wir im folgenden Abschnitt herausarbeiten werden.

Zur allgemeinen Frage der Krümmung wollen wir noch anmerken, dass auch dann, wenn die betrachtete Stelle nicht kritisch ist, die Aufgabe durch Eigenwertbetrachtungen gewisser selbstadjungierter Matrizen gelöst wird.

Aufgaben

8.1. Diskutieren Sie durch Aufschlüsselung über die möglichen Typen von Eigenwerten, welche geometrische Deutung normale Abbildungen $\mathbb{R}^3 \to \mathbb{R}^3$ besitzen können.

8.2. In welche Richtungen hat die Funktion $f(x, y) = xy$ an der Stelle $(x_0, y_0) = (0, 0)$ extremale Krümmung? In welche Richtung ist sie flach (Krümmungsradius $= \infty$)?

8.3 Selbstadjungierte Abbildungen

Grundeigenschaften. V steht wieder für einen euklidischen Raum über $K = \mathbb{R}$ oder $K = \mathbb{C}$, $\dim V < \infty$. Für Matrixdarstellungen verwenden wir ausnahmslos eine *orthonormale Basis*.

Satz 8.3.1 (Eigenwerte einer selbstadj. Abbildung sind reell). *Die Eigenwerte einer selbstadjungierten Abbildung* $\mathcal{A} : V \to V$ *sind sowohl im Fall* $K = \mathbb{R}$ *wie auch* $K = \mathbb{C}$ *sämtlich reell.*

Beweis. $\mathcal{A}$ sei also selbstadjungiert. $\mathcal{A}$ ist dann auch normal. Wir wissen, dass zu jedem Eigenwert α von $\mathcal{A}$ das komplex Konjugierte, $\bar{\alpha}$, Eigenwert von $\mathcal{A}^*$ ist, *und zwar zum selben Eigenvektor* bzw. Eigenraum; siehe Satz 8.2.1. Ist daher $\mathbf{x}$ ein Eigenvektor ($\neq 0$) zu irgendeinem Eigenwert α, so ist $\mathcal{A}(\mathbf{x}) = \alpha\mathbf{x}$, im selbstadjungierten Fall aber auch $\mathcal{A}(\mathbf{x}) = \mathcal{A}^*(\mathbf{x}) = \bar{\alpha}\mathbf{x}$, daher $\alpha = \bar{\alpha}$, also $\alpha \in \mathbb{R}$. $\qquad\square$

Diagonalisierung selbstadjungierter Abbildungen. In Abschnitt 8.2 haben wir gesehen, dass eine normale Abbildung in einer gewissen Orthonormalbasis diagonalisiert werden kann. Etwas grundlegend Neues kann man dem im Falle selbstadjungierter Abbildungen nicht hinzufügen, mit Ausnahme der allerdings wichtigen Beobachtung aus Satz 8.3.1, wonach die Eigenwerte einer selbstadjungierten Matrix reell sind.

Satz 8.3.2 (Diagonalisierung einer reellen selbstadjungierten Matrix). *Es sei V ein euklidischer Raum über $\mathbb{R}(!)$, dim $V < \infty$. $\mathcal{A} : V \to V$ sei selbstadjungiert. Dann ist $\mathcal{A}$ in einer gewissen reellen Orthonormalbasis durch eine Diagonalmatrix darstellbar.*

Beweis. Die Betonung bei der Formulierung liegt darauf, dass es sich um eine *reelle* Orthonormalbasis handelt, in der Diagonalisierung stattfindet. – Der Satz folgt daraus, dass eine selbstadjungierte Abbildung nur reelle Eigenwerte hat, und dass eine vollständige Basis von Eigenvektoren existiert. Dem Beweis von Satz 8.2.2 ist aber zu entnehmen, dass die Eigenvektoren reell gewählt werden können, wenn nur die Eigenwerte reell sind. □

Beispiel (Diagonalisierung reeller selbstadjungierter Abbildungen). Die Diagonalisierung der selbstadjungierten Matrix S vom Beispiel auf Seite 243 ist dort schon geleistet worden; es ergibt sich die Diagonalform $D = \mathrm{diag}(5, 1)$. – Wir wollen hier nur nochmals herausarbeiten, welche Transformation dem Basiswechsel zugrunde liegt.
Die Basis, in der im Beispiel die Diagonalisierung erreicht wird, ist

$$\mathbf{q}_1 = \frac{1}{\sqrt{2}} \begin{pmatrix} -1 \\ 1 \end{pmatrix}, \quad \mathbf{q}_2 = \frac{1}{\sqrt{2}} \begin{pmatrix} 1 \\ 1 \end{pmatrix}.$$

Stellt man dies zu einer Matrix $Q = (\mathbf{q}_1, \mathbf{q}_2)$ zusammen, so bilden die Spaltenvektoren ein Orthonormalsystem:

$$Q^* Q = (\langle \mathbf{q}_j, \mathbf{q}_k \rangle) = I.$$

(Matrizen mit $Q^* Q = I$ nennt man *orthogonal* ($K = \mathbb{R}$) bzw. *unitär* ($K = \mathbb{C}$); orthogonale und unitäre Matrizen werden wir später in diesem Kapitel näher untersuchen.) Invertierung orthogonaler Matrizen ist deshalb besonders einfach:

$$Q^* = Q^{-1}.$$

Somit ist
$$D = Q^* S Q.$$

Die Überlegungen des vorhergehenden Beispiels sind offenbar allgemein gültig. Sie treffen auch im komplexen Fall zu; natürlich wird dann die Matrix Q i.A. komplex sein. – Wir formulieren somit den

Satz 8.3.3 (Diagonalisierung vermittels orthogonaler (unitärer) Matrizen). *Es sei A eine (reelle oder komplexe) selbstadjungierte Matrix. Aus einem Orthonormalsystem von Eigenvektoren bilden wir die Matrix $Q = (\mathbf{q}_1, \ldots, \mathbf{q}_n)$. Dann ist*

$$D := Q^* A Q$$

eine diagonale Darstellung von A.

Beispiele zu diesem Problemkreis haben wir bereits im vorhergehenden Abschnitt gegeben. Wir fügen zunächst noch ein weiteres an:

Beispiel (Hauptspannungsrichtungen). In einem elastischen Körper, auf den Kräfte wirken, kommt es auf die Untersuchung der Spannungskräfte an. Untersuchen wir einen fest gedachten Punkt p dieses Körpers und betrachten wir ein kleines Flächenstück, z.B. eine Kreisscheibe mit Radius r, K_r, mit Mittelpunkt p und Normalenvektor n. In der linearen Elastizitätstheorie gibt es zu diesem Punkt p eine selbstadjungierte 3×3-Matrix T (Spannungsmatrix, Spannungstensor), sodass durch $\mathbf{t} = T\mathbf{n}$ die Kraft pro Flächeneinheit gegeben ist, die auf die genannte Kreisscheibe wirkt (genauer: $\mathbf{t} = \lim_{r\to0}(\text{Kraft auf } K_r)/(r^2\pi)$).
Es gibt somit zu T drei reelle Eigenwerte. Gehen wir vom allgemeinen Fall voneinander verschiedener Eigenwerte aus, so existieren dazu drei auf einander orthogonale Eigenvektoren $\mathbf{s}_1, \mathbf{s}_2, \mathbf{s}_3$. Genau in diesen so genannten *Hauptspannungsrichtungen* ist die Spannungskraft normal auf die Fläche, auf die sie wirkt.
Eine ähnliche Situation tritt in der Hydrodynamik auf, wo es bei zähigkeitsbehafteten Gasen oder Flüssigkeiten um *Scherkräfte* u.A. in Folge er räumlichen Änderung des Geschwindigkeitsfeldes geht; hier tritt die so genannte Viskositätsmatrix (oder der Viskositätstensor) auf; bei einem Fluid, das in alle Richtungen prinzipiell gleiche Eigenschaften besitzt, ist die Matrix symmetrisch, und die Richtungen ihrer Eigenvektoren spielen eine ähnlich ausgezeichnete Rolle wie vorhin.

Weitere Anwendungen dieser Konzepte beziehen sich auf die *Hauptachsentransformation*, auf die *Fouriertransformation* oder die *Singulärwertzerlegung* u.a.; siehe die jeweiligen Abschnitte.

Antiselbstadjungierte Abbildungen. Wir wollen hier kurz einen Blick auf *antiselbstadjungierte* oder *schiefsymmetrische* Abbildungen ($\mathcal{A}^* = -\mathcal{A}$) werfen. Immerhin werden wir bald einen prominenten Vertreter dieser Klasse kennen lernen.

Satz 8.3.4 (Eigenwerte antiselbstadjungierter Abbildungen). *Die Eigenwerte einer antiselbstadjungierten Abbildung sind sämtlich rein imaginär.*

Beweis. α sei ein Eigenwert zu $\mathcal{A}$, x ein Eigenvektor. Dann ist

$$\alpha\langle\mathbf{x},\mathbf{x}\rangle = \langle\mathcal{A}(\mathbf{x}),\mathbf{x}\rangle = \langle\mathbf{x},\mathcal{A}^*(\mathbf{x})\rangle = \langle\mathbf{x},-\alpha\mathbf{x}\rangle = -\bar\alpha\langle\mathbf{x},\mathbf{x}\rangle,$$

also $\alpha = -\bar\alpha$, mit anderen Worten

$$\Re(\alpha) + i\Im(\alpha) = -\Re(\alpha) + i\Im(\alpha),$$

woraus unmittelbar $\Re(\alpha) = 0$ folgt. □

Beispiel (Eine antiselbstadjungiere Abbildung). Wir betrachten ein Intervall I, am bequemsten $I = [0,2\pi]$. $V = \mathcal{C}^\infty_{per}(I)$ sei die Menge der unendlich oft stetig differenzierbaren Funktionen $f : I \to \mathbb{R}$, die für alle $k = 0,1,2,\ldots$ der Bedingung $f^{(k)}(0) = f^{(k)}(2\pi)$ genügen. ($f^{(k)}$ bezeichnet die k-te Ableitung, $f^{(0)} = f$.) Wie diese Bedingung garantiert, können diese Funktionen nebst allen ihren Ableitungen stetig und periodisch mit der Periode 2π auf $\mathbb{R}$ ausgedehnt werden;

daher die Bezeichnung $\mathcal{C}_{per}$.) – Als prominenter Vertreter antiselbstadjungierter Abbildungen wird uns die Differentiation

$$\mathcal{D} : f \to f' \quad (\mathcal{D} : \mathcal{C}_{per}^{\infty} \to \mathcal{C}_{per}^{\infty})$$

dienen. Den Grundraum $\mathcal{C}_{per}^{\infty}$ statten wir mit dem euklidischen Skalarprodukt aus. Dann sieht man durch Produktintegration, dass für $f, g \in V$

$$\langle \mathcal{D}(f), g \rangle = \int_0^{2\pi} f'g\,dx = \underbrace{f(2\pi)g(2\pi) - f(0)g(0)}_{0} - \int_0^{2\pi} fg'\,dx = -\langle f, \mathcal{D}(g) \rangle.$$

Es wäre schön, wenn wir einige Eigenvektoren (im kontinuierlichen Fall spricht man von *Eigenfunktionen*) finden könnten. Da leisten die so genannten komplexen Exponentialfunktionen $\psi_\nu(x) = \cos \nu x + i \sin \nu x$ für $\nu \in \mathbb{Z}$ gute Dienste. (Diese Funktionen und den Grund für die Benennung komplexe Exponentialfunktion diskutieren wir ausführlich im Abschnitt über Fouriertransformation.) Denn offenbar erfüllen sie die von V verlangten Differenzierbarkeits- und Periodizitätseigenschaften, und es ist

$$\mathcal{D}(\psi_\nu) = \psi_\nu'(\cdot) = i\nu\psi_\nu(\cdot),$$

sodass hier tatsächlich Eigenfunktionen für die rein imaginären Eigenwerte $i\nu$ ($\nu \in \mathbb{Z}$) vorliegen. – Während wir im endlichdimensionalen Fall aufgrund der allgemeinen Theorie wissen, dass Eigenvektoren existieren müssen, ist es uns in diesem Fall nicht allgemein bekannt, und wir sind auf den konkreten Fund angewiesen; mit einschlägigen Fragen und den sublimeren Begriffsbildungen, die hier nötig sind, beschäftigt sich die Funktionalanalysis.

Aufgaben

Bei den Beispielen gilt für den euklidischen Raum V allgemein $\dim V < \infty$.

8.3. $\mathcal{A} : V \to V$ sei ein selbstadjungierter Endomorphismus über V. Sämtliche Eigenwerte von $\mathcal{A}$ seien > 0. Zeigen Sie, dass dann $\mathcal{A}$ und $\mathcal{A}^2 = \mathcal{A} \circ \mathcal{A}$ die dieselben Eigenvektoren bzw. Eigenräume besitzen. – Was kann eintreten, wenn manche Eigenwerte von $\mathcal{A}$ negativ sind?

8.4. Geben Sie die unitäre Transformation an, die $A = \begin{pmatrix} 2 & 1+i \\ 1-i & 3 \end{pmatrix}$ diagonalisiert, und führen Sie die Diagonalisierung explizit durch.

8.5. Geben Sie *sämtliche* orthogonalen Matrizen an, die $A = \begin{pmatrix} 3 & 4 \\ 4 & 3 \end{pmatrix}$ diagonalisieren.

8.6. $\mathcal{A}, \mathcal{T} : V \to V$ seien linear; $\mathcal{A}$ sei selbstadjungiert, Zeigen Sie, dass dann $\mathcal{T}^*\mathcal{A}\mathcal{T}$ selbstadjungiert ist. Wir steht es bei invertierbarem $\mathcal{T}$ mit $\mathcal{T}^{-1}\mathcal{A}\mathcal{T}$?

8.7. V sei ein euklidischer Raum über $K = \mathbb{R}$, $\dim V < \infty$. $\mathbf{f}_1, \ldots, \mathbf{f}_n$ sei eine beliebige Basis in V. Zeigen Sie, dass ein lineares $\mathcal{A} : V \to V$ genau dann selbstadjungiert ist, wenn $\langle \mathcal{A}(\mathbf{f}_j), \mathbf{f}_k \rangle = \langle \mathbf{f}_j, \mathcal{A}(\mathbf{f}_k) \rangle$ $\forall j, k$.

8.8. Konstruieren Sie eine symmetrische ($a_{12} = a_{21}$, ohne Konjugation!), komplexe 2×2-Matrix, die *keine* zwei linear unabhängigen Eigenvektoren besitzt. (Man wähle $a_{12} = a_{21} = 1$).

8.9. Unter ϵ verstehen wir hier eine (kleine) reelle Zahl. Es sei $M_\epsilon = \begin{pmatrix} 1 & \epsilon \\ 0 & 1 + \epsilon \end{pmatrix}$. Berechnen Sie die Eigenwerte und Eigenvektoren. Wie lässt sich das allgemeine Resultat mit der Tatsache vereinbaren, dass M_0 zwei orthogonale Eigenvektoren besitzt?

8.4 Orthogonale und unitäre Abbildungen

Die zweite Klasse von konkreten Beispielen zu normalen Abbildungen hatte etwas mit dem Übergang von einer Orthonormalbasis in eine andere zu tun (Rotation, auch Spieglungen; es wird bald die Fouriertransformation hinzutreten). Die Spaltenvektoren derartiger Matrizen, also die Bilder der Standardbasis (die orthonormal ist), waren wieder orthonormal.
Im Begriff der Orthonormalität treten sowohl Längen (1) als auch Winkel ($\frac{\pi}{2}$) auf. Es liegt also nahe, lineare Abbildungen zu untersuchen, die Längen und Winkel invariant lassen, bzw., da hinter Längen und Winkeln ein inneres Produkt steht, dieses invariant lassen:

Definition 8.4.1 (Orthogonale bzw. unitäre Abbildungen). *Eine lineare Transformation* $\mathcal{Q} : V \to V$ *heißt* orthogonal *($K = \mathbb{R}$) bzw.* unitär *($K = \mathbb{C}$), wenn*

$$\langle \mathcal{Q}(\mathbf{x}), \mathcal{Q}(\mathbf{y}) \rangle = \langle \mathbf{x}, \mathbf{y} \rangle \quad \forall \mathbf{x}, \mathbf{y} \in V. \tag{8.5}$$

Eine $n \times n$-Matrix Q heißt orthogonal bzw. unitär, wenn sie Darstellung einer entsprechenden Transformation in einer Orthonormalbasis ist.

Satz 8.4.1 (Eigenschaften orthogonaler (unitärer) Transformationen). *Für eine orthogonale (unitäre) Transformation gilt*

   i) $\|\mathcal{Q}(\mathbf{x})\| = \|\mathbf{x}\|$ $\forall \mathbf{x} \in V$

   ii) $\sphericalangle \big(\mathcal{Q}(\mathbf{x}), \mathcal{Q}(\mathbf{y}) \big) = \sphericalangle (\mathbf{x}, \mathbf{y})$ $\forall \mathbf{x}, \mathbf{y} \neq \mathbf{0}$

   iii) $\mathcal{Q}^* \mathcal{Q} = \mathcal{I}$

Schließlich gilt für lineare Abbildungen $\mathcal{Q} : V \to V$:

   iv) $\mathcal{Q}$ *orthogonal (unitär)* $\Leftrightarrow$ $\mathcal{Q}^{-1} \exists$ *und* $\mathcal{Q}^* = \mathcal{Q}^{-1}$.

Beweis. Zu i) und ii): Die Norm bzw. der Winkel sind *nur* über das innere Produkt definiert; da eine orthogonale (unitäre) Transformation dieses invariant lässt, ändert sie auch Norm und Winkel nicht; es ist ja $\|\mathbf{x}\| = \langle \mathbf{x}, \mathbf{x} \rangle^{\frac{1}{2}} = \langle \mathcal{Q}(\mathbf{x}), \mathcal{Q}(\mathbf{x}) \rangle^{\frac{1}{2}} = \|\mathcal{Q}(\mathbf{x})\|$. Für den Winkel ist ähnlich

$$\cos \sphericalangle (\mathcal{Q}(\mathbf{x}), \mathcal{Q}(\mathbf{y})) = \frac{\langle \mathcal{Q}(\mathbf{x}), \mathcal{Q}(\mathbf{y}) \rangle}{\langle \mathcal{Q}(\mathbf{x}), \mathcal{Q}(\mathbf{x}) \rangle^{\frac{1}{2}} \langle \mathcal{Q}(\mathbf{y}), \mathcal{Q}(\mathbf{y}) \rangle^{\frac{1}{2}}} =$$

$$= \frac{\langle \mathbf{x}, \mathbf{y} \rangle}{\langle \mathbf{x}, \mathbf{x} \rangle^{\frac{1}{2}} \langle \mathbf{y}, \mathbf{y} \rangle^{\frac{1}{2}}} = \cos \sphericalangle (\mathbf{x}, \mathbf{y}).$$

Zu iii): Für beliebige $\mathbf{x}, \mathbf{y}$ ist $\langle \mathbf{x}, \mathbf{y} \rangle = \langle \mathcal{Q}(\mathbf{x}), \mathcal{Q}(\mathbf{y}) \rangle = \langle \mathcal{Q}^*\mathcal{Q}(\mathbf{x}), \mathbf{y} \rangle$; daher nach Subtraktion $\langle \mathbf{x} - \mathcal{Q}^*\mathcal{Q}(\mathbf{x}), \mathbf{y} \rangle = 0 \ \forall \mathbf{x}, \mathbf{y} \in V$. Nach bekannter Schlussweise (man wählt $\mathbf{y} = \mathbf{x} - \mathcal{Q}^*\mathcal{Q}(\mathbf{x})$) folgt $\mathbf{x} - \mathcal{Q}^*\mathcal{Q}(\mathbf{x}) = \mathbf{0} \ \forall \mathbf{x} \in V$, also $\mathcal{I} - \mathcal{Q}^*\mathcal{Q} = \mathcal{O}$.

Zu iv): Ist zunächst $\mathcal{Q}$ orthogonal, so folgt aus der nach iii) gültigen Beziehung $\mathcal{Q}^*\mathcal{Q} = \mathcal{I}$ sofort die Existenz von $\mathcal{Q}^{-1}$ sowie $\mathcal{Q}^{-1} = \mathcal{Q}^*$.

Existiert aber für eine Abbildung $\mathcal{Q}$ umgekehrt die Inverse, und ist $\mathcal{Q}^{-1} = \mathcal{Q}^*$, so gilt $\forall \mathbf{x}, \mathbf{y}: \langle \mathbf{x}, \mathbf{y} \rangle = \langle \underbrace{\mathcal{Q}^*\mathcal{Q}}_{\mathcal{I}}(\mathbf{x}), \mathbf{y} \rangle = \langle \mathcal{Q}(\mathbf{x}), \mathcal{Q}(\mathbf{y}) \rangle$. $\mathcal{Q}$ ist also orthogonal. $\square$

Nun aber zu den entsprechenden orthogonalen oder unitären Matrizen.

Satz 8.4.2 (Matrixdarstellung orthogonaler Abbildungen). *Eine $n \times n$-Matrix Q ist genau dann orthogonal (unitär), wenn*

$$\langle \mathbf{q}_j, \mathbf{q}_k \rangle = \delta_{jk} \ \forall j, k = 1, \dots, n,$$

d.h. wenn die Spaltenvektoren ein Orthonormalsystem bilden. Ebenso ist sie genau dann orthogonal, wenn die Zeilenvektoren ein Orthonormalsystem bilden.

Beweis. Man erkennt in $\langle \mathbf{q}_j, \mathbf{q}_k \rangle$ das Element (k, j) von Q^*Q. Nun ist $\mathcal{Q}$ genau dann orthogonal, wenn $\mathcal{Q}^* = \mathcal{Q}^{-1}$, d.h. $\mathcal{Q}^*\mathcal{Q} = \mathcal{I}$, in Matrizen $Q^*Q = I$, d.h. $\langle \mathbf{q}_j, \mathbf{q}_k \rangle = \delta_{jk}$, d.h. damit gleichbedeutend, dass die Spaltenvektoren ein Orthonormalsystem bilden.

Aus Punkt iv) in Satz 8.4.1 schließt man aber leicht, dass $\mathcal{Q}$ genau dann orthogonal ist, wenn dies für $\mathcal{Q}^*$ zutrifft, daher nach dem ersten Teil des jetzigen Beweises genau dann, wenn die Spaltenvektoren von Q^* (= die Zeilenvektoren von Q) ein Orthonormalsystem bilden. $\square$

Wir studieren jetzt die geometrische Bedeutung orthogonaler (unitärer) Matrizen. Dazu zunächst

Satz 8.4.3 (Eigenwerteigenschaften orthogonaler bzw. unitärer Transformationen). *Als Eigenwerte einer normalen (unitären) Matrix kommen nur komplexe Zahlen des Betrages 1 (so genannte unimodulare Zahlen) infrage. Überdies stellt jede Diagonalmatrix mit unimodularen Diagonalelementen eine orthogonale (unitäre) Transformation in einer Orthonormalbasis dar. (Bezüglich des reellen Falles beachte man dabei das allgemein für die Diagonalisierung normaler Matrizen Gesagte!)*

Beweis. $Q = \text{diag}(q_j)$ sei eine orthogonale (unitäre) Matrix, $\mathcal{Q}$ die zugehörige Transformation. Dann ist $Q^* = \text{diag}(\bar{q}_j)$ und wegen $Q^*Q = I$ ist $\bar{q}_j q_j = 1 \ \forall j$, also $|q_j| = 1 \ \forall j$. – Dass umgekehrt jede derartige Matrix mit $|q_j| = 1 \ \forall j$ die Beziehung $Q^*Q = I$ erfüllt, ist evident. $\square$

Beispiel (Geometrie und Matrizen orthogonaler Transformationen). Was besagen all diese abstrakten Sätze im Falle $K = \mathbb{R}$ und daher $V = \mathbb{R}^n$? – Besitzt eine orthogonale Transformation Q nur die Eigenwerte $+1$ und -1, so ist die Sache einfach. In einem entsprechenden orthogonalen Koordinatensystem aus Eigenvektoren werden die Komponenten der Eigenvektoren zum Eigenwert $+1$ beibehalten, diejenigen zu -1 mit -1 multipliziert, d.h. am Nullpunkt gespiegelt. Siehe die Abbildung 8.1, wo die Wirkung einer orthogonalen Transformation in der Ebene mit einem Eigenwert $+1$ (Eigenvektor $\mathbf{f}_1 = (1, 3)^t$) und einem Eigenwert -1 (Eigenvektor $\mathbf{f}_2 = (-3, 1)^t$) veranschaulicht ist.

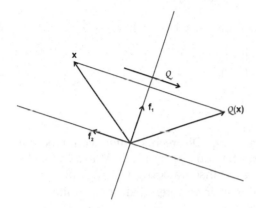

Abbildung 8.1: Wirkung einer orthogonalen Transformation in der Ebene; reelle Darstellung normaler Transformationen

Der wirklich interessante Fall ist derjenige, in dem ein (echt) komplexer Eigenwert α existiert. Wegen $|\alpha| = 1$ kann er in der Form $\alpha = c + is$ (wobei $c, s \in \mathbb{R}$, $c^2 + s^2 = 1$) geschrieben werden. (Wir sehen schon eine Drehung auftauchen.) Wegen $\alpha \notin \mathbb{R}$ ist $s \neq 0$.

Ein zugehöriger Eigenvektor sei $\mathbf{z} = \mathbf{x} + i\mathbf{y} \in \mathbb{C}^n$ ($\mathbf{x}, \mathbf{y} \in \mathbb{R}^n$). Wegen Satz 6.1.6 ist mit α auch $\bar{\alpha}$ Nullstelle von $\chi_{\mathcal{A}}$ (mit reeller Matrix A hat $\chi_{\mathcal{A}}$ nur reelle Koeffizienten). Übliche Anwendung der komplexen Konjugation lehrt direkt, dass $\bar{\mathbf{z}} = \mathbf{x} - i\mathbf{y}$ Eigenvektor zum Eigenwert $\bar{\alpha}$ ist:

$$\sum_k a_{jk} z_k = \alpha z_j \;\; \forall j \quad \Leftrightarrow \quad \sum_k a_{jk} \bar{z}_k = \bar{\alpha} \bar{z}_j \;\; \forall j$$

im Falle reeller a_{jk}.

Jetzt beginnen wir mit der Konstruktion eines nützlichen orthogonalen Basissystems in $\mathbb{R}^n$, arbeiten aber zunächst noch in $\mathbb{C}^n$. Wegen $\alpha \neq \bar{\alpha}$ gilt nach den Orthogonalitätssätzen für die Eigenvektoren zu den unterschiedlichen Eigenwerten $\alpha, \bar{\alpha}$ unserer insbesondere normalen Matrix $\langle \mathbf{x} + i\mathbf{y}, \mathbf{x} - i\mathbf{y} \rangle_{\mathbb{C}} = 0$ (hier natürlich das Produkt in $\mathbb{C}^n$). Auswertung des Produktes ergibt

$$(\langle \mathbf{x}, \mathbf{x} \rangle_{\mathbb{R}} - \langle \mathbf{y}, \mathbf{y} \rangle_{\mathbb{R}}) + i(\langle \mathbf{x}, \mathbf{y} \rangle_{\mathbb{R}} + \langle \mathbf{y}, \mathbf{x} \rangle_{\mathbb{R}}) = 0.$$

Dass der Realteil 0 ist, besagt $\|\mathbf{x}\| = \|\mathbf{y}\|$. Wegen $0 < \|\mathbf{z}\|^2 = \|\mathbf{x}\|^2 + \|\mathbf{y}\|^2$ ist keiner der rellen Vektoren $\mathbf{x}, \mathbf{y} = \mathbf{0}$. Dass der Imaginärteil 0 ist, bedeutet $\langle \mathbf{x}, \mathbf{y}\rangle + \langle \mathbf{y}, \mathbf{x}\rangle = 0$, somit $2\langle \mathbf{x}, \mathbf{y}\rangle = 0$, also $\mathbf{x} \perp \mathbf{y}$. Wegen $\mathbf{x} \neq \mathbf{0}, \mathbf{y} \neq \mathbf{0}$ und $\mathbf{x} \perp \mathbf{y}$ sind diese beiden Vektoren also l.u. und können daher als die beiden ersten Basisvektoren in $\mathbb{R}^n$ gewählt werden. Durch Anwendung von $\mathcal{Q}$ gehen Real- und Imaginärteil $\mathbf{x}, \mathbf{y}$ des komplexen Eigenvektors $\mathbf{z}$ (und auch $\bar{\mathbf{z}}$) in Linearkombinationen voneinander über, z.B.

$$\mathcal{Q}(\mathbf{x}) = \mathcal{Q}\big(\tfrac{1}{2}(\mathbf{z} + \bar{\mathbf{z}})\big) = \frac{\alpha}{2}\mathbf{z} + \frac{\bar{\alpha}}{2}\bar{\mathbf{z}} =$$
$$= \frac{c + is}{2}(\mathbf{x} + i\mathbf{y}) + \frac{c - is}{2}(\mathbf{x} - i\mathbf{y}) = c\mathbf{x} - s\mathbf{y}.$$

Die Matrixdarstellung von $\mathcal{Q}$ in dieser Basis beginnt demnach mit

$$Q = \begin{pmatrix} c & -s & 0 & 0 & \cdots \\ s & c & 0 & 0 & \cdots \\ 0 & 0 & * & * & \cdots \\ \vdots & & \vdots & \vdots & \ddots \end{pmatrix}.$$

Wir erkennen eine Drehung in der $\mathbf{x}$-$\mathbf{y}$-Ebene. Die rechts unten verbleibende $(n-2) \times (n-2)$-Matrix gehört nach unseren Sätzen über normale Matrizen (leichte Variation von Punkt ii) aus Satz 8.2.1) zur Einschränkung $\mathcal{Q}_{[\mathbf{x},\mathbf{y}]^\perp} : [\mathbf{x}, \mathbf{y}]^\perp \to [\mathbf{x}, \mathbf{y}]^\perp$. Diese ist natürlich wieder normal bzw. in unserem Fall sogar unitär und kann daher gleichartig behandelt werden.

Zusammenfassend kann eine *reelle orthogonale Abbildung* in einem geeigneten orthogonalen Koordinatensystem durch eine *reelle Matrix* beschrieben werden, die *teils diagonal* ist und die reellen Eigenwerte $+1$ und -1 enthält und bei der sich *für echt komplexe Eigenwerte 2×2-Kästchen (Rotationen) längs der Diagonale* anordnen.

Kraft Herleitung *gilt Entsprechendes auch für beliebige (reelle) normale Matrizen*; nur werden die reellen Eigenwerte nicht unbedingt ±1 sein und 2×2-Kästchen werden zwar gleiche Gestalt besitzen, allerdings i.A. mit $c^2 + s^2 \neq 1$.

Beispiel (Rotation in $\mathbb{R}^3$). $\mathbf{n} \in \mathbb{R}^3$ sei ein Richtungsvektor ($\|n\| = 1$). Die Punkte des $\mathbb{R}^3$ sollen um die Achse $\mathbf{n}$ um einen Winkel ϕ gedreht werden. Die Matrix der entsprechenden, offenbar linearen und orthogonalen Abbildung $\mathcal{Q}$ ist anzugeben. – Derartige Matrizen spielen in vielen Bereichen eine Rolle, von der Mechanik (Rotation von Bezugssystemen) bis zur Visualisierung (man denke an das beliebte Rotieren von Objekten am Bildschirm mithilfe der Maus).

Die Drehung denken wir uns folgendermaßen bewerkstelligt: wir zerlegen so, wie in Abb. 8.2 illustriert, jedes $\mathbf{x} \in \mathbb{R}^3$ mithilfe der orthogonalen Projektion auf $\mathbf{n}$ in Bestandteile parallel bzw. orthogonal zu $\mathbf{n}$:

$$\mathbf{x} = \langle \mathbf{n}, \mathbf{x}\rangle \mathbf{n} + \underbrace{(\mathbf{x} - \langle \mathbf{n}, \mathbf{x}\rangle \mathbf{n})}_{=:\mathbf{p}} = \langle \mathbf{n}, \mathbf{x}\rangle \mathbf{n} + \mathbf{p}$$

und beachten $\mathbf{p} \perp \mathbf{n}$. Die zu $\mathbf{n}$ parallele Komponente wird bei der Drehung in sich übergeführt, die Orthogonalkomponente $\mathbf{p}$ in der zu $\mathbf{n}$ orthogonalen Ebene gedreht.

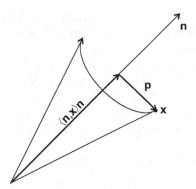

Abbildung 8.2: Drehung im $\mathbb{R}^3$ um eine Achse n

Zur Beschreibung dieser Drehung geben wir zwei orthogonale Vektoren in der Normalebene auf n vor; als ersten Vektor wählen wir p und als zweiten, nach den Eigenschaften des äußeren Produktes dazu orthogonalen Vektor, $q = n \wedge p = n \wedge (x - \langle n, x \rangle n) = n \wedge x$. Wir untersuchen nun den Fall, in dem $x \nparallel n$, d.h. $p \neq 0$ und daher $q \neq 0$. (Ist hingegen $x \parallel n$, d.h. $p = q = 0$, d.h. x invariant unter der Rotation, so gelten die letztlich erzielten Resultate trivialerweise.) – Nach den Gesetzen des äußeren Produktes ist $\|q\| = \|n \wedge p\| = \|n\| \, \|p\| \, |\sin \sphericalangle(n, p)| = \|p\|$; denn $\|n\| = 1$ und $|\sin \sphericalangle(n, p)| = 1$ wegen $p \perp n$. Deshalb und weil $\|p\| = \|q\|$, führt die Rotation in $[p, q]$ um den Winkel ϕ den Vektor p über in $cp + sq$ ($c = \cos \phi, s = \sin \phi$); vgl. unsere seinerzeitigen Resultate zur Rotation in der Ebene. Damit ergibt sich

$$\mathcal{Q}(x) = \langle n, x \rangle n + cp + sq = cx + (1 - c)\langle n, x \rangle n + sn \wedge x.$$

Auswertung von $n \wedge x$ führt zur Darstellung

$$n \wedge x = \begin{pmatrix} 0 & -n_3 & n_2 \\ n_3 & 0 & -n_1 \\ -n_2 & n_1 & 0 \end{pmatrix} = Nx.$$

Da auch $\langle n, x \rangle n$ leicht in Matrixform angegeben werden kann (es liegt ja der schon oft behandelte Fall einer orthogonalen Projektion vor), nämlich $\langle n, x \rangle n = (n_i n_j)_{i,j} x$, lässt sich die Matrix Q leicht aus diesen Komponenten assemblieren.

Beispiel (Nochmals Drehung im $\mathbb{R}^3$: Euler'sche Winkel). Es ist oft nützlich, die Matrizen aus dem vorangehenden Beispiel in anderer Form zu schreiben. Wir werden nämlich nach Euler sehen, dass sich eine Drehung im $\mathbb{R}^3$ als Produkt von drei zweidimensionalen Rotationen um Koordinatenachsen beschreiben lässt. Die Rotation um die Achse e_2 (Rotationswinkel α) wird offenbar durch die Matrix

$$R_2(\alpha) = \begin{pmatrix} \cos \alpha & 0 & -\sin \alpha \\ 0 & 1 & 0 \\ \sin \alpha & 0 & \cos \alpha \end{pmatrix}$$

beschrieben. Denn die Transformation lässt die x_2-Komponente invariant und verändert x_1 bzw. x_3 genau im Sinne einer ebenen Rotation. Entsprechende Matrizen R_1 bzw. R_3 beschreiben Rotationen mit Achse $\mathbf{e}_1$ bzw. $\mathbf{e}_3$.

Wenn wir nun zur Aufgabe des vorangehenden Beispiels zurückkehren, so zerlegen wir sie in zwei Teilaufgaben. Erstens transformieren wir $\mathbf{e}_3$ durch zwei ebene Rotationen um Koordinatenachsen in den Vektor $\mathbf{n}$. und anschließend üben wir eine Rotation um den Winkel ϕ (Achse $\mathbf{n}$) aus; da diese Achse jetzt die Rollle der dritten Koordinatenachse übernommen hat, wird diese Operation einfach durch $R_3(\phi)$ ausgedrückt.

Für die erste Drehung schneiden wir die Normalenebene zu $\mathbf{n}$ mit der Grundebene $[\mathbf{e}_1, \mathbf{e}_2]$, siehe Abbildung 8.3.

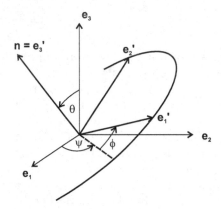

Abbildung 8.3: Euler'sche Winkel

Es ergibt sich eine Gerade in der Grundebene, die mit der Achse $\mathbf{e}_1$ einen Winkel ψ einschließt. (Dies alles gilt natürlich nur, wenn $\mathbf{n} \nparallel \mathbf{e}_3$. Der Leser diskutiere nachträglich den Ausnahmefall $\mathbf{n} \parallel \mathbf{e}_3$; i.W. ergibt sich keine Veränderung, außer, dass ψ beliebig gewählt werden kann.) Dies definiert die Transformation $R_3(\psi)$, mit der wir die $\mathbf{e}_1$-Achse in jene Gerade transformieren.

Nunmehr wendet man eine ebene Rotation mit einem geeigneten Winkel θ um die neue (d.h. soeben um ψ rotierte) erste Koordinatenachse an, sodass der Vektor $\mathbf{e}_3$, der als Achsenvektor der soeben ausgeführten Rotation unverändert geblieben ist, in $\mathbf{n}$ übergeht; dies bewerkstelligt die Matrix $R_1(\theta)$. Insgesamt liefert diese Vorgehen dann

$$Q = R_3(\phi)R_1(\theta)R_3(\psi).$$

Die auftretenden Winkel nennt man die *Euler'schen Winkel*. Die Menge der Rotationen ist also eine *dreidimensionale Mannigfaltigkeit* in der neundimensionalen Menge aller 3×3-Matrizen, weil es eine (im Wesentlichen) bijektive und stetige Abbildung $(\phi, \theta, \psi) \rightarrow R_3(\phi)R_1(\theta)R_3(\psi)$ in die Menge aller Rotationsmatrizen gibt und dabei (ϕ, θ, ψ) in einer wirklich 3D-Teilmenge des $\mathbb{R}^3$ variieren. (Man überlege, in welchem Winkelbereich die Euler'schen Winkel variieren müssen um, von den angesprochenen Ausnahmefällen abgesehen, Bijektivität zu erhalten.)

Wir haben Rotationen rein geometrisch definiert. Die Bemerkung nach dem gleich folgenden Satz enthält eine begrifflichere Definition.

Satz 8.4.4. *(Determinante und Eigenwerte orthogonaler (unitärer) Transformationen)*

  i) *Für jede orthogonale bzw. unitäre Transformation Q gilt* $\det Q = \pm 1$.

 ii) *Ist Q eine orthogonale Transformation über $\mathbb{R}^n$ mit ungeradem n, so ist mindestens ein Eigenwert entweder $+1$ oder -1.*

Beweis. i) Wie wir wissen, haben alle Eigenwerte einer orthogonalen (unitären) Abbildung den Betrag 1. Reelle Eigenwerte können also entweder $+1$ oder -1 sein und ihr Produkt ergibt ± 1. Echt komplexe Eigenwerte treten (in gleicher Vielfachheit) paarweise konjugiert zueinander auf. Ein entsprechendes Produkt liefert dann jeweils $\alpha\bar{\alpha} = 1$. Die Determinante kann somit, als das Produkt aller Eigenwerte, nur die Werte ± 1 annehmen.

ii) Für eine orthogonale Transformation Q über $\mathbb{R}^n$ mit ungeradem n ist χ_Q ein Polynom ungeraden Grades mit reellen Koeffizienten und hat damit mindestens eine reelle Nullstelle; echt komplexe Nullstellen erscheinen doch in konjugierten Paaren. Da aber alle Eigenwerte vom Betrag 1 sind, kommt nur ± 1 dafür infrage. $\square$

Bemerkung (nochmals orthogonale Transformationen in $\mathbb{R}^3$). Welche orthogonalen Transformationen in $\mathbb{R}^3$ gibt es? Wir bezeichnen die Eigenwerte mit α_1 (jedenfalls reell), α_2, α_3 und untersuchen die möglichen Fälle. Die geometrische Deutung ergibt sich durch Betrachtung im Orthonormalsystem f_1, f_2, f_3, das aus den Eigenvektoren gebildet wird.

  i) α_2, α_3 echt komplex: Ist $\alpha_1 = 1$, liegt eine *Drehung* um den Eigenvektor f_1 von α_1 als Achse vor. f_1 gibt wirklich die Rotationsachse im Sinne der Beispiele vor dem Satz, denn $[f_1]$ bleibt unter der Transformation invariant. Ist $\alpha_1 = -1$, so wird der Normalraum (= die Normalebene) auf f_1, also die Ebene $[f_2, f_3]$, wieder gedreht, die f_1-Komponente jedes Vektors jedoch an dieser Ebene gespiegelt (*Drehspiegelung*).

  Im Übrigen fasst man natürlich auch die Identität, die bei unserer Systematik nach Eigenwerten unter v) eigens genannt ist, als Rotation auf, ebenso den Fall mit Eigenwerten $(1, -1, -1)$ (Drehung um den Winkel π).

 ii) Zwei Eigenwerte $\alpha_1, \alpha_2 = -1$, $\alpha_3 = +1$: *Spiegelung* an der Geraden $[f_3]$.

iii) Zwei Eigenwerte $\alpha_1, \alpha_2 = +1$, $\alpha_3 = -1$: *Spiegelung* an der f_1-f_2-Ebene.

 iv) Alle Eigenwerte -1: Spiegelung am Nullpunkt 0.

  v) Alle Eigenwerte $+1$: Identität.

Aufgaben

8.10. Untersuchen Sie die möglichen orthogonalen Transformationen in $\mathbb{R}^4$ nach dem Muster unserer Betrachtungen im $3D$-Fall.

8.11. Da es schon viele handgerechnete Beispiele über orthogonale Transformationen gegeben hat, hier eine Aufgabe für Computerfreaks. Betrachten Sie den Einheitswürfel $Q \subset \mathbb{R}^4$ mit den Eckpunkten $(\pm 1, \pm 1, \pm 1, \pm 1)$ (alle Kombinationen der Vorzeichen). Schreiben Sie ein Programm, das diese Punkte auf eine beliebige Ebene Σ durch $\mathbf{0}$ (gegeben durch zwei Normalrichtungen darauf) projiziert. (Σ ist die Bildschirmebene, sodass die Punkte entsprechend angezeigt werden.) Welche Punkte sind durch eine Kante zu verbinden? Stellen Sie auch die Kanten am Bildschirm dar, am besten in unterschiedlichen Farben je nach ihrer Richtung. Zusätzlich kann man noch die Koordinaten in der Kantenrichtung durch den Sättigungsgrad der jeweiligen Farbe kenntlich machen.

8.12. Wem das noch immer nicht genug ist, der erweitere das Programm dahin gehend, dass z.B. auch die Normalenvektoren auf die Bildschirmebene automatisch mit einer gewissen Geschwindigkeit geändert werden, sodass sich immer mehr ein anschauliches Verständnis des $\mathbb{R}^4$ entwickelt.

8.5   Bilinearformen und Sesquilinearformen

V bezeichnet in diesem Abschnitt einen (meist endlichdimensionalen) Vektorraum, zunächst über $K = \mathbb{R}$.

Bilinearformen: Definition und Darstellung.   Wir studieren hier Abbildungen, die – bis auf die Positivität – die Eigenschaften eines inneren Produktes besitzen und geben somit die

Definition 8.5.1 (Bilinearform). *Eine Abbildung $b : V \times V \to \mathbb{R}$ (V ein reeller linearer Raum) heißt* (symmetrische) Bilinearform, *wenn*

i) $b(\mathbf{x}, \mathbf{y}) = b(\mathbf{y}, \mathbf{x})$ *(Symmetrie)*

ii) $b(\lambda \mathbf{x} + \mu \mathbf{x}', \mathbf{y}) = \lambda b(\mathbf{x}, \mathbf{y}) + \mu b(\mathbf{x}', \mathbf{y})$ *(Linearität im 1. Argument)*

iii) $b(\mathbf{x}, \lambda \mathbf{y} + \mu \mathbf{y}') = \lambda b(\mathbf{x}, \mathbf{y}) + \mu b(\mathbf{x}, \mathbf{y}')$ *(Linearität im 2. Argument)*

für alle $\mathbf{x}, \mathbf{y}, \mathbf{x}', \mathbf{y}' \in V$ und für alle $\lambda, \mu \in \mathbb{R}$ gilt.

Satz 8.5.1 (Bilinearformen und Matrizen). *Es sei $\dim V = n < \infty$ und V mit der Standardbasis und dem euklidischen Produkt ausgestattet. Ist b eine symmetrische Bilinearform über V, dann gibt es eine eindeutig bestimmte* selbstadjungierte *$n \times n$-Matrix $B = (b_{ij})$ mit*

$$b(\mathbf{x}, \mathbf{y}) = \langle B\mathbf{x}, \mathbf{y} \rangle \quad \forall \mathbf{x}, \mathbf{y} \in V. \tag{8.6}$$

Umgekehrt gibt jede selbstadjungierte $n \times n$- Matrix B gemäß Gleichung 8.6 zu einer symmetrischen Bilinearform Anlass.

Beweis. Aus der Bilinearität von b folgt für alle $\mathbf{x} = \sum x_i \mathbf{e}_i$ und $\mathbf{y} = \sum y_j \mathbf{e}_j$: $b(\mathbf{x}, \mathbf{y}) = \sum_{i,j} b(\mathbf{e}_i, \mathbf{e}_j) x_i y_j$. Setzt man $b_{ij} = b(\mathbf{e}_i, \mathbf{e}_j)$, so sieht man daraus, dass wegen der Symmetrie von b allgemein $b_{ij} = b_{ji}$ ist; mit $B = (b_{ij})$ liegt folglich eine Darstellung der gewünschten Art vor und B ist selbstadjungiert. Die Eindeutigkeit ergibt sich, weil in jeder Darstellung $b(\mathbf{x}, \mathbf{y}) = \sum b'_{ij} x_i y_j$ Auswertung an der Stelle $(\mathbf{e}_i, \mathbf{e}_j)$ zu $b'_{ij} = \frac{b(\mathbf{e}_i, \mathbf{e}_j)}{2}$ führt, wenn wir die Voraussetzung $b'_{ij} = b'_{ji}$ beachten. – Dass umgekehrt jede selbstadjungierte Matrix zu einer symmetrischen bilinearen Abbildung führt, prüft man direkt nach. $\qquad\square$

Bemerkung. Ist b bzw. B so beschaffen, dass $b(\mathbf{x}, \mathbf{x}) = \langle B\mathbf{x}, \mathbf{x} \rangle > 0 \quad \forall \mathbf{x} \neq \mathbf{0}$, so definiert b ein (im Allgemeinen neues) inneres Produkt. Aber auch symmetrische Bilinearformen, die positiver wie auch negativer Werte fähig sind, spielen oft eine Rolle.

Bemerkung. Die von einer selbstadjungierten Matrix A erzeugte Bilinearform bezeichnen wir mit b_A:

$$b_A(\mathbf{x}, \mathbf{y}) := \langle A\mathbf{x}, \mathbf{y} \rangle.$$

Bemerkung (Bilinearform zu einer Diagonalmatrix). Ist A diagonal, $A = \mathrm{diag}(\alpha_j)$, so ist

$$b_A(\mathbf{x}, \mathbf{y}) = \sum_j \alpha_j x_j y_j.$$

Eine Bilinearform zu einer Diagonalmatrix besitzt also keine gemischten Glieder und umgekehrt.

Das euklidische Produkt $\sum_j x_j y_j$ ist natürlich ein besonders einfaches Beispiel für eine Bilinearform zu einer Diagonalmatrix (der Einheitsmatrix).

Diagonalisierung. Da eine Bilinearform ohne gemischte Glieder eindeutig einfacher ist als eine mit solchen, ist es wünschenswert, durch Koordinatentransformation (wie sonst?) Bilinearformen auf möglichst einfache Gestalt zu bringen. Wir untersuchen, welches Vorgehen im Einzelnen in Betracht kommt.
Welche Auswirkung hat eine Koordinatentransformation der Argumente auf eine symmetrische Bilinearform $b = b_A$? – Die Transformation sei durch ein invertierbares $T \in \mathfrak{M}_{nn}$ gegeben, $\mathbf{x} = T\mathbf{x}'$ usw. Dann ergibt sich $b(\mathbf{x}, \mathbf{y}) = \langle A\mathbf{x}, \mathbf{y} \rangle = \langle AT\mathbf{x}', T\mathbf{y}' \rangle = \langle T^*AT\mathbf{x}', \mathbf{y}' \rangle =: b'(\mathbf{x}', \mathbf{y}')$. Man beachte, dass mit A auch $A' := T^*AT$ selbstadjungiert ist. – Unser Ergebnis lautet:

Satz 8.5.2 (Transformation einer Bilinearform). *Wendet man auf die Argumente einer symmetrischen Bilinearform $b = b_A$ eine Koordinatentransformation (Matrix T invertierbar; $\mathbf{x} = T\mathbf{x}', \dots$) an, so induziert dies eine wiederum symmetrische Bilinearform $b' = b_{A'}$, sodass* $\quad \forall \mathbf{x}, \mathbf{y} \in V$

$$b(\mathbf{x}, \mathbf{y}) = \langle A\mathbf{x}, \mathbf{y} \rangle = \langle A'\mathbf{x}', \mathbf{y}' \rangle = b'(\mathbf{x}', \mathbf{y}') \quad (A' = T^*AT).$$

Da A selbstadjungiert ist, lässt es sich durch eine geeignete orthogonale Matrix Q diagonalisieren; es ergibt sich $A' = Q^*AQ$, wobei $A' = \mathrm{diag}(\alpha_j)$. Die Eigenwerte α_j von A sind ja in diesem Fall reell; demnach gilt

Satz 8.5.3 (Diagonalisierung einer Bilinearform). *Jede symmetrische Bilinearform b kann durch eine orthogonale Transformation Q auf Diagonalgestalt b' gebracht werden* ($\mathbf{x} = Q\mathbf{x}', \ldots$),

$$b(\mathbf{x}, \mathbf{y}) = b'(\mathbf{x}', \mathbf{y}') = \sum_j \alpha_j x'_j y'_j.$$

Dabei sind die α_j die Eigenwerte der Matrix von b. (Mehrfache Eigenwerte sind mehrfach angeschrieben.)

Beispiel (Diagonalisierung einer symmetrischen Bilinearform). Wir betrachten die Form zur symmetrischen Matrix

$$A = \frac{1}{9} \begin{pmatrix} 2 & 2 & 10 \\ 2 & 11 & -8 \\ 10 & -8 & 5 \end{pmatrix}.$$

Ihr charakteristisches Polynom ist $\chi_A(\alpha) = -\alpha^3 + 2\alpha^2 + \alpha - 2$, seine Nullstellen sind $\alpha_1 = 1, \alpha_2 = 2, \alpha_3 = -1$. Die Eigenvektoren, die wir sofort normieren, lauten

$$\mathbf{q}_1 = \frac{1}{3} \begin{pmatrix} 2 \\ 2 \\ 1 \end{pmatrix}, \mathbf{q}_1 = \frac{1}{3} \begin{pmatrix} 1 \\ -2 \\ 2 \end{pmatrix}, \mathbf{q}_3 = \frac{1}{3} \begin{pmatrix} -2 \\ 1 \\ 2 \end{pmatrix}.$$

Zusammengestellt liefern sie die diagonalisierende Matrix Q. *Allerdings benötigt man die Eigenvektoren nur dann, wenn man die Koordinatentransformation wirklich angeben will.* Kommt es nur auf die Diagonalgestalt der Form an, so genügen die Eigenwerte, sodass in diesem Beispiel

$$\frac{1}{9}(2x_1y_1 + 2x_2y_1 + 10x_3y_1 + 2x_1y_2 + 11x_2y_2 + \ldots) = x'_1y'_1 + 2x'_2y'_2 - x'_3y'_3.$$

Bemerkung (quadratische Form). Jede symmetrische Bilinearform $b(\mathbf{x}, \mathbf{y}) = \langle A\mathbf{x}, \mathbf{y} \rangle$ induziert vermöge

$$q(\mathbf{x}) = b(\mathbf{x}, \mathbf{x}) = \langle A\mathbf{x}, \mathbf{x} \rangle \tag{8.7}$$

eine *quadratische Form* über V. Während man aber bei Bilinearformen wirklich neue (eben nichtsymmetrische) Formen gewinnt, wenn man auch nichtsymmetrische (nicht selbstadjungierte) Matrizen zulässt, ist das bei quadratischen Formen nicht der Fall. Denn nehmen wir für den Moment an, A sei eine nichtsymmetrische Matrix. Dann ist $q(\mathbf{x}) = \sum_{ij} a_{ij}x_ix_j = \sum_{ij} \frac{1}{2}(a_{ij} + a_{ji})x_ix_j$ und die jetzt auftretende Matrix $(\frac{1}{2}(a_{ij} + a_{ji}))$ ist symmetrisch. Bei quadratischen Formen können und werden wir also *von vornherein annehmen, dass die erzeugende Matrix symmetrisch (selbstadjungiert) ist.*

Kehren wir zum Beispiel zurück und bestimmen wir die zu b bzw. b' gehörigen quadratischen Formen q bzw. q'. Bei b bemerkt man, dass Nichtdiagonalglieder immer paarweise auftreten, z.B. geben die Glieder $2x_2y_1 + 2x_1y_2$ in q Anlass zu $2x_2x_1 + 2x_1x_2 = 4x_1x_2$. Insgesamt erhält man

$$q(\mathbf{x}) = \frac{1}{9}(2x_1^2 + 11x_2^2 + 5x_3^2 + 4x_1x_2 + 20x_1x_3 - 16x_2x_3).$$

q' ist aussagekräftiger:

$$q'(\mathbf{x}') = {x_1'}^2 + 2{x_2'}^2 - {x_1'}^2.$$

Man sieht dieser Form sofort an, dass sowohl positive wie auch negative Funktionswerte angenommen werden, da die Koeffizienten (Eigenwerte von A) unterschiedlichen Vorzeichen besitzen. – Die Frage, welcher Vorzeichen eine quadratische Form fähig ist, tritt, wie aus der Analysis bekannt, etwa bei der Bestimmung des Typs von Extremalstellen bei Funktionen mehrerer Variabler auf. Wir stellen sie uns im kommenden Paragraphen in allgemeinem Zusammenhang.

Definitheit. Ausgehend von einer quadratischen Form q zu einer selbstadjungierten Matrix A,

$$q_A(\mathbf{x}) = b_A(\mathbf{x}, \mathbf{x}) = \sum_{j,k=1}^{n} a_{jk} x_j x_k$$

definieren wir drei Zahlen:

- n_+ ... Summe der Vielfachheiten aller Eigenwerte > 0

- n_- ... Summe der Vielfachheiten aller Eigenwerte < 0

- n_0 ... Vielfachheit des Eigenwertes 0

Offenbar ist $n_0 + n_+ + n_- = n$.

Satz 8.5.4 (Trägheitssatz). *Es ist*

- $n_+ = \max\{\dim W : W \subseteq V, q(\mathbf{x}) > 0 \ \forall \mathbf{x} \in W, \mathbf{x} \neq \mathbf{0}\}$

- $n_- = \max\{\dim W : W \subseteq V, q(\mathbf{x}) < 0 \ \forall \mathbf{x} \in W, \mathbf{x} \neq \mathbf{0}\}.$

Dabei sind die Maxima jeweils über Teilräume W von V zu erstrecken.

Beweis. Wir gehen gleich von einer geeigneten Basis $\mathbf{q}_1, \ldots, \mathbf{q}_n$ aus, in der die quadratische Form in Diagonalgestalt erscheint: $q(\mathbf{x}) = \sum_j \alpha_j x_j^2$. Denken wir uns die Eigenwerte der Form fallend geordnet, so ist $\alpha_1 \geq \alpha_2 \geq \ldots \geq \alpha_{n_+} > 0$, aber $\alpha_{n_++1} \leq 0$. Daher ist $\forall \mathbf{x} \in [\mathbf{q}_1, \ldots, \mathbf{q}_{n_+}]$ mit $\mathbf{x} \neq \mathbf{0}$ sicher $q(\mathbf{x}) > 0$, d.h. $n_+ \leq \max\{\dim W : W \subseteq V, q(\mathbf{x}) > 0 \ \forall \mathbf{x} \in W, \mathbf{x} \neq \mathbf{0}\}$. In ähnlicher Weise zeigt man, dass n_- nicht größer als der rechts stehende Ausdruck sein kann.
Wir behaupten, dass sogar Gleichheit gilt und zeigen dies wiederum für n_+. Dazu setzen wir indirekt die Existenz eines Raumes W voraus mit $q(\mathbf{x}) > 0$ für alle $\mathbf{x} \in W$ mit $\mathbf{x} \neq \mathbf{0}$, aber $\dim W > n_+$. Es ist $\dim W + \dim[\mathbf{q}_{n_++1}, \ldots, \mathbf{q}_n] > n$, woraus $\dim(W \cap [\mathbf{q}_{n_++1}, \ldots, \mathbf{q}_n]) \geq 1$ folgt (vgl. Satz 4.5.4). Also ist $W \cap [\mathbf{q}_{n_++1}, \ldots, \mathbf{q}_n] \supset \{\mathbf{0}\}$. Für alle Elemente $\mathbf{x} \neq \mathbf{0}$ dieses Durchschnittes ist einerseits $q(\mathbf{x}) > 0$, da $\mathbf{x} \in W$. Andererseits ist dort auch $q(\mathbf{x}) \leq 0$, weil man in $[\mathbf{q}_{n_++1}, \ldots, \mathbf{q}_n]$ die Summation mit $n_+ + 1$ beginnen lassen kann: $q(\mathbf{x}) = \sum_{j=n_++1}^{n} \alpha_j x_j^2$. Insgesamt resultiert ein Widerspruch. $\qquad\square$

Bemerkung (Signatur einer quadratischen Form). Ist W_+ ein Raum der Dimension n_+, sodass dort für $\mathbf{x} \neq \mathbf{0}$ stets $q(\mathbf{x}) > 0$ gilt, W_- analog ein Raum der Dimension n_-, in dem $q(\mathbf{x}) < 0$ ist und ist ferner W_0 ein Raum, sodass insgesamt

$$V = W_+ \oplus W_- \oplus W_0,$$

also ein Komplement zu $W_+ \oplus W_-$, so ist $\dim W_0 = n_0$. Das Zahlentripel (n_+, n_-, n_0) hängt nach dem Satz *nur* von q ab und ist daher für alle quadratischen Formen, die aus A durch Anwendung einer nichtsingulären Matrix T im Sinne T^*AT hervorgehen, ein und dasselbe. Man nennt (n_+, n_-, n_0) die *Signatur* der quadratischen Form.

Es sei übrigens bemerkt, dass n_0 eine etwas andere Rolle spielt als $n_\pm$. So ist z.B. für die quadratische Form $q(x_1, x_2) = x_1^2 - x_2^2$ offenbar $n_+ = n_- = 1$ und $n_0 = 0$. Dennoch gibt es einen eindimensionalen Raum, nämlich etwa $W = [(1, 1)^t]$, auf dem q beständig verschwindet.

Bemerkung. Man kann bei der obigen Zerlegung von V sogar von orthogonalen Summen ausgehen:

$$V = W_+ \oplus^\perp W_- \oplus^\perp W_0.$$

Der diagonalisierten Form sieht man dies ganz direkt an. Man nehme nämlich $W_+ = [\mathbf{f}_1, \dots, \mathbf{f}_{n_+}]$ (Erzeugnis aller Eigenvektoren zu positiven Eigenwerten), W_- entsprechend und für W_0 den Eigenraum zum Eigenwert 0.

In Abhängigkeit von den Eigenschaften der zugehörigen quadratischen Form gibt man für selbstadjungierte Matrizen folgende

Definition 8.5.2 (Definitheit). *Eine selbstadjungierte Matrix A heißt*

i) positiv definit, *wenn* $\langle A\mathbf{x}, \mathbf{x} \rangle > 0 \;\; \forall \mathbf{x} \neq 0$ *(also $n_+ = n, n_0 = n_- = 0$)*

ii) positiv semidefinit, *wenn* $\langle A\mathbf{x}, \mathbf{x} \rangle \geq 0 \;\;\; \forall \mathbf{x} \neq 0$ *und für gewisse* $\mathbf{x} \neq 0$ *tatsächlich* $\langle A\mathbf{x}, \mathbf{x} \rangle = 0$, *aber* $A \neq O$ *(also $0 < n_+ < n, n_0 > 0, n_- = 0$)*

iii) indefinit, *wenn* $\langle A\mathbf{x}, \mathbf{x} \rangle$ *sowohl positive wie negative Werte annimmt ($n_+ > 0$, $n_- > 0$)*

ii) negativ semidefinit, *wenn* $\langle A\mathbf{x}, \mathbf{x} \rangle \leq 0 \;\;\; \forall \mathbf{x} \neq 0$ *und für gewisse* $\mathbf{x} \neq 0$ *tatsächlich* $\langle A\mathbf{x}, \mathbf{x} \rangle = 0$, *aber* $A \neq O$ *($n_+ = 0, n_0 > 0, 0 < n_+ < n$)*

v) negativ definit, *wenn* $\langle A\mathbf{x}, \mathbf{x} \rangle < 0 \;\; \forall \mathbf{x} \neq 0$ *(also $n_+ = n_0 = 0, n_- = n$)*

v) Nullform, *wenn* $\langle A\mathbf{x}, \mathbf{x} \rangle = 0 \;\; \forall \mathbf{x}$ *(also $n_+ = n_- = 0, n_0 = n$ und somit $A = O$)*

Die positive Definitheit einer Matrix kann man an den so genannten *Hauptminoren* ablesen. Betrachten wir für $1 \leq k \leq n$ die Teilmatrix A_k, bei der die Indizes nur von 1 bis k laufen, so ist der k-te Hauptminor

$$\underline{A}_k := \det A_k = \begin{vmatrix} a_{11} & \cdots & a_{1k} \\ \vdots & & \vdots \\ a_{k1} & \cdots & a_{kk} \end{vmatrix}. \tag{8.8}$$

Mit diesem Begriff gilt

Satz 8.5.5 (Positive Definitheit und Hauptminoren). *Eine selbstadjungierte $n \times n$-Matrix ist genau dann positiv definit, wenn alle Hauptminoren positiv sind.*

Beweis. i) $\Rightarrow$: A sei selbstadjungiert und positiv definit, d.h., q_A ist positiv definit. Dann ist natürlich die Einschränkung von q_A auf jeden Teilraum von V ebenfalls positiv definit. Insbesondere gilt dies für die Einschränkungen auf Teilräume der Form $[\mathbf{e}_1, \ldots, \mathbf{e}_k]$ (die $\mathbf{e}_j$ sind die Vektoren der Standardbasis). Die Matrix einer derartigen Einschränkung ist aber gerade A_k. Denn für $\mathbf{x} = (x_1, \ldots, x_k, 0, 0, \ldots)^t$ ist $A\mathbf{x} = A_k(x_1, \ldots, x_k)^t$. Somit besitzt A_k nur positive Eigenwerte und daher ist $\underline{A}_k = \det A_k > 0$.

ii)$\Leftarrow$: diese Richtung zeigen wir durch Induktion nach der Dimensionszahl n. Wir beachten dabei, dass A genau dann positiv definit ist, wenn alle Eigenwerte positiv sind, wie aus der Diagonalgestalt der zugehörigen quadratischen Form hervorgeht.

Für $n = 1$ ist der Satz trivialerweise richtig, weil dann einfach $\det A = a_{11}$ und die quadratische Form natürlich positiv definit genau dann ist, wenn $a_{11} > 0$.

Es sei nunmehr für alle (n-1)×(n-1)-Matrizen A_{n-1} die Aussage des Satzes gezeigt $A = A_n$ sei eine n×n-Matrizen mit ausschließlich positiven Hauptminoren. A parkettieren wir in der Form

$$A = \begin{pmatrix} A_{n-1} & \mathbf{b} \\ \mathbf{b}^t & a_{nn} \end{pmatrix}$$

mit einem $\mathbf{b} \in \mathbb{R}^{n-1}$. Wir wenden eine orthogonale Transformation T_{n-1} auf die ersten $n-1$ Koordinaten an, die A_{n-1} in eine Diagonalmatrix überführt, $D_{n-1} = T^*_{n-1}A_{n-1}T_{n-1}$, erweitern sie aber sofort zur ebenfalls orthogonalen (weshalb?) und daher nichtsingulären vollen Transformation

$$T = \begin{pmatrix} T_{n-1} & \mathbf{0} \\ \mathbf{0}^t & 1 \end{pmatrix},$$

die auf A eine Wirkung der Form

$$B = T^*AT = \begin{pmatrix} D_{n-1} & \mathbf{c} \\ \mathbf{c}^t & b_{nn} \end{pmatrix}$$

entfaltet ($b_{nn} \in K, \mathbf{c} \in K^{n-1}$ passend). Alle Hauptminoren von A_{n-1} sind positiv (weil das sogar für alle Hauptminoren von A_n zutrifft), daher ist A_{n-1} nach Induktionsannahme positiv definit und folglich besitzt D_{n-1} in der Diagonale ausschließlich positive Einträge.

Wir eliminieren nun den störenden Vektor $\mathbf{c}$ in B mithilfe einer Matrix S der Struktur

$$S = \begin{pmatrix} I_{n-1} & \mathbf{f} \\ \mathbf{0} & 1 \end{pmatrix}.$$

(S ist i.A. *keine* orthogonale Matrix; man beachte, wie das Argument im Folgenden läuft.) Als rechte obere Matrix mit Diagonaleinträgen 1 ist S nichtsingulär. Wie man sofort nachrechnet, ist

$$S^*BS = \begin{pmatrix} D_{n-1} & D_{n-1}\mathbf{f} + \mathbf{c} \\ (D_{n-1}\mathbf{f} + \mathbf{c})^* & d_{nn} \end{pmatrix}$$

mit einem gewissen d_{nn}, dessen genaue Gestalt wir nicht benötigen.

Mit $\mathbf{f} = -D_{n-1}^{-1}\mathbf{c}$ (D_{n-1} ist als Diagonalmatrix mit positiven Diagonaleinträgen invertierbar) nimmt diese Matrix Diagonalgestalt an: $D = \text{diag}(D_{n-1}, d_{nn})$. Aus $D = S^*BS$ folgt $\det D = (\det S)^2 \det D_{n-1}$, daher $\text{sign}(\det D) = \text{sign}(\det D_{n-1}) = +1$. Da $\det D = d_{nn} \det D_{n-1}$, ist auch $d_{nn} > 0$.

Wenn wir unsere Tranformationen zusammenfassen, so haben wir

$$D = (TS)^* A(TS) = S^*(T^*AT)S = S^*BS = \begin{pmatrix} D_{n-1} & \mathbf{0} \\ \mathbf{0}^t & d_{nn} \end{pmatrix} ;$$

D besitzt durchwegs positive Diagonalelemente und ist daher positiv definit. Unter Verwendung von $\mathbf{x}' := (TS)^{-1}\mathbf{x}$ oder eben $\mathbf{x} = (TS)\mathbf{x}'$ ist aber

$$q_A(\mathbf{x}) = q_D(\mathbf{x}') > 0 \quad \forall\, \mathbf{x} \neq \mathbf{0},$$

womit wir A als positiv definit erkannt haben.   □

Bemerkung (der komplexe Fall). Die Übertragung der bisherigen Resultate auf den Fall $K = \mathbb{C}$ versteht sich, bis auf die Bezeichnung, von selbst. Das Analogon zu einer symmetrischen Bilinearform ist eine *Sesquilinearform* (sesqui = eineinhalb), die alle Eigenschaften des inneren Produktes im komplexen Fall (insbesondere konjugierte Linearität in der 2. Komponente) erfüllt, bis auf die Positivität. Zu jeder Sesquilinearform gehört, wenig überraschend, eine (komplex) selbstadjungierte Matrix.

Aufgaben

8.13. Zeigen Sie, dass für eine positiv definite Matrix jedes Diagonalelement $a_{jj} > 0$ ist.

8.14. Geben Sie eine *nicht* positiv definite Matrix mit ausschließlich positiven Diagonalelementen an.

8.15. Für welche Werte von α ist die Matrix $\begin{pmatrix} 1 & -1 & 2 \\ -1 & \alpha & 3 \\ 2 & 3 & 2 \end{pmatrix}$ positiv definit?

8.16. A und B seien positiv definite, symmetrische $n \times n$-Matrizen. Ist dann $A+B$ positiv definit?

8.17. Wie lassen sich die Permutationen beschreiben, die zu *selbstadjungierten* Permutationsmatrizen führen? Welche davon geben zu positiv definiten Matrizen Anlass?

8.18. Wir gehen von der $n \times n$-Matrix $M_n(\alpha) = \begin{pmatrix} 1 & \alpha & \alpha & \cdots \\ \alpha & 1 & \alpha & \\ \alpha & \alpha & 1 & \\ \vdots & & & \ddots \end{pmatrix}$ aus. Für welche Werte von α ist sie bei gegebenem n positiv definit?

8.19. Arbeiten Sie den Zusammenhang zwischen Sesquilinearformen und komplex selbstadjungierten Matrizen aus.

8.20. Gehört die Matrix $A = \begin{pmatrix} i & i \\ -i & i \end{pmatrix}$ zu einer symmetrischen Sesquilinearform?

8.21. Stellen Sie die zur Matrix $A = \begin{pmatrix} 0 & 2i & 4i \\ -2i & 0 & -4i \\ -4i & 4i & 0 \end{pmatrix}$ gehörige sesquilineare bzw. quadratische Form auf. Weshalb kann man bei einer selbstadjungierten Matrix auch im komplexen Fall von den verschiedenen Arten der Definitheit der quadratischen Form sprechen? Welche Art der Definitheit trifft hier zu? Geben Sie die Diagonalform an und das Koordinatensystem, in dem diese auftritt.

8.6 Synopsis: Gruppen linearer Abbildungen

In den letzten Abschnitten sind gewisse wichtige Typen von Abbildungen bzw. Matrizen aufgetreten, zusätzlich zu solchen, die wir schon früher besprochen haben. Ein Überblick über die Typen von Abbildungen wird daher nützlich sein. Bis auf einen Typ (selbstadjungierte Matrizen) bilden diese Abbildungen bezüglich der Zusammensetzung eine Gruppe. Wir wollen die wichtigsten dieser Gruppen hier zusammenstellen und beginnen mit einer Klasse von Abbildungen, die bisher noch nicht explizit aufgetreten sind.

Alle Abbildungen in diesem Abschnitt bilden einen (reellen oder komplexen) linearen Raum V, $\dim V = n < \infty$, in sich ab.

Gruppen affin linearer Abbildungen. *Affin lineare Abbildungen* sind – in Gegensatz zu dem, was der Name erwarten lässt – i.A. *nicht* linear. Es handelt sich um Abbildungen der Form

$$\mathbf{x} \to \mathcal{B}(\mathbf{x}) = \mathcal{A}(\mathbf{x}) + \mathbf{b}$$

mit einer *linearen Abbildung* $\mathcal{A} : V \to V$ und einem $\mathbf{b} \in V$, also um die Anwendung einer linearen Abbildung $\mathcal{A}$ mit anschließender Verschiebung um einen Vektor $\mathbf{b}$. Man prüft sofort nach, dass eine affin lineare Abbildung genau für $\mathbf{b} = \mathbf{0}$ linear ist.

Wir erinnern an den allgemeinen Sachverhalt, wonach die Gesamtheit der bijektiven Abbildungen einer Menge in sich eine Gruppe bildet. Das Inverse im Abbildungssinn ist gleichzeitig das Inverse im Sinn der Gruppentheorie. Es sei $\mathfrak{G}$ (bezüglich der Zusammensetzung) irgendeine Gruppe *linearer* Abbildungen $V \to V$. Dann ist mit

$$\mathfrak{G}_a := \{\mathcal{B} : \exists \mathcal{A} \in \mathfrak{G}, \mathbf{b} \in V \text{ mit } \mathcal{B}(\mathbf{x}) = \mathcal{A}(\mathbf{x}) + \mathbf{b} \ \forall \mathbf{x} \in V\}$$

eine Menge definiert, die bezüglich der Zusammensetzung sogar eine Gruppe ist:

Satz 8.6.1 (Gruppen affiner Abbildungen). $\mathfrak{G}_a$ *ist eine Gruppe von Abbildungen, wenn $\mathfrak{G}$ eine solche bezüglich der Zusammensetzung ist, die* affine Gruppe *zu* $\mathfrak{G}$.

Beweis. Jede derartige Abbildung ist leicht als bijektiv zu erkennen; das Inverse zu $\mathcal{A}(\mathbf{x}) + \mathbf{b}$ ist die Abbildung $\mathbf{y} \to \mathcal{A}^{-1}(\mathbf{y}) - \mathcal{A}^{-1}(\mathbf{b})$. Die Gruppeneigenschaft von $\mathfrak{G}_a$ ist nach Satz 2.1.1 nachgewiesen, wenn für alle $\mathcal{B}, \mathcal{B}' \in \mathfrak{G}_a$ gezeigt ist: $\mathcal{B}'^{-1}\mathcal{B} \in \mathfrak{G}_a$.

Es sei, in wohl verständlicher Notation, $\mathcal{B} = \mathcal{A} + \mathbf{b}$, $\mathcal{B}' = \mathcal{A}' + \mathbf{b}'$. Dann ist

$$\mathcal{B}'^{-1}\mathcal{B}(\mathbf{x}) = \mathcal{B}'^{-1}(\mathcal{A}(\mathbf{x}) + \mathbf{b}) = \mathcal{A}'^{-1}\mathcal{A}(\mathbf{x}) + \mathcal{A}'^{-1}\mathcal{A}(\mathbf{b}) - (\mathcal{A}')^{-1}\mathbf{b}' = \mathcal{A}''(\mathbf{x}) + \mathbf{b}''$$

mit $\mathcal{A}'' = \mathcal{A}'^{-1}\mathcal{A} \in \mathfrak{G}$ und $\mathbf{b}'' = \mathcal{A}'^{-1}\mathcal{A}(\mathbf{b}) + \mathbf{b}' \in V$. Also ist $\mathcal{B}'^{-1}\mathcal{B} \in \mathfrak{G}_a$. $\square$

Allgemeine und spezielle lineare Gruppe. Wir wenden uns nun den Gruppen *linearer* Abbildungen zu. – Die *allgemeine lineare Gruppe* (*General Linear Group*) $\mathfrak{GL}(n, K)$ besteht aus der Menge aller bijektiven linearen Abbildungen $V \to V$ (bzw. aus der Menge der nichtsingulären $n \times n$-Matrizen).

Es ist sofort klar, dass diese Menge bezüglich der Zusammensetzung (Matrixmultiplikation) als Operation eine Gruppe bildet; die identische Transformation $\mathcal{I}$ ist das neutrale Element und das jeweils inverse Element ist die inverse Abbildung. – Offenbar ist, wenn man mit Matrizen arbeitet,

$$\mathfrak{GL}(n, K) = \mathfrak{GL}_n := \{A \in \mathfrak{M}_{nn} : \det A \neq 0\}.$$

Wie man sofort nachprüft, ist die Teilmenge

$$\mathfrak{GL}_{n+} := \{A \in \mathfrak{GL}_n : \det A > 0\}$$

eine Untergruppe von $\mathfrak{GL}$.

Eine andere Untergruppe der $\mathfrak{GL}_n$ ist die *spezielle lineare Gruppe*

$$\mathfrak{SL}_n = \{A \in \mathfrak{M}_{nn} : \det A = 1\}.$$

Auch hierbei handelt es sich dabei in der Tat um eine Untergruppe. Denn ist $A, B \in \mathfrak{SL}_n$, so ist $B^{-1}A$ nichtsingulär und $\det(B^{-1}A) = \frac{\det A}{\det B} = 1$.

Gruppen von Transformationen hängen eng mit geometrischen *Invarianzeigenschaften* zusammen; es handelt sich dabei um solche geometrischen Eigenschaften, die durch Anwendung der Elemente der Gruppe nicht verändert werden.

Bemerkung (Orientierung von Basen). Als Beispiel soll uns die *Orientierung* im $\mathbb{R}^n$ dienen. Dies ist eine *Invarianzeigenschaft, die zu $\mathfrak{GL}_{n+}$ gehört.* – Man nennt in $V = \mathbb{R}^n$ zwei Basen $(\mathbf{f}_1, \ldots, \mathbf{f}_n)$, $(\mathbf{g}_1, \ldots, \mathbf{g}_n)$ *gleich orientiert* ($\mathbf{f} \sim \mathbf{g}$), wenn sie durch eine lineare Abbildung $\mathcal{A}$ mit $\det \mathcal{A} > 0$, d.h. durch ein Element von $\mathfrak{GL}_{n+}$ ineinander übergeführt werden können, $\mathbf{g}_j = \mathcal{A}(\mathbf{f}_j) \; \forall j$, und zwar eben in der ursprünglich gegebenen Anordnung.

Jede Basis gibt zu einer nichtsingulären Matrix Anlass, indem wir die Basisvektoren $\mathbf{f}_1, \ldots, \mathbf{f}_n$ in der Standardbasis $\mathbf{e}_1, \ldots, \mathbf{e}_n$ darstellen und zu einer Matrix $F = ((\mathbf{f}_1)_\mathbf{e}, \ldots, (\mathbf{f}_n)_\mathbf{e})$ zusammenfassen; umgekehrt führt auf diesem Wege jede nichtsinguläre $n \times n$-Matrix F zu einer Basis.

Eine Abbildung $\mathcal{A}$ wie vorhin besprochen existiert natürlich genau dann, wenn $\text{sign}(\det G) = \text{sign}(\det F)$. Denn genau die Matrix $A = GF^{-1}$ erfüllt $G = AF$ und für sie gilt $\det A > 0 \Leftrightarrow \text{sign}(\det G) = \text{sign}(\det F)$.

Dass zwei Basen $\mathbf{f}, \mathbf{g}$ *gleich orientiert sind, drückt sich dann in Matrizenschreibweise in der Existenz eines* $A \in \mathfrak{M}_{nn}$ *mit* $\det A > 0$, *d.h. eines* $A \in \mathfrak{GL}_+$ *aus, sodass* $G = AF$, *während umgekehrt auch jedes* $A \in \mathfrak{GL}_+$ *kraft* $G = AF$ *eine Basis* F *in eine gleich orientierte Basis* G *überführt.* Damit ist die Orientierung von Basen eine Invarianzeigenschaft, *die zur Gruppe* $\mathfrak{GL}_+$ *gehört.*

Aus der Gruppeneigenschaft von $\mathfrak{GL}_+$ folgt sofort (und in ganz allgemeiner Argumentation), dass die Orientierung, *allgemein dass eine Invarianzeigenschaft unter einer Gruppe von Transformationen zu einer Äquivalenzrelation führt:* $\mathbf{f} \sim \mathbf{g} :\Leftrightarrow \exists A \in \mathfrak{GL}_+$ mit $G = AF$. – Denn wir prüfen sofort nach, dass aus $\mathbf{f} \sim \mathbf{g}$ auch $\mathbf{g} \sim \mathbf{f}$ folgt $(F = A^{-1}G$ und $A^{-1} \in \mathfrak{GL}_+)$. Ebenso gilt die Implikation $\mathbf{f} \sim \mathbf{g}, \mathbf{g} \sim \mathbf{h} \Rightarrow \mathbf{f} \sim \mathbf{h}$ $(G = AF, H = BG$ mit $A, B \in \mathfrak{GL}_+ \Rightarrow H = (BA)F$, wobei $BA \in \mathfrak{GL}_+)$.

Man kann das auch so fassen: $\mathbf{f} \sim \mathbf{g} \Leftrightarrow \mathrm{sign}(\det G) = \mathrm{sign}(\det F)$ und die letztere Bedingung induziert natürlich eine Äquivalenzrelation über der Menge aller nichtsingulären $n \times n$-Matrizen und somit Basen.

Zwei unterschiedlich orientierte Basen im $\mathbb{R}^2$ bzw. $\mathbb{R}^3$ zeigt Abbildung. 8.4.

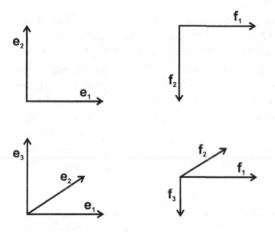

Abbildung 8.4: Unterschiedliche Orientierung von Basen in der Ebene (oben) und im Raume (unten)

Beispielsweise sind die beiden Basen in $\mathbb{R}^2$, von denen die eine die Standardbasis $E = (\mathbf{e}_1, \mathbf{e}_2) = \begin{pmatrix} 1 & 0 \\ 0 & 1 \end{pmatrix}$ und die andere die Basis $E' = (\mathbf{e}_1', \mathbf{e}_2') = \begin{pmatrix} 1 & 2 \\ 1 & 1 \end{pmatrix}$ ist (Darstellung der Vektoren in der Standardbasis), wegen $\det E > 0$, $\det E' < 0$ unterschiedlich orientiert.

Zum Allgemeinen zurückkehrend bemerken wir, *dass eine (Invarianz-)Eigenschaft von Objekten in* V *stets zu einer Gruppe von bijektiven Transformationen* $V \to V$ *Anlass gibt.* Man nehme dazu nämlich die Menge $\mathfrak{G}$ aller bijektiven (in unserem Zusammenhang wohl auch immer: linearen oder allenfalls affin linearen) Abbildungen, die die Eigenschaft unverändert lässt. $\mathfrak{G}$ ist nicht leer, da sicher $\mathcal{I} \in \mathfrak{G}$.

Dass es sich bei $\mathfrak{G}$ um eine Gruppe handelt, ist ganz direkt nachzuweisen. Denn ist mit $\mathcal{S} \in \mathbf{G}$ lässt auch $\mathcal{S}^{-1}$ die Eigenschaft invariant (weil man, indem man anschließend nochmals $\mathcal{S}$ anwendet, ohne Änderung der Eigenschaft zum Ausgangsobjekt zurückkehrt). Ferner lässt jedes $\mathcal{T} \in \mathfrak{G}$ die Eigenschaft invariant, daher auch $\mathcal{S}^{-1} \circ \mathcal{T}$, womit die Gruppeneigenschaft von $\mathfrak{G}$ erwiesen ist.

Orthogonale bzw. unitäre Gruppe.   Nun sei V ein endlichdimensionaler euklidischer Raum. Nach Definition sind genau die linearen Abbildungen orthogonal, die das innere Produkt invariant lassen: $\langle \mathcal{Q}(\mathbf{x}), \mathcal{Q}(\mathbf{y}) \rangle = \langle \mathbf{x}, \mathbf{y} \rangle \quad \forall \mathbf{x}, \mathbf{y}$. Sie sind also durch eine Invarianzeigenschaft definiert und bilden folglich eine Gruppe, die *orthogonale Gruppe* $\mathfrak{O}_n$ bzw. die *unitäre Gruppe* $\mathfrak{U}_n$.

Zur Charakterisierung orthogonaler Abbildungen genügt übrigens weniger als die Invarianz des inneren Produkts (mit zwei variablen Faktoren), nämlich die Invarianz des inneren Produktes mit *einem* variablen Faktor, also $\langle \mathbf{x}, \mathbf{x} \rangle$, d.h. also auch von $\|\mathbf{x}\|$:

Satz 8.6.2 (Charakterisierung orthogonaler Abbildungen). *Eine lineare Abbildung eines euklidischen Raumes in sich, $\mathcal{Q}: V \to V$, $\dim V < \infty$, ist genau dann orthogonal (unitär), wenn sie die Norm invariant lässt ($\|\mathbf{x}\| = \|\mathcal{Q}(\mathbf{x})\| \quad \forall \mathbf{x}$).*

Beweis.   Nur die Richtung $\Leftarrow$ erheischt einen Beweis. Ist nun aber die Norm invariant, so ist $\forall \mathbf{x}$: $\langle \mathbf{x}, \mathbf{x} \rangle = \langle \mathcal{Q}(\mathbf{x}), \mathcal{Q}(\mathbf{x}) \rangle = \langle \mathcal{Q}^* \mathcal{Q}(\mathbf{x}), \mathbf{x} \rangle$. Man bringe nun die letztere quadratische Form (mit der selbstadjungierten Matrix $Q^* Q$) orthogonal auf Diagonalgestalt ($\mathbf{x} = \mathcal{R}(\mathbf{x}')$). Es ergebe sich dafür $q_1 {x_1'}^2 + \ldots$ Wir zeigen, dass alle Eigenwerte $q_1, \ldots$ von $\mathcal{Q}^* \mathcal{Q}$ gleich 1 sind. Nehmen wir an, einer, z.B. gleich q_1, wäre $\neq 1$. Man wähle nun den Vektor $\mathbf{x}' = (1, 0, \ldots, 0)^t$; diesem entspricht ein Vektor $\mathbf{x} = \mathcal{R}(\mathbf{x}')$. Da die beiden Vektoren über die orthogonale Transformation $\mathcal{R}$ in Verbindung stehen, gilt $\|\mathbf{x}\| = \|\mathbf{x}'\| = 1$ und somit auch $\langle \mathbf{x}, \mathbf{x} \rangle = 1$. Wir haben folgende Relationen zur Verfügung, wobei wir uns bei $(*)$ zu Nutze machen, dass der Wert der quadratischen Formen im originalen und im gestrichenen System an den Stellen $\mathbf{x}$ bzw. $\mathbf{x}'$ derselbe ist:

$$1 = \langle \mathbf{x}, \mathbf{x} \rangle = \langle Q\mathbf{x}, Q\mathbf{x} \rangle = \langle Q^* Q \mathbf{x}, \mathbf{x} \rangle \stackrel{(*)}{=} q_1 {x_1'}^2 + \ldots = q_1.$$

Also musste q_1 und somit jeder Eigenwert von $\mathcal{Q}^* \mathcal{Q}$ doch gleich 1 sein.

Da $\mathcal{Q}^* \mathcal{Q}$ als selbstadjungierte Abbildung diagonalisierbar (etwa mit einer orthogonalen Matrix T) ist und in der Diagonale dann die Eigenwerte stehen, folgt $T(Q^* Q)T^* = I$; Multiplikation mit T^* von links und T (rechts) liefert $Q^* Q = I$, also ist $\mathcal{Q}$ orthogonal. $\square$

Aufgabe

8.22. Welche der nachfolgenden Mengen (teilweise affin) linearer Transformationen $V \to V$ bzw. Matrizen bilden Gruppen (V ein linearer, allenfalls euklidischer Raum über $\mathbb{R}$):

   i) $\mathfrak{G} = \{A \in \mathfrak{M}_{nn} : a_{ij} \in \mathbb{Q} \; \forall (i, j), \det A \neq 0\}$

  ii) $\mathfrak{H} = \{\mathcal{A} : \det \mathcal{A} \geq 1\}$

 iii) $\mathfrak{K} = \{\mathcal{A} : \det \mathcal{A} \in \mathbb{Q}\}$

iv) $\mathfrak{P} = \{\mathcal{A} + \mathbf{b} : \mathcal{A} \in \mathfrak{GL}, b_j \in \mathbb{Z} \; \forall j\}$

v) $\mathfrak{Q} = \{\mathcal{A} + \mathbf{b} : \mathcal{A} \in \mathfrak{GL}, b_j \in \mathbb{Q} \; \forall j\}$

8.7 Klassifikation der Kurven und Flächen zweiter Ordnung

Die Reduktion. Kurven zweiten Grades (Kreis, Ellipse, Parabel, Hyperbel und einige Ausartungsformen) werden in $\mathbb{R}^2$ durch die Lösungsmengen von Gleichungen der Form

$$a_{11}x_1^2 + a_{12}x_1x_2 + a_{21}x_2x_1 + a_{22}x_2^2 + 2(b_1x_1 + b_2x_2) + c = 0$$

beschrieben. Man spricht von *Kurven zweiter Ordnung*, weil in der definierenden Gleichung gewisse Produkte zweier Faktoren x_i, x_j aufscheinen, aber nicht von mehr Faktoren.

In diesem Abschnitt wollen wir Ausdrücke wie den auf der linken Seite der Gleichung, also auch mit den Gliedern erster und nullter Ordnung, als quadratische Form bezeichnen. Wie schon bei den eigentlichen quadratischen Formen können und werden wir von vornherein *voraussetzen*, dass $A := (a_{ij})$ *selbstadjungiert* ist und dass, um Fälle auszuschließen, die nicht hierher gehören, $A \neq O$ ist.

Die Gleichung lässt sich natürlich auch in der Form

$$\mathbf{x}^*A\mathbf{x} + 2\mathbf{b}^*\mathbf{x} + d = 0 \tag{8.9}$$

schreiben, wobei wir gleich statt vom Fall $n = 2$ von beliebigem n ausgehen und somit $\mathbf{x} \in \mathbb{R}^n$, eine selbstadjungierte $n \times n$-Matrix $A \neq O$ und $\mathbf{b} = (b_1, \ldots, b_n)^t \in \mathbb{R}^n$ sowie $d \in \mathbb{R}$ betrachten. – Für $n = 3$ wird durch eine derartige Gleichung natürlich im Allgemeinen eine Fläche beschrieben, eine *Fläche zweiter Ordnung*, im allgemeinen Fall ein $n - 1$-dimensionales Gebilde, eine so genannte $n - 1$-dimensionale *Hyperfläche*. (Lineare oder affine Teilräume der Dimension $n - 1$ nennt man *Hyperebenen*, i.A. gekrümmte $n - 1$-dimensionale Mannigfaltigkeiten, der Begriff in einem intuitiven Sinn gebraucht, heißen *Hyperflächen*.)

Mit seinen vielen rein quadratischen und gemischten Gliedern ist natürlich die linke Seite von 8.9 wenig aussagekräftig. Bekanntlich besitzt z.B. die Gleichung einer Ellipse in Hauptlage (Mittelpunkt = $\mathbf{0}$, Achsen parallel zu den Koordinatenachsen) eine einfache Gestalt ohne gemischte und lineare Glieder, was bei einer schräg im Koordinatensystem liegenden Ellipse nicht mehr zutrifft.

Wir stellen uns daher umgekehrt die Aufgabe, bei einer gegebenen quadratischen Form durch Anwendung einer Drehung die Halbachsen parallel zu den Koordinatenachsen auszurichten (d.h. die Matrix zu diagonalisieren) und anschließend durch eine Translation den Mittelpunkt in den Nullpunkt zu verschieben oder sonst eine Vereinfachung zu erzielen (bei der Parabel gibt es keinen Mittelpunkt).

In anderer Sicht bedeutet das, von einer *Gruppe von Transformationen* auszugehen und nach solchen Elementen der Transformationsgruppe zu suchen, die die Gleichung 8.9 in eine möglichst einfache und weit gehend eindeutig bestimmte Form transformieren, eine so genannte *Normalform*. Wir gehen hier konkret von der *Bewegungsgruppe* aus, der affinen Gruppe zu $\mathfrak{O}_+$ (Rotation + anschließende Translation um einen Vektor, $\mathcal{Q} + \mathbf{t}$. – Dass hier wirklich eine Gruppe und nicht eine beliebige Menge von Transformationen zugelassen wird, hat seinen Grund im Bestreben, die quadratischen Formen bzw. die durch sie beschriebenen geometrischen Objekte in *Äquivalenzklassen* zusammenzufassen; zwei Formen sind äquivalent, wenn sie sich durch eine zulässige Transformation ineinander überführen lassen. Ist nun die Menge der Transformationen tatsächlich eine Gruppe, so ist sichergestellt, dass eine Form q, die durch eine Transformation in r übergeführt werden kann, auch umgekehrt von r aus, nämlich durch die Anwendung der inversen Transformation, die im Gruppenfall wieder zu den zulässigen Abbildungen gehört, erreicht werden kann. Insgesamt sieht man leicht: bildet die Transformationsmenge eine Gruppe, so zerfallen die Formen in Äquivalenzklassen; in einer Äquivalenzklasse liegen genau die Formen, die durch Elemente der Transformationsgruppe ineinander übergeführt werden. Siehe die entsprechende Aufgabe.

Sparen wir die Translation für später auf und wenden ein $Q \in \mathfrak{O}_{n+}$ an, so drückt sich in den neuen Variablen $\mathbf{u}$ ($\mathbf{x} = Q\mathbf{u}$) Gleichung 8.9 so aus:

$$\mathbf{u}^* \underbrace{(Q^*AQ)}_{=:D} \mathbf{u} + 2(\underbrace{Q^*\mathbf{b}}_{=:\mathbf{c}})^* \mathbf{u} + d = 0.$$

Schon in der Bezeichnung klingt an, dass wir für Q eine Matrix wählen, *die A diagonalisiert*. Damit ist die Matrix D bis auf die Reihenfolge der Eigenwerte *eindeutig bestimmt*. Wir bezeichnen mit $r = \operatorname{rg} A$ und die von 0 verschiedenen Eigenwerte mit $\alpha_1, \ldots, \alpha_r$. Konkret bestimmen wir Q so, dass

$$D = \operatorname{diag}(\alpha_1, \alpha_2, \ldots, \alpha_r, 0, \ldots, 0),$$

die Nullen und alle auf diese Komponenten bezüglichen Betrachtungen im Folgenden natürlich nur, wenn $r < n$.

Mit dieser Substitution nimmt die quadratische Form die Gestalt an

$$\sum_{j=1}^{r} \alpha_j u_j^2 + 2 \sum_{j=1}^{n} c_j u_j + d = 0. \tag{8.10}$$

In Zusammenspiel zwischen ersten und zweiten Summanden (für $j = 1, \ldots, r$) ergänzen wir auf vollständige Quadrate:

$$\sum_{j=1}^{r} \alpha_j \left(u_j + \frac{c_j}{\alpha_j} \right)^2 + 2 \sum_{j=r+1}^{n} c_j u_j + e = 0,$$

wobei $e = d - \sum_{j=1}^{r} \left(\frac{c_j}{\alpha_j} \right)^2$.

Das legt die Anwendung einer Translation $\mathbf{v} = \mathcal{T}(\mathbf{u}) = \mathbf{u} + \mathbf{t}$ um den Vektor

$$\mathbf{t} = \left(\frac{c_1}{\alpha_1}, \ldots, \frac{c_r}{\alpha_r}, 0, \ldots, 0 \right)^t \tag{8.11}$$

nahe, womit die Gleichung die Form

$$\sum_{j=1}^{r} \alpha_j v_j^2 + 2 \sum_{j=r+1}^{n} c_j v_j + f = 0 \tag{8.12}$$

annimmt ($f := e - \sum_1^r t_j$).

Sind die Koeffizienten des linearen Glieds $c_{r+1}, \ldots, c_n$ sämtlich 0, so ist es gut. Wir wollen dann

$$\sum_{j=1}^{r} \alpha_j v_j^2 + f = 0 \tag{8.13}$$

als *Normalform* ansehen.

Im Falle $\mathbf{c}' := (c_{r+1}, \ldots, c_n) \neq \mathbf{0}$ hingegen bilden wir mithilfe von $\mathbf{c}'$ gleich eine orthogonale $(n - r) \times (n - r)$-Matrix R', in der $\mathbf{c}'$ in normierter Form in der ersten Spalte erscheint und deren übrige Spalten auf $\mathbf{c}'$ und aufeinander in beliebiger Weise orthonormal konstruiert werden, d.i. $R' = \left(\frac{1}{\|\mathbf{c}'\|} \mathbf{c}', \ldots \right)$. R' betten wir gleich in die ebenfalls orthogonale n×n-Matrix $R = \begin{pmatrix} I & O \\ O & R' \end{pmatrix}$ ein und setzen $\mathbf{v}$ und $\mathbf{w}$ über $\mathbf{v} = R\mathbf{w}$ zueinander in Beziehung. Unter $\mathbf{c}$ verstehen wir den Vektor, der in R in jener Spalte steht, in der $\mathbf{c}'$ in R' zu finden ist; m.a.W., wir füllen $\mathbf{c}'$ oben mit Nulleinträgen auf. Damit wird mit $\gamma := 2 \|\mathbf{c}'\|$: $\sum_{j=r+1}^{n} c_j v_j = \underbrace{\mathbf{c}^* R}_{\gamma \mathbf{e}_{r+1}^*} \mathbf{w} = \gamma \mathbf{e}_{r+1}^* \mathbf{w} = \gamma w_{r+1}$, während $\sum_1^r \alpha_j v_j^2 = \sum_1^r \alpha_j w_j^2$, weil für $1 \leq j \leq r$ doch $v_j = w_j$.

Mit Einführung von $\mathbf{w}$ in die quadratische Form erscheint die relevante Gleichung in diesem Fall in der *Normalform*

$$\sum_{j=1}^{r} \alpha_j w_j^2 + \gamma \left(w_{r+1} + \frac{f}{\gamma} \right) = 0.$$

Im Falle $f \neq 0$ suggeriert dies die weitere Translation $s_{r+1} = w_{r+1} + \frac{f}{\gamma}$, $s_j = w_j$ für $j \neq r + 1$, woraus endgültig

$$\sum_{j=1}^{r} \alpha_j s_j^2 + \gamma s_{r+1} = 0. \tag{8.14}$$

resultiert.

Bemerkung (Eindeutigkeit). Inwieweit ist die linke Seite eindeutig bestimmt? Zunächst kann man sie ohne Veränderung der allgemeinen Gestalt mit irgendeinem Faktor $\neq 0$, insbesondere auch mit -1, multiplizieren; diese triviale Nichteindeutigkeit nehmen wir in Kauf.

Wir haben schon erwähnt, dass wir bezüglich der Eigenwerte Freiheit in der Anordnung untereinander haben; auch müssen wir nicht gerade die ersten r Komponenten für sie vorsehen, ebenso nicht für das lineare Glied die Komponente $r + 1$.

Wenn wir von diesen wenig erheblichen Aspekten absehen, ist die Form aber eindeutig bestimmt. Denn geht man von der Ausgangsgestalt aus und wendet man irgendeine Bewegung $\mathbf{u} = S\mathbf{x} + \mathbf{k}$ auf sie an, so geht der quadratische Teil, d.h. die Matrix A, über in S^*AS; wenn dies diagonal sein soll, müssen in der Diagonale die Eigenwerte stehen. Hier bleibt also nur die uninteressante Willkür bei der Platzierung innerhalb der Diagonale.

Wir fassen die Normalformen aus Gleichung 8.13 bzw. 8.14 zusammen:

Satz 8.7.1 (Hauptachsentransformation). *Eine quadratische Form 8.9 kann durch eine Bewegung in genau eine der zwei Formen*

i) $\sum_{j=1}^{r} \alpha_j y_j^2 + f = 0$ *(mit $f \in \mathbb{R}$)*

ii) $\sum_{j=1}^{r} \alpha_j y_j^2 + \gamma y_{r+1} = 0$ *(mit $\gamma > 0$)*

transformiert werden. Dabei ist $r = \operatorname{rg} A$ und die α_j sind die Eigenwerte von A. Die Darstellung ist im oben näher präzisierten Sinn eindeutig.

Beispiel (Hauptachsentransformation). Es ist die quadratische Form q bzw. die Gleichung

$$q(\mathbf{x}) = 2x_1^2 + 72x_1x_2 + 23x_2^2 - 224x_1 - 282x_2 + 442 = 0$$

auf Hauptachsengestalt zu transformieren. Im Sinne unserer allgemeinen Notation ist $A = \begin{pmatrix} 2 & 36 \\ 36 & 23 \end{pmatrix}$, $\mathbf{b} = \begin{pmatrix} -112 \\ -141 \end{pmatrix}$ und $d = 442$.

Erfahrung im Diagonalisieren selbstadjungierter Matrizen befähigt uns, die Eigenwerte von A ($\alpha_1 = 50, \alpha_2 = -25$) und die zugehörigen Eigenvektoren zu finden, die wir zur Matrix $Q = \begin{pmatrix} \frac{3}{5} & -\frac{4}{5} \\ \frac{4}{5} & \frac{3}{5} \end{pmatrix}$ zusammenstellen. Wie es sein muss, ist $Q^*AQ = \operatorname{diag}(50, -25)$. A besitzt vollen Rang, $r = n = 2$, daher tritt der Term mit γ nicht auf; die Normalform muss vom Typ i) sein.

Wir führen jetzt die Substitution $\mathbf{x} = Q\mathbf{u}$ durch; es ist $u_1 = \frac{3}{5}x_1 + \frac{4}{5}x_2$, $u_2 = -\frac{4}{5}x_1 + \frac{3}{5}x_2$. Dies in die quadratische Form eingesetzt ergibt sofort

$$50u_1^2 - 360u_1 - 25u_2^2 + 10u_2 + 422 = 0.$$

Mit $\mathbf{c} := Q^*\mathbf{b} = (-180, 5)^t$ und $\mathbf{h} = (c_1/\alpha_1, c_2/\alpha_2)^t = (-\frac{18}{5}, -\frac{1}{5})$ lautet die nächste Substitution $u_1 = v_1 + \frac{18}{5}, u_2 = v_2 + \frac{1}{5}$, woraus sich die Gleichung als

$$50v_1^2 - 25v_2^2 - 225 = 0$$

bereits in der endgültigen Gestalt darstellt. Es handelt sich also um eine Hyperbel.

Beispiel. Nun soll die Form bzw. Gleichung

$$q(\mathbf{x}) = 25x_1^2 + 120x_1x_2 + 144x_2^2 - 156x_1 - 65x_2 + 672 = 0$$

in Hauptachsengestalt dargestellt werden. Da die Eigenwerte von $A = \begin{pmatrix} 25 & 60 \\ 60 & 144 \end{pmatrix}$ sich zu $\alpha_1 = 169$ und $\alpha_2 = 0$ ergeben, ist in diesem Fall $r = 1$. Als diagonalisierende Matrix finden wir durch Berechnung der Eigenvektoren die Matrix $Q = \begin{pmatrix} \frac{5}{13} & \frac{12}{13} \\ -\frac{12}{13} & \frac{5}{13} \end{pmatrix}$, die mit $\mathbf{x} = Q^*\mathbf{u}$ unmittelbar zur Form (die auftretenden großen Zahlen lassen sich durch 169 kürzen)

$$u_1^2 - u_2 + 4 = 0$$

führt, die man dann noch durch $(w_1, w_2) = (u_1, u_2 - 4)$ auf

$$w_1^2 - w_2 = 0$$

vereinfacht. Die Gleichung $q(\mathbf{x}) = 0$ beschreibt also eine Parabel.

Bemerkung (Klassifikation in der Ebene und im Raume). In der *Ebene* $\mathbb{R}^2$ nehmen wir entartete Fälle vorweg. So beschreibt die Gleichung $x_1^2 + x_2^2 + 1 = 0$ die leere Menge, $x_1^2 - x_2^2 = 0$ zwei einander schneidende Gerade, die Winkelsymmetralen der Koordinatenachsen in der $x_1 - x_2$-Ebene. – Die nicht entarteten Fälle im $\mathbb{R}^2$ sind

- Ellipse: $\alpha_1 y_1^2 + \alpha_2 y_2^2 + f = 0$ mit $\alpha_1, \alpha_2 > 0$, $f < 0$ ($r = \operatorname{rg} A = 2$)

- Hyperbel: $\alpha_1 y_1^2 + \alpha_2 y_2^2 + f = 0$ mit $\alpha_1 > 0, \alpha_2 < 0$, $f < 0$ ($r = 2$)

- Parabel: $\alpha_1 y_1^2 + \gamma y_2 = 0$ mit $\alpha_1 > 0, \gamma > 0$ ($r = 1$)

In *Raume* $\mathbb{R}^3$ hat man zu unterscheiden:

- *Ellipsoid:* $\sum_1^3 \alpha_j y_j^2 + f = 0$ mit $\alpha_j > 0 \ \forall j$, $f < 0$ ($r = \operatorname{rg} A = 3$)

- *einschalige Hyperboloid:* $\sum_1^3 \alpha_j y_j^2 + f = 0$ mit $\alpha_1, \alpha_2 > 0, \alpha_3 < 0, f < 0$ ($r = 3$)

- *zweischalige Hyperboloid:* $\sum_1^3 \alpha_j y_j^2 + f = 0$ mit $\alpha_1 > 0$, $\alpha_2, \alpha_3 < 0$, $f < 0$ ($r = 3$)

- *Kegel:* $\sum_1^3 \alpha_j y_j^2 = 0$ mit $\alpha_1 > 0, \alpha_2, \alpha_3 < 0$ ($r = 3$)

- *ellipt. bzw. hyperbolisches Paraboloid;* $\sum_1^2 \alpha_j y_j^2 + \gamma y_3 = 0$ mit $\alpha_1 > 0$, $\gamma > 0$ sowie $\alpha_2 > 0$ bzw. $\alpha_2 < 0$ ($r = 2$)

- *ellipt. bzw. hyperbolischer Zylinder:* $\sum_1^2 \alpha_j y_j^2 + f = 0$ mit $\alpha_1 > 0$, $f < 0$ sowie $\alpha_2 > 0$ bzw. $\alpha_2 < 0$ ($r = 2$)

- *parabolischer Zylinder:* $\alpha_1 y_1^2 + \gamma y_2 = 0$ mit $\alpha_1 > 0, \gamma > 0$ ($r = 1$) und schließlich

- *diverse Ausartungsformen,* als leere Menge, zwei einander schneidende oder zusammenfallende Ebenen u.a.

Aufgaben

8.23. Bringen Sie folgende Kurven zweiter Ordnung auf Normalform:

i) $25x^2 + 144y^2 - 150x + 1152y + 2360 = 0$

ii) $9x^2 - 16y^2 - 36x - 96y - 133 = 0$

iii) $9x^2 - 16y^2 - 24xy - 27x + 36y + 35 = 0$

iv) $13x^2 + 13y^2 - 10xy - 70x + 38y + 100 = 0$.

8.24. Wir betrachten eine Schar von Flächen zweiter Ordnung im Raume: $F_{\alpha,\beta} = \{(x,y,z) : \alpha(x^2 + y^2) + \beta z^2 - 1 = 0\}$. Untersuchen Sie für alle Kombinationen der Werte $\alpha, \beta = -1, 0, 1$ die jeweilige Fläche geometrisch. Dies wird erleichtert, indem Sie jeweils den Schnitt mit der $(x,y), (x,z)$- bzw. (y,z)-Ebene bestimmen und beachten, dass dann, wenn ein Punkt $(x,y,z) \in F_\alpha$ ist, jeder Punkt (x',y',z) (dasselbe z) mit $(x')^2 + (y')^2 = x^2 + y^2$ ebenfalls Mitglied von F_α ist. Was bedeutet das geometrisch?

8.25. Bringen Sie $x^2 - yz - 2x + 3y - 3z + 4 = 0$ auf Normalgestalt. Welche Fläche zweiter Ordnung liegt vor?

8.26. Ebenso für $5x^2 + 5y^2 + 8z^2 + 6xy - 88 = 0$.

8.27. $\mathfrak{G}$ sei eine Gruppe von Transformationen der Argumente quadratischer Formen, deren Mitglieder quadratische Formen in ebensolche überführen, symbolisch $q' = \mathcal{T}(q)$ ($\mathcal{T} \in \mathfrak{G}$). Zwei quadratische Formen q, q' heissen äquivalent hinsichtlich $\mathfrak{G}$, wenn sie wie oben ineinander übergeführt werden können. Zeigen Sie, dass dadurch in der Tat eine Äquivalenzrelation gegeben ist.

8.8   Komplexe Exponentialfunktion und Fourierreihen

Die komplexe Exponentialfunktion – elementarer Zugang. Wir haben früher die Orthogonalitätsrelationen der trigonometrischen Funktionen besprochen (Satz 7.1.3). Unter Verwendung der Exponentialfunktion für komplexe Argumente stellen sich, wenn auch möglicherweise erst nach einer Phase der Eingewöhnung, viele Sachverhalte ungleich einfacher und durchsichtiger dar. – Wir wollen die komplexe Exponentialfunktion in diesem und im anschließenden Paragraphen auf jeweils eine andere Art einführen.
Im jetzigen Zugang *definieren* wir

$$e^{ix} = \cos x + i \sin x \quad (x \in \mathbb{R}). \tag{8.15}$$

Satz 8.8.1 (Rechenregeln). *Für alle* $x, y \in \mathbb{R}$, $n \in \mathbb{N}$ *ist*

$$
\begin{aligned}
e^{ix} e^{iy} &= e^{i(x+y)} \\
(e^{ix})^n &= e^{inx} \\
e^{i0} &= 1 \\
e^{ix} e^{-ix} &= 1 \\
e^{-ix} &= \overline{e^{ix}} \\
e^{-ix} &= \frac{1}{e^{ix}}.
\end{aligned}
$$

Beweis. Berücksichtigt man die Additionstheoreme von sin und cos, so erkennt man, dass

$$
\begin{aligned}
e^{ix}e^{iy} &= (\cos x + i \sin x)(\cos y + i \sin y) = \\
&= (\cos x \cos y - \sin x \sin y) + i(\sin x \cos y + \cos x \sin y) = \quad (8.16) \\
&= \cos(x+y) + i \sin(x+y) = e^{i(x+y)}.
\end{aligned}
$$

Daraus folgt $(e^{ix})^n = e^{inx}$ für $n = 2$ (wegen $(e^{ix})^2 = e^{ix}e^{ix} = e^{i(x+x)} = e^{2ix}$). Für beliebiges n ergibt sich die Beziehung leicht durch Induktion.

Fernerhin ist $e^{i0} = \cos 0 + i \sin 0 = 1$. Daher ist $e^{ix}e^{-ix} = e^{i(x-x)} = e^{i0} = 1$. (Diese Beziehung stellt sicher, dass wir nicht in Konflikte mit der Definition der reellen Exponentialfunktion kommen, wo ja auch $e^0 = 1$ ist.)

Aufgrund der bekannten Eigenschaften von cos und sin gilt

$$
e^{-ix} = \cos(-x) + i \sin(-x) = \cos x - i \sin x = \overline{e^{ix}}.
$$

Schließlich ist $e^{ix}e^{-ix} = 1$ und somit $e^{-ix} = \frac{1}{e^{ix}}$. $\qquad\square$

Satz 8.8.2 (Eigenschaften). *Für $x, y \in \mathbb{R}$, $k \in \mathbb{Z}$ gilt*

i) $|e^{ix}| = 1$

ii) $e^{i(x+2k\pi)} = e^{ix}$

iii) $e^{i(x+y)} = e^{ix} \Leftrightarrow y = 2l\pi$ *mit einem* $l \in \mathbb{Z}$

Beweis. Die erste Beziehung ergibt sich direkt aus $|e^{ix}|^2 = \cos^2 x + \sin^2 x = 1$. Beziehung ii) folgt aus der Periodizität der trigonometrischen Funktionen mit der Periode 2π, während iii) aus dem elementaren Umstand resultiert, dass Sinus- *und* Cosinuswerte zweier Argumente genau dann übereinstimmen, wenn sich diese um ein ganzzahliges Vielfaches von 2π unterscheiden. $\qquad\square$

Bemerkung (Polardarstellung komplexer Zahlen). Die Polardarstellung von $z \in \mathbb{C}$ ($z = |z|(\cos \phi + i \sin \phi)$ mit $\phi = \arg z$ aus Gleichung 2.6 ergibt sich nunmehr in der Gestalt

$$
z = |z|e^{i \arg z}. \tag{8.17}
$$

Bemerkung (geometrische Deutung). Wenn wir für den Moment die reelle Variable mit t bezeichnen und als Zeit interpretieren, so besagen die Resultate, dass die Abbildung $t \to e^{it} = \cos t + i \sin t$ die Bahn eines Punktes beschreibt, der sich auf dem Einheitskreis in $\mathbb{C}$ mit gleichmäßiger Winkel- und daher Lineargeschwindigkeit bewegt. Die Lineargeschwindigkeit ist 1; denn in der Zeit 2π legt der Körper jeweils einen gesamten Umfang, also die Strecke 2π zurück.

Bemerkung (Exponentialfunktion für allgemeines komplexes Argument). Nach Definition der Exponentialfunktion für rein imaginäres Argument und bei aus der Analysis bekannter Exponentialfunktion für reelles Argument lässt sich jetzt die Exponentialfunktion für allgemeines komplexes Argument definieren:

$$
e^z := e^x e^{iy} \quad (z = x + iy,\ x, y \in \mathbb{R}). \tag{8.18}
$$

Wie im Reellen gilt auch hier wieder der wichtige

Satz 8.8.3 (Funktionalgleichung der Exponentialfunktion).

$$e^z e^w = e^{z+w} \quad (z, w \in \mathbb{C}). \tag{8.19}$$

Beweis. Zerlegen wir die Argumente in Real- und Imaginärteil,

$$z = x + iy, \quad w = u + iv,$$

so ist

$$e^z e^w = e^{x+iy} e^{u+iv} = e^x e^{iy} e^u e^{iv} = (e^x e^u)(e^{iy} e^{iv}) = e^{x+u} e^{i(y+v)} = e^{z+w}.$$

Dabei haben wir die Gültigkeit der Funktionalgleichung für reelles bzw. rein imaginäres Argument verwendet. □

Die komplexe Exponentialfunktion – Zugang über Potenzreihen. Der vorhergehende Paragraph enthält alles, was wir über die komplexe Exponentialfunktion benötigen. Dennoch wollen wir wenigstens kurz einen wesentlich befriedigenderen Zugang skizzieren, ohne die Details auszuarbeiten, die sich indessen leicht in Analogie zur reellen Analyisis ergeben. – In $\mathbb{C}$ haben wir, ebenso wie in $\mathbb{R}$, den Begriff des Betrages zur Verfügung. Daher lässt sich die Konvergenz von Folgen bzw. Reihen in $\mathbb{C}$ vollkommen analog definieren, ebenso der Begriff der absoluten Konvergenz einer Reihe. Auch die Definition der Stetigkeit von Funktionen von $\mathbb{C} \to \mathbb{C}$ überträgt man Wort für Wort vom Fall $\mathbb{R} \to \mathbb{R}$.

Betrachtet man die bekannte Exponentialreihe $\sum_{k=0}^{\infty} \frac{z^k}{k!}$ aus der reellen Analysis für *komplexes* Argument z, so zeigt man wie in $\mathbb{R}$, dass die Reihe für alle $z \in \mathbb{C}$ (sogar absolut) konvergent ist und daher eine Funktion darstellt, für die wir e^z schreiben. Die Übereinstimmung dieser Definition mit der Definition des vorigen Paragraphen werden wir bald erkennen. Zunächst zeigen wir aber wieder den

Satz 8.8.4 (Funktionalgleichung der Exponentialfunktion).

$$e^z e^w = e^{z+w} \quad (z, w \in \mathbb{C}). \tag{8.20}$$

Der *Beweis* kann, wie für gewöhnlich im Reellen, über das Cauchyprodukt der absolut konvergenten Reihen für e^z und e^w geführt werden.

Aus diesem Satz ergibt sich direkt die Übereinstimmung der Definition von e^z über Potenzreihen mit der Definition aus dem vorhergehenden Paragraphen. Zerlegt man nämlich $z = \Re z + i\Im z = x + iy$, so zeigen wir sofort

$$e^z = \sum_{k=0}^{\infty} \frac{z^k}{k!} = e^x (\cos y + i \sin y).$$

Bei gehöriger Auswertung der Potenzen von i erhält man nämlich

$$e^z = e^{x+iy} = e^x e^{iy} = e^x (1 + iy - \frac{y^2}{2!} - i\frac{y^3}{3!} + \frac{y^4}{4!} + \ldots) = e^x (\cos y + i \sin y).$$

Bemerkung (komplexe Exponentialfunktionen – trigonometrische Funktionen). Es ist möglich, zwischen der Exponentialfunktion (rein imaginäres Argument) und den trigonometrischen Funktionen beliebig zu wechseln. Einerseits ist

$$\begin{aligned} e^{ix} &= \cos x + i \sin x \\ e^{-ix} &= \cos x - i \sin x. \end{aligned}$$
(8.21)

Daraus ergibt sich umgekehrt

$$\begin{aligned} \cos x &= \tfrac{1}{2}\left(e^{ix} + e^{-ix}\right) \\ \sin x &= -\tfrac{i}{2}\left(e^{ix} - e^{-ix}\right). \end{aligned}$$
(8.22)

Erste Hinweise auf die größere Handlichkeit der komplexen Exponentialfunktion im Vergleich zu den trigonometrischen Funktionen liefert der übernächste Paragraph.

Differentiation und Integration komplexwertiger Funktionen. Da die Exponentialfunktion im Sinn des vorangehenden Paragraphen komplexe Werte annimmt, liegt es nahe, Differentiation und Integration von Funktionen auf den komplexwertigen Fall auszudehnen. Um Missverständnisse zu vermeiden, betonen wir, dass das *Argument* x in e^{ix} bei uns immer *reell* ist. Der Fall eines komplexen Arguments wird in der (komplexen) Funktionentheorie studiert.
Eine Abbildung $f : I \to \mathbb{C}$ (I ein Intervall) zerlegen wir in Real- und Imaginärteil, $f = u + iv$. Wir wechseln frei zwischen der Auffassung von f als Abbildung in den $\mathbb{R}^2$ und als komplexwertige Abbildung. Die Jacobi-Matrix von f als Abbildung in den $\mathbb{R}^2$ ist $\begin{pmatrix} u' \\ v' \end{pmatrix}$, also $\begin{pmatrix} u' \\ v' \end{pmatrix} = u' + iv'$. Wir übernehmen die Definition der Differentiation direkt: f ist differenzierbar (im Sinne einer Abbildung nach $\mathbb{C}$), wenn f im Sinne einer Abbildung nach $\mathbb{R}^2$ differenzierbar ist und es ist im Falle der Differenzierbarkeit

$$f' := u' + iv'.$$

Daher ist z.B.

$$(e^{ijx})' = (\cos jx)' + i(\sin jx)' = -j \sin jx + ij \cos jx =$$
$$= ij(i \sin jx + \cos jx) = (ij)e^{ijx}.$$

Die *Differentiation einer Exponentialfunktionen* mit rein imaginärem Argument erfolgt damit *ganz so wie bei reellem Argument*.
Es bereitet keine Schwierigkeit, nachzuweisen, dass auch die *Produkt- und Quotientenregel* ganz *wie im reellwertigen Fall* gelten.
Die *Integration* einer komplexwertiger Funktion $f = u + iv$ über dem Intervall I führt man analog auf die Integration von Real- und Imaginärteil von f zurück. Besitzen nämlich u bzw. v Stammfunktionen U bzw. V, so nennt man die Funktion

$$F := U + iV$$

Stammfunktion von f. Es gilt dann wie im reellen Fall der *Hauptsatz der Differential-
und Integralrechnung,*

$$F' = f,$$

weil doch $F' = (U + iV)' = u + iv = f$.
Entsprechend definiert man dann ein *bestimmtes Integral* mithilfe der Stammfunktion F=U+iV,

$$\int_a^b f(x)dx := F(b) - F(a) = (U(b) - U(a)) + i(V(b) - V(a)) =$$

$$= \int_a^b u(x)dx + i \int_a^b v(x)dx.$$

Die Orthogonalitätsrelationen der komplexen Exponentialfunktion. Mit $\mathcal{L}$
bezeichnen wir den Raum aller stückweise stetigen, komplexwertigen Funktio-
nen über einem Intervall I der Länge 2π. Es ist damit $f = u + iv \in \mathcal{L}$ gleichbedeutend dazu, dass u und v zu $\mathcal{L}$ (reellwertige Version) gehören.
Gegenüber dem bisherigen 2-Produkt bringen wir im jetzigen Zusammenhang
für bequemere Normierung grundsätzlich einen Vorfaktor $\frac{1}{2\pi}$ an:

$$\langle f, g \rangle_2 := \frac{1}{2\pi} \int_I f(x)\bar{g}(x)dx \tag{8.23}$$

und sprechen wieder vom *euklidischen* oder *2-Produkt*.
Den Funktionen $\cos jx$ bzw. $\sin jx$ entsprechend, betrachten wir nun die komplexen Exponentialfunktionen

$$\psi_j(x) = e^{ijx} \quad (j = \ldots, -1, 0, 1, \ldots ; \quad x \in I).$$

Lemma 8.8.1. *Es gilt*

i) $\psi_j(x)\,\psi_k(x) = \psi_{j+k}(x)$

ii) $\bar{\psi}_j(x) = \psi_{-j}(x)$

iii) $\Psi_j(x) := \int \psi_j(x)dx = \frac{1}{ij}\psi_j(x)$ *für* $j \neq 0$ *;* $\int \psi_0(x)dx = x$

Beweis. Zunächst ist in der Tat $\psi_j(x)\,\psi_k(x) = e^{ijx}e^{ikx} = e^{i(j+k)x} = \psi_{j+k}(x)$.
Schreibt man im Hinblick auf Beziehung ii)

$$\bar{\psi}_j(x) = \cos jx - i\sin jx = \cos(-jx) + i\sin(-jx),$$

so erkennt man sofort die Gleichheit mit $\psi_{-j}(x)$. Punkt iii) folgt unmittelbar
durch Differentiation beider Seiten. $\square$

Satz 8.8.5 (Orthogonalitätsrelationen der komplexen Exponentialfunktion).

$$\langle \psi_j, \psi_k \rangle = \delta_{jk} \quad (j, k \in \mathbb{Z}) \tag{8.24}$$

Beweis. Mit $m := j - k$ ist

$$\langle \psi_j, \psi_k \rangle = \frac{1}{2\pi} \int_I \psi_j(x)\bar{\psi}_k(x)dx = \frac{1}{2\pi} \int_I \psi_j(x)\psi_{-k}(x)dx =$$

$$= \frac{1}{2\pi} \int_I \psi_{j-k}(x)dx = \frac{1}{2\pi} \int_I \psi_m(x)dx = \frac{1}{2\pi} \Psi_m(x)\big|_a^{a+2\pi}.$$

Für $m \neq 0$, d.h. $k \neq l$, ist die Stammfunktion $\Psi_m(x)$ bis auf einen Faktor gleich $\psi_m(x)$ (Lemma 8.8.1) und daher wie $\psi_m(x)$ periodisch mit der Periode 2π. Infolgedessen ist der letzte Ausdruck für das Integral $= 0$. Für $m = 0$, also $k = l$, ist wieder nach dem Lemma $\frac{1}{2\pi}\Psi_m(x)\big|_a^{a+2\pi} = \frac{1}{2\pi}x\big|_a^{a+2\pi} = 1$.   □

Anwendung: Optimale Approximation durch trigonometrische Funktionen.
Die Verwendung von Potenzfunktionen $\pi_k(x) = x^k$ als Basisfunktionen zur Approximation von Funktionen ist bei weitem nicht die einzige sinnvolle Wahl für diesen Zweck.

Wir wollen von den im periodischen Fall schon verwendeten Basisfunktionen $\sin jx, \cos jx$ zur komplexen Variante $\psi_j(x)$ als Ansatzfunktionen übergehen. Im Sinne des vorangehenden Paragraphen werden wir mit einem $n \in \mathbb{N}$ Funktionen $f \in V = \mathfrak{L}$ optimal durch Linearkombinationen der komplexen Exponentialfunktionen $\psi_j(x) = e^{ijx}$ $(-n \leq j \leq n)$, d.h. durch Elemente von $W := [\psi_{-n}, \ldots, \psi_0, \ldots, \psi_n]$ approximieren.

Die Lösung des Problems ergibt sich als die orthogonale Projektion auf den Raum $[\psi_{-n}, \ldots, \psi_n]$, im jetzigen Fall orthonormaler Basiselemente daher zu

$$f^\star(x) = \sum_{j=-n}^{n} \langle f, \psi_j \rangle \psi_j(x) = \frac{1}{2\pi} \sum_{j=-n}^{n} \left(\int_I f(\xi)e^{-ij\xi}d\xi \right) e^{ijx}; \qquad (8.25)$$

siehe Satz 7.7.3. – Man vergleiche die Kompaktheit der komplexen Darstellung mit der reellen Schreibweise

$$f^\star(x) = \frac{a_0}{2} + a_1 \cos x + \ldots + a_n \cos nx + b_1 \sin x + \ldots + b_n \sin nx$$

$$\left(\quad a_k = \frac{1}{2\pi} \int_{-\pi}^{\pi} f(\xi) \cos k\xi d\xi \, , \, b_k = \frac{1}{2\pi} \int_{-\pi}^{\pi} f(\xi) \sin k\xi d\xi \quad \right).$$

Beispiel. Auf $I = [-\pi, \pi)$ soll $f(x) = x^2$ optimal durch $1, \cos x, \sin x$ approximiert werden. In diesem Fall ist $a_0 = \langle \xi^2, \cos 0\xi \rangle = \frac{\pi^2}{3}$, $a_1 = \langle \xi^2, \cos \xi \rangle = -2$ und $b_1 = \langle \xi^2, \sin \xi \rangle = 0$, daher die am besten approximierende Funktion

$$f^\star(x) = \frac{\pi^2}{6} - 2 \cos x.$$

8.9   Die diskrete Fouriertransformation

Kreisteilungsgleichung und Einheitswurzeln. Wir haben schon früher die Kreisteilungsgleichung $z^n - 1 = 0$ untersucht (vgl. das Beispiel auf Seite 55). $\omega := e^{\frac{2\pi i}{n}}$ steht für die *Standardeinheitswurzel. Alle* Einheitswurzeln erhalten wir gemäß $\omega_k := \omega^k = e^{\frac{2\pi ik}{n}}$ $(k \in \mathbb{Z})$.

Lemma 8.9.1 (Eigenschaften der Einheitswurzeln ω_k). *Es gilt für alle $k, l \in \mathbb{Z}$*

i) $\omega_k^l = \omega^{kl} = \omega_l^k$

ii) $\bar{\omega}_k = \omega_{-k} = \omega^{-k}$

iii) $\omega_k^{l+n} = \omega_k^l$ *und insbesondere mit $l = 0$: $\omega_k^n = 1$*

iv) $\sum_{k=0}^{n-1} \omega_k^l = \begin{cases} n & wenn \ l \equiv 0 \bmod n \\ 0 & sonst \end{cases}$

Beweis. Die Punkte i) und ii) sind trivial. iii) gilt wegen $\omega_k^{l+n} = \omega^{(l+n)k} = \omega^{lk}\omega^{nk} = \omega^{lk}$, weil der Faktor ω^{nk} den Wert 1 liefert.
Für iv) ist zunächst der Fall $l \equiv 0 \bmod n$ einsichtig, weil dann wegen $\omega^l = 1$ jeder Summand 1 ist. Ist aber $l \not\equiv 0 \bmod n$, so liegt eine geometrische Summe mit Faktor $\omega^l \neq 1$ vor. Ihr Wert $(1 - \omega^{ln})/(1 - \omega^l)$ ist wegen $\omega_l^n = 1$ gleich null. $\square$

Diskrete komplexe Exponentialfunktion. Wir studieren hier das diskrete Gegenstück zu den komplexen Exponentialfunktionen ψ_j aus dem vorhergehenden Abschnitt.
Dazu gehen wir wieder von einem Intervall, hier am bequemsten $I = [0, 2\pi)$ aus. Mit einer Zahl $n \in \mathbb{N}$ betrachten wir die n gleichabständigen Gitterpunkte $x_j := \frac{2\pi j}{n}$ $(0 \leq j < n)$. Es sei

$$I_n := \{x_j : 0 \leq j < n\}$$

die Menge dieser Gitterpunkte. Für die Werte einer auf I_n erklärten Abbildung f schreiben wir f_j anstelle von $f(x_j)$. Die Abbildung f selbst notieren wir oft als Vektor, $f = (f_j)_{0 \leq j < n}$. Somit ist $f \in \mathbb{C}^n$, wobei wir in diesem Zusammenhang bei der Indexzählung stets mit 0 beginnen. Obwohl f ein Vektor ist, steht hier doch der Aspekt der Abbildung im Vordergrund; daher setzen wir im Folgenden nur Basisvektoren von $\mathbb{C}^n$ fett. – In $\mathbb{C}^n$ legen wir das *euklidische innere* Produkt

$$\langle f, g \rangle = \sum_{j=0}^{n-1} f_j \bar{g}_j$$

und die euklidische Norm zugrunde.
Als diskretes Gegenstück der Entwicklungsfunktionen ψ_k des vorigen Abschnittes führen wir hier Vektoren $\mathbf{v}_k$ ein, nach denen wir im Folgenden die diskreten Funktionen entwickeln wollen, indem wir die Werte der ψ_k an den Gitterpunkten übernehmen und noch mit einem Normierungsfaktor $\frac{1}{\sqrt{n}}$ versehen, also

$$\mathbf{v}_k := \frac{1}{\sqrt{n}} \left(\psi_k(x_j)\right)_{j=0,\dots,n-1}^t = \frac{1}{\sqrt{n}} \left(e^{2\pi i \frac{jk}{n}}\right)_j^t = \frac{1}{\sqrt{n}} \left(\omega_k^j\right)_j^t \quad (k \in \mathbb{Z}).$$

Im Hinblick auf Punkt iii) in Lemma 8.9.1 reicht aber wegen $\mathbf{v}_{k+n} = \mathbf{v}_k$ aus, den Indexbereich auf $0 \leq k \leq n - 1$ zu beschränken.

Bemerkung (geometrische Aspekte). Mit $k = 1$ wird offenbar *eine* Cosinusschwingung auf I (kontinuierlich) bzw. I_n (diskret) dargestellt, ebenso mit $k = n - 1$ (oder $k = -1$), wegen $\mathbf{v}_{-1} = \overline{\mathbf{v}}_1$. (Zur Veranschaulichung halten wir uns immer an den Realteil der Vektoren.) Ebenso stellt $k = 2$ *zwei* volle Schwingungen auf I bzw. I_n dar, etc. Da allgemein $\mathbf{v}_k$ und $\mathbf{v}_{n-k}$ durch Konjugation in einander übergehen und daher jeweils gleich viele Schwingungen in I_n darstellen, sehen wir, dass die höchstfrequenten Funktionen im Bereich $k \sim \frac{n}{2}$ zu finden sind.

Lässt man hingegen k von $\sim -\frac{n}{2}$ bis $\frac{n}{2}$ laufen, finden sich die hochfrequenten Anteile nahe $\pm\frac{n}{2}$.

Theoretisch nicht ganz so schön (siehe gleich), aber für die Rechnung aufgrund der fehlenden Normierungsfaktoren etwas handlicher sind die Vektoren

$$\mathbf{w}_k := \sqrt{n}\mathbf{v}_k = \left(\omega_k^j\right)_j^t.$$

Satz 8.9.1 (Orthonormaltät der $\mathbf{v}_k$). *Bezüglich des euklidischen Produktes bilden die Vektoren $\mathbf{v}_k$ ($0 \le k \le n - 1$) eine Orthonormalbasis in $\mathbb{C}^n$. Insbesondere ist daher die aus ihnen gebildete Matrix V unitär.*

Beweis. Da die Anzahl der Vektoren mit der Dimension des Raumes übereinstimmt, ist lediglich die Orthonormalität zu überprüfen. Mit $l := j - k$ ist aber

$$\langle \mathbf{v}_j, \mathbf{v}_k \rangle = \frac{1}{n} \sum_{m=0}^{n-1} \omega^{jm}\omega^{-km} = \frac{1}{n} \sum_{m=0}^{n-1} \omega^{ml}.$$

Ist nun $0 \le j, k \le n - 1$ und $j \ne k$, ferner o.B.d.A. $j > k$, so ist $0 < l \le n - 1$ und nach iv) aus Lemma 8.9.1 die letzte Summe $= 0$. Für $j = k$, d.h. $l = 0$, hat sie hingegen den Wert n und daher $\langle \mathbf{v}_j, \mathbf{v}_k \rangle$ den Wert 1. $\square$

Wir stellen nunmehr jedes $f \in \mathbb{C}^n$ in der neuen orthogonalen Basis $\mathbf{v}_0, \dots, \mathbf{v}_{n-1}$ dar. In dieser Basis bezeichnen wir den Vektor mit $\tilde{f}$. Mit der unitären Matrix $V = (\mathbf{v}_0, \dots, \mathbf{v}_{n-1})$ gilt dann

$$f = V\tilde{f}. \tag{8.26}$$

Definition 8.9.1. *Die durch die Matrix*

$$U := V^* = \frac{1}{\sqrt{n}}\left(\bar{\omega}_j^k\right) = \frac{1}{\sqrt{n}}\left(\omega_j^{-k}\right) \tag{8.27}$$

vermittelte Abbildung $\mathcal{FT}$ heißt (diskrete) Fouriertransformation, *die durch die Matrix*

$$V = \frac{1}{\sqrt{n}}\left(\omega_j^k\right) \tag{8.28}$$

definierte Abbildung $(\mathcal{FT})^{-1}$ nennt man inverse Fouriertransformation. Es ist also

$$\tilde{f} = Uf \quad, \quad f = V\tilde{f}. \tag{8.29}$$

Korrollar 8.9.1 (Unitarität der Fouriertransformation). *Die Fouriertransformation $\mathcal{FT}$ ist, ebenso wie ihre Inverse, unitär.*

Beweis. Die Matrix zu $\mathcal{FT}$ ist V^*. Da V unitär ist, ist auch V^* unitär. Da die unitären Abbildungen eine Gruppe bilden, gilt das dann auch für das Inverse. □

Bemerkung. Der Skalierungsfaktor $\frac{1}{\sqrt{n}}$ sorgt bei der diskreten Fouriertransformation ein wenig für Uneinheitlichkeit; bei manchen Autoren ist z.B. die inverse Fouriertransformation unsere Matrix $W = (\mathbf{w}_1, \ldots, \mathbf{w}_n)$ und daher *nicht* unitär. Es ist erforderlich, sich jeweils über die verwendete Konvention zu orientieren.

Bemerkung. $\tilde{f} = \mathcal{FT}(f)$ heißt *Fouriertransformierte* von f. – Diese Bezeichnung ist hier immer im Sinne der *diskreten* Fouriertransformation zu verstehen. Natürlich gibt es kontinuierliche Gegenstücke. Ist der Definitionsbereich der Funktionen ein Intervall (etwa der Länge 2π), so ist die Fouriertransformierte von f die uns schon bekannte beidseitige Folge der Fourierkoeffizienten $(c_k)_{k \in \mathbb{Z}}$. Auch für den Fall von auf ganz $\mathbb{R}$ definierten Funktionen, die Regularitätseigenschaften genügen, gibt es den Begriff der Fouriertransformierten; dies ist dann eine komplexwertige Funktion über $\mathbb{R}$.

Schnelle Fouriertransformation (Fast Fourier Transform = FFT).   Die Matrix U der Fouriertransformation ist voll. Daher erfordert die Durchführung einer Transformation $\tilde{f} = Uf$ immerhin $O(n^2)$ Operationen. Die Abschätzung der Rechenzeit für unseren Standardcomputer liefert bei $n = 65536$ etwa 4 Sekunden. (Die merkwürdige Zahl n ist eine Zweierpotenz.) Ein doppelt so großes Problem würde wegen der quadratischen Abhängigkeit der Rechenzeit von n viermal so lang, also 16 Sekunden benötigen.

Das mag für einmal angehen. Allerdings verwenden viele numerische Verfahren die Fouriertransformation oft und dann wird die Sache problematisch. Es ist das Grundprinzip der numerischen Effizienz zu beachten: *Der rechnerische Aufwand für jedes numerische Verfahren soll im Wesentlichen proportional zum Umfang der Eingabedaten oder der Ausgabedaten – je nachdem, was das größere ist – sein; numerische Verfahren, die im Verhältnis dazu ohne tragfähige Rechtfertigung unsachgemäß viel Rechenaufwand erfordern, sind möglichst durch effizientere Methoden zu ersetzen.* (Zitat frei nach A. Brandt, einem der Entdecker der Effizienz der Mehrgitterverfahren). In diesem Abschnitt entwickeln wir die *schnelle Fouriertransformation* (*Fast Fourier Transform, FFT*), einen der meist gebrauchten mathematischen Algorithmen, mit deren Hilfe sich die Auswertung mit $O(n \log_2 n)$ Operationen bewerkstelligen lässt. Die Rechenzeit für $n = 65536$ schrumpft dann von 4 Sekunden auf etwa $0.001s$.

Wegen der Ähnlichkeit der Matrizen U und V treffen die nachfolgenden Überlegungen mit ganz geringen Modifikationen auch für die inverse Fouriertransformation zu.

FFT: Reduktionsvorgang.   Die grundlegende Idee besteht in der Reduktion der Auswertung *eines* Problems der Größe n, nämlich $\tilde{f} = Uf$ ($f, \tilde{f} \in \mathbb{C}^n$) für *gerades* $n = 2\nu$ auf *zwei* Probleme der Größe $\nu = \frac{n}{2}$. (Dies ist ein Beispiel für das in der modernen numerischen Mathematik gebräuchliche Prinzip „divide and conquer"). Da der Vorfaktor $\frac{1}{\sqrt{n}}$ in 8.27 leicht nachträglich berücksichtigt werden kann, konzentrieren wir uns auf die Auswertung von

$$g = W^* f \quad \text{mit} \quad W^* := \left(\omega^{-jk}\right).$$

Die relevante Summe spalten wir nach geraden und ungeraden Indizes auf:

$$g_j = \sum_{k=0}^{2\nu-1} \omega^{-jk} f_k = \sum_{\kappa=0}^{\nu-1} \omega^{-j(2\kappa)} f_{2\kappa} + \sum_{\kappa=0}^{\nu-1} \omega^{-j(2\kappa+1)} f_{2\kappa+1} =$$

$$= \sum_{\kappa=0}^{\nu-1} \omega^{-j(2\kappa)} f_{2\kappa} + \omega^{-j} \sum_{\kappa=0}^{\nu-1} \omega^{-j(2\kappa)} f_{2\kappa+1}.$$

Nun ist aber

$$\omega^{-j(2\kappa)} = e^{-2\pi i \frac{2j\kappa}{n}} = e^{-2\pi i \frac{j\kappa}{\nu}} = \sigma^{-j\kappa},$$

wobei $\sigma := e^{2\pi i/\nu}$ wieder eine Standard-Einheitswurzel, allerdings der Ordnung ν, bezeichnet. Daher ist

$$g_j = \sum_{\kappa=0}^{\nu-1} \sigma^{-j\kappa} f_{2\kappa} + \omega^{-j} \sum_{\kappa=0}^{\nu-1} \sigma^{-j\kappa} f_{2\kappa+1}.$$

Wir erkennen in den beiden letzten Summen zwei Fouriertransformationen der Größe $\nu = \frac{n}{2}$, die auf die Komponenten von f mit geraden bzw. ungeraden Indizes wirken. Unter Verwendung von

$$s_j := \sum_{\kappa=0}^{\nu-1} \sigma^{-j\kappa} f_{2\kappa} \quad \text{bzw.} \quad t_j := \sum_{\kappa=0}^{\nu-1} \sigma^{-j\kappa} f_{2\kappa+1}, \qquad (8.30)$$

gilt dann

$$g_j = s_j + \omega^{-j} t_j \quad (j = 0, \dots n-1). \qquad (8.31)$$

Wohl ist $s := (s_j) \in \mathbb{C}^n$, es genügt aber, sich auf die erste Hälfte der Komponenten zu beschränken, wegen

$$s_{j+\nu} = \sum_{\kappa=0}^{\nu-1} \sigma^{-(j+\nu)\kappa} f_{2\kappa} = \sum_{\kappa=0}^{\nu-1} \sigma^{-j\kappa} \underbrace{\sigma^{-\nu\kappa}}_{1} f_{2\kappa} = s_j.$$

In gleicher Weise können wir uns auch bei $t := (t_j)$ auf die erste Hälfte der Komponenten beschränken.

Rekursion. Mit der Auffassung $s, t \in \mathbb{C}^\nu$ sind diese Vektoren Fouriertransformierte der Komponenten von f mit geraden bzw. ungeraden Indizes. Ist nun $\frac{n}{2}$ seinerseits gerade, so lässt sich jede dieser beiden Fouriertransformierten aus wiederum zwei Fouriertransformierten der Länge $\frac{n}{4}$ zusammensetzen. – Ist schließlich n sogar eine Potenz von 2, $n = 2^p$ mit einem $p \in \mathbb{N}$, so gelangt man schließlich zur Fouriertransformation der Dimension 1, der identischen Abbildung.

FFT: Formalisierung. Es zeichnet sich also im Fall $n = 2^p$ ein Verfahren ab, bei dem man gleichsam entgegengesetzt zur oben durchgeführten Herleitung mit der 1-dimensionalen Fouriertransformation beginnt (d.h. die Funktionswerte f_j direkt übernimmt), die Beziehung 8.31 sinngemäß anwendet und zu 2-dimensionalen Fouriertransformierten aufsteigt, diese in weiterer Folge zu 4-dimensionalen Fouriertransformierten zusammensetzt usw., wie das der nachfolgende Pseudocode verdeutlicht:

Programmbeispiel (Schnelle Fouriertransformation). Dieser Pseudocode berechnet die Fouriertransformation (genauer $W \cdot f$) für einen komplexen Vektor $f \in \mathbb{C}^n$. Es wird vorausgesetzt, dass n eine Potenz von 2 ist. Ein kleinen Steuerprogramm initialisiert die Aufgabenstellung (es werden nicht detaillierte Unterprogramme aufgerufen, die n bzw. den zu transformierenden Vektor f setzen); dann wird die eigentliche Methode FFT aufgerufen, die im Vektor g denjenigen Vektor zurückgibt, der auch in der mathematischen Beschreibung oben diesen Namen trägt.

In Übereinstimmung mit unseren Überlegungen ist dies eine *rekursive Methode*, die sich zwei Mal selbst aufruft (außer in dem Fall, wo man bei Vektoren der Dimensionszahl 1 angelangt ist). Man beachte, dass jede arbeitende Instanz von FFT gewisse lokale Felder (s, t) oder Variablen (n, ν) alloziert bzw. besitzt, die sie nur allenfalls über die Argumentenliste mit dem rufenden Programm teilt; insbesondere haben gleichnamige Felder in verschiedenen Instanzen der Methode nichts miteinander zu tun. – Im Anschluss an die Auflistung erläutern wir die einzelnen Schritte von FFT näher.

```
method driveFFT
! driving method
 get_n   !set the value of n
 get_f   !read in the vector f to be transformed
 !  now call the method proper
 !   it will create an array g containing the answer
 FFT(n,f,g)
 ! ... and do with the result (g) whatever you want to
end method driveFFT

method FFT(n,f,g)
 arguments in: n,f(0:n−1)
 arguments out: g(0:n−1)

 allocate g(0:n−1)
! in case dimension of vector is already 1
 if(n=1)
  g(0)=f(0)
  return !done; return to calling program
 end if

! general case: n>1
```

```
ν=n/2
root_of_unity=n_th_Standard_Root_of_Unity
allocate  s(0:ν−1),t(0:ν−1)
pointer  f0 (0:ν−1)=>f (0:n−2:2)
pointer  f1 (0:ν−1)=>f (1:n−1:2)
FFT(ν,f0,s)
FFT(ν,f1,t)
for  j=0,ν−1
  g(j   )=s(j)+root_of_unity^(−j   )t(j)
  g(j+m)=s(j)+root_of_unity^(−j−m)t(j)
end for
end recursive method FFT
```

Die ersten Zeilen von FFT geben Auskunft über die Größe (Dimensionierung) der Input- und Output-Argumente der Methode. Sodann wird ein lokales Feld g der richtigen Länge alloziert.

Ist $n = 1$, so hat man den Punkt erreicht, wo die Fouriertransformationen die Identität sind; danach wird an dieser Stelle auch gehandelt und die Methode kehrt zur aufrufenden Routine zurück.

Der allgemeine Fall bzgl. n ist interessanter. Wie in der Beschreibung setzen wir $\nu = \frac{n}{2}$. Wir beachten dabei, dass n i.A. nicht das n des Textes ist, sondern die Größe der gerade abzuarbeitenden Fouriertransformation angibt. Zu diesem Wert von n wird auch die aktuelle Einheitswurzel, entsprechend der Verschachtelungstiefe in der rekursiven Abarbeitung, berechnet. Nach Allozierung der Felder s und t wie im Text werden *Pointer* f_0, f_1 auf die Werte von f mit *geradem* und *ungeradem* Index gesetzt.

Diese Pointer sind dem Fortran-Stil nachempfunden und in den meisten anderen Sprachen so nicht verfügbar; zur Strafe muss man in diesen Sprachen lästige Indexberechnungen durchführen (gilt allgemein für viele Belange der linearen Algebra; ein relevanter Punkt ist übrigens auch, dass viele Sprachen, zum Unterschied von Fortran sowie Paketen wie Matlab usw., komplexe Zahlen nicht kennen). Es weist f_0 auf f, beginnend mit dem Index 0 und bis $n - 2$ in Schritten von 2 fortschreitend; also weist $f_0(0)$ auf $f(0)$, $f_0(1)$ auf $f(2)$ usw. Diese Pointer sind im Sinne unseres Verfahrens genau die richtigen Argumente für die beiden folgenden Aufrufe von FFT, die s bzw. t zurückliefern.

Die abschließende Schleife gibt genau den Inhalt von Gleichung 8.31 wieder und benutzt im Sinne der Diskussion dort nur die erste Hälfte der Vektoren s und t (im Programm *gibt* es nur diese erste Hälfte).

Das Programm ist durchaus vernünftig geschrieben, allerdings ohne den Ehrgeiz, den vermutlich allereffizientesten Code zu produzieren, was der Lesbarkeit nur abträglich gewesen wäre.

Komplexitätsfragen. Bei Anwendung der Beziehung 8.31 ist pro Gitterpunkt eine Multiplikation nötig. Bei jedem Reduktionsschritt sind zwar doppelt so viele Auswertungen der Beziehung 8.31 vorzunehmen, gleichzeitig reduziert sich jedoch die Dimension der Vektoren auf die Hälfte. Es stehen also pro Reduktionsschritt $O(n)$ Operationen an. Die Zahl der Reduktionsschritte ist p. Wegen $n = 2^p$ ist $p = \log_2 n = O(\log_2 n)$. Laut Analysis gilt $log_2 n = c \log n$ mit einem $c \in \mathbb{R}$. Wir erhalten somit

Satz 8.9.2 (Komplexität der FFT). *Die schnelle Fouriertransformation der Ordnung $n = 2^p$ $(p \in \mathbb{N})$ hat die Komplexität $O(n \log n)$.*

Bemerkung. Für jede Potenz von x mit noch so kleinem, aber positiven ϵ gilt laut Analysis $\frac{\log x}{x^{\epsilon}} \to 0$ mit $x \to \infty$. Wenn wir auch bei der Komplexität vom Idealresultat $O(n)$ entfernt sind, so doch nur um den sehr schwach mit n (schwächer als jede Potenz n^{ϵ} mit $\epsilon > 0$) wachsenden Faktor $\log n$. Daher sieht man die erzielte Komplexität als sehr befriedigend an.

Der Fall einer Zweierpotenz als Ausgangsdimension, $n = 2^p$, ist natürlich der einfachste. Allerdings kann man ähnliche Reduktionsschritte auch mit anderen Faktoren als 2 durchführen. Sind diese klein, so ergibt sich wieder eine günstige Komplexität. Ist n etwa durch 3 teilbar, so nimmt man die grundlegende Aufspaltung nach Indizes vor, die der Reihe nach kongruent $0, 1$ bzw. $2 \bmod 3$ sind.

Aufgabe

8.28. Informieren Sie sich im Internet über andere Zugänge zu schnellen Fourier-transformationsalgorithmen (z.B. auf Wikipedia unter „Fast Fourier Transform").

8.10   Anwendungen der Fouriertransformation

Glättung von Funktionen. Oft hat man es mit Messreihen z.B. zeitlich veränderlicher Größen zu tun, die aufgrund von Messfehlern u.dgl verrauscht sind. Dann lässt sich der zeitliche Verlauf nur schlecht aus den Beobachtungen ablesen. Eine einfache Anwendung der Fouriertransformation kann hier Besserung schaffen.

Als Beispiel gehen wir von der Funktion $f(x) = x(2\pi - x)$ in $I = [0, 2\pi)$ aus, von der uns Messungen an den n gleichabständigen Gitterpunkten I_n w.o. vorliegen. Der Kurvenzug in der Abbildung entspricht den exakten Werten von f. Nun verrauschen wir diese Werte durch Addition von Zufallszahlen, die um 0 zentriert sind und erhalten fehlerhafte Messwerte g_j (Kreuze in der Abbildung). Diese verrauschten Werte sehen wir als unser beobachtetes Signal an. Daraufhin konstruieren wir eine Fouriertransformierte $\tilde{h}$, von der wir glauben können, dass sie zu einer geglätteten Version h des gemessenen Signals g gehört. Dazu schneiden wir – etwas willkürlich – die hochfrequente Hälfte der Fouriertransformierten von (g_j) weg und übernehmen den niederfrequenten Anteil:

$$\tilde{h}_k = \begin{cases} 0 & \text{wenn } \frac{n}{4} \le k \le \frac{3n}{4} \text{ (hochfrequent)} \\ \tilde{g}_k & \text{sonst.} \end{cases}$$

So ergibt sich der Vektor $\tilde{h}$ und durch Rücktransformation eine diskrete Funktion h (Kreise in der Abbildung). Wie man sieht, ist durch das Abschneiden der hochfrequenten Komponenten eine erhebliche Verbesserung des gemessenen Signals eingetreten.

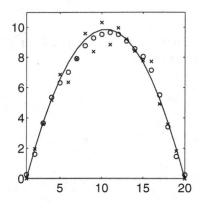

Abbildung 8.5: Glättung streuender Messwerte

Hier wäre es übrigens etwas bequemer gewesen, von einem um 0 symmetrischen Indexintervall auszugehen; der hochfrequente Anteil wird dann einfacher durch die Beziehungen $|k| \geq \frac{n}{4}$ und der niederfrequente durch $|k| < \frac{n}{4}$ beschrieben.

Polynome und Faltung. Mit einer natürlichen Zahl ν betrachten wir zwei Polynome F, G mit den Koeffizientenvektoren $f = (f_0, f_1, ..., f_{\nu-1})$ und $g = (g_0, g_1, ..., g_{\nu-1})$, also

$$F(\xi) = \sum_{j=0}^{\nu-1} f_j \xi^j \ , \quad G(\xi) = \sum_{j=0}^{\nu-1} g_j \xi^j.$$

Mit $n := 2\nu - 1$ hat das Produktpolynom H:=FG höchstens den Grad $n - 1$. Wir schreiben

$$H(\xi) = \sum_{k=0}^{n-1} h_k \xi^k$$

und denken uns auch die Summen für F und G bis $n - 1$ erstreckt, durch Auffüllen der Koeffizienten mit Nullen. Es ist

$$(FG)(\xi) = H(\xi) = \sum_{k=0}^{n-1} h_k \xi^k = \sum_{k=0}^{n-1} \Big(\sum_{j=0}^{n-1} f_j g_{k-j} \Big) \xi^k. \tag{8.32}$$

Wenn wir ab sofort die Vektoren f, g und h als beidseitig unendlich auffassen, wobei wir die neu hinzugetretenen Positionen wieder mit 0 füllen, vereinfacht sich die Arbeit mit den Indizes. An der oben ersichtlichen Darstellung, mit der man die Komponenten von h durch jene von f und g ausdrückt, ändert sich nichts, wenn man bei allen unseren Summen die Summationsindizes *alle* ganzen Zahlen durchlaufen lässt; bei den hinzu tretenden Summanden ist nämlich jeweils mindestens ein Faktor 0.

Gehen wir etwas allgemeiner von Elementen des folgenden linearen Raumes **L** aus:

$$\mathbf{L} = \{ f = (..., f_{-1}, f_0, f_1, ...) : f_j \in \mathbb{C} \ \forall j \in \mathbb{Z}, \ f_j \neq 0 \text{ nur endlich oft } \}.$$

Wegen der letzten Bedingung gibt es zu jedem $f \in \mathbf{L}$ ein $\nu_f = \nu \in \mathbb{N}$, sodass $f_j = 0 \ \forall j$ mit $|j| > \nu$.

Jedem $f \in \mathbf{L}$ ordnen wir standardmäßig eine rationale Funktion zu; hat ν für f die soeben angegebene Bedeutung, so ist dies die Funktion

$$F(\xi) = \sum_{j=-\nu}^{\nu} f_j \xi^j = \sum_{j=-\infty}^{\infty} f_j \xi^j.$$

Ein Teilraum von $\mathbf{L}$ besteht aus den Vektoren, die zu Polynomen Anlass geben:

$$\mathbf{P} = \{ f \in \mathbf{L} : f_j = 0 \text{ für } j < 0 \}.$$

Lemma 8.10.1. *Für $f, g \in \mathbf{L}$ gilt*

$$f = g \ \Leftrightarrow \ F = G.$$

Beweis. Die Aussage des Lemmas besteht gerade darin, dass zwei rationale Funktionen genau dann übereinstimmen, wenn ihre Koeffizienten im Sinne unserer Darstellung übereinstimmen. Für Polynome ist dies evident: Besitzen nämlich P und Q unterschiedliche Koeffizienten, so ist ihre Differenz nicht das Nullpolynom und hat daher nur endlich viele Nullstellen.

Sind nun $F, G \in \mathbf{L}$ beliebig, so existiert ein $\nu \geq 0$, sodass $f_j, g_j = 0$ für $j < -\nu$. Dann sind aber die Funktionen $\xi^\nu F(\xi)$, $\xi^\nu G(\xi)$ Polynome, d.h., ihre Koeffizienten liegen in $\mathbf{P}$. Diese Polynome stimmen aber genau dann überein, wenn dies für ihre Koeffizienten zutrifft; genau gleich verhält es sich für die ursprünglichen Funktionen, da der Übergang zu den Polynomen nur eine Verschiebung um ν Positionen bewirkt hat. $\qquad\square$

Multipliziert man zwei unserer rationale Funktionen, so entstehen die Koeffizienten des Produktes so, wie das in 8.32 sichtbar ist. Dieses Bildungsgesetz nehmen wir zum Anlass für die

Definition 8.10.1 (Faltung). *Die Faltung zweier Vektoren $h = f * g$ ($f, g \in \mathbf{L}$) ist der Vektor $h = (h_k)_{k=-\infty}^{\infty}$ mit*

$$h_k = \sum_{j=\infty}^{\infty} f_j g_{k-j}. \tag{8.33}$$

Da also rationale Funktionen (der hier betrachteten Art) und Koeffizientenvektoren einander umkehrbar eindeutig entsprechen, *entspricht auch das Produkt von Funktionen der Faltung der Koeffizientenvektoren und umgekehrt*, d.h.

Satz 8.10.1 (Produkt und Faltung). *Für $f, g, h \in \mathbf{L}$ gilt*

$$h = f * g \Leftrightarrow H = FG.$$

Bemerkung. Natürlich definiert man die Faltung entsprechend für eine geeignete Klasse von Vektoren, deren nichttriviale Eintragungen sich wirklich, noch dazu in beiden Richtungen, ins Unendliche erstrecken können, sodass aber die unendliche Reihe konvergiert. Das ist aber hier nicht unser Punkt; wir werden es immer nur mit endlichen Summen zu tun haben.

Eigenschaften der Faltung.

Lemma 8.10.2 (Abgeschlossenheit von **L**, **P** bzgl. der Faltung). *Für $h = f * g$ gilt:*

i) *Sind $f, g \in \mathbf{L}$, so gilt auch $h := f * g \in \mathbf{L}$*

ii) *Sind $f, g \in \mathbf{P}$, so gilt auch $h := f * g \in \mathbf{P}$*

Beweis. i): Es sei $\nu = \max(\nu_f, \nu_g)$. Ist dann $|k| > 2\nu$, so hat für jeden Summanden in 8.33 mindestens einer der beiden Indizes von f und g einen Betrag $> \nu$; denn die Summe der Indizes ist k. Dann ist jeder Summand $f_j g_{k-j} = 0$, daher $h_k = 0$. ii) besagt nichts anderes, als dass das Produkt zweier Polynome wieder ein Polynom ist. $\qquad\square$

Wir wenden uns jetzt wieder Polynomen zu. Für einen Vektor $f \in \mathbf{P}$ sagen wir etwas schlampig $f \in \mathbb{C}^n$, wenn $f_j = 0$ für $j \geq n$, d.h. Grad $F < n$. Mit dieser Auffassung beginnen wir mit der Zählung der Komponenten wieder bei null. Gehen wir nun von Polynomen F, G und H aus mit $FG = H$ und $f, g, h \in \mathbb{C}^n$. Wir wenden auf die Vektoren die Fouriertransformation der Länge n an. Wenn wir Vektoren, und zwar hier konkret die Vektoren $\tilde{f} = (\tilde{f}_k)$ und $\tilde{g} = (\tilde{g}_k)$, als Funktionen des Index k auffassen, können wir, wie bei Funktionen üblich, das punktweise Produkt bilden: $\tilde{f}\tilde{g} = (\tilde{f}_k \tilde{g}_k)_k$. Mit dieser Bezeichnung gilt

Satz 8.10.2 (Fouriertransformierte der Faltung).

$$\widetilde{f * g} = \tilde{f}\tilde{g} \quad \forall f, g \in \mathbb{C}^n, \tag{8.34}$$

d.h., die Fouriertransformierte einer Faltung von (diskreten) Funktionen ist das Produkt der Fouriertransformierten der Funktionen.

Beweis. Wir schreiben zunächst die Fouriertransformierten der Vektoren mithilfe der zugehörigen Polynome, z.B. $\tilde{f}_k = \sum_j f_j \omega^{-jk} = F(\omega^{-k})$. Zur linken Seite von 8.34 gehört das Polynom $H := FG$, d.h. $H(\omega^{-k}) = (\widetilde{f * g})_k$. Andererseits ist $H(\omega^{-k}) = F(\omega^{-k})G(\omega^{-k}) = \tilde{f}_k \tilde{g}_k$, unter Zusammenfassung der Komponenten also $\widetilde{f * g} = \tilde{f}\tilde{g}$. $\qquad\square$

Anwendung (Multiplikation großer ganzer Zahlen). Üblicherweise erfolgt die Multiplikation von Zahlen in einem Computer durch Maschinenbefehle. Auf Basis der Prozessorhardware werden hierbei die entsprechenden Arbeitsschritte in einem Multiplizierwerk durchlaufen. Hardwaremäßig ist dabei auch die Länge des Wortes (in bit), in dem die Zahlen gespeichert werden, weit gehend festgelegt. Daher können Zahlen, die eine gewisse Größe überschreiten, nicht direkt auf Basis einzelner Maschinenbefehle miteinander multipliziert werden. Verschiedentlich, z.B. in Computeralgebraprogrammen, ist die Fähigkeit angelegt, mit prinzipiell beliebig großen ganzen Zahlen ohne Rundungsfehler zu rechnen.
Wie kann die Multiplikation von Zahlen beliebiger Stellenzahl durchgeführt werden? Es liegt nahe, sich am üblichem Vorgehen zu orientieren, nach dem man zwei ν-stellige Zahlen gleichsam händisch miteinander multipliziert. Ein Blick auf ein derartiges Beispiel (mit Zahlen der Gewohnheit halber im Zehnersystem) zeigt das Problem in Gestalt der nach rechts unten laufenden Zahlenkolonne, die

Zeile für Zeile durch Multiplikation mit den einzelenen Ziffern des zweiten Faktors entsteht. Dieser Kolonne ist die rechnerische Komplexität $O(\nu^2)$ nur so anzusehen. Die abschließende Addition ändert an der Komplexitätsordnung nichts. Auch wenn man, wie in der realen Computerhardware implementiert, anstelle von einzelnen Ziffern mit Blöcken aufeinander folgender Stellen einer hardwaremäßig vorgesehenen Länge arbeitet, bleibt das Problem des quadratischen Anwachsens der Komplexität mit der Stellenzahl der beteiligten Zahlen bestehen.

Die Zifferndarstellung einer ganzen Zahl hat nun aber etwas mit der Auswertung von Polynomen zu tun. Denn eine positive ganze Zahl x mit Ziffern $f_0, f_1, ..., f_{\nu-1}$ (etwa im dyadischen System) ist

$$x = f_0 2^0 + f_1 2^1 + ... + f_{\nu-1} 2^{\nu-1} = F(2),$$

wobei

$$F(\xi) = \sum_{j=0}^{\nu-1} f_j \xi^j.$$

Stellt man eine weitere ganze Zahl y in ähnlicher Weise mit einem Polynom G dar, $y = G(2)$ und soll man das Produkt $z := xy$ berechnen, so kann man dies durch Auswertung des Polynoms $H := FG$ erreichen, $z = H(2)$. (Die Dimension ν der Koeffizientenvektoren f, g und letztlich h nehmen wir wieder von vornherein als gleich an, ggf. nach Auffüllen mit Nullen.) Wenn die Koeffizienten von H bekannt sind, kann die Auswertung nach dem Horner'schen Schema in $O(\nu)$ Operationen erreicht werden. Für jeden Koeffizienten h_k hat man allerdings die Faltungssumme $\sum_{j=0}^{\nu-1} f_j g_{\nu-j}$ zu ermitteln, $O(\nu)$ Operationen pro Koeffizient, insgesamt also unbefriedigende $O(\nu^2)$ Operationen.

Berechnet man hingegen den Vektor h nach der Vorschrift

$$h = \mathcal{FT}^{-1}(\tilde{f}\tilde{g}),$$

so sind lediglich zwei direkte und eine inverse Fouriertransformation erforderlich (Komplexität $O(\nu \log \nu)$) sowie das komponentenweise Produkt zweier Vektoren ($O(\nu)$). Der Gesamtaufwand beträgt

$$O(\nu \log \nu)$$

Operationen; dass es in Wirklichkeit ein wenig komplizierter ist, werden wir bald sehen.

Bemerkung (Verwendung größerer Wortlänge). Wie vorhin schon kurz angesprochen, wird man auf einem Computer Wortlängen (binäre Stellenzahlen) verwenden, bei denen die grundlegenden arithmetischen Operationen direkt von der Hardware unterstützt werden. Die obigen Überlegungen sind aber ganz ähnlich anwendbar. Ein Beispiel mit Bitketten der Länge 2 macht das unmittelbar deutlich. Betrachtet man nämlich etwa die Zahl 101101_2 und schreibt sie in der Form

$$101101_2 = (01)_2 4^0 + (11)_2 4^1 + (10)_2 4^2,$$

so ist es klar, dass es wieder um Auswertung von Polynomen, jetzt an der Stelle 4, geht und dass die Faltung für Vektoren durchzuführen ist, deren Komponenten zweistellige Dualzahlen sind.

Bemerkung (eine Komplikation). Die vollständige Implementierung auf dem Rechner muss jedoch – neben Fragen der Organisation – auch noch andere Aspekte berücksichtigen. Der grundlegende Schritt 8.31 erfordert die Multiplikation mit einer (komplexen) *Gleitkommazahl* (d.h. einer fast immer nicht ganzen Zahl) ω^{-j}, sodass die Rechnung *nicht* im Bereich der ganzen Zahlen abläuft und daher auch nicht exakt ist. Denn anders als die Operationen auf ganzen Zahlen sind die Rechenoperationen mit Gleitkommazahlen am Computer mit Rundungsfehlern behaftet. Man hat sicherzustellen, dass das Ergebnis dadurch nicht beeinflusst wird.

Das kann man garantieren, wenn das Endresultat der Fouriertransformation, d.h. die Koeffizienten des Produktpolynoms, durch Rundungsfehler um weniger als $\frac{1}{2}$ verfälscht werden. Da nämlich die Koeffizienten ganze Zahlen sein müssen, sind sie dann schon eindeutig bestimmt. Mit der Länge der Blöcke, in die man die Zahlen zerlegt und die die „Größe" der Fouriertransformation bestimmt, hat man hier ein Mittel zur Steuerung in der Hand, um die notwendige Genauigkeit zu gewährleisten.

Insgesamt erfordert die Entwicklung eines wirklich vollständigen Algorithmus für diese Aufgabe über das Grundprinzip hinaus noch durchaus weiter gehende Überlegungen und auch eine etwas höhere Komplexität als zunächst erwartet. So verhält es sich bei der Entwicklung und Implementation numerischer Verfahren häufig. Gleich zur Illustration dieses Prinzips die folgende

Bemerkung (eine weitere Komplikation). Wir dürfen nicht übersehen, dass unser Vorgehen noch in keiner Weise das Problem des *Übertrags* angesprochen hat. Das Problem lässt sich am Produkt zweier Polynome ersten Grades (zweier zweistelliger Zahlen) erläutern. Unser Vorgehen liefert doch

$$f(2)g(2) = (f_1 2^1 + f_0 2^0)(g_1 2^1 + g_0 2^0) = (f_1 g_1)2^2 + (f_0 g_1 + f_1 g_0)2^1 + (f_0 g_0)2^0.$$

Das bedeutet, dass z.B. beim Produkt $11_2 \cdot 11_2$ die Zweierstelle (entsprechend der üblichen Zehnerstelle) die Eintragung 2 aufweist, während doch nur 0 oder 1 zulässig wäre. Ein entsprechendes Programm muss also auch noch den Übertrag korrekt durchführen. – Dass es sich dabei aber insgesamt um ein effizientes Verfahren handelt, wird dadurch nicht berührt.

Aufgaben

8.29. Beweisen Sie Satz 8.10.2 „direkt", d.h. unter Benutzung der Summen für die Fouriertransformierten usw.

8.30. Benutzen Sie Matlab o.dgl. bzw. suchen Sie im Internet, z.B. unter www.netlib.org, nach Unterprogrammen für Ihre Programmiersprache, die die FFT durchführen; natürlich können Sie so etwas auch selbst schreiben. Experimentieren Sie an Beispielen zur Glättung von Funktionen wie zu Beginn dieses Abschnittes, um einen Einblick in den Einfluss der Fehlergröße in den Daten sowie auch des Anteils der tatsächlich entfernten Fourierkomponenten auf das Resultat zu gewinnen.

9 Normalformen von Matrizen

Eine lineare Abbildung zwischen endlichdimensionalen Räumen, $\mathcal{A} : V \to W$, lässt sich durch Wahl der Basen in mannigfacher Weise als Matrix darstellen. Nun sieht man einer etwas größeren Matrix (ja oft schon einer 2×2-Matrix) ihre Wirkung auf Vektoren bzw. Eigenschaften der Transformation nicht gut an. Es fragt sich, ob man durch günstige Wahl der Basen zu einfachen und gleichzeitig ausdrucksstarken Matrizen kommen kann. Man spricht dann von einer *Normalform* der Matrix, wenn diese Darstellung noch dazu im Wesentlichen eindeutig ist.

Wir haben schon einige Arbeiten in dieser Richtung geleistet. Kann das Resultat zufrieden stellen?

Wenn wir zu Gleichung 4.5 zurückblättern, so sehen wir im dortigen Sinne jede Abbildung (abgesehen von den Dimensionen der Grundräume, die wir sozusagen kennen) letztlich nur durch eine Zahl, den *Rang*, dargestellt; die aufwendige Matrixdarstellung in der Gleichung hat fast nur didaktischen Wert. Anders ausgedrückt: Man kann in dieser Darstellung z.B. über dem $\mathbb{R}^2$ nicht einmal eine Spiegelung an einer Geraden von der Identität unterscheiden (es sei denn, man betrachtet die Transformationsmatrizen mit). – Diese Art der Normalform ist also für die meisten Zwecke zu grob.

Übersicht

Es verbleibt die *Schur'sche Normalform*, die schon den Namen Normalform führt. Sie kommt dem Ziel schon näher. Dass genau die Eigenwerte in der Diagonale auftreten, deren Bedeutung für Matrizen wir mittlerweile reichlich gesehen haben, ist positiv zu vermerken. Weniger kann es befriedigen, dass die gesamte obere Hälfte der Schur-Form i.A. besetzt ist und hier von auch nur annähernder Eindeutigkeit nicht die Rede sein kann, ergeben sich doch ganz unterschiedliche Resultate je nachdem, mit welchem Eigenwert man den Eliminationsprozess beginnt, der zur Normalform führt. Wenden wir auch diesen Punkt etwas anders und gehen wir etwa von einer Matrix mit lauter verschiedenen Eigenwerten aus. In der Schurform spürt die erste Komponente des Bildes, d.h. die Komponente, die zum willkürlich gewählten Eigenwert gehört, mit dem man den Umformungsprozess begonnen hat, alle anderen Komponenten des Originals; die letzte Komponente des Bildes, die zu einem ebenfalls weit gehend willkürlich gewählten Eigenwert gehört, nur die sozusagen zugehörige Komponente des Originals. – Der Missstand, der in der unterschiedlichen, nur durch die gewählte Reihenfolge begründeten Rolle der doch völlig gleichwertigen Eigenwerte besteht, ist allzu deutlich.

In diesem Kapitel besprechen wir die beiden in gewissem Sinn letztgültigen Normalformen – die Jordan'sche Normalform und die Singulärwertzerlegung, beide zusammen mit weit reichenden Anwendungen. Ein etwas philosophischer Abschluss vergleicht die beiden Normalformen.

9.1 Die Jordan'sche Normalform

Die Problemstellung.   Die *Schur'sche Normalform* einer linearen Transformation gewährleistet eine Darstellung einer *beliebigen* linearen Abbildung $\mathcal{A} : V \to V$ ($\dim V < \infty$) durch eine rechte obere Matrix, wenn das charakteristische Polynom $\chi_{\mathcal{A}}$ im Grundkörper vollständig zerfällt, also im Falle $K = \mathbb{C}$ immer und im Falle $K = \mathbb{R}$ ggf. nach Komplexifizierung. Vgl. Satz 6.4.3. Im Falle *normaler* Abbildungen ist sogar eine Darstellung durch eine *diagonale Matrix* möglich, wenngleich man auf unserem Weg der Konstruktion der Schur'schen Normalform nicht gut dahin gelangt.

Es lassen sich aber eben nicht alle Abbildungen diagonalisieren. Man betrachte z.B. mit einem $\alpha \in K$ die Matrix

$$A = \begin{pmatrix} \alpha & 1 \\ 0 & \alpha \end{pmatrix}. \tag{9.1}$$

A besitzt den Eigenwert α mit algebraischer Vielfachheit 2 und geometrischer Vielfachheit 1 (s. das Beispiel zu Satz 6.4.2). A kann daher nicht zu einer diagonalen Matrix, bei der es sich übrigens um $\operatorname{diag}(\alpha, \alpha)$ handeln müsste, ähnlich sein; denn für eine solche Matrix hat auch die geometrische Vielfachheit von α den Wert 2. Allerdings hat A die einfachste Gestalt, die man in dem Fall erwarten kann, in dem eine Diagonalisierung nicht möglich ist.

Ist jetzt allgemeiner $\dim V = n$ und $A \in \operatorname{End} V$, so stellt sich die Frage nach einer möglichst übersichtlichen Matrixdarstellung. Die Schur'sche Darstellung (vgl. Satz 6.4.3) ist ein Schritt in die Richtung. In welcher Weise kann man noch Vereinfachungen erhoffen?

Betrachten wir noch einmal Strukturen in Zusammenhang mit einer *diagonalisierbaren* Matrix A. Zu A kann man (vor allem im Falle mehrdimensionaler Eigenräume) Eigenvektoren in mannigfacher Weise wählen; *einzelne* Eigenvektoren hängen also in diesem Sinne nicht so direkt von der Matrix ab. Gleichsam eine Stufe höher sind wir aber auf der richtigen Ebene. Wie erinnerlich, gibt $\mathcal{A}$ im Falle der Diagonalisierbarkeit zu den Eigenräumen $E_1, \ldots, E_r$ Anlass, sodass $V = \bigoplus E_j$. $\mathcal{A}$ selbst lässt sich als Summe linearer Abbildungen $\mathcal{A} = \sum \mathcal{A}_j$ schreiben, wo $\mathcal{A}_j(E_j) \subseteq E_j \ \forall j$ und $\mathcal{N}_{\mathcal{A}_j} \supseteq \bigcup_{k \neq j} E_k$, d.h. also $\mathcal{A}_j$ im Wesentlichen eine Abbildung von E_j in sich ist. In diesem Sinn zerfällt $\mathcal{A}$ in r (= Zahl der unterschiedlichen Eigenwerte) Abbildungen $\mathcal{A}_j : E_j \to E_j$. Von diesem Standpunkt aus betrachten wir die diagonalisierte Form D von A nicht als Diagonalmatrix (die sie ist), sondern als zusammengesetzt aus längs der Diagonale angeordneten Blöcken, die jeweils den einzelnen Eigenräumen entsprechen.

An dieser Sichtweise orientiert sich die Konstruktion der Jordan'schen Normalform zu $\mathcal{A}$ auch im nicht diagonalisierbaren Fall. Sie erfolgt in zwei Schritten, nämlich

- Definition und Konstruktion verallgemeinerter Eigenräume (sodass sich Blöcke ähnlich wie gerade im diagonalen Fall besprochen ergeben) und

- Konstruktion spezieller Basen innerhalb der verallgemeinerten Eigenräume, die jeden Block selbst besonders einfach gestalten.

Verallgemeinerte Eigenräume. Falls also $\mathcal{A}$ nicht diagonalisierbar ist, gibt es eben weniger Eigenvektoren als zur Erzeugung von V notwendig. Es erhebt sich die Frage, wie die Definition des Begriffes Eigenvektor so zu verallgemeinern wäre, dass sich die entstehenden Räume durch vergleichbare Eigenschaften auszeichnen. In die Definition solcher Vektoren (der so genannten *verallgemeinerten Eigenvektoren* oder *Hauptvektoren*) muss nach unserem Vorhaben jedenfalls der entsprechende Eigenwert eingehen.

Die Beobachtung, wonach der Eigenraum von $\mathcal{A}$ zum Eigenwert α_j ein Nullraum ist: $E_j = \mathcal{N}_{(\mathcal{A} - \alpha_j \mathcal{I})}$, hilft hier weiter. Von ihr ausgehend, ist kaum ein anderer Weg vorstellbar, als für beliebiges ganzes $l > 0$ den Nullraum

$$E_j^l := \mathcal{N}_{(\mathcal{A} - \alpha_j \mathcal{I})^l} = \{\mathbf{u} : (A - \alpha I)^l \mathbf{u} = 0\}$$

zu studieren. Jedes E_j^l ist ein linearer Raum. Die E_j^l heißen *verallgemeinerte Eigenräume*; ihre Elemente *verallgemeinerte Eigenvektoren* oder *Hauptvektoren*. – Man setzt noch $E_j^0 = \{\mathbf{0}\}$.

Lemma 9.1.1. *Es ist $E_j^0 \subset E_j^1 \subseteq E_j^2 \ldots$; ferner gibt es ein $\nu_j \geq 1$, sodass $E_j^l = E_j^{\nu_j}$ $\forall l \geq \nu_j$. Setzt man $E_j^\star := E_j^{\nu_j}$, dann ist $E_j^\star$ die Menge aller Hauptvektoren zum Eigenwert α_j; diese bildet daher einen linearen Raum.*

Beweis. Ist für ein l: $\mathbf{u} \in E_j^l$, so ist $(\mathcal{A} - \alpha_j \mathcal{I})^l(\mathbf{u}) = \mathbf{0}$; wendet man darauf $\mathcal{A} - \alpha_j \mathcal{I}$ an, so ergibt sich $(\mathcal{A} - \alpha_j \mathcal{I})^{l+1}(\mathbf{u}) = \mathbf{0}$; also $E_j^l \subseteq E_j^{l+1}$. – Gilt für ein l echte Inklusion, $E_j^l \subset E_j^{l+1}$, dann muss die Dimension mindestens um 1 wachsen. Das kann nur endlich oft geschehen. Daher ändern sich ab einem gewissen Index ν_j die Räume E_j^l nicht mehr. – Die letzte Aussage des Lemmas versteht sich von selbst. $\square$

Ein Hauptvektor $\mathbf{u}$ heißt genauer *Hauptvektor l-ter Stufe* (zum Eigenwert α_j), wenn zwar $\mathbf{u} \in E_j^l$, aber $\mathbf{u} \notin E_j^{l-1}$. – Die Eigenvektoren sind somit genau die Hauptvektoren erster Stufe, $E_j = E_j^1$.

Wie erinnerlich, schreiben wir $\mu_j = \mu_{\alpha_j}$ für die algebraische Vielfachheit eines Eigenwertes α_j. Die Zahl der *verschiedenen* Eigenwerte von $\mathcal{A}$ bezeichnen wir wieder mit r.

Satz 9.1.1 (Dimension der verallg. Eigenräume). *Die Dimension der verallgemeinerten Eigenräume stimmt mit der algebraischen Vielfachheit der zugehörigen Eigenwerte überein,* $\dim E_j^\star = \mu_j \ \forall j$.

Beweis. Wenn wir o.B.d.A. den Fall $j = 1$ untersuchen, so ist für jedes hinreichend große l $E_1^\star$ der Nullraum zu $(A - \alpha_1 I)^l$. Wir gehen gleich zu einer Schur-Basis von A über, einer solchen Basis, in der A, daher auch $A - \alpha_1 I$, folglich alle Potenzen davon in Schur'scher Gestalt erscheinen; die in diese Basis transformierte Matrix A bezeichnen wir mit $\tilde{A}$ (n.b. $\tilde{I} = I$).

In der Schur-Basis hat $A - \alpha_1 I$ (auch) in Blockform rechte obere Gestalt:

$$\tilde{A} - \alpha_1 I = \begin{pmatrix} N & B \\ O & C \end{pmatrix}.$$

Dabei ist N die $\mu_1 \times \mu_1$-Matrix an der Position, die in $\tilde{A}$ zum Eigenwert α_1 gehört; hier, in $\tilde{A} - \alpha_1 I$, finden wir längs der Diagonale an diesen Stellen Nulleintragungen, m.a.W., N ist eine nilpotente Matrix. C ist eine rechte obere Matrix mit den Diagonaleintragungen $\alpha_2 - \alpha_1$ usw. und B kann man nichts Besonderes nachsagen.

In $(\tilde{A} - \alpha_1 I)^l$ ($l \in \mathbb{N}$) erscheint daher in der Position von N die entsprechende Potenz N^l, d.h. für hinreichend großes l ($l \geq \mu_1$, wovon wir fortan ausgehen) eine $\mu_1 \times \mu_1$ Nullmatrix O. Die übrigen Diagonaleintragungen von $(\tilde{A} - \alpha_1 I)^l$ sind die $(\alpha_2 - \alpha_1)^l$ usw., d.h., sie sind $\neq 0$. Übrigens ist natürlich auch $(\tilde{A} - \alpha_1 I)^l$ eine rechte obere Matrix.

Damit ist für großes l: $\mathrm{rg}(\tilde{A} - \alpha_1 I)^l = n - \mu_1$; denn die ersten μ_1 Spaltenvektoren sind jeweils $\mathbf{0}$, während die Determinante des Blocks rechts unten das Produkt der nicht verschwindenden Diagonalelemente $(\alpha_2 - \alpha_1)^l$ usw. ist; daher sind die restlichen Spaltenvektoren linear unabhängig. – Demgemäß ist $\dim E_1^\star = \dim \mathcal{N}_{(\tilde{A} - \alpha_1 I)^l} = \mu_1$. $\square$

Satz 9.1.2 (*A*-Invarianz der verallg. Eigenräume). *Jeder verallgemeinerte Eigenraum $E_j^\star$ ist invariant unter $\mathcal{A}$,*

$$\mathcal{A}(E_j^\star) \subseteq E_j^\star.$$

Beweis. Wir schicken voraus, dass $(\mathcal{A} - \alpha_j \mathcal{I})^{\mu_j} \circ \mathcal{A} = \mathcal{A} \circ (\mathcal{A} - \alpha_j \mathcal{I})^{\mu_j}$ (Entwicklung nach dem binomischen Lehrsatz und „Durchziehen" von $\mathcal{A}$, das mit allen Summanden kommutiert, nach links). – Ist also $\mathbf{y} \in E_j^\star$, d.h. $(\mathcal{A} - \alpha_j \mathcal{I})^{\mu_j}(\mathbf{y}) = \mathbf{0}$, so ist $(\mathcal{A} - \alpha_j \mathcal{I})^{\mu_j}(\mathcal{A}(\mathbf{y})) = \mathcal{A}(\mathcal{A} - \alpha_j \mathcal{I})^{\mu_j}(\mathbf{y}) = \mathbf{0}$. $\qquad\square$

Satz 9.1.3 (Direkte Summe der verallg. Eigenräume). *V ist die direkte Summe der verallgemeinerten Eigenräume,*

$$V = E_1^\star \oplus E_2^\star \oplus \ldots \oplus E_r^\star.$$

Insbesondere gibt es eine Basis aus Hauptvektoren, wobei die Hauptvektoren zu jedem Eigenwert entsprechend seiner algebraischen Vielfachheit auftreten.

Beweis. Es sei $1 \leq j, k \leq r$ und $j \neq k$. Wir zeigen zunächst $E_j^\star \cap E_k^\star = \{\mathbf{0}\}$. Da die Nummerierung der Eigenwerte ganz willkürlich ist, genügt es, $E_1^\star \cap E_2^\star = \{\mathbf{0}\}$ zu zeigen. Indirekt nehmen wir dazu an, es gäbe ein $\mathbf{x} \in E_1^\star \cap E_2^\star$, $\mathbf{x} \neq \mathbf{0}$. Die Stufe von $\mathbf{x}$ im Hinblick auf α_i ($i = 1, 2$) bezeichnen wir mit σ_i. Dann ist $(\mathcal{A} - \alpha_1 \mathcal{I})^{\sigma_1}(\mathbf{x}) = (\mathcal{A} - \alpha_2 \mathcal{I})^{\sigma_2}(\mathbf{x}) = \mathbf{0}$. Insbesondere ist daher $(\mathcal{A} - \alpha_2 \mathcal{I})^{\sigma_2 - 1} \circ (\mathcal{A} - \alpha_1 \mathcal{I})^{\sigma_1}(\mathbf{x}) = \mathbf{0}$. Wir vertauschen die beiden Polynome in $\mathcal{A}$ (alle Summanden kommutieren miteinander!), setzen $\mathbf{w} := (\mathcal{A} - \alpha_2 \mathcal{I})^{\sigma_2 - 1}(\mathbf{x})$ und beachten, dass $\mathbf{w} \neq \mathbf{0}$, aber $(\mathcal{A} - \alpha_2 \mathcal{I})(\mathbf{w}) = \mathbf{0}$, d.h. $\mathcal{A}(\mathbf{w}) = \alpha_2 \mathbf{w}$; daher ist auch $\mathcal{A}^s(\mathbf{w}) = \alpha_2^s \mathbf{w} \; \forall\, s \in \mathbb{N}$. Entwicklung nach dem binomischen Lehrsatz lehrt dann

$$\begin{aligned}
\mathbf{0} = (\mathcal{A} - \alpha_1 \mathcal{I})^{\sigma_1}(\mathbf{w}) = \\
= \mathcal{A}^{\sigma_1}(\mathbf{w}) - \binom{\sigma_1}{1} \alpha_1 \mathcal{A}^{\sigma_1 - 1}(\mathbf{w}) + \binom{\sigma_1}{2} \alpha_1^2 \mathcal{A}^{\sigma_1 - 2}(\mathbf{w}) - \ldots = \\
= \alpha_2^{\sigma_1} \mathbf{w} - \binom{\sigma_1}{1} \alpha_1 \alpha_2^{\sigma_1 - 1} \mathbf{w} + \binom{\sigma_1}{2} \alpha_1^2 \alpha_2^{\sigma_1 - 2} \mathbf{w} - \ldots = (\alpha_2 - \alpha_1)^{\sigma_1} \mathbf{w}.
\end{aligned}$$

Der letzte Vektor kann aber wegen $\alpha_1 \neq \alpha_2$ und $\mathbf{w} \neq \mathbf{0}$ keinesfalls der Nullvektor sein, sodass ein Widerspruch eingetreten ist.

Die Eigenschaft $E_j^\star \cap E_k^\star = \{\mathbf{0}\}$ für $j \neq k$ bedeutet aber nach Satz 4.5.3, dass die in unserem Satz auftretende Summe tatsächlich direkt ist und daher auch Hauptvektoren mit den genannten Eigenschaften linear unabhängig sind. Wegen $\dim E_j^\star = \mu_j$ treten in einer Basis, die aus Hauptvektoren gebildet wird, μ_j zu jedem Eigenvektor α_j gehörige Hauptvektoren auf. Die *Zahl* der Basiselemente ist $\sum_j \mu_j$, die Summe der algebraischen Vielfachheiten und somit n; daher wird aus Dimensionsgründen ganz V durch die Summe dargestellt. $\qquad\square$

Vorstufe zur Jordan'schen Normalform; der Satz von Cayley-Hamilton. Aus den bisherigen Betrachtungen folgt nun

Satz 9.1.4 (Vorstufe zur Jordan'schen Normalform). *Entsprechend der Zerlegung in verallgemeinerte Eigenräume $V = E_1 \oplus \ldots \oplus E_r$ gibt es eine Darstellung*

$$\mathcal{A} = \mathcal{J}_1 + \mathcal{J}_2 + \ldots + \mathcal{J}_r \tag{9.2}$$

durch lineare Abbildungen $\mathcal{J}_k : V \to V$ ($k = 1, 2, \ldots, r$) mit *i)* $\mathcal{J}_k(V) \subseteq E_k^\star \ \forall k \ und$

ii) $\mathcal{N}_{\mathcal{J}_k} \supseteq E_1^\star + \ldots + E_{k-1}^\star + E_{k+1}^\star + \ldots + E_r^\star.$

Damit übereinstimmend weist die Matrixdarstellung von $\mathcal{A}$ in einer Basis, die sukzessive aus Elementen von $E_1^\star, E_2^\star, \ldots$ gebildet wird, Blockdiagonalform auf,

$$A = \mathrm{diag}(J_1, J_2, \ldots). \tag{9.3}$$

Dabei ist J_k die $\mu_k \times \mu_k$-Matrix zu $\mathcal{J}_k|_{E_k^\star} : E_k^\star \to E_k^\star.$

Beweis. Stellt man ein beliebiges $\mathbf{x} \in V$ im Sinne der direkten Summe dar: $\mathbf{x} = \sum_k \mathbf{x}_k$, wobei $\mathbf{x}_k$ jeweils das eindeutig bestimmte Element in $E_k^\star$ ist, das in einer derartigen Darstellung auftritt, so ist für jedes k die Abbildung $\mathbf{x} \to \mathbf{x}_k$ linear (leicht). Mit der Definition $\mathcal{J}_k(\mathbf{x}) := \mathcal{A}(\mathbf{x}_k)$ sind dann tatsächlich lineare Abbildungen $V \to V$ mit den im Satz genannten Eigenschaften definiert. Legen wir der Matrixdarstellung eine Basis zugrunde, die wie im Satz beschrieben aus den Elementen der $E_l^\star$ aufgebaut ist, so besitzt eine volle Matrix zu $\mathcal{J}_k$ (wir bezeichnen sie für den Moment mit $\tilde{J}_k$) nur in den Zeilen bzw. Spalten nichttriviale Einträge, die zu den Basiselementen von $E_k^\star$ gehören. An diesen Stellen finden wir genau die Einträge von J_k, sodass $A = \sum_k \tilde{J}_k$ die angegebene blockdiagonale Form aufweist. $\qquad\square$

Ein Resultat, das nicht unmittelbar mit der Jordan'schen Normalform verknüpft ist, jetzt aber leicht folgt, ist

Satz 9.1.5 (Cayley-Hamilton). *Jede $n\times n$-Matrix genügt ihrem eigenen charakteristischen Polynom,*

$$\chi_A(A) = O. \tag{9.4}$$

Beweis. Wir stellen χ_A mithilfe seiner Nullstellen $\alpha_1, \ldots, \alpha_r$ dar: $\chi_A(\alpha) = (-1)^n \prod_j (\alpha - \alpha_j)^{\mu_j}$. Ist $\mathbf{x}_k \in E_k^\star$ irgendein verallgemeinerter Eigenvektor, so ist seine Stufe $\leq \mu_k$ und daher $(A - \alpha_k I)^{\mu_k} \mathbf{x}_k = \mathbf{0}$. Folglich ist $\prod_j (A - \alpha_j I)^{\mu_j} \mathbf{x}_k = \mathbf{0}$, und daher $\chi_A(A)\mathbf{x}_k = \mathbf{0}$. Also ist auch $\chi_A(A)(\sum_k \mathbf{x}_k) = \mathbf{0}$, wobei über jeweils beliebige Elemente aus jedem Eigenraum summiert wird. Da sich auf diesem Wege alle Elemente von V darstellen lassen, haben wir $\chi_A(A)\mathbf{x} = \mathbf{0} \ \forall \mathbf{x} \in V$, d.h. $\chi_A(A) = O.$ $\qquad\square$

Die Jordan'sche Normalform. Wir kehren zur Vorstufe der Jordan'schen Normalform zurück. – Innerhalb der verallgemeinerten Eigenräume sind wir völlig frei in der Wahl einer Basis. Legt man jedem J_k eine Basis zugrunde, in der diese Matrix Schur'sche Normalform annimmt, so steht in der Diagonale von J_k der zugehörige Eigenwert α_k entsprechend seiner Vielfachheit; im Übrigen ist jedes J_k und damit A eine rechte obere Matrix und in Schur'scher Gestalt.

Allerdings kann man J_k durch geschickte Wahl einer Basis von $E_k^\star$ noch übersichtlicher gestalten.

In einem *ersten Schritt* wählen wir dazu einen Hauptvektor $\mathbf{u}_{k1}^1$ *maximaler Stufe* l_k^1 in $E_k^\star$; zu diesem konstruieren wir durch Abstieg weitere $l_k^1 - 1$ Hauptvektoren, wobei die Stufen sich jeweils um 1 vermindern: $(A - \alpha_k I)\mathbf{u}_{k1}^1 =: \mathbf{u}_{k1}^2,$

$(A - \alpha_k I)\mathbf{u}_{k1}^2 =: \mathbf{u}_{k1}^3$, etc. Derart konstruierte Vektoren bilden eine *Jordan'sche Kette*. Mit ihr setzen wir $U_{k1} = [\mathbf{u}_{k1}^1, \mathbf{u}_{k1}^2, \ldots, \mathbf{u}_{k1}^{l_k^1}]$.

Falls $U_{k1} \subset E_k^\star$, gibt es einen Raum $W_{k2}^\star$, sodass $E_k^\star = U_{k1} \oplus W_{k2}$. Dann wählen wir in einem *zweiten Schritt* wiederum einen Hauptvektor $\mathbf{u}_{k2}^1$ *maximaler Stufe* l_k^2, diesmal in W_{k2}; aus ihm konstruieren wir wiederum eine Jordan'sche Kette von Hauptvektoren absteigender Stufe $\mathbf{u}_{k2}^2, \ldots, \mathbf{u}_{k2}^{l_k^2}$ bzw. das Erzeugnis $U_{k2} = [\mathbf{u}_{k2}^1, \mathbf{u}_{k2}^2, \ldots, \mathbf{u}_{k2}^{l_k^2}]$.

Falls auch jetzt $U_{k1} \oplus U_{k2} \subset E_k^\star$, fahren wir entsprechend fort. – Auf diese Weise haben wir, sagen wir, r_k Räume, erhalten, sodass

$$E_k^\star = U_{k1} \oplus \ldots \oplus U_{kr_k} = [\mathbf{u}_{k1}^1, \ldots, \mathbf{u}_{k1}^{l_k^1}] \oplus \ldots \oplus [\mathbf{u}_{kr_k}^1, \ldots, \mathbf{u}_{kr_k}^{l_k^{r_k}}].$$

Mit den so erzeugten Hauptvektoren als Basis ist nun J_k seinerseits blockdiagonal, $J_k = \text{diag}(J_{k1}', \ldots, J_{kr_k}')$. Dabei entsprechen die matrixwertigen Eintragungen den Summanden in der Darstellung von $E_k^\star$. Betrachten wir nämlich z.B. den ersten Summanden $U_{k1} = [\mathbf{u}_{k1}^1, \ldots, \mathbf{u}_{k1}^{l_k^1}]$. Laut Konstruktionsprinzip der Jordan-Ketten ist $(A - \alpha_k I)\mathbf{u}_{k1}^j =: \mathbf{u}_{k1}^{j+1}$, d.h. $J_k \mathbf{u}_{k1}^j = A\mathbf{u}_{k1}^j = \alpha_k \mathbf{u}_{k1}^j + \mathbf{u}_{k1}^{j+1}$ (wie erinnerlich, ist J_k die auf $E_k^\star$ eingeschränkte Matrix von $\mathcal{A}$). Daraus ergibt sich für eine solche Basis unmittelbar die Gestalt der $l_k^1 \times l_k^1$-Matrix J_{k1}' bzw. eines allgemeinen derartigen *Jordan-Kästchens* zum Eigenwert α

$$J_{\alpha,\cdot}' = \begin{pmatrix} \alpha & 1 & 0 & 0 & \ldots & 0 \\ 0 & \alpha & 1 & 0 & & 0 \\ 0 & 0 & \alpha & 1 & & 0 \\ \vdots & & & \ddots & & \\ & & & & \alpha & 1 \\ 0 & 0 & 0 & \ldots & 0 & \alpha \end{pmatrix}. \tag{9.5}$$

Insgesamt folgt

Satz 9.1.6 (Jordan'sche Normalform). *Das charakteristische Polynom $\chi_\mathcal{A}$ von $\mathcal{A}$: $V \to V$ zerfalle über K vollständig. Die Nullstellen seien $\alpha_1, \ldots, \alpha_r$, ihre algebraischen Vielfachheiten $\mu_1, \ldots, \mu_r$. Dann lässt sich $\mathcal{A}$ in einer geeigneten Basis in der Form*

$$A = \begin{pmatrix} J_1 & O & O & \ldots \\ O & J_2 & O & \\ O & O & J_3 & \\ \vdots & & & \ddots \end{pmatrix} \tag{9.6}$$

darstellen. Jedes J_k ist eine rechte obere $\mu_k \times \mu_k$-Matrix mit Diagonalelement α_k. Gleichzeitig ist es eine Blockdiagonalmatrix mit Eintragungen wie in Gleichung 9.5 (mit $\alpha = \alpha_k$).

Bemerkung. Natürlich kann man analog zur eben gegebenen Darstellung auch gleich direkt die (im Allgemeinen kleineren, aber in größerer Anzahl auftretenden) Matrizen J_{kl}' verwenden; wir sprechen dann bei Verwechslungsgefahr von der *Feindarstellung* der Jordan'schen Normalform.

Nilpotente Matrizen. Jede rechte obere $n \times n$-Matrix (und daher jede Jordan'sche Matrix) A lässt sich in der Form

$$A = D + R$$

schreiben, wobei D diagonal ist und R eine *echte* obere Dreiecksmatrix ist, also eine obere Dreiecksmatrix, deren sämtliche Diagonalelemente $r_{ii} = 0$ sind.

Definition 9.1.1 (Nilpotente Abbildung). *Eine lineare Abbildung $\mathcal{N} : V \to V$ heißt nilpotent, wenn mit einem gewissen $m \in \mathbb{N}$: $\mathcal{N}^m = \mathcal{O}$ gilt.*

Satz 9.1.7 (Charakterisierungen nilpotenter Abbildungen). *Folgende Aussagen über $\mathcal{N} \in \mathrm{End}\, V$ sind zueinander äquivalent:*

i) *$\mathcal{N}$ ist nilpotent.*

ii) *In einer geeigneten Basis wird $\mathcal{N}$ durch eine echte obere Dreiecksmatrix N dargestellt (in der also alle Diagonalelemente = 0 sind).*

iii) *$\mathcal{N}^n = \mathcal{O}$ $(n = \dim V)$*

iv) *Das charakteristische Polynom $\chi_{\mathcal{N}}(\nu) = (-1)^n \nu^n$.*

Beweis. $i) \Rightarrow ii)$: Wir bemerken zuerst, dass jede nilpotente Abbildung *nur* 0 als Eigenwert besitzen kann; denn für einen Eigenwert $\nu \neq 0$ und zugehörigen Eigenvektor $\mathbf{x}$ hätten wir doch $\mathcal{N}^m(\mathbf{x}) = \nu^m \mathbf{x} \neq \mathbf{0}$, also $\mathcal{N}^m \neq \mathcal{O}$ $\forall\, m \in \mathbb{N}$. Eine geeignete Basis im Sinne von ii) ist eine, die zur Jordan'schen Normalform führt; denn in dieser erscheint $\mathcal{N}$ als rechte obere Matrix und, da die Diagonaleintragungen die Eigenwerte, also hier 0 sind, als echte obere Matrix.
$ii) \Rightarrow i)$: Wie elementare Matrixalgebra lehrt, gilt für eine rechte obere Dreiecksmatrix N bzw. ihre Potenzen

$$
N = \begin{pmatrix} 0 & * & * & * & * & \cdots \\ 0 & 0 & * & * & * & \\ 0 & 0 & 0 & * & * & \\ 0 & 0 & 0 & 0 & * & \\ \vdots & & & & & \ddots \end{pmatrix}, \quad N^2 = \begin{pmatrix} 0 & 0 & * & * & * & \cdots \\ 0 & 0 & 0 & * & * & \\ 0 & 0 & 0 & 0 & * & \\ 0 & 0 & 0 & 0 & 0 & \\ \vdots & & & & & \ddots \end{pmatrix} \text{ etc.;} \quad (9.7)
$$

das mit nichttrivialen Einträgen gefüllte Dreieck rückt also bei Potenzbildung jeweils eine Einheit nach rechts oben. Daher ist insbesondere $N^n = O$ $(n = \dim V)$. Nach der letzten Bemerkung gilt daher auch $i) \Rightarrow ii) \Rightarrow iii)$, während umgekehrt $iii) \Rightarrow i)$ trivial ist.
Wie wir bereits wissen, hat jede nilpotente Abbildung $\mathcal{N}$ nur 0 als Eigenwert; daher ist $\chi_{\mathcal{N}}(\nu) = (-1)^n \nu^n$, d.h., $i) \Rightarrow iv)$. Ist umgekehrt für ein $\mathcal{N}$: $\chi_{\mathcal{N}}(\nu) = (-1)^n \nu^n$, so besitzt $\mathcal{N}$ nur den Eigenwert 0; die Jordan'sche Normalform N ist daher eine echte rechte obere Dreiecksmatrix und nach $ii) \Rightarrow i)$ ist $\mathcal{N}$ nilpotent; also insgesamt $iv) \Rightarrow i)$. $\qquad\square$

Potenzen der Jordan'schen Normalform. Nilpotente Matrizen verhalten sich bezüglich ihrer Potenzen sehr einfach. Was bedeutet das für Potenzen der Jordan'schen Normalform? Wir gehen dabei von der Feindarstellung der Normalform aus. Für jeden Feindarstellungsblock (Eigenwert α) ist dann $J' = D' + N'$, wobei $D' = \operatorname{diag}(\alpha)$. In N' finden wir überall 0, in der rechten oberen Nebendiagonale allerdings überall 1. Elementare Rechnung lehrt, dass sich diese Nebendiagonale von Einsen bei Potenzbildung jeweils um eine Einheit nach rechts oben verschiebt. Weiterhin kommutieren D' und N', $D'N' = N'D'$ (weil $D = \alpha I$ und I mit jeder Matrix kommutiert).

Suchen wir nun Potenzen einer Jordan-Matrix, so haben wir lediglich $(J')^m$ zu bilden. Dabei sei J' eine $n' \times n'$-Matrix. Weil D' und N' kommutieren, und weil $(N')^l = O$, so ist

$$(J')^m = (D' + N')^m = \sum_{k=0}^{\min(m,n')} \binom{m}{k} (D')^{m-k} (N')^k. \tag{9.8}$$

Dabei berücksichtigt das Minimum in der oberen Summengrenze, dass wir aufgrund der Nilpotenz von N' Potenzen nur bis n' mitführen müssen.

Konkrete *Beispiele* zur Jordan'schen Zerlegung bringt der kommende Abschnitt.

9.2 Anwendung: Gewöhnliche Differentialgleichungen

Der Begriff; Reduktion auf ein System. Die gewöhnlichen Differentialgleichungen, mit denen man zuerst Bekanntschaft macht, sind meist erster oder zweiter Ordnung. Die Gleichung des harmonischen Oszillators z.B. lautet

$$\ddot{u} + a\dot{u} + \omega^2 u = 0. \tag{9.9}$$

Dabei ist $u : I \to R$ die gesuchte Funktion (Auslenkung des Oszillators von der Ruhelage in Abhängigkeit von der Zeit t) und $I = [0, T]$ das betrachtete Zeitintervall; $\omega > 0$ und $a \geq 0$ sind vorgegebene Konstanten. ω ist dabei im Wesentlichen eine Maßzahl für die Stärke der rücktreibenden Kraft, während die Dämpfungskonstante a für den Fall reibungsloser Schwingungen $= 0$ ist (ungedämpfter Fall) und mit zunehmender Wirkung der inneren Reibung wächst.

Wir betrachten aber gleich die allgemeine lineare Differentialgleichung n-ter Ordnung mit konstanten Koeffizienen $a_1, a_2, \ldots, a_n \in K$ ($K = \mathbb{R}, \mathbb{C}$), nämlich

$$u^{(n)} + a_1 u^{(n-1)} + \ldots a_{n-1} \dot{u} + a_n u = 0, \tag{9.10}$$

und fragen nach der Gesamtheit aller Lösungen.

Dazu formen wir die Differentialgleichung äquivalent in ein System von n Gleichungen erster Ordnung um. An Stelle von $u \in \mathcal{C}^n(I, K)$ betrachten wir die vektorwertige Funktion $\mathbf{x} \in \mathcal{C}^1(I, K^n)$, nämlich

$$\mathbf{x}(t) = (x_0(t), x_1(t), \ldots, x_{n-1}(t))^t := (u(t), \dot{u}(t), \ldots, u^{n-1}(t))^t. \tag{9.11}$$

Offenbar ist $\dot{x}_k = x_{k-1}$ ($1 \le k \le n-1$). Die Differentialgleichung 9.10 ist dann äquivalent zu folgendem System von Gleichungen

$$\dot{\mathbf{x}} = A\mathbf{x} \tag{9.12}$$

oder ausführlich

$$
\begin{pmatrix} \dot{x}_0 \\ \dot{x}_1 \\ \dot{x}_2 \\ \vdots \\ \dot{x}_{n-1} \end{pmatrix}
=
\begin{pmatrix}
0 & 1 & 0 & \cdots & 0 \\
0 & 0 & 1 & & 0 \\
0 & 0 & 0 & 1 & 0 \\
\vdots & & & \ddots & \\
-a_n & -a_{n-1} & -a_{n-2} & \cdots & -a_1
\end{pmatrix}
\begin{pmatrix} x_0 \\ x_1 \\ x_2 \\ \vdots \\ x_{n-1} \end{pmatrix}. \tag{9.13}
$$

Dabei drückt die letzte Zeile die eigentliche Differentialgleichung aus, die anderen Zeilen die Beziehung $\dot{x}_k = x_{k-1}$. Kenntnis aller Lösungen $\mathbf{x}$ des Systems bedeutet mit $u = x_0$ Kenntnis aller Lösungen u der ursprünglichen Gleichung. Schreiben wir das System in der Form $\dot{\mathbf{x}} - A\mathbf{x} = \mathbf{0}$, so liegt die Betrachtung der offenkundig linearen Abbildung $\mathcal{L} : \mathcal{C}^1(I, K^n) \to \mathcal{C}(I, K^n)$, $\mathcal{L}(\mathbf{x}) := \dot{\mathbf{x}} - A\mathbf{x}$, nahe. Die Frage nach allen Lösungen des Systems läuft dann auf die Bestimmung des Nullraums $\mathcal{N}_{\mathcal{L}}$ hinaus.

Lemma 9.2.1. *Die Matrix A (Gl. 9.13) zu $u^{(n)} + a_1 u^{(n-1)} + \ldots + a_n u = 0$ besitzt das charakteristische Polynom*

$$\chi_A(\alpha) = (-1)^n (\alpha^n + a_1 \alpha^{n-1} + \ldots + a_{n-1}\alpha + a_n).$$

Insbesondere sind daher ihre Eigenwerte die Nullstellen dieses Polynoms.

Beweis. Entwicklung nach der letzten Spalte. – Für die tatsächliche Bestimmung der Nullstellen von χ_A sieht man natürlich von dem Vorfaktor $(-1)^n$ ab und entnimmt der Differentialgleichung selbst sofort das Polynom. $\qquad\Box$

Diagonalisierbare Systeme. Die Bestimmung des Nullraums von $\mathcal{L}$ erfolgt zweckmäßig durch Transformation der Matrix A auf Jordan'sche Form. – Ist T eine beliebige, nichtsinguläre $n \times n$-Matrix und führt man neue vektorwertige Funktionen $\mathbf{y}$ gemäß $\mathbf{x} = T\mathbf{y}$ ein, so gelten die Äquivalenzen

$$\dot{\mathbf{x}} = A\mathbf{x} \Leftrightarrow \dot{\mathbf{y}} = T^{-1}\dot{\mathbf{x}} = T^{-1}A\mathbf{x} \Leftrightarrow (T^{-1}\mathbf{x})^{\cdot} = T^{-1}AT\mathbf{y} = (T^{-1}AT)\mathbf{y}.$$

(Für eine von t unabhängige Matrix weist man leicht nach, dass $T^{-1}\dot{\mathbf{x}} = (T^{-1}\mathbf{x})^{\cdot}$.) Durch derartige Transformation entsteht also ein neues, äquivalentes System linearer Differentialgleichungen,

$$\dot{\mathbf{y}} = (T^{-1}AT)\mathbf{y} \quad (\mathbf{x} = T\mathbf{y}).$$

Besonders einfach liegt die Sache, wenn A *diagonalisierbar* ist. T bewerkstellige die Diagonalisierung. Dann haben wir $T^{-1}AT = D = \operatorname{diag}(\alpha_1, \ldots, \alpha_n)$. (Wieder einmal teilen wir jedem mehrfach auftretenden Eigenwert mehrere Indizes zu. Falls

$K = \mathbb{R}$ ist, A aber auch komplexe Eigenwerte aufweist, gehen wir stillschweigend zu $K = \mathbb{C}$ über.) Das System $\dot{\mathbf{y}} = D\mathbf{y}$ mit der Diagonalmatrix D *zerfällt* in n einzelne Gleichungen

$$\dot{y}_j = \alpha_j y_j \quad (j = 1, 2, \ldots, n).$$

Die allgemeine Lösung einer Gleichung

$$\dot{y}_j = \alpha_j y_j \tag{9.14}$$

ist bekanntlich $y_j(t) = c_j e^{\alpha_j t}$ mit beliebigen $c_j \in K$. Selbstverständlich sind die speziellen Lösungen $\mathbf{y}_j(t) = (0, \ldots, e^{\alpha_j t}, \ldots, 0)^t$ ($j = 1, 2, \ldots, n$; die nichttriviale Eintragung steht an der Stelle j) linear unabhängig wegen $\det(\mathbf{y}_1, \ldots, \mathbf{y}_n) = \prod_j e^{\alpha_j t} \neq 0 \; \forall t$. Diese Basis transformieren wir zurück, $\mathbf{x}_j := T\mathbf{y}_j = e^{\alpha_j t}\mathbf{t}_j$ und erhalten

Satz 9.2.1 (Lösungsgesamtheit: diagonalisierbarer Fall). *Die Systemmatrix A der Gleichung $\mathcal{L}(\mathbf{x}) = \dot{\mathbf{x}} - A\mathbf{x} = \mathbf{0}$ sei diagonalisierbar, die Eigenwerte seien $\alpha_1, \ldots, \alpha_n$. Dann ist $\dim \mathcal{N}_{\mathcal{L}} = n$. Eine Basis für $\mathcal{N}_{\mathcal{L}}$ ist durch $\mathbf{x}_j(t) = \mathbf{t}_j e^{\alpha_j t}$ gegeben, wobei $\mathbf{t}_j$ der j-te Spaltenvektor der Matrix ist, die A diagonalisiert.*

Beispiel (Harmonischer Oszillator – generischer Fall). Die Gleichung des harmonischen Oszillators $\ddot{u} + a\dot{u} + \omega^2 u = 0$ liefert sofort die Matrix $A = \begin{pmatrix} 0 & 1 \\ -\omega^2 & -a \end{pmatrix}$ bzw. das charakteristische Polynom $\alpha^2 + a\alpha + \omega^2 = 0$ und seine Nullstellen $\alpha_{1,2} = -\frac{a}{2} \pm \sqrt{\frac{a^2}{4} - \omega^2}$. Wenn A diagonalisierbar ist, so ist die allgemeine Lösung des Systems $\mathbf{y}(t)$ im Diagonalbild nach Gleichung 9.14 bzw. der dort gegebenen allgemeinen Lösung für die einzelnen Gleichungen

$$\mathbf{y}(t) = \begin{pmatrix} c_1 e^{\alpha_1 t} \\ c_2 e^{\alpha_2 t} \end{pmatrix} \quad (c_1, c_2 \in K).$$

Wie es nahe liegt, gliedern wir i.W. nach verschiedenen Fällen für $\sqrt{\frac{a^2}{4} - \omega^2}$ auf und erledigen dabei gleich die Frage, *wann* das System diagonalisierbar ist. Vorweg können wir feststellen, dass im Falle $\frac{a^2}{4} - \omega^2 \neq 0$ das System *immer* diagonalisierbar ist, weil dann zwei unterschiedliche Eigenwerte vorliegen und eine 2×2-Matrix mit zwei verschiedenen Eigenwerten immer diagonalisiert werden kann, ist doch die Dimension jedes Eigenraumes mindestens 1. – Zur Fallunterscheidung:

i) $a = 0$ (ungedämpfter Fall) und daher $\alpha_{1,2} = \pm i\omega$. Reine Schwingungen mit Periode $P = \frac{2\pi}{\omega}$.

ii) $a > 0, \frac{a^2}{4} - \omega^2 < 0$ (schwach gedämpfter Fall). Zwei konjugiert komplexe Eigenwerte $\alpha_{1,2} = -\frac{a}{2} \pm i\sigma$ mit $0 < \sigma = \sqrt{\omega^2 - \frac{a^2}{4}} < \omega$. Allgemeine reelle Lösung $e^{-\frac{a}{2}t}(\lambda \cos \sigma t + \mu \sin \sigma t)$, $\lambda, \mu \in \mathbb{R}$. Der Vorfaktor bewirkt exponentielles Abklingen der Schwingungen mit Kreisfrequenz $\sigma < \omega$.

iii) $\frac{a^2}{4} - \omega^2 = 0$, d.h. $a = 2\omega$. So genannter Grenzfall; eine zweifache Nullstelle $\alpha_{1,2} = -\frac{a}{2}$. Hier liegt eben genau der nicht generische Fall vor; vor allem ist die Matrix $A - \alpha I = \begin{pmatrix} \frac{a}{2} & 1 \\ -\frac{a^2}{4} & -\frac{a}{2} \end{pmatrix}$ nicht diagonalisierbar, wie der Versuch sofort lehrt, zwei linear unabhängige Eigenvektoren zu finden oder auch die Tatsache, dass man die lineare Abhängigkeit z.B. der Spaltenvektoren sofort erkennt; damit ist der Rang der Matrix 1 und die jetzigen Methoden sind nicht anwendbar. Diskussion siehe nächster Paragraph.

iv) $\frac{a^2}{4} - \omega^2 > 0$ (stark gedämpfter Fall). Mit $\sigma = \sqrt{\frac{a^2}{4} - \omega^2}$ ist die allgemeine reelle Lösung $e^{-\frac{a}{2}t}(\lambda \cosh \sigma t + \mu \sinh \sigma t)$. Wie leichte Kurvendiskussion ergibt, weisen diese Funktionen (außer im Fall $u \equiv 0$) höchstens eine reelle Nullstelle auf.

Exkurs: Matrixexponentialfunktion. Für die Darstellung der allgemeinen Lösung nichtdiagonalisierbarer Systeme, die wir im nächsten Paragraphen angeben, ist die *Matrixexponentialfunktion* die geeignete Begriffsbildung. (Mit ihrer Hilfe erhält man auch die schon bekannten Lösungen im diagonalisierbaren Fall wieder.) Daher wollen wir sie hier kurz untersuchen.

Mit einer linearen Abbildung $\mathcal{A} : V \to V$ kann man immerhin die Partialsummen der Exponentialreihe $\sum_{k=0}^{m} \frac{\mathcal{A}^k}{k!}$ bilden. Es fragt sich, ob die Folge der Partialsummen mit $m \to \infty$ konvergiert; man würde dann über den Wert der unendlichen Reihe die *Matrixexponentialfunktion* $e^{\mathcal{A}} = \exp \mathcal{A}$ definieren:

$$ e^{\mathcal{A}} = \exp \mathcal{A} := \sum_{k=0}^{\infty} \frac{\mathcal{A}^k}{k!}. $$

Wir zeigen, dass es sich für jedes lineare $\mathcal{A}$ von $V = K^n$ in sich tatsächlich um eine absolut konvergente Reihe handelt.

Am zweckmäßigsten leitet man die entsprechenden Eigenschaften mithilfe von *Matrixnormen* her (s. Abschnitt 11.3). Wir geben daher unter Vorwegnahme dieser Begriffe die notwendigen Beweisschritte. (Der entsprechende Abschnitt lässt sich schon jetzt ohne weiteres durcharbeiten. Für den Moment genügt es aber, das *Korrollar*, das ja *formal* ganz einfach nachzuvollziehen ist, zu akzeptieren. Überdies besteht eine Aufgabe darin, eine für die gegenwärtigen Zwecke ausreichende Version des Satzes bzw. das Korrollar zu beweisen.)

Satz 9.2.2 (Existenz und Eigenschaften der Matrixexponentialfunktion). *Es sei V ein reeller oder komplexer Vektorraum,* $\dim V = n < \infty$, *und* $\mathcal{A} : V \to V$ *linear. Dann ist in einer von einer beliebigem Norm im Grundraum induzierten Matrixnorm und daher in jeder Norm in* $\mathfrak{L}(V, V)$ *die unendliche Reihe* $\sum_{k=0}^{\infty} \frac{\mathcal{A}^k}{k!}$ *absolut konvergent.*

Beweis. Es ist zu zeigen, dass sogar $\sum_{k=0}^{\infty} \left\| \frac{\mathcal{A}^k}{k!} \right\|$ konvergiert. Auf Grund der Eigenschaften der induzierten Norm (Submultiplikativität) gilt aber für jedes Reihenglied $\left\| \frac{\mathcal{A}^k}{k!} \right\| \leq \frac{\|\mathcal{A}\|^k}{k!}$, womit eine Abschätzung der Reihenglieder durch die bekanntlich absolut konvergente reelle Exponentialreihe für $\exp(\|\mathcal{A}\|)$ vorliegt. $\square$

Korrollar 9.2.1 (Matrixexponentialfunktion: Differenzierbarkeit). *Die Abbildung* $t \to e^{\mathcal{A}t} = \sum_{k=0}^{\infty} \frac{\mathcal{A}^k t^k}{k!}$ *(*$\mathbb{R} \to \mathfrak{L}$*) ist für jedes* $\mathcal{A} \in \mathfrak{L}$ *differenzierbar, und*

$$\left(e^{\mathcal{A}t}\right)^{\cdot} = \mathcal{A} \circ e^{\mathcal{A}t}.$$

Beweis. In Matrizenschreibweise heißt das entsprechend $\left(e^{At}\right)^{\cdot} = Ae^{At}$. – Wenn wir gleich im Matrixbild arbeiten, handelt es sich um eine Abbildung $\mathbb{R} \to \mathfrak{M}_{nn} = \mathbb{R}^N$ ($N = n^2$). Die Abbildung wird durch eine Reihe (Potenzreihe) in t dargestellt, die für alle t konvergent ist. Auch die einzelnen Matrixelemente sind Potenzreihen in t. Die einzelnen Glieder der Potenzreihe sind natürlich differenzierbar und es ist $(\frac{A^k t^k}{k!})^{\cdot} = A\frac{A^{k-1} t^{k-1}}{(k-1)!}$ ($k \geq 1$) bzw. 0 ($k = 0$). Die formal (gliedweise) abgeleitete Reihe liefert also, wie in der Analysis bei der Exponentialfunktion, Ae^{At}. Eine Potenzreihe darf aber laut Analysis im Inneren ihres Konvergenzintervalls, das ist hier ganz $\mathbb{R}$, gliedweise differenziert werden. □

Nichtdiagonalisierbare Systeme. Wie das vorangehende Beispiel zeigt, muss man auch den Fall nichtdigonalisierbarer Systeme betrachten. Die Betrachtungsweise des jetzigen Paragraphen ist aber auch durchaus für den Fall einer diagonalierbaren Matrix interessant.

Satz 9.2.3. *Für beliebiges* $\mathbf{x}_0 \in K^n$ *ist*

$$t \to \mathbf{x}(t) := e^{At}\mathbf{x}_0 \tag{9.15}$$

eine Lösung von $\dot{\mathbf{x}} = A\mathbf{x}$*, die der* Anfangsbedingung $\mathbf{x}(0) = \mathbf{x}_0$ *genügt.*
Man zeigt überdies in der Theorie der Differentialgleichungen, dass diese Lösung die einzige ist, die die Anfangsbedingung erfüllt; $\mathbf{x}(\cdot)$ *ist also die* eindeutig bestimmte Lösung *des Anfangswertproblems.*

Beweis. Die übliche Produktregel der Differentiation überträgt sich unter den entsprechenden Voraussetzungen leicht auf matrix- oder vektorwertige Funktionen von t, für die RS sinnvoll ist: $(RS)^{\cdot} = \dot{R}S + R\dot{S}$. Wegen $\dot{A} = O$ ist $(Ax)^{\cdot} = A\dot{x}$. Wenn wir daher $\mathbf{x}$ nach Gleichung 9.15 definieren, so ist wegen $(e^{At})^{\cdot} = Ae^{At}$: $\dot{\mathbf{x}} = Ae^{At}\mathbf{x}_0 = A\mathbf{x}$, d.h. $\mathbf{x}$ genügt der Differentialgleichung. – Die Anfangsbedingung ist wegen $e^{At} = I$ wenn $t = 0$ trivialerweise erfüllt. □

Man gewinnt wertvolle Einsichten in die Natur von e^{At}, wenn man zur Jordan'schen Normalform übergeht, wobei wir den diagonalisierbaren Fall schon im vorher gehenden Paragraphen erledigt haben. Es sei $B := T^{-1}AT = \text{diag}(J_1, \ldots$ die Jordan'sche Normalform von A (Feindarstellung). Es ist $e^{Dt} = \text{diag}(e^{J_1 t}, \ldots)$. Untersuchen wir die Matrix $e^{J_k t}$! J_k ist eine $l_k \times l_k$-Matrix,

$$J_k = \text{diag}(\alpha_k, \ldots) + N_k = D_k + N_k.$$

N_k ist dabei die nilpotente Matrix, die nur in der rechten oberen Nebendiagonale 1 enthält. Weil D_k und N_k kommutieren, ist $e^{J_k t} = e^{D_k t} e^{N_k t}$. Aufgrund der

Nilpotenz von N_k (und daher derjenigen von $N_k t$) bricht die zugehörige Exponentialreihe nach der Potenz $l_k - 1$ ab und wir haben

$$e^{J_k t} = e^{D_k t} e^{N_k t} = e^{\alpha_k t} diag(1, 1, \ldots) e^{N_k t} =$$

$$= e^{\alpha_k t} \left(I + N_k \frac{t}{1!} + N_k^2 \frac{t^2}{2!} + \ldots + N_k^{l_k - 1} \frac{t^{l_k - 1}}{(l_k - 1)!} \right). \tag{9.16}$$

Wenn man die Gestalt der Potenzen von $N_k t$ berücksichtigt, bedeutet das

$$e^{J_k t} = e^{\alpha_k t} \begin{pmatrix} 1 & t & \frac{t^2}{2!} & \cdots & \frac{t^{l_k - 1}}{(l_k - 1)!} \\ 0 & 1 & t & & \frac{t^{l_k - 2}}{(l_k - 2)!} \\ 0 & 0 & 1 & & \frac{t^{l_k - 3}}{(l_k - 3)!} \\ & & & \ddots & \vdots \\ 0 & 0 & 0 & \cdots & 1 \end{pmatrix}.$$

Für die Lösung linearer Differentialgleichungen sehen wir daraus, dass neben „reinen" Exponentialfunktionen auch Summanden mit gewissen Funktionen der Gestalt $t^m e^{\alpha t}$ auftreten.

Beispiel (Harmonischer Oszillator – Grenzfall). Jetzt können wir auch den Grenzfall des harmonischen Oszillators behandeln. Wir betrachten also die Gleichung $\ddot{u} + a\dot{u} + \omega^2 u = 0$, wobei nun $\frac{a^2}{4} - \omega^2 = 0$, also $\omega = \frac{a}{2}$, gilt. Das charakteristische Polynom besitzt die doppelte Nullstelle $\alpha = -\frac{a}{2}$. Die Systemmatrix hat die Gestalt $A = \begin{pmatrix} 0 & 1 \\ -\frac{a^2}{4} & -a \end{pmatrix}$. Der Eigenraum zu ihrem einzigen Eigenwert ist eindimensional, $E_\alpha = [(-2, a)^t]$. Daher ist die Matrix nicht diagonalisierbar. Die Jordan'sche Normalform ist dann zwangsläufig die einfachste nichttriviale Jordan-Matrix J, der wir schon in Gleichung 9.1 begegnet sind. Für diese Matrix ist (mit $\alpha = -\frac{a}{2}$): $e^{Jt} = e^{-\frac{a}{2} t} \begin{pmatrix} 1 & t \\ 0 & 1 \end{pmatrix}$. Die allgemeine Lösung $u = x_0$ besteht daher aus allen Linearkombinationen der ersten Zeile, d.h. $u = \lambda e^{-\frac{a}{2} t} + \mu t e^{-\frac{a}{2} t}$.

Beispiel (Ein Anfangswertproblem). Eine typische Fragestellungen für Aufgaben wie beim Oszillator ist die Lösung des zugehörigen *Anfangswertproblems*, bei dem für den Zeitpunkt $t = 0$ die Position $u(0) = u_0$ und die Geschwindigkeit $\dot{u}(0) = \dot{u}_0$ vorgegeben sind. Wir wollen, gleich an das vorige Beispiel anschließend, das entsprechende Problem mit $a = 2, u_0 = 1, \dot{u}_0 = -2$ diskutieren.
Die Aufgabe besteht lediglich in Bestimmung geeigneter Koeffizienten λ, μ in $u(t) = \lambda e^{-t} + \mu t e^{-t}$. Mit $t = 0$ erhält man aber sofort $u_0 = 1 = \lambda$. μ gewinnt man durch Differentiation, $\dot{u}(t) = -e^{-t} - \mu t e^{-t} + \mu e^{-t}$. Verlangen wir hier für $\dot{u}(0) = \dot{u}_0 = -2$, so erhalten wir $\mu = -1$, und daher als Lösung $u(t) = e^{-t}(1 - t)$. Man sieht dieser Lösung unmittelbar an, dass die Auslenkung genau ein Mal, nämlich für $t = 1$, null ist, und dass sich der Körper, nachdem er bei $t = 1$ über die Ruhelage geschossen ist, nach einer gewissen Zeit sich asymptotisch für $t \to \infty$ wieder derselben zustrebt.

Aufgaben

9.1. (Zu Satz 9.2.2): Es sei $|A| := \max_{i,j} |a_{ij}|$. Zeigen Sie durch Induktion nach k, dass für jedes $k \in \mathbb{N}$: $|A^k| \le n^{k-1} |A|^k$ und daher $\le (n\,|A|)^k$ (A ist $n \times n$-Matrix). $a_{ij}^{(k)}$ bezeichne die Matrixelemente von A^k. Schließen Sie aus der Abschätzung, dass für jede Position (i,j) die Folge der Partialsummen $(\sum_{k=0}^m a_{ij}^{(k)})_m$ absolut konvergiert. Wenden Sie fernerhin gehörige Sätze der Analysis an, um das Korrollar zum Satz zu beweisen.

9.2. *Produktregel*: Zeigen Sie, dass für entsprechend differenzierbare und im Sinne der Größe zusammen passende matrixwertige Funktionen $R(t)$ und $S(t)$: $(RS)^{\cdot} = \dot{R}S + R\dot{S}$.

9.3. *Quotientenregel*: R sei nun eine quadratische Matrix. – Weshalb weiß man, dass bei differenzierbarem R dort, wo $\det R \ne 0$ ist, auch R^{-1} differenzierbar ist? Ermitteln Sie aus der eben abgeleiteten Produktregel $(R^{-1})^{\cdot}$.

9.4. Geben Sie die allgemeine Lösung der Gleichung $\dddot{u} - \ddot{u} + 4\dot{u} - 4u = 0$ an!

9.5. Entkoppeln Sie das System von Differentialgleichungen

$$\begin{pmatrix} \dot{x}_1 \\ \dot{x}_2 \end{pmatrix} = \begin{pmatrix} -17 & -24 \\ 12 & 17 \end{pmatrix} \begin{pmatrix} x_1 \\ x_2 \end{pmatrix}.$$

Geben Sie die allgemeine Lösung an und diejenige zu den Anfangsbedingungen $(x_1(0), x_2(0)) = (-1, 2)$.

9.6. Die Funktion $u^{\star}(t) = -e^{-2t}$ erfüllt $\ddot{u} + \dot{u} - 12u = -14e^{-2t}$. Ermitteln Sie die allgemeine Lösung für diese Differentialgleichung. Welche Lösung gehört zu den Anfangsbedingungen $(u(0), \dot{u}(0) = (1, -1)$?

9.7. Die Funktion $x^{\star}(t) = \frac{1}{\omega^2 - 1} \sin \omega t$ ist für $\omega \ne 1$ Lösung der Differentialgleichung $\ddot{u} + u = -\sin \omega t$. Geben Sie die allgemeine Lösung an. Lösen Sie insbesondere die Gleichung zu den Anfangsbedingungen $(u(0), \dot{u}(0)) = (0, 0)$. Geben Sie für einige Werte von ω, die sich der Zahl 1 nähern, die Lösungen für ein Zeitintervall, das eine größere Anzahl Perioden umfasst, graphisch aus. (Die Lösungen der homogenen Gleichung schwingen mit Kreisfrequenz 1. Die Inhomogenität $\sin \omega t$ kann man bei der Deutung als harmonischer Oszillator als Beschleunigungsterm durch eine von aussen wirkende Kraft ansehen. Liegt deren Kreisfrequenz nahe der natürlichen des Systems, kommt es zu Resonanzerscheinungen).

9.8. Für $A = \begin{pmatrix} 3 & 2 & -3 \\ 4 & 10 & -12 \\ 3 & 6 & -7 \end{pmatrix}$ ist nach der Jordan'schen Normalform gefragt. Beachten Sie, dass ein dreifacher Eigenwert vorliegt (welcher?). Bestimmen Sie daher möglichst viele linear unabhängige Eigenvektoren. Welche Länge l kann (oder in diesem Fall: muss) die längste Jordan'sche Kette folglich aufweisen? Bestimmen Sie, ausgehend von $(A - \alpha I)^l \mathbf{u} = \mathbf{0}$, einen Hauptvektor maximaler Stufe

und mit seiner Hilfe weiterhin die Jordan'sche Kette. Stellen Sie die Transformationsmatrix auf und geben Sie schließlich die Jordan'sche Normalform an.
Überlegen Sie ferner, an welcher Stelle man dann hätte abbrechen können, wenn man nicht auch die Transformationsmatrix wünscht, sondern lediglich die Normalform.

9.3 Die Singulärwertzerlegung

Eigenschaften. Zusammen mit der Jordan'schen Normalform (und dort, wo angängig, ihrer einfachsten Variante, der Diagonalisierung) stellt die hier behandelte *Singulärwertzerlegung* (=*singular value decomposition*, SVD) die wichtigste Normalform für Matrizen dar.
Sie ist der Diagonalform aus Gleichung 4.5 verwandt. Wie damals lassen wir durchaus auch unterschiedlichen Original- und Bildraum zu, betrachten also $\mathcal{A}: V \to W, \dim V = n, \dim W = m$. Das bedeutet von vornherein, dass wir es im Allgemeinen mit zwei unterschiedlichen Basen in den Räumen zu tun haben; dies bleibt auch dann erhalten, wenn doch $V = W$ gilt. V und W sollen jetzt allerdings zwei *euklidische Räume* über dem Grundkörper $K = \mathbb{R}$ oder $K = \mathbb{C}$ sein. Indessen führen wir die Beweise der leichteren Lesbarkeit halber über $K = \mathbb{R}$ durch; die Übertragung auf den Fall $K = \mathbb{C}$ besteht in den üblichen Modifikationen.
In W wenden wir eine Transformationsmatrix $P \in \mathfrak{M}_{mm}$ an. Um Kompatibilität mit der späteren Schreibweise zu erhalten, bezeichnen wir die Transformationsmatrix in V als Q^*; S sei die Matrix zu $\mathcal{A}$ in der neuen Darstellung, eben die *Singulärwertdarstellung*:

$$A = PSQ^*.$$

Wie kann man einen Zusammenhang zwischen den Basen in V und in W mit hoffentlich nützlichen Auswirkungen herstellen? Zwischen V und W wirkt die Abbildung $\mathcal{A}$ gleichsam als Verbindung. Da an eine inverse Abbildung im Allgemeinen mangels Existenz nicht zu denken ist, besteht die einzige weitere Verbindung über die adjungierte Abbildung $\mathcal{A}^* : W \to V$. Für ihre Matrix gilt dann $A^* = QS^*P^*$ und somit

$$A^*A = QS^*P^*PSQ^* \text{ bzw. } AA^* = PSQ^*QSP^*.$$

Da drängt es sich doch förmlich auf, hinsichtlich P und Q orthogonale (unitäre) Matrizen ins Auge zu fassen, denn dann ergibt das mittlere Produkt jeweils I und wir erhalten

$$(A^*A) = Q(S^*S)Q^* \text{ bzw. } (AA^*) = PSS^*P^* = P(S^*S)^*P^*,$$

was schon einen gewissen Appeal hat.
Es kommt nun auf eine sachgemäße Wahl von zwei orthonormalen Basen in V bzw. W (in die wir dann mit P bzw. Q transformieren würden) an. Wenn die Basen sinnvoll sein sollen, müssen sie mit A in einer Verbindung stehen. Akzeptiert man dies, so liegt es nahe (vgl. Abbildung 9.1), mit den beiden Orthonormalsystemen von Eigenvektoren zu $A^*A \in \mathfrak{M}_{nn}$ in V bzw. zu $A^*A \in \mathfrak{M}_{mm}$ in

W zu experimentieren, die uns diese selbstadjungierten Matrizen geradezu anbieten. Weil dies (im Falle $K = \mathbb{R}$) stets reell möglich ist, *ist die Notwendigkeit einer Komplexifizierung von vornherein ausgeschaltet.*

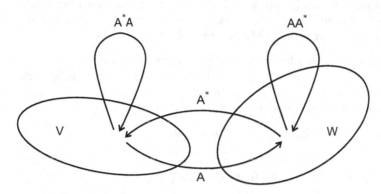

Abbildung 9.1: Zur Singulärwertzerlegung

Wir untersuchen die Sache näher:

Lemma 9.3.1. *Es sei $A \in \mathfrak{M}_{mn}$, $\mathrm{rg}\, A = r$. Ordnet man die Eigenwerte $\alpha_1, \alpha_2, \ldots$ der selbstadjungierten Matrix A^*A fallend, so ist*

$$\alpha_1 \geq \alpha_2 \geq \ldots \alpha_r > 0\,;\ \alpha_{r+1} = \ldots = 0.$$

$\alpha_1, \alpha_2, \ldots, \alpha_r$ *sind auch genau die von 0 verschiedenen Eigenwerte von AA^*.*
$\mathbf{q}_1, \mathbf{q}_2, \ldots, \mathbf{q}_r \in V$ *sei ein Orthonormalsystem von Eigenvektoren zu den ersten r Eigenwerten von A^*A. Definiert man dann*

$$\sigma_j = \sqrt{\alpha_j} \quad (j = 1, 2, \ldots, r) \quad (\text{Singulärwerte von } A), \tag{9.17}$$

so sind die $\mathbf{p}_j := \frac{1}{\sigma_j} A\mathbf{q}_j \in W$ ($j = 1, 2, \ldots, r$) paarweise aufeinander orthonormal.

Beweis. Nach Satz 7.8.2 ist $\mathrm{rg}\, A^*A = \mathrm{rg}\, A = r$. Daher gibt es wirklich r von 0 verschiedene Eigenwerte von A^*A, die wir fallend anordnen. Bei A^*A handelt es sich um eine positiv semidefinite Matrix ($\langle (A^*A)\mathbf{x}, \mathbf{x} \rangle = \langle A\mathbf{x}, A\mathbf{x} \rangle \geq 0 \ \ \forall \mathbf{x}$), so dass die ersten r Eigenwerte positiv sind. Für die zugehörigen ersten r, o.B.d.A. orthonormalen Eigenvektoren gilt natürlich $A^*A\mathbf{q}_j = \alpha_j \mathbf{q}_j \neq \mathbf{0}$ und daher $A\mathbf{q}_j \neq \mathbf{0}$. Für die $A\mathbf{q}_j$ besteht die Beziehung $(AA^*)(A\mathbf{q}_j) = A(A^*A\mathbf{q}_j) = A(\alpha_j \mathbf{q}_j) = \alpha_j(A\mathbf{q}_j)$. Das heißt, die $A\mathbf{q}_j \in W$ sind Eigenvektoren von AA^*, und zwar ersichtlich zu den Eigenwerten α_j von A^*A.
Wir zeigen sofort, dass die $A\mathbf{q}_j$ paarweise aufeinander orthogonal stehen; insbesondere sind sie also linear unabhängig. Für $1 \leq j, k \leq r$ gilt nämlich $\langle A\mathbf{q}_j, A\mathbf{q}_k \rangle = \langle \mathbf{q}_j, A^*A\mathbf{q}_k \rangle = \alpha_k \langle \mathbf{q}_j, \mathbf{q}_k \rangle = \alpha_k \delta_{jk}$. Skalieren wir die Eigenvektoren $A\mathbf{q}_j$ und definieren gemäß dem Lemma $\mathbf{p}_j := \frac{1}{\sigma_j} A\mathbf{q}_j$, so schreibt sich die vorhergehende Beziehung $\langle \mathbf{p}_j, \mathbf{p}_k \rangle = (\frac{1}{\sigma_j})^2 \alpha_k \delta_{jk} = \delta_{jk}$, d.h. die $\mathbf{p}_j$ ($j = 1, \ldots, r$) sind in W orthonormal. Man kann diese Beziehung aber auch in der Form $\langle \mathbf{p}_j, A\mathbf{q}_k \rangle = \frac{1}{\sigma_j} \alpha_j \delta_{jk}$ schreiben, d.h. als

$$\mathbf{p}_j^*(A\mathbf{q}_k) = \sigma_j \delta_{jk} \quad (1 \leq j, k \leq r). \tag{9.18}$$

Wegen der Orthonormalität sind die $\mathbf{p}_j$ ebenso wie die $\mathbf{q}_j$ linear unabhängig. Da aufgrund des gleichen Ranges r von A^*A bzw. AA^* jede Liste von linear unabhängigen Eigenvektoren zu Eigenwerten $\neq 0$ maximal r Elemente enthalten kann, so bedeutet dies, dass die Listen $\mathbf{q}_1, \ldots, \mathbf{q}_r$ bzw. $\mathbf{p}_1, \ldots, \mathbf{p}_r$ in diesem Sinn vollständig sind und daher insbesondere die von 0 verschiedenen Eigenwerte der beiden Matrizen inklusive ihrer Vielfachheiten übereinstimmen. $\qquad\square$

Satz 9.3.1 (Existenz und Konstruktion der Singulärwertzerlegung). *Es sei $A \in \mathfrak{M}_{mn}(K)$ ($K = \mathbb{R}, \mathbb{C}$) mit $\operatorname{rg} A = r$. $\sigma_1, \ldots, \sigma_r$ (vgl. 9.17) seien die Singulärwerte von A. Dann existieren orthogonale (unitäre) Matrizen $P \in \mathfrak{M}_{nn}(K)$, $Q \in \mathfrak{M}_{mm}(K)$, sodass mit der diagonalen (falls $m \neq n$ nicht quadratischen) $m \times n$-Matrix*

$$S := \operatorname{diag}(\sigma_1, \ldots, \sigma_r, 0, \ldots, 0)$$

gilt

$$A = PSQ^* \qquad (\text{Singulärwertzerlegung}).$$

Bemerkung. Wir geben hier die Gestalt von S für den Fall $m \neq n$. Sicher ist $r \leq \min(m, n)$. Ist sogar $r < \min(m, n)$, sind die letzten Werte $\sigma_{r+1}, \ldots = 0$. S lautet sodann, je nachdem ob $m < n$ oder $m > n$,

$$
\begin{pmatrix}
\sigma_1 & 0 & 0 & \cdots & 0 & \cdots \\
0 & \sigma_2 & 0 & & 0 & \\
\vdots & & \ddots & & \vdots & \\
0 & 0 & & \sigma_m & 0 & \cdots
\end{pmatrix}
\quad \text{bzw.} \quad
\begin{pmatrix}
\sigma_1 & 0 & 0 & \cdots \\
0 & \sigma_2 & 0 & \\
\vdots & & \ddots & \\
0 & 0 & & \sigma_n \\
0 & 0 & & 0 \\
\cdots & \cdots & & \cdots
\end{pmatrix}.
$$

Beweis. Bringen wir die Aussagen des vorangehenden Lemmas in Matrizenform, so erhalten wir bereits das Kernstück des Satzes, die so genannte *minimale SVD*.

Definieren wir nämlich die $m \times r$- Matrix $\tilde{P} = (\mathbf{p}_1, \ldots, \mathbf{p}_r)$ sowie die $n \times r$-Matrix $\tilde{Q} = (\mathbf{q}_1, \ldots, \mathbf{q}_r)$, so besagt Gleichung 9.18 in Matrizenform

$$\tilde{P}^* A \tilde{Q} = \tilde{S} \qquad (\text{minimale SVD}) \tag{9.19}$$

mit der $r \times r$-Diagonalmatrix $\tilde{S} = \operatorname{diag}(\sigma_1, \ldots, \sigma_r)$.

Die minimale SVD ist vom Typ $(r \times m) \cdot (m \times n) \cdot (n \times r) = (r \times r)$. Wir vergrößern nun die beteiligten Matrizen $\tilde{Q}, \tilde{P}$ in folgender Weise.

Die orthonormalen Vektoren $\mathbf{q}_1, \ldots, \mathbf{q}_r$ ergänzen wir, soweit nötig, d.h. wenn $r < n$, mit orthonormalen Eigenvektoren $\mathbf{q}_{r+1}, \ldots, \mathbf{q}_n$ zum Eigenwert 0 von A^*A. Damit bilden wir gleichzeitig die Matrix $Q = (\tilde{Q}, Q_2)$, wobei $Q_2 = (\mathbf{q}_{r+1}, \ldots, \mathbf{q}_n)$. Jedes $\mathbf{x} \in V$ zerlegen wir entsprechend in $\mathbf{x} = (\mathbf{x}_1, \mathbf{x}_2)$ ($\mathbf{x}_1 \in K^r, \mathbf{x}_2 \in K^{n-r}$), wobei natürlich $\mathbf{x}_2$ im Falle $r = n$ entfällt. Dann gilt allgemein $Q\mathbf{x} = \tilde{Q}\mathbf{x}_1 + Q_2\mathbf{x}_2$, also $AQ\mathbf{x} = A\tilde{Q}\mathbf{x}_1 + AQ_2\mathbf{x}_2$. Es ist aber $AQ_2 = A(\mathbf{q}_{r+1}, \ldots, \mathbf{q}_n) = (A\mathbf{q}_{r+1}, \ldots, A\mathbf{q}_n) = (\mathbf{0}, \ldots, \mathbf{0}) = O$, weil die $\mathbf{q}_{r+1}, \ldots$ die Eigenvektoren zum Eigenwert 0 sind. Von unserer letzten Beziehung verbleibt

$$AQ\mathbf{x} = A\tilde{Q}\mathbf{x}_1 \quad \forall \mathbf{x} \in V.$$

Andererseits erweitern wir (falls erforderlich, d.h. $r < m$) $\tilde{P}$ zu P. Die r ortho-normalen Vektoren $\mathbf{p}_1, \ldots, \mathbf{p}_r$ ergänzen wir in orthonormaler Weise um Vektoren $\mathbf{p}_{r+1}, \ldots, \mathbf{p}_m$, Eigenvektoren von AA^* zum Eigenwert 0, sodass insgesamt eine orthogonale $m \times m$-Matrix P entsteht. Ähnlich wie vorhin schreiben wir $P = (\tilde{P}, P_2)$.

Von den Dimensionen her ergibt das Produkt $P^* A Q =: S$ Sinn. Mit dieser Matrix ist dann schon einmal die im Satz angestrebte Beziehung $A = PSQ^*$ erfüllt. Wir untersuchen daher die Struktur von S. Es ist

$$S = \begin{pmatrix} \tilde{P}^* \\ P_2^* \end{pmatrix} A \begin{pmatrix} \tilde{Q} & Q_2 \end{pmatrix} \overset{AQ_2 = O}{=} \begin{pmatrix} \tilde{P}^* \\ P_2^* \end{pmatrix} \begin{pmatrix} A\tilde{Q} & O \end{pmatrix} = \begin{pmatrix} \tilde{P}^* A\tilde{Q} & O \\ P_2^* A\tilde{Q} & O \end{pmatrix}.$$

Als linken oberen Eintrag erblicken wir die aus Gleichung 9.19 bekannte Matrix $\tilde{S}$, die bereits die im Satz gewünschte Form besitzt. Die beiden rechts stehenden Nullmatrizen erscheinen nur, wenn $r < n$.

Der unten stehende Eintrag, $P_2^* A\tilde{Q}$, ist eine $(m - r) \times r$-Matrix. Ein typisches Element davon ist $\mathbf{p}_j^* A\mathbf{q}_k$ mit einem $j > r$ und einem $k \leq r$. Nach Konstruktion der $\mathbf{p}_k$ ist aber $\mathbf{p}_k \parallel A\mathbf{q}_k$; da $\mathbf{p}_1, \ldots$ ein Orthonormalsystem bilden, ist $\mathbf{p}_j \perp \mathbf{p}_k$ und daher auch $\mathbf{p}_j \perp A\mathbf{q}_k$, d.h. $\mathbf{p}_j^* A\mathbf{q}_k = 0$ und somit $P_2^* A\tilde{Q} = O$. – S weist damit in der Tat die im Satz angestrebte Gestalt auf. $\qquad\square$

Bemerkung (Singulärwertzerlegung und Teilräume). Nach den gerade erzielten Ergebnissen ist S von der Form

$$S = \begin{pmatrix} \tilde{S} & O \\ O & O \end{pmatrix}$$

mit der nichtsingulären $r \times r$-Diagonalmatrix $\tilde{S} = \mathrm{diag}(\sigma_1, \ldots, \sigma_r)$; die zweite Spalte bzw. zweite Zeile kann je nach Werten von m, n und r auch fehlen. Es ist wesentlich, sich die Teilräume klar zu machen, die dieser Blockung entsprechen. Die Blockung bezüglich *Spalten* entspricht einer Zerlegung nach folgenden Teilräumen. Die Teilmatrix von S, die aus den letzten $n - r$ Spalten aufgebaut ist, bildet jedes $\mathbf{x}_2$ auf $\mathbf{0}$ ab, die Teilmatrix aus den ersten r Spalten ersichtlich jedes $\mathbf{x}_1 \neq \mathbf{0}$ auf einen Vektor $\neq \mathbf{0}$. Nach Konstruktion stehen die beiden Teilräume, die den letzten bzw. ersten Spalten entsprechen, aufeinander orthogonal; der Teilraum zu den letzten Spalten ist $\mathcal{N}_\mathcal{A}$, daher der Teilraum zu den ersten Spalten $\mathcal{N}_\mathcal{A}^\perp \overset{S7.6.5}{=} \mathcal{A}^*(W)$.

Der erste Block der *Zeilen* entspricht gerade $\mathcal{A}(V)$, der zweite Block daher $\mathcal{A}(V)^\perp$, die Zeilenblockung folglich einer Zerlegung $W = \mathcal{A}(V) \overset{\perp}{\oplus} \mathcal{A}(V)^\perp \overset{S7.6.5}{=} \mathcal{A}(V) \overset{\perp}{\oplus} \mathcal{N}_{\mathcal{A}^*}$. – Im Schema unten tritt die in dieser Form nicht von vornherein evidente reziproke Rolle von $\mathcal{A}$ und $\mathcal{A}^*$ bzw. der *charakteristischen Räume* besonders deutlich zu Tage:

$$\begin{array}{c} & \mathcal{A}^*(W) \quad \mathcal{N}_\mathcal{A} \\ \begin{matrix} \mathcal{A}(V) \\ \mathcal{N}_{\mathcal{A}^*} \end{matrix} \begin{pmatrix} \tilde{S} & O \\ O & O \end{pmatrix} \end{array} \qquad (9.20)$$

Beispiel (Berechnung einer SVD). Uns interessiert sofort, was die SVD einer auch bei Komplexifizierung nicht diagonalisierbaren Matrix ergibt, und wir wählen daher mit Hinblick auf die Jordan'sche Normalform als Beispiel die Matrix

$$A = \begin{pmatrix} 1 & 1 \\ 0 & 1 \end{pmatrix} \text{ mit } A^*A = \begin{pmatrix} 1 & 1 \\ 1 & 2 \end{pmatrix} \text{ und } AA^* = \begin{pmatrix} 2 & 1 \\ 1 & 1 \end{pmatrix}.$$

Die übereinstimmenden Eigenwerte von A^*A und AA^* sind $\alpha_{12} = \frac{1}{2}(3 \pm \sqrt{5})$. Die Wurzel daraus liefert bereits die beiden Singulärwerte $\sigma_1 \sim 1.6180$ und $\sigma_2 \sim 0.6180$. (Die Differenz ist *genau* 1.)
Die Eigenvektoren zu A^*A sind $\hat{q}_{12} = (-2+\frac{1}{2}(3\pm\sqrt{5}), 1))^t$; sie bedürfen allerdings noch ebenso der Normierung wie die daraus folgenden Vektoren $\hat{p}_{12} = A\hat{q}_{12} = (-1+\frac{1}{2}(3\pm\sqrt{5}), 1)^t$. Nach erfolgter Normierung kann man sie unmittelbar zu den Matrizen Q bzw. P zusammenstellen.

Bemerkung (zur tatsächlichen Berechnung der SVD). Die robuste und möglichst schnelle Berechnung der SVD bei größeren Matrizen stellt eine wichtige und schwierige Aufgabe dar. Wie dem letztlich konstruktiven Beweis von Satz 9.3.1 zu entnehmen, kann das Problem als gelöst angesehen werden, wenn man in der Lage ist, die Eigenwerte selbstadjungierter Matrizen (von A^*A oder wahlweise AA^*) verlässlich und effizient zu berechnen, wenn nur die Singulärwerte gefragt sind, oder aber, wenn die Transformationsmatrizen P und Q angegeben werden sollen, auch noch die zugehörigen Eigenvektoren.
Wir werden später (Abschnitt 11.11) ein Verfahren zur Berechnung der Eigenwerte symmetrischer Matrizen angeben, das hier grundsätzlich infrage kommen kann. Für tiefer gehende Methoden verweisen wir auf Texte zur numerischen linearen Algebra.
Davon abgesehen ist auch hier im Allgemeinen das Arbeiten mit A^*A wegen der schlechten Konditionierung von vornherein ungünstig. Man bedient sich heute vorwiegend anderer Verfahren, die ohne A^*A auskommen. Wenn wir auch Bausteine, die manche dieser Methoden verwenden, kennen lernen werden (Householder-Matrizen, QR-Zerlegung), geht die Besprechung dieser Methoden über unsere Ziele hinaus.
Im praktischen Sinn steht die SVD in so fern leicht zur Verfügung, als Programmpakete wie Mathematica, Matlab etc., ferner natürlich alle größeren Softwarepakete zur Linearen Algebra, entsprechende Routinen enthalten.

Bemerkung (eine geometrische Deutung der SVD). Die Singulärwertzerlegung besitzt eine einfache geometrische Deutung für den Fall $V = W = \mathbb{R}^n$. Es sei $\mathrm{rg}\,\mathcal{A} = r$. Wir fragen nach $Y := \mathcal{A}(X)$, wobei X die euklidische Einheitssphäre $\{\mathbf{x} : \|\mathbf{x}\| = 1\}$ ist und arbeiten dazu von vornherein in den beiden orthogonalen Koordinatensystemen, in denen $\mathcal{A}$ im Singulärbild S erscheint. Die entsprechenden Basen bezeichnen wir mit E bzw. F. $S\mathbf{x}_E = \mathbf{y}_F$ besagt dann gerade, dass $y_k = \sigma_k x_k$ für $1 \le k \le r$ und $y_k = 0$ für $k > r$. Damit haben wir

$$\sum_{k=1}^{n} x_k^2 = 1 \text{ (d.h. } \mathbf{x} \in X) \Leftrightarrow \sum_{k=1}^{r} \left(\frac{y_k}{\sigma_k}\right)^2 = 1; \; y_k = 0 \; (k > r).$$

Das *Bild der Einheitssphäre* X ist also im Fall $r = n$ ein *Ellipsoid* mit Halbachsen σ_k, wie aus der rechten Seite hervorgeht; im Fall $r < n$ ein entsprechend niedrigerdimensionales, in einem $n - r$-dimensionalen Teilraum gelegenes Ellipsoid. – Vom Standpunkt der SVD aus betrachtet bedeutet das, *dass sich die Matrix S genau auf jene orthogonalen Basen bezieht, die (oder deren interessantere Anteile bis zum r-ten Vektor) durch $\mathcal{A}$ ineinander übergeführt werden und in denen diese Streckung (Stauchung) um Faktoren σ_k direkt zum Ausdruck kommt*; siehe die Abbildung.

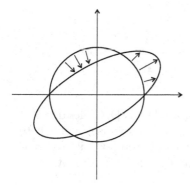

Abbildung 9.2: Zur Singulärwertzerlegung

Anwendung (Rangbestimmung einer Matrix). Idealerweise ist der Rang einer Matrix eindeutig bestimmt. Ergibt sich aber eine Matrix z.B. innerhalb einer numerischen Berechnung (wie meist üblich mit Gleitkommazahlen, wo Rundungsfehler auftreten werden) oder als Resultat (fehlerbehafteter) Messungen, so wird der Rang der tatsächlich vorliegenden Matrix nicht dem Idealwert entsprechen. Man kann ja z.B. aus der Nullmatrix O mit Rang 0 durch beliebig geringe Änderungen der Elemente eine Matrix vollen Ranges erzeugen. In der Praxis ist es meist so, dass eine Matrix relativ kleinen Ranges l fälschlich vollen Rang zu besitzen scheint. Ein kleiner Rang bedeutet nämlich, dass die Zeilen- oder Spaltenvektoren in einem niedrigdimensionalen Teilraum liegen, was natürlich nach Anbringen zufälliger Störungen fast sicher nicht mehr zutreffen wird. Aus ähnlichen Gründen ist der umgekehrte Fall, dass der Rang kleiner erscheint, als er idealerweise ist, sehr unwahrscheinlich.

Bei einer Matrix relativ kleinen Ranges l wirkt sich die Störung durch Rundungsfehler o. dgl. häufig so aus, dass dann die ersten l tatsächlichen Singulärwerte einigermaßen den Idealwerten entsprechen, während die höheren Singulärwerte wesentlich kleiner sind. Aus diesen Gründen stellt die Singulärwertzerlegung ein wertvolles Hilfsmittel zur Rangbestimmung einer Matrix im praktischen Umfeld dar.

Beispiel (Hilbert'sche Segmentmatrix). Die Hilbert'sche Segmentmatrix siebter Ordnung (vgl. das Beispiel auf Seite 113) besitzt an Singulärwerten $\sigma_1 \sim 1.66$, $\sigma_6 \sim 5 \cdot 10^{-7}$ und $\sigma_7 \sim 3.5 \cdot 10^{-9}$. Rechnet man, wie häufig, mit 32-bit-Zahlen (ca. 6-stellige dezimale Genauigkeit), so wird man der Matrix numerisch Rang 5, kaum noch Rang 6 zuschreiben, obwohl sie in Wirklichkeit vollen Rang hat;

sie lässt sich aber numerisch eben nicht von einer Matrix niedrigeren Ranges unterscheiden und kann daher als solche angesehen werden. Der *numerische Rang* erhöht sich auch bei Übergang zu den höheren Segmentmatrizen nicht mehr, der mathematische Rang hingegen schon.

Die SVD-Zerlegung zieht auch das bemerkenswerte Resultat nach sich, dass A sich als Summe von $r = \operatorname{rg} A$ einfach gebauten Matrizen anschreiben lässt:

Satz 9.3.2 (Summendarstellung von A mit Rang-1 Matrizen). *Mit den Bezeichnungen des vorhergehenden Satzes gilt*

$$A = \tilde{P}\tilde{S}\tilde{Q}^* = \sum_{j=1}^{r} \sigma_j \mathbf{p}_j \mathbf{q}_j^*. \tag{9.21}$$

Jeder der Summanden ist eine Matrix des Ranges 1.

Beweis. Die erste Gleichheit folgt direkt aus der minimalen SVD, Gleichung 9.19. Zum zweiten Punkt beachte man im Folgenden die Schreibweise, wonach für eine Matrix z.B. die Angabe $(b_{kj})_{jk}$ besagt, dass der Zeilenindex j ist (nämlich der erste nach der schließenden Matrixklammer genannte Index). – Es ist

$$A = \tilde{P}\tilde{S}\tilde{Q}^* = (\mathbf{p}_1, \mathbf{p}_2, \ldots) \begin{pmatrix} \sigma_1 \mathbf{q}_1^* \\ \sigma_2 \mathbf{q}^* \\ \cdots \end{pmatrix} =$$

$$= (p_{ij})_{ij} \cdot (\sigma_j q_{kj})_{jk} = \left(\sum_j \sigma_j p_{ij} q_{kj}\right)_{ik} = \sum_{j=1}^{r} \sigma_j \mathbf{p}_j \mathbf{q}_j^*,$$

d.h. gerade 9.21.
Es steht noch die Untersuchung des Ranges der Summanden aus. Die Matrizen $\mathbf{p}_j \mathbf{q}_j^*$, durch die A darstellbar ist, haben die Gestalt

$$\mathbf{p}_j \mathbf{q}_j^* = \begin{pmatrix} p_{1j}q_{1j} & p_{1j}q_{2j} & p_{1j}q_{3j} & \cdots \\ p_{2j}q_{1j} & p_{2j}q_{2j} & p_{2j}q_{3j} & \cdots \\ \vdots & & \vdots & \ddots \end{pmatrix}.$$

Alle Zeilen sind somit Vielfache von $\mathbf{q}_j^*$; daher ist $\operatorname{rg}(\mathbf{p}_j \mathbf{q}_j^*) = 1$. Die SVD-Zerlegung von A im Sinne von Gleichung 9.21 stellt damit die *Matrix A des Ranges r als eine Summe von r Matrizen des Ranges* 1 dar. $\qquad\square$

Bemerkung (zur Summendarstellung). In der Summendarstellung von A durch Rang-1-Matrizen treten nur die ersten r Eigenvektoren auf, d.h. die *minimale* SVD. Für viele praktische Zwecke kommt man aber mit noch wesentlich weniger Summanden aus. Sind nämlich unter den fallend geordneten Singulärwerten σ_j solche mit höherem Index weitaus kleiner als die ersten, dann werden wir die Summe in 9.21 nicht bis r führen müssen, erhalten aber bereits eine gute Approximation von A.
Diese Bemerkung ist einer der wichtigsten Punkte in Zusammenhang mit der SVD, wie wir an Beispielen sehen werden. Zur Untersuchung greifen wir mit

einigen Begriffen wieder auf Kapitel 11.3 vor; die Details kann man nach dessen Studium durcharbeiten. – Wir definieren für $l \leq r$: $A_l = \sum_{j=1}^{l} \sigma_j \mathbf{p}_j \mathbf{q}_j^*$ und wollen Aussagen über Normen $\|A - A_l\|$ erhalten. V und W statten wir dazu mit der euklidischen Norm aus, $\mathfrak{M}_{mn}$ mit der induzierten Norm (Spektralnorm). Dann gilt

Satz 9.3.3 (Optimale Approximation durch Summen von Rang-1-Matrizen). *Für* $1 \leq l \leq r$ *ist*

$$\|A - A_l\| = \min\{\|A - B\| : B \in \mathfrak{M}_{mn}, \mathrm{rg}(B) \leq l\}$$

und

$$\|A - A_l\| = \sigma_{l+1}.$$

Beweis. Der Satz besagt also, dass unter allen Approximationen von A mittels Matrizen des Höchstranges l die Matrix A_l im Sinne der Spektralnorm optimal ist. Weiterhin ist in dieser Norm der durch A_l begangene Fehler gerade σ_{l+1}, der erste nicht berücksichtigte Singulärwert.
Da der Satz für $l = r$ ($= \mathrm{rg}(A)$) trivial ist ($A - A_r = O$), betrachten wir ein $l < r$. Die Singulärwertzerlegung von A ist $\mathrm{diag}(\sigma_1, \ldots, \sigma_l, \sigma_{l+1}, \ldots)$ (eine im Allgemeinen nicht quadratische Diagonalmatrix), diejenige von A_l (die sich mit denselben Transformationsmatrizen ergibt) ist $\mathrm{diag}(\sigma_1, \ldots, \sigma_l, 0, \ldots)$ und diejenige der Differenz $A - A_l$ folglich $D_l := \mathrm{diag}(0, \ldots, 0, \sigma_{l+1}, \ldots)$.
Ist nun $\mathbf{x} \in V$ mit $\|\mathbf{x}\| = 1$ und $\mathbf{x} = Q\mathbf{x}'$, so haben wir $\|\mathbf{x}'\| = 1$. Es gilt

$$\|(A - A_l)\mathbf{x}\|^2 = \|(A - A_l)Q\mathbf{x}'\|^2 \overset{P \, orth.}{=} \|P^*(A - A_l)Q\mathbf{x}'\|^2 =$$

$$= \|D_l\mathbf{x}'\|^2 = \sum_{j \geq l+1} \sigma_j^2 (x_j')^2 \leq \sum_{j \geq l+1} \sigma_{l+1}^2 (x_j')^2 \leq$$

$$\leq \sigma_{l+1}^2 \sum_{j \geq l+1} (x_j')^2 \leq \sigma_{l+1}^2,$$

womit $\|(A - A_l)\mathbf{x}\| \leq \sigma_{l+1}$ und daher $\|A - A_l\| \leq \sigma_{l+1}$ gezeigt ist. – Mit $\mathbf{x}' = (0, \ldots, 0, 1, 0, \ldots)^t$, die 1 an Position $l + 1$, tritt sogar Gleichheit ein.
Zur Untersuchung von $\|A - B\|$ gehen wir von einer beliebigen Matrix B, $\mathrm{rg}(B) = l$ aus und betrachten die zugehörige Abbildung $\mathcal{B} : V \to W$. Es sei $\mathcal{B}' = \mathcal{B}|_{[\mathbf{q}_1, \ldots, \mathbf{q}_{l+1}]}$. Dann ist $\dim \mathcal{B}'([\mathbf{q}_1, \ldots, \mathbf{q}_{l+1}]) = \mathrm{rg}(\mathcal{B}') \leq \mathrm{rg}(\mathcal{B}) = l$. Nach Satz 4.4.1 gilt $l + 1 = \dim \mathcal{N}_{\mathcal{B}'} + \dim \mathcal{B}'([\mathbf{q}_1, \ldots, \mathbf{q}_{l+1}])$, was nur mit $\dim \mathcal{N}_{\mathcal{B}'} \geq 1$ erfüllt werden kann. Somit enthält $\mathcal{N}_{\mathcal{B}'}$ ein nichttriviales Element $\mathbf{x}$, das wir uns sofort normiert denken. Wegen $\mathbf{x} \in \mathcal{N}_{\mathcal{B}'} \subseteq [\mathbf{q}_1, \ldots, \mathbf{q}_{l+1}]$ ist $\mathcal{B}(\mathbf{x}) = \mathcal{B}'(\mathbf{x}) = \mathbf{0}$. Wir haben also ein $\mathbf{x}$ gefunden mit $\|\mathbf{x}\| = 1$ und $B\mathbf{x} = \mathbf{0}$, daher $\|(A - B)\mathbf{x}\|^2 = \|A\mathbf{x}\|^2 = \sum_{j=1}^{l+1} \sigma_j^2 (x_j')^2 \geq \sigma_{l+1}^2$. Dabei beziehen sich die x_j' auf die Darstellung in der Basis $\mathbf{q}_1, \ldots, \mathbf{q}_{l+1}$, und wir haben wieder von $\sum_j (x_j')^2 = 1$ Gebrauch gemacht. Ähnlich wie weiter oben im Beweis folgt schon $\|A - B\| \geq \sigma_{l+1}$. $\square$

Anwendung (Berechnung Matrix·Vektor). Wenn die σ_l, wie häufig, mit wachsendem l rasch fallen, so stellt bereits A_l mit relativ kleinen Werten von l die Matrix gut dar. Dann sind auch Produkte $A\mathbf{x}$ effizient zu berechnen. Denn ein Summand liefert einen Beitrag $\sigma_j \mathbf{p}_j(\mathbf{q}_j^* \mathbf{x}) = \sigma_j \langle \mathbf{x}, \mathbf{q}_j \rangle \mathbf{p}_j$. Das skalare Produkt erfordert n Multiplikationen, $\sigma_j \langle \mathbf{x}, \mathbf{q}_j \rangle$ benötigt folglich $n + 1 \doteq n$ Multiplikationen; diese Zahl muss in die m Komponenten von $\mathbf{p}_j$ multipliziert werden, zusammen $m + n$ Operationen; führt man l Summanden mit, insgesamt $l(m + n)$ Multiplikationen. Ist l im Vergleich zu m oder n klein, ist dies viel günstiger als die mn Multiplikationen, die bei direkter Auswertung von $A\mathbf{x}$ anfallen. – Natürlich muss man noch den Overhead der Ermittlung der SVD veranschlagen, sodass für *einmalige* Bildung eines Produktes $A\mathbf{x}$ dieser Weg sicher nicht empfehlenswert ist, während sich bei oftmaliger Multiplikation mit derselben Matrix A der Overhead auf die vielen Fälle aufteilt und man daher Vorteile ziehen kann. Die Vorteile bestehen natürlich auch, wenn man die SVD ohnedies für andere Zwecke benötigt.

Anwendung (Bildkompression). Ein Bild im Sinne einer digitalen Aufnahme besteht aus einer rechteckigen Anordnung von Pixeln bzw. den Helligkeitswerten zu denselben. (Der Einfachheit halber sprechen wir hier von monochromatischen Aufnahmen.) Es liegt nahe, diese Werte als die Elemente einer Matrix aufzufassen und zwecks Speicherplatzersparnis Kompressionsalgorithmen anzuwenden. Eine Möglichkeit dazu stellt die SVD bereit. Abbildung 9.3 zeigt die Qualität der Wiedergabe bei vollem Rang ($l = 512$) bzw. bei Verwendung der reduzierten SVD-Darstellungen der Ränge $l = 256, 128, \ldots, 16$. Der benötigte Speicher-

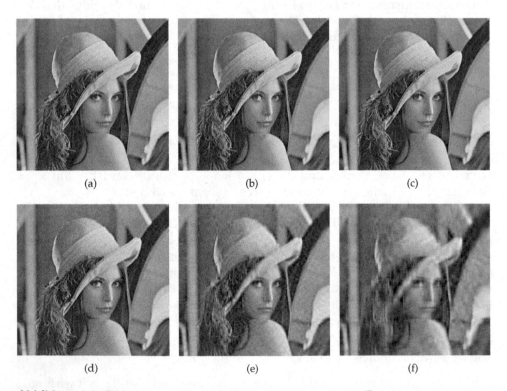

(a)   (b)   (c)

(d)   (e)   (f)

Abbildung 9.3: Bildkompression mit SVD: $l = 512$ (a) $\ldots l = 16$ (f)

platz ist $2nl + l$ (die l Vektoren $\mathbf{p}_j, \mathbf{q}_j$ und $\alpha_1, \ldots, \alpha_l$). Das ergibt einen relativen Speicherbedarf (in Einheiten der Speicherung des vollen Bildes in Matrixform) von ~ 1 ($l = 256$), ~ 0.5 ($l = 128$), ~ 0.25 ($l = 64$), etc. – Indem man *vor* der SVD-Zerlegung das Bild in rechteckige Teilbereicht mit hoher bzw. niedriger räumlicher Frequenz (insbes. Kanten bzw. Hintergrund) zerlegt und für die Teilbereiche jeweils eine SVD-Zerlegung durchführt, lassen sich noch günstigere Resultate erzielen; denn Gebiete geringer räumlicher Frequenz werden mit ganz niedrigem Rang auskommen.

Zur Ausgleichsrechnung; optimale Lösung. Mit $A \in \mathfrak{M}_{mn}$ wenden wir uns einem Ausgleichsproblem $A\mathbf{x} = \mathbf{y}$ zu (vgl. Abschnitt 7.8). Dabei denken wir insbesondere an einen Fall einer rangdefizienten Normalgleichung ($\mathrm{rg}(A^*A) < n$). Aber auch im Falle maximalen Ranges sind die folgenden Überlegungen von Interesse, weil die Matrix A^*A und die damit verbundenen, schon öfter angesprochenen numerischen Probleme umgangen werden.

Bei Rangdefizienz gibt es mehr als eine Lösung. Dann kann man der *primären* Minimierung

$$\|\mathbf{y} - A\mathbf{x}\| = Min! \ (\mathbf{x} \in V)$$

noch eine *sekundäre* Minimierung

$$\|\mathbf{x}\| = Min!$$

hinzufügen: unter allen $\mathbf{x}$, die das primäre Minimierungsproblem lösen, ist dasjenige zu finden, das das sekundäre Problem löst (so genannte *optimale Lösung*). – Hat das Ausgleichsproblem hingegen eine eindeutig bestimmte Lösung im Sinne von Abschnitt 7.8, so ändert sich durch die Zusatzbedingung an ihr nichts.

Nehmen wir z.B. an, das Ausgleichsproblem rühre von einer Interpolationsaufgabe her. Dann ist $\mathbf{x}$ der Vektor der Koeffizienten vor den Basisfunktionen. Die Zusatzbedingung sagt dann, dass man unter allen überhaupt in Betracht gezogenen Lösungen diejenige mit den (im Sinne der Norm) kleinsten Koeffizienten wählt, was vernünftig erscheint. Oder noch etwas anders gesehen: Gehen wir vom Extremfall aus, in dem ein Ausgleichsproblem überhaupt den Rang 0 hat, d.h. keine Information vorliegt; dann wird als optimale Lösung $\mathbf{x}^* = \mathbf{0}$ geliefert, was weniger willkürlich erscheint als jede andere Möglichkeit.

Satz 9.3.4 (Optimale Lösung eines Ausgleichungsproblems). *In der Lösungsmenge des primären Minimalproblems* $\mathbf{x} \to \|\mathbf{y} - A\mathbf{x}\| = Min!$ *gibt es genau ein Element* $\mathbf{x}_+ \in \mathcal{A}^*(W)$. *Dieses Element* $\mathbf{x}_+$ *ist die eindeutig bestimmte optimale Lösung des Ausgleichsproblems* $A\mathbf{x} = \mathbf{y}$.

Beweis. Abschnitt 7.8 zufolge ist jedes $\mathbf{x}$ mit $\mathcal{A}(\mathbf{x}) = \mathcal{P}_{\mathcal{A}(V)}(\mathbf{y})$ eine Lösung des primären Minimierungsproblems; $\mathcal{P}_{\mathcal{A}(V)}$ ist dabei die orthogonale Projektion auf $\mathcal{A}(V)$; weiterhin ist uns bekannt (und wir werden es sogleich nochmals sehen), dass das Problem mindestens eine Lösung besitzt.

Am einfachsten gestalten sich die Verhältnisse in den gestrichenen Koordinatensystemen (in die wir durch Q bzw. P gelangen); dort besitzt die Matrix S (die jetzt A darstellt) die Gestalt aus Gleichung 9.20.

Ist $\mathbf{y}' = (\mathbf{y}_1', \mathbf{y}_2')^t$ mit $\mathbf{y}_1' \in K^r$ und $\mathbf{y}_2' \in K^{m-r}$ die Komponentendarstellung von $\mathbf{y}$ im gestrichenen System, so entspricht dem eine Zerlegung $\mathbf{y}' = (\mathbf{y}_1', \mathbf{0})^t + (\mathbf{0}, \mathbf{y}_2')$ im Sinne der direkten Summe $\mathcal{A}(V) \oplus \mathcal{N}_{\mathcal{A}^*}$ (siehe die Bedeutung der Komponenten des Bildes in Gl. 9.20). Die orthogonale Projektion von $\mathbf{y}$ auf $\mathcal{A}(V)$ lautet demnach im gestrichenen System $(\mathcal{P}_{\mathcal{A}(V)}(\mathbf{y}))' = (\mathbf{y}_1', \mathbf{0})^t$.

Da $\tilde{S}$, die minimale SVD, zwischen $\mathcal{A}^*(W)$ und $\mathcal{A}(V)$ bijektiv ist (beachte wiederum 9.20 und den Umstand, dass $\tilde{S} = \operatorname{diag}\sigma_j$ und $\sigma_j \neq 0 \quad \forall j$), so gibt es tatsächlich genau ein $\mathbf{x}_+ \in \mathcal{A}^*(W)$ mit $S\mathbf{x}_+' = (\mathbf{y}_1', \mathbf{0})^t$, wie im Satz zunächst behauptet.

Da Addition eines Elementes des Nullraums von $\mathcal{A}$ am Bild nichts ändert, erscheint die Lösungsgesamtheit des primären Minimalproblems, nämlich diejenige von

$$\begin{pmatrix} \tilde{S} & O \\ O & O \end{pmatrix} \begin{pmatrix} \mathbf{x}_1' \\ \mathbf{x}_2' \end{pmatrix} = \begin{pmatrix} \mathbf{y}_1' \\ \mathbf{0} \end{pmatrix}$$

vollkommen übersichtlich als

$$\mathbf{x}_+ + \mathcal{N}_{\mathcal{A}};$$

denn die eindeutige Lösung von $\tilde{S}\mathbf{x}_1' = \mathbf{y}_1'$ führt zu $\mathbf{x}_+'$, wenn man die letzten Komponenten mit 0 auffüllt (auch das gesamte Gleichungssystem ist dann immer noch erfüllt). Man kann dann noch die Komponenten ab $r + 1$ beliebig wählen; das entspricht genau den Elementen von $\mathcal{N}_{\mathcal{A}}$.

Die *allgemeine Lösung des primären Problems* lautet daher im gestrichenen System $\mathbf{x}_+' + (\mathbf{0}, \mathbf{x}_2')^t$ ($\mathbf{x}_2' \in K^{n-r}$ beliebig). Es handelt sich um eine Summe $\mathbf{x}_+ + \mathbf{x}$ im Sinne der orthogonalen Zerlegung $\mathcal{N}_{\mathcal{A}}^{\perp} \oplus \mathcal{N}_{\mathcal{A}}$ (n.b. $\mathcal{A}^*(W) = \mathcal{N}_{\mathcal{A}}^{\perp}$). Daher ist nach dem pythagoreischen Lehrsatz $\|\mathbf{x}_+' + \mathbf{x}\|^2 = \|\mathbf{x}_+'\|^2 + \|\mathbf{x}\|^2$, was ganz klar genau durch $\mathbf{x} = \mathbf{0}$ minimiert wird, womit die eindeutige Lösung des sekundären Minimalproblems gefunden ist. $\square$

Wir transformieren in das ursprüngliche Koordinatensystem zurück und fassen unsere Resultate noch so zusammen:

Korrollar 9.3.1 (Bestimmung der optimalen Lösung). *Die optimale Lösung des Ausgleichsproblems ist gegeben durch*

$$\mathbf{x}_+ = Q^* \underbrace{\begin{pmatrix} diag(1/\sigma_j) & O \\ O & O \end{pmatrix}}_{=:S_+} P\mathbf{y} = Q^* S_+ P\mathbf{y} = A_+ \mathbf{y}, \qquad (9.22)$$

unter Verwendung von $A_+ := Q^* S_+ P$.

Korrollar 9.3.2. *S_+ ist die SVD-Darstellung von A_+; die Transformationsmatrizen zwischen S_+ und A_+ stimmen mit denjenigen zwischen S und A überein. Insbesondere ist auch $\tilde{S}_+ = \operatorname{diag}(1/\sigma_j)$ die minimale SVD der Matrix A_+.*

Beweis. Dies alles ist aus Gleichung 9.22 direkt abzulesen. $\square$

Die Moore-Penrose- und Pseudoinverse. Die Matrix A_+ aus dem vorhergehenden Paragraphen gibt Anlass zur

Definition 9.3.1 (Moore-Penrose-Inverse). *Für beliebiges $A \in \mathfrak{M}_{mn}$ heißt $B \in \mathfrak{M}_{nm}$* Moore-Penrose-Inverse, *wenn*

i) $ABA = A$ *und* $BAB = B$ *und*

ii) AB *und* BA *selbstadjungierte Matrizen sind.*

Ist nur i) erfüllt, heißt B Pseudoinverse *zu A.*

Bemerkung. Man beachte $AB \in \mathfrak{M}_{mm}$ und $BA \in \mathfrak{M}_{nn}$. Jede Moore-Penrose-Inverse ist also auch eine Pseudoinverse. – Übrigens hat bereits Gauß wesentliche Bestandteile dieses Begriffes implizit besessen.

Lemma 9.3.2 (Existenz der Moore-Penrose-Inversen). *Die Matrix aus Gleichung 9.22, $B = A_+$, ist eine Moore-Penrose-Inverse. Somit besitzt jedes $A \in \mathfrak{M}_{mn}(K)$ ($K = \mathbb{R}, \mathbb{C}$) mindestens eine Moore-Penrose-Inverse.*

Beweis. Wir arbeiten sofort im Singulärbild und überprüfen daher für S bzw. S_+ die definierenden Eigenschaften i) und ii) der Moore-Penrose-Inversen:

i) Es ist $SS_+S = S \begin{pmatrix} \mathrm{diag}(1/\sigma_j) & O \\ O & O \end{pmatrix} \begin{pmatrix} \mathrm{diag}(\sigma_j) & O \\ O & O \end{pmatrix} = S \begin{pmatrix} I & O \\ O & O \end{pmatrix} \stackrel{(*)}{=} S$

(bei $(*)$ benutzen wir, dass S im unteren Bereich nur Nulleinträge hat!). Im Orignalbild besagt das gerade $AA_+A = A$. – Der Beweis der Beziehung $A_+AA_+ = A_+$ verläuft ganz gleichartig.

ii) Diese Aussage ist im Singulärbild richtig; denn es ist z.B. SS_+ diagonal und daher selbstadjungiert; daher ist $AA_+ = P^*SQQ^*S_+P = P^*(SS_+)P$, also das orthogonal Transformierte einer selbstadjungierten Matrix und daher wieder selbstadjungiert. □

Satz 9.3.5 (Eindeutigkeit der Moore-Penrose-Inversen). *Die Moore-Penrose-Inverse zu jeder Matrix $A \in \mathfrak{M}_{mn}$ ist eindeutig bestimmt und ist somit A_+ gemäß Gleichung 9.22. – Ist A eine quadratische und invertierbare Matrix, so gilt $A^{-1} = A_+$.*

Beweis. Ist zunächst $A = O$ und B eine Moore-Penrose-Inverse, so gilt definitionsgemäß $B = BAB = BOB = O$. – Nunmehr sei $A \neq O$. Wir gehen sofort in das Singulärwertsystem über, sodass A bzw. A_+ als S bzw. S_+ erscheinen. T sei irgendeine Moore-Penrose-Inverse zu A in diesem System, $T = \begin{pmatrix} E & F \\ G & H \end{pmatrix}$.

Einer Moore-Penrose-Eigenschaft zufolge ist $ST = \begin{pmatrix} \tilde{S}E & \tilde{S}F \\ O & O \end{pmatrix}$ symmetrisch.

Es folgt $\tilde{S}F = O$ und, da $\tilde{S}$ nichtsingulär ist, $\tilde{S}^{-1}\tilde{S}F = O$, also $F = O$. Aus der Symmetrie von TS schließt man gleichartig auf $G = O$.

Wie man sofort nachrechnet, ist $TST = \begin{pmatrix} E\tilde{S}E & O \\ O & O \end{pmatrix}$. Wegen der Moore-

Penrose-Eigenschaft $TST = T$ muss daher $\begin{pmatrix} E\tilde{S}E & O \\ O & O \end{pmatrix} = \begin{pmatrix} E & O \\ O & H \end{pmatrix}$, d.h.

$H = O$ und $E\tilde{S}E = E$ sein. Aus der Eigenschaft $STS = S$ gewinnt man in ähnlicher Weise die Beziehung $\tilde{S}E\tilde{S} = \tilde{S}$ und daher $\tilde{S}E = I$, d.h. $E = \tilde{S}^{-1} = \tilde{S}_+$. Es ist daher insgesamt $T = S_+$ und somit im ursprünglichen System $B = A_+$.

Im Falle einer quadratischen, invertierbaren Matrix verbleibt noch $A^{-1} = A_+$ zu zeigen. Die Moore-Penrose-Eigenschaften sind aber durch A^{-1} trivialerweise erfüllt: $AA^{-1}A = A$; $A^{-1}AA^{-1} = A^{-1}$; $AA^{-1} = I$, also selbstadjungiert, ebenso $A^{-1}A = I$. Aufgrund der vorhin bewiesenen Eindeutigkeit des Moore-Penrose-Inversen ist daher in der Tat $A^{-1} = A_+$. $\qquad\square$

Bemerkung. Die eindeutig bestimmte Moore-Penrose-Inverse werden wir immer mit A_+ bezeichnen.

Bemerkung (keine Eindeutigkeit der Pseudoinversen). Wie einer Aufgabe zu entnehmen ist, ist – zum Unterschied von der Moore-Penrose-Inversen – die Pseudoinverse einer Matrix i.A. nicht eindeutig bestimmt.

Während für entsprechend invertierbare Matrizen $(AB)^{-1} = B^{-1}A^{-1}$ gilt, d.h. das Inverse eines Produktes in übersichtlicher Weise durch die Inversen der Faktoren dargestellt werden kann, trifft dies bezüglich des Moore-Penrose-Inversen nicht zu. – Man prüft aber sofort nach, dass für eine *quadratische* Matrix A und beliebiges $k \in \mathbb{N}$: $(A^k)_+ = (A_+)^k$ gilt.

Beispiel (Optimale Lösung für ein Ausgleichsproblem). Wir geben hier die optimale Lösung für ein Ausgleichsproblem, das man so nicht stellen wird, das aber dennoch lehrreich ist. Es soll ein Polynom zweiten Grades optimal durch die drei Datenpunkte $(x_0, y_0) = (0, 1)$, $(x_1, y_1) = (1, 2)$, $(x_2, y_2) = (1, 3)$ gelegt werden.

Im Sinne der Interpolation widersprechen die beiden letzten Bedingungen einander. Mit Messungen mag Derartiges aber durchaus eintreten, auch in der Form, dass sich x_2 fast nicht von x_1 unterscheidet, die y-Werte aber stark differieren. Wir werden sehen, dass das Verfahren auch die Wahl eines Polynomes zweiten Grades verzeiht; ein Polynom ersten Grades wäre hier natürlich sinnvoller.

Setzen wir das Polynom in der Form $p(x) = p_0 + p_1 x + p_2 x^2$ an, so lautet das Ausgleichungsproblem

$$A\mathbf{p} = \begin{pmatrix} 1 & 0 & 0 \\ 1 & 1 & 1 \\ 1 & 1 & 1 \end{pmatrix} \begin{pmatrix} p_0 \\ p_1 \\ p_2 \end{pmatrix} = \begin{pmatrix} 1 \\ 2 \\ 3 \end{pmatrix},$$

wodurch gleich die Matrix A gekennzeichnet ist. Als Gleichung aufgefasst, besitzt dieses System natürlich keine Lösung.

Wir könnten die Matrizen P, Q und S wie schon bei den Beispielen zur Singulärwertzerlegung berechnen und daraus leicht A_+ gewinnen. Da wir diese Schritte schon kennen, ersparen wir sie uns mit Mathematica oder ähnlicher Software, die uns sofort A_+ und den Koeffizientenvektor

$$\mathbf{p} = \begin{pmatrix} p_1 \\ p_2 \\ p_3 \end{pmatrix} = A_+ \begin{pmatrix} 1 \\ 2 \\ 3 \end{pmatrix} = \begin{pmatrix} 1 & 0 & 0 \\ 0 & \frac{1}{2} & \frac{1}{2} \\ 0 & \frac{1}{2} & \frac{1}{2} \end{pmatrix} \begin{pmatrix} 1 \\ 2 \\ 3 \end{pmatrix} = \begin{pmatrix} 1 \\ \frac{3}{4} \\ \frac{3}{4} \end{pmatrix}$$

bereit stellt. Es resultiert das nicht unvernünftige Polynom $p(x) = 1 + \frac{3}{4}x + \frac{3}{4}x^2$.

Trotz dieses Erfolges sollten wir nicht übersehen, dass wir uns auf dünnem Eis bewegen. Wäre bei sonst beibehaltenen Daten der Wert von x_2 geringfügig anders, so müsste bei exakter Rechnung das interpolierende quadratische Polynom erscheinen, das sich von unserer Funktion p mit $p(2) = 2\frac{1}{2}$ mit Notwendigkeit stark unterscheiden müsste. In der Praxis werden mit der dann fast singulären Matrix A große Rundungsfehler auftreten.

Hier ist also die Aufgabe selbst unsachgemäß gestellt, kleine Änderungen in den Daten bewirken große Änderungen im Resultat. Daran kann auch die optimale Lösung usw. unmittelbar nichts ändern, sondern nur eine genauere Analyse der ursprünglichen Problemstellung. *Mathematische Verfahren bieten keinen Schutz gegen Schwierigkeiten, die von allzu schematischem Herangehen an eine Aufgabe herrühren.* Sie weisen allerdings u.U. darauf hin.

Wie kann man nun im konkreten Fall, wo also x_1 und x_2 beinahe übereinstimmen, die Funktionswerte aber stark unterschiedlich sind und man dies Messfehlern zuschreibt, vorgehen, besonders dann, wenn man nicht, wie hier, das Problem direkt vor Augen hat sondern wenn es vielleicht im Rahmen der Abarbeitung eines großen Programms auftritt? Man muss vor allem an die Möglichkeit einer solchen Komplikation denken; dies legt dann nahe, eine Singulärwertbestimmung vorzunehmen, die in diesem Fall den praktischen Rang 2 erkennen lässt, worauf das Programm mit passender Wahl für den Grad des zu bestimmenden Polynoms (hier 1) reagiert.

Auch in anderer Hinsicht darf man die Aufgabenstellung nicht zu schematisch sehen. Der Erfolg bei unserem Vorgehen rührt u.a. daher, dass die beteiligten Basisfunktionen $1, x, x^2$ im betrachteten Bereich Werte ähnlicher Größenordnung annehmen. Was wir in Wirklichkeit minimieren wollen, ist doch nicht eine Quadratsumme von Koeffizienten, sondern eine Art Quadratsumme der Beiträge der einzelnen Basisfunktionen. Sollten nun diese von stark unterschiedlicher Größenordnung sein, skaliert man sie zuvor auf ähnliche Größenordnung. Man kann diesen Gedankengang auch gleichsam umkehren und etwaige hochfrequente Funktionen, denen man weniger traut, auf eine geringere typische Größe skalieren als niederfrequente; die Minimierung der Quadratsumme der Koeffizienten macht es dann der Lösung sozusagen sehr schwer, starke hochfrequente Anteile aufzuweisen.

Aufgaben

9.9. Berechnen Sie die Singulärwertzerlegung zu $A = (0, 3, 4)$.

9.10. Ebenso für $A = \begin{pmatrix} 1 & 1 \\ -1 & -1 \end{pmatrix}$.

9.11. Zeigen Sie, dass dass für eine *quadratische* Matrix A und beliebiges $k \in N$: $(A^k)_+ = (A_+)^k$ gilt.

9.12. Zu zeigen: für eine orthogonale Projektion P_U auf einen Teilraum U ist $P_U = (P_U)_+$.

9.13. Zeigen Sie: $(AA_+)^* = AA_+$ und $(A_+A)^* = A_+A$.

9.14. Zeigen Sie: ist $\det A = 0$, so ist $\det A_+ = 0$ (A quadratisch).

9.15. Geben Sie alle Pseudoinversen zu $A = \begin{pmatrix} I & O \\ O & O \end{pmatrix}$ an! (I eine $r \times r$-Matrix, O geeignete Nullmatrizen.)

9.16. Lösen Sie das Ausgleichsproblem des Beispiels auf Seite 318 für eine *affin lineare* Ansatzfunktion mithilfe von SVD!

9.17. Wie könnte man die Ausgleichsaufgabe $(1, 1, 1, 1)\mathbf{x} = b$ ($\mathbf{x} \in \mathbb{R}^4$, $b \in \mathbb{R}$ vorgegeben) deuten? Berechnen Sie die Lösung mithilfe der Moore-Penrose-Inversen. Ist das Resultat vernünftig?

9.18. Finden Sie die optimale Lösung zu $\begin{pmatrix} 1 & 1 \\ 1 & 1 \\ 0 & 0 \end{pmatrix} \begin{pmatrix} x_1 \\ x_2 \end{pmatrix} = \begin{pmatrix} 1 \\ 2 \\ 4 \end{pmatrix}$.

10 Lineare Algebra und partielle Differentialgleichungen

Partielle Differentialgleichungen und verwandte Typen von Gleichungen sind *die* Sprache schlechthin, in der die Natur geschrieben ist; überdies treten sie bei vielen technischen und anderen Fragestellungen auf. Ob Atom- und Molekülstruktur oder der großräumige Aufbau des Universums, ob die Auswertung der Rohdaten bei der Computertomographie oder Klimamodelle, ob Bildverarbeitung oder Fragen der optimalen Steuerung bei technischen Prozessen, ja, selbst bei Wirtschaftsmodellen: Überall sind derartige Gleichungen entweder überhaupt fundamental oder spielen zumindest eine entscheidende Rolle.

Gleichzeitig sind sie als schwierig und abschreckend verschrien; als schwierig in vielem durchaus zu Recht. Desto befriedigender ist es dann, dass unsere bisherigen Entwicklungen bereits zu durchaus wesentlichen Resultaten auf diesem Gebiet befähigen, die wir in diesem Kapitel erzielen wollen.

Von den Auswirkungen von Ideen der Linearen Algebra auf partielle Differentialgleichungen wollen wir in diesem Kapitel folgende näher beleuchten:

Übersicht

i) *Approximation von PDG*: In der Regel lassen sich partielle Differentialgleichungen noch weniger als gewöhnliche Differentialgleichungen analytisch
lösen. Es ist daher erforderlich, *diskrete Approximationen* für die ursprünglichen Gleichungen herzuleiten (siehe unser Beispiel für die Wärmeleitungsgleichung). Zu den wichtigsten Methoden zählen die so genannten *Finiten
Elemente*, die in engem Zusammenhang mit Orthogonalitätsbetrachtungen
u.a. stehen.

ii) *Eigenschaften der Approximation*: Nicht jede vernünftig anmutende Approximation ist auch eine brauchbare Approximation. Konzepte der linearen
Algebra tragen hier viel zur Klärung bei.

iii) *Lösung großer Gleichungssysteme*: Häufig erfordert schließlich die Behandlung derartiger Probleme am Computer die Lösung großer linearer Gleichungssysteme (oft auch dann, wenn die eigentlichen Gleichungen gar
nicht linear sind): hier ist wieder Lineare Algebra gefragt.

Es sei erwähnt, dass zu jedem gegebenen Zeitpunkt viele gerade der weltweit
größten Computer mit einschlägigen Problemen befasst sind.

Bemerkung (ein CAVEAT). Natürlich ist dies kein Text über partielle Differentialgleichungen. Hinsichtlich der analytischen Aspekte setzen wir ohne nähere
Begründung voraus, *dass Lösungen existieren, die auftretenden Funktionen hinreichend glatt sind*, sodass z.B. Vertauschung von Ableitung und Integral gerechtfertigt ist usw. Das ist oft, aber keineswegs immer so, und wir verweisen auf die
weiterführende Literatur.

10.1 Methode der Finiten Elemente

Erhaltungsgesetze. Viele Gleichungen der mathematischen Physik beschreiben Erhaltungsgrößen. Dazu zählen in der klassischen Physik Masse, Impuls und
Energie; in ganz anderen Zusammenhängen, z.B. Simulationen von Verkehrsauf-
kommen auf Autobahnen, die Zahl der beteiligten Autos.
Wir schließen an die Überlegungen in Abschnitt 3.7 in allgemeinerer Form an
und betrachten eine räumlich zweidimensionale Situation, etwa als räumlichen
Grundbereich das Rechteck

$$D = [0, 1] \times [0, 1].$$

Die Übertragung auf den 1D- oder 3D-Fall ist einfach. Tatsächlich werden wir
bezüglich der Dimension sehr flexibel sein.
Mit $u = u(t, x, y)$ bezeichnen wir die *Dichte* einer Erhaltungsgröße, wobei t für
die Zeit, x und y für die räumlichen Koordinaten stehen. Die in einem *Testbereich*
(d.h. kompakten, glatt berandeten Teilbereich) $\Omega \subseteq D$ zur Zeit t enthaltene Erhaltungsgröße (z.B. Masse, falls u die gewöhnliche (Massen-)Dichte ist) ist dann

$$\int_\Omega u(t, x, y) d(x, y).$$

Für unsere Zwecke werden wir sogar immer voraussetzen, dass Ω ein achsenparalleles Rechteck ist.

Bei einem *Erhaltungsgesetz* gehen wir von der Vorstellung aus, dass für alle Testbereiche, kurz $\forall\, \Omega = [x_0, x_1] \times [y_0, y_1]$, das obige Integral sich nur durch *Fluss* der Größe über den Rand von Ω, $\partial\Omega$ ändern kann, so, wie wir das jetzt beschreiben. In der Tat nehmen wir die Gedanken um Abbildung 3.3 herum etwas stromlinenförmiger wieder auf.

Es wird für die zu u gehörige Erhaltungsgröße die Existenz einer vektorwertigen *Flussfunktion* $\mathbf{F}(u) = \begin{pmatrix} F_1(u) \\ F_2(u) \end{pmatrix}$ vorausgesetzt mit $\mathbf{F}(u) \in \mathbb{R}^2$ im 2D-Fall. Die Komponenten F_1, F_2 geben den Fluss in der x- bzw. y-Richtung (1- bzw. 2-Richtung) an. Mit dieser Flussfunktion möge die Rate der Änderung der in $\Omega = [x_0, x_1] \times [y_0, y_1]$ enthaltenen Erhaltungsgröße (= Änderung der Erhaltungsgröße pro Zeiteinheit) durch

$$\partial_t \int_\Omega u(t, x, y)d(x, y) =$$

$$= -\left(\int_{y_0}^{y_1} F_1(u(x_1, y))dy - \int_{y_0}^{y_1} F_1(u(x_0, y))dy \right) -$$

$$- \left(\int_{x_0}^{x_1} F_2(u(x, y_1))dx - \int_{x_0}^{x_1} F_2(u(x, y_0))dx \right) = \tag{10.1}$$

$$= -\int_{\partial\Omega} \langle \mathbf{F}(u(x, y)), \mathbf{n}(x, y) \rangle ds$$

gegeben sein. (Die letzte Zeile dient den Lesern, die mit dem Gauß'schen Integralsatz vertraut sind und die folgende direktere Herleitung nicht benötigen.)

Die Bedeutung der Integrale in der x- bzw. y-Richtung erläutern wir am Fall $\int_{y_0}^{y_1} F_1(u(x_1, y))dy$. Die Flusskomponente F_1 gibt nämlich an, wie viel von der Erhaltungsgröße pro Sekunde und cm (im 2D Fall; in 3D: cm^2) in die 1-Richtung strömt. Daher gibt das Integral die Menge an, die im betrachteten y-Bereich $[y_0, y_1]$ pro Sekunde fließt. Ein positiver Wert von F_1 entspricht *per definitionem* einem Fluss von links nach rechts, d.h. einem Verlust der in Ω enthaltenen Größe; daher das einleitende negative Vorzeichen. – Das nächste Integral liefert die Bilanzbeiträge des linken Randes, während darunter die Flüsse in Richtung 2 Berücksichtigung finden.

Den Bilanzausdruck in der x-Richtung formen wir unter Verwendung des Hauptsatzes der Differential- und Integralrechnung so um:

$$-\left(\int_{y_0}^{y_1} \left(F_1(u(x_1, y))dy - F_1(u(x_0, y))dy \right) \right) =$$

$$= -\int_{y_0}^{y_1} \int_{x_0}^{x_1} \partial_x F_1(u(x, y))dxdy = -\int_\Omega \partial_x F_1(u(x, y))d(x, y).$$

Indem wir die Flusskomponente F_2 in der y-Richtung ähnlich behandeln und in Gleichung 10.1 alles auf die linke Seite bringen, resultiert

$$\int_\Omega \Big(\partial_t u(t,x,y) + \partial_x F_1(u(t,x,y)) + \partial_y F_2(u(t,x,y))\Big)d(x,y) = 0 \quad \forall \Omega, \qquad (10.2)$$

mit offenkundigen Modifikationen bei einer anderen Dimensionszahl als 2. In vektorieller Schreibweise können wir unter Verwendung der *Divergenz* div $\mathbf{F} :=$ $\partial_x F_1 + \partial_y F_2$ die Beziehung auch als

$$\int_\Omega \Big(\partial_t u(t,\mathbf{x}) + \text{div } \mathbf{F}(u(t,\mathbf{x}))\Big)d\mathbf{x} = 0 \quad \forall \Omega \qquad (10.3)$$

ausdrücken. Diese Beziehung, die *Integralform des Erhaltungsgesetzes*, gilt für alle Testbereiche Ω, also jedenfalls für alle achsenparallele Rechtecke.

Unter Ausnützung unserer Generalvoraussetzung betr. Glattheit kann das Integral nur dann $= 0$ für alle Testbereiche sein, wenn der (eben als stetig vorausgesetzte) Integrand selbst $= 0$ ist, d.h.

$$\partial_t u + \text{div } \mathbf{F}(u) = 0 \quad \forall (x,y) \in D, \quad \forall t. \qquad (10.4)$$

Dies ist die *differentielle Form* des Erhaltungsgesetzes.

Beispiel (Kontinuitätsgleichung). Wir gehen vom passiven Transport einer Erhaltungsgröße mit Dichte u durch ein vorgegebenes Geschwindigkeitsfeld $\mathbf{v}(t,x,y)$ aus. Die pro Zeit- und Längeneinheit (letztere in der y-Richtung) in die x-Richtung transportiere Masse ist offenbar $u(t,x,y)v_1(t,x,y)$ und in der y-Richtung entsprechend $u(t,x,y)v_2(t,x,y)$, woraus man $\mathbf{F}(u) := u\mathbf{v}$ als angemessene Flussfunktion für diesen Fall erkennt.

Die entsprechende Erhaltungsgleichung ist

$$\partial_t u + \text{div}(u\mathbf{v}) = 0.$$

Ist, wie häufig, $u = \rho$ die Massedichte, so erhält man die vertraute Form der *Kontinuitätsgleichung* in 2D:

$$\partial_t \rho + \partial_x(\rho v_1) + \partial_y(\rho v_2) = 0$$

und ganz ähnlich in 1D oder 3D. – Die Kontinuitätsgleichung drückt also die Masseerhaltung aus.

10.2　Die Wärmeleitungsgleichung: Symmetrie und Variationsprinzip

Zeitabhängige und zeitunabhängige Wärmeleitungsgleichung. In diesem Abschnitt studieren wir Zusammenhänge der *Wärmeleitungsgleichung* (auch *Diffusionsgleichung*) mit Konzepten der Linearen Algebra. Darüber hinaus ermöglichen die Resultate die Entwicklung von numerischen Methoden (Methode der Finiten Elemente) zur Bestimmung von Näherungslösungen dieser Gleichungen am Computer.

Wir vertiefen die Betrachtungen aus Abschnitt 3.7 zur Wärmeleitungsgleichung, verweisen dabei auf ihn und fassen uns in manchem kürzer. Zwar werden wir hier immer wieder zwischen dem räumlich 1D- (Stab), 2D- (Platte) und 3D-Fall (räumlicher Körper) wechseln, exemplifizieren aber Alles am 2D-Fall. Dabei gehen wir zur Illustration von einem Grundbereich $D = [0, 1] \times [0, 1]$ aus.

Obwohl die Wärmeleitungsgleichung viel mit Gleichung 10.4 zu tun hat, ist sie im Sinne der gängigen Terminologie *keine* Erhaltungsgleichung, auch wenn sie die Erhaltung der Energie ausdrückt; denn die Flussfunktion ist hier keine Funktion von e (Energiedichte), sondern i.W. von Ableitungen von e. Indem wir wie in Abschnitt 3.7 frei zwischen Energiedichte e und Temperatur T wechseln ($e = cT$), setzen wir in sinngemäßer Erweiterung des eindimensionalen Ansatzes voraus, dass der Wärmefluss in Richtung des steilsten Temperaturabfalls, d.h. in die entgegengesetzte Richtung zum Temperaturgradienten, erfolgt und diesem proportional ist,

$$\mathbf{F}(x, y) = -\mu(x, y) \operatorname{grad} T(x, y).$$

Vom *Wärmeleitkoeffizienten* μ fordern wir, dass

$$\mu \in \mathcal{C}^1, \quad \mu(x, y) > 0 \ \forall (x, y) \in D.$$

(Damit fließt die Wärme wirklich von den hohen zu den niedrigen Temperaturen.) Gleichung 10.4 nimmt dann die Gestalt an

$$\partial_t e - \operatorname{div}(\mu \operatorname{grad} T) = 0.$$

Eliminiert man noch e zugunsten von T, dividiert durch c, schreibt aber für $\frac{\mu}{c}$ wieder μ, so erhält man die (zeitabhängige) *Wärmeleitungsgleichung*

$$\partial_t T - \operatorname{div}(\mu \operatorname{grad} T) = 0.$$

Ist μ konstant, so ergibt sich wegen der direkt nachzurechnenden Beziehung

$$\operatorname{div}(\operatorname{grad} T) = \partial_x^2 T + \partial_y^2 T = \Delta T$$

mit dem 2D-*Laplace-Operator* $\Delta = \partial_x^2 + \partial_y^2$ die (zeitabhängige) *Wärmeleitungsgleichung mit konstantem Wärmeleitkoeffizienten*

$$\partial_t T - \mu \Delta T = 0,$$

die mit dem Laplace-Operator entsprechender Dimension so für jede Wahl der zugrunde gelegten räumlichen Dimensionalität gilt.

Die *zeitunabhängige Wärmeleitungsgleichung* ergibt sich mit $T = T(x, y)$ und entsprechend $\partial_t T = 0$ zu

$$-\Delta T = 0 \text{ in } D,$$

falls aber μ nicht konstant ist, zu

$$-\operatorname{div}(\mu \operatorname{grad} T) = 0 \ \text{ in } D.$$

Denkt man sich die Situation noch durch eine Heizung oder Kühlung gemäß einer *Quellfunktion* $f(x, y)$ verallgemeinert, so lautet die letzte Gleichung

$$-\operatorname{div}(\mu \operatorname{grad} T) = f \text{ in } D. \tag{10.5}$$

Randbedingungen. Einfache Erfahrung lässt erwarten und unter Regularitäts-
bedingungen lässt es sich beweisen, dass die stationäre Wärmeleitungsgleichung
eine eindeutig bestimmte Lösung hat, wenn man die Temperatur am Rand über
eine dort definierte Funktion g vorgibt:

$$T(x,y) = g(x,y) \text{ in } \partial D \tag{10.6}$$

(so genannte *Dirichlet'sche* Randbedingung). Löst man, ausgehend von einer be-
liebigen Temperaturverteilung zum Zeitpunkt $t = 0$, bei zeitlich konstanter
Randbedingung g den zeitabhängigen Fall, so strebt die zeitabhängige Lösung
für $t \to \infty$ gegen die Lösung des zeitunabhängigen Problems. – Da man die
Funktion g in mannigfacher Weise vorgeben kann, besitzt die zeitunabhängige
Wärmeleitungsgleichung (ohne Randbedingungen) viele Lösungen.
Die Randbedingungen wären aber bei den nachfolgenden Betrachtungen hinder-
lich. Wir schaffen sie daher auf folgende Weise aus der Welt. Die in ∂D definierte
Funktion g lasse sich im $\mathcal{C}^2$-Sinn auf ganz D ausdehnen. (Man überlege geometrisch leichte, in vielen Fällen Erfolg versprechende Konstruktionen, um dies zu
erreichen.) Die nunmehr in D definierte Funktion nennen wir wieder g und setzen

$$u := T - g.$$

Dann genügt u der Gleichung

$$-\operatorname{div}(\mu \operatorname{grad} u) = -\operatorname{div}(\mu \operatorname{grad} T) + \operatorname{div}(\mu \operatorname{grad} g) = f + \operatorname{div}(\mu \operatorname{grad} g) =: \tilde{f},$$

also wieder einer Wärmeleitungsgleichung mit modifizierter rechter Seite. Es
genügt daher, u anstatt T zu ermitteln. Anstelle von $\tilde{f}$ schreiben wir wieder f
und trachten, das Randwertproblem

$$-\operatorname{div}(\mu \operatorname{grad} u)) = f \text{ in } D \tag{10.7}$$

mit den *homogenen Dirichlet-Randbedingungen*

$$u = 0 \text{ in } \partial D$$

zu lösen. – Mit Einführung des linearen Raumes (!)

$$U = \mathcal{C}_0^2 := \{u \in \mathcal{C}^2(D) : u = 0 \text{ in } \partial D\} \tag{10.8}$$

und der linearen Abbildung $\mathcal{A} : U \to W := \mathcal{C}(D)$:

$$\mathcal{A}(u) = -\operatorname{div}(\mu \operatorname{grad} u), \tag{10.9}$$

besteht unser Problem schlussendlich in der Lösung von

$$\mathcal{A}(u) = f \quad (u \in U). \tag{10.10}$$

Die homogenen Randbedingungen sind von vornherein im Definitionsbereich U
von $\mathcal{A}$ berücksichtigt.

Wärmeleitungsgleichung: Symmetrie. Wir gehen von der *zeitunabhängigen Wärmeleitungsgleichung* über $D = [0,1] \times [0,1]$ und homogenen Randbedingungen aus; die Bezeichnungsweise übernehmen wir vom vorangehenden Beispiel. Insbesondere ist $\mathcal{A}(u) = -\operatorname{div}(\mu \operatorname{grad} u)$ für $u \in U$ und $\mu(x,y) > 0 \ \forall (x,y) \in D$. U statten wir mit dem euklidischen inneren Produkt $\langle v, w \rangle = \int_D v(x,y)w(x,y)d(x,y)$ bzw. der zugehörigen Norm aus. Jetzt kommen wir in ein Gebiet, das uns aus der Linearen Algebra bekannt ist:

Satz 10.2.1 ($\mathcal{A}$ ist selbstadjungiert). *Es ist*

$$\langle \mathcal{A}(u), v \rangle = \langle u, \mathcal{A}(v) \rangle \ \forall u, v \in U. \tag{10.11}$$

Weiterhin ist $\forall u, v \in U$

$$\langle \mathcal{A}(u), v \rangle = \int_D \mu(\partial_x u \, \partial_x v + \partial_y u \, \partial_y v)d(x,y) = \int_D \mu \, \langle \operatorname{grad} u, \operatorname{grad} v \rangle_{\mathbb{R}^2} \, d(x,y). \tag{10.12}$$

Bemerkung. Wie man der Gleichung entnimmt, ist das innere Produkt im letzten Integral das euklidische Produkt im $\mathbb{R}^2$ und nicht, wie sonst hier vorherrschend, das über Integrale definierte innere Produkt für Funktionen.
Beim Beweis geht wesentlich ein, dass wir $\mathcal{A}$ nur auf U (Nullrandbedingungen) betrachten.

Beweis. Es ist

$$\langle \mathcal{A}(u), v \rangle = -\int_D \Big(\big(\partial_x(\mu \partial_x u)\big) \, v + \big(\partial_y(\mu \partial_y u)\big) \, v \Big) d(x,y).$$

Wir schreiben D als cartesisches Produkt $D = D_x \times D_y = [0,1] \times [0,1]$. Mit partieller Integration nach x ist

$$-\int_D \partial_x(\mu \partial_x u) \, v \, d(x,y) = -\int_{D_y} \Big(\int_{D_x} \partial_x(\mu \partial_x u) \, v \, dx \Big) \, dy =$$

$$= \int_{D_y} \Big(-\mu(\partial_x u) \, v \Big) \Big|_{x=0}^{x=1} dy + \int_{D_y} \int_{D_x} \mu(\partial_x u)(\partial_x v)dx \, dy \overset{(*)}{=}$$

$$\overset{(*)}{=} \int_D \mu \, \partial_x u \, \partial_x v \, d(x,y).$$

Wir haben bei $(*)$ berücksichtigt, dass

$$\mu(\partial_x u) \, v \big|_0^1 = [(\mu \partial_x u)v](1,y) - [(\mu \partial_x u)v](0,y) = 0,$$

weil $(1,y)$ und $(0,y) \in \partial D$ und $v \in U$ die homogenen Randbedingungen erfüllt, d.h. $v(0,y) = v(1,y) = 0$. – Ähnlich geht man für den zweiten Anteil im Integral für $\langle \mathcal{A}(u), v \rangle$ vor und erhält damit Gleichung 10.12.
Auf der rechten Seite dieser Gleichung erscheinen aber u und v ganz symmetrisch. Daher führt die analoge Umformung von $\langle u, \mathcal{A}(v) \rangle$ zu demselben Ausdruck und deshalb ist $\langle \mathcal{A}(u), v \rangle = \langle u, \mathcal{A}(v) \rangle$. $\qquad\square$

Daraus ergibt sich die wichtige Folgerung:

Satz 10.2.2 (Energienorm). *Über U ist durch*

$$(u, v) \rightarrow \langle u, v\rangle_{\mathcal{A}} := \langle \mathcal{A}(u), v\rangle_2 = \int_D \mu(\partial_x u \partial_x v + \partial_y u \partial_y v) d(x, y) \qquad (10.13)$$

*ein inneres Produkt (*Energieprodukt*) und als Folge davon durch*

$$\|u\|_{\mathcal{A}} := \langle u, u\rangle_{\mathcal{A}}^{\frac{1}{2}} = \left(\int_D \mu((\partial_x u)^2 + (\partial_y u)^2) d(x, y) \right)^{\frac{1}{2}} \qquad (10.14)$$

*eine Norm (*Energienorm*) erklärt.*

Beweis. Die Bilinearität ist evident. Die Symmetrie von $\langle \cdot, \cdot\rangle_{\mathcal{A}}$ ergibt sich aus der symmetrischen Weise, in der die Argumente u und v in Gleichung 10.13 auftreten. Es steht nur noch der Beweis der positiven Definitheit aus. Für $v = u$ ist das Integral wegen $\mu > 0$ und weil eine Quadratsumme stets ≥ 0 ist, positiv. Wir betrachten ein $u \in U$, $u \neq 0$. Da u in ∂D verschwindet, muss es mindestens eine Stelle in $(x_0, y_0) \in D$ geben, an der grad$\,u(x_0, y_0) \neq 0$ ist. Daher ist dort der Integrand $\mu((\partial_x u)^2 + (\partial_y u)^2) > 0$. Aus Stetigkeitsgründen gilt dies auch noch z.B. in einer passenden Kreisumgebung, und somit ist das Integral > 0. $\qquad \square$

Bemerkung (der Funktionenraum V). Wir müssen uns um einen Raum von Funktionen umsehen, mit dem wir die Lösung approximieren wollen. Kehren wir dazu kurz zum 1D-Fall zurück. Es liegt nahe, mit einem gleichmäßigen Gitter auf $D = [0, 1]$ (Maschenweite h) die stetigen, stückweise linearen Funktionen zu betrachten, deren Anstieg in den Gitterpunkten möglicherweise eine Sprungstelle besitzt (Abb. 10.1).

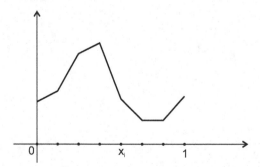

Abbildung 10.1: Stückweise lineare Funktionen

Besitzt eine solche Funktion u^h auf dem Gitterpunkt x_i den Wert u_i, so lässt sie sich ersichtlich in der Form

$$u^h = \sum_i u_i \phi_i$$

schreiben, wo die ϕ_i die uns schon lange bekannten Dachfunktionen etwa aus Abbildung 2.4 sind.

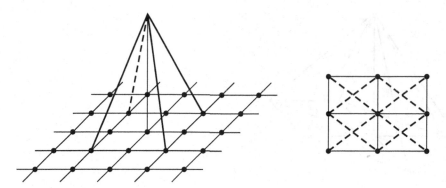

Abbildung 10.2: Eine Basis für stückweise lineare Funktionen in 2D; innerhalb der Dreiecke (rechts) besitzen Linearkombinationen konstante Ableitung.

Zum 2D-Fall und somit $D = [0,1] \times [0,1]$ sind analoge Basisfunktionen für numerische Lösungen in Abb. 10.2 ersichtlich. Die Sprünge der ersten Ableitungen dieser Funktionen treten offenbar längs der Diagonalen der Gittermaschenquadrate auf, so dass umgekehrt die Ableitungen jeweils in den so erzeugten kleinen Dreiecken stetig (sogar konstant) sind.

Geht man von vornherein von einer *Triangulierung* (Dreieckszerlegung) des Gebietes aus, so gewinnt man jedenfalls für krummlinig berandete Gebiete weit bessere Möglichkeiten, den Rand und somit das Gebiet selbst zu approximieren; siehe Abbildung 10.3. Die Gitterpunkte oder eher Knotenpunkte werden dabei durchaus unregelmäßig verteilt sein.

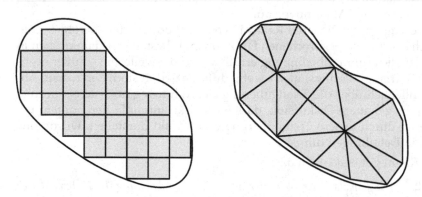

Abbildung 10.3: Approximation eines krummlinig berandeten Grundbereiches durch Rechtecksgitter bzw. Triangulierung

Auch hier ordnen wir jedem Knoten eine Basisfunktion mit ähnlichen Eigenschaften wie vorhin zu; sie ist nur auf den Dreiecken $\neq 0$, für die der jeweilige Knotenpunkt eine Ecke ist. Ihre Gestalt zeigt die Abbildung 10.4. Die Basisfunktionen sind wiederum sehr *lokalisiert*. – Zerlegt man den Bereich D in Dreiecke wie in Abbildung 10.3, so lassen sich aus den Basisfunktionen alle stetigen, stückweise

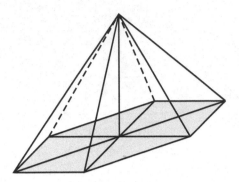

Abbildung 10.4: Stückweise lineare Basisfunktion zur Triangulierung

(affin) linearen Funktionen über D konstruieren, deren Gradienten i.A. über die Dreiecksgrenzen hinweg Sprünge haben werden.

Derartige Funktionen wollen wir in Zusammenhang mit der Wärmeleitungsgleichung einsetzen. Dabei erhebt sich aber sofort das Problem, dass die Funktionen nicht zweimal differenzierbar sind. Die erste Ableitung ist noch harmlos, denn sie besitzt maximal Sprünge an Triangulierungslinien, ist aber ansonsten stetig, ja sogar konstant. Versucht man indessen ein zweites Mal zu differenzieren, so würde man eine nicht einmal stetige Funktion differenzieren. Die entsprechenden Begriffsbildungen gehören zur Theorie der Distributionen und liegen außerhalb unseres Rahmens; sie würden uns hier auch nicht wirklich helfen.

Allerdings bemerken wir, dass ein Integral wie auf der rechten Seite in Gleichung 10.13 für zwei derartige Funktionen u^h und v^h aufscheint, unproblematisch ist; denn es treten nur erste Ableitungen auf.

Wir definieren nun einen linearen Raum V von Funktionen, der sowohl U umfasst als auch alle soeben besprochenen Funktionen: V bestehe aus Funktionen in $\mathcal{C}_0(D)$, die also die Nullrandbedingung erfüllen, und die weiterhin – außer eventuell längs der Triangulierungslinien – stetig differenzierbar sind, deren erste Ableitungen schließlich über die Triangulierungslinien hinweg höchstens Sprünge aufweisen. (Die genauere Diskussion, dass wir bei krummlinig berandetem Bereich D diesen durch unsere Triangulierung nicht exakt darstellen, würde uns hier zu sehr in Detailfragen führen.)

Mit diesem Raum gilt ersichtlich das

Lemma 10.2.1. *Die jeweils ganz rechten Ausdrücke bei Gleichung 10.13 bzw. 10.14 definieren ein inneres Produkt bzw. die Energienorm sogar auf V.*

Beweis. Der einzige Punkt, der etwas näherer Überlegung bedarf, ist die positive Definitheit. Diese ergibt sich aber wieder aus Betrachtung von Gleichung 10.14. Eine stetige Funktion u^h, wie wir sie betrachten, die also die Nullrandbedingung erfüllt und deren erste Ableitungen lediglich über die Dreiecksgrenzen hinweg Sprünge aufweisen darf, ist nur dann $\neq 0$, wenn in mindestens an einerer Stelle im Inneren eines der Dreiecke $\operatorname{grad} u^h = (\partial_x u, \partial_y u)^t \neq 0$ ist, woraus sich dann in 10.14 wie früher ein positives Integral ergibt. $\qquad \square$

Bemerkung (Variationsprinzip). Für unseren Zugang zur numerischen Lösung haben wir, ohne es zu wissen, im Abschnitt 7.7 (Beste Approximation durch Teilräume) bereits die Fundamente gelegt. Wir werden Elemente gewisser endlichdimensionaler Räume von Funktionen $V^h \subset V$ (h eine Gittermaschenweite oder ein ähnlicher Parameter) suchen, die die Lösung u^* von Gleichung 10.10 optimal approximieren. Also kommen orthogonale Projektionen ins Spiel; die Frage ist, bezüglich welches inneren Produktes.

Das *Energieprodukt* bietet sich an. Unter seiner Verwendung kommt es nämlich darauf an, $\langle u - u^*, u - u^* \rangle_\mathcal{A}$ zu minimieren ($u \in V^h$). – Wir beachten nun, dass $\langle u - u^*, u - u^* \rangle_\mathcal{A} = \langle u, u \rangle_\mathcal{A} - 2\langle u^*, u \rangle_\mathcal{A} + \langle u^*, u^* \rangle_\mathcal{A}$. Den letzten additiven Term, der ja eine Konstante ist und die Stelle des Minimums nicht beeinflusst, lassen wir zur Bequemlichkeit weg und streben daher die Minimierung des quadratischen Funktionals

$$u \to \mathcal{J}(u) = \langle u, u \rangle_\mathcal{A} - 2\langle u^*, u \rangle_\mathcal{A} = \langle \mathcal{A}(u), u \rangle_2 - 2\langle f, u \rangle_2 \qquad (10.15)$$

an. Wir haben $\mathcal{A}$ in das Produkt gezogen und $\mathcal{A}(u^*) = f$ verwendet.

Das ist nämlich der Vorteil des Energieprodukts und daher des Funktionals $\mathcal{J}$: wir können für irgend eine Norm $\|u - u^*\|$ nicht berechnen (und daher auch nur schwer minimieren), weil wir u^* nicht kennen. Im Energieprodukt können wir aber $\mathcal{A}$ hineinziehen; dadurch verschwindet u^* zu Gunsten der bekannten rechten Seite f.

Durch diese Bemerkung ist nach unseren Kenntnissen aus Abschnitt 7.7 zunächst folgender Satz über die *exakte* Lösung u^* bewiesen, deren Existenz wir der Theorie der partiellen Differentialgleichungen entnehmen, weil ja $\mathcal{J}(u)$ bis auf eine additive Konstante $\|u - u^*\|_\mathcal{A}$ ist:

Satz 10.2.3 (Das Variationsprinzip). *$u^* \in U$ sei Lösung zum Randwertproblem*

$$\mathcal{A}(u) = f \quad (u \in U).$$

Dann ist u^* Lösung von

$$u \to \mathcal{J}(u) = Min! \quad (u \in U). \qquad (10.16)$$

Die Minimierungsaufgabe hat nur eine Lösung; daher besitzt auch das Randwertproblem höchstens (und nach Sätzen über Differentialgleichungen eben: mindestens) eine Lösung, also genau eine Lösung.

Der Satz gilt natürlich auch im Kernbereich der linearen Algebra und besagt dann:

Korollar 10.2.1. *Es sei $A \in \mathfrak{M}_{nn}$ selbstadjungiert und positiv definit, $\mathbf{u}^*$ die Lösung von $A\mathbf{u} = \mathbf{f}$ ($\mathbf{f} \in \mathbb{R}^n$). Dann minimiert $\mathbf{u}^*$ die Abbildung $\mathcal{J} : \mathbb{R}^n \to \mathbb{R}$,*

$$\mathcal{J}(\mathbf{u}) = \langle \mathcal{A}(\mathbf{u}), \mathbf{u} \rangle - 2\langle \mathbf{f}, \mathbf{u} \rangle \quad (\mathbf{u} \in \mathbb{R}^n).$$

Bei diesem Korollar brauchen wir die *Existenz* der Lösung nicht vorauszusetzen; denn sie ist uns im endlichdimensionalen Fall bekannt.

Es gibt iterative Methoden zur Berechnung von $\mathbf{u}^\star$, die Folgen $(\mathbf{u}_k)$ mit der Eigenschaft $\mathcal{J}(\mathbf{u}_{k+1}) < \mathcal{J}(\mathbf{u}_k)$ erzeugen, sodass man hoffen und in geeigneten Fällen beweisen kann, dass $\mathbf{u}_k \to \mathbf{u}^\star$ ($k \to \infty$). Man spricht von *Abstiegsmethoden*. Wir werden ihnen in Zusammenhang mit der *Methode der konjugierten Gradienten* zur Lösung von Gleichungssystemen begegnen.

Aufgabe

10.1. Erläutern Sie, wie man zur zur Wärmeleitungsgleichung mit Quellterm (Gleichung 10.5) gelangt.

10.3 Die Ritz-Galerkin'sche Methode

Der Grundansatz.   Wir wollen an der Situation des letzten Abschnittes die Ritz-Galerkin'sche Methode erläutern. Die Methode ist keineswegs auf diesen speziellen Fall beschränkt. Aus den folgenden Ableitungen ist erkennbar, dass i.W. die folgenden Eigenschaften eingehen:

- Linearität von $\mathcal{A}$

- Selbstadjungiertheit von $\mathcal{A}$

- Positivität

- Inneres Produkt bzw. Norm bezüglich $\mathcal{A}$

Eine möglichst allgemeine Formulierung ist aber hier nicht unser Bestreben, und wir schließen unmittelbar an Voraussetzungen und Ergebnisse des vorhergehenden Abschnittes an.

Unsere Aufgabe besteht darin, Approximationen für die Lösung $u^\star$ des Randwertproblems $\mathcal{A}(u) = f$ ($u \in U$) zu finden. Aus den schon angedeuteten praktischen Gründen suchen wir sie nicht notwendigerweise in (Teilräumen von) U, sondern in gewissen endlichdimensionalen Teilräumen des größeren Raum V (siehe vor und bei Lemma 10.2.1). Dementsprechend gehen wir vom *Energieprodukt nicht in der Form* $\langle \mathcal{A}(u), v \rangle$ aus, wo zweite Ableitungen auftreten, *sondern in Gestalt von Gleichung 10.13*. Ebenso verwenden wir die *Energienorm gemäß Gleichung 10.14*.

Vor Beschreibung der konkreten Details des Zuganges erläutern wir das allgemeine Konstruktionsprinzip. Wir denken uns für $h > 0$ (Gittermaschenweite o. dgl.) jeweils einen Teilraum

$$V^h \subset V \quad (n = n_h = \dim V_h < \infty) \tag{10.17}$$

von Funktionen gegeben. V^h werde durch *Basisfunktionen* erzeugt:

$$V^h = [\phi_1, \dots, \phi_{n_h}]. \tag{10.18}$$

Als Approximation u^h zu $u^\star$ suchen wir das *Proximum* $u^h \in V^h$ an $u^\star$ (Proximum im Sinne der Energienorm). Da die Energienorm vom entsprechenden inneren

Produkt herrührt, wissen wir (Satz 7.7.5), dass diese Aufgabe eine eindeutig bestimmte Lösung u^h besitzt, die durch die Orthogonalitätsbedingung

$$u^h - u^\star \perp_{\mathcal{A}} V^h \tag{10.19}$$

eindeutig bestimmt ist, Orthogonalität hier im Sinn von $\langle \cdot, \cdot \rangle_{\mathcal{A}}$. Die Orthogonalitätsbedingung formulieren wir mithilfe der Basiselemente von V^h um:

$$u^h - u^\star \perp_{\mathcal{A}} \phi_k \ \ \forall k = 1, 2, \ldots, n_h. \tag{10.20}$$

Dies wieder schreiben wir als

$$\langle u^h - u^\star, \phi_k \rangle_{\mathcal{A}} = 0 \ \ \forall k$$

oder

$$\langle u^h, \phi_k \rangle_{\mathcal{A}} = \langle u^\star, \phi_k \rangle_{\mathcal{A}} \ \ \forall k.$$

Mit $\langle u^\star, \phi_k \rangle_{\mathcal{A}} = \langle \mathcal{A}(u^\star), \phi_k \rangle = \langle f, \phi_k \rangle$ stellt sich die Orthogonalitätsbedingung schließlich als

$$\langle u^h, \phi_k \rangle_{\mathcal{A}} = \langle f, \phi_k \rangle \ \ \forall k = 1, 2, \ldots, n_h \tag{10.21}$$

dar; wir werden bald davon Gebrauch machen.
Setzen wir $u^h = \sum_{j=1}^{n_h} u_j \phi_j$ und definieren wir in Übereinstimmung damit die Vektoren

$$\mathbf{u}^h = (u_j)_j \in \mathbb{R}^{n_h} \ ; \ \mathbf{f}^h = (\langle f, \phi_k \rangle)_k \in \mathbb{R}^{n_h}, \tag{10.22}$$

so schreibt sich die linke Seite von Gleichung 10.21 als

$$\sum_{j=1}^{n_h} \langle \phi_j, \phi_k \rangle_{\mathcal{A}} \, u_j. \tag{10.23}$$

Dies legt die Bildung der *Ritz-Galerkin-Matrix*

$$A = A^h = (\langle \phi_j, \phi_k \rangle_{\mathcal{A}}) \tag{10.24}$$

nahe. A^h erbt die Eigenschaft der Selbstadjungiertheit von $\mathcal{A}$ ($\langle \phi_j, \phi_k \rangle_{\mathcal{A}} = \langle \phi_k, \phi_j \rangle_{\mathcal{A}}$). Mithilfe von A^h stellen wir das *Ritz-Galerkin'schen Gleichungssystem* auf:

$$A^h \mathbf{u}^h = \mathbf{f}^h. \tag{10.25}$$

Es drückt kraft Herleitung die allgemeine Orthogonalitätsbedingung des Proximums (Satz 7.7.5) im konkreten Falle aus.
Wir fassen zusammen und erweitern um einen neuen Punkt:

Satz 10.3.1 (Ritz-Galerkin'sche Methode). *Der Vektor der Entwicklungskoeffizienten* $\mathbf{u}^h$ *des Proximums im Sinne der Energienorm von* V^h *an* $u^\star$ *ist durch das Ritz-Galerkin'sche Gleichungssystem 10.25 eindeutig festgelegt. Die* Ritz-Matrix A^h *ist selbstadjungiert und positiv definit.*

Beweis. Bis auf die Definitheit von A^h ist alles bereits hergeleitet. Die positive Definitheit ist uns aber aus dem Satz über Gram'sche Matrizen (Satz 7.5.2) bekannt, da es sich bei A^h um die Gram'sche Matrix der Basis hinsichtlich des $\mathcal{A}$-Produkts handelt. $\qquad\square$

Bemerkung (Grundsätzliches zum Verfahren). Das Ritz-Galerkin Verfahren besteht also in der Aufstellung der Matrix und Lösung des Gleichungssystems. Die Proximumseigenschaft von u^h lässt natürlich erhoffen, dass $u^\star$ gut wiedergegeben wird. Bei geeigneter Ausarbeitung im Einzelnen (hintsichtlich der Wahl der Basisfunktionen, d.h. der V^h, wo wir nur den einfachsten Fall betrachtet haben, betreffend die Frage, wie eine Triangulierung bei einem geometrisch komplexen Gebiet wirklich gut durchzuführen ist usw.) gelangt man tatsächlich zu guten und ständig eingesetzten Verfahren für viele wichtige Typen von Gleichungen, nicht nur für die Wärmeleitungsgleichung.

Dass die Ritz'sche Matrix selbstadjungiert und positiv definit ist, bedeutet einen großen Vorteil, weil für diese Klasse von Matrizen besonders effiziente numerische Lösungsmethoden entwickelt worden sind.

10.4 Implementierung des Ritz-Galerkin'schen Verfahrens

1D Fall. Der Einfachheit halber nehmen wir einen Wärmeleitkoeffizienten von $\mu = 1$ an und gehen vom zeitunabhängigen Problem

$$\mathcal{A}(u) = -\partial_x^2 u = f \quad (u \in U)$$

über D=[0,1] aus. Dass wir dieses Problem leicht durch zweimalige Integration nach x lösen können, tut hier nichts zur Sache, weil wir schon an den höherdimensionalen Fall denken, wo das nicht so einfach geht. – Das Intervall I diskretisieren wir bei vorgegebenem $n \in \mathbb{N}$ mit der Schrittweite $h = \frac{1}{n+1}$ durch die Gitterpunkte $x_j = jh$. Jedem *inneren* Gitterpunkt ($1 \leq j \leq n$) ordnen wir die Dachfunktionen ϕ_j aus Abb. 2.4 zu und setzen

$$V^h = [\phi_1, \phi_2, \ldots, \phi_n].$$

Weil ϕ_0 und ϕ_{n+1} nicht auftreten, sind die homogenen Randbedingungen durch die Elemente von V^h trivialerweise erfüllt.

Die Funktionen $v \in V^h$ sind also stückweise (zwischen je zwei benachbarten Gitterpunkten) linear. Sie sind stetig. Im Allgemeinen weist Ableitung an Gitterpunkten Sprungstellen auf.

Die Koeffizienten der Ritz'schen Matrix gewinnen wir aus

$$a_{jk} = \langle \phi_j, \phi_k \rangle_{\mathcal{A}} = \int_0^1 \frac{d\phi_j}{dx} \frac{d\phi_x}{dx} dx.$$

Jede Basisfunktion bzw. ihre Ableitung ist nur in dem unmittelbar links bzw. rechts an den zugehörigen Gitterpunkt anschließenden Gitterintervall $\neq 0$. Liegen also die Gitterpunkte x_j und x_k mehr als eine Schrittweite voneinander entfernt, $|j - k| > 1$, so ist $\frac{d\phi_j}{dx} \frac{d\phi_k}{dx} = 0$ in D und folglich $a_{jk} = 0$. Die Ritz-Matrix ist somit *tridiagonal*.

Wir beachten, dass dort, wo die Basisfunktionen nicht verschwinden, $\frac{d\phi_j}{dx} = +\frac{1}{h}$ ($x \in [x_{j-1}, x_j]$) bzw. $\frac{d\phi_j}{dx} = -\frac{1}{h}$ ($x \in [x_j, x_{j+1}]$). Daraus resultiert

$$a_{jj} = \int_0^1 \frac{d\phi_j}{dx} \frac{d\phi_j x}{dx} dx = \int_{x_{j-1}}^{x_{j+1}} \frac{1}{h^2} dx = \frac{2}{h}$$

und ähnlich $a_{j,j\pm1} = -\frac{1}{h}$, also

$$A^h = \frac{1}{h} \text{ tridi}(-1, 2, 1).$$

Der Vektor $\mathbf{f}^h$ hat die Komponenten $f_j = \int_{x_{j-1}}^{x_{j+1}} f(x)\phi_j(x)dx$. – Nach Multiplikation mit h ergibt sich somit endgültig das Gleichungssystem

$$\text{tridi}(-1, 2, -1)\mathbf{u}^h = h\,\mathbf{f}^h. \tag{10.26}$$

Bemerkung (Struktur des Gleichungssystems). Das Gleichungssystem ist dünn besetzt, was der numerischen Lösung sehr entgegenkommt. Den Grund dafür erblickt man darin, dass die Basisfunktionen *lokalisiert* sind, d.h. nur auf wenigen Gittermaschen $\neq 0$. Man strebt daher weit gehend lokalisierte Basisfunktionen an. (Es sei dennoch erwähnt, dass man mit weiter führenden Überlegungen auch mit nichtlokalisierten Basen, bestehend z.B. aus trigonometrischen Funktionen, in geeigneten Fällen sehr effiziente Algorithmen konstruieren kann.)

Bemerkung (Vorteile des Ritz'schen Verfahrens). Eigentlich haben wir mit dem Gleichungssystem 10.26 nicht viel Neues erhalten. Die linke Seite stimmt doch mit den Ergebnissen aus Abschnitt 3.7 überein. Auf der rechten Seite stand damals als j-te Komponente bis auf einen Faktor $f(x_j)$, jetzt das um x_j zentrierte Integral, dessen Auswertung (analytisch oder mit einer Quadraturformel) aufwendiger ist als die Bestimmung eines Funktionswertes. Man kann auch überlegen, dass die modifizierte rechte Seite Resultate von i.W. derselben Genauigkeit liefert. – Dass sich der Aufwand dennoch lohnt, hat folgende Ursachen:

- *Approximation:* In einem gewissen Sinn (A-Norm) gibt das Ritz'sche Verfahren die beste Approximation an die Lösung u^*. Wenn man also überhaupt Funktionen in U vernünfig durch Elemente von V^h approximieren kann, dann ist garantiert, dass das Ritz'sche Verfahren in diesem Sinn eine gute Approximation liefert. Es ist z.B. klar, dass man in unserem Fall die Elemente von U vernünftig durch stückweise lineare Funktionen approximieren kann. – Auf der anderen Seite ist es in vielen Fällen nur zu leicht, mit Differenzenverfahren Approximationen zu erhalten, die mit $h \to 0$ divergieren! Ein derartiger Fall wird uns demnächst bei der Advektionsgleichung deutlich genug vor Augen treten.

- *Geometrie:* Dieser Punkt ist bei räumlicher Dimension 2 oder 3 von großer praktischer Bedeutung. Häufig, z.B. in technischen Anwendungen, ist die geometrische Gestalt des zu untersuchenden Körpers komplex, jedenfalls kein Rechteck oder Quader. Die Approximation von Ableitungen mit Differenzenquotienten wird aber abseits von Rechtecksgittern sehr leicht mühsam und wenig erfolgreich. Andererseits benötigt das Galerkin'sche Verfahren eben keine Differenzenquotienten und die Vorteile der guten Approximation krummliniger Ränder durch Triangulierungen gegenüber Rechtecksgittern (Abbildung 10.3) lassen sich bei Galerkin voll ausnutzen.

- *Matrixeigenschaften:* Schon die Diskussion des Ritz'schen Verfahrens in Zusammenhang mit der Wärmeleitungsgleichung zeigt, dass das diskretisierte System wesentliche Eigenschaften des ursprünglichen Problems erbt, was an sich ein gutes Zeichen ist. Wir wissen, dass A^h, als Gram'sche Matrix, selbstadjungiert und positiv definit ist. A hat analoge Eigenschaften. Bei Differenzenapproximation sind diese Zusammenhänge nicht so einfach.– Die von Ritz-Galerkin garantierten Eigenschaften von A^h spielen, wie erwähnt, auch deshalb eine Rolle, weil für solche Matrizen besonders wirkungsvolle Verfahren existieren. Im Kapitel über Numerische Lineare Algebra kommen wir darauf zurück.

- *Wahl der approximierenden Räume:* Die Wahl der V^h bzw. der Basisfunktionen ist von größter Wichtigkeit, entscheidet doch die Approximationsqualität von Elementen von U durch Elemente von V^h über die Güte des Ergebnisses beim Ritz'schen Verfahren. Hier konnten wir mit den stückweise linearen Funktionen natürlich nur den einfachsten Fall behandeln, da diese Frage eindeutig außerhalb der Linearen Algebra liegt.

2D Fall: Lineare Elemente auf Rechtecken. Es sei jetzt $D = [0,1] \times [0,1]$. Wir betrachten wieder den Fall mit konstantem μ, weil wir unser Hauptaugenmerk auf Basisfunktionen richten, die wir auf zweierlei Weise wählen.

Beispiel (Basisfunktionen auf einem Rechtecksgitter). Mit einer Maschenweite $h = \frac{1}{n}$ gehen wir von Gitterpunkten in der x-Richung $x_j = jh$ und in der y-Richtung $y_k = kh$ aus und bilden das Rechtecksgitter $D^h = \{(x_j, y_k) : 0 \le j, k \le n\}$. Die *inneren Punkte* von D^h gehören zu den Indizes j und k mit $1 \le j, k \le n-1$. Jedem inneren Punkt ordnen wir nun die stückweise lineare Funktion ϕ_{jk} zu, die schon in Zusammenhang mit Abbildung 10.2 beschrieben worden ist.

Da wir nur innere Punkte verwenden, ergibt sich sofort, dass alle ϕ_{jk} in ∂D verschwinden und somit die Elemente von $V^h := [\{\phi_{jk} : 1 \le j, k \le n-1\}]$ den homogenen Randbedingungen genügen.

Eine Funktion $u^h \in V^h$ schreiben wir jetzt in der Form

$$u^h = \sum_{j,k=1}^{n-1} u_{jk}\phi_{jk}.$$

Wertet man an einem inneren Gitterpunkt aus, so erhält man

$$u^h(x_l, y_m) = u_{lm},$$

da an einem Gitterpunkt nur die Basisfunktion mit den entsprechenden Indizes $\ne 0$ ist. – Der Graph approximierender Funktionen ist also auf jedem durch das Rechtecksgitter erzeugten Dreieck (Abb. 10.2) linear.

Die Eintragungen in den Vektor u^h haben hiermit ganz natürlich *zwei* Indizes, $u^h = (u_{jk})$, und damit haben dann die Matrixelemente des Ritz'schen Gleichungssystems deren *vier*: $a_{jk,lm}$.

Weisen die zentralen Punkte zu zwei Basisfunktionen ϕ_{jk}, ϕ_{lm} in auch nur einer Komponente einen Abstand > 1 auf, so ist wieder aus Lokalisationsgründen $a_{jk,lm} = 0$ oder, anders ausgedrückt, es gilt die Beziehung $a_{jk,lm} \neq 0$ höchstens für $\max(|j - l|, |k - m|) \leq 1$.

Ersichtlich ist die Matrix äußerst *dünn besetzt*: Pro Zeile sind nur 5 Elemente $\neq 0$. Arbeitet man mit einer derartigen Matrix, so speichert man im Computer keinesfalls die volle Matrix, die fast nur Nullen beinhaltet, sondern geht ähnlich vor wie bei tridiagonalen Matrizen, für die man jede der nichttrivialen Diagonalen als Vektor speichert. Routinen, die z.B. ein Produkt Matrix×Vektor auswerten sollen, schreibt man speziell für diese Art der Speicherung.

Beispiel (Basisfunktionen für eine Triangulierung). Das vorhergehende Beispiel krankt für geometrisch kompliziertere Bereiche an der schon gerügten schlechten Approximation von ∂D durch achsenparallele Geradenstücke. Abhilfe schafft Triangulierung und die Verwendung entsprechender Basisfunktionen (vgl. die Abbildungen 10.3, 10.4). Es gibt ausgefeilte Software, die Triangulierungen (in 3D entsprechende Darstellung mit Tetraedern) von Bereichen liefert.

Mithilfe derartiger Basisfunktionen lassen sich offenbar genau die auf jedem Dreieck jeweils affin-linearen und insgesamt stetigen Funktionen darstellen, was somit den Raum V^h beschreibt.

Wiederum sind die Funktionen sehr lokalisiert, sodass die entstehende Ritz'sche Matrix äußerst dünn besetzt ist. Für das Arbeiten mit dieser Matrix ersinnt man wieder passende Speicher- und Zugriffskonzepte. – Diese Grundideen, entsprechend ausgestaltet, werden auf breitester Basis in verschiedensten Gebieten der Wissenschaft, Technik, Medizin usw. eingesetzt. Ein wichtiger Punkt der Ausgestaltung ist die Verwendung von Basisfunktionen höherer Ordnung, nicht nur stückweise linear; mit solchen Basisfunktionen lassen sich bei gegebener Triangulierung die darzustellenden Funktionen oft genauer repräsentieren. Wir verweisen diesbezüglich auf die Literatur.

10.5 Die von Neumann'sche Stabilitätsanalyse

Die Advektionsgleichung. Die *Advektionsgleichung*, an Hand deren wir die von Neumann'sche Stabilitätsanalyse hauptsächlich erläutern wollen, beschreibt einen Grundvorgang bei Strömungen aller Art, nämlich den Transport von Substanzen oder Kenngrößen von Substanzen. Natürlich treten die eigentlich physikalischen Ingredienzien, die z.B. zu einer Temperaturänderung führen, hinzu. – Wir wollen hier diesen Grundvorgang studieren und denken zunächst z.B. an die Konzentration $u = u(t, x)$ eines Farbstoffes. Der Farbstoff wird hier, wohlgemerkt, mitbewegt und nicht etwa diffundiert (was im Übrigen durch eine Diffusionsgleichung, die genauso aussieht wie eine Wärmeleitungsgleichung, beschrieben würde). –

Ist das Geschwindigkeitsfeld **c** örtlich und zeitlich konstant und wird die physikalische Größe u unverändert mitbewegt, so ist die Lösung des Problems trivial. Steht nämlich $u_0(\mathbf{x})$ für die Konzentration zur Zeit 0 in Abhängigkeit vom Ort $\mathbf{x}$, so ist offenbar

$$u(t, \mathbf{x}) = u_0(\mathbf{x} - \mathbf{c}t)$$

die Lösung des Problems. Diese Gleichung drückt doch aus, dass ein Flüssigkeitselement, das sich zur Zeit t an der Stelle $\mathbf{x}$ befindet, sich zur Zeit 0 in $\mathbf{x} - \mathbf{c}t$ aufgehalten hat, woraus sich Gleichheit der entsprechenden Konzentrationen ergibt.

Wenn man auch die exakte Lösung in diesem Fall ohne Weiteres angeben kann, so ist die numerische Behandlung des Problems weit weniger trivial. (Das Interesse an einer numerischen Behandlung des ohnedies exakt zu lösenden Problems rührt daher, dass man wertvolle Einsichten gewinnt, die auch für die wirklich interessierenden komplizierteren Fälle aus der Strömungsmechanik usw. unverzichtbar sind, schon für den einfachen Fall, dass z.B. die Geschwindigkeit nicht zeitlich und örtlich konstant ist.)

Den Sachverhalt formulieren wir als partielle Differentialgleichung. Was wir sehen wollen, wird schon der räumlich eindimensionale Fall zeigen. Als Grundintervall wählen wir zweckmäßig $D = [0, 2\pi)$. Um echte Ränder zu vermeiden, setzen wir das Problem periodisch mit der Periode 2π an: was z.B. am rechten Randpunkt hinausströmt, tritt am linken wieder ein. Auch die Funktion u_0, die die Anfangsbedingung beschreibt, muss jetzt natürlich periodisch sein.

Bezeichnet $c \in \mathbb{R}$ die (skalare) Geschwindigkeit, so wird die Aufgabenstellung ja dadurch charakterisiert, dass u auf allen Geraden $x = x_0 + ct$ ($x_0 \in D$) konstant ist, weil doch die Abbildungen

$$t \to x(t) = x_0 + ct$$

die Trajektorien der Teilchen (Materialelemente) beschreiben. Siehe Abb. 10.5.

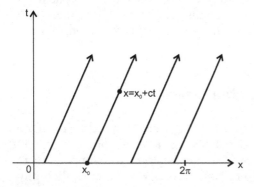

Abbildung 10.5: Zur Advektionsgleichung

Der Richtungsvektor jeder dieser Geraden in der (x, t)-Ebene ist $\mathbf{r} = (c, 1)^t$. Die Konstanz von u längs Trajektorien besagt also, dass die Richtungsableitung $\partial_\mathbf{r} u = 0$ ist. Unter Weglassung des gelegentlich üblichen Normierungsfaktors für die Richtungsableitung, den wir wegen der rechten Seite 0 nicht benötigen, ergibt sich die 1D-*Advektionsgleichung*, hier gleich zusammen mit der Anfangsbedingung geschrieben:

$$\begin{aligned} \partial_t u + c \partial_x u &= 0 \quad \text{in } D \\ u(0, \cdot) &= u_0 \quad \text{in } D. \end{aligned} \tag{10.27}$$

Wir erinnern nochmals an die vorausgesetzte *Periodizität*.

Drei Diskretisierungen. Zur Diskretisierung von Problem 10.27 setzen wir $c > 0$ voraus, um allzu umständliche Sprechweise zu vermeiden. Die Strömung erfolgt also von links nach rechts. Sodann wählen wir ein $n \in \mathbb{N}$ und mit einer Schrittweite $h = \frac{2\pi}{n}$ äquidistante räumliche Gitterpunkte $x_j = jh$ ($0 \leq j \leq n-1$). In die Zeit werden wir mit einer gewissen Schrittweite $\tau > 0$ voranschreiten und betrachten dementsprechend zeitliche Gitterpunkte $t_m = m\tau$ ($m = 0, 1, \ldots$). – u_j^m wird (bei gegebenem h und τ) die erhaltene Approximation für $u(t_m, x_j)$ bezeichnen.

Die *räumliche Ableitung* $\partial_x u$ approximieren wir wahlweise durch

- $D_- u_j := \frac{u_j - u_{j-1}}{h}$ (*upstream differencing*)

- $D_0 u_j := \frac{u_{j+1} - u_{j-1}}{2h}$ (*symmetrischer Differenzenquotient*)

- $D_+ u_j := \frac{u_j - u_{j+1}}{-h}$ (*downstream differencing*)

Jeder dieser drei Differenzenquotienten repräsentiert den Anstieg einer Sekante an $x \to u(t, x)$ unter geeigneter Benutzung von $u(\cdot, x_j)$ und $u(\cdot, x_{j\pm1})$.
D_0 approximiert $\partial_x u$ bei glattem u mit einem Fehler $O(h^2)$, bei $D_\pm$ beträgt der Fehler $O(h)$. D_0 scheint also das Beste zu sein. – Die Bezeichnung *upstream* drückt übrigens aus, dass die Differentiation bevorzugt in die Richtung durchgeführt wird, aus welcher der Wind weht.
Zur *zeitlichen Diskretisierung* nehmen wir einfache *Vorwärtsdifferenzen*

$$\partial_t u(t_m, x_j) \sim \frac{u_j^{m+1} - u_j^m}{\tau}.$$

Kombiniert man dies z.B. mit räumlichem upstream differencing, so erhält man

$$\frac{u_j^{m+1} - u_j^m}{\tau} + c \frac{u_j^m - u_{j-1}^m}{h} = 0 \ \forall j$$

oder

$$u_j^{m+1} = u_j^m - \gamma(u_j^m - u_{j-1}^m). \tag{10.28}$$

Dabei ist

$$\gamma := \frac{\tau |c|}{h} \tag{10.29}$$

die so genannte *Courant-Zahl*. Sie gibt an, wie viele Gittermaschen die Strömung in einem Zeitschritt durchläuft. Wenn wir auch $c > 0$ voraussetzen, haben wir doch im Hinblick auf eine allgemeine Definition den Betrag eingefügt.

Beziehung 10.28 erlaubt es ganz direkt, die Lösung in der Zeit vorwärts zu entwickeln. Man kann sogar in Hinblick auf einen Parallelrechner unterschiedliche räumliche Knotenpunkte jeweils verschiedenen Prozessoren zuteilen, weil die Rechnungen für die einzelnen Knotenpunkte voneinander nicht abhängen. Haben alle Prozessoren einen Zeitschritt erledigt, kann der nächste abgearbeitet werden.

Es kommt vor (nämlich für $j = 0$), dass mit Referenzierung von u_{j-1}^m der vorgesehene räumliche Indexbereich (die ganzen Zahlen von 0 bis $n - 1$) verlassen wird. In diesem Fall ist natürlich unter Berufung auf die Periodizität u_{n-1}^m anstelle von u_{-1}^m zu verwenden.

Verschiebungsoperatoren. Der Vektor $\mathbf{u}_m = (u_j^m)_j$, der die approximierenden Funktionswerte zum Zeitpunkt t_m enthält, liegt in $\mathbb{R}^n$. Da wir später eine Fouriertransformation durchführen werden, nehmen wir gleich an, dass er zu $V = \mathbb{C}^n$ gehört.

Wir definieren die *Verschiebungsoperatoren* $S_\pm : V \to V$ durch

$$\begin{array}{llll} S_+ : & (u_0, u_1, \ldots, u_{n-2}, u_{n-1})^t & \to & (u_1, u_2, \ldots, u_{n-1}, u_0)^t \\ S_- : & (u_0, u_1, \ldots, u_{n-2}, u_{n-1})^t & \to & (u_{n-1}, u_0, \ldots, u_{n-3}, u_{n-2})^t. \end{array} \tag{10.30}$$

S_+ verschiebt die Komponenten jedes Vektors im periodischen Sinne um eine Einheit nach links, S_- entsprechend nach rechts.

Lemma 10.5.1. *S_+ und S_- sind linear. Es ist*

$$S_+ \circ S_- = \mathcal{I}$$

und folglich

$$S_- = S_+^{-1}.$$

Beweis. Trivial. $\qquad\qquad\qquad\qquad\qquad\qquad\qquad\qquad\qquad\qquad\qquad\qquad\square$

Für einen Zeitschritt des Upstream-Verfahrens erhalten wir

$$\mathbf{u}^{m+1} = \mathbf{u}^m - \gamma D_- \mathbf{u}^m = \mathbf{u}^m - \gamma(I - S_-)\mathbf{u}_m = \mathbf{u}^{m+1} = ((1-\gamma)I + \gamma S_-)\mathbf{u}^m = T\mathbf{u}^m.$$

Dabei ist $T = T_{upstr} = (1 - \gamma)I + \gamma S_-$ die *Übergangsmatrix* des Upstream-Verfahrens. – Insgesamt erhält man

Lemma 10.5.2 (Gestalt der Übergangsmatrix). *Die Abbildung $\mathbf{u}^m \to \mathbf{u}^{m+1}$ in Zusammenhang mit der Zeitentwicklung der Advektionsgleichung ist für Upstream-, symmetrische und Downstream-Differentiation jeweils linear. Sie schreibt sich als*

$$\mathbf{u}^{m+1} = T\mathbf{u}^m$$

mit der Übergangsmatrix

- $T = (1 - \gamma)I + \gamma S_-$ *(upstream)*

- $T = I - \frac{\gamma}{2}(S_+ + S_-)$ *(symmetrisch)*

- $T = (1 + \gamma)I - \gamma S_+$ *(downstream)*

In $\mathbb{C}^n$ üben wir einen Basiswechsel auf die Orthonormalbasis aus Eigenvektoren $\frac{1}{\sqrt{n}}\mathbf{w}_0, \ldots, \frac{1}{\sqrt{n}}\mathbf{w}_{n-1}$ aus. Dieser wird durch die inverse Fouriertransformation U^* vermittelt $(U = (\frac{1}{\sqrt{n}}\omega_j^{-k})_{j,k})$. Wie erinnerlich ist $\omega = e^{\frac{2\pi i}{n}}$ die n-te Standardeinheitswurzel und $\omega_j := \omega^j$.

Jedes $A \in \mathfrak{M}_{nn}$ hat in der Fourierbasis die Gestalt

$$\tilde{A} = U^* A U$$

auf. $\tilde{A}$ heißt die *Fouriertransformierte* von A.

Satz 10.5.1 (Diagonalisierung der Verschiebungsoperatoren.). *Die Fourierbasis* $\mathbf{w}_0, \mathbf{w}_1, \ldots, \mathbf{w}_{n-1}$ *bildet ein (orthonormales) System von Eigenvektoren zu den Verschiebungsmatrizen* $S_\pm$. *Die Matrizen* $\tilde{S}_\pm$ *sind also diagonal, und zwar*

$$\tilde{S}_\pm = \mathrm{diag}(\omega_{\pm k})_{0 \le k \le n-1},$$

womit wir die $\omega_{+k}, k = 0, 1, \ldots, n - 1$ *als die Eigenwerte von* $S_\pm$ *erkennen.*

Beweis. Bis auf einen hier nicht interessierenden skalaren Faktor hat $\mathbf{w}_k$ die Gestalt $(\omega_k^l)_l$. Es ist daher $S_+(\omega_k^l)_l = (\omega_k^{l+1}) = \omega_k(\omega_k^l)_l$, woraus man alle Behauptungen bezüglich S_+ abliest. – S_- hat als inverse Matrix zu S_+ dieselben Eigenvektoren und reziproken Eigenwerte, was den Beweis abschließt. $\qquad\square$

Stabilitätsbetrachtungen nach von Neumann – räumlich zentrale Differenzen. Wir zeigen die wesentlichen Gedankengänge am Verfahren, das räumlich den *zentrale Differenzenquotienten* zugrunde legt. Die Übergangsmatrix ist in diesem Fall

$$T = I - \frac{\gamma}{2}(S_+ - S_-)$$

und ihre Fouriertransformierte daher

$$\tilde{T} = \mathrm{diag}\left(1 - \frac{\gamma}{2}(\omega_k - \omega_{-k})\right) = \mathrm{diag}\left(1 - i\gamma \sin 2\pi \frac{k}{n}\right)_{0 \le k \le n-1}.$$

Die Eigenwerte $\tau_k := 1 - i\gamma \sin 2\pi \frac{k}{n}$ $(0 \le k \le n - 1)$ von T liegen also auf der in Abbildung 10.6 zu erblickenden Strecke in der komplexen Ebene.

Sie bevölkern die gesamte Strecke für größeres n ziemlich dicht. Daher gibt es, falls nur $n > 1$ und $\gamma > 0$, ein $q \in \mathbb{R}, q > 1$, sodass für gewisse Eigenwerte $|\tau_k| > q$ gilt. Offenbar kann das mit geeignetem $q > 1$ für die allein interessierenden etwas größeren Werte von n sogar für viele Eigenwerte erreicht werden.

Mit einem derartigen Index k gilt aber Folgendes. Wählen wir als Anfangsbedingung $\mathbf{u}^0 = \frac{1}{\sqrt{n}}\mathbf{w}_k$, so ergibt sich für den Zeitschritt m: $\mathbf{u}^m = T^m \mathbf{u}^0 = \tau_k^m \mathbf{u}^0$ und daher $\|\mathbf{u}^m\| > q^m$. (Man beachte $\|\mathbf{u}^0\| = 1$). Die Norm der numerischen Lösung divergiert also mit wachsender Zahl der Zeitschritte im Sinne einer geometrischen Reihe mit Faktor > 1. – Andererseits gilt für die exakte Lösung des entsprechenden kontinuierlichen Anfangswertproblems $\|u(t, \cdot)\| = \|u(0, \cdot)\|$ $\forall t$! Daher

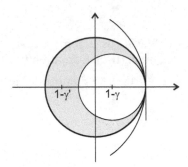

Abbildung 10.6: von Neumann'sche Stabilitätsanalyse (Advektionsgleichung). Stark ausgezeichnet: Einheitskreis. Upstream ($\gamma = \frac{2}{3}, \gamma' = \frac{5}{3}$): kleinster bzw. größter Kreis. Symmetrischer Differenzenquotient ($\gamma = \frac{2}{3}$): Strecke rechts.

ist die Zunahme der Norm bei der numerischen Lösung völlig inakzeptabel und führt unter praktischen Verhältnissen sehr bald zu einem Überlauf der verwendeten Gleitkommazahlen und schon vorher zu einem völligen Bedeutungsverlust. Betrachtet man aber irgendeinen allgemeinen Startvektor $\mathbf{u}^0 = (u_k^0)_k = \sum u_k^0 \mathbf{w}_k$, so wird die Situation auch nicht besser. Denn nach m Zeitschritten ist

$$\mathbf{u}^m = T^m \mathbf{u}_0 = \sum_{k=0}^{n-1} \tau_k^m u_k^0 \mathbf{w}_k.$$

Da $\sin 2\pi \frac{k}{n}$ für $k = 0$ und sonst im Bereich $0 < k < n - 1$ höchstens noch einmal 0 wird, ist $|\tau_k| = |1 - i\gamma \sin 2\pi \frac{k}{n}| > 1$ für fast alle k, d.h., die meisten Moden werden im obigen Sinne divergieren. – Jedes kleine numerische Experiment bestätigt das katastrophale Verhalten der Ergebnisse sofort. *Räumlich symmetrisches Differenzieren* ist für die Advektionsgleichung *vollkommen ungeeignet*. (Dies gilt für das hier untersuchte Verfahren, insbesondere auch für die verwendete Approximation von $\partial_t u$; approximiert man die Zeitableitung in anderer Weise, kann man auch mit zentralen Differenzen zu brauchbaren Verfahren kommen.)

Stabilitätsbetrachtungen – upwind differencing.   Mit der für das upwind differencing im Falle $c > 0$ relevanten Übergangsmatrix

$$T = (1 - \gamma)I + \gamma S_-$$

erhalten wir die Fouriertransformierte

$$\tilde{T} = \mathrm{diag}\left((1 - \gamma) + \gamma \omega_{-k}\right) = \mathrm{diag}\left((1 - \gamma) + \gamma e^{-2\pi ik/n}\right)_{0 \leq k \leq n-1}.$$

Die $e^{-2\pi ik/n}$ beschreiben die Eckpunkte des regelmäßigen n-Eckes auf dem Einheitskreis. Daher sind die Eigenwerte τ_k von T die Punkte eines regelmäßigen n-ecks mit Mittelpunkt $1 - \gamma$ und Radius γ. Da wir nach dem vorhergehenden Paragraphen Fälle mit Eigenwerten vom Betrag > 1 von vornherein verwerfen, stellen wir die Bedingung, dass das n-Eck (oder der in Abb. 10.6 an seiner

Stelle gezeichnete Kreis) ganz im Einheitskreis der komplexen Ebene enthalten ist. Dies ist nach der Abbildung gleichbedeutend mit der Forderung $|\gamma| < 1$, oder, da h und τ positiv sind, mit der *Courant-Friedrichs-Lewy-Bedingung*

$$\frac{\tau|c|}{h} < 1.$$

(Ist $c < 0$ muss man wohlgemerkt das upstream Verfahren für *diesen* Fall verwenden, $T = (1 + \gamma)I - \gamma S_+$!)

Die Courant-Friedrichs-Lewy-Bedingung besagt, dass Hoffnung auf eine akzeptable Lösung nur besteht, wenn die zeitliche Schrittweite τ unter Rücksichtnahme auf die räumliche Schrittweite h gewählt wird, $\tau \leq \frac{h}{|c|}$, sodass das Signal in einem Zeitschritt höchstens eine Gittermasche durcheilt. Eine solche Einschränkung erscheint in der gegebenen Situation natürlich, verwendet man doch bei der Berechnung von u_j^{n+1} nur u_{j-1}^n und u_j^n, d.h. lediglich Information aus dem Intervall $[x_{j-1}, x_j]$ (oder dem nach der anderen Seite weisenden Intervall, falls $c < 0$).

Bemerkung (downstream differencing). Führt man entsprechende Untersuchungen für downstream differencing durch, so findet man, dass für jedes $\tau > 0$ die meisten Eigenwerte von T vom Betrag > 1 sind. Dieser Ansatz ist unbrauchbar.

Die von Neumann'sche Methode – weitere Informationen. Dass die Lösung nicht gegen ∞ strebt, lässt zwar Hoffnung für das upstream differencing aufkommen, sagt aber noch wenig darüber aus, inwieweit es sich um eine brauchbare Methode handelt. Wir wollen hier, wieder unter der Voraussetzung $c > 0$, die Untersuchungen verfeinern.

Dazu verfolgen wir die Bewegung des Modes $\mathbf{w}_k$, d.h., wir wählen $\mathbf{u}_0 = \mathbf{w}_k$. Wie wir wissen, hat sich der Mode im *exakten Sinne* nach einem Zeitschritt τ räumlich um τc verschoben. Zunächst berechnen wir den Vektor $\mathbf{v}^1$, der die exakten Werte an den Gitterpunkten nach einem Zeitschritt enthält.

Bezeichnet v die kontinuierliche Lösung, so ist an einem Knotenpunkt x_j

$$v(\tau, x_j) = v(0, x_j - c\tau) = e^{ik(x_j - c\tau)} = e^{-ick\tau}e^{ikx_j} = 1e^{-ick\tau}\omega_j^k,$$

wobei sich der Sinn des Faktors 1 bald erweisen wird. Für den Vektor $\mathbf{v}^1$ bedeutet das

$$\mathbf{v}^1 = 1e^{-ick\tau}\mathbf{u}^0. \tag{10.31}$$

Der numerisch um einen Schritt weiterentwickelte Mode ergibt sich andererseits zu $\mathbf{u}_1 = \tau_k\mathbf{u}_0$. Stellen wir τ_k in der Form $\tau_k = |\tau_k|e^{i\arg\tau_k}$ dar, so finden wir

$$\mathbf{u}^1 = |\tau_k|e^{i\arg\tau_k}\mathbf{u}^0. \tag{10.32}$$

Die beiden Beziehungen 10.31 und 10.32 gestatten den Vergleich der exakten und der numerischen Lösung Faktor für Faktor.

$|\tau_k|$ in der numerischen Lösung stellt einen *Dämpfungsfaktor* dar. Ist $|\tau_k| > 1$, so ist das Verfahren unbrauchbar, wie vorhin besprochen. Die Courant-Friedrichs-Lewy-Bedingung garantiert uns $|\tau_k| \leq 1$, und im Allgemeinen wird $|\tau_k| < 1$ sein;

siehe den Kreis, auf dem die Eigenwerte liegen, für $\gamma = \frac{2}{3}$. Das bedeutet, dass alle Moden außer $k = 0$ im Lauf der Zeit *gedämpft* werden. Über die Auswirkung auf die Lösung wollen wir später sprechen.

Bei den zweiten Faktoren vergleichen wir die Exponenten, wobei wir denjenigen für die numerische Lösung in

$$i \arg \tau_k = -i \frac{-\arg \tau_k}{k\tau} k\tau$$

umformen. Dann erkennt man, dass $-\frac{\arg \tau_k}{k\tau} =: c_k$ den Charakter einer *Geschwindigkeit* hat, mit der sich der Mode k bewegt. Idealerweise wäre $c_k = c \ \forall k$. Dass dem aber nicht so ist, lehrt wieder ein Blick auf Abbildung 10.7. Dort ist doch klar zu sehen, dass für kleines γ, z.B. $\gamma = \frac{1}{3}$ (nicht eingezeichnet), der relevante Kreis ganz rechts von 0 liegt und daher für $k \sim \pm\frac{n}{2}$ (die hochfrequenten Moden) $\arg \tau_k \sim 0$ und daher $c_k \sim 0$ ist, d.h. die hochfrequenten Moden bewegen sich i.W. mit Geschwindigkeit 0 und werden, wie ebenfalls leicht zu sehen, stark gedämpft. (Unvermerkt lassen wir jetzt die Indizes der Basisvektoren wieder von $\sim -\frac{n}{2}$ bis $\sim \frac{n}{2}$ laufen; vgl. dazu die Bemerkung auf Seite 279.)

Wie sich diese Eigenschaften der Eigenvektoren in einem konkreten Fall niederschlagen, verdeutlicht Abbildung 10.5.

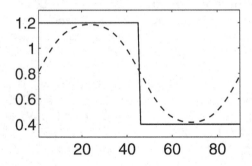

Abbildung 10.7: Advektion einer Stufenfunktion

Dort wird mit $\gamma = \frac{1}{2}$ eine Funktion, die ursprünglich eine Stufe darstellt, zweimal durch den Bereich geschoben. Die Dämpfung äußert sich sowohl darin, dass die Stufe stark verschmiert wird (für die Darstellung einer Stufe, d.h. eines räumlich hochfrequenten Anteils der Lösung, benötigt man hochfrequente Moden, welche die Numerik aber sehr effizient dämpft) und darin, dass die Gesamtamplitude der Funktion abnimmt. Denn nur der Mode $k = 0$ (konstante Funktion) wird nicht gedämpft. – Die Abhängigkeit der Geschwindigkeiten c_k vom Index k wirkt sich bei diesem numerischen Ansatz nicht so stark aus, weil die Dämpfung hier überwiegt. Bei anderen Verfahren mit weniger Dämpfung lassen sich Auswirkungen des variablen c_k allerdings gut erkennen. Da entstehen dann vielleicht, je nach Einzelheiten der Verfahrens und der Parameter, an Ort und Stelle der (mittlerweile fortbewegten) Stufe räumlich hochfrequente Oszillationen, die etwa i.W. ortsfesten hochfrequenten Moden entsprechen, die aber sozusagen nicht mehr, wie zu Beginn, in prästabilisierter Harmonie, durch die Lösung der Interpolationsaufgabe erzwungen, zu einer schönen Darstellung der Stufe führen.

Hier konnte natürlich nur das einfachste Beispiel eines numerischen Verfahrens behandelt werden. Die Konstruktion von numerischen Verfahren, die zu guten Lösungen der (in Wirklichkeit interessierenden komplizierteren) Gleichungen führen, ist heute ein aktuelles Forschungsgebiet.

Aufgaben

10.2. Führen Sie die von Neumann'sche Stabilitätsanalyse für die Advektionsgleichung für den Fall des downstream differencing durch!

10.3. Schreiben Sie ein kleines Programm, das die verschiedenen besprochenen Methoden für die Advektionsgleichung (periodische Randbedingungen) implementiert. Führen Sie Testläufe durch. Untersuchen Sie auch, wie sich eine Verletzung der Courant-Friedrichs-Lewy Bedingung im Fall des upstream differencing auswirkt. (Als Anfangsbedingung nehme man keine reine Sinusschwingung, sondern z.B. eine Funktion wie $x(1 - x)$ oder eine Stufenfunktion. Für die numerische Rechnung ist es zweckmäßig, vom Intervall $[0, 1]$ auszugehen.) Von Zeit zu Zeit graphische Ausgabe!

10.4. Wenden Sie die von Neumann'sche Stabiltitätsanalyse ähnlich auf die Standarddiskretisierung der zeitabhängigen Wärmeleitungsgleichung $\partial_t u - \partial_{xx} u = 0$ an. Wir wollen ein Verfahren als befriedigend ansehen, wenn die Eigenwerte der Übergangsmatrix im komplexen Einheitskreis liegen (incl. Rand). Welche Bedingung für den zulässigen Zeitschritt τ in Abhängigkeit von h ergibt sich? Weshalb ist dieses Resultat unbefriedigend?

10.5. Ändern Sie das obige Programm zur Advektionsgleichung dahin gehend ab, dass es die Standarddiskretisierung der Wärmeleitungslgeichung implementiert. Führen Sie Experimente zur Zeitentwicklung durch und zwar für verschiedene Endzeiten $t = 1, 10, 100$ und auch für sehr kleine Gittermaschenweiten (Randbedingungen periodisch; Anfangsbedingungen ähnlich wie im Advektionsfall).

10.6. Einer der wesentlichen Gründe, weshalb man große lineare Gleichungssysteme lösen können muss, klingt in folgender Aufgabe an. Wir nehmen bei der Diskretisierung der Wärmeleitungsgleichung für die räumlichen Ableitungen das arithmetische Mittel zum alten und neuen Zeitpunkt:

$$\frac{1}{\tau}(\mathbf{u}_{m+1} - \mathbf{u}_m) - \frac{1}{2h^2}((S_+ - 2I + S_-)\mathbf{u}^m + (S_+ - 2I + S_-)\mathbf{u}^{m+1}).$$

Schreiben Sie dies in der Form $A\mathbf{u}^{m+1} = B\mathbf{u}^m$ mit Matrizen A und B. Man muss also zur numerischen Lösung in jedem Schritt ein lineares Gleichungssystem lösen (*implizites Verfahren*).

Eine explizite Darstellung der Übergangsmatrix $T = A^{-1}B$ ist nicht möglich, weil man A^{-1} nicht (einfach) bilden kann. Ermitteln Sie aber die Fouriertransformierte

$\tilde{T}$ aus $\tilde{A}, \tilde{B}$. Schließen Sie daraus, dass zum Unterschied vom expliziten Verfahren alle Eigenwerte von T betragsmäßig ≤ 1 sind (keine Beschränkung von τ durch h; das ist der springende Punkt und macht implizite Verfahren so wichtig, weil man unnatürlich kleine Zeitschrittwerte vermeidet). – Die Notwendigkeit, große Gleichungssysteme effizient zu lösen, ist hier also evident und auch sonst oft gegeben; das animiert, wie wir hoffen, zum sofortigen Studium des nächsten Kapitels.

11 Numerische Lineare Algebra

Das Aufkommen des Computers hat die Anwendungsmöglichkeiten und damit die Bedeutung der Linearen Algebra enorm erweitert und ihr umgekehrt eine Fülle neuer Problemstellungen beschert. Ob Computertomographie, Konstruktion von Strukturen, die Belastungen standhalten, Klimamodellierung, Automatisierungstechnik (um nur ganz wahllos einige Gebiete zu nennen) – all diese Anwendungen erfordern Anwendung von Methoden der Linearen Algebra, wegen der Größe er Gleichungssysteme gleichzeitig aber oftmals immensen Rechenaufwand, an den nur bei Benutzung des Computers zu denken ist, wie das vorangehende Kapitel exemplarisch gezeigt hat. Auch Optimierungsaufgaben (Kapitel 12) verlangen häufig die Lösung von Systemen mit einer hohen Zahl von Unbekannten.

Die *Numerische Lineare Algebra* befasst sich hauptsächlich mit der Entwicklung von Methoden zur sicheren und effizienten Lösung von großen Gleichungssystemen sowie den Eigenwertproblemen.

Übersicht

Zunächst einige Worte zur Lösung (größerer) nichtsingulärer linearer Glei-
chungssysteme $A\mathbf{x} = \mathbf{b}, A \in \mathfrak{M}_{nn}$ mit Lösung $\mathbf{x}^\star$. Hier kommt von den uns bekannten Verfahren nur das Gauß'sche Eliminationsverfahren mit einer Komplexi-
tät $O(n^3)$ in Frage (außer bei Tridiagonalmatrizen etc.). Es ist ein *direktes* Verfahren, d.h., es liefert das exakte Resultat nach endlich vielen Schritten (von Rundungsfehlern abgesehen). Wir werden ein weiteres direktes Verfahren, die QR-
Zerlegung kennen lernen; diese kann bei größenordnungsmäßig vergleichbarem
Rechenaufwand oft mit besseren Rundungsfehlereigenschaften aufwarten und
stellt überdies stellt einen wesentlichen Baustein beim schon so genannten und
oft gebrauchten QR-Verfahren zur Bestimmung der Eigenwerte einer Matrix dar.
die Besprechung der QR-Methode für Eigenwerte würde allerdings den Rahmen
dieser Einführung sprengen.

Wohl gibt es direkte Verfahren mit besserer asymptotischer ($n \to \infty$) Komplexität, was bei Werten für n, wie sie durchaus realistisch sind $n = 10^6$, ja $n = 10^9$
usw. einen gewaltigen Vorteil verspräche. So haben Coppersmith und Winograd
1986 ein Verfahren der Komplexität $O(n^{2.376})$ angegeben. Allerdings ist das Verfahren selbst sehr komplex (das Landau-Symbol steht für eine große Konstante),
so dass für heute relevante Werten von n der geringere Exponent noch nicht zum
Tragen kommt; daher dominieren LR- oder QR-Zerlegung auch heute.

Nur für recht spezielle, allerdings häufig auftretende Typen von Matrizen lassen
sich *direkte* Verfahren entwickeln, die für wirklich großes n wesentlich günstiger
als LR oder QR sind (oft sind es adaptierte Varianten davon).

Von besonderer Bedeutung sind daher *iterative* Verfahren. Mit ihnen erzeugt man
eine Folge von Vektoren $\mathbf{x}_0, \mathbf{x}_1, \dots$ mit der Eigenschaft $\mathbf{x}_\nu \to \mathbf{x}^\star$ ($\nu \to \infty$). Die
Abschnitte 11.2 – 11.8 sind zu einem großen Teil den Grundlagen und der Be-
schreibung einzelner iterativer Verfahren gewidmet.

Die *numerische Bestimmung von Eigenwerten* wird in den abschließenden Abschnitten dieses Kapitels besprochen. Die Aufgabenstellung, Eigenwerte numerisch zu
ermitteln, sieht schon für kleinere Matrizen einfacher aus als sie ist, von größeren
zu schweigen. Die nahe liegende Idee, das charakteristische Polynom einer Matrix explizit aufzustellen und seine Nullstellen mit allgemeinen Algorithmen für
Polynomnullstellen zu gewinnen, hat – ganz abgesehen vom Rechenaufwand,
der unerfreulich stark mit n ansteigt – auch den Nachteil, dass das die Nullstellenbestimmung auf diesem Weg schlecht konditioniert ist: Die Nullstellen
eines Polynoms in der üblichen Darstellung hängen u.U. überaus empfindlich
von den Koeffizienten ab. Schon deshalb sind hier spezifische Methoden gefragt,
dies aber auch, weil in der Praxis oft die Aufgabe gestellt ist, nur einen oder
einige wenige Eigenwerte zu berechnen. Nun stellt aber die Ermittlung der
Koeffizienten des charakteristischen Polynoms den bei weitem größten Teil des
Aufwandes dar; er wäre auch dann voll zu tragen, wenn nur wenige Eigenwerte
interessieren. – Speziell für diese Problemstellung entwickelte Methoden sind
hier wesentlich effizienter.

Im Übrigen ist alles noch komplizierter und im Umbruch. Ganz abgesehen davon, dass auch für herkömmliche Rechner, z.B. PCs, weitere Parameter, wie Speicherzugriffsmuster, die Möglichkeit, mehrere Addier- und Multiplizierwerke auszunutzen usw. eine Rolle für die Effizienz der Verfahren spielen und daher der konkreten Implementierung Sorgfalt gewidmet werden muss, kommen zunehmend unterschiedlichste Parallelrechnerarchitekturen in Gebrauch. (Von exotischeren Varianten wie der Möglichkeit, die hohe numerische Rechenleistung von Graphikkarten u.a. auszunutzen, sprechen wir hier nicht.) Da entscheidet dann nicht nur die Operationszahl, sondern auch Fragen der Parallelisierbarkeit sind zu berücksichtigen. Erschwerend kommt noch hinzu, dass die notwendige Kommunikation zwischen den Prozessoren bei verschiedenen Parallelrechnern mit sehr unterschiedlicher Kapazität versehen ist; daher spielt das Verhältnis von Rechenanforderung zu Kommunikationsbedarf eine Rolle und für verschiedene Rechner können jeweils ganz andere Algorithmen oder Implementierungen optimal sein.

Da auch schon PCs Prozessoren mit mehreren Kernen besitzen, stellen sich Parallelisierungsfragen selbst auf alltäglichen Plattformen. Wir weisen daher auf diese Aspekte und für ihre Behandlung auf weiterführende Literatur, oft in Zeitschriften und im Internet, hin.

11.1 Householder-Matrizen und die *QR*–Zerlegung

Bei der QR–Zerlegung wird eine $n \times n$–Matrix A in der Gestalt

$$A = QR \quad (Q \in \mathfrak{O}_{nn}, R \text{ rechte obere Matrix}$$

faktorisiert. Wir lösen diese Aufgabe hier unter Verwendung so genannter *Householder-Matrizen*.

Wir gewinnen die Zerlegung in einer Reihe von Transformationsschritten, die in gewissem Sinn den Schritten bei der Gauß-Elimination nicht unähnlich sind. Liegt ein Gleichungssystem $A\mathbf{x} = \mathbf{b}$ vor, so wird die erweiterte Matrix $(A, \mathbf{b})$ entsprechend behandelt. Es reicht aber für das Verständnis aus, das Verfahren für A alleine darzustellen.

Zunächst stellen wir die *Householder-Matrizen* vor. Diese Matrizen sind orthogonal (unitär). Wir werden später sehen, dass dadurch die so genannte *Kondition* der transformierten Matrix, die für die Stärke von Rundungsfehlern entscheidend ist, gegenüber derjenigen von A nicht verschlechtert wird; daher scheut man vor allem in Fällen, wo schon die ursprüngliche Matrix schlecht konditioniert ist, den ungefähr doppelt so hohen Rechenaufwand im Vergleich zur Gauß-Elimination nicht. Für einige Bemerkungen hierzu siehe Seite 11.4.

Die Betrachtungen führen wir mit $K = \mathbb{R}$ und entsprechend $V = \mathbb{R}^n$ durch; sie sind aber mit Standardmodifikationen leicht auf $K = \mathbb{C}$ zu übertragen.

Householder-Matrizen. Die Householder-Matrizen bewerkstelligen folgende einfache geometrische Aufgabe. $\mathbf{q} \in V$ sei vorgegeben, $\|\mathbf{q}\|_2 = 1$. Der Orthogonalraum $W_\mathbf{q} = W := [\mathbf{q}]^\perp$ besitzt dann die Dimension $n - 1$. Es soll jeder Punkt $\mathbf{x} \in V$ an W gespiegelt werden (Abb. 11.1).

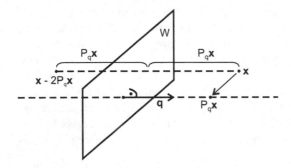

Abbildung 11.1: Spieglung an $W = [\mathbf{q}]^\perp$

Das Problem haben wir im Wesentlichen längst gelöst. Offenbar ist die Abbildung

$$\mathcal{H}_\mathbf{q} = \mathcal{I} - 2\mathcal{P}_\mathbf{q},$$

eine so genannte *Householder-Transformation*, dafür zuständig, wobei $\mathcal{P}_\mathbf{q}$ die orthogonale Projektion auf die Gerade $[\mathbf{q}]$ bezeichnet; siehe wieder die Abbildung. $\mathcal{P}_\mathbf{q}$ können wir in Matrizenform als $P_\mathbf{q} = P = \mathbf{qq}^*$ schreiben (siehe Gleichung 7.7.4; jetzt geht es um den Raum $[\mathbf{q}]$), und somit erhalten wir die *Householder-Matrix*

$$H_\mathbf{q} = I - 2\mathbf{qq}^*.$$

Lemma 11.1.1 (Householder-Matrix: selbstadjungiert, orthogonal). *Jede Householder-Matrix $H_\mathbf{q}$ ist*

　　i) selbstadjungiert, $H_\mathbf{q} = H_\mathbf{q}^*$

　　ii) orthogonal (unitär), $H_\mathbf{q}^{-1} = H_\mathbf{q}^* \overset{i)}{=} H_\mathbf{q}$

　　iii) lässt die Hyperebene $W = [\mathbf{q}]^\perp$ invariant und

　　iv) für selbstadjungiertes A ist $H_\mathbf{q}^{-1}AH_\mathbf{q}$ wieder selbstadjungiert

Beweis. $H_\mathbf{q} = I - 2P$ ist selbstadjungiert, weil sowohl I wie auch die Projektion P es sind. Zudem gilt (man beachte die Idempotenz der Projektion $\mathcal{P} = \mathcal{P}_\mathbf{q}$, $\mathcal{PP} = \mathcal{P}$)

$$H_\mathbf{q}^*H_\mathbf{q} = H_\mathbf{q}H_\mathbf{q} = (I - 2P)(I - 2P) = I - 4PP + 4P = I.$$

Dies bedeutet $H_\mathbf{q}^* = H_\mathbf{q}^{-1}$, also Orthogonalität.

Die Invarianz von $W = [\mathbf{q}]^{\perp}$ unter $\mathcal{H}_{\mathbf{q}}$ ist trivial; denn ist $\mathbf{x} \in W$, so besteht die Beziehung $\mathcal{P}_W(\mathbf{x}) = \mathbf{q} \underbrace{\mathbf{q}^* \mathbf{x}}_{0} = 0$ und folglich $\mathcal{H}_{\mathbf{q}}(\mathbf{x}) = \mathbf{x}$.

Zu iv): A sei selbstadjungiert; dann ist

$$(H_{\mathbf{q}}^{-1} A H_{\mathbf{q}})^* \overset{ii)}{=} (H_{\mathbf{q}} A H_{\mathbf{q}})^* = H_{\mathbf{q}}^* A^* H_{\mathbf{q}}^* = H_{\mathbf{q}} A^* H_{\mathbf{q}} = H_{\mathbf{q}}^{-1} A H_{\mathbf{q}}.$$

Die Lösung folgender Aufgabe macht das Grundprinzip der Anwendungen Householder'scher Matrizen aus: es sei $\mathbf{a} \in V$ vorgegeben, ebenso ein Vektor $\mathbf{e}$ mit $\|\mathbf{e}\| = 1$. Es sei $\mathbf{a} \neq \mathbf{0}$, $\mathbf{a} \nparallel \mathbf{e}$. Es soll mit passendem $\mathbf{q}$ erreicht werden, dass $\mathcal{H}_{\mathbf{q}}(\mathbf{a}) \parallel \mathbf{e}$.

Die Aufgabe ist geometrisch leicht zu lösen. $\mathbf{a}$ und $\mathbf{e}$ spannen eine Ebene E auf (die Zeichenebene in Abbildung 11.2).

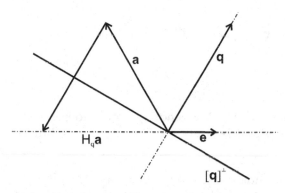

Abbildung 11.2: Zum Grundprinzip der Anwendungen Householder'scher Matrizen

In E ist die Bestimmung eines geeigneten $\mathbf{q}$ trivial (in Wirklichkeit gibt es zwei davon, entsprechend der Wahl des Vorzeichens bei α): unter Verwendung von $\alpha = \alpha_{\pm} := \pm \|\mathbf{a}\|$ besitzen $\alpha_+ \mathbf{e}$ (bzw. $\alpha_- \mathbf{e}$) gleiche Länge wie $\mathbf{a}$. Mit ihnen bilden wir die Winkelsymmetralen $\mathbf{a} + \alpha \mathbf{e}$, in normierter Form

$$\mathbf{q}_{\pm} = \frac{1}{\beta_{\pm}}(\mathbf{a} + \alpha_{\pm}\mathbf{e}) \quad \text{mit } \beta_{\pm} = \|\mathbf{a} + \alpha_{\pm}\mathbf{e}\|.$$

(Die Abbildung enthält nur den Fall $\alpha = +\|\mathbf{a}\|$, den wir auch diskutieren). Die auf $\mathbf{q}$ orthogonale Gerade in E (im vollen Raum: Hyperebene) $[\mathbf{q}]^{\perp}$ und damit $H_{\mathbf{q}}$ leistet das Gewünschte, wie in der Abbildung ersichtlich.

– Um *numerische Auslöschung zu vermeiden*, wählt man in der Praxis das Vorzeichen von α so, dass die Norm von $\mathbf{a} + \alpha \mathbf{e}$ maximiert wird.

Wir weisen jetzt formaler nach, dass unsere geometrischen Betrachtungen nicht getrogen haben:

Lemma 11.1.2. *Es sei* $\mathbf{e} \in V$ *mit* $\|\mathbf{e}\| = 1$, *ferner sei* $\mathbf{a} \in V$, $\mathbf{a} \nparallel \mathbf{e}$. *Mit* $\alpha = \pm \|\mathbf{a}\|$, $\beta = \|\mathbf{a} + \alpha\mathbf{e}\|$ *und* $\mathbf{q} = \frac{1}{\beta}(\mathbf{a} + \alpha\mathbf{e})$ *ist* $H_{\mathbf{q}}\mathbf{a} \parallel \mathbf{e}$.

Beweis. Wir ermitteln zunächst

$$\beta^2 = \langle \mathbf{a} + \alpha\mathbf{e}, \mathbf{a} + \alpha\mathbf{e} \rangle = \underbrace{\langle \mathbf{a}, \mathbf{a} \rangle}_{\alpha^2} + 2\alpha\langle \mathbf{a}, \mathbf{e} \rangle + \alpha^2 \underbrace{\langle \mathbf{e}, \mathbf{e} \rangle}_{1} = 2(\alpha^2 + \alpha\langle \mathbf{a}, \mathbf{e} \rangle).$$

Unter Berücksichtigung der gerade abgeleiteten Beziehung bei (*)gilt

$$2\mathbf{q}^*\mathbf{a} = \frac{2}{\beta}(\mathbf{a} + \alpha\mathbf{e})^*\mathbf{a} = \frac{2}{\beta}(\alpha^2 + \alpha\langle \mathbf{a}, \mathbf{e} \rangle) \stackrel{(*)}{=} \beta.$$

Damit ergibt sich

$$H_{\mathbf{q}}\mathbf{a} = (I - 2\mathbf{q}\mathbf{q}^*)\mathbf{a} = \mathbf{a} - \beta\mathbf{q} = \mathbf{a} - \beta\frac{\mathbf{a} + \alpha\mathbf{e}}{\beta} = -\alpha\mathbf{e}.$$

$H_{\mathbf{q}}\mathbf{a}$ ist also in der Tat $\parallel \mathbf{e}$.

QR-**Zerlegung nach Householder.** Unter Verwendung von Householder-Matrizen wollen wir nun eine $n \times n$-Matrix A auf die Gestalt $A = QR$ transformieren gemäß folgendem

Satz 11.1.1 (*QR*-Zerlegung mit Householder-Matrizen). *Es sei* $A \in \mathfrak{M}_{nn}$ *beliebig. Dann existiert ein* $Q \in \mathfrak{O}_{nn}$ *(bzw.* $Q \in \mathfrak{U}_n$) *und eine rechte obere Dreiecksmatrix* R, *sodass*

$$A = QR.$$

Q ist das Produkt selbstadjungierter und orthogonaler (erweiterter) Householder-Matrizen (vgl. 11.1), $Q = \tilde{H}_{\mathbf{t}_1} \cdots \tilde{H}_{\mathbf{t}_{n-1}}$.

Bemerkung (erweiterte Householder-Matrix). Ausgehend von einer k×k-Householder-Matrix $H_{\mathbf{q}}$ ($k \leq n$) mit einem $\mathbf{q} \in K^n$ versteht man unter der *erweiterten* Householder-Matrix eine passend mit einer Einheitsmatrix I bzw. Nullmatrizen aufgefüllte $n \times n$-Matrix

$$\tilde{H}_{\mathbf{q}} = \begin{pmatrix} I & O \\ O & H_{\mathbf{q}} \end{pmatrix}. \tag{11.1}$$

Wie man sofort überprüft, gilt auch für die erweiterten Matrizen

$$\tilde{H}_{\mathbf{q}} = \tilde{H}_{\mathbf{q}}^* = \tilde{H}_{\mathbf{q}}^{-1}. \tag{11.2}$$

Beweis. Wir beweisen den Satz konstruktiv. Der Prozess wird schrittweise nach Zeilen (vielleicht sollte man hier besser sagen: nach Spalten) ablaufen und gewisse (Teile von) Spaltenvektoren parallel zu einem Einheitsvektor transformieren. Sollte es sich um den Nullvektor handeln oder der Vektor schon in die gewünschte Richtung weisen, so ist natürlich nichts zu tun. –

Im *ersten Schritt* wird die erste Spalte der Matrix A durch Multiplikation mit einer Householdermatrix in einen Vektor $\parallel \mathbf{e}_1$ transformiert. Dies geschieht, indem man gemäß dem vorangehenden Paragraphen einen Vektor $\mathbf{t}_1$ ($\|\mathbf{t}_1\| = 1$) derart konstruiert, dass mit der zugehörigen Householdermatrix $H_{\mathbf{t}_1} \mathbf{a}_1 \parallel \mathbf{e}_1$ gilt. Das Resultat ist eine Matrix der Form

$$H_{\mathbf{t}_1} A = \left(\begin{array}{c|ccc} -\alpha_1 & r_{12} & \cdots & r_{1n} \\ \hline 0 & & & \\ \vdots & & A^{(1)} & \\ 0 & & & \end{array} \right). \tag{11.3}$$

Das Element, das im Sinne der Systematik r_{11} heißen sollte, haben wir im Hinblick auf bessere Übereinstimmung mit Lemma 11.1.2 und Gestaltung eines Programmes (s.u.) mit $-\alpha_1$ bezeichnet.

Der *zweite Schritt* besteht aus einer entsprechenden $(n-1)$-dimensionalen Householder'schen Transformation, d.h. in Anwendung einer erweiterten Matrix

$$\tilde{H}_{\mathbf{t}_2} = \left(\begin{array}{c|ccc} 1 & 0 & \cdots & 0 \\ \hline 0 & & & \\ \vdots & & I - 2\mathbf{t}_2\mathbf{t}_2^* & \\ 0 & & & \end{array} \right),$$

die nur mehr in $A^{(1)}$ etwas verändert, so, dass unterhalb der Position $(2,2)$ nur noch Nulleinträge auftreten. – So fahren wir mit immer kleineren Matrizen fort und erhalten schließlich

$$\tilde{H}_{\mathbf{t}_{n-1}} \cdots \tilde{H}_{\mathbf{t}_2} \tilde{H}_{\mathbf{t}_1} A = R = \left(\begin{array}{cccc} -\alpha_1 & r_{12} & r_{13} & \cdots \\ & -\alpha_2 & r_{23} & \cdots \\ & & \ddots & \end{array} \right).$$

Wegen $\tilde{H}_{\mathbf{t}_k} \tilde{H}_{\mathbf{t}_k} = I$ (siehe 11.2) gilt nach Multiplikation mit $\tilde{H}_{\mathbf{t}_{n-1}}, \ldots, \tilde{H}_{\mathbf{t}_1}$

$$A = \tilde{H}_{\mathbf{t}_{n-1}} \cdots \tilde{H}_{\mathbf{t}_1} R = QR.$$

Dabei ist nämlich Q als Produkt orthogonaler Matrizen wieder orthogonal.

Programmbeispiel (**Berechnung von** $H_{\mathbf{t}} A$). Das Kernstück bei der Ermittlung einer QR-Zerlegung besteht in der Ermittlung des Vektors $\mathbf{t}$ bzw. des Produktes $H_{\mathbf{t}} A$ im Sinne von Lemma 11.1.2 bzw. Gleichung 11.3. Die nachstehend beschriebene Methode führt diesen Vorgang aus. Wir beziehen uns auf den Kern, d.h. (nicht erweiterte) Householder-Matrizen, da für erweiterte Matrizen eine übrigens völlig triviale übergeordnete Methode zuständig wäre.

method goodHouseholderTimesA
!determine vector t and Anew = H times A so that below
!position (1,1) there will only be zero entries
 arguments in: A(n,n)
 arguments out: Anew(n,n),t(n),noHMatrixNecessary

  allocate e(n); e(1)=1; e(2:n)=0 !first unit vector
  if (a(2:n,1)==0) {noHMatrixNecessary=true; Anew=A; **return**}

  noHMatrixNecessary=false
  α=norm(a(*,1))
! sign of α
  if(norm(a(*,1)+αe)>norm(a(*,1)−αe))
    σ=+1
  else
    σ=−1
  end if
  α=$\sigma\alpha$

  β=norm(a(*,1)+αe)
  t=(1/β)(a(*,1)+αe)

  !now form H times A
  Anew(*,1)=−αe
  if(n==1) **return**
  for j=2:n
   Anew(*,j)=a(*,j)−2scalarProduct(a(*,j),t)t
  end for

end method goodHouseholderTimesA

Bemerkung (Lösung eines Gleichungssystems mit QR-Zerlegung). Wie schon beim Gauß'schen Eliminationsverfahren wird auch bei QR-Zerlegung das Gleichungssystem $A\mathbf{x} = \mathbf{y}$ (A nichtsingulär), also $QR\mathbf{x} = \mathbf{y}$, in gestaffelter Form gelöst,

$$Q\mathbf{z} = \mathbf{y}$$
$$R\mathbf{x} = \mathbf{z}.$$

(Ist A nichtsingulär, so auch R, d.h. $r_{ii} \neq 0 \quad \forall i$; Q ist orthogonal und daher ohnedies nichtsingulär.) Zur $R\mathbf{x} = \mathbf{z}$ ist, sobald $\mathbf{z}$ bekannt ist, weiter nichts zu sagen.
Die Gleichung $Q\mathbf{z} = \mathbf{y}$ lösen wir *ohne Berechnung von Q oder überhaupt eines Matrixproduktes*, indem wir von der Form

$$\tilde{H}_{\mathbf{t}_1}\tilde{H}_{\mathbf{t}_2}\cdots\tilde{H}_{\mathbf{t}_{n-1}}\mathbf{z} = \mathbf{y}$$

oder aber

$$\mathbf{z} = \tilde{H}_{\mathbf{t}_{n-1}}\cdots\tilde{H}_{\mathbf{t}_2}\tilde{H}_{\mathbf{t}_1}\mathbf{y}$$

ausgehen. Es sind also der Reihe nach die Vektoren

$$\mathbf{z}_1 = \tilde{H}_{\mathbf{t}_1}\mathbf{y}, \ \mathbf{z}_2 = \tilde{H}_{\mathbf{t}_2}\mathbf{z}_1, \ldots, \mathbf{z} = \mathbf{z}_{n-1} = \tilde{H}_{\mathbf{t}_{n-1}}\mathbf{z}_{n-2}$$

zu bilden, um zu $\mathbf{z}$ zu gelangen.

Dies lässt sich aber in sehr effizienter Weise bewerkstelligen. Bezüglich der ersten Komponenten (wo $\tilde{H}_{\mathbf{t}_k}$ der Einheitsmatrix entspricht) sind nämlich die Werte überhaupt nur von $\mathbf{z}_{k-1}$ zu $\mathbf{z}_k$ zu übertragen. Wir ziehen uns jetzt auf die Komponenten zurück, bezüglich derer $\tilde{H}_{\mathbf{t}_k}$ eine eigentliche Householder-Matrix ist, d.h., wir betrachten – jetzt in allgemeiner Notation – die Bildung eines Produktes $\mathbf{v} = H_{\mathbf{t}}\mathbf{u}$ (mit einer Dimensionszahl ν mit $1 \leq \nu \leq n$). Es ist aber

$$\mathbf{v} = H_{\mathbf{t}}\mathbf{u} = (I - 2\mathbf{t}\mathbf{t}^*)\mathbf{u} = \mathbf{u} - 2\langle\mathbf{u}, \mathbf{t}\rangle\mathbf{t}. \tag{11.4}$$

Es handelt sich also um eine einfache additive Korrektur von $\mathbf{u}$ mit einem Vielfachen von $\mathbf{t}$.

Das bedeutet übrigens auch, dass man, sofern erforderlich, $H_{\mathbf{t}}B$ (B eine Matrix passender Größe) sowie $BH_{\mathbf{t}}$ *leicht berechnen kann*; es ist nämlich

$$H_{\mathbf{t}}B = \left(\mathbf{b}_1 - 2\langle\mathbf{b}_1, \mathbf{t}\rangle\mathbf{t}, \ldots, \mathbf{b}_n - \langle\mathbf{b}_n, \mathbf{t}\rangle\mathbf{t}\right). \tag{11.5}$$

Bildet man hingegen $BH_{\mathbf{t}}$, so ändern sich die Zeilen in der entsprechenden Weise und gehen in $\tilde{\mathbf{b}}_i - 2\langle\tilde{\mathbf{b}}_i, \mathbf{t}\rangle\mathbf{t}^t$ über.

Bemerkung (**Orthogonalisierung von Vektoren mit der *QR*-Zerlegung**). Es sollen n linear unabhängige Vektoren $\mathbf{a}_1, \ldots, \mathbf{a}_n$ orthogonalisiert werden und zwar derart, dass die entstehenden Vektoren der Reihe nach gerade die Räume $[\mathbf{a}_1], [\mathbf{a}_1, \mathbf{a}_2] \ldots$ aufspannen. Das Gram-Schmidt'sche Verfahren leistet dies. Allerdings ist in der Praxis als Folge von Rundungsfehlern oft ein Verlust der Orthogonalität der konstruierten Vektoren zu beobachten.

Die QR-Zerlegung nach Householder löst die Aufgabe mit wesentlich besseren numerischen Stabilitätseigenschaften und wird daher heute sehr häufig angewandt:

Satz 11.1.2 (QR-Orthogonalisierung). *Es sei A eine nichtsinguläre $n \times n$-Matrix mit QR-Zerlegung $A = QR$. Dann ist*

$$[\mathbf{a}_1, \ldots, \mathbf{a}_k] = [\mathbf{q}_1, \ldots, \mathbf{q}_k] \ \forall k = 1, \ldots, n,$$

sodass also die Spaltenvektoren $\mathbf{q}_1, \mathbf{q}_2, \ldots$ von Q eine Orthogonalisierung der Spaltenvektoren $\mathbf{a}_1, \mathbf{a}_2, \ldots$ von A darstellen.

Beweis. $A = QR$ bedeutet für die Elemente $a_{ik} = \sum_{j=1}^n q_{ij}r_{jk}$ und somit für den Spaltenvektor $\mathbf{a}_k = (a_{ik})_i$: $\mathbf{a}_k = \sum_{j=1}^n r_{jk}\mathbf{q}_j$. Da R eine obere Dreiecksmatrix ist, gilt $r_{jk} = 0$ für $j > k$, so dass es genügt, die Summe bis k zu erstrecken; dies bedeutet aber wieder $\mathbf{a}_k \in [\mathbf{q}_1, \ldots, \mathbf{q}_k]$ und damit sofort $[\mathbf{a}_1, \ldots, \mathbf{a}_k] \subseteq [\mathbf{q}_1, \ldots, \mathbf{q}_k]$. Da aber sowohl A wie Q nichtsinguläre Matrizen sind, müssen beide soeben erschienenen linearen Räume die Dimension k besitzen und daher übereinstimmen.

Ähnlichkeitstransformationen mit Householder'schen Matrizen. Für spätere Verwendung studieren wir hier folgende Situation: B sei eine $n \times n$-Matrix, $\tilde{H}_t$ eine erweiterte Householder-Matrix. Es soll die *Ähnlichkeitstransformation* $\tilde{H}_t B \tilde{H}_t$ auf B ausgeführt werden. – B parkettieren wir im Sinne von $\tilde{H}_t$ und gewinnen

$$\tilde{H}_t B \tilde{H}_t = \begin{pmatrix} I & O \\ O & H_t \end{pmatrix} \begin{pmatrix} B_{11} & B_{12} \\ B_{21} & B_{22} \end{pmatrix} \begin{pmatrix} I & O \\ O & H_t \end{pmatrix} = \begin{pmatrix} B_{11} & B_{12}H_t \\ H_t B_{21} & H_t B_{22} H_t \end{pmatrix}.$$
(11.6)

Damit können die Anteile $H_t B_{21}$ bzw. $B_{12}H_t$ mit dem vorhin gegebenen Programmausschnitt bzw. einer leichten Modifikation für den Fall, dass die Householder'sche Matrix von rechts multipliziert wird, ermittelt werden; $H_t B_{22} H_t$ berechnet man unter sukzessiver Verwendung des ursprünglichen ($H_t B_{22} =: C$) bzw. modifizierten Programms ($C H_t$). – Wir erkennen auch leicht

Lemma 11.1.3. *Ist B selbstadjungiert, so gilt dies auch für $\tilde{H}_t B \tilde{H}_t$.*

Beweis. Wir gehen im Sinn der Parkettierung vor. Für den Anteil B_{11} ist die Aussage trivial. Da H_t selbstadjungiert ist, haben wir $(H_t B_{21})^* = B_{21}^* H_t = B_{12}H_t$, wie für Selbstadjungiertheit erforderlich. Für den rechten unteren Teil haben wir aber ganz direkt $(H_t B_{22} H_t)^* = H_t B_{22} H_t$, was den Beweis abschließt.

11.2 Normen: Querverbindungen zur Analysis

Konvergenz von Folgen. Im Hinblick auf iterative Verfahren zur Lösung von Gleichungssystemen, aber auch, weil die Begriffe grundsätzlich wichtig sind, beschäftigen wir uns hier mit Konvergenzfragen. Ist der lineare Raum V mit einer Norm $\|\cdot\|$ ausgestattet, so lässt sich die Definition der Konvergenz einer Folge unmittelbar aus der Analysis übertragen:

Definition 11.2.1 (Konvergente Folge). *Eine Folge* $(\mathbf{x}_n)$ $(\mathbf{x}_n \in V)$ *konvergiert gegen* $\mathbf{x}^* \in V$ *bezüglich der Norm* $\|\cdot\|$,

$$\mathbf{x}_n \to \mathbf{x}^* \ (n \to \infty) \ \textit{oder} \ \lim_{n \to \infty} \mathbf{x}_n = \mathbf{x}^*,$$
(11.7)

wenn zu jedem reellen $\epsilon > 0$ ein $n_\epsilon \in \mathbb{N}$ existiert mit

$$\|\mathbf{x}_n - \mathbf{x}^*\| < \epsilon \ \forall n \geq n_\epsilon.$$

Die Grundidee ist dieselbe wie im Reellen: Konvergenz der Folge bzw. der Grenzwert sind dadurch gekennzeichnet, dass die Distanz von $\mathbf{x}_n$ zum Grenzwert $\mathbf{x}^*$, $\|\mathbf{x}_n - \mathbf{x}^*\|$ beliebig klein gemacht werden kann, wenn n hinreichend groß gewählt wird.

Bemerkung (Abhängigkeit des Konvergenzbegriffes von der Norm). Grundsätzlich hängt der Konvergenzbegriff von der verwendeten Norm ab. Wie wir sehen werden, können in einem unendlichdimensionalen Raum unterschiedliche Normen unterschiedliche Konvergenzbegriffe induzieren, in einem endlichdimensionalen Raum hingegen nicht.

Das Konvergenzverhalten einer Folge in V lässt sich auf das Konvergenzverhalten einer Folge in $\mathbb{R}$, nämlich von $(\|\mathbf{x}_n - \mathbf{x}^*\|)$, zurückführen, wie man leicht beweist:

Satz 11.2.1 (Charakterisierung der Konvergenz einer Folge). *Für eine Folge* $(\mathbf{x}_n)$ *in V und ein $\mathbf{x}^* \in V$ gilt*

$$\mathbf{x}_n \stackrel{\|\;\|}{\to} \mathbf{x}^* \; (n \to \infty) \;\; \Leftrightarrow \;\; \|\mathbf{x}_n - \mathbf{x}^*\| \to 0 \; (n \to \infty).$$

Ähnlich wie in der Analysis bei Folgen reeller Zahlen zeigt man:

Satz 11.2.2 (Grundeigenschaften konvergenter Folgen). *Für konvergente Folgen* $(\mathbf{x}_n),(\mathbf{y}_n)$ *und $\lambda, \mu \in K$ gilt*

  i) $\lim_{n \to \infty} \mathbf{x}_n$ *ist eindeutig bestimmt.*

  ii) $(\lambda \mathbf{x}_n + \mu \mathbf{y}_n)$ *ist für alle $\lambda, \mu \in K$ konvergent und*

$$\lim_{n \to \infty} (\lambda \mathbf{x}_n + \mu \mathbf{y}_n) = \lambda \lim_{n \to \infty} \mathbf{x}_n + \mu \lim_{n \to \infty} \mathbf{y}_n.$$

Stetigkeit von Abbildungen zwischen normierten Räumen. Jetzt gehen wir von zwei normierten Räumen $(V, \|\cdot\|)$ und $(W, \|\cdot\|)$ über demselben Grundkörper $K(= \mathbb{R}, \mathbb{C})$ aus. Obwohl natürlich im Allgemeinen die beiden Normen in V bzw. W über unterschiedlichen Mengen definiert sind bzw. auch im Falle gleicher Grundmengen nicht übereinstimmen müssen, bezeichnen wir sie mit demselben Symbol. Es wird an den Elementen, auf die sie angewendet werden, erkennbar sein, um welche Norm es sich jeweils handelt. – Für eine Abbildung $f : V \to W$ geben wir die

Definition 11.2.2 (Stetigkeit). $f : V \to W$ *heißt stetig in $\mathbf{x}_0 \in V$ bezüglich der beteiligten Normen, wenn zu jedem $\epsilon > 0$ ein $\delta_\epsilon > 0$ existiert, mit*

$$\|f(\mathbf{x}) - f(\mathbf{x}_0)\| < \epsilon \;\; \forall \mathbf{x} \in V \text{ mit } \|\mathbf{x} - \mathbf{x}_0\| < \delta_\epsilon.$$

f heißt stetig in V, wenn f an jeder Stelle $\mathbf{x}_0 \in V$ stetig ist.

Auch hier ist die Grundidee dieselbe wie bei Abbildungen von $\mathbb{R} \to \mathbb{R}$, nämlich: Eine stetige Funktion ist dadurch gekennzeichnet, dass die Werte $f(\mathbf{x})$ beliebig wenig von $f(\mathbf{x}_0)$ abweichen (gemessen mit der Norm im Bildraum), wenn nur $\mathbf{x}$ hinlänglich nahe an $\mathbf{x}_0$ liegt. – Wie in der Analysis beweist man

Satz 11.2.3. *f und g seien in $\mathbf{x}_0$ stetige Abbildungen von $V \to W$, $\lambda, \mu \in K$. Dann gilt*

  i) $\lambda f + \mu g$ *ist in $\mathbf{x}_0$ stetig*

  ii) *für jede Folge $(\mathbf{x}_n)$ in V mit $\lim_{n \to \infty} \mathbf{x}_n = \mathbf{x}_0$ existiert $\lim_{n \to \infty} f(\mathbf{x}_n)$ und $= f(\mathbf{x}_0)$*

Äquivalenz von Normen. Wir wollen in diesem Paragraphen die Übereinstimmung bzw. Nichtübereinstimmung der Konvergenzbegriffe untersuchen, zu denen zwei Normen führen.

Beispiel (Unterschiedliche Konvergenzbegriffe). Über dem Intervall $I = [-1, 1]$ betrachten wir für jedes $n \in \mathbb{N}$ die aus Abbildung 11.3 genügend ersichtlichen Funktionen f_n.

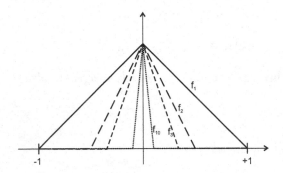

Abbildung 11.3: Die Folge (f_n) von Dachfunktionen

Über $V = \mathcal{C}(I, \mathbb{R})$ definiert man neben der euklidischen Norm $\|\cdot\|_2$ die so genannte *Maximumsnorm*

$$\|f\|_\infty := \max_{\mathbf{x} \in I} |f(\mathbf{x})|. \tag{11.8}$$

Wie man leicht überprüft, liegt damit wirklich eine Norm vor.

Zum Konvergenzverhalten: Ersichtlich haben alle f_n denselben Wert $\|f_n\|_\infty = 1$. Leichte Integration liefert $\|f_n\|_2 = \frac{2}{3n}$. Wegen

$$\|f_n - 0\|_2 = \|f_n\|_2 = \frac{2}{3n}$$

folgt sofort $f_n \overset{\|\ \|_2}{\to} 0$, während wegen

$$\|f_n - 0\|_\infty = \|f_n\|_\infty = 1 \quad \forall n$$

die Beziehung $f_n \overset{\|\ \|_\infty}{\to} 0$ gewiss nicht zutrifft. – Die beiden Normen induzieren also unterschiedliche Konvergenzbegriffe.

Wann führen nun zwei Normen $\|\ \|_a$, $\|\ \|_b$ über V zum selben Konvergenzbegriff? Die Differenz $\|\mathbf{x}\|_a - \|\mathbf{x}\|_b$ wird hier wenig nützen; ersetzt man nämlich $\mathbf{x}$ durch $\lambda \mathbf{x}$, so skaliert sie mit $|\lambda|$ und wird daher i.A. beliebig groß. Bei einem Quotienten hingegen kürzt sich $|\lambda|$ weg. Daher geben wir die

Definition 11.2.3 (Äquivalenz von Normen). *Zwei Normen* $\|\ \|_a$, $\|\ \|_b$ *über einem linearen Raum* V *heißen äquivalent* ($\|\ \|_a \sim \|\ \|_b$), *wenn zwei reelle Zahlen* $\alpha > 0$, $\beta > 0$ *existieren, sodass*

$$\alpha \le \frac{\|\mathbf{x}\|_a}{\|\mathbf{x}\|_b} \le \beta \quad \forall \mathbf{x} \in V,\ \mathbf{x} \ne \mathbf{0}. \tag{11.9}$$

Satz 11.2.4. *Definition 11.2.3 gibt tatsächlich zu einer Äquivalenzrelation für Normen über V Anlass.*

Beweis. *Symmetrie*: Jede Norm ist äquivalent zu sich selbst (im Sinne der Definition); denn Gleichung 11.9 ist mit $\alpha = \beta = 1$ trivialerweise erfüllt. – Die *Reflexivität* ergibt sich aus dem Reziproken von Gleichung 11.9

$$\alpha' \leq \frac{\|\mathbf{x}\|_b}{\|\mathbf{x}\|_a} \leq \beta' \;\; \forall \mathbf{x} \neq \mathbf{0} \quad (\alpha' := \frac{1}{\beta}, \beta' := \frac{1}{\alpha}).$$

Transitivität: ist $\| \;\|_a \sim \| \;\|_b$ und $\| \;\|_b \sim \| \;\|_c$, d.h.

$$\alpha \leq \frac{\|\mathbf{x}\|_a}{\|\mathbf{x}\|_b} \leq \beta \,, \; \alpha' \leq \frac{\|\mathbf{x}\|_b}{\|\mathbf{x}\|_c} \leq \beta' \;\; \forall \mathbf{x} \neq \mathbf{0},$$

$(\alpha, \alpha', \beta, \beta' > 0$ passend), so gibt Multiplikation sofort

$$\alpha\alpha' \leq \frac{\|\mathbf{x}\|_a}{\|\mathbf{x}\|_c} \leq \beta\beta' \;\; \forall \mathbf{x} \neq \mathbf{0},$$

also $\|\cdot\|_a \sim \|\cdot\|_c$.

Satz 11.2.5 (Normäquivalenz und Konvergenzbegriff). *Zwei Normen über einem linearen Raum V sind genau dann äquivalent, wenn sie zum selben Konvergenzbegriff für Folgen führen.*

Beweis. Wir zeigen und benötigen später nur die Implikation $\Rightarrow$; die umgekehrte Richtung mag als Übung überlassen bleiben. – Wir setzen also $\| \;\|_a \sim \| \;\|_b$ voraus und zeigen, dass für eine Folge mit $\mathbf{x}_n \overset{\| \;\|_a}{\to} \mathbf{x}^\star$ $(n \to \infty)$ die entsprechende Aussage auch bezüglich $\| \;\|_b$ (zum selben Limes) gilt. Nun gilt aber wegen $\|\mathbf{x}_n - \mathbf{x}^\star\|_b \leq \beta \|\mathbf{x}_n - \mathbf{x}^\star\|_a$ (β eine Konstante im Sinn von Gleichung 11.9) auch sofort $\|\mathbf{x}_n - \mathbf{x}^\star\|_b \to 0$, wenn $\|\mathbf{x}_n - \mathbf{x}^\star\|_a \to 0$ $(n \to \infty)$.

Korrollar 11.2.1 (Nichtäquivalenz von $\|\cdot\|_2$ und $\|\cdot\|_\infty$). *Die 2-Norm und die Maximumsnorm über $V = \mathcal{C}(I)$ ($I = [a, b]$ ein Intervall) sind zueinander nicht äquivalent.*

Beweis. Siehe das Beispiel weiter oben.

Derlei kann aber nur über unendlichdimensionalen Räumen vorkommen, denn es gilt

Satz 11.2.6 (Normäquivalenz in endlichdimensionalen Räumen). *Über einem endlichdimensionalen (reellen oder komplexen) linearen Raum sind je zwei Normen äquivalent.*

Beweis. Wir betrachten zunächst den *reellen* Fall. Der komplexe Fall wird sich dann leicht ergeben.
O.B.d.A. nehmen wir $V = \mathbb{R}^n$ an und zeigen, dass eine beliebige Norm $\| \;\|$ zur euklidischen Norm $\| \;\|_2$ äquivalent ist. Wegen Transitivität folgt dann Äquivalenz aller Normen zueinander.

Wir stellen ein beliebiges $\mathbf{x} \in V$ in der Standardbasis dar: $\mathbf{x} = \sum_j x_j \mathbf{e}_j$. Wenden wir zunächst die Dreiecksungleichung und sodann die Cauchy-Schwarz'sche Ungleichung in Gestalt von Gleichung 7.4 an, so ergibt sich

$$\|\mathbf{x}\| = \left\| \sum x_j \mathbf{e}_j \right\| \le \sum |x_j| \, \|\mathbf{e}_j\| \le \left(\sum x_j^2 \right)^{\frac{1}{2}} \left(\sum \|\mathbf{e}_j\|^2 \right)^{\frac{1}{2}} = \beta \, \|\mathbf{x}\|_2 \,,$$

wobei $\beta := (\sum_j \|\mathbf{e}_j\|^2)^{\frac{1}{2}}$. Also ist beständig $\frac{\|\mathbf{x}\|}{\|\mathbf{x}\|_2} \le \beta$.

Um die Existenz der noch erforderlichen Konstanten α herzuleiten, zeigen wir zunächst, dass $\| \ \| : \mathbb{R}^n \to \mathbb{R}$ im Sinne der euklidischen Norm, also wie in der Analysis üblich, *stetig* ist. Wir bedienen uns daher vorübergehend der Funktionenschreibweise und schreiben $N(\mathbf{x})$ anstelle von $\|\mathbf{x}\|$. – Die Stetigkeit von N fließt unmittelbar aus der soeben abgeleiteten Ungleichung. Denn aufgrund von Gleichung 7.10 gilt für alle $\mathbf{x}_0, \mathbf{x} \in V$ die Abschätzung $|N(\mathbf{x}) - N(\mathbf{x}_0)| \le N(\mathbf{x} - \mathbf{x}_0)$ und darüber hinaus $N(\mathbf{x} - \mathbf{x}_0) \le \beta \, \|\mathbf{x} - \mathbf{x}_0\|_2$. Dem entnimmt man direkt, dass für jedes $\epsilon > 0$ mit $\delta_\epsilon := \frac{\epsilon}{\beta}$ gilt: $|N(\mathbf{x}) - N(\mathbf{x}_0)| < \beta \delta_\epsilon = \epsilon$, wenn nur $\|\mathbf{x} - \mathbf{x}_0\| < \delta_\epsilon$, also Stetigkeit.

Nunmehr betrachten wir die stetige Funktion N auf der Einheitssphäre, $S = \{\mathbf{x} \in V : \|\mathbf{x}\|_2 = 1\}$. S ist bekanntlich eine beschränkte und abgeschlossene, demzufolge kompakte Menge; setzt man

$$\alpha := \min_{\mathbf{x} \in S} N(\mathbf{x}),$$

so wird das Minimum der stetigen Funktion N auf der kompakten Menge S angenommen (Analysis!). $\mathbf{x}^\star \in S$ sei Stelle des Minimums. Dann ist wegen $\mathbf{x}^\star \in S$ und daher $\mathbf{x}^\star \ne \mathbf{0}$ sicher $\alpha = N(\mathbf{x}^\star) > 0$. Da für $\mathbf{x} \in V$ ($\mathbf{x} \ne \mathbf{0}$) stets $\frac{\mathbf{x}}{\|\mathbf{x}\|_2} \in S$ liegt, folgt für alle $\mathbf{x} \ne \mathbf{0}$ die Beziehung $\alpha \le N(\frac{\mathbf{x}}{\|\mathbf{x}\|_2}) = \frac{\|\mathbf{x}\|}{\|\mathbf{x}\|_2}$, deren Beweis noch gefehlt hat.

Ergänzend behandeln wir nun den Fall eines *komplexen* Vektorraumes V, o.B.d.A. $V = \mathbb{C}^n$. – Zerlegt man die Komponenten jedes Vektors $\mathbf{z} = (z_j)$ in Real- und Imaginärteil, $z_j = x_j + iy_j$ und schreibt entsprechend

$$\mathbf{z} = (\mathbf{x}, \mathbf{y}) \in W = \mathbb{R}^{2n},$$

so gibt jede Norm über V durch $\|(\mathbf{x}, \mathbf{y})\|_W := \|\mathbf{z}\|_V$ zu einer Norm über dem reellen Vektorraum W Anlass. Für diese ist aber die Äquivalenz zu allen anderen Normen über W bekannt, die sich unmittelbar auf die Äquivalenz aller Normen über V überträgt.

Satz 11.2.7 (Stetigkeit unter äquivalenten Normen). *V und W seien zwei endlichdimensionale lineare normierte Räume. $f : V \to W$ sei stetig bezüglich der Normen. Ersetzt man die Normen in Original- und Bildraum jeweils durch eine äquivalente Norm, so ist f wiederum stetig. – Insbesondere führen in endlichdimensionalen linearen Räumen alle Normen zu ein und demselben Stetigkeitsbegriff.*

Beweis. f sei an einer Stelle $\mathbf{x}_0$ bezüglich der Normen $\| \ \|_V, \| \ \|_W$ stetig. Wir haben das Entsprechende für äquivalente Normen $\| \ \|'_V, \| \ \|'_W$ zu zeigen. – Wegen der Äquivalenz aller Normen über V (W) gibt es ein $a \in \mathbb{R}$, $a > 0$, sodass

$$\|\mathbf{x} - \mathbf{x}_0\| \le a \, \|\mathbf{x} - \mathbf{x}_0\|' \quad \forall \mathbf{x} \in V$$

und ein $b > 0$ mit

$$\|\mathbf{y} - f(\mathbf{x}_0)\|' \leq b \|\mathbf{y} - f(\mathbf{x}_0)\| \quad \forall \mathbf{y} \in W.$$

Es sei $\epsilon' > 0$ beliebig vorgegeben und $\epsilon := \frac{\epsilon'}{b} > 0$. Zu ϵ gibt es wegen der Stetigkeit bezüglich der ursprünglichen Normen ein $\delta = \delta_\epsilon > 0$, sodass aus $\|\mathbf{x} - \mathbf{x}_0\| < \delta$ die Beziehung $\|f(\mathbf{x}) - f(\mathbf{x}_0)\| < \epsilon$ folgt. Wir behaupten, dass mit $\delta' = \frac{\delta}{a}$ und obigem ϵ' die entsprechende Beziehung für die gestrichenen Normen besteht. – Ist nun aber $\|\mathbf{x} - \mathbf{x}_0\|' < \delta'$, so gilt

$$\|\mathbf{x} - \mathbf{x}_0\| \leq a \|\mathbf{x} - \mathbf{x}_0\|' < a\delta' = \delta$$

und

$$\|f(\mathbf{x}) - f(\mathbf{x}_0)\|' \leq b \|f(\mathbf{x}) - f(\mathbf{x}_0)\| < b\epsilon = \epsilon'.$$

$\square$

Aufgaben

11.1. (zu Satz 11.2.5): Zeigen Sie, dass nicht äquivalente Normen zu unterschiedlichen Konvergenzbegriffen für Folgen führen.

11.2. Geben Sie über $V = \mathbb{R}^n$ explizite Konstanten (natürlich in Abhängigkeit von n) α, β im Sinne des Vergleiches jeweils zweier Normen aus der Liste $\|\ \|_1, \|\ \|_2, \|\ \|_\infty$ an! Sind die von Ihnen erhaltenen Konstanten optimal (d.h. ist α maximal, β minimal)?

11.3. Es sei $0 < \epsilon < 1$ beliebig, $V = \mathbb{R}^n, n > 1$. Zeigen Sie, dass es für jedes derartige ϵ eine Norm $\|\ \|_\epsilon$ gibt, sodass im Sinne des Vergleiches mit der euklidischen Norm $\alpha = \epsilon, \beta = \frac{1}{\epsilon}$, wobei die Konstanten optimal sind. – Das bedeutet also: über $\mathbb{R}^n$ gibt es *sehr* unterschiedliche Normen.
(*Anleitung*: es empfiehlt sich konkrete Konstruktion von $\|\ \|_\epsilon$, die sich von der $2 - Norm$ inspirieren lässt.)

11.4. (Für dieses Beispiel sind gründlichere Vorkenntnisse über konvergente Folgen nötig.) Es geht hier um Folgen reeller Zahlen, $\mathbf{x} = (x_1, x_2, \ldots)$. Wir setzen $l^1 = \{\mathbf{x} : \sum_{k=1}^\infty |x_k| < \infty\}$ bzw. $l^2 = \{\mathbf{x} : \sum_{k=1}^\infty x_k{}^2 < \infty\}$.
Zeigen Sie, dass l^1 und l^2 lineare Räume sind. – Besteht eine der Beziehungen $l^1 \subseteq l^2$ bzw. $l^2 \subseteq l^1$? Gilt etwa Gleichheit?
Beweisen Sie, dass durch $\|\mathbf{x}\|_1 = \sum |x_k|$ bzw. $\|\mathbf{x}\|_2 = (\sum x_k{}^2)^{\frac{1}{2}}$ jeweils eine Norm über l^1 bzw. l^2 gegeben ist. – Betrachten Sie beide Normen in $l = l^1 \cap l^2$: sind sie zueinander äquivalent?

11.3 Matrixnormen

Dieser Abschnitt geht von reellen oder komplexen endlichdimensionalen normierten linearen Räumen aus.

Die induzierte Norm. Wie erinnerlich, bezeichnen wir mit $\mathfrak{L}(V,W) = \mathfrak{L}$ die Menge aller linearen Abbildungen von V nach W (dim $V = n$, dim $W = m$). $\mathfrak{L}$ ist ein linearer Raum.

Zweifellos liegt die Frage nahe, ob sich nicht in $\mathfrak{L}$ Normen definieren lassen, die etwas über die Wirkung der Abbildungen aussagen und mit den Normen in den Grundräumen V und W in Zusammenhang stehen.

Es sei $\mathcal{A} \in \mathfrak{L}$ und $\mathbf{e} \in V$ sei ein normierter Vektor. Mit $\mathbf{x}_\lambda = \lambda\mathbf{e}$ ($\lambda \in K$) besteht natürlich eine Skalierung der Art

$$\|\mathcal{A}(\mathbf{x}_\lambda)\| = |\lambda| \, \|\mathcal{A}(\mathbf{e})\| = \|\mathbf{x}_\lambda\| \, \|\mathcal{A}(\mathbf{e})\| \, .$$

Um diese triviale Skalierung auszuschalten, beschränkt man sich auf normierte Vektoren und definiert die *induzierte oder lub-Norm* von $\mathcal{A}$ gemäß

$$\|\mathcal{A}\| = lub(A) := \sup_{\mathbf{e} \in S} \|\mathcal{A}(\mathbf{e})\| \tag{11.10}$$

(lub = lowest upper bound; Erklärung s.u.). S bezeichnet dabei wieder die Einheitssphäre in V, $S = \{\mathbf{e} \in V : \|\mathbf{e}\| = 1\}$.

Satz 11.3.1 (Eigenschaften der induzierten Norm). *V und W seien endlichdimensionale lineare Räume. Dann gilt:*

i) *die induzierte Norm ist* wohl definiert, *d.h.* $\|\mathcal{A}\| < \infty \;\; \forall \mathcal{A} \in \mathfrak{L}$, *und es ist sogar*

$$\|\mathcal{A}\| := \max_{\mathbf{e} \in S} \|\mathcal{A}(\mathbf{e})\|$$

ii) *die induzierte Norm ist in der Tat eine Norm*

iii) *es gilt* $\|\mathcal{A}(\mathbf{x})\| \le \|\mathcal{A}\| \, \|\mathbf{x}\| \;\; \forall \mathbf{x} \in V$

iv) *gilt für ein* $\mathcal{A} \in \mathfrak{L}$ *und ein* $c \in \mathbb{R}$ *die Beziehung* $\|\mathcal{A}(\mathbf{x})\| \le c\,\|\mathbf{x}\| \;\; \forall \mathbf{x} \in V$, *so ist* $\|\mathcal{A}\| \le c$ (Minimalitätseigenschaft)

Beweis. i) Folgende Abbildungen sind bezüglich der *euklidischen Norm* $\| \; \|_2$ stetig: $\mathbf{x} \to \mathcal{A}(x)$ ($V \to V$; Analysis) und $\mathbf{y} \to \|\mathbf{y}\|$ ($V \to \mathbb{R}$; s. Beweis von Satz 11.2.6). Somit ist $\mathbf{x} \to \|\mathcal{A}(\mathbf{x})\|$ ($V \to \mathbb{R}$) als Zusammensetzung stetiger Abbildungen wieder stetig. Die Einheitssphäre S (bezüglich $\| \; \|$!) in V ist beschränkt (leicht) und abgeschlossen; denn schreiben wir kurz N für die in V herrschende Norm, so ist $S = N^{-1}(\{1\})$, das Urbild der abgeschlossenen Menge $\{1\}$ in $\mathbb{R}$, also wieder abgeschlossen, insgesamt kompakt. Auf der kompakten Menge S aber nimmt die stetige Funktion $\mathbf{e} \to \|\mathcal{A}(\mathbf{e})\|$ ihr Maximum an, d.h., das Supremum in Gleichung 11.10 ist sogar ein Maximum und insbesondere $< \infty$.

ii) Die Normeigenschaften der induzierten Norm lassen sich direkt überprüfen. Klarerweise ist stets $\|\mathcal{A}\| \ge 0$. Da eine lineare Abbildung genau dann die Nullabbildung $\mathcal{O}$ ist, wenn sie auf S nur den Wert 0 annimmt, folgt $\|\mathcal{A}\| = 0$ nur für $\mathcal{A} = \mathcal{O}$.

Die Homogenität ergibt sich direkt, weil $\forall \lambda \in K$

$$\|\lambda\mathcal{A}\| = \sup_S \|\lambda\mathcal{A}(\mathbf{e})\| = \sup_S |\lambda| \, \|\mathcal{A}(\mathbf{e})\| = |\lambda| \sup_S \|\mathcal{A}(\mathbf{e})\| = |\lambda| \, \|\mathcal{A}\| \, .$$

Zur Dreiecksungleichung:

$$\|\mathcal{A} + \mathcal{B}\| = \sup_S \|\mathcal{A}(\mathbf{e}) + \mathcal{B}(\mathbf{e})\| \le \sup_S(\|\mathcal{A}(\mathbf{e})\| + \|\mathcal{B}(\mathbf{e})\|) \le$$

$$\le \sup_S \|\mathcal{A}(\mathbf{e})\| + \sup_S \|\mathcal{B}(\mathbf{e})\| = \|\mathcal{A}\| + \|\mathcal{B}\|\,;$$

die letzte Ungleichung gilt, weil bekanntlich (in allgemeiner Funktionsschreibweise) $\sup_{x \in X}(f(x) + g(x)) \le \sup_{x \in X} f(x) + \sup_{x \in X} g(x)$.

iii) Für $\mathbf{x} = \mathbf{0}$ gilt die unter diesem Punkt behauptete Ungleichung trivialerweise. Für $\mathbf{x} \ne \mathbf{0}$ bezeichnen wir die normierte Version von $\mathbf{x}$ mit $\mathbf{e}$. Es ist dann $\mathbf{x} = \mathbf{e}\,\|\mathbf{x}\|$. Wegen $\mathbf{e} \in S$ muss $\|\mathcal{A}(\mathbf{e})\| \le \|\mathcal{A}\|$ sein und als Folge davon $\|\mathcal{A}(\mathbf{x})\| = \|\mathcal{A}(\mathbf{e})\|\,\|\mathbf{x}\| \le \|\mathcal{A}\|\,\|\mathbf{x}\|$.

iv) c sei eine Konstante mit der Eigenschaft $\|\mathcal{A}(\mathbf{x})\| \le c\,\|\mathbf{x}\|$ $\forall \mathbf{x}$. Dies ist dann insbesondere für alle $\mathbf{x} \in S$ gültig, was nach der Definition der induzierten Norm sofort $\|\mathcal{A}\| \le c$ nach sich zieht.

Wir betrachten jetzt *drei* endlichdimensionale Räume U, V, W und die linearen Abbildungen

$$\mathcal{B} : U \to V, \quad \mathcal{A} : V \to W, \quad \mathcal{A} \circ \mathcal{B} : U \to W.$$

In den Grundräumen seien Normen gegeben und in $\mathfrak{L}(U, V)$ usw. betrachten wir jeweils die induzierte Norm. Dann gilt

Satz 11.3.2 (Submultiplikativität der induzierten Normen). *Es gilt für alle* $\mathcal{A}, \mathcal{B}$ *wie oben*

$$\|\mathcal{A} \circ \mathcal{B}\|_{UW} \le \|\mathcal{A}\|_{VW}\,\|\mathcal{B}\|_{UV}\,.$$

Beweis. Der Deutlichkeit halber haben wir die beteiligten Räume bei den Normen angegeben. – Es sei $c := \|\mathcal{A}\|_{VW}\,\|\mathcal{B}\|_{UV}$. Nach Satz 11.3.1 reicht es aus, $\|(\mathcal{A} \circ \mathcal{B})(\mathbf{x})\| \le c\,\|\mathbf{x}\|$ $\forall \mathbf{x} \subset U$ nachzuweisen. Für alle $\mathbf{x} \in U$ gilt aber $\|(\mathcal{A} \circ \mathcal{B})(\mathbf{x})\| = \|\mathcal{A}(\mathcal{B}(\mathbf{x}))\| \le \|\mathcal{A}\|\,\|\mathcal{B}(\mathbf{x})\| \le \|\mathcal{A}\|\,\|\mathcal{B}\|\,\|\mathbf{x}\| = c\,\|\mathbf{x}\|$.

Für Abbildungen eines endlichdimensionalen normierten Raumes V in sich folgt aus diesem Satz, bei ii) durch triviale Induktion nach n

Satz 11.3.3 (Induzierte Normen von Endomorphismen). *Für lineare Abbildungen eines endlichdimensionalen normierten Raumes in sich gilt hinsichtlich der induzierten Norm*

i) $\|\mathcal{A} \circ \mathcal{B}\| \le \|\mathcal{A}\|\,\|\mathcal{B}\|$

ii) $\|\mathcal{A}^n\| \le \|\mathcal{A}\|^n$ $\forall n \in \mathbb{N}$

Die wichtigsten Eigenschaften induzierter Normen mögen auch von einer anderen als der induzierten Norm erfüllt sein. Ist $\|\cdot\|_{VV}$ eine *beliebige* Norm über $\mathfrak{L}(V, V)$, so gibt man die

Definition 11.3.1 (Verträglichkeit; Submultiplikativität). *Eine Norm über* $\mathfrak{L}(V, V)$ *heißt* verträglich *mit der Norm im Grundraum, wenn*

$$\|\mathcal{A}(\mathbf{x})\| \le \|\mathcal{A}\|\,\|\mathbf{x}\| \quad \forall \mathcal{A}, \mathbf{x}. \tag{11.11}$$

Sie heißt submultiplikativ, *wenn*

$$\|\mathcal{A} \circ \mathcal{B}\| \le \|\mathcal{A}\| \, \|\mathcal{B}\| \quad \forall \, \mathcal{A}, \mathcal{B}. \tag{11.12}$$

Bemerkung. Da wir lineare Abbildungen meistens durch Matrizen darstellen, wenden wir die Normen in $\mathfrak{L}$ auch direkt auf Matrizen an.

Bemerkung (zur Bezeichnung). Wenn über $V = \mathbb{R}^n$ eine der bekannten Normen vorliegt, z.B. $\|\cdot\|_\infty$, so schreiben wir für die induzierte Norm in $\mathfrak{L}_{nn}$ ebenfalls $\|\cdot\|_\infty$, obwohl keineswegs $\|A\|_\infty = \max_{j,k} |a_{jk}|$ gilt!

Bemerkung (nichtbeschränkte lineare Abbildungen). Eine lineare Abbildung $\mathcal{A}: V \to W$ heißt *beschränkt* (bezüglich der zugrunde liegenden Normen), wenn $\sup_S \mathcal{A}(\mathbf{e}) < \infty$. Zwischen endlichdimensionalen Räumen gibt es also nur beschränkte lineare Abbildungen. Im unendlichdimensionalen Fall ist dies aber anders, wie das folgende Beispiel lehrt, in dem $I = [a,b]$ ein kompaktes Intervall bezeichnet und $V = \mathcal{C}^1(I)$, die Menge aller einmal stetig differenzierbaren Funktionen von $I \to \mathbb{R}$, ferner $W = \mathcal{C}(I)$; schließlich ist $\mathcal{D} = \frac{d}{dx} : V \to W$ der *Differentiationsoperator*.

Beispiel ($\mathcal{D}$ ist nicht beschränkt). Norm in V: $\|f\|_V := \|f\|_\infty = \max_I |f(x)|$; in W entsprechend. Natürlich gibt es Funktionen mit $\|f\|_V = 1$ in V, deren erste Ableitung beliebig groß wird; z.B. über $I = [-\pi, \pi]$ die Funktionen $\sin nx$, für deren $\mathcal{D}$-Bild gilt $\|\mathcal{D}(\sin nx)\|_W = \|n \cos nx\|_\infty = n$, weshalb

$$\sup_{\|f\|_\infty = 1} \|\mathcal{D}f\|_\infty = \infty.$$

Beispiel ($\mathcal{D}$ ist beschränkt). Als Norm in W wählen wir wie vorhin die Maximumsnorm. Mit der Maximumsnorm auch in V war $\mathcal{D}$ nicht beschränkt, weil die Maximumsnorm von f nichts über die Größe der Ableitung aussagt. Nach dem Vorgang von Sobolev wählen wir daher eine Norm für V, die auch die Ableitung berücksichtigt, z.B. $\|f\|_V := \|f\|_\infty + \|\mathcal{D}(f)\|_\infty$. Dass es sich hierbei um eine Norm handelt, prüft man direkt nach. Trivialerweise ist für alle $f \in V$: $\|\mathcal{D}(f)\|_W = \|\mathcal{D}(f)\|_\infty \le \|f\|_\infty + \|\mathcal{D}(f)\|_\infty = \|f\|_V$. Daher ist in diesem Fall die induzierte Norm $\|\mathcal{D}\| \le 1$.

Beispiel (Zeilensummennorm). Grundraum ist $V = \mathbb{R}^n$, ausgestattet mit der *Maximumsnorm* $\|\mathbf{x}\|_\infty = \max_j |x_j|$. $\mathcal{A}$ sei eine lineare Abbildung $V \to V$, A die zugehörige Matrix. Es soll die induzierte Norm angegeben werden. – Unter Verwendung von $|x_k| \le \|\mathbf{x}\|_\infty$ bei $(*)$ gilt für alle $\mathbf{x}$:

$$\|\mathcal{A}(\mathbf{x})\|_\infty = \max_j \Big| \sum_k a_{jk} x_k \Big| \le \max_j \sum_k |a_{jk}||x_k| \overset{(*)}{\le} \Big(\max_j \sum_k |a_{jk}| \Big) \|\mathbf{x}\|_\infty.$$

Somit ist die induzierte Norm $\|A\| \le \max_j \sum_k |a_{jk}|$.

Wir zeigen, dass sogar Gleichheit gilt, indem wir die Ungleichung im umgekehrten Sinne herleiten. Das Maximum bei der Summe der Beträge der Zeilenelemente, $\max_j \sum_k |a_{jk}|$, werde durch Zeile j_0 geliefert. Dann definieren wir einen Vektor $\mathbf{e}$ über seine Komponenten: $e_k = \text{sign}(a_{j_0 k})$. Dabei gibt die Vorzeichenfunktion sign den Wert $+1$ für positive und -1 für negative Argumente zurück;

$\operatorname{sign} 0 = 0$. Es ist $\|\mathbf{e}\|_\infty = 1$ (außer wenn $A = O$ ist, welchen Fall man aber ganz leicht direkt erledigt), und wegen der Wahl der e_k haben wir $(A\mathbf{e})_{j_0} = \sum_k |a_{j_0 k}|$, also $\max_j \sum_k |a_{jk}| = \sum_k |a_{j_0 k}| \leq \|A\mathbf{e}\|_\infty \leq \|A\|$. – Im Übrigen lassen sich die Überlegungen ohne jegliche Schwierigkeit auf den komplexen Fall übertragen.

Wir fassen zusammen:

Satz 11.3.4 (Zeilensummennnorm). *Die Maximumsnorm* $\|\cdot\|_\infty$ *in* $\mathbb{R}^n$ ($\mathbb{C}^n$) *induziert über* $\mathfrak{M}_{nn}$ *die Norm*

$$\|A\|_\infty = \max_j \sum_k |a_{jk}| \quad \text{(Zeilensummennorm)}. \tag{11.13}$$

Ähnlich beweist man

Satz 11.3.5 (Spaltensummennnorm). *Die 1-Norm* $\|\cdot\|_1$ *in* $\mathbb{R}^n$ ($\mathbb{C}^n$) *induziert über* $\mathfrak{M}_{nn}$ *die Norm*

$$\|A\|_1 = \max_k \sum_i |a_{jk}| \quad \text{(Spaltensummennorm)}. \tag{11.14}$$

Satz 11.3.6 (Spektral- oder Hilbert'sche Norm). *Die 2-Norm* $\|\cdot\|_2$ *in* $\mathbb{R}^n$ ($\mathbb{C}^n$) *induziert über* $\mathfrak{M}_{nn}$ *die Norm*

$$\|A\|_2 = \rho(A^* A)^{\frac{1}{2}},$$

wobei ganz allgemein

$$\rho(B) = \max\{|\beta| : \beta \text{ Eigenwert von } B\}$$

der Spektralradius *einer Matrix* B *ist.*

Beweis. Mit Verwendung der positiv semidefiniten, selbstadjungierten Matrix $B = A^* A$, des euklidischen Produktes und fernerhin der euklidischen Einheitssphäre $S \subset V$ ist

$$\|A\|^2 = \max_{\mathbf{x} \in S} \|A\mathbf{x}\|^2 = \max_{\mathbf{x} \in S} \langle A\mathbf{x}, A\mathbf{x} \rangle = \max_{\mathbf{x} \in S} \langle B\mathbf{x}, \mathbf{x} \rangle.$$

Diagonalisiert man die letztere quadratische Form, so ergibt sich die Extremalaufgabe

$$\sum_{j=1}^n \beta_j {x'_j}^2 = Max! \quad (NB : \sum_{j=1}^n {x'_j}^2 = 1),$$

die man leicht z.B. unter Einsatz Lagrange'scher Multiplikatoren löst. Das Resultat ist $\mathbf{x}' = (1, 0, \ldots, 0)$, d.h., man muss gleichsam alle verfügbare Masse dem größten Eigenwert β_1, dem größten Eigenwert von $B = A^* A$, zuschlagen und erhält für das Maximum der quadratischen Form eben β_1. Dem entsprechend ergibt sich dann $\|A\| = \beta_1^{\frac{1}{2}} = \rho(A^* A)^{\frac{1}{2}}$.

Aufgaben

11.5. Beweisen Sie Satz 11.3.5.

11.6. Zeigen Sie, dass die *Schur'sche Norm* $\|A\| = \left(\sum_{j,k} a_{jk}^2 \right)^{\frac{1}{2}}$ über $\mathfrak{M}_{nn}$ submultiplikativ und mit der euklidischen Norm im Grundraum verträglich ist.

11.4 Kondition von Gleichungssystemen

Wollen wir ein Gleichungssystem lösen, dessen rechte Seite z.B. aus fehlerbehafteten Messungen stammt oder aus vorangehenden, rundungsfehlerbehafteten Rechnungen, so fragt es sich, welchen Einfluss derartige Fehler auf die Lösung ausüben? Um genau diesen Effekt zu isolieren, gehen wir davon aus, dass die eigentliche Lösung der Gleichung exakt erfolgt. (Eine ähnlich geartete Frage erhebt sich übrigens dann, wenn die Matrixelemente nur ungenau bekannt sind. Sie lässt sich auch einigermaßen analog behandeln.)

Die ideale, aber unbekannte rechte Seite sei $\mathbf{b}$; tatsächlich verwendet werde $\check{\mathbf{b}} = \mathbf{b} + \mathbf{b}'$.

Die Lösung von $A\mathbf{x} = \check{\mathbf{b}}$ bezeichnen wir mit $\check{\mathbf{x}} = \mathbf{x}^\star + \mathbf{x}'$, wobei $\mathbf{x}^\star$ die Lösung des idealen Systems ist.

Subtrahiert man tatsächlich gelöste Gleichung $A(\mathbf{x}^\star + \mathbf{x}') = \check{\mathbf{b}} = \mathbf{b} + \mathbf{b}'$ und ideale Gleichung $A\mathbf{x}^\star = \mathbf{b}$, so resultiert als Gleichung für den Fehlervektor $\mathbf{x}'$

$$A\mathbf{x}' = \mathbf{b}',$$

woraus man eine Normabschätzung $\|\mathbf{x}'\| = \|A^{-1}\mathbf{b}'\| \le \|A^{-1}\| \, \|\mathbf{b}'\|$ gewinnt. Wichtiger als der *absolute Fehler* $\|\mathbf{x}'\|$ ist aber oft die Größe

$$\frac{\|\mathbf{x}'\|}{\|\mathbf{x}^\star\|} \quad \text{(relativer Fehler).}$$

Unter der hier wenig einschneidenden Voraussetzung $\mathbf{b} \ne \mathbf{0}$ gewinnen wir aus $\|\mathbf{b}\| = \|A\mathbf{x}^\star\| \le \|A\| \, \|\mathbf{x}^\star\|$ sofort die Abschätzung $\frac{1}{\|\mathbf{x}^\star\|} \le \frac{\|A\|}{\|\mathbf{b}\|}$, die zusammen mit der obigen Abschätzung für $\|\mathbf{x}'\|$ zu

$$\frac{\|\mathbf{x}'\|}{\|\mathbf{x}^\star\|} \le \underbrace{\|A\| \, \|A^{-1}\|}_{\text{cond } A} \frac{\|\mathbf{b}'\|}{\|\mathbf{b}\|}. \tag{11.15}$$

führt. Hiermit ist die *Konditionszahl* der Matrix A, $\operatorname{cond} A := \|A\| \, \|A^{-1}\|$ definiert. Der exakte Wert hängt natürlich von der zugrunde gelegten Norm ab. Die *Größenordnung* ist allerdings oft unter den verschiedenen, einigermaßen natürlichen Normen ein und dieselbe.

Gehen wir von der Vorstellung aus, dass Original- und Bildraum (und die Normen in ihnen) identisch sind, so gilt für die induzierte Norm in $\mathfrak{M}_{nn}$: $\|I\| = 1$. Wegen $1 = \|I\| = \|AA^{-1}\| \le \|A\| \, \|A^{-1}\| = \operatorname{cond} A$ kann die Konditionszahl nie < 1 sein. Hat sie einen mäßigen Wert (was das genau heißt, hängt vom Geschmack ab), so nennt man das Gleichungssystem *gut konditioniert*. Der relative

Fehler der Lösung kann dann sicher nicht viel größer als derjenige der Daten sein. Liegt dagegen ein *schlecht konditioniertes Problem* vor, d.h. hat cond A einen *großen Wert* (das kann in der Praxis 10^6, 10^9 oder eine noch größere Zahl sein), so muss man zumindest befürchten, dass der relative Fehler der Lösung um einen u.U. gewaltigen Faktor über demjenigen der Daten liegt; vielfach trifft das denn auch wirklich zu. Man muss sich die Frage stellen, ob nicht eine günstigere Formulierung des ursprünglichen Problems möglich ist. Hierzu eine Illustration.

Beispiel (Gleichungssysteme und Ausgleichungsprobleme). Es sei $A \in \mathfrak{M}_{nn}$ nichtsingulär. Es ist das Gleichungssystem $Ax = b$ zu lösen.

Wie wir im weiteren Verlauf dieses Kapitels sehen werden, gibt es insbesondere für den Fall, dass A selbstadjungiert und positiv definit ist, sehr effiziente Verfahren. Wenn das in unserem Beispiel nicht von vornherein erfüllt ist, kann man durch Multiplikation des Gleichungssystems mit A^* dazu kommen und erhält das Gleichungssystem $A^*Ax = A^*b$ mit der nun selbstadjungierten, positiv definiten Matrix $B = A^*A$.

Obwohl die Vorgangsweise verlockend erscheint, kann sie im Allgemeinen keineswegs empfohlen werden; man muss nämlich damit rechnen, dass sich die Konditionszahl ganz erheblich verschlechtert.

Zur Verdeutlichung diene folgende ganz einfache Situation. Zwar ist hier das Arbeiten mit B vollkommen überflüssig, jedoch bleiben die Schwierigkeiten auch in realistischeren Fällen nicht aus. Es sei $A = \mathrm{diag}(\alpha_j)$ eine Matrix mit den reellen, positiven, nach Größe geordneten Eigenwerten $0 < \alpha_n \leq \ldots \leq \alpha_1$. A sei schlecht konditioniert, bezüglich $\| \ \|_2$ in $\mathfrak{M}_{nn}$ sei also $p := \mathrm{cond}\, A \gg 1$. In diesem Fall ist aber $p = \frac{\alpha_1}{\alpha_n}$ und wegen $B = A^2 = \mathrm{diag}(\alpha_j^2)$ ist cond $B = \frac{\alpha_1^2}{\alpha_n^2} = p^2$, was im Falle $p \gg 1$ eine enorme Verschlechterung der Kondition bedeutet!

Diese Erscheinungen treten auch bei Ausgleichsproblemen auf. Es ist daher in aller Regel *weitaus besser, Ausgleichsprobleme über SVD als über die Normalgleichungen zu lösen!*

Bemerkung (LR- und QR-Zerlegung). Diese Betrachtungsweise wirft auch Licht auf die Vorteile der QR-Zerlegung gegenüber der LR-Zerlegung. Aus einer Zerlegung $A = QR$ folgt $Q^*A = R$ und daher für eine Matrixnorm $\|Q^*\| \, \|A\| \geq \|R\|$. Speziell für die Hilbert'sche Norm gilt $\|Q^*\| = 1$ und daher $\|A\| \geq \|R\|$ (sogar mit Gleichheit, wie man durch direkte Anwendung der Norm auf $A = QR$ sieht). Es sind also die gestaffelten Gleichungssysteme mit Konditionszahl 1 (Q) bzw. $\|A\|$ insgesamt nicht schlechter konditioniert als das ursprüngliche. – Bei LR-Zerlegung gibt es eine solche Garantie nicht und gewisse Abschätzungen stimmen pessimistisch. Allerdings führen geeignete Pivotstrategien gegenüber der Rohform zu ganz entscheidenden Verbesserungen.

Beispiel (Zur Hilbert'schen Segmentmatrix). Wir lösen zwei Gleichungssysteme mit der 4×4 Hilbert'schen Segmentmatrix H_4 (vgl. das Beispiel auf Seite 113; Eingabe auf sechs Stellen). Wir wählen zwei rechte Seiten $\mathbf{b} = (1, 1, 1, 1)^t$, $\check{\mathbf{b}} = (1, 1, 1, 1.01)^t$, sodass der relative Fehler (im Sinne der Diskussion weiter oben) in der Maximumsnorm $= 10^{-2} = 1\%$ ist. Als Lösung ergeben sich $\mathbf{x}^\star = (-4.02618, 60.2963, -180.718, 140.469)^t$ beziehungsweise $\check{\mathbf{x}} = (-5.43197, 77.1617, -222.876, 168.573)^t$. Der relative Fehler in der Lösung beträgt also $\sim 20\%$.

Aufgabe

11.7. Generieren Sie mit einer schlecht konditionierten Matrix A (z.B. einer höheren Hilbert'schen Segmentmatrix) und einer vorgegebenen Lösung $\mathbf{x}^\star$ die rechte Seite eines Gleichungssystems $A\mathbf{x}^\star = \mathbf{b}$. Lösen Sie dann dieses, indem Sie sowohl die LR- wie auch die QR-Zerlegung ihrer Softwarebasis verwenden oder entsprechende Programme selbst schreiben bzw. aus dem Internet in Ihrer verwendeten Sprache herunterladen. Vergleichen Sie die erzielte Genauigkeit. (Für die Illustration ist wesentlich, dass die LR-Zerlegung *ohne* Pivotsuche durchgeführt wird; sonst könnte das Resultat auch von ähnlicher Qualität wie bei QR sein!)

11.5 Iterative Lösung von Gleichungen: Das Prinzip

Unsere bisherigen Verfahren zur Lösung (Cramer'sche Regel, Gauß'sche Elimination, QR-Zerlegung) waren direkt: Sie haben nach endlich vielen Schritten zur exakten Lösung geführt (in der Praxis natürlich mit Rundungsfehlern). Insbesondere wegen des hohen Rechenaufwandes ($O(n!)$ bei Cramer, $O(n^3)$ bei Gauß-Elimination) sucht man nach effizienteren Methoden. Man nützt hierbei wesentlich aus, dass viele in der Praxis auftretende Matrizen spezielle Eigenschaften besitzen.

Viele der einschlägigen Methoden sind *iterativ*. Sie erzeugen eine Folge $\mathbf{x}_1, \mathbf{x}_2, \ldots$ von Vektoren mit $\lim_{\nu \to \infty} \mathbf{x}_\nu = \mathbf{x}^\star$. In der praktischen Berechnung bricht man natürlich nach einer gewissen Anzahl von Iterationen ab. Dass man nur einen Näherungswert erhält, trifft allerdings bei numerischer Rechnung auch bei direkten Methoden zu.

Vor allem erhebt sich die Frage, wie solche iterativen Verfahren denn überhaupt anzusetzen und im Einzelnen auszubilden sind. An dieser Frage wird bis heute geforscht. Für die Analyse bzw. Entwicklung derartiger Methoden sind Matrixnormen usw. unverzichtbar.

Wir stellen zunächst zwei klassische Verfahren vor, die Verfahren von *Jacobi* und von *Gauß-Seidel*. Sie können für kleinere, dafür geeignete Probleme auch heute noch direkt angewendet werden. Darüber hinaus spielen sie als Bausteine der oft äußerst effizienten *Mehrgitterverfahren*, deren Grundidee wir später erläutern, eine wesentliche Rolle. Von den heute weithin verwendeten iterativen Algorithmen werden wir schließlich auch die Methode der *konjugierten Gradienten* erläutern.

Verfahren von Jacobi und Gauß-Seidel. Wir gehen von einem linearen Gleichungssystem

$$A\mathbf{x} = \mathbf{b} \quad (A \in \mathfrak{M}_{nn}, \ \mathbf{x}, \mathbf{b} \in K^n; \ A \text{ nichtsingulär})$$

mit $K = \mathbb{R}$ aus. Der Fall $K = \mathbb{C}$ bietet keine weiteren Schwierigkeiten. Die Lösung bezeichnen wir mit $\mathbf{x}^\star$.

Beispiel (**Jacobi'sches oder Einzelschrittverfahren**). Zu Beginn wählen wir einen im Prinzip beliebigen Startvektor $\mathbf{x}_0 \in \mathbb{R}^n$; die folgenden Vektoren konstruieren wir dann induktiv. Liegt etwa $\mathbf{x}_\nu$ schon vor, $\mathbf{x}_\nu = (x_1^\nu, \ldots, x_n^\nu)^t$, so ermittelt man beim *Jacobi'schen* oder *Einzelschrittverfahren* $\mathbf{x}_{\nu+1}$ durch Auflösung des Gleichungssystems

$$
\begin{array}{ccccccccc}
a_{11}x_1^{\nu+1} & + & a_{12}x_2^{\nu} & + & \ldots & + & a_{1n}x_n^{\nu} & = & b_1 \\
a_{21}x_1^{\nu} & + & a_{22}x_2^{\nu+1} & + & \ldots & + & a_{2n}x_n^{\nu} & = & b_2 \\
\ldots & & & & & & & & \\
a_{n1}x_1^{\nu} & + & a_{n2}x_2^{\nu} & + & \ldots & + & a_{nn}x_n^{\nu+1} & = & b_n,
\end{array}
\tag{11.16}
$$

nach den neuen Komponenten $x_j^{\nu+1}$. Unter der Voraussetzung, dass alle Diagonalelemente $a_{jj} \neq 0$ sind, ist die Auflösung möglich, und weil in der j-ten Zeile lediglich $x_j^{\nu+1}$ von den neuen Komponenten auftritt, sogar sehr einfach:

$$
x_j^{\nu+1} = \frac{1}{a_{jj}}\Big(-\sum_{k \neq j} a_{jk}x_k^{\nu} + b_j \Big).
\tag{11.17}
$$

Man wählt also für $x_j^{\nu+1}$ jenen Wert, den die j-te Zeile gleichsam vorschlägt. Wären alle anderen x_k^{ν} richtig, so wäre man fertig.

In Matrixschreibweise stellt sich das Jacobi'sche Verfahren folgendermaßen dar. Man zerlegt $A = D + N$, wobei D der diagonale Anteil von A ist und N der nichtdiagonale Anteil,

$$
D = \mathrm{diag}(a_{jj})\,, \quad N = A - D.
$$

Gleichung 11.16 wird dann zu

$$
D\mathbf{x}^{\nu+1} + N\mathbf{x}^{\nu} = \mathbf{b},
\tag{11.18}
$$

oder aufgelöst zu

$$
\mathbf{x}^{\nu+1} = T\mathbf{x}^{\nu} + S\mathbf{b},
\tag{11.19}
$$

wobei

$$
T = T_J = -D^{-1}N\,, \quad S = S_J = D^{-1}
\tag{11.20}
$$

und der „Index" J auf das Jacobi'sche Verfahren hinweist.

Programmbeispiel (Jacobi'sches Verfahren). Das Jacobi'sche Verfahren ist leicht in ein Programm umzusetzen. Bei Aufruf des Funktionsunterprogrammes *sum*, das die Komponenten eines Vektors aufsummiert, machen wir von der Möglichkeit Gebrauch, als Argument einen (auch feldwertigen) algebraischen Ausdruck (hier i.W. das komponentenweise Produkt zweier Vektoren $a_{j*}x_*$ bzw. ein Teilfeld davon) zu übergeben, wie dies etwa in Fortran zulässig ist.

Die in der Praxis durchaus wichtige und keineswegs triviale Frage, wann die Iteration abgebrochen werden soll, haben wir mit einem generösen „do until convergence" ausgeklammert; das Erfülltsein einer Abbruchsbedingung sollte auch in einer eigenen, untergeordneten Methode getestet werden, wenn sie nicht ganz einfach ist.

method Jacobi
 arguments in: A(1:n,1:n),b(1:n)

```
  arguments out: x(1:n)

   allocate xold(1:n),xnew(1:n)
    xold = 0. !initialization
   do until convergence
      xnew(1)=1/a(1,1)*(-sum(a(1,2:n)xold(2:n))+b(1))
      for j=2,n-1;
       xnew(j)=&              !continuation lines
         &1/a(j,j)(-sum(a(j,1:j-1)xold(1:j-1))- &
         &             sum(a(j,j+1:n)xold(j+1:n)+b(j))
      end for !j
       xnew(n)=1/a(n,n)*(-sum(a(n,1:n-1)xold(1:n-1))+b(n))
       xold = xnew !prepare for next step
   end do
   x = xnew !deliver back
 end method Jacobi
```

Programmbeispiel (Gauß-Seidel'sches Verfahren). Wegen der großen Ähnlichkeit zum Jacobi'schen Verfahren sind beim Gauß-Seidel'schen Verfahren nur im zentralen Programmteil geringe Änderungen durchzuführen, die wir gleich angeben; das Verfahren besprechen wir unmittelbar daran anschließend.

```
method GaußSeidel
 arguments in: A(1:n,1:n),b(1:n)
 arguments out: x(1:n)

   allocate xold(1:n),xnew(1:n)
    xold = 0. !initialization
   do until convergence
      xnew(1)=1/a(1,1)*(-sum(a(1,2:n)xold(2:n))+b(1))
      for j=2,n-1;
       xnew(j)=&
         &1/a(j,j)(-sum(a(j,1:j-1)xnew(1:j-1))- &
         &             sum(a(j,j+1:n)xold(j+1:n)+b(j))
      end for !j
       xnew(n)=1/a(n,n)*(-sum(a(n,1:n-1)xnew(1:n-1))+b(n))
       xold = xnew !prepare for next step
   end do
   x = xnew
 end method GaußSeidel
```

Beispiel (**Gauß-Seidel'sches oder Gesamtschrittverfahren**). Hat man beim Jacobi'schen Verfahren in Gleichung 11.16 überall außerhalb der Diagonale die alten Werte x_k^ν beibehalten, so verwendet man beim *Verfahren von Gauß-Seidel* die jeweils neueste Version. Wenn man die Gleichungen etwa von oben nach unten durchläuft, lautet das Gauß-Seidel'sche Verfahren

$$
\begin{aligned}
a_{11}x_1^{\nu+1} &+& a_{12}x_2^{\nu} &+& \ldots &+& a_{1n}x_n^{\nu} &=& b_1 \\
a_{21}x_1^{\nu+1} &+& a_{22}x_2^{\nu+1} &+& \ldots &+& a_{2n}x_n^{\nu} &=& b_2 \\
&&\ldots&&&&&& \\
a_{n1}x_1^{\nu+1} &+& a_{n2}x_2^{\nu+1} &+& \ldots &+& a_{nn}x_n^{\nu+1} &=& b_n.
\end{aligned}
\tag{11.21}
$$

Aus der j-ten Gleichung wird $x_j^{\nu+1}$ ganz direkt ermittelt, immer unter der Voraussetzung $a_{jj} \neq 0 \ \forall j$. Es ergibt sich

$$
x_j^{\nu+1} = \frac{1}{a_{jj}}\left(-\sum_{k<j} a_{jk}x_k^{\nu+1} - \sum_{k>j} a_{jk}x_k^{\nu} + b_j \right).
\tag{11.22}
$$

Auch hier ist die Programmierung denkbar einfach. Ein Unterschied zum Jacobi'schen Verfahren ist bedeutsam: Die Auswertung der rechten Seiten kann bei Jacobi für alle Zeilen *parallel* (gleichzeitig) vorgenommen werden, da lediglich die alten Werte eingehen; bei einem Computer mit mehreren Prozessoren können daher alle Prozessoren gleichzeitig tätig sein. Demgegenüber lassen sich beim Gauß-Seidel'schen Verfahren zunächst die Zeilen nur *sequenziell* (der Reihe nach) abarbeiten; denn für die j-te Zeile werden bereits alle neuen Werte aus den darüberliegenden Zeilen verwendet. Allerdings gibt es verschiedene Varianten, die diesen Nachteil weit gehend aus der Welt schaffen.

Für die Darstellung in Matrixschreibweise verwendet man neben der Matrix

$$
D = \mathrm{diag}(a_{jj})
\tag{11.23}
$$

noch die Matrizen

$$
L = \begin{pmatrix}
0 & 0 & 0 & 0 & \ldots \\
a_{21} & 0 & 0 & 0 & \\
a_{31} & a_{32} & 0 & 0 & \\
\vdots & & & \ddots &
\end{pmatrix}
\tag{11.24}
$$

und

$$
R = \begin{pmatrix}
0 & a_{12} & a_{13} & a_{14} & \ldots \\
0 & 0 & a_{23} & a_{24} & \\
0 & 0 & 0 & a_{34} & \\
\vdots & & & \ddots &
\end{pmatrix},
\tag{11.25}
$$

also eine Zerlegung

$$
A = L + D + R.
$$

Wir gehen vom eigentlich zu lösenden Gleichungssystem

$$
(L+D)\mathbf{x} + R\mathbf{x} = \mathbf{b}
$$

zu einem Schritt des *Gauß-Seidel'schen Verfahrens* über:

$$
(L+D)\mathbf{x}^{\nu+1} + R\mathbf{x}^{\nu} = \mathbf{b}
$$

oder

$$\mathbf{x}^{\nu+1} = T\mathbf{x}^\nu + S\mathbf{b},\tag{11.26}$$

wobei

$$T = T_{GS} = -(L+D)^{-1}R\,,\quad S = S_{GS} = (L+D)^{-1}.\tag{11.27}$$

Die allgemeine Gestalt der Iteration ist also dieselbe wie beim Jacobi'schen Verfahren.

Das Prinzip. Durch die Beispiele motiviert, untersuchen wir Iterationsverfahren, die auf folgendem Prinzip beruhen: man wähle eine Zerlegung der Matrix A in der Form

$$A = B + C\tag{11.28}$$

mit invertierbarer Matrix B. Aus dem Gleichungssystem in der Form

$$B\mathbf{x} + C\mathbf{x} = \mathbf{b}$$

ergibt sich dann der Iterationsansatz

$$B\mathbf{x}^{\nu+1} + C\mathbf{x}^\nu = \mathbf{b}$$

oder mit

$$T = -B^{-1}C\,,\; S = B^{-1}.\tag{11.29}$$

in der Form

$$\mathbf{x}^{\nu+1} = T\mathbf{x}^\nu + S\mathbf{b} = \Phi(\mathbf{x}^\nu).\tag{11.30}$$

Die dabei auftretende Funktion

$$\Phi(\mathbf{x}) := T\mathbf{x} + S\mathbf{b}$$

nennt man die *Iterationsfunktion des Verfahrens*, T die *Übergangsmatrix*. – Praktikabel ist ein derartiges Verfahren nur dann, *wenn Gleichungssysteme mit der Matrix B einfach zu lösen sind.*

Worin besteht aber nun der *Zusammenhang* zwischen der *Iterationsfunktion* Φ und der *Gleichung* $A\mathbf{x} = \mathbf{b}$? Wenn ein Iterationsverfahren überhaupt sinnvoll sein soll, darf es sich von der Lösung nicht weg bewegen, d.h. wir verlangen $\Phi(\mathbf{x}^\star) = \mathbf{x}^\star$. – Vor allem Weiteren geben wir für eine beliebige Abbildung $\Phi : V \to V$ die

Definition 11.5.1 (Fixpunkt). $\mathbf{x}^\star \in V$ *heißt* Fixpunkt *von* Φ, *wenn*

$$\Phi(\mathbf{x}^\star) = \mathbf{x}^\star.\tag{11.31}$$

Woher weiß nun das Iterationsverfahren Gl.11.30 etwas über die Lösung $\mathbf{x}^\star$ von $A\mathbf{x} = \mathbf{b}$? Man beachte, dass für die soeben definierten Matrizen die *Konsistenz- oder Verträglichkeitsbedingung* gilt:

$$T = I - SA\tag{11.32}$$

(denn $I - SA = I - B^{-1}(B+C) = -B^{-1}C = T$). Diese Konsistenzbedingung garantiert die Übereinstimmung der Gesamtheit der Fixpunkte von Φ mit den Lösungen der Gleichung:

Satz 11.5.1 (Fixpunkte und Lösungen der Gleichung). *Gilt die Konsistenzbedingung $T = I - SA$ und ist S invertierbar, so gilt mit der Iterationsfunktion $\Phi(\mathbf{x}) = T\mathbf{x} + S\mathbf{b}$:*

$$\{\mathbf{x} : \Phi(\mathbf{x}) = \mathbf{x}\} = \{\mathbf{x} : A\mathbf{x} = \mathbf{b}\}.$$

Die Konsistenzbedingung ist insbesondere erfüllt, wenn T und S gemäß Gl. 11.28–11.29 konstruiert sind.

Beweis. Es gelte die Konsistenzbedingung $T = I - SA$ und S sei nichtsingulär. Dann ist

$$T\mathbf{x} + S\mathbf{b} = \mathbf{x} \Leftrightarrow (I - SA)\mathbf{x} + S\mathbf{b} = \mathbf{x} \Leftrightarrow$$
$$\Leftrightarrow \mathbf{x} - S(A\mathbf{x} - \mathbf{b}) = \mathbf{x} \Leftrightarrow S(A\mathbf{x} - \mathbf{b}) = 0 \Leftrightarrow A\mathbf{x} - \mathbf{b} = 0.$$

Wenn nun T und S nach Gl. 11.28–11.29 konstruiert sind, so ist die Konsistenzbedingung erfüllt (s.o.) und $S = B^{-1}$ ist natürlich invertierbar. $\quad\square$

Korollar 11.5.1 (Eindeutigkeit der Lösung). *Besitzt unter den Voraussetzungen des Satzes Φ nur einen Fixpunkt, so ist auch $A\mathbf{x} = \mathbf{b}$ eindeutig lösbar. Insbesondere ist dann A nichtsingulär.*

Da die Verfahren nach Jacobi und Gauß-Seidel gemäß 11.28-11.29 konstruiert sind, gilt

Korollar 11.5.2. *Die Verfahren von Jacobi und Gauß-Seidel erfüllen die Konsistenzbedingung.*

Das Iterationsverfahren. Wir orientieren uns nun ganz allgemein über Iterationsverfahren. Dazu schreiben wir ein Verfahren in der Form

$$\mathbf{x}_{\nu+1} = \Phi(\mathbf{x}_\nu).$$

Dabei ist $\Phi : V \to V$ eine vorgegebene Abbildung, die *Iterationsabbildung*. Sie muss im Moment nicht unbedingt von der Form $\Phi(\mathbf{x}) = T\mathbf{x} + S\mathbf{b}$, also nicht unbedingt (affin) linear sein; V bezeichnet aber einen normierten Raum. – Entsprechend der Diskussion im vorigen Paragraphen interessieren uns Fixpunkte von Φ.

Es wäre wünschenswert, sich durch Anwendung von Φ der Lösung der Gleichung (dem Fixpunkt von Φ) bei beliebiger Wahl des Ausgangspunktes $\mathbf{x}$ stets zu nähern: $\|\Phi(\mathbf{x}) - \mathbf{x}^\star\| \leq \|\mathbf{x} - \mathbf{x}^\star\| \quad \forall \mathbf{x}$. Um später besser arbeiten zu können, verlangen wir etwas mehr, nämlich dass es einen *Konvergenzfaktor q* mit $0 \leq q < 1$ gibt, mit dem

$$\|\Phi(\mathbf{x}) - \mathbf{x}^\star\| \leq q \|\mathbf{x} - \mathbf{x}^\star\| \quad \forall \mathbf{x}.$$

– In dieser Form gefällt uns die linke Seite der Ungleichung noch nicht recht; denn es wird gleichsam der Abstand eines Φ-Bildes von einem Originalelement von V gemessen; wegen $\Phi(\mathbf{x}^\star) = \mathbf{x}^\star$ ist die Disparität aber nur scheinbar, und wir werden daher Iterationsfunktionen mit $\|\Phi(\mathbf{x}) - \Phi(\mathbf{x}^\star)\| \leq q \|\mathbf{x} - \mathbf{x}^\star\| \quad \forall \mathbf{x}$ anstreben. – Aber auch diese Formulierung befriedigt noch nicht, denn in dieser Bedingung tritt $\mathbf{x}^\star$ auf; in der Praxis kennen wir $\mathbf{x}^\star$ aber gerade nicht und können daher die Bedingung in dieser Form nicht verifizieren, es sei denn, wir verlangen nochmals mehr, nämlich dasjenige, was wir sofort aussprechen:

Definition 11.5.2 (Kontraktion). *Eine Abbildung* $\Phi : V \to V$ *heißt* Kontraktion *(bezüglich der Norm in V), wenn ein $q : 0 \leq q < 1$ existiert, sodass die* Kontraktionseigenschaft

$$\|\Phi(\mathbf{x}) - \Phi(\mathbf{y})\| \leq q \|\mathbf{x} - \mathbf{y}\| \quad \forall \mathbf{x}, \mathbf{y} \in V \tag{11.33}$$

gilt. q heißt Kontraktionszahl.

Lemma 11.5.1. *Ist Φ eine Kontraktion mit Kontraktionszahl q und ist $\mathbf{x}_\nu$ in der üblichen Weise iterativ definiert, so ist*

$$\|\mathbf{x}_{\nu+1} - \mathbf{x}_\nu\| \leq q^\nu \|\mathbf{x}_1 - \mathbf{x}_0\| \quad \forall \nu \geq 1. \tag{11.34}$$

Beweis. Für $\nu = 1$ ist die Aussage trivialerweise richtig. Es sei nun für ein ν bereits gezeigt, dass $\|\mathbf{x}_\nu - \mathbf{x}_{\nu-1}\| \leq q^{\nu-1} \|\mathbf{x}_1 - \mathbf{x}_0\|$. Dann ist aber

$$\|\mathbf{x}_{\nu+1} - \mathbf{x}_\nu\| = \|\Phi(\mathbf{x}_\nu) - \Phi(\mathbf{x}_{\nu-1})\| \leq$$
$$\leq q \|\mathbf{x}_\nu - \mathbf{x}_{\nu-1}\| \leq q q^{\nu-1} \|\mathbf{x}_1 - \mathbf{x}_0\| = q^\nu \|\mathbf{x}_1 - \mathbf{x}_0\|.$$

$$\square$$

Satz 11.5.2 (Fixpunktsatz). *Über dem reellen oder komplexen Vektorraum V, $\dim V < \infty$, sei eine beliebige Norm gegeben. $\Phi : V \to V$ sei bezüglich dieser Norm eine Kontraktion mit Kontraktionszahl $q < 1$. Dann besitzt Φ genau einen Fixpunkt $\mathbf{x}^\star \in V$, und es gilt für jeden Startwert $\mathbf{x}_0 \in V$ bei Verwendung der Iteration $\mathbf{x}_{\nu+1} = \Phi(\mathbf{x}_\nu)$*

$$\|\mathbf{x}_\nu - \mathbf{x}^\star\| \leq q^\nu \|\mathbf{x}_0 - \mathbf{x}^\star\| \tag{11.35}$$

und somit

$$\lim_{\nu \to \infty} \mathbf{x}_\nu = \mathbf{x}^\star. \tag{11.36}$$

Beweis. Zunächst bemerken wir, dass es *höchstens* einen Fixpunkt für Φ gibt. Denn sind $\mathbf{x}^\star, \mathbf{y}^\star$ Fixpunkte, so besagt die Kontraktionseigenschaft: $\|\Phi(\mathbf{x}^\star) - \Phi(\mathbf{y}^\star)\| \leq q \|\mathbf{x}^\star - \mathbf{y}^\star\|$; weil $\mathbf{x}^\star$ Fixpunkt ist, gilt auch $\|\mathbf{x}^\star - \mathbf{y}^\star\| \leq q \|\mathbf{x}^\star - \mathbf{y}^\star\|$, was wegen $q < 1$ nur mit $\|\mathbf{x}^\star - \mathbf{y}^\star\| = 0$, also $\mathbf{x}^\star = \mathbf{y}^\star$, möglich ist.

Wir gehen nun von einem beliebigen Startwert $\mathbf{x}_0$ aus und definieren induktiv $\mathbf{x}_{\nu+1} = \Phi(\mathbf{x}_\nu)$. Wir zeigen, dass diese Folge gegen ein gewisses $x^\star$ konvergiert; anschließend weisen wir nach, dass $x^\star$ Fixpunkt ist.

Für beliebige Indizes $\mu, \nu \in \mathbb{N}$, $\nu > \mu$ gilt die Abschätzung

$$\|\mathbf{x}_\nu - \mathbf{x}_\mu\| = \left\| \sum_{\lambda=\mu}^{\nu-1} (\mathbf{x}_{\lambda+1} - \mathbf{x}_\lambda) \right\| \leq \sum_{\lambda=\mu}^{\nu-1} \|\mathbf{x}_{\lambda+1} - \mathbf{x}_\lambda\| \overset{Lemma}{\leq}$$

$$\leq \sum_{\lambda=\mu}^{\nu-1} q^\lambda \|\mathbf{x}_1 - \mathbf{x}_0\| = q^\mu \left(\sum_{\rho=0}^{\nu-\mu-1} q^\rho \right) \|\mathbf{x}_1 - \mathbf{x}_0\| \leq q^\mu \frac{\|\mathbf{x}_1 - \mathbf{x}_0\|}{1 - q},$$

wobei wir zuletzt noch die geometrische Summe durch die unendliche geometrische Reihe nach oben abgeschätzt und die Summenformel angewendet haben. Es existiert also eine Konstante c, sodass $\|\mathbf{x}_\nu - \mathbf{x}_\mu\| \leq cq^\mu$, wenn nur $0 \leq \mu \leq \nu$ ist. Bei der Folge $(\mathbf{x}_\nu)$ handelt es sich also um eine Cauchy-Folge, und diese konvergiert bezüglich unserer Norm (und wegen der Äquivalenz der Normen bezüglich jeder Norm) zu einem Limes $\mathbf{x}^\star \in V$.

$\mathbf{x}^\star$ ist nun aus folgenden Gründen *Fixpunkt*. Als Kontraktion ist Φ eine stetige Abbildung (leicht). Wegen $\mathbf{x}_\nu \to \mathbf{x}^\star$ $(\nu \to \infty)$ und der Stetigkeit von Φ gilt $\Phi(\mathbf{x}_\nu) \to \Phi(\mathbf{x}^\star)$ (Analysis). Da $\Phi(\mathbf{x}_\nu) = \mathbf{x}_{\nu+1}$, handelt es sich bei der Folge $(\Phi(\mathbf{x}_\nu))$ bis auf die Verschiebung um eine Einheit im Index, die das Konvergenzverhalten nicht beeinflusst, gerade um die ursprüngliche Folge $(\mathbf{x}_\nu)$. Die Limiten stimmen demnach überein, und $\Phi(\mathbf{x}^\star) = \mathbf{x}^\star$.

Abschließend erschließt man noch die Konvergenzgeschwindigkeit von der Art einer geometrischen Folge (Gl. 11.35) leicht aus

$$\|\mathbf{x}^\nu - \mathbf{x}^\star\| = \left\|\Phi(\mathbf{x}^{\nu-1}) - \Phi(\mathbf{x}^\star)\right\| \leq q \left\|\mathbf{x}^{\nu-1} - \mathbf{x}^\star\right\| \leq \ldots \leq q^\nu \left\|\mathbf{x}_0 - \mathbf{x}^\star\right\|.$$

Mit einer zusätzlichen multiplikativen Konstanten trifft sie für jede Norm zu. □

Jetzt spezialisieren wir auf *lineare Iterationsverfahren*, also auf Verfahren

$$\Phi(\mathbf{x}) = T\mathbf{x} + \mathbf{s} \quad (T \in \mathfrak{M}_{nn}, \mathbf{s} \in V). \tag{11.37}$$

Satz 11.5.3 (Kontraktionseigenschaft und Übergangsmatrix). *Es gebe eine Norm $\|\ \|$ in V, sodass in der induzierten Norm in $\mathfrak{M}_{nn}$*

$$\|T\| < 1$$

gilt. Dann ist die Iterationsfunktion Φ (Gl. 11.37) eine Kontraktion mit Kontraktionszahl $q = \|T\|$ bezüglich $\|\ \|$. Φ besitzt daher genau einen Fixpunkt $\mathbf{x}^\star$.

Beweis. Aufgrund von $\|\Phi(\mathbf{x}) - \Phi(\mathbf{y})\| = \|T(\mathbf{x} - \mathbf{y})\| \leq \|T\|\|\mathbf{x} - \mathbf{y}\|$ ist Φ sofort als Kontraktion mit der angegebenen Kontraktionszahl $q = \|T\|$ erkenntlich. Daher existiert genau ein Fixpunkt $\mathbf{x}^\star$. Die Konvergenz der iterierten Vektoren erfolgt daher gemäß einer Abschätzung $\|\mathbf{x}_\nu - \mathbf{x}^\star\| \leq cq^\nu$, wobei c nur von $\mathbf{x}_0$ abhängt $(c = \|\Phi(\mathbf{x}_0) - \mathbf{x}_0\|)$. □

Korrollar 11.5.3. *Wenn zu einem Gleichungssystem $A\mathbf{x} = \mathbf{b}$ ein Iterationsverfahren im Sinne von Gleichung 11.28–11.29 existiert, so dass in einer induzierten Matrixnorm $\|T\| < 1$ ist, so besitzt das System genau eine Lösung, die zudem mit dem Iterationsverfahren gewonnen werden kann.*

Beweis. Dies gilt, weil die Iterationsfunktion unter diesen Voraussetzungen genau einen Fixpunkt $\mathbf{x}^\star$ besitzt in Zusammenhalt mit Korrollar 11.5.1. □

11.6 Die Verfahren von Jacobi und Gauß-Seidel

Das Jacobi'sche Verfahren. Wir zeigen hier, dass für eine geeignete Klasse von Matrizen das Jacobi'sche Verfahren konvergiert. Zunächst die

Definition 11.6.1 (Diagonal dominante Matrix). *Eine $n \times n$-Matrix A heißt* strikt diagonal dominant, *wenn*

$$\sum_{j \neq i} |a_{ij}| < a_{ii} \quad \forall i = 1, 2, \ldots, n. \tag{11.38}$$

Satz 11.6.1 (Jacobi-Verfahren bei diagonaler Dominanz). *Jedes lineare Gleichungssystem $A\mathbf{x} = \mathbf{b}$ mit strikt diagonal dominanter $n \times n$ Matrix A besitzt eine eindeutig bestimmte Lösung. Das Jacobi'sche Verfahren (Gl. 11.17) zur Lösung des Systems ist für jeden Startwert $\mathbf{x}_0$ konvergent.*

Beweis. Wegen der strikten diagonalen Dominanz ist $a_{ii} \neq 0$ $\forall i$, sodass das Jacobi'sche Verfahren durchgeführt werden kann. Ihm liegt die Aufspaltung $A = D + N$ zugrunde, wobei $D = \text{diag}(a_{ii})$ und N der nichtdiagonale Anteil ist. D ist nichtsingulär ($\det D = \prod a_{ii} \neq 0$).

Wir wissen, dass das Jacobi'sche Verfahren die Konsistenzbedingung erfüllt. Es ist also nur die Kontraktionseigenschaft $\|T\| < 1$ in einer induzierten Norm nachzuweisen. Laut Gleichung 11.20 ist $T = -D^{-1}N$, also

$$T = - \begin{pmatrix} 0 & \frac{a_{12}}{a_{11}} & \frac{a_{13}}{a_{11}} & \frac{a_{14}}{a_{11}} & \cdots \\ \frac{a_{21}}{a_{22}} & 0 & \frac{a_{23}}{a_{22}} & \frac{a_{24}}{a_{22}} & \\ \frac{a_{31}}{a_{33}} & \frac{a_{32}}{a_{33}} & 0 & \frac{a_{34}}{a_{33}} & \\ \vdots & & & & \ddots \end{pmatrix}.$$

In V legen wir die Maximumsnorm zugrunde. Diese induziert die Zeilensummennorm, und in ihr ist

$$\|T\|_\infty = \max_i \sum_{j \neq i} \left| \frac{a_{ij}}{a_{ii}} \right| < 1$$

wegen der vorausgesetzten diagonalen Dominanz von A. Es handelt sich also bei der Jacobi'schen Iteration um eine Kontraktion, und daher existiert ein eindeutig bestimmter Fixpunkt $\mathbf{x}^\star$, gegen den das Verfahren konvergiert und der somit auch die eindeutige Lösung des Gleichungssystems ist (vgl. Korrollar 11.5.1), woraus auch die Nichtsingularität von A folgt. $\qquad\Box$

Beispiel. Es soll das Gleichungssystem

$$A\mathbf{x} = \mathbf{0}$$

mit dem Jacobi'schen Verfahren gelöst werden. Dabei ist $A = \text{tridi}(-1, 2, -1)$ eine $n \times n$-Matrix. (Sie ist zwar nicht *strikt* diagonal dominant, aber man kann zeigen, dass das Jacobi'sche Verfahren für sie konvergiert.) Wir werden Experimente mit verschiedenen Werten von n durchführen.

Dass wir bei diesem System die exakte Lösung $\mathbf{x}^\star = \mathbf{0}$ sofort kennen, hat für Zwecke der Illustration den Vorteil, dass der ν-te iterierte Vektor $\mathbf{x}_\nu$ gleichzeitig der *Vektor der Fehler* ist. Als Startvektor wählen wir einen normierten Vektor der Länge (=Dimension) 25 aus Zufallszahlen. Somit gibt $\|\mathbf{x}_\nu\|$ den Reduktionsfaktor des Fehlers nach ν Schritten an und $\|\mathbf{x}_\nu\|^{1/\nu}$ einen effektiven Reduktionsfaktor pro Schritt über die Schritte von 1 bis ν hinweg. Konkrete Ergebnisse enthält die Auflistung:

ν	$\|\mathbf{x}_\nu\|$	$\|\mathbf{x}_\nu\|^{1/\nu}$
10	0.791	0.978
100	0.354	0.989
500	0.011	0.991

Wie ersichtlich, nähert sich der effektive Reduktionsfaktor mit wachsendem ν von unten einigermaßen dem Wert 1, d.h., die Konvergenzgeschwindigkeit nimmt mit der Zahl der Iterationen leider ab. (Sie nimmt übrigens auch mit zunehmender Dimension des Problems ab.) Dieses Phänomen und vor allem Ideen zu seiner Behebung werden wir im Abschnitt über Mehrgitterverfahren näher untersuchen.

Das Verfahren von Gauß-Seidel. Die Übergangsmatrix bei Gauß-Seidel, $T = -(L+D)^{-1}R$, vgl. 11.23–11.27, ist wegen der schwierigen Inversen $(L+D)^{-1}$ komplizierter als bei Jacobi. Wir weisen hier aber die Konvergenz für die besonders wichtige Klasse der positiv definiten selbstadjungierten Matrizen nach. (Der Beweis gilt auch für den komplexen Fall.) – Viele Aufgaben führen auf Gleichungssysteme mit derartigen Matrizen, z.B. jedes nicht rangdefizite lineare Ausgleichungsproblem, die Wärmeleitungsgleichung oder allgemeiner Diskretisierungen linearer elliptischer Differentialgleichungen, statistische Probleme (Kovarianzmatrizen) u.a.m.

Mit der selbstadjungierten, positiv definiten Matrix A führen wir in V das Energieprodukt bzw. die Energienorm ein (siehe Satz 10.2.2):

$$\langle \mathbf{x}, \mathbf{y} \rangle_A := \langle A\mathbf{x}, \mathbf{y} \rangle_2 \text{ bzw. } \|\mathbf{x}\|_A := \left(\langle \mathbf{x}, \mathbf{x} \rangle_A \right)^{\frac{1}{2}}. \tag{11.39}$$

– Die über $\mathfrak{M}_{nn}$ induzierte Norm bezeichnen wir ebenfalls mit $\| \ \|_A$.

Satz 11.6.2 (Konvergenz des Gauß-Seidel'schen Verfahrens). *Für die Übergangsmatrix $T = T_{GS}$ des Gauß-Seidel'schen Verfahrens gilt*

$$\|T_{GS}\|_A < 1,$$

wenn A positiv definit und selbstadjungiert ist; somit ist das Gauß-Seidel'sche Verfahren in diesem Fall konvergent.

Beweis. Da das Verfahren die Konsistenzbedingung erfüllt, bleibt nur $\|T\|_A < 1$ nachzuweisen.

Wir bemerken zunächst, dass das Verfahren unter unseren Voraussetzungen für A *wohl definiert* ist, d.h. $(L+D)^{-1}$ existiert, genauer $a_{ii} \neq 0 \ \forall i$. Denn für die linke untere Matrix ist $\det(L+D) = \prod_i a_{ii}$. Nach Satz 8.5.5 ist für die selbstadjungierte, positiv definite Matrix A zunächst sicher $a_{11} \neq 0$. Dasselbe trifft aber auch für jedes andere Diagonalelement a_{ii}, denn durch den Basiswechsel $\mathbf{e}_1 \leftrightarrow \mathbf{e}_i$ geht A in eine wiederum selbstadjungierte Matrix über, die positiv definit ist (weil sie dieselbe lineare Abbildung beschreibt), wo jetzt allerdings das Elemente a_{ii} an die Position $(1,1)$ gerückt und daher > 0 ist.

Nun zum eigentlichen Beweis. Wir formen die entscheidende Bedingung zunächst äquivalent um. – Nach Satz 11.3.1 ist $\|T\|_A = \max \|T\mathbf{x}\|_A$, das Maximum über alle $\mathbf{x}$ mit $\|\mathbf{x}\|_A = 1$ erstreckt. Somit ist $\|T\|_A < 1$ genau dann, wenn $\|T\|_A < 1 = \|\mathbf{x}\|_A \;\forall \mathbf{x}$ mit $\|\mathbf{x}\|_A = 1$ gilt. (Wir weisen nochmals darauf hin, dass im endlichdimensionalen Fall das relevante Supremum ein Maximum ist!) Diese letzte Beziehung

$$(*): \quad \|T\mathbf{x}\|_A < \|\mathbf{x}\|_A$$

ist für alle $\mathbf{x}$ mit $\|\mathbf{x}\|_A = 1$ genau dann gültig, wenn sie für alle $\mathbf{x} \neq 0$ gültig ist, wie man durch Einführung eines Skalenfaktors leicht sieht.

Die nächste äquivalente Gestalt erhalten wir, indem wir $(*)$ quadrieren und Normquadrate durch innere Produkte ausdrücken:

$$\langle T\mathbf{x}, T\mathbf{x}\rangle_A < \langle \mathbf{x}, \mathbf{x}\rangle_A \;\;\forall \mathbf{x} \neq 0$$

oder

$$\langle AT\mathbf{x}, T\mathbf{x}\rangle_2 < \langle A\mathbf{x}, \mathbf{x}\rangle_2 \;\;\forall \mathbf{x} \neq 0.$$

Dies bietet sich zur weiteren Bearbeitung an, wenn man nur die linke Seite in der Gestalt $\langle T^*AT\mathbf{x}, \mathbf{x}\rangle_2$ anschreibt und sie von der rechten Seite subtrahiert. Dann ergibt sich nämlich die folgende, zu $\|T\|_A < 1$ gleichbedeutende Aussage:

$$\langle (A - T^*AT)\mathbf{x}, \mathbf{x}\rangle > 0 \;\;\forall \mathbf{x} \neq 0. \tag{11.40}$$

In dieser Form wollen wir $\|T\|_A < 1$ tatsächlich zeigen.

Dazu beachten wir die Gestalt von

$$T = -(L+D)^{-1}R = -(L+D)^{-1}(A - (L+D)) = I - (L+D)^{-1}A.$$

Adjunktion von T liefert

$$T^* = I - A^*((L+D)^{-1})^* = I - A((L+D)^*)^{-1} = I - A(R+D)^{-1},$$

(denn für selbstadjungiertes A ist $(L+D)^* = (R+D)$).

Dort, wo es vielleicht im Einzelnen schwer zu argumentieren ist, entfaltet formales Rechnen seine volle Kraft. Es ist doch

$$
\begin{aligned}
A - T^*AT &= A - \left[I - A(R+D)^{-1}\right]A\left[I - (L+D)^{-1}A\right] = \\
&= A - \left[A - A(R+D)^{-1}A\right]\left[I - (L+D)^{-1}A\right] = \\
&= A(R+D)^{-1}A + A(L+D)^{-1}A - A(R+D)^{-1}A(L+D)^{-1}A = \\
&= A(R+D)^{-1}\left[I + (R+D)(L+D)^{-1} - A(L+D)^{-1}\right]A = \\
&= A(R+D)^{-1}\left[(L+D) + (R+D) - A]\right](L+D)^{-1}A = \\
&= A(R+D)^{-1}D(L+D)^{-1}A.
\end{aligned}
$$

Da $a_{ii} > 0 \;\forall i$ (s.o.), ist $E := diag(\sqrt{a_{ii}})$ eine reelle Matrix; es gilt $E^2 = D$.

Wir haben noch nicht vergessen, dass wir für $\mathbf{x} \neq \mathbf{0}$ zeigen wollen $\langle (A - T^*AT)\mathbf{x}, \mathbf{x} \rangle_2 > 0$, d.h. nach unseren eben gewonnenen Einsichten

$$\langle A(R+D)^{-1}EE(L+D)^{-1}A\mathbf{x}, \mathbf{x} \rangle > 0 \quad \forall \mathbf{x} \neq \mathbf{0}. \tag{11.41}$$

Sinn für Symmetrie bestimmt uns, die ersten Matrixfaktoren in diesem inneren Produkt transponiert auf die rechte Seite zu schaffen:

$$\langle A(R+D)^{-1}EE(L+D)^{-1}A\mathbf{x}, \mathbf{x} \rangle = \langle E(L+D)^{-1}A\mathbf{x}, E^*((R+D)^{-1})^*A^*\mathbf{x} \rangle =$$
$$= \langle E(L+D)^{-1}A\mathbf{x}, E(L+D)^{-1}A\mathbf{x} \rangle = \langle \mathbf{y}, \mathbf{y} \rangle$$

mit $\mathbf{y} = E(L+D)^{-1}A\mathbf{x}$. Die Matrizen, die wir bei der Berechnung von $\mathbf{y}$ aus $\mathbf{x}$ anwenden, sind aber allesamt nichtsingulär; also ist $\mathbf{y} \neq \mathbf{0}$, wenn $\mathbf{x} \neq \mathbf{0}$ ist, und aus diesem Grund trifft 11.41 zu. $\qquad\square$

Aufgaben

11.8. Zeigen Sie, dass die $n \times n$-Matrix A_n tridi$(-1, 2, -1)$ (selbstadjungiert und) positiv definit ist, ohne auf Galerkin-Verfahren zurück zu greifen. Bestimmen Sie zunächst durch Induktion nach n die Gestalt der LR-Zerlegung und schließen Sie daraus, dass alle Hauptminoren positiv sind.

11.9. Wenden Sie das Jacobi'sche und Gauß-Seidel'sche Verfahren mit wachsendem n auf eine Reihe von Problemen mit dieser Matrix an: $A_n\mathbf{x} = \mathbf{0}$. (Der ν-te iterierte Vektor ist wieder genau der Fehlervektor.)
Untersuchen Sie eine Art „effektiven Konvergenzfaktor" $q_{n,\nu} = \left(\frac{\|\mathbf{x}_\nu\|}{\|\mathbf{x}_0\|}\right)^{(1/\nu)}$ für verschiedene Werte von ν. Norm im Grundraum: euklidische Norm. Startvektor: aus Zufallszahlen generiert.
Führen Sie einige Experimente durch und vergleichen Sie

- bei konstantem n: Jacobi und Gauß-Seidel

- bei konstantem ν: Konvergenzfaktor in Abhängigkeit von n.

11.7 Das Mehrgitterverfahren

Das Prinzip. Bei vielen Problemstellungen ist das lineare Gleichungssystem, das gelöst werden soll, nicht isoliert, sondern eingebettet in eine Schar zusammengehöriger Probleme. Dies ist z.B. dann der Fall, wenn, wie bei der Diskretisierung partieller Differentialgleichungen, ein Scharparameter h auftritt (Gittermaschenweite; allgemein: typische räumliche Skala).
Wir denken in diesem Abschnitt zur Erläuterung der Prinzipien an die 1D, zeitunabhängige Wärmeleitungsgleichung in der diskretisierten Form 3.51:

$$A^h\mathbf{u}^h = \mathbf{f}^h \tag{11.42}$$

mit $A^h = $ tridi$(-1, 2, -1)$, einer n×n-Tridiagonalmatrix ($n = \frac{1}{h}$). – Die Maschenweite h kennzeichne das Gitter, auf dem wir die Gleichung wirklich lösen wollen.

Für unsere Zwecke modifizieren wir die Aufgabe dahingehend, dass wir *periodische Randbedinugungen* vorsehen. Insbesondere die Inhomogenität f soll periodisch mit der Periode 1 sein; dann wird das auch für die Lösung u^* bzw., im diskreten Fall, für die Lösung $\mathbf{u}^h$ von 11.42 zutreffen. Bei Ausdrücken wir $-u_{j-1} + 2u_j - u_{j+1}$ sind für randnahe Indizes j, bei denen $j \pm 1$ etwa außerhalb des Indexbereiches $[0, n-1]$ zu liegen kommt, durch Addition oder Subtraktion von n in den Grundbereich zu verschieben.

Unser konkretes Mehrgitterverfahren bauen wir auf der Gauß-Seidel'schen Methode auf. Beim Iterationsschritt $\mathbf{u}_\nu \rightsquigarrow \mathbf{u}_{\nu+1}$ subtrahieren wir von Gleichung, die diesen beschreibt, $(L + D)\mathbf{u}_{\nu+1} + R\mathbf{u}_\nu = \mathbf{f}$, diejenige, der die exakte Lösung gehorcht $(L + D)\mathbf{u}^h + R\mathbf{u}^h = \mathbf{f}^h$ und gelangen so zur Beziehung $(L + D)\mathbf{e}^h_{\nu+1} + R\mathbf{e}^h_\nu = \mathbf{0}$., unter Benutzung der Verschiebungsmatrizen $S_\pm$ also zu

$$(-S_- + 2I)\mathbf{e}^h_{\nu+1} - S_+\mathbf{e}^h_\nu = \mathbf{0}. \tag{11.43}$$

Jetzt sind wir ganz im Bereich der von Neumann'schen Stabilitätsanalyse. Alle drei auftretenden Matrizen erscheinen nach Satz 10.5.1 in der Basis (ψ_ν) diagonal mit den bekannten Eigenwerten der Matrizen, so dass Gleichung 11.43 sich in diesem System als

$$(-\omega_{-j} + 2)e^{\nu+1}_j + \omega_j e^\nu_j = 0 \ \forall j$$

darstellt, wobei die e^ν_j die Komponenten der jeweiligen Vektoren in der genannten Basis bezeichnen.

In der Fourierbasis ist demnach die Übergangsmatrix

$$\tilde{T} = \operatorname{diag}\left(\frac{\omega_j}{2 - \omega_{-j}}\right)_j. \tag{11.44}$$

Die Beträge der Eigenwerte sind folglich

$$|\tau_j| = (\tau_j \bar{\tau}_j)^{\frac{1}{2}} = \left(\frac{1}{5 - 4\cos\frac{j\pi}{n}}\right)^{\frac{1}{2}}.$$

Zunächst zerstreuen wir die Besorgnis, die sich wegen $|\tau_0| = 1$ einstellen mag; die Methode ist in dieser Mode nicht konvergent. Dies ist aber lediglich eine Auswirkung der periodischen Randbedingungen, derentwegen mit einer Lösung $\mathbf{u}$ auch jedes $\mathbf{u} + \mathbf{c}$, $\mathbf{c}$ ein konstanter Vektor (also ein Vielfaches von ψ_0!), Lösung ist. T verändert, damit übereinstimmend, genau den konstanten Anteil des Startvektors nicht.

Bei den wirklich interessanten Moden $j \neq 0$ ist $|\tau_j| < 1$. Gilt für das Argument ω im Kosinus: $\frac{\pi}{4} \leq |\omega| \leq \frac{\pi}{2}$ und also für j: $\frac{n}{4} \leq |j| \leq \frac{n}{2}$, so ist der Cosinus negativ und wir haben

$$|\tau_j| = \left(\frac{1}{5 - 4\cos\frac{j\pi}{n}}\right)^{\frac{1}{2}} \leq \frac{1}{\sqrt{5}} \sim 0.447.$$

Die Moden mit $\frac{n}{4} \leq |j| \leq \frac{n}{2}$ machen gerade die hochfrequente Hälfte der Basisfunktionen aus; *sie werden also sehr effektiv mit einem Faktor ~ 0.447 oder besser gedämpft*. Da die hohen Moden den räumlich hochfrequenten Anteil darstellen, nennt man die Zahl $\frac{1}{\sqrt{5}}$ in diesem Zusammenhang den *Glättungsfaktor* (*smoothing factor*).

Die Glättungseigenschaft des grundlegenden Relaxationsverfahrens (hier: Gauß-Seidel) ist die Basis für *Mehrgitterverfahren*. Wir skizzieren zunächst ein *Zweigitterverfahren*. Von einem Startvektor ausgehend, führt man auf dem ursprünglichen, *feinen* Gitter (Maschenweite $h_0 := h$), einige Iterationen mit dem Relaxationsverfahren durch, bis die hochfrequenten Anteile des Fehlervektors gedämpft sind; sodann geht man zum gröberen Gitter, Maschenweite $h_1 := 2h_0$ über. (Das setzt natürlich voraus, dass man das Grundintervall in eine gerade Anzahl von Gittermaschen unterteilt hat.) Zum gröberen Gitter gehören gerade die Basisfunktionen, die nicht effizient gedämpft worden sind; der Indexbereich $\frac{n}{8} \leq |j| \leq \frac{n}{4}$ ist jetzt vom Standpunkt des groben Gitters aus als hochfrequent anzusehen, und der Fehler wird durch einige Relaxationen auf diesem Gitter effizient gedämpft. Anschließend muss man die Grobgitterlösung wieder auf das feinere Gitter übertragen (Interpolation), wodurch natürlich wieder hochfrequente Fehler eingeführt werden, die man aber durch einige weitere Relaxationsschritte auf dem feinen Gitter effizient reduzieren kann.

Zweigitterverfahren. Im Sinne des vorangehenden Paragraphen gehen wir vom feinen (Schrittweite h) und vom groben Gitter (Schrittweite $H = 2h$) aus. Auf einen Anfangsvektor $\mathbf{u}^h$ wenden wir im Pseudocode unten λ Schritte des Relaxationsverfahren (z.B. Gauß-Seidel) an und überschreiben $\mathbf{u}^h$ mit dem Ergebnis. Anschließend ermitteln wir das Residuum $\mathbf{r}^h = A\mathbf{u}^h - \mathbf{f}^h$.
Wenn wir das Gleichungssystem $A\mathbf{v}^h = \mathbf{r}^h$ exakt lösen könnten, so wäre $\mathbf{u}^h + \mathbf{v}^h$ die exakte Lösung des ursprünglichen Gleichungssystems. Stattdessen übertragen wir $\mathbf{r}^h$ mithilfe des *Restriktionsoperators* auf das grobe Gitter (z.B. indem wir einfach jeden zweiten Wert direkt übernehmen); das liefert $\mathbf{r}^H$. Das Gleichungssymstem $A^H \mathbf{v}^H = \mathbf{r}^H$ lösen wir (in der Praxis: näherungsweise) durch einige (μ) Relaxationsschritte; danach bilden wir durch *Injektion* (eine geeignete Form der Interpolation) $\mathbf{v}^H$ auf das feinere Gitter ab: $\mathbf{v}^h$. Die hoffentlich bessere Approximation $\mathbf{u}^h + \mathbf{v}^h$ befreien wir durch einige (ν) weitere Relaxationsschritte weit gehend von den durch die diversen Operationen neu eingeführten hochfrequenten Fehler.
Im Prinzip (und durchaus auch in der Praxis) kann man den gesamten Vorgang mehrere Male wiederholen.

Programmbeispiel (Zweigitterverfahren). Das folgende Programmbeispiel formalisiert diese Punkte. Der Name der Methode *twoGridCycle* erklärt sich daraus, dass das gesamte Verfahren nur einmal durchlaufen wird (ein Zyklus). Die Zusätze „fine" bzw. „coarse" beziehen sich auf das feine bzw. grobe Gitter (h bzw. H). Der Methode „Relax" wird der Reihe nach die Matrix, eine Anfangsschätzung für die Lösung, die rechte Seite und die Zahl der Iterationen übergeben.

```
method twoGridCycle
  arguments in: nfine ,λ ,μ ,ν
  arguments out: ufine (0: nfine −1)
```

```
initializeMatrix(Afine,nfine)
initializeRightHandSide(ffine)
guessSolution(ufine,nfine)

ncoarse=nfine/2
initializeMatrix(Acoarse,ncoarse)
allocate(vcoarse(0:ncoarse-1))
allocate(nullcoarse(0:ncoarse-1))
 nullcoarse=0. !starting guess for coarse grid relax.

ufine=Relax(Afine,ufine,ffine,λ)
 rfine=Afine·ufine-ffine
 rcoarse=Restrict(rfine)
vcoarse= Relax(Acoarse,nullcoarse,rcoarse,μ)
vfine=Prolong(vcoarse)
ufine=ufine+vfine
ufine=Relax(Afine,ufine,ffine,ν)
```

end method twoGridCycle

Implementationsfragen.   Schon auf der Ebene des Zweigitterverfahrens wirft
eine konkrete bzw. möglichst gute Implementation einige Fragen auf.
Nach welchen Kriterien wählt man etwa die Parameter λ, μ, ν bzw. wie bestimmt
man sie dynamisch in Abhängigkeit von den beobachteten Konvergenzeigen-
schaften? Welches Verfahren legt man der Relaxation wirklich zugrunde? Wie
gestaltet man Restriktion bzw. Prolongation genau? Dazu kommt noch die hier
ausgeklammerte Frage des Umgangs mit anderen als periodischen Randbedingungen.
Wirklich große und in vielen wichtigen Fällen i.W. optimale Effizienz erreicht
man, indem Gitterhierarchien mit mehr beteiligten Gittern einführt (feinstes Git-
ter h_0; gröbere Gitter $h_1 = \frac{h_0}{2}, h_2 = \frac{h_1}{2}, \dots$. Es leuchtet unmittelbar ein, dass alle
Fragen einer guten Steuerung (Auf- und Abstiegsstrategie etc.) sich hier in noch
höherem Ausmaß stellen.
Selbstverständlich sind die Mehrgitterverfahren keineswegs auf eindimensionale Probleme beschränkt. Dass es in höheren Dimensionen noch mehr Fragen
bezüglich Prolongation, Restriktion usw. gibt, versteht sich von selbst. Die man-
nigfachen Möglichkeiten sieht man schon, wenn man z.B. bedenkt, in wie unterschiedlicher Weise man bei Gauß-Seidel die Gleichungen durchaus natürlich
anordnen kann und damit jeweils verschiedenen Verfahren erhält.
Es sei an dieser Stelle erwähnt, dass sich die von Neumann'sche Methode gut auf
mehrere Dimensionen übertragen lässt, solange Rechtecklogik besteht.

Aufgaben

11.10. Schreiben Sie ein Programm für das Zweigitterverfahren und führen Sie Experimente zur Konvergenzgeschwindigkeit durch. Vergleichen Sie insbesondere mit der direkten Anwendung von Gauß-Seidel. (Man setzt dazu am besten die rechte Seite zu 0, weil man dann der Lösungsvektor zugleich der Fehlervektor ist. Natürlich darf man die Startlösung nicht als 0 wählen.)

11.11. Untersuchen Sie das *gedämpfte Jacobische Verfahren* für die Wärmeleitungsgleichung nach dem Vorbild der vorangehenden Paragraphen in Abhängigkeit vom *Dämpfungsparameter* ω hinsichtlich Glättungseigenschaften. – Das gedämpfte Jacobi'sche Verfahren ist in Anlehnung an die Notation bei Gleichung 11.17 durch

$$D\mathbf{u}_{\nu+1} - D\mathbf{u}_\nu - \omega(\mathbf{f} - A\mathbf{u}_\nu) = 0$$

definiert. (Zeigen Sie, dass für $\omega = 1$ die klassische Jacobi'sche Methode resultiert.)

11.8 Das Verfahren der konjugierten Gradienten

Wir stellen uns die Aufgabe, ein Gleichungssystem

$$A\mathbf{x} = \mathbf{b} \quad (A \in \mathfrak{M}_{nn}, \text{ selbstadjungiert, positiv definit})$$

zu lösen ($\mathbf{x}, \mathbf{b} \in V = K^n$; Lösung $\mathbf{x}^\star$). Es sei $K = \mathbb{R}$; $K = \mathbb{C}$ bereitet keine zusätzlichen Schwierigkeiten.

Auch dieses Verfahren arbeitet mit dem Variationsfunktional

$$\mathcal{J}(\mathbf{x}) = \langle A\mathbf{x}, \mathbf{x} \rangle - 2\langle \mathbf{b}, \mathbf{x} \rangle = Min! \quad (\mathbf{x} \in V),$$

das durch $\mathbf{x}^\star$ minimiert wird (Korrollar 10.2.1). Es liegt nahe, eine derartige Minimierungsaufgabe iterativ so zu lösen, dass man beim Übergang $\mathbf{x}_\nu \rightsquigarrow \mathbf{x}_{\nu+1}$ sich längs der Richtung des steilsten Abstiegs, d.h. eine gewisse Strecke in Richtung $-\operatorname{grad}\mathcal{J}(\mathbf{x}_\nu)$, bewegt. Derartige Verfahren nennt man *Gradientenverfahren*. – Die Methode der *konjugierten* Gradienten bezieht diese Gradienten in ihren Ansatz ein, konstruiert aber daraus in spezifischer Weise andere Richtungen. Wir stellen verschiedene Komponenten, die zum Verfahren beitragen, der Reihe nach vor.

Eindimensionale Minimierung. Es sei U ein Teilraum von V, und mit einem $\mathbf{x}_0 \in V$ betrachten wir den *affinen* Teilraum $W := \mathbf{x}_0 + U$. Das Problem der optimalen Approximation eines Elementes $\mathbf{x}^\star \in V$ (es wird sich nämlich in den Anwendungen um die Approximation der Lösung $\mathbf{x}^\star$ des Gleichungssystems handeln) durch Elemente des (linearen und sozusagen nicht wirklich affinen) Teilraums U haben wir gelöst; wir wollen die Lösung auf Approximation durch Elemente des *affinen* Teilraums W ausdehnen. Die Elemente von W wollen wir typischer Weise mit $\mathbf{x}$ o. dgl. bezeichnen, das jeweils zugehörige Element von U mit $\mathbf{y}$ oder ähnlich. Es ist also $\mathbf{y} = \mathbf{x} - \mathbf{x}_0$, insbesondere $\mathbf{y}^\star = \mathbf{x}^\star - \mathbf{x}_0$.

Lemma 11.8.1 (Kennzeichnung von Proximis). *Es gilt*

$$\mathbf{x}' \in W \text{ ist Proximum an } \mathbf{x}^* \Leftrightarrow \mathbf{y}' \in U \text{ ist Proximum an } \mathbf{y}^*.$$

Insbesondere ist das Proximum in W an $\mathbf{x}^*$ durch $\mathbf{x}' - \mathbf{x}^* \perp W$ (Orthogonalitätsbedingung) gekennzeichnet.

Beweis. Da W die um $\mathbf{x}_0$ verschobene Version von U ist und die Vektoren $\mathbf{x}$ aus den Vektoren $\mathbf{y}$ durch dieselbe Verschiebung auseinander hervorgehen, ist unmittelbar klar, dass die Minimierungsaufgaben und daher die Lösungen in der $\mathbf{x}$- bzw. $\mathbf{y}$-Darstellung einander entsprechen.

Die Orthogonalitätsaussage $\mathbf{x}' - \mathbf{x}^* \perp W$ im Lemma ist im *geometrischen Sinn* gemäß Abbildung 11.4 zu verstehen: stehen der affine Raum W und der lineare Raum U miteinander in der Beziehung $W = \mathbf{x}_0 + U$, so bedeutet $\mathbf{z} \perp W$ gerade $\mathbf{z} \perp U$, d.h. $\mathbf{z} \perp \mathbf{u}\ \forall\, \mathbf{u} \in U$, hingegen keineswegs $\mathbf{z} \perp \mathbf{w}\ \forall\, \mathbf{w} \in W$!

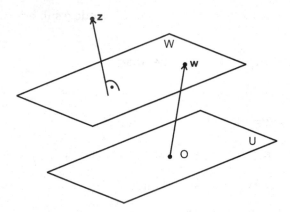

Abbildung 11.4: Orthogonalität bezüglich affiner Räume: $\mathbf{z} \perp W$, aber i.A. keineswegs $\mathbf{z} \perp \mathbf{w}(\mathbf{w} \in W)$

Damit bedeutet aber die Orthogonalitätsaussage des Lemmas eine Trivialität: das Proximum $\mathbf{x}'$ des *linearen* Raumes U ist durch $\mathbf{x}' - \mathbf{x}^* \perp U$ gekennzeichnet; daher das Proximum $\mathbf{y}' = \mathbf{x}_0 + \mathbf{x}'$ des *affinen* Raumes $W = \mathbf{x}_0 + U$ durch die Bedingung $\mathbf{y}' - \mathbf{y}^* \perp W$.   □

Ist $\mathbf{x}$ eine Näherunglösung zu $A\mathbf{x} = \mathbf{b}$, so ist $\mathbf{x} - \mathbf{x}^*$ der Fehler (im Originalraum). Im Bildraum erscheint der Fehler als das *Residuum*

$$A(\mathbf{x} - \mathbf{x}^*) = A\mathbf{x} - \mathbf{b} =: \mathbf{r}(\mathbf{x}) = \mathbf{r}.$$

Anders als der Fehler der Näherungslösung kann das Residuum an jeder Stelle direkt berechnet werden; es wird anschließend sogleich auftreten. –
Im nächsten Lemma gehen wir von einer Stelle $\mathbf{x} \in V$ aus und geben eine *Suchrichtung* $\mathbf{s} \neq \mathbf{0}$ vor; $\mathcal{J}$ soll auf der Geraden $\mathbf{x} + [\mathbf{s}]$ minimiert werden.

Lemma 11.8.2 (Eindimensionale Minimierung). *Die Abbildung*

$$\alpha \to \mathcal{J}(\mathbf{x} + \alpha\mathbf{s})$$

wird genau durch

$$\alpha = -\frac{\langle \mathbf{r}, \mathbf{s} \rangle}{\langle A\mathbf{s}, \mathbf{s} \rangle} = -\frac{\langle \mathbf{r}, \mathbf{s} \rangle}{\langle \mathbf{s}, \mathbf{s} \rangle_A}$$

minimiert.

Beweis. Wir erinnern zunächst an die Darstellung

$$\mathcal{J}(\mathbf{x}) = \langle \mathcal{A}(\mathbf{x}), \mathbf{x} \rangle - 2\langle \mathbf{b}, \mathbf{x} \rangle = \langle \mathbf{x}, \mathbf{x} \rangle_A - 2\langle \mathbf{x}^\star, \mathbf{x} \rangle_A + \langle \mathbf{x}^\star, \mathbf{x}^\star \rangle_A - \langle \mathbf{x}^\star, \mathbf{x}^\star \rangle_A =$$
$$= \langle \mathbf{x} - \mathbf{x}^\star, \mathbf{x} - \mathbf{x}^\star \rangle_A - \langle \mathbf{x}^\star, \mathbf{x}^\star \rangle_A.$$

$$(11.45)$$

Es ist

$$\mathcal{J}(\mathbf{x} + \alpha \mathbf{s}) = \langle \alpha \mathbf{s} + (\mathbf{x} - \mathbf{x}^\star), \alpha \mathbf{s} + (\mathbf{x} - \mathbf{x}^\star) \rangle_A - \langle \mathbf{x}^\star, \mathbf{x}^\star \rangle_A =$$
$$= \alpha^2 \langle \mathbf{s}, \mathbf{s} \rangle_A + 2\alpha \langle \mathbf{x} - \mathbf{x}^\star, \mathbf{s} \rangle_A + \langle \mathbf{x} - \mathbf{x}^\star, \mathbf{x} - \mathbf{x}^\star \rangle_A - \langle \mathbf{x}^\star, \mathbf{x}^\star \rangle_A.$$

Differentiation nach α führt auf

$$\mathcal{J}'(\alpha) = 2\alpha \langle \mathbf{s}, \mathbf{s} \rangle_A + 2\langle \mathbf{x} - \mathbf{x}^\star, \mathbf{s} \rangle_A = 2(\alpha \langle A\mathbf{s}, \mathbf{s} \rangle + \langle \mathbf{r}(\mathbf{x}), \mathbf{s} \rangle),$$

sodass sich mit $\mathcal{J}'(\alpha) = 0$ der im Lemma behauptete Wert für α ergibt. Wegen $\mathcal{J}''(\alpha) = 2\langle A\mathbf{s}, \mathbf{s} \rangle > 0$ handelt es sich tatsächlich um die Stelle eines Minimums. $\square$

Bemerkung (andere Funktionale). Es gibt darüber hinaus verschiedene quadratische Funktionale, die genau durch die Lösungen des Gleichungssystems minimiert werden, z.B. das Funktional $\mathcal{Q}(\mathbf{x}) := \langle A\mathbf{x} - \mathbf{b}, A\mathbf{x} - \mathbf{b} \rangle$, das sein Minimum (0) genau an der Stelle $\mathbf{x}^\star$ annimmt. Siehe die Aufgabe.

Hochdimensionale Minimierung.

Bemerkung (Wahl der Suchrichtungen). Es erscheint plausibel, dass man bei vernünftiger Wahl der Suchrichtungen, längs derer man in jedem Schritt eine 1D-Minimierung durchführt, in einer Reihe von Fällen zu einigermaßen brauchbaren Verfahren kommt, da $\mathcal{J}$ im Allgemeinen in jedem Schritt verkleinert wird. Es ist auf diesem Weg in der Tat möglich, in relativ nahe liegender Weise Verfahren aufzustellen, die hinsichtlich Effizienz vielfach ungefähr den Verfahren von Jacobi oder Gauß-Seidel entsprechen.

Wir planen jedoch folgende Strategie, die demgegenüber viel unbescheidener erscheint. Im ersten Schritt ($\mathbf{x}_0 \rightsquigarrow \mathbf{x}_1$) minimieren wir von $\mathbf{x}_0$ ausgehend unter Wahl einer Suchrichtung $\mathbf{s}_0 \neq \mathbf{0}$ einfach längs der Geraden $\mathbf{x}_0 + [\mathbf{s}_0]$ das Funktional $\mathcal{J}$ so, wie gerade erläutert.

Pro Schritt fügen wir jedoch eine weitere Suchrichtung hinzu, etwa bei $\mathbf{x}_\nu \rightsquigarrow \mathbf{x}_{\nu+1}$ eine Richtung $\mathbf{s}_\nu$. Wir definieren nun $\mathbf{x}_{\nu+1}$ als Lösung des hochdimensionalen Minimierungsproblems

$$\mathbf{x} \to \mathcal{J}(\mathbf{x}) = Min! \quad (\mathbf{x} \in \mathbf{x}_0 + [\mathbf{s}_0, \ldots, \mathbf{s}_\nu]).$$

Bei näherer Betrachtung des Schrittes $\mathbf{x}_\nu \rightsquigarrow \mathbf{x}_{\nu+1}$ scheint das vor allem ein gutes Beispiel für eine schlechte Idee zu sein: Die Aufgabe besteht doch darin, einen

Vektor $\mathbf{c} = (c_0,\dots,c_\nu) \in \mathbb{R}^{\nu+1}$ zu finden, der das $\nu + 1$-dimensionale Minimierungsproblem

$$f_\nu(\mathbf{c}) = \mathcal{J}(\mathbf{x}_0 + c_0\mathbf{s}_0 + \dots + c_\nu\mathbf{s}_\nu) = Min! \quad (\mathbf{c} \in \mathbb{R}^{\nu+1})$$

löst. Auf der Suche nach einer kritischen Stelle wird man den Gradienten von f nach den c_μ null setzen:

$$\frac{\partial f_\nu}{\partial c_\mu} = 0 \quad (\mu = 0,\dots,\nu).$$

Das sind $\nu + 1$ Gleichungen für die $\nu + 1$ Unbekannten $c_0,\dots,c_\nu$. Um also das *eine* ursprüngliche Gleichungssystem mit n Unbekannten zu lösen, müsste man bei diesem Vorgehen in aufsteigender Reihenfolge für $\nu = 0, 1,\dots, n - 1$ jeweils ein System mit je $\nu + 1$ Unbekannten lösen. Von diesen ist das Letzte genauso groß wie das eigentlich zu lösenden Gleichungssystem, und die vorangehenden sind nur wenig kleiner. Dieser Weg erscheint also völlig inpraktikabel.

Sehen wir uns indessen für ein ν das Minimierungsproblem genauer an! Wir beachten, dass allgemein unter Benutzung von $\mathcal{J}(\mathbf{x}) = \langle \mathbf{x} - \mathbf{x}^\star, \mathbf{x} - \mathbf{x}^\star \rangle_A - \langle \mathbf{x}^\star, \mathbf{x}^\star \rangle_A$ und $f_\nu(\mathbf{c}) = \mathcal{J}(\mathbf{x}_0 + \sum_{\mu=0}^\nu c_\mu\mathbf{s}_\mu)$

$$f_\nu(\mathbf{c}) = \left\langle (\mathbf{x}_0 - \mathbf{x}^\star) + \sum_{\mu=0}^\nu c_\mu\mathbf{s}_\mu \,,\, (\mathbf{x}_0 - \mathbf{x}^\star) + \sum_{\lambda=0}^\nu c_\lambda\mathbf{s}_\lambda \right\rangle_A - \langle \mathbf{x}^\star, \mathbf{x}^\star \rangle_A =$$

$$= \sum_{\lambda,\mu=0}^\nu \langle \mathbf{s}_\mu, \mathbf{s}_\lambda \rangle_A c_\mu c_\lambda + 2\sum_{\mu=0}^\nu \langle \mathbf{x}_0 - \mathbf{x}^\star, \mathbf{s}_\mu \rangle_A c_\mu + \dots,$$

(11.46)

wobei die weggelassenen Terme die c_μ nicht enthalten und daher für die Bestimmung der Stelle des Minimums unerheblich sind.

Die Schwierigkeit rührt von den gemischten Termen, den $\langle \mathbf{s}_\mu, \mathbf{s}_\lambda \rangle_A$ her. *Wären diese nämlich nicht vorhanden*, wären also die *Suchrichtungen A-orthogonal*, so hätte die Minimierungsaufgabe die Gestalt

$$f_\nu(\mathbf{c}) = \sum_{\mu=0}^\nu \langle \mathbf{s}_\mu, \mathbf{s}_\mu \rangle_A c_\mu^2 + 2\sum_{\mu=0}^\nu \langle \mathbf{x}_0 - \mathbf{x}^\star, \mathbf{s}_\mu \rangle_A c_\mu + \dots = \sum_{\mu=0}^\nu g_\mu(c_\mu) + \dots = Min!$$

(11.47)

mit

$$g_\mu(c_\mu) = \langle \mathbf{s}_\mu, \mathbf{s}_\mu \rangle_A c_\mu^2 + 2\langle \mathbf{x}_0 - \mathbf{x}^\star, \mathbf{s}_\mu \rangle_A c_\mu.$$

(11.48)

Die einzelnen Summanden g_μ haben keine Argumente gemeinsam; die Minimierung der Summe läuft auf die Minimierung jedes Summanden für sich hinaus. $g_\mu'(c_\mu) = 0$ liefert genau den Wert, den wir aus der eindimensionalen Minimierung schon kennen, nämlich im jetzigen Fall $c_\mu = -\frac{\langle \mathbf{x}_0 - \mathbf{x}^\star, \mathbf{s}_\mu \rangle_A}{\langle \mathbf{s}_\mu, \mathbf{s}_\mu \rangle_A}$. Die Methode der konjugierten Gradienten *besteht nun gerade in der Benutzung A-orthogonaler Suchrichtungen*, die noch dazu unter Einbeziehung der Gradienten von $\mathcal{J}$ festgelegt werden.

Wohl könnten die Richtungen z.B. auch aus den Einheitsvektoren $e_1, e_2, \ldots$ durch Orthogonalisierung mit dem Gram-Schmidt'schen Verfahren gewonnen werden. Allerdings wäre das mit viel zu hohem Rechenaufwand verbunden, wie man leicht abschätzt; die Methode wäre dann wenig attraktiv. Überdies gewährleistet erst die Berücksichtigung der Gradienten eine dem Problem angepasste Wahl der Richtungen im Sinne einer effizienten Verkleinerung von $\mathcal{J}$.

Die zweckmäßige Bestimmung A-orthogonaler Suchrichtungen macht einen wesentlichen Teil des Verfahrens aus; wir besprechen das im nächsten Paragraphen. Für jetzt fassen wir zusammen:

Lemma 11.8.3 (Minimierung bei A-orthogonalen Suchrichtungen). *Sind die Suchrichtungen* $s_0, s_1, \ldots$ *A-orthogonal, so zerfällt die $\nu + 1$-dimensionale Minimierungsaufgabe*

$$\mathcal{J}(x_0 + c_0 s_0 + \ldots c_\nu s_\nu) = Min!$$

in $\nu + 1$ voneinander unabhängige eindimensionale Minimierungsprobleme

$$g_\mu(c_\mu) = \langle s_\mu, s_\mu \rangle_A c_\mu^2 + 2\langle x_0 - x^\star, s_\mu \rangle_A c_\mu = Min! \quad (\mu = 0, \ldots, \nu)$$

mit Lösung

$$c_\mu = -\frac{\langle x_0 - x^\star, s_\mu \rangle_A}{\langle s_\mu, s_\mu \rangle_A}. \tag{11.49}$$

Für aufeinander folgende Approximationen gilt

$$x_{\mu+1} = x_\mu + c_\mu s_\mu :$$

mit $r_\mu := r(x_\mu)$ besteht auch die Darstellung

$$c_\mu = -\frac{\langle r_\mu, s_\mu \rangle}{\langle s_\mu, s_\mu \rangle_A}. \tag{11.50}$$

Das Verfahren endet spätestens nach n Schritten beim exakten Wert der Lösung.

Beweis. Das Verfahren bricht nach höchstens n Schritten an der exakten Lösung ab, weil dann aus Dimensionsgründen $x_0 + [s_0, \ldots, s_{n-1}] = V$ ist und die Minimierung daher auf die Lösung des ursprünglichen Gleichungssystems führen muss. – Im Übrigen ist nur noch 11.50 zu beweisen. Wir gehen von 11.49 aus, wobei es genügt, den Zähler zu betrachten, da die Nenner übereinstimmen. Es ist $\langle x_0 - x^\star, s_\mu \rangle_A = \langle (x_0 - x_\mu) + (x_\mu - x^\star), s_\mu \rangle_A = \langle (x_0 - x_\mu), s_\mu \rangle_A + \langle (x_\mu - x^\star), s_\mu \rangle_A$. Nun gilt aber $x_0 - x_\mu \in [s_0, \ldots, s_{\mu-1}]$ und daher $x_0 - x_\mu \perp_A s_\mu$; somit $\langle x_0 - x_\mu, s_\mu \rangle_A = 0$. Das zweite Produkt ist aber $\langle (x_\mu - x^\star), s_\mu \rangle_A = \langle A(x_\mu - x^\star), s_\mu \rangle = \langle r_\mu, s_\mu \rangle$. $\square$

Eines unserer Probleme besteht in der sinnvollen Bestimmung einer aufsteigenden Kette von Suchräumen, d.h. in jedem Schritt eines weiteren linear unabhängigen und der Aufgabenstellung angemessenen Suchvektors. Dieses Problem nimmt uns das folgende Lemma ab, wobei sich zeigen wird, dass die dort besprochenen Vektoren orthogonal, aber nicht A-orthogonal sind; der A-Orthogonalisierung wenden wir uns erst später zu.

Lemma 11.8.4 (Lineare Unabhängigkeit des Residuums). *Es sei $W = \mathbf{x}_0 + U$ ein affiner Raum; $\mathbf{x}' \in W$ sei Proximum an $\mathbf{x}^\star$ hinsichtlich $\| \ \|_A$. Dann ist $\mathbf{r}(\mathbf{x}')$ (0 oder) linear unabhängig von U, d.h. $[\mathbf{r}(\mathbf{x}'), U] \supset U$. Überdies ist $\mathbf{r}(\mathbf{x}') \perp U$.*

Beweis. Wir rufen uns die Orthogonalitätseigenschaft von $\mathbf{r} = \mathbf{r}(\mathbf{x}') = A\mathbf{x}' - \mathbf{b} = A(\mathbf{x}' - \mathbf{x}^\star)$ in Zusammenhang mit dem Proximum ins Gedächtnis: $A\mathbf{x}' - \mathbf{b} \perp U$, d.h. $\langle A\mathbf{x}' - \mathbf{b}, \mathbf{u}\rangle = 0 \quad \forall \mathbf{u} \in U$. Nun ist aber $\mathbf{r} = A\mathbf{x}' - \mathbf{b} = A(\mathbf{x}' - \mathbf{x}^\star)$. Die Orthogonalitätsbeziehung wird damit zu $0 = \langle A(\mathbf{x}' - \mathbf{x}^\star), \mathbf{u}\rangle = \langle \mathbf{r}, \mathbf{u}\rangle \quad \forall \mathbf{u} \in U$, d.h. zu $\mathbf{r} \perp U$. Damit ist $\mathbf{r}$ auch linear unabhängig von U, falls $\mathbf{r} \neq \mathbf{0}$. $\qquad\square$

Wir legen hier bereits grundlegend fest, was wir im folgenden Abschnitt begründen und (mit überraschend einfacher A-Orthogonalisierung!) konkret ausführen werden: *Die Suchrichtungen $\mathbf{s}_0, \mathbf{s}_1, \ldots$ werden aus den Residuen $\mathbf{r}_0, \mathbf{r}_1, \ldots$ so bestimmt, dass allgemein für die Suchräume $U_{\nu+1}$ gilt:*

$$U_{\nu+1} = [\mathbf{s}_0, \ldots, \mathbf{s}_\nu] = [\mathbf{r}_0, \ldots, \mathbf{r}_\nu]. \tag{11.51}$$

Dann haben wir aufgrund des vorangehendes Lemmas sofort

$$\mathbf{r}_\nu \perp \mathbf{r}_0, \ldots, \mathbf{r}_{\nu-1}$$

und es gilt auch folgendes, später benötigtes

Lemma 11.8.5. *Es ist*

$$\langle \mathbf{r}_\nu, \mathbf{s}_{\nu-1}\rangle_A = \frac{1}{c_{\nu-1}}\langle \mathbf{r}_\nu, \mathbf{r}_\nu\rangle \ und \ \langle \mathbf{r}_\nu, \mathbf{s}_\mu\rangle_A = 0 \ für \ \mu < \nu - 1.$$

Zudem gilt

$$\langle \mathbf{r}_\nu, \mathbf{s}_{\nu-1}\rangle_A = -\frac{\langle \mathbf{s}_{\nu-1}, \mathbf{s}_{\nu-1}\rangle_A}{\langle \mathbf{r}_{\nu-1}, \mathbf{s}_{\nu-1}\rangle_A}\langle \mathbf{r}_\nu, \mathbf{r}_\nu\rangle. \tag{11.52}$$

Beweis. Zunächst beachten wir

$$\mathbf{r}_{\mu+1} = A\mathbf{x}_{\mu+1} - \mathbf{b} = A(\mathbf{x}_\mu + c_\mu \mathbf{s}_\mu) - \mathbf{b} = \mathbf{r}_\mu + c_\mu A\mathbf{s}_\mu$$

und damit $A\mathbf{s}_\mu = \frac{1}{c_\mu}(\mathbf{r}_{\mu+1} - \mathbf{r}_\mu)$.
Mit $\mu = \nu - 1$ ergibt sich

$$\langle \mathbf{r}_\nu, \mathbf{s}_{\nu-1}\rangle_A = \langle \mathbf{r}_\nu, A\mathbf{s}_{\nu-1}\rangle = \frac{1}{c_{\nu-1}}(\langle \mathbf{r}_\nu, \mathbf{r}_\nu\rangle - \underbrace{\langle \mathbf{r}_\nu, \mathbf{r}_{\nu-1}\rangle}_{0}) = \frac{1}{c_{\nu-1}}\langle \mathbf{r}_\nu, \mathbf{r}_\nu\rangle.$$

Gleichung 11.50 entnehmen wir die Darstellung von $c_{\nu-1}$, was zu 11.52 Anlass gibt.
Mit $\mu < \nu - 1$ erhalten wir wegen $\mathbf{r}_\mu \perp \mathbf{r}_\nu$, $\mathbf{r}_{\mu+1} \perp \mathbf{r}_\nu$ entsprechend $\langle \mathbf{r}_\nu, \mathbf{s}_\mu\rangle_A = \frac{1}{c_\mu}(\langle \mathbf{r}_\nu, \mathbf{r}_{\mu+1}\rangle - \langle \mathbf{r}_\nu, \mathbf{r}_\mu\rangle) = 0$. $\qquad\square$

A-konjugierte Gradienten; Synopsis. Als unbeantwortete Frage verbleibt jetzt noch die tatsächliche Bestimmung der Suchrichtungen. – Da es auf die Minimierung von $\mathcal{J}$ ankommt, so liegt es nahe, von $\mathbf{x}_\nu$ aus in die Richtung des *steilsten Abstiegs*, $\mathbf{s}_\nu \parallel \operatorname{grad} \mathcal{J}(\mathbf{x}_\nu)$, zu gehen und längs dieser Richtung zu minimieren. Indessen stellt sich heraus, dass dies keine gute Suchstrategie ist, wenn das Gleichungssystem schlecht konditioniert ist; die Konvergenz ist dann sehr langsam, wie man leicht an Beispielen verifiziert und auch unsere bisherigen Resultate schon aussagen. Denn wir haben doch gesehen, dass die jeweils nächste Suchrichtung orthogonal auf alle vorangehenden ist (Lemma 11.8.4). Das bedeutet, dass man sich der Lösung $\mathbf{x}^*$ nicht längs einer mehr oder minder glatten Kurve, sondern in einem Zick-Zack Kurs nähert. Was das schon bei einem schlecht konditionierten Gleichungssystem mit 2 Unbekannten bewirkt, illustriert die Abbildung.

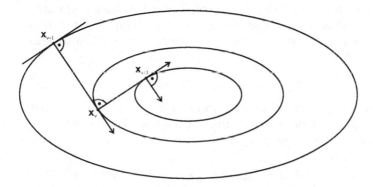

Abbildung 11.5: Zur Konvergenz der Gradientenmethode

Vor allem würde man über jeweils eindimensionale Minimierung nicht hinauskommen, und die gesamte Entwicklung des vorangehenden Paragraphen, wonach wir mit einem jeweils algorithmisch eindimensionalen Minimierungsschritt ein hochdimensionales Minimalproblem lösen können, käme nicht zum Tragen.

Ganz verwerfen wollen wir freilich die Richtung des steilsten Abstiegs doch nicht, steht sie doch mit der Abnahme von $\mathcal{J}$ in unmittelbarer Verbindung. Das folgende Lemma sagt uns obendrein, dass wir die Richtung schon kennen:

Lemma 11.8.6 (Residuum und Abstiegsrichtung). *Für* $\mathbf{x} \in V$ *ist die Richtung des steilsten Abstieges von* $\mathcal{J}$ *parallel zu* $\mathbf{r}(\mathbf{x})$.

Beweis. Von $\mathbf{x}$ aus gehen wir in eine beliebige Richtung $\mathbf{t}$ ($\|\mathbf{t}\|_0 = 1$), d.h. längs eines Weges $\mathbf{x} + \alpha \mathbf{t}$, und haben offenbar die Richtung $\mathbf{t}$ so zu bestimmen, dass an der Stelle $\alpha = 0$: $\frac{d\mathcal{J}}{d\alpha}(\mathbf{x} + \alpha \mathbf{t}) = Min!$.
Nun ist aber

$$\mathcal{J}(\mathbf{x} + \alpha \mathbf{t}) = \langle \mathbf{x} + \alpha \mathbf{t}, \mathbf{x} + \alpha \mathbf{t} \rangle_A - 2 \langle \mathbf{x}^*, \mathbf{x} + \alpha \mathbf{t} \rangle_A =$$
$$= \alpha^2 \langle \mathbf{t}, \mathbf{t} \rangle_A + 2\alpha \langle \mathbf{x} - \mathbf{x}^*, \mathbf{t} \rangle_A + \ldots .$$

Demnach ist die Ableitung in Richtung $\mathbf{t}$ an der Stelle $\mathbf{x}$ (entsprechend $\alpha = 0$)

$$\frac{d\mathcal{J}}{d\alpha}(\mathbf{x} + \alpha\mathbf{t})|_{\alpha=0} = -2\langle \mathbf{x} - \mathbf{x}^\star, \mathbf{t}\rangle_A = -2\underbrace{\langle A(\mathbf{x} - \mathbf{x}^\star)}_{\mathbf{r}(\mathbf{x})}, \mathbf{t}\rangle =$$

$$= -2\langle \mathbf{r}(\mathbf{x}), \mathbf{t}\rangle = -2\,\|\mathbf{r}\|\,\|\mathbf{t}\|\cos\left(\sphericalangle(\mathbf{r}, \mathbf{t})\right).$$

Im ganz rechts stehenden Aggregat steht nur der Winkel $\sphericalangle(\mathbf{r}(\mathbf{x}), \mathbf{t})$ zur Disposition, d.h., die Richtung von $\mathbf{t}$. Der Cosinus und damit der relevante Ausdruck nimmt für parallele Vektoren $\mathbf{r}, \mathbf{t}$ sein Extremum an. □

Für alle folgenden Überlegungen weisen wir darauf hin, dass wir *den Prozess beenden, sobald ein Residuum = 0 ist*; denn dann haben wir die Lösung bereits erreicht; *wir setzen also die auftretenden Residuen stets als $\neq \mathbf{0}$ voraus.*

Bemerkung (**cg-Verfahren: Grundstruktur**). Wir gehen von einem beliebigen Startvektor $\mathbf{x}_0$ aus. Im Laufe des Verfahrens werden wir aufsteigende affine Räume $W_0 \subset W_1 \subset \ldots$ als Suchräume konstruieren und im ν-ten Schritt $\mathbf{x}_\nu \in W_\nu$ als Proximum an $\mathbf{x}^\star$ erhalten. Es ist $W_\nu = \mathbf{x}_0 + U_\nu$, wobei U_ν durch Suchrichtungen gegeben ist, sodass

$$W_\nu = \mathbf{x}_0 + [\mathbf{s}_0, \mathbf{s}_1, \ldots, \mathbf{s}_{\nu-1}] = \mathbf{x}_0 + U_\nu.$$

Dabei sind die Suchrichtungen A-orthogonal und $\dim W_\nu = \nu$. Somit ist spätestens für $\nu = n$: $\mathbf{x}^\star \in W_\nu$ und daher $\mathbf{x}_\nu = \mathbf{x}^\star$. In der Praxis wird aber die Iteration meist nicht bis n geführt; bereits für ein geeignetes $\nu \ll n$ wird $\mathbf{x}_\nu$ als gültige Approximation für $\mathbf{x}^\star$ angesehen.

Bemerkung (**cg-Verfahren: Initialisierung**). $\mathbf{x}_0 \in V$ beliebig; $U_0 := \{\mathbf{0}\}$, $W_0 = \mathbf{x}_0 + U_0$. Trivialerweise ist $\mathbf{x}_0$ das Proximum in W_0 an $\mathbf{x}^\star$.

Bemerkung (**das cg-Verfahren**). Hier stellen wir nun das cg-Verfahren wirklich zusammen. Den Schritt $\mathbf{x}_0 \rightsquigarrow \mathbf{x}_1$ behandeln wir als besonders einfach separat. Die Schritte $\mathbf{x}_1 \rightsquigarrow \mathbf{x}_2$ bzw. $\mathbf{x}_\nu \rightsquigarrow \mathbf{x}_{\nu+1}$ sind im Sinne eines Induktionsanfangs bzw. des Induktionsschrittes zu sehen. Demgemäß ist beim Übergang $\mathbf{x}_\nu \rightsquigarrow \mathbf{x}_{\nu+1}$ die Endsituation dieselbe, wie es die Ausgangssituation gewesen ist, nur mit erhöhtem Index. Anschließend stellen wir die Resultate in Form eines sehr kurzen Pseudocodes dar.

Schritt $\mathbf{x}_0 \rightsquigarrow \mathbf{x}_1$:

Dieser Schritt ist als reiner Gradientschritt etwas untypisch. – Es ist $\mathbf{r}_0$ ($\mathbf{0}$ oder) l.u. von U_0 (trivial); Suchrichtung

$$\mathbf{s}_0 := -\mathbf{r}_0$$

(das negative Vorzeichen ist nur Konvention, es tut nichts zur Sache); Suchraum $W_1 := \mathbf{x}_0 + [\mathbf{s}_0] = \mathbf{x}_0 + U_1$. Proximum in W_1 nach Lemma 11.8.2:

$$\mathbf{x}_1 = \mathbf{x}_0 - \frac{\langle \mathbf{r}_0, \mathbf{s}_0\rangle}{\langle \mathbf{s}_0, \mathbf{s}_0\rangle_A}\mathbf{s}_0.$$

Schritt $\mathbf{x}_1 \rightsquigarrow \mathbf{x}_2$:

i) *Ausgangssituation*:
$U_1 = [\mathbf{r}_0] = [\mathbf{s}_0]$
$W_1 = \mathbf{x}_0 + U_1$
$\mathbf{x}_1 \in W_1$ ist A-Proximum in W_1 an $\mathbf{x}^\star$
$\mathbf{r}_1 := \mathbf{r}(\mathbf{x}_1) \perp U_1$ (Lemma 11.8.4) (oder $= 0$)

ii) *Neue Suchrichtung $\mathbf{s}_1$, neuer Suchraum W_2*:
A-Orthogonalisierung von $-\mathbf{r}_1$ auf $U_1 = [\mathbf{s}_0]$ (Gram-Schmidt) ergibt
$\mathbf{s}_1 := -\mathbf{r}_1 + \frac{\langle \mathbf{r}_1, \mathbf{s}_0 \rangle_A}{\langle \mathbf{s}_0, \mathbf{s}_0 \rangle_A} \mathbf{s}_0$;
damit: $\mathbf{s}_1 \perp_A \mathbf{s}_0$
$U_2 := [\mathbf{s}_0, \mathbf{s}_1] = [\mathbf{r}_0, \mathbf{r}_1]$
$W_2 := \mathbf{x}_0 + U_2$

iii) *Proximum $\mathbf{x}_2 \in W_2$*:
$\mathbf{x}_2 := \mathbf{x}_1 - \frac{\langle \mathbf{r}_1, \mathbf{s}_1 \rangle}{\langle \mathbf{s}_1, \mathbf{s}_1 \rangle_A} \mathbf{s}_1$ (Lemma 11.8.3)

iv) *Endsituation*:
$U_2 = [\mathbf{r}_0] \oplus^{\perp} [\mathbf{r}_1] = [\mathbf{s}_0] \oplus^{\perp_A} [\mathbf{s}_1]$
$W_2 = \mathbf{x}_0 + U_2$
$\mathbf{x}_2 \in W_2$ ist A-Proximum in W_2 an $\mathbf{x}^\star$
$\mathbf{r}_2 = \mathbf{r}(\mathbf{x}_2) \perp U_2$ (oder $\mathbf{0}$)

Schritt $\mathbf{x}_\nu \rightsquigarrow \mathbf{x}_{\nu+1}$:

i) *Ausgangssituation*:
$U_\nu = [\mathbf{r}_0] \oplus^{\perp} + \ldots \oplus^{\perp} [\mathbf{r}_{\nu-1}] = [\mathbf{s}_0] \oplus^{\perp_A} + \ldots \oplus^{\perp_A} [\mathbf{s}_{\nu-1}]$
$W_\nu = \mathbf{x}_0 + U_\nu$
$\mathbf{x}_\nu \in W_\nu$ ist A-Proximum in W_ν an $\mathbf{x}^\star$
$\mathbf{r}_\nu := \mathbf{r}(\mathbf{x}_\nu) \perp U_\nu$ (Lemma 11.8.4) (oder $= 0$)

ii) *Neue Suchrichtung $\mathbf{s}_\nu$, neuer Suchraum $W_{\nu+1}$*:
A-Orthogonalisierung von $-\mathbf{r}_\nu$ auf $U_\nu = [\mathbf{s}_0, \ldots, \mathbf{s}_{\nu-1}]$ (Gram-Schmidt):
$\mathbf{s}_\nu := -\mathbf{r}_\nu + \sum_{\mu=0}^{\nu-1} \frac{\langle \mathbf{r}_\nu, \mathbf{s}_\mu \rangle_A}{\langle \mathbf{s}_\mu, \mathbf{s}_\mu \rangle_A} \mathbf{s}_\mu$;
nach Lemma 11.8.5 überlebt nur der Summand $\mu = \nu - 1$; es folgt
$\mathbf{s}_\nu = -\mathbf{r}_\nu - \frac{\langle \mathbf{s}_{\nu-1}, \mathbf{s}_{\nu-1} \rangle_A}{\langle \mathbf{r}_{\nu-1}, \mathbf{s}_{\nu-1} \rangle_A} \frac{\langle \mathbf{r}_\nu, \mathbf{r}_\nu \rangle}{\langle \mathbf{s}_{\nu-1}, \mathbf{s}_{\nu-1} \rangle_A} \mathbf{s}_{\nu-1} = -\mathbf{r}_\nu - \frac{\langle \mathbf{r}_\nu, \mathbf{r}_\nu \rangle}{\langle \mathbf{r}_{\nu-1}, \mathbf{s}_{\nu-1} \rangle_A} \mathbf{s}_{\nu-1}$;
damit: $\mathbf{s}_\nu \perp_A \mathbf{s}_0, \ldots, \mathbf{s}_{\nu-1}$
$U_{\nu+1} := [\mathbf{s}_0, \ldots, \mathbf{s}_\nu] = [\mathbf{r}_0, \ldots, \mathbf{r}_\nu]$
$W_{\nu+1} := \mathbf{x}_0 + U_\nu$

iii) *Proximum $\mathbf{x}_{\nu+1} \in W_{\nu+1}$*:
$\mathbf{x}_{\nu+1} := \mathbf{x}_\nu - \frac{\langle \mathbf{r}_\nu, \mathbf{s}_\nu \rangle}{\langle \mathbf{s}_\nu, \mathbf{s}_\nu \rangle_A} \mathbf{s}_\nu$ (Lemma 11.8.3)

iv) *Endsituation*:
$U_{\nu+1} = [\mathbf{r}_0] \oplus^{\perp} + \ldots \oplus^{\perp} [\mathbf{r}_\nu] = [\mathbf{s}_0] \oplus_A^{\perp} + \ldots \oplus_A^{\perp} [\mathbf{s}_\nu]$
$W_{\nu+1} = \mathbf{x}_0 + U_{\nu+1}$
$\mathbf{x}_{\nu+1} \in W_{\nu+1}$ ist A-Proximum in $W_{\nu+1}$ an $\mathbf{x}^\star$
$\mathbf{r}_{\nu+1} = \mathbf{r}(\mathbf{x}_{\nu+1}) \perp U_{\nu+1}$ (oder $\mathbf{0}$)

Programmbeispiel (Methode der konjugierten Gradienten).

```
method conjGrad
  arguments in: n,A(n,n),b(n)
  arguments out: x(n)

  allocate xold(n),xnew(n),r(n),rold(n),sold(n),snew(n)
    xold=startingGuess (); r=A·xold−b; snew=−r
    xnew=xold−scalpro(r,snew)/scalpro(A·snew,snew)snew
  do until convergence
    xold=xnew; sold=snew; rold=r
    r=A·xold−b
    snew=−r−scalpro(r,r)/scalpro(A·rold,sold)sold
    xnew=xold−scalpro(r,snew)/scalpro(A·r,snew)snew
  end do
  x=xnew
end method conjGrad
```

Bemerkung (Ausblick). Fasst man das cg-Verfahren als iteratives Verfahren auf, so lässt sich eine Konvergenzanalyse durchführen. Für schlecht konditionierte Matrizen muss man danach mit langsamer Konvergenz rechnen. Allerdings reduziert sich der Fehler in den ersten Iterationen oft stärker, als die theoretische Analyse erwarten ließe. Daher mag das Verfahren ausreichen, wenn bereits eine gute Näherung an die Lösung bekannt ist.

In der Praxis wird das Verfahren allerdings meist mit *Prädkonditionierungsschritten* verknüpft. Diese Schritte bewirken, dass das cg-Verfahren in Wirklichkeit auf eine wesentlich besser konditionierte Matrix angewendet wird. Mit geeigneten Präkonditionierern, deren Entwicklung daher großes Interesse findet, zählt das cg-Verfahren häufig zu den effizientesten Methoden.

Die Einschränkung auf eine symmetrische Matrix A wird von verschiedenen Weiterentwicklungen aufgehoben. In diesem Zusammenhang ist in jüngerer Zeit z.B. das GMRES-Verfahren populär geworden. Man wird bei diesem und anderen Verfahren verschiedene Elemente der Methode der konjugierten Gradienten (aufsteigende Suchräume, geeignete Minimierungen usw.), natürlich in abgewandelter Form, wiederfinden.

Aufgaben

11.12. Lösen Sie „mit der Hand" das Gleichungssystem mit selbstadjungierter, positiv definiter Matrix

$$\begin{pmatrix} 3 & -1 & 1 \\ -1 & 4 & 2 \\ 1 & 2 & 2 \end{pmatrix} \begin{pmatrix} x_1 \\ x_2 \\ x_3 \end{pmatrix} = \begin{pmatrix} 11 \\ -4 \\ 4 \end{pmatrix}$$

vermittels der cg-Methode (Startvektor **0**).

11.13. Mit welchem Erfolg gelingt dasselbe für

$$\begin{pmatrix} 1 & 0 \\ 0 & -1 \end{pmatrix} \begin{pmatrix} x_1 \\ x_2 \end{pmatrix} = \begin{pmatrix} 1 \\ 1 \end{pmatrix}?$$

11.14. Arbeiten Sie das Gradientenverfahren zur Lösung von $A\mathbf{x} = \mathbf{b}$ (A nichtsingulär) für das Variationsfunktional $\mathcal{Q}(\mathbf{x}) = \langle A\mathbf{x} - \mathbf{b}, A\mathbf{x} - \mathbf{b}\rangle_2$ aus; bestimmen Sie insbesondere die Abstiegsrichtung und den jeweiligen Parameter α.

11.9 Eigenwerte: Die Potenzmethode

Die Methode. Die Potenzmethode ist geeignet, in vielen Fällen einen (vor Allem den betragsgrößten) oder einige wenige Eigenwerte sowie die zugehörigen Eigenvektoren einer Matrix A näherungsweise zu bestimmen; die Eigenwerte (und auch die Matrixelemente) mögen dabei reell oder komplex sein. Wir wollen hier den Grundgedanken erläutern.

Vorausgesetzt wird, dass es *genau einen* betragsgrößten Eigenwert α_1 gibt, $|\alpha_1| > |\alpha|$ für alle anderen Eigenwerte α von A. Der Eigenwert α_1 kann an sich auch mehrfach sein; wir nehmen aber für unkomplizierte Notation an, dass er einfach ist. Die bei mehrfachem α_1 erforderlichen Modifikationen sind leicht anzubringen. Im Übrigen verlangen wir zur Vereinfachung der Untersuchungen, dass die Eigenvektoren von A eine *Basis* von $\mathbb{R}^n$ (oder $\mathbb{C}^n$) bilden.

Die Voraussetzung, dass nur ein betragsgrößter Eigenwert existiert, bedeutet im Fall einer rellen Matrix A übrigens, dass der Eigenwert *reell* ist und man ganz in $\mathbb{R}$ arbeiten kann; denn mit α_1 ist dann auch $\bar{\alpha}_1$ Nullstelle des charakteristischen Polynoms. Wenn sich bei der praktischen Durchführung des Verfahrens das zu erwartende Verhalten (s.u.) nicht einstellt, hat man Grund, daran zu zweifeln, dass die Voraussetzung im konkreten Fall erfüllt ist.

Die Eigenwerte bezeichnen wir demzufolge mit $\alpha_1, \alpha_2, \ldots, \alpha_n$ und die zugehörigen Eigenvektoren mit $\mathbf{f}_1, \mathbf{f}_2, \ldots, \mathbf{f}_n$.

Für die iterative Potenzmethode wählen wir einen beliebigen Startvektor $\mathbf{x}_0 = (x_1^0, \ldots, x_n^0)^t$. In der Basis aus Eigenvektoren sei

$$\mathbf{x}_0 = \xi_1 \mathbf{f}_1 + \sum_{j=2}^{n} \xi_j \mathbf{f}_j. \tag{11.53}$$

Es muss $\xi_1 \neq 0$ verlangt werden. Wird $\mathbf{x}_0$ am Computer z.B. mithilfe von Pseudozufallszahlen konstruiert, ist diese Forderung sehr wahrscheinlich erfüllt. – Die Methode besteht jetzt einfach in der Iteration

$$\mathbf{x}_{k+1} = A\mathbf{x}_k. \tag{11.54}$$

Bemerkung (Konvergenzverhalten der Potenzmethode). Da für einen Eigenvektor $\mathbf{f}_j$ und für jedes $k \in \mathbb{N}$ gilt $A^k \mathbf{f}_j = \alpha_j^k \mathbf{f}_j$, ist

$$\mathbf{x}_k = \alpha_1^k \xi_1 \mathbf{f}_1 + \sum_{j=2}^{n} \alpha_j^k \xi_j \mathbf{f}_j = \alpha_1^k \left(\xi_1 \mathbf{f}_1 + \sum_{j=2}^{n} \left(\frac{\alpha_j}{\alpha_1}\right)^k \xi_j \mathbf{f}_j \right) = \alpha_1^k (\xi_1 \mathbf{f}_1 + O(q^k))$$

mit

$$q := \max \left(\left| \frac{\alpha_2}{\alpha_1} \right|, \ldots, \left| \frac{\alpha_n}{\alpha_1} \right| \right) < 1.$$

Die Richtung der $\mathbf{x}_k$ nähert sich immer mehr dem Eigenvektor $\mathbf{f}_1$ an, wobei der Fehler im Sinne einer im Wesentlichen geometrischen Folge $O(q^k)$ abnimmt. Es ist also für große k: $\mathbf{x}_{k+1} \sim \alpha_1 \mathbf{x}_k$.
Der *Betrag* des ersten Eigenwertes ist

$$|\alpha_1| = \lim_{k \to \infty} \frac{\|\mathbf{x}_{k+1}\|_2}{\|\mathbf{x}_k\|_2},$$

sodass man für hinlänglich großes k den Betrag von α_1 näherungsweise aus einem solchen Quotienten gewinnen kann.
Das *Vorzeichen* von α_1 entnimmt man in ähnlicher Weise aus dem Quotienten der l-ten Komponenten von $\mathbf{x}_{k+1}$ und $\mathbf{x}_k$. Dabei wählt man l so, dass die Komponenten relativ groß sind. Eigentlich könnte man daraus ja auch eine Näherung für α_1 selbst (ohne Betrag) erhalten. Den Umweg über den Betrag wählt man aber, weil man zeigen kann, dass dies i.A. eine bessere Approximation liefert.

Bemerkung (Reskalierung). Die Beziehung $\mathbf{x}_k \sim \alpha_1^k \xi_1 \mathbf{f}_1$ für großes k bedeutet natürlich auch, dass man mit geometrischen Anwachsen bzw. Abfallen von $\|\mathbf{x}_k\|$ rechnen muss, falls nicht gerade $|\alpha_1| = 1$ ist. Das führt leicht aus dem Bereich der in einem Computer darstellbaren Zahlen heraus. Durch gelegentliches Normieren der Vektoren kann man diesen Missstand leicht bekämpfen. Auf die Entwicklung der Richtungen und der Quotienten von Normen (abseits der Iterationen, in denen man die Normierung durchführt) hat dieses Vorgehen keinen Einfluss.

Bemerkung (Konvergenzgeschwindigkeit). Die Konvergenzgeschwindigkeit wird ersichtlich von q bestimmt. Die Verhältnisse liegen also im Falle eines möglichst dominanten betragsgrößten Eigenwertes besonders günstig.

Inverse Iteration. Mit einer Abwandlung der Methode, der *inversen Iteration*, ist es auch möglich, den *betragskleinsten* Eigenwert, sagen wir α_n, einer nichtsingulären Matrix A zu bestimmen. Über α_n treffen wir ähnliche Voraussetzungen wie vorhin über α_1. Die Grundidee besteht darin, dass die Eigenwerte von A^{-1} die Inversen, $\frac{1}{\alpha_j}$, sind und die Eigenvektoren die $\mathbf{f}_j$.
Es ist daher $\frac{1}{\alpha_n}$ der betragsgrößte Eigenwert von A^{-1}. Wir können daher die Iteration mit A^{-1} durchführen,

$$\mathbf{x}_{k+1} = A^{-1}\mathbf{x}_k,$$

und erhalten $\frac{1}{\alpha_n}$ bzw. $\mathbf{f}_n$ analog wie oben.
Es fragt sich nur, wie der Iterationsschritt denn durchzuführen ist, ohne die (außer für kleine Werte von n) unverhältnismäßig aufwendige Berechnung von A^{-1} vorzunehmen.
Wenn eine LR- oder QR-Zerlegung $A = LR$ praktisch durchführbar ist, so schreibt man äquivalent zum eigentlichen Iterationsschritt

$$LR\mathbf{x}_{k+1} = \mathbf{x}_k$$

und berechnet daraus $\mathbf{x}_{k+1}$ so, wie früher in den entsprechenden Abschnitten besprochen.

Spektralverschiebung. Wir fahren in der Untersuchung der Eigenwertbestimmung fort. Ist $\sigma \in \mathbb{R}(\mathbb{C})$, so besitzt die Matrix $A_\sigma := A - \sigma I$ die $\alpha_j - \sigma$ zu Eigenwerten und die $\mathbf{f}_j$ zu Eigenvektoren. Dies werden wir in zweifacher Weise zur Bestimmung anderer Eigenwerte als lediglich des betragsgrößten ausnützen.

Erstens kann möglicherweise der interessierende Eigenwert durch eine Verschiebung mit passendem σ zum betragsgrößten Eigenwert werden.

Nehmen wir z.B. an, A besitze positive und reelle Eigenwerte:

$$\alpha_1 > \alpha_2 \geq \alpha_3 \ldots > \alpha_n > 0.$$

Oft ist es nötig, (nur) den größten und den kleinsten Eigenwert zu bestimmen, etwa, wenn eine Konditionszahl abgeschätzt werden soll.

Hat man α_1 so, wie oben beschrieben, bereits näherungsweise gewonnen und wählt man diesen Wert für den Verschiebungsparameter σ, so wird das Intervall $[\alpha_n, \alpha_1]$ im Wesentlichen nach $[\alpha_n - \sigma, \alpha_1 - \sigma]$ verschoben, sodass $\alpha_n - \sigma$ der betragsgrößte Eigenwert von $A - \sigma I$ ist. Eine Näherung β für $\alpha_n - \sigma$ wird wieder nach der Potenzmethode bestimmt. Die Näherung α_n' für α_n ergibt sich dann zu $\alpha_n' = \beta + \sigma$.

Zweitens lassen sich Spektralverschiebung und inverse Iteration miteinander kombinieren.

Gehen wir nämlich von der Annahme aus, dass wir über eine Approximation σ an den gesuchten Eigenwert α_{j_0} in hinreichender Qualität bereits verfügen, so nämlich, dass

$$|\alpha_{j_0} - \sigma| < |\alpha_j - \sigma| \ \forall j \neq j_0,$$

so liegt für die Matrix $B = A - \sigma I$ genau der Fall vor, wie er bei der inversen Iteration besprochen worden ist. Es ist also mit einer LR-Zerlegung von B zu arbeiten. Man gelangt damit zu $\frac{1}{\alpha_{j_0} - \sigma}$ und somit zu α_{j_0}.

Bemerkung (eine Fehlerbetrachtung). Vor allem dann, wenn A schlecht konditioniert ist ($\alpha_n \ll \alpha_1$), müssen wir auch hier wieder beachten, dass die näherungsweise Bestimmung von α_n über die Berechnung von $\beta + \sigma$ die Addition zweier beinahe gleich großer Zahlen entgegengesetzten Vorzeichens bedingt. Es ist daher numerische Auslöschung zu befürchten. Ein Fehler (vernünftiger Größenordnung) in σ macht hier nichts aus, weil mit derselben Größe σ zuerst nach links und dann wieder nach rechts verschoben wird.

Noch problematischer ist, dass ein relativer Fehler in β einen ungleich größeren relativen Fehler in α_n (und daher an der Größe α_1/α_n, für die wir uns interessiert haben) hervorruft, wie das folgende siebenstellig gerechnete Beispiel illustriert. Es sei $\alpha_1 = 1\,000\,000$ und $\alpha_n = 100$. Das entspricht einer noch gar nicht besonders großen Konditionszahl von 10^4. Nehmen wir an, es werde α_1 exakt berechnet; dann gilt $\sigma = \alpha_1$. Nach Verschiebung mögen zwei Werte für β berechnet werden,

und zwar $\beta = -999\,900$, was dem exakten Wert entspricht, und ein fehlerhafter
Wert $\beta' = -999\,950$. Der *relative* Fehler in β bzw. sein Betrag besitzt damit den
Wert

$$\left|\frac{\beta - \beta'}{\beta}\right| \sim 5 \times 10^{-5}.$$

(Die siebenstellige Rechnung selbst lässt schon grundsätzlich bei der Darstellung
einer einzelnen Zahl, noch ohne jegliche Rechenoperationen, einen relativen Feh-
ler von ca. 10^{-7} erwarten!) Die zu β und β' gehörigen Werte $\alpha = 100$ und $\alpha' = 50$
haben bereits einen relativen Fehler von

$$\left|\frac{\alpha_n - \alpha'_n}{\alpha_n}\right| = \frac{100 - 50}{100} = 0.5 = 50\%,$$

das Ergebnis ist somit ganz ungenau. – Bei größeren Werten der Konditionszahl
liegt die Sache noch ungünstiger. Daher muss β mit sehr hoher Genauigkeit berechnet werden, was in der Praxis misslich sein kann und möglichst ausgeklügel-
te numerische Verfahren erfordert.

11.10 Hessenbergmatrizen

Hessenbergform.   Wir setzen in diesem Abschnitt $K = \mathbb{R}$ als Grundkörper voraus; der Fall $K = \mathbb{C}$ ist mit leichten Standardmodifikationen zu erledigen.
Es geht uns um die Darstellung einer $n \times n$-Matrix A in einer geeigneten Basis, d.h.
durch Anwendung einer *Ähnlichkeitstransformation* (die in der Praxis als *Produkt*
von Ähnlichkeitstransformationen gegeben ist). Die einzelen Ähnlichkeitstransformationen werden bei unserem Zugang durch *Householdermatrizen* beschrieben,
wodurch sich manche Berührungspunkte zu Abschnitt 11.1 ergeben, dessen Kon-
text wir hier wieder aufnehmen.
Was ist das Ziel der Transformationen? Wie wir wissen, ist es möglich, jede Matrix
in einer geeigneten Basis als rechte obere Matrix darzustellen (Schur'sche Normalform, Satz 6.4.3). Dies erfordert freilich i.A. *Komplexifizierung* und vor allem,
wie man dem Beweis des Satzes entnimmt, die bei größeren Matrizen aufwendige Berechnung vieler Eigenwerte, was bald untunlich wird.
Unser Ziel ist stattdessen die Transformation auf eine *Hessenbergmatrix*, eine Matrix der Gestalt

$$\begin{pmatrix} * & * & * & * & \cdots \\ * & * & * & * & \\ 0 & * & * & * & \\ 0 & 0 & * & * & \\ 0 & 0 & 0 & * & \\ \vdots & & & & \ddots \end{pmatrix}. \qquad (11.55)$$

Zusätzlich zu den Eintragungen einer rechten oberen Dreiecksmatrix treten hier
noch Eintragungen in der linken unteren Begleitdiagonale auf.

Es wird sich zeigen, dass eine solche Darstellung ohne Komplexifizierung erreicht werden kann. Der Rechenaufwand fällt ungleich geringer aus als für die Schur'sche Normalform. In der Tat ist die Hessenbergform einer Matrix für viele numerische Anwendungen wichtig; insbesondere ist sie für die Berechnung aller Eigenwerte einer Matrix beim heute häufig für diesen Zweck eingesetzten QR-Verfahren sehr hilfreich. Auch wir werden im nächsten Abschnitt ein in der Herleitung einfacheres Verfahren zu diesem Zweck besprechen, das von der Hessenbergdarstellung profitiert und das durchaus nützlich sein kann.

Bemerkung (erster Schritt der Hessenbergtransformation). Die Transformation einer Matrix $A = A^0$ (der „Exponent" bei A bezeichnet hier die Iteration, nicht etwa eine Potenz) auf Hessenberggestalt, wird in Schritten vorgenommen, deren jeder, von links beginnend, die Eintragungen der jeweils nächsten Spalte dort mit 0 auffüllt, wo die Hessenbergform dies verlangt. Jeder Schritt besteht aus einer Ähnlichkeitstransformation.

Der erste Schritt ($A^0 \rightsquigarrow A^1$) läuft folgendermaßen ab. Finden sich im ersten Spaltenvektor $\mathbf{a}_1$ unterhalb der Position $(2,1)$ (!) lediglich Nullen, so ist nichts zu tun. – Ansonsten betrachten wir den Teilvektor ab der Zeile 2: $\mathbf{a}_1' := (a_{21}, \ldots, \mathbf{a}_{n1})^t \in K^{n-1}$. Mit ihm konstruieren wir ähnlich wie bei der QR-Zerlegung den Vektor $\mathbf{t}_1 \in \mathbb{R}^{n-1}$ bzw. die $(n-1) \times (n-1)$ Householder-Matrix $H_{\mathbf{t}_1}$, die wir auch sofort in eine erweiterte Householder-Matrix $\tilde{H}_{\mathbf{t}_1}$ einbetten und diese unmittelbar mit folgender Wirkung auf $A = A^0$ anwenden:

$$
\tilde{H}_{\mathbf{t}_1} A^0 = \begin{pmatrix} 1 & \begin{matrix} 0 & \ldots & 0 \end{matrix} \\ \begin{matrix} 0 \\ 0 \\ 0 \\ \vdots \\ 0 \end{matrix} & H_{\mathbf{t}_1} \end{pmatrix} \begin{pmatrix} \circ & \circ & \circ & \circ & \circ & \ldots \\ \star & \circ & \circ & \circ & \circ \\ \star & \circ & \circ & \circ & \circ \\ \star & \circ & \circ & \circ & \circ & \ldots \\ \star & \circ & \circ & \circ & \circ \\ \vdots & & \vdots & & \ddots \end{pmatrix} =
$$

$$
\begin{pmatrix} \circ & \circ & \circ & \circ & \circ & \ldots \\ \bullet & \bullet & \bullet & \bullet & \bullet \\ 0 & \bullet & \bullet & \bullet & \bullet \\ 0 & \bullet & \bullet & \bullet & \bullet & \ldots \\ 0 & \bullet & \bullet & \bullet & \bullet \\ \vdots & & \vdots & & \ddots \end{pmatrix}.
$$

Dabei steht $\circ$ für originale bzw. nicht veränderte Elemente, $\star$ bezeichnet die Elemente, die in eine Richtung parallel zu $(1, 0, \ldots, 0)^t$ zu transformieren sind, und $\bullet$ markiert im Zuge der Operationen veränderte Elemente.

Da es sich insgesamt um eine Ähnlichkeitstranformation handeln soll, müssen wir noch von rechts mit $\tilde{H}_{\mathbf{t}_1}^{-1} = \tilde{H}_{\mathbf{t}_1}$ (vgl. Lemma 11.1.1) multiplizieren. Dabei werden (ab der zweiten Spalte) Vielfache von $\mathbf{t}_1^t$ zu den Zeilen addiert; vgl die Diskussion unmittelbar nach Gleichung 11.5. Es resultiert

$$\tilde{H}_{t_1} A^0 \tilde{H}_{t_1} = \begin{pmatrix} \circ & \circ & \circ & \circ & \circ & \cdots \\ \bullet & \bullet & \bullet & \bullet & \bullet \\ 0 & \bullet & \bullet & \bullet & \bullet \\ 0 & \bullet & \bullet & \bullet & \bullet & \cdots \\ 0 & \bullet & \bullet & \bullet & \bullet \\ \vdots & & \vdots & & \ddots \end{pmatrix} \begin{pmatrix} 1 & 0 & \cdots & 0 \\ \hline 0 & & & \\ 0 & & & \\ 0 & & H_{t_1} & \\ \vdots & & & \\ 0 & & & \end{pmatrix} =$$

$$= \begin{pmatrix} \circ & \bullet & \bullet & \bullet & \bullet & \cdots \\ \bullet & \bullet & \bullet & \bullet & \bullet \\ 0 & \bullet & \bullet & \bullet & \bullet \\ 0 & \bullet & \bullet & \bullet & \bullet & \cdots \\ 0 & \bullet & \bullet & \bullet & \bullet \\ \vdots & & \vdots & & \ddots \end{pmatrix} =: A^1.$$

Bemerkung (weitere Schritte der Hessenbergtransformation). Das weitere Vorgehen ist nun (auch im Lichte der Prozedur bei der QR-Zerlegung) klar. Im zweiten Schritt ziehen wir uns um eine Einheit nach rechts unten zurück und trachten, falls erforderlich, die in A^1 in Position $(3,2), (4,2), \ldots, (n,2)$ stehenden Elemente in Richtung $(1,0,\ldots,0)^t \in \mathbb{R}^{n-2}$ zu transformieren. Dies gelingt in der entsprechendem Weise durch Multiplikation einer Matrix der Gestalt

$$\tilde{H}_{t_2} = \begin{pmatrix} 1 & 0 & 0 & \cdots & 0 \\ 0 & 1 & 0 & \cdots & 0 \\ \hline 0 & 0 & & & \\ 0 & 0 & & & \\ \vdots & \vdots & & H_{t_2} & \\ 0 & 0 & & & \end{pmatrix}.$$

von links. Durch die Anwendung dieser Matrix von rechts werden die beiden ersten Spalten dann nicht mehr verändert, sodass A^2 die gewünschte Gestalt besitzt. – So voranschreitend gelangen wir schließlich mit $A^{n-1} =: H$ zur Matrix in der angestrebten Hessenberggestalt.

Bemerkung (zur praktischen Durchführung der Transformation auf Hessenbergform). Die Ähnlichkeitstransformationen

$$H = A^{n-1} = \tilde{H}_{t_{n-1}} \cdots \tilde{H}_{t_1} A \tilde{H}_{t_1} \cdots \tilde{H}_{t_{n-1}} \tag{11.56}$$

wertet man, von innen beginnend mit $\tilde{H}_{t_1} A \tilde{H}_{t_1}$, effizient so aus, wie auf Seite 356 beschrieben, d.h. insbesondere durch Korrekturen von Spalten bzw. Zeilen im Sinne von Gleichung 11.3 bzw. des dortigen Pseudocodes.

Wir fassen die Resultate zusammen:

Satz 11.10.1 (Hessenbergtransformation quadratischer Matrizen). *Jede quadratische reelle Matrix A lässt sich in ähnlicher Weise gemäß Gleichung 11.56 auf Hessenberggestalt H transformieren. Ist A sogar selbstadjungiert, so ist H tridiagonal. – Der komplexe Fall gilt entsprechend mit den üblichen Modifikationen in den Details.*

Beweis. Nur der Beweis der Aussage zu selbstadjungierten Matrizen steht noch aus. A sei daher selbstadjungiert. Wenden wir Lemma 11.1.3 wiederholt auf die Kette von Ähnlichkeitstransformationen aus Gleichung 11.56 an, so erkennen wir H unmittelbar als selbstadjungiert. Eine selbstadjungierte Hessenbergmatrix ist aber tridiagonal. $\qquad\square$

11.11 Eigenwerte reeller symmetrischer Matrizen

Wir beschreiben hier ein Verfahren zur Berechnung von Eigenwerten reeller selbstadjungierter Matrizen, das auf der Hessenbergform beruht. Daher denken wir uns die Matrix A von vornherein in Hessenbergform, als selbstadjungierte Matrix folglich in Tridiagonalform, gegeben,

$$A = \mathrm{tridi}(b_{i-1}, a_i, b_i).$$

– Die Eigenwerte sollen als Nullstellen des charakteristischen Polynoms χ_A mithilfe des *Newton'schen Verfahrens* zur Lösung nichtlinearer Gleichungen gefunden werden, das wir daher zunächst kurz beschreiben. Schon in der Einleitung haben wir allerdings erwähnt, dass die Nullstellen eines Polynoms sehr stark von den Koeffizienten des Polynoms (in der üblichen Darstellung) abhängen, sodass Rundungsfehler schwere Probleme hervorrufen können. Wir stellen demgemäß hier in der Tat das Polynom nicht in der üblichen Form dar, sondern in einer Art, bei der diese Probleme vermieden werden, wie nähere Untersuchung zeigt.

Das Newton'sche Verfahren zur Lösung nichtlinearer Gleichungen.   Es sei eine $\mathcal{C}^1$-Abbildung $f : \mathbb{R} \to \mathbb{R}$ gegeben. $x^\star \in \mathbb{R}$ sei eine Nullstelle. Diese Nullstelle soll im Folgenden unter der Voraussetzung bestimmt werden, dass ein genügend genauer Schätzwert x_0 existiert, aus dem man dann eine Folge $x_1, x_2, \ldots$ konstruiert mit $\lim_{k \to \infty} x_k = x^\star$.

Das Newton'sche Verfahren ermittelt solche x_k induktiv. Wir beschreiben den Induktionsschritt $x_k \rightsquigarrow x_{k+1}$. Dazu betrachten wir die *Linearisierung* von f an der Stelle x_k (geometrisch gesprochen die Tangente; s. Abb. 11.6), die durch die Funktion $f_k(x) := f(x_k) + f'(x_k)(x - x_k)$ dargestellt wird. An Stelle von f schneiden

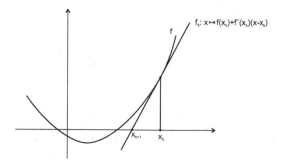

Abbildung 11.6: Zum Newton'schen Verfahren

wir f_k mit der x-Achse, d.h., wir lösen $f_k(x) = 0$. Das liefert den Schnittpunkt

$$x_{k+1} = x_k - \frac{f(x_k)}{f'(x_k)}, \tag{11.57}$$

jedenfalls wenn $f'(x_k) \neq 0$.

In der Analysis zeigt man in diesem Zusammenhang folgenden Satz:

Satz 11.11.1 (Lokale Konvergenz des Newton'schen Verfahrens). *Es sei $f \in C^1$ und x^* eine isolierte Nullstelle von f (d.h., in einer gewissen Umgebung liegt keine weitere Nullstelle). Dann gibt es eine Umgebung $U = U_{x^*}$, sodass mit jedem Startwert x_0 die Iteration 11.57 sinnvoll ist (Stopkriterium s.u.) und*

$$\lim_{k \to \infty} x_k = x^*.$$

Bemerkung (Stopkriterium). Der Satz ist genauer dahingehend zu verstehen, dass im Falle $f(x_k) = 0$, d.h., wenn man bereits an der Nullstelle angekommen ist, nicht weiter iteriert wird.

Zum charakteristischen Polynom selbstadjungierter Hessenbergmatrizen.
Zur Durchführung des Newton'schen Verfahrens für χ_A ist die sachgemäße Auswertung von $\chi_A(x)$ und $\chi'_A(x)$ nötig. Die Werte von χ_A und χ'_A berechnen wir aufgrundlage folgender Überlegungen.

Für $1 \leq m \leq n$ betrachten wir die $m \times m$-Teilmatrizen von A,

$$A_m := \begin{pmatrix} a_1 & b_1 & 0 & \cdots & & 0 \\ b_1 & a_2 & b_2 & 0 & & \vdots \\ 0 & b_2 & a_3 & b_3 & & \vdots \\ \vdots & & & \ddots & & b_{m-1} \\ 0 & \cdots & & & b_{m-1} & a_m \end{pmatrix}$$

und definieren ihr charakterisches Polynom $p_m(\alpha) := \det(A_m - \alpha I)$,

$$p_m(\alpha) = \det \begin{pmatrix} (a_1 - \alpha) & b_1 & 0 & \cdots & & 0 \\ b_1 & (a_2 - \alpha) & b_2 & 0 & & \vdots \\ 0 & b_2 & (a_3 - \alpha) & b_3 & & \vdots \\ \vdots & & & \ddots & & b_{m-1} \\ 0 & & \cdots & & b_{m-1} & (a_m - \alpha) \end{pmatrix},$$

sodass $p_n = \chi_A$. Der Entwicklung nach der letzten Spalte entnehmen wir die Beziehung

$$p_m(\alpha) = (a_m - \alpha)p_{m-1}(\alpha) - b_m^2 p_{m-2}(\alpha),$$

die nach Differentiation auch die Ableitungen an einer Stelle rekursiv zu berechnen gestattet,

$$p'_m(\alpha) = -p_{m-1}(\alpha) + (a_m - \alpha)p'_{m-1}(\alpha) - b_m^2 p'_{m-2}(\alpha).$$

$p_1(\alpha) = a_1 - \alpha$ und $p_1'(\alpha) = -1$ sind unmittelbar bekannt, sodass die induktive Berechnung der p_m bzw. p_m' keinerlei Schwierigkeiten bereitet.

Eigenwertbestimmung symmetrischer Hessenbergmatrizen. Nach den Ergebnissen des letzten Paragraphen können wir für jeden Schritt des Newton'schen Verfahrens $\chi_A(\alpha)$ bzw. $\chi_A'(\alpha)$ leicht ermitteln.

Das wirkliche Problem besteht in der Wahl geeigneter Startwerte für die einzelnen Eigenwerte. Wir wollen hier zwei Möglichkeiten kurz ansprechen, die je nach Matrixtyp zum Erfolg führen können.

Erstens kann man sich zunutze machen, dass man den betragsgrößten Eigenwert α_+ leicht hinlänglich genau erhalten kann; siehe Abschnitt 11.9. Daher liegen alle Eigenwerte im Intervall $[-|\alpha_+|, |\alpha_+|]$. Die numerische Mathematik bietet verschiedene Suchalgorithmen für mögliche Nullstellen an, für die es von Vorteil ist, wenn man, wie hier, die Lage der Nullstellen schon eingrenzen kann.

Zweitens kann man, ausgehend von der trivialen Bemerkung, dass bei extrem diagonal dominanten Matrizen, nämlich von Diagonalmatrizen, die Eigenwerte in der Diagonale stehen, vermuten, dass bei einigermaßen diagonal dominanten Matrizen die Diagonalelemente geeignete Startwerte für das Suchverfahren sein können.

Bemerkung (Ausblick). Das beschriebene Verfahren ist in vielen Fällen durchaus brauchbar; es lässt sich auch auf nichtsymmetrische Hessenbergmatrizen ausdehnen. Der Schwachpunkt liegt vor allem in der lokalen, nur für genügend gute Startwerte garantierten Konvergenz des Newton'schen Verfahrens, deren Beschaffung nicht immer mühelos gelingt.

Aus diesen Gründen werden heute vorwiegend andere Verfahren (insbesondere der sog. QR-Algorithmus) verwendet, die diese Nachteile nicht aufweisen. Es ist bemerkenswert, dass der QR-Algorithmus gewöhnlich auf Matrizen angewandt wird, die vorher auf Hessenbergform transformiert worden sind. Der QR-Algorithmus kann für selbstadjungiert oder allgemeine Matrizen ausgebildet werden. – Einzelheiten hierzu findet man in den Lehrbüchern der numerischen Mathematik.

Weiterführende Literatur

G.H.Golub, C.F. Van Loan: Matrix Computations, 3.Aufl., Johns Hopkins University Press, 1996

A. Meister: Numerik linearer Gleichungssysteme. Vieweg, 1999

A.Quarteroni, R.Sacco, F.Saleri: Numerische Mathematik 1, Springer, 2002

Y. Saad: Iterative Methods for Sparse Linear Systems. PWS Publishing, Boston, 1996

12 Lineare Optimierung

Die Methode, kritische Stellen bzw. Extrema von Abbildungen $f : \mathbb{R}^n \to \mathbb{R}^1$ durch die Bedingung $\operatorname{grad} f = 0$ aufzufinden, ist bekanntlich dort nicht anwendbar, wo entweder f nicht differenzierbar ist oder der Definitionsbereich lediglich eine Teilmenge des $\mathbb{R}^n$ ist und Extrema am Rand des Definitionsbereiches gelegen sind. Letzteres tritt (für das Maximum) z.B. bei der Funktion $f(x) = x^2$ ein, wenn man $[-1, 1]$ als Definitionsbereich ansieht.

Bei vielen praktischen Problemen tritt eine triviale, nämlich (affin) lineare, Funktion f auf, für die Extremalpunkte gesucht werden, dies allerdings in Verbindung mit einem nichttrivialen Definitionsbereich (denn eine lineare Funktion über dem gesamten $\mathbb{R}^n$ besitzt mit Ausnahme des uninteressanten Entartungsfalles einer konstanten Funktion kein Extremum). Standardbeispiele zu derartigen Aufgaben stammen aus den Wirtschaftswissenschaften, z.B. in Zusammenhang mit optimaler Produktionsplanung. Auch wir beginnen mit einer derartigen Beispiel, zeigen aber dann, wie Fragestellungen scheinbar ganz anderer Typen und aus anderen Gebieten dem selben allgemeinen mathematischen Problemkreis angehören. Wir bringen die Aufgaben auf eine Standardform, die wir zunächst theoretisch untersuchen. Auf dieser Grundlage beruht dann das Simplexverfahren, die bei der Lösung derartiger Probleme am Computer noch immer meist angewandte Methode, deren Grundzüge wir erläutern.

Da wir unmöglich einen auch nur annähernd repräsentativen Querschnitt durch die Anwendungen der linearen Optimierung (und erst recht nicht der nichtlinearen Optimierung) geben können, sei nur erwähnt, dass die Fragestellung neben wirtschaftlichen Anwendungen aller Art über unsere Beispiele hinaus auch bei Fragen des Designs von Computerprozessoren, der optimalen Verkehrsplanung, der bestmöglichen medizinischen Versorgung bei gegebenen Mitteln u.v.a.m., kurz, überall dort auftritt, wo eine gewisse Größe optimiert werden soll, die Variablen („Steuergrößen") aber, über die man verfügen kann, gewissen Einschränkungen unterworfen sind.

Übersicht

12.1 Die Problemstellung

Beispiel: Produktionsplanung Eine Molkerei stellt zwei Käsesorten her. Der Ausstoß pro Woche (in Tonnen) werde mit x_1 und x_2 bezeichnet. Der pro Tonne für die beiden Produkte erzielte Gewinn verhalte sich wie 2 : 3. Es soll der Gewinn, also i.W. die *Zielfunktion*

$$f(x) := 2x_1 + 3x_2 = c_1 x_1 + c_2 x_2 = \langle \mathbf{c}, \mathbf{x} \rangle$$

($\mathbf{x} = (x_1, x_2)^t$, $\mathbf{c} = (c_1, c_2)^t = (2, 3)^t$), *maximiert* werden.

Natürlich muss dies unter *Nebenbedingungen* geschehen. Da es sich um Mengen handelt, muss zunächst

$$x_1 \geq 0, x_2 \geq 0 \qquad (12.1)$$

sein. Schließlich mögen zur Produktion drei Typen von Produktionshilfsmitteln (Reaktoren, Lagerräume,...) nötig sein, die nur in beschränkter Kapazität zur Verfügung stehen. Die Herstellung des Produktes j stellt pro Mengeneinheit gewisse Anforderungen a_{ij} an das Produktionsmittel i. Die maximal verfügbare Menge bezeichnen wir mit y_i. Daher geht mit dem Hilfsmittel i eine Einschränkung der Form

$$\sum_j a_{ij} x_j \leq y_i$$

einher. Im konkreten Beispiel mögen für die drei Hilfsmittel die drei Einschränkungen

$$
\begin{aligned}
x_1 &+& 3x_2 &\leq& 48 & \quad (g_1) \\
2x_1 &+& x_2 &\leq& 36 & \quad (g_2) \\
6x_1 &+& x_2 &\leq& 96 & \quad (g_3)
\end{aligned}
\qquad (12.2)
$$

bestehen. Die Symbole g_1 usw. deuten an, dass bei Ersetzung des $\leq$-Zeichens durch = eine Gerade, g_1, in der (x_1, x_2)-Ebene definiert wird.

Jede Zeile der Nebenbedingungen 12.1 definiert eine *Halbebene*, die durch die jeweilige Gerade begrenzt wird. Die beiden Vorzeichenbedingungen $x_1 \geq 0, x_2 \geq 0$ bewirken, dass wir uns vorn vornherein im ersten Quadraten befinden. Die Nebenbedingungen insgesamt definieren die *zulässigen Punkte* in der (x_1, x_2)-Ebene, d.h. diejenigen, die allen Nebenbedingungen genügen. Beim *zulässigen Bereich*, d.h. der Menge der zulässigen Punkte handelt es sich demnach um einen Durchschnitt von Halbebenen.

Die Geraden bzw. der zulässige Bereich sind in Abbildung 12.1 dargestellt. Der zulässige Bereich ist das in der Abbildung ersichtliche, von den Geradenstücken begrenzte Vieleck (der Polyeder $\mathbf{P}$; eigentlich Polygon, aber wir denken hier schon an den höherdimensionalen Fall). Die Koordinaten der Eckpunkte sind angegeben.

Ebenfalls dargestellt ist die Nullisolinie von f, natürlich eine Gerade. Es ist klar, dass sich mit zunehmenden Werten von f die Isolinien parallel nach rechts oben verschieben.

Damit ist die Aufgabe

$$f(\mathbf{x}) = \langle \mathbf{c}, \mathbf{x} \rangle = Max! \quad (\mathbf{x} \in \mathbf{P}) \qquad (12.3)$$

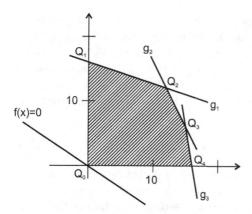

Abbildung 12.1: Zulässiger Bereich

ganz einfach graphisch zu lösen. Der maximale Wert von f wird offenbar im *Eckpunkt* $Q_2 = g_1 \cap g_2 = (12, 12)$ angenommen.

Geometrisch ist unmittelbar evident, dass in einem solchen Fall i.A., (d.h. wenn nicht die Isolinien von f zufällig parallel zu einer der Begrenzungsgeraden von **P** verlaufen), die Lösung eindeutig bestimmt und ein Eckpunkt des Poly-eders ist. Wenn aber doch Parallelität herrscht, lösen die Punkte eines ganzen Streckenstückes die Aufgabe, aber immer auch ein Eckpunkt (diesfalls sogar zwei Eckpunkte).

Nochmals Produktionsplanung. Das Beispiel von soeben konnten wir gra-phisch lösen. Wir wollen es hier dennoch auf eine *Standardform* transformieren, die uns eine einheitliche Behandlung dieses und der folgenden Beispiele gestat-tet, auch dann, wenn dies im konkreten Fall auf Kosten der graphischen Lösbar-keit geht.

Unserem Standard entspricht es, zu *minimieren*, nicht zu maximieren. Dies ge-schieht einfach mithilfe der Funktion $f' := -f$, entsprechend $\mathbf{c}' = -\mathbf{c}$. Damit erscheint das Problem 12.3 in der Form

$$f'(\mathbf{x}) - \langle \mathbf{c}', \mathbf{x} \rangle = Min! \quad (\mathbf{x} \in \mathbf{P}). \tag{12.4}$$

Nun zur Standardisierung der Beschreibung von **P**. Wir wollen mit Ausnahme der Positivitätsbedingungen 12.1 alle Ungleichungen in Gleichungen umwan-deln. Dies geschieht durch Einführung von *Schlupfvariablen*, die wir auch immer gleich so wählen, dass auch sie Positivitätsbedingungen genügen.

Die weiteren drei Ungleichungen 12.2 schreiben wir mithilfe zusätzlicher positi-ver Schlupfvariabler $x_3, x_4, x_5,$

$$x_3 \geq 0, \ x_4 \geq 0, \ x_5 \geq 0$$

als *Gleichungen*

$$
\begin{array}{rcrcrcrcrcll}
x_1 & + & 3x_2 & + & x_3 & & & & & = & 48 & (h_1) \\
2x_1 & + & x_2 & & & + & x_4 & & & = & 36 & (h_2) \\
6x_1 & + & x_2 & & & & & + & x_5 & = & 96 & (h_3).
\end{array} \tag{12.5}
$$

Jede dieser Gleichungen definiert eine *Hyperebene* in $\mathbb{R}^5$ (h_1 usw.), entsprechend den ursprünglichen Geraden g_1 usw. (eigentlich besser: entsprechend den ursprünglichen Halbräumen, weil der Schnitt der Hyperbenen mit der Grundebene ($x_3 = x_4 = x_5 = 0$) zusammen mit der Bedingung $\mathbf{x} \geq \mathbf{0}$ genau die zulässigen Punkte liefert).

Mit $\mathbf{x}' = (x_1, x_2, x_3, x_4, x_5)^t$ sind wir bei folgender *Standardform* angelangt, die wir wieder ungestrichen anschreiben:

$$f(\mathbf{x}) = \langle \mathbf{c}, \mathbf{x} \rangle = Min! \quad (\mathbf{x} \in \mathbf{P}) \tag{12.6}$$

($\mathbf{c} := (-c_1, -c_2, 0, 0, 0) = (-2, -3, 0, 0, 0)$), wobei die Nulleintragungen garantieren, dass die Zielfunktion den Wert der Schlupfvariablen nicht verspürt.

Der Bereich $\mathbf{P}$ der zulässigen Punkte wird nun einerseits durch die *Positivitätsbedingungen*

$$\mathbf{x} \geq \mathbf{0} \tag{12.7}$$

(derartige Ungleichungen zwischen Vektoren sind immer komponentenweise zu verstehen), im Übrigen aber durch die Bedingungen (h_1)–(h_3), also die Gleichungen

$$A\mathbf{x} = \mathbf{b} \tag{12.8}$$

beschrieben, wobei

$$A = \begin{pmatrix} 1 & 3 & 1 & 0 & 0 \\ 2 & 1 & 0 & 1 & 0 \\ 6 & 1 & 0 & 0 & 1 \end{pmatrix} , \quad \mathbf{b} = \begin{pmatrix} 48 \\ 36 \\ 96 \end{pmatrix} . \tag{12.9}$$

Bei Weiterverfolgung des Beispiels bezeichnen wir den ursprünglichen Polyeder in $\mathbb{R}^2$ mit $\mathbf{P}_2$.

Bemerkung (langfristige Bindung). Wir denken uns die ursprüngliche Aufgabe noch so erweitert, dass Abnahmeverträge für das Produkt 1 sogar eine Mindestproduktion von $13t$ erfordern,

$$x_1 \geq 13 \quad (g_0). \tag{12.10}$$

Mit dieser zusätzlichen Bedingung ergibt sich wieder durch die einfachen geometrischen Betrachtungen als neues Optimum der Wert $(x_1, x_2) = (13, 10)$. Diese langfristige Bindung verschlechtert das Resultat, $f(13, 10) = 56 < f(12, 12) = 60$; natürlich mag die Bindung im Sinne erhöhter Abnahmesicherheit ihren Vorteil besitzen. – Man führe diese geometrischen Betrachtungen als Aufgabe durch.

Eine Bedingung der Art 12.10 lässt sich ohne Schwierigkeiten in das allgemeine Konzept integrieren, das sich abzeichnet (Gleichungen 12.6-12.8). Zur Darstellung der Bedingung $x_1 \geq 13$ schreiben wir diese in der Form $-x_1 \leq -13$ und mit der Einführung der (positiven!) neuen Variable x_6 als

$$x_6 \geq 0 , \quad -x_1 + x_6 = -13 \quad (g_0'). \tag{12.11}$$

Die Matrix A ist von vorhin ist im Sinne einer zusätzlichen Zeile sowie Spalte zu vergrößern, die Vektoren $\mathbf{x}$ sind jetzt Mitglieder des $\mathbb{R}^6$.

Bemerkung (Variable ohne Vorzeichenbeschränkung). Die vorangehende Diskussion hat gezeigt, wie man jede Ungleichung mit linearen Ausdrücken in eine Gleichung verwandeln kann. Im Beispiel haben alle Variablen der Bedingung $x_j \geq 0$ genügt. Wir wollen in der Standardform diese Vorzeichenbedingung grundsätzlich für alle Komponenten von $\mathbf{x}$ gestellt wissen. Wenn dies einmal nicht von vornherein der Fall sein sollte, sagen wir für eine Komponente x_j von $\mathbf{x}$, so stellen wir mit den nächsten freien Indizes $s, s+1$ die Variable x_j in der Form

$$x_j = x_s - x_{s+1}$$

mit den Vorzeichenbedingungen

$$x_s \geq 0, \quad x_{s+1} \geq 0$$

dar und eliminieren überall x_j mithilfe des Ausdrucks $x_s - x_{s+1}$. Da man x_j natürlich in mannigfacher Weise als Differenz positiver Zahlen schreiben kann, sind die neuen Variablen nicht eindeutig bestimmt, selbst dann nicht, wenn das ursprüngliche Problem eine eindeutige Lösung gehabt haben sollte. Man beachte später bei der Herleitung des Simplexverfahrens, mit dessen Hilfe wir solche Probleme lösen wollen, dass dies keine nennenswerte Komplikation bedeutet.

Beispiel: l_1-**Ausgleichung.** Während für $\mathcal{A}: \mathbb{R}^n \to \mathbb{R}^m$ das Ausgleichsproblem in der 2-Norm

$$\mathbf{x} \to \|A\mathbf{x} - \mathbf{b}\|_2 = Min!$$

in geschlossener Form gelöst werden kann (siehe Abschnitt 7.8), trifft das für das entsprechende Problem bezüglich $\|\cdot\|_1$ nicht zu. Diese Aufgabe führt aber ebenfalls auf diejenige allgemeine Problemstellung, die den Gegenstand dieses Abschnitts bildet.

Nehmen wir an, das Problem $\|A\mathbf{x} - \mathbf{b}\|_1 = Min!$ besitze eine Lösung $\mathbf{x}^\star$. (Sorgen über die Existenz einer Lösung sind noch nicht nötig, obwohl man diese hier unschwer nachweisen kann. Unser später zu entwickelndes Verfahren wird uns ganz allgemein im Fall der Nichtexistenz einer Lösung auf diesen Umstand hinweisen und übrigens auch gestatten, festzustellen, ob eine Lösung eindeutig ist.) Für jedes $\mathbf{x}$ setze man $\mathbf{y} := |A\mathbf{x}-\mathbf{b}|$ (es soll komponentenweise der Betrag der Eintragungen in $A\mathbf{x} - \mathbf{b}$ genommen werden). Dann wird doch durch $\mathbf{y}^\star := |A\mathbf{x}^\star - \mathbf{b}|$ das Problem

$$\sum_{k=1}^{m} y_k = Min! \qquad \text{(NB: } -\mathbf{y} \leq A\mathbf{x} - \mathbf{b} \leq \mathbf{y}; \; -\infty < \mathbf{x} < \infty) \qquad (12.12)$$

gelöst. Ist $\mathbf{e} := (1, 1, \ldots, 1)^t \in \mathbb{R}^m$ und

$$\tilde{\mathbf{x}} = \begin{pmatrix} \mathbf{x} \\ \mathbf{y} \end{pmatrix}, \; \tilde{c} = \begin{pmatrix} \mathbf{0} \\ \mathbf{e} \end{pmatrix}, \; \tilde{A} = \begin{pmatrix} A & -I \\ -A & -I \end{pmatrix}, \; \tilde{\mathbf{b}} = \begin{pmatrix} \mathbf{b} \\ -\mathbf{b} \end{pmatrix},$$

so ist 12.12 gleichbedeutend mit

$$\langle \tilde{\mathbf{c}}, \tilde{\mathbf{x}} \rangle = Min! \qquad \text{(NB: } \tilde{A}\tilde{\mathbf{x}} \leq \tilde{\mathbf{b}}) . \qquad (12.13)$$

Es ist nämlich $\langle \tilde{c}, \tilde{x} \rangle = \sum y_k$ und die ursprünglichen Nebenbedingungen sind doch zu den neuen äquivalent:

$$(-\mathbf{y} \leq A\mathbf{x} - \mathbf{b}, \ A\mathbf{x} - \mathbf{b} \leq \mathbf{y}) \Leftrightarrow (-A\mathbf{x} - \mathbf{y} \leq -\mathbf{b}, \ A\mathbf{x} - \mathbf{y} \leq \mathbf{b}).$$

Die Ungleichungen in der Nebenbedingung von Beziehung 12.13 lassen sich durch Schlupfvariable in Gleichungen überführen; zu Ende des letzten Beispiels haben wir ferner besprochen, wie sich für die Variablen Positivitätsbedingungen erzwingen lassen, die ja für $\mathbf{x}$ noch nicht vorliegen. – Insgesamt gelangen wir so wieder zu einer Aufgabe vom Typ Gl. 12.6-12.8

Beispiel: l_∞-Ausgleichung.   Das l_∞-Ausgleichungsproblem

$$\|A\mathbf{x} - \mathbf{b}\|_\infty = Min! \tag{12.14}$$

lässt sich auf dieselbe allgemeine Form bringen wie soeben das l_1-Ausgleichungsproblem. Mit $\mathbf{y} = (y) \in \mathbb{R}^1$ und $\mathbf{e} := (1, 1, \ldots, 1)^t$ geht es hier um die Lösung von

$$y = Min! \qquad (\text{NB:} \ -y\mathbf{e} \leq A\mathbf{x} - \mathbf{b} \leq y\mathbf{e}). \tag{12.15}$$

Man setze

$$\tilde{\mathbf{x}} = \begin{pmatrix} \mathbf{x} \\ y \end{pmatrix}, \ \tilde{\mathbf{c}} = \begin{pmatrix} \mathbf{0} \\ 1 \end{pmatrix}, \ \tilde{A} = \begin{pmatrix} A & -1 \\ -A & -1 \end{pmatrix}, \ \tilde{\mathbf{b}} = \begin{pmatrix} \mathbf{b} \\ -\mathbf{b} \end{pmatrix}$$

dann ist 12.15 äquivalent zu

$$\langle \tilde{\mathbf{c}}, \tilde{\mathbf{x}} \rangle = Min! \qquad (\text{NB:} \ \tilde{A}\tilde{\mathbf{x}} \leq \tilde{\mathbf{b}}). \tag{12.16}$$

Im Hinblick auf die Standardform erwünschte *Gleichungen* an Stelle von Ungleichungen und Positivitätsbedingungen lassen sich wiederum wie vorhin einführen.

Bemerkung (L_∞-Approximation von Funktionen). Das Problem der besten Approximation von über einem Intervall erklärten Funktionen durch Elemente eines endlichdimensionalen Teilraums (z.B. $\mathcal{P}_n$) haben wir für den Fall der euklidischen Norm in Abschnitt 7.8 gelöst. Entscheidend waren dabei orthogonale Projektionen, d.h. der Umstand, dass die euklidische Norm von einem Skalarprodukt stammt.

Wir wollen hier die entsprechende Aufgabe für $\|\cdot\|_\infty$ formulieren und einen Weg zu ihrer näherungsweisen Lösung angeben. Wie bei der 1-Norm müssen wir auch hier ohne skalares Produkt auskommen. – Es sei W ein n-dimensionaler Raum von stetigen Funktionen über $I = [a, b]$ mit einer Basis $\phi_1, \ldots, \phi_n$. Für $g \in \mathcal{C}(I)$ soll die Aufgabe $\|f - g\|_\infty = Min!$ ($f \in W$) gelöst werden. Dies ist etwa dann von Wichtigkeit, wenn eine Funktion auf I z.B. durch Polynome approximiert werden soll und man einen möglichst kleinen und eventuell auch angebbaren maximalen Fehler garantieren muss, wie es der Fall ist, wenn man innerhalb eines Programmpaketes eine Funktion mit garantierter gleichmäßiger Genauigkeit zur Verfügung stellen soll. Für die Lösung dieses Problems gibt es spezielle Algorithmen, die wesentlich von Eigenschaften der beteiligten Funktionen Gebrauch machen und somit Vorteile bieten. Wir wollen hier aber zeigen, dass diese Aufgabe auch in unseren Rahmen passt. Das ist durchaus von praktischer Bedeutung; denn Software zur Lösung unseres Standardminimierungsproblems ist in vielen Programmpaketen enthalten und die Methode damit ohne große Vorbereitungen anwendbar.

Jedes $f \in W$ schreiben wir in der Form $\sum_{j=1}^{n} f_k \phi_k$; den Vektor der Koeffizienten bezeichnen wir mit $\mathbf{f}$. – Die kontinuierliche Aufgabe ($t \in [a, b]$) ersetzen wir näherungsweise durch eine diskrete, indem wir eine hinlänglich große Anzahl von p vernünftig verteilten Gitterpunkte $a = t_0 < t_1 < \ldots < t_p = b$ zugrunde legen und das Problem

$$\max_{1 \le j \le p} |f(t_j) - g(t_j)| = Min! \quad (f \in W)$$

betrachten. Mit der Matrix $A = (\phi_k(t_j))$ ist $(f(t_j))_j = A\mathbf{f}$; führen wir noch den Vektor der Funktionswerte von g an den Gitterpunkten $\mathbf{g} := (g(t_j)_j$ ein, so können wir diese Aufgabe in der Form

$$\|A\mathbf{f} - \mathbf{g}\|_\infty = Min!$$

schreiben, was gerade dem vorhin behandelten l_∞-Ausgleichsproblem entspricht.

Ein Problem der Kontrolltheorie. Zahlreiche technische Systeme, aber auch Wirtschaftsprozesse, gestatten *Steuerung* oder *Kontrolle* durch verschiedene Mechanismen. Bei einem Stranggußverfahren oder der Abkühlung von Schmelzen kommt es oft darauf an, ein Produkt mit möglichst geringen inneren Spannungen herzustellen. Man ist bemüht, einen idealen zeitlichen und räumlichen Temperaturverlauf während des Prozesses möglichst gut durch *Randkontrollen* zu realisieren, indem man am Rand der Schmelze innerhalb technisch machbarer Grenzen gezielt kühlt. Verwandte Fragen treten auch z.B. bei der Hyperthermiebehandlung von Krebs auf, wo möglichst nur die befallenen Stellen auf eine gewisse hohe, aber noch verträgliche Temperatur gebracht werden sollen.

Wir skizzieren hier ein einfacheres, zeitunabhängiges Problem, das in diese Richtung zielt. Es liege ein Körper D vor, der (im Sinne der zeitunabhängigen Wärmeleitungsgleichung) im Inneren einen Temperaturverlauf aufweisen soll, der einem idealen Temperaturverlauf $T_*(\mathbf{x})$ möglichst nahe kommen soll (Maximumsnorm). Man hat die Möglichkeit, innerhalb technischer Grenzen ∂D auf einer ortsabhängigen Temperatur zu halten. u sei die *Kontrollfunktion*, die dies beschreibt. Dann ist $u : \partial D \to [u_0, u_1]$, wobei u_0 und u_1 die minimale bzw. maximale technisch realisierbare Temperatur angeben.

Die Aufgabe lautet also

$$\|T - T_*\|_\infty = Min!$$
$$-\Delta T = 0 \text{ in } D \,; \; T = u \text{ in } \partial D \,; \; u_0 \le u \le u_1.$$

Wir denken uns das Problem diskretisiert. Dann ist z.B. $\mathbf{T}$ der Vektor der Temperatur an den inneren Gitterpunkten, $\mathbf{u}$ stellt die diskrete Kontrollfunktion an den Randgitterpunkten dar und die Matrix A den negativen Laplaceoperator.

(Die hochgestellte Gittermaschenweite lassen wir hier überall weg). Wir beachten, dass gemäß Abschnitt 10.2 die Randbedingung (hier **u**) hier die rechte Seite $\mu\mathbf{u}$ liefert mit passendem $\mu \in \mathbb{R}$. Wir denken uns sofort durch μ dividiert und den entsprechenden Faktor in die Elemente von A absorbiert. Dann lautet das Problem in diskretisierter Form ($T = A^{-1}\mathbf{u}$)

$$\left\| A^{-1}\mathbf{u} - \mathbf{T}_* \right\|_\infty = Min!$$
$$\mathbf{u}_0 \leq \mathbf{u} \leq \mathbf{u}_1,$$

wobei $\mathbf{u}_0$ ($\mathbf{u}_1$) der Vektor ist, der nur u_0 (u_1) enthält.

Betrachten wir zunächst die Nebenbedingungen $\mathbf{u}_0 \leq \mathbf{u}$. Hier liegt es nahe, durch geeignete Wahl des Beginns der Temperaturskala $u_0 = 0$ und damit $\mathbf{u}_0 = \mathbf{0}$ zu erhalten, so dass diese Bedingungen schon vertraute Positivitätsforderungen $\mathbf{u} \geq \mathbf{0}$ darstellen.

Die weiteren Bedingungen $\mathbf{u} \leq \mathbf{u}_1$ führen mit Einsatz von Schlupfvariablen wie im ersten Beispiel zu einem erweiterten Vektor $\mathbf{u}'$ und einer erweiterten Matrix $(A^{-1})'$ und somit endgültig zu einem Problem der Art

$$\left\| (A^{-1})'\mathbf{u}' - T_* \right\|_\infty = Min!$$

und ist damit von derselben Struktur wir Gleichung 12.14, die sich wiederum auf Standardform transformieren lässt. – Die tatsächliche Ausarbeitung des Problems wirft durchaus nichttriviale Fragen auf. So hat man in diesem Fall die Matrix (A^{-1}) nicht explizit gegeben. Also stehen wir vor dem Problem: Kann und will man mit ihr, wo sie nicht ohne Weiteres zu ermitteln und überdies voll ist, wirklich arbeiten? Gibt es Möglichkeiten, direkt mit A zu arbeiten, und wie sieht dann die Einführung von Schlupfvariablen aus? – Es sollte mit diesem Beispiel vor allem gezeigt werden, dass auch Aufgaben dieses Typs grundsätzlich mit unseren Betrachtungen in Beziehung stehen, wie aber andererseits neue Aufgabenstellungen zu neuen und nicht trivialen Fragen hinsichtlich der Methodologie führen.

Das Standardproblem.   Wir fassen die Diskussion darüber zusammen, welche *Minimierungsaufgabe unter Nebenbedingungen* wir als *Standardproblem* für die lineare Optimierung ansehen:

$$f(x) = \langle \mathbf{c}, \mathbf{x} \rangle = Min!$$
$$A\mathbf{x} = \mathbf{b}$$
$$\mathbf{x} \geq \mathbf{0}$$

unter den Voraussetzungen bzw. Bezeichnungen

$$A \in \mathfrak{M}_{mn}, \text{ wobei } n > m, \text{ rg } A = m$$
$$\mathbf{b}, \mathbf{c} \in \mathbb{R}^m, \ \mathbf{x} \in \mathbb{R}^n.$$

Wann existieren Lösungen für das Standardproblem? Dazu betrachten wir zunächst die *zulässige Menge* (deren Elemente wir die *zulässigen Punkte* nennen)

$$\mathbf{P} := \{\mathbf{x} \in \mathbb{R}^n : A\mathbf{x} = \mathbf{b}, \ \mathbf{x} \geq \mathbf{0}\} = \mathcal{A}^{-1}(\mathbf{b}) \cap \mathbb{R}^n_+. \qquad (12.17)$$

Dabei bezeichnet $\mathbb{R}^n_+ = \{\mathbf{x} \in \mathbb{R}^n : \mathbf{x} \geq \mathbf{0}\}$.

Die beiden Mengen, die zum Schnitt gebracht werden, sind abgeschlossen (die Menge $\mathcal{A}^{-1}(\mathbf{b})$ als Urbild der abgeschlossenen Menge $\{\mathbf{b}\}$ unter der stetigen Abbildung $\mathcal{A}$). Somit ist $\mathbf{P}$ *abgeschlossen*. Ist $\mathbf{P}$ überdies noch *beschränkt*, so ist $\mathbf{P}$ sogar kompakt und die stetige Funktion f nimmt in $\mathbf{P}$ ihr Minimum an. Ist $\mathbf{P}$ nicht beschränkt, muss dies nicht zutreffen; f kann insbesondere nach unten unbeschränkt sein.

Wir treffen daher die *Voraussetzung*, dass $\mathbf{P}$ kompakt ist. Unter dieser Voraussetzung besitzt das Standardproblem stets eine Lösung. Wir bezeichnen

$$\min_{\mathbf{x} \in \mathbf{P}} f(\mathbf{x}) =: \phi.$$

Damit lässt sich die Gesamtheit M der *optimalen* (hier: minimalen) *Lösungen* in der Form

$$M = \mathbf{P} \cap \{\mathbf{x} : f(\mathbf{x}) = \phi\} \tag{12.18}$$

darstellen.

12.2 Konvexe Polyeder

Polyeder. Mengen der Form

$$\mathbf{P} = \{\mathbf{x} \in \mathbb{R}^n : A\mathbf{x} = \mathbf{b}, \, \mathbf{x} \geq \mathbf{0}\} \tag{12.19}$$

sind (spezielle) *Polyeder*, unsere *Standardpolyeder*. – Wir arbeiten ausschließlich mit Standardpolyedern.

Bei dieser Gelegenheit bemerken wir, *dass auch die Menge M der optimalen Lösungen ein Polyeder ist*; denn sie wird durch

$$\begin{pmatrix} A \\ \mathbf{c}^* \end{pmatrix} \mathbf{x} = \begin{pmatrix} \mathbf{b} \\ \phi \end{pmatrix}, \, \mathbf{x} \geq \mathbf{0} \tag{12.20}$$

beschrieben.

Schon das einführende Beispiel legt die Vermutung nahe, dass die Lösung des Standardproblems ein Eckpunkt von $\mathbf{P}$ sein wird und im Regelfall eindeutig bestimmt ist. (Das ist von der Aufgabenstellung her zu verstehen; wir wissen, dass gewisse unserer Umformungen eine etwaige Eindeutigkeit zerstören.) Wir untersuchen daher im Folgenden geometrische Konzepte aus diesem Umfeld.

Definition 12.2.1 (Konvexe Menge). *Eine Menge $K \subseteq \mathbb{R}^n$ heißt* konvex, *wenn*

$$\forall \mathbf{x}, \mathbf{y} \in K, \, \forall \lambda \in [0,1] \text{ gilt: } \lambda \mathbf{x} + (1-\lambda)\mathbf{y} \in K \tag{12.21}$$

(s. Abb. 12.2).

Bemerkung. Ausdrücke der Form $\lambda \mathbf{x} + (1-\lambda)\mathbf{y}$ mit einem $\lambda \in [0,1]$ nennt man eine *Konvexkombination* von $\mathbf{x}$ und $\mathbf{y}$. Die Gesamtheit der Konvexkombinationen zweier Punkte $\mathbf{x}$ und $\mathbf{y}$ ist die *Strecke* $\overline{\mathbf{xy}}$ von $\mathbf{x}$ nach $\mathbf{y}$. Eine Menge ist also genau dann konvex, wenn sie mit je zwei Punkten auch ihre Verbindungsstrecke enthält. – Allgemeiner definiert man eine Konvexkombination einer auch größeren Anzahl von Punkten folgendermaßen:

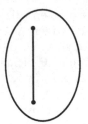 

Abbildung 12.2: Konvexe und nicht konvexe Menge

Definition 12.2.2 (Konvexkombination). *V sei ein linearer Raum über $\mathbb{R}$. Es sei $r \in \mathbb{N}$ und $\mathbf{x}_1, \mathbf{x}_2, \ldots, \mathbf{x}_r \in V$. Für die reelle Zahlen $\lambda_1, \lambda_2, \ldots, \lambda_r$ gelte*

$$\lambda_j \geq 0 \ \forall j = 1, 2, \ldots, r \, ; \ \sum_{j=1}^{r} \lambda_j = 1.$$

Dann heißt

$$\sum_{j=1}^{r} \lambda_j \mathbf{x}_j$$

Konvexkombination *von $\mathbf{x}_1, \mathbf{x}_2, \ldots, \mathbf{x}_r$.*

Lemma 12.2.1 (Konvexkombination einer Konvexkombination). *Sind Vektoren $\mathbf{y}_1, \ldots, \mathbf{y}_s$ Konvexkombinationen von $\mathbf{x}_1, \ldots, \mathbf{x}_r$, und ist $\mathbf{z}$ Konvexkombination von $\mathbf{y}_1, \ldots, \mathbf{y}_s$; dann ist $\mathbf{z}$ auch Konvexkombination von $\mathbf{x}_1, \ldots, \mathbf{x}_r$. Kurz: Die Konvexkombination einer Konvexkombination ist wieder eine Konvexkombination.*

Beweis. Es sei

$$\mathbf{y}_k = \sum_{j=1}^{r} \lambda_{kj} \mathbf{x}_j \quad (\lambda_{kj} \geq 0; \sum_j \lambda_{kj} = 1),$$

$$\mathbf{z} = \sum_{k=1}^{s} \mu_k \mathbf{y}_k \quad (\mu_k \geq 0; \sum_k \mu_k = 1).$$

Dann ist

$$\mathbf{z} = \sum_{k=1}^{s} \mu_k \mathbf{y}_k = \sum_{k=1}^{s} \mu_k \Big(\sum_{j=1}^{r} \lambda_{kj} \mathbf{x}_j \Big) = \sum_{j=1}^{r} \nu_j \mathbf{x}_j,$$

wenn wir nur $\nu_j := \sum_{k=1}^{s} \mu_k \lambda_{kj}$ setzen. Weil die μ_k und die λ_{kj} sämtlich ≥ 0 sind, ist offensichtlich $\nu_j \geq 0$. Was die $\sum_j \nu_j$ betrifft, so ist doch

$$\sum_j \nu_j = \sum_j \sum_k \mu_k \lambda_{kj} = \sum_k \Big(\underbrace{\sum_j \lambda_{kj}}_{1} \Big) \mu_k = \sum_k \mu_k = 1.$$

$\square$

Bemerkung. Setzt man in der obigen Definition einen beliebigen reellen Vektorraum V an die Stelle des $\mathbb{R}^n$, so erhält man die allgemeine Definition einer konvexen Menge in einem reellen Vektorraum.

Satz 12.2.1 (Konvexität von Polyedern). *Jeder Polyeder* **P** *gemäß 12.19 ist konvex.*

Beweis. Es sei $0 \leq \lambda \leq 1$ und $\mathbf{x}, \mathbf{y} \in \mathbf{P}$. Dann ist zunächst $A(\lambda\mathbf{x} + (1 - \lambda)\mathbf{y}) = \lambda A\mathbf{x} + (1 - \lambda)A\mathbf{y} = \lambda\mathbf{b} + (1 - \lambda)\mathbf{b} = \mathbf{b}$, sodass die erste der Bedingungen, die **P** definiert, erfüllt erscheint. Hinsichtlich der Vorzeichenbedingung bedenken wir zunächst, dass für $0 \leq \lambda \leq 1$ sowohl $\lambda \geq 0$ als auch $1 - \lambda \geq 0$ ist. Sind also $x, y \in \mathbb{R}$, $x, y \geq 0$, so ist demnach $\lambda x + (1 - \lambda)y \geq 0$. Daher sind insbesondere die Komponenten von $\lambda\mathbf{x} + (1 - \lambda)\mathbf{y}$, nämlich die $\lambda x_j + (1 - \lambda)y_j \geq 0$. $\qquad\square$

Extremalpunkte, konvexe Hülle. Da wir die Wichtigkeit von *Ecken* schon am einführenden Beispiel gesehen haben, stehen wir vor der Aufgabe, sie mathematisch zu beschreiben. Im Hinblick auf die allgemeine Theorie der konvexen Mengen definieren wir im Folgenden *Extremalpunkte* einer konvexen Menge; im Fall eines Polyeders sind das genau die Ecken, im Falle einer Kreisscheibe aber genau die Punkte der Kreislinie. Wie das geht, zeigt

Definition 12.2.3 (Extremalpunkt). *M sei eine konvexe Teilmenge von $\mathbb{R}^n$. Dann heißt* $\mathbf{x} \in M$ Extremalpunkt *von M, wenn aus*

$$\mathbf{x} = \lambda\mathbf{p} + (1 - \lambda)\mathbf{q} \quad (\mathbf{p}, \mathbf{q} \in M, \ 0 < \lambda < 1)$$

notwendig folgt $\mathbf{p} = \mathbf{q} = \mathbf{x}$*, sich also* $\mathbf{x}$ *nur in trivialer Weise als Konvexkombination von Punkten in M darstellen lässt.*

Bemerkung (Existenz von Extremalpunkten). Nicht jede konvexe Menge besitzt Extremalpunkte, z.B. das offene Einheitsquadrat $Q = (0, 1) \times (0, 1)$ nicht. Zu jedem $\mathbf{x} \in Q$ gibt es doch einen kleinen Kreis K um $\mathbf{x}$ mit $K \subseteq Q$; $\mathbf{x}$ lässt sich damit als nichttriviale Konvexkombination von je zwei gegenüberliegenden Randpunkten von K, also von Elementen aus Q darstellen. – Es ist hingegen klar, dass das abgeschlossene Einheitsquadrat $[0, 1] \times [0, 1]$ genau die Eckpunkte zu Extremalpunkten hat.

Die Extremalpunkte der abgeschlossenen Kreisscheibe in $\mathbb{R}^2$ machen gerade die Randlinie des Kreises aus, wie man leicht beweist. In unserem Standardbeispiel zur Optimierung und in ähnlichen, der geometrischen Evidenz zugänglichen Fällen (z.B. Einheitsquadrat soeben) sind die Extremalpunkte genau die Eckpunkte der elementaren Anschauung. Also:

Definition 12.2.4 (Ecke). *Jeder Extremalpunkt eines Standardpolyeders gemäß Gleichung 12.19 oder allgemeiner eines konvexen Polyeders heisst* Ecke.

Man mache sich an anschaulichen Beispielen klar, dass im Falle *nichtkonvexer* Polyeder (im $\mathbb{R}^2$ Polygone: stückweise durch Gerade begrenzte Bereiche) Ecken (im intuitiven Sinn) auftreten können, die *keine* Extremalpunkte sind; man denke an einspringende Eckpunkte. Im nichtkonvexen Fall sind also andere Begriffsbildungen erforderlich. –

Die Gesamtheit aller Konvexkombinationen aus jeweils endlich vielen Punkten einer Menge L nennt man konvexe Hülle und gibt so die

Definition 12.2.5 (Konvexe Hülle). *$L \subseteq \mathbb{R}^n$, $L \neq \emptyset$ sei eine beliebige (möglicherweise unendliche) Menge. Dann heißt*

$$\operatorname{conv} L := \{ \sum_{p \in E} \lambda_{\mathbf{p}} \mathbf{p} : E \subseteq L, \, 1 \leq \#E < \infty, 0 \leq \lambda_p \leq 1, \, \sum_E \lambda_{\mathbf{p}} = 1 \} \qquad (12.22)$$

die konvexe Hülle *von L. – Man definiert noch* $\operatorname{conv} \emptyset = \emptyset$.

Satz 12.2.2 (Minimalitätseigenschaft der Hülle). *Für eine beliebige Menge $L \subseteq \mathbb{R}^n$ gilt*

   i) $\operatorname{conv} L$ ist konvex

   ii) $L \subseteq \operatorname{conv} L$

   iii) $\operatorname{conv} L = \bigcap M$, Durchschnitt über alle $M \supseteq L$, M konvex

d.h., die konvexe Hülle von L ist die kleinste konvexe Obermenge von L.

Beweis. i) folgt aus Lemma 12.2.1. ii) ist trivial: jedes $\mathbf{p} \in L$ lässt sich durch die triviale Konvexkombination $1\mathbf{p}$ darstellen und gehört somit zu $\operatorname{conv} L$.
Zu iii): Zunächst ist der Durchschnitt auf der rechten Seite wohl definiert, da z.B. die als konvex erkannte Menge $M = \operatorname{conv} L$ in ihm auftritt. Daher ist von vornherein $\bigcap M \subseteq \operatorname{conv} L$. Auf der anderen Seite muss aber jede konvexe Obermenge M von L, wie sie im Durchschnitt erscheint, alle Linearkombination von Elementen aus L, also $\operatorname{conv} L$, enthalten; daher gilt auch $\operatorname{conv} L \subseteq \bigcap M$, zusammen $\operatorname{conv} L = \bigcap M$. $\qquad\square$

Eckpunkte von Polyedern.   Wir untersuchen einen (nichtleeren) Polyeder $\mathbf{P}$ der Form 12.19. Es gilt, Ecken algebraisch zu charakterisieren (und ihre Existenz überhaupt erst nachzuweisen).
In guter Tradition wollen wir uns durch Betrachtung eines konkreten Beispiels auf die nötigen Ideen bringen lassen:

Bemerkung (Weiterführung des Standardbeispiels). Wir untersuchen jetzt den Polyeder, der zum Standardbeispiel im Sinne von Gleichung 12.9 gehört, d.h.

$$\mathbf{P} = \{\mathbf{x} \in \mathbb{R}^5 : A\mathbf{x} = \mathbf{b}, \mathbf{x} \geq \mathbf{0}\}$$

mit

$$A = \begin{pmatrix} 1 & 3 & 1 & 0 & 0 \\ 2 & 1 & 0 & 1 & 0 \\ 6 & 1 & 0 & 0 & 1 \end{pmatrix}, \quad \mathbf{b} = \begin{pmatrix} 48 \\ 36 \\ 96 \end{pmatrix}. \qquad (12.23)$$

Den Polyeder in der x_1-x_2-Ebene aus Abbildung 12.1 bezeichnen wir mit $\mathbf{P}_2$. Die Elemente des $\mathbb{R}^5$ bezeichnen wir mit $\mathbf{x}$ u.dgl., die Punkte der x_1-x_2-Ebene im Sinne der Elementargeometrie mit $X = (x_1, x_2)$ usw.

Jeder Punkt der x_1-x_2-Ebene entspricht umkehrbar eindeutig einem Punkt des $\mathbb{R}^5$, der noch zusätzlich der Bedingung $A\mathbf{x} = \mathbf{b}$ gehorcht. Denn bei Angabe von (x_1, x_2) lässt sich doch aus $A\mathbf{x} = \mathbf{b}$ in eindeutiger Weise x_3, x_4 und x_5 berechnen. Es ergibt sich, dass diese Größen affin linear von x_1, x_2 abhängen. Daher ist die *Ausdehnung*

$$(x_1, x_2) \rightarrow (x_1, x_2, x_3, x_4, x_5)$$

affin linear und das Bild des $\mathbb{R}^2$ eine 2D affine Ebene im $\mathbb{R}^5$.

Umgekehrt ist die inverse Abbildung $\mathbf{x} \rightarrow (x_1, x_2)$ nichts anderes als die *Projektion* dieser Ebene im $\mathbb{R}^5$ auf die x_1-x_2-Ebene. Wie man sich an einem schräg im $\mathbb{R}^3$ liegenden Vieleck und der Projektion auf die Grundebene klar macht, verändert eine solche Abbildung zwar i.A. Distanzen und Winkel, lässt aber die grundlegenden geometrischen Eigenschaften eines Vielecks (Ecken, Seitenlinien) unverändert.

Der Polyeder $\mathbf{P}$ ist demnach genau das Bild von $\mathbf{P}_2$, dem Polyeder aus Abbildung 12.1, unter der Ausdehnung, $\mathbf{P}_2$ umgekehrt seine Projektion auf die Grundebene. Daher können wir geometrische Eigenschaften auch von $\mathbf{P}$ nach wie vor in der Abbildung studieren.

Zunächst finden die eingezeichneten Geraden $x_3 = 0$ usw. ihre Erklärung. Denn die Beziehung $x_3 = 0$ liest sich aufgrund der ersten Gleichung in $A\mathbf{x} = \mathbf{b}$ zu $x_1 + 3x_2 + x_3 = 48$, und $x_3 = 0$ ist gleichbedeutend mit $x_1 + 3x_2 = 48$, was der dargestellten Geraden entspricht. Die Forderung $x_3 \geq 0$ liefert in der x_1-x_2-Ebene die Bedingung $x_1 + 3x_2 \leq 48$, d.h. die unterhalb der Geraden gelegene Halbebene. Die diese Halbebene begrenzende Gerade ist in Übereinstimmung damit mit $x_3 = 0$ beschriftet.

Daher wissen wir jetzt (im Sinne geometrischer Intuition, nicht im Sinne einer noch nicht vorhandenen Definition), dass die Ecken von $\mathbf{P}$ gerade die Ausdehnungen der Ecken von $\mathbf{P}_2$ sind.

Ermittlung der Ausdehnung der Eckpunkte $Q_1 - Q_4$ von $\mathbf{P}_2$ führt zu

$$\begin{aligned} \mathbf{q}_1 &= (0, 16, 0, 20, 80), \quad \mathbf{q}_2 = (12, 12, 0, 0, 36), \\ \mathbf{q}_3 &= (15, 6, 15, 0, 0), \quad \mathbf{q}_4 = (16, 0, 32, 4, 0). \end{aligned} \tag{12.24}$$

Nun gilt es, algebraische Eigenschaften dieser Ecken zu entdecken. Jeder Eckpunkt in diesem Beispiel besitzt genau zwei Komponenten $\neq 0$. (Es wäre allerdings zu kurz gegriffen, hier allzu direkt schon den Schlüssel zum Verständnis zu suchen; siehe die Diskussion über entartete Ecken auf Seite 420.)

Ziehen wir zum Vergleich einen Punkt aus $\mathbf{P}$ heran, der nicht Eckpunkt ist, etwa den Halbierungspunkt R der Strecke $\overline{Q_1 Q_2}$, $R = (6, 14)$. Seine Ausdehnung ist $\mathbf{r} = \frac{1}{2}(\mathbf{q}_1 + \mathbf{q}_2) = (6, 14, 0, 10, 58)$. Für alle Punkte in $\mathbf{P}$ gilt $A\mathbf{x} = \mathbf{b}$, daher $A\mathbf{q}_1 = A\mathbf{q}_2 = A\mathbf{r} = \mathbf{b}$. Jede dieser Beziehungen liefert eine Darstellung von $\mathbf{b}$ als Linearkombination der Spaltenvektoren von A, z.B. $A\mathbf{r} = 6\mathbf{a}_1 + 14\mathbf{a}_2 + 10\mathbf{a}_4 + 58\mathbf{a}_5$. Die für das Folgende entscheidende Beobachtung, dass jedenfalls alle Eckpunkte $\mathbf{q}_1 - \mathbf{q}_4$ (und die Erweiterung des Eckpunktes $(0, 0)$ ebenfalls) auffallend viele Nulleintragungen haben, kann uns nicht wirklich wundern. Denn jedes der $\mathbf{q}_j$ ist im konkreten Beispiel die Ausdehnung des Schnittes zweier Geraden, z.B. $Q_2 = g_1 \cap g_2$. Diese Geraden werden aber durch $x_3 = 0$ bzw. $x_4 = 0$ beschrieben,

was schon die beiden Nulleinträge in q_2 erklärlich macht. Umgekehrt haben z.B.
Punkte, die im Inneren von **P** liegen, sicher $x_j \neq 0 \quad \forall j = 1, 2, \ldots, 5$, weil sie
weder auf einer der Koordinatenachsen bzw. deren Erweiterung ($x_1 = 0, x_2 = 0$)
noch auf einer der Geraden g_1, g_2, g_3, d.h. $x_3 = 0, x_4 = 0, x_5 = 0$ (bzw. Erweiterung) liegen.

Da wir ahnen, dass Extrema (im Regelfall: nur) in Ecken angenommen werden,
wollen wir Ecken charakterisieren. Durch die vorstehenden Betrachtungen werden wir, jetzt ganz allgemein, dazu geführt, für jedes $x \in$ **P** den Vektor der aufsteigend angeordneten Indizes j, für die $x_j \neq 0$ ist,

$$\tilde{J}(\mathbf{x}) = (j_1, j_2, \ldots, j_p), \ 1 \le j_1 < j_2 < \ldots < j_p \le n; x_{j_k} \neq 0 \ \forall k, x_l = 0 \text{ sonst}$$

zu untersuchen. – Wir betonen an dieser Stelle nochmals, dass die Komponenten
$= 0$ gerade diejenigen sind, welche die Vorzeichenbedingung $\mathbf{x} \ge 0$ gleichsam
hart spüren; hingegen haben die Komponenten $\neq 0$, von der Vorzeichenbedingung her gesehen, noch etwas Spielraum.

Mit $A_{\tilde{J}(\mathbf{x})}$ bezeichnen wir die Matrix, in der nur die Spaltenvektoren, die zu $\tilde{J}(\mathbf{x})$
gehören, eingetragen sind, also am Beispiel des Vektors $\mathbf{r}$

$$A_{\tilde{J}(\mathbf{r})} = \begin{pmatrix} 1 & 3 & 0 & 0 \\ 2 & 1 & 1 & 0 \\ 6 & 1 & 0 & 1 \end{pmatrix}. \tag{12.25}$$

Ähnlich bezeichnen wir mit $\mathbf{x}_{\tilde{J}(\mathbf{x})}$ jenen Vektor, der nur aus den x_j mit $j \in \tilde{J}(\mathbf{x})$
gebildet wird. Wir haben ganz allgemein

$$A\mathbf{x} = A_{\tilde{J}(\mathbf{x})}\mathbf{x}_{\tilde{J}(\mathbf{x})} = \mathbf{b} \ \forall \mathbf{x} \in \mathbf{P}.$$

Diese Beziehung bleibt auch gültig, wenn wir $\tilde{J}(\mathbf{x})$ in irgend einer Weise durch
einen größeren, aber die Komponenten von $\tilde{J}(\mathbf{x})$ enthaltenden Vektor aus Indizes
ersetzen.

Zu unserem Standardbeispiel zurückkehrend ist es direkt zu sehen, dass für alle
Eckpunkte $\mathbf{q}$ die quadratischen Matrizen $A_{\tilde{J}_\mathbf{q}}$ nichtsingulär sind. Diese Beobachtung wird an Bedeutung gewinnen. Wir erinnern aber an eine frühere Bemer-
kung, wonach auch der Fall eintreten kann, in dem für einen Eckpunkt $\mathbf{q}$ die
Matrix $A_{\tilde{J}_\mathbf{q}}$ nicht quadratisch ist (weniger Spalten als Zeilen besitzt).

Wir kehren nun zum Allgemeinen zurück und gehen zunächst von der Matrix A
aus. Unter einem *Indexvektor* J verstehen wir einen Vektor $J = (j_1, j_2, \ldots, j_m)$ mit
ganzzahligen Eintragungen, sodass $1 \le j_1 < j_2 < \ldots j_m \le n$. Ein Indexvektor
enthält also genau m streng steigende als Spaltenindizes für A infrage kommende
ganze Zahlen. m ist ja die Zahl der Nebenbedingungen, d.h. der Zeilen von A.
Für einen Indexvektor J ist

$$A_J = (\mathbf{a}_{j_1}, \mathbf{a}_{j_2}, \ldots, \mathbf{a}_{j_m})$$

eine $m \times m$-Matrix. Nach den von Kurzem gemachten Bemerkungen nicht ganz
überraschend, zeichnen wir folgenden Fall mit einer Definition aus:

Definition 12.2.6 (Basisindexvektor). *Ein Indexvektor J heißt* Basisindexvektor, *wenn A_J nichtsingulär ist.*

Da wir uns für Punkte mit vielen Nulleintragungen interessieren, geben wir die

Definition 12.2.7 (Basispunkt). *Ein zulässiger Punkt $\mathbf{x} \in \mathbf{P}$ heißt* Basispunkt, *wenn $\tilde{J}(\mathbf{x})$ ein Basisindexvektor ist bzw. zu einem Basisindexvektor $J(\mathbf{x})$ erweitert werden kann, sodass dann also*

  i) $A_{J(\mathbf{x})}$ nichtsingulär ist und

  ii) $x_k = 0 \ \forall k \notin J(\mathbf{x})$.

Zur Beruhigung etwa auftauchender Zweifel betonen wir, dass wir erst später zeigen werden, dass es überhaupt Basisindexvektoren und daher Basispunkte gibt. Nach momentanem Kenntnisstand könnten wir im Folgenden evtl. leere Aussagen beweisen.

Eigenschaften von Ecken. In diesem Paragraphen arbeiten wir heraus, dass die Basispunkte genau die Ecken sind, und wir leiten Existenz und Eigenschaften von Ecken her.

Satz 12.2.3 (Basisindexvektor und Basislösung). *Zu jedem Basisindexvektor J gehört genau ein Basispunkt $\mathbf{x}^J \in \mathbb{R}^n$, sodass $A_J\mathbf{x}_J^J = \mathbf{b}$.*

Beweis. Wir rufen ins Gedächtnis, dass tiefgestelltes J Auswahl der zu J gehörigen Komponenten bedeutet. – Weil A_J nichtsingulär ist, gibt es genau ein $\mathbf{u} \in \mathbb{R}^m$ mit $A_J\mathbf{u} = \mathbf{b}$. Den Vektor $\mathbf{x}^J$ konstruiert man, indem man stellengerecht die Eintragungen von $\mathbf{u}$ übernimmt und für $k \notin J$ $x_k = 0$ setzt. Dann gilt offenbar $A_J\mathbf{x}_J^J = \mathbf{b}$. Die Eindeutigkeit von $\mathbf{x}^J$ ergibt sich aus der Eindeutigkeit von $\mathbf{u}$. $\square$

Satz 12.2.4 (Basispunkte sind Ecken und *vice versa*). *$\mathbf{x} \in \mathbf{P}$ ist genau dann Basispunkt, wenn $\mathbf{x}$ Ecke von $\mathbf{P}$ ist.*

Beweis. i) Wir zeigen, dass jeder Basispunkt Ecke ist. $\mathbf{x}$ sei ein Basispunkt und daher zulässig. Einfacher Bezeichnung halber nehmen wir an, dass $J(\mathbf{x}) = (1, 2, \ldots, m)$. $A\mathbf{x} = \mathbf{b}$ besagt dann

$$\sum_{j=1}^m \mathbf{a}_j x_j = \mathbf{b}.$$

Betrachten wir nun eine Darstellung von $\mathbf{x}$ als Konvexkombination

$$\mathbf{x} = \lambda\mathbf{y} + (1 - \lambda)\mathbf{z}$$

mit $0 < \lambda < 1$ und $\mathbf{y}, \mathbf{z} \in \mathbf{P}$. Dann haben wir $\mathbf{y} = \mathbf{z} = \mathbf{x}$ zu zeigen.
Für die $k \notin J$, d.h. $k > m$, gilt $0 = x_k = \lambda y_k + (1 - \lambda)z_k$; weil $\lambda > 0$ und $1 - \lambda > 0$ und aufgrund von $\mathbf{y}, \mathbf{z} \geq 0$ jedenfalls auch $y_k, z_k \geq 0$ gilt, folgt mit Notwendigkeit $y_k = z_k = 0$; diese Komponenten sind also $= x_k$.

Es sind also nur noch die ersten m Komponenten der Vektoren untersuchen. Wir beachten $\mathbf{y} \in \mathbf{P}$, d.h. $A\mathbf{y} = \mathbf{b}$. Weil die Komponenten ab $m + 1$ nichts beitragen, können wir mit der (nichtsingulären!) Matrix A_J arbeiten: $A_J\mathbf{y}_J = \mathbf{b}$ und gleichermaßen $A_J\mathbf{z}_J = \mathbf{b}$, folglich $\mathbf{y}_J = \mathbf{z}_J$. Dann sehen wir aber $\mathbf{x}_J = \lambda\mathbf{y}_J + (1 - \lambda)\mathbf{z}_J = \lambda\mathbf{y}_J + (1 - \lambda)\mathbf{y}_J = \mathbf{y}_J$ und ebenso $\mathbf{x}_J = \mathbf{z}_J$.

ii) Hier zeigen wir, dass ein $\mathbf{x} \in \mathbf{P}$, der *kein* Basispunkt ist, auch keine Ecke ist. Dadurch sind dann die Basispunkte genau als die Ecken erkannt.

Die Anzahl der Elemente von $\tilde{J}(\mathbf{x})$ bezeichnen wir mit p. $\tilde{A} := A_{\tilde{J}(\mathbf{x})}$ ist dann eine $m \times p$-Matrix. Wir sehen sofort, dass $\operatorname{rg} \tilde{A} < p$ ist. Im Falle $m < p$ ist dies trivial, ebenso für $m = p$; denn wäre in diesem Fall $\operatorname{rg} \tilde{A} = p = m$, dann wäre $\mathbf{x}$ eben doch Basispunkt. Ist aber schließlich $p < m$, so muss ebenfalls noch $\operatorname{rg} \tilde{A} < p$ sein. Wäre nämlich $\operatorname{rg} \tilde{A} = p$, argumentieren wir wie folgt. Die Spaltenvektoren von A spannen wegen $\operatorname{rg} A = m$ den $\mathbb{R}^m$ auf. p – nach indirekter Annahme linear unabhängige – Spaltenvektoren sind in $\tilde{A}$ enthalten; dann können wir nach dem Basisergänzungssatz weitere $m - p$ Spaltenvektoren wählen und $\tilde{A}$ zu einer quadratischen, nichtsingulären Matrix erweitern. Dann wäre aber $\mathbf{x}$ Basispunkt, was er gerade nicht sein soll.

Also ist auf jeden Fall $\operatorname{rg} \tilde{A} < p$. Es sei $\tilde{\mathbf{x}} := \mathbf{x}_{\tilde{J}(\mathbf{x})}$. $\tilde{\mathbf{x}} \in \mathbb{R}^p$ enthält also genau die echt positiven Eintragungen von $\mathbf{x}$. Aus Gründen des Ranges hat das homogene Gleichungssystem $\tilde{A}\tilde{\mathbf{y}} = \mathbf{0}$ eine nichttriviale Lösung $\tilde{\mathbf{y}}$; diese erweitert man durch Auffüllen mit Nulleintragungen zu einem $\mathbf{y} \in \mathbb{R}^n$ mit $A\mathbf{y} = \mathbf{0}$.

Für ein hinreichend kleines $\lambda_0 > 0$ ist

$$z_j^\pm := x_j \pm \lambda_0 y_j > 0 \ \ \forall j \in \tilde{J}(\mathbf{x}_0).$$

Die beiden durch die übliche Erweiterung aus solchen $z_j^\pm$ hervorgehenden, offenbar verschiedenen Vektoren $\mathbf{z}^+, \mathbf{z}^-$ sind daher zulässig und $\mathbf{x} = \frac{1}{2}\mathbf{z}^+ + \frac{1}{2}\mathbf{z}^-$, sodass $\mathbf{x}$ keine Ecke sein kann.

$\square$

Korrollar 12.2.1 (Existenz von Ecken). $\mathbf{P}$ *besitzt mindestens eine Ecke.*

Beweis. Wegen der Voraussetzung $\operatorname{rg} A = m$ kann aus den Spaltenvektoren von A mindestens eine nichtsinguläre $m \times m$-Matrix gebildet werden; die dafür verwendeten Spaltenindizes bilden eine Indexbasis und führen somit zu einer Ecke. $\square$

Bemerkung (Anzahl der Ecken). Wenn die Eintragungen einer $m \times n$-Matrix A aus von einander unabhängigen Zufallszahlen gebildet werden, die z.B. im Intervall $[0, 1]$ gleichmäßig verteilt sind, so ist mit Wahrscheinlichkeit 1, also *fast sicher* in der Sprache der Wahrscheinlichkeitstheorie, jede $m \times m$-Matrix nichtsingulär, die man durch Herausgreifen von jeweils m unterschiedlichen Spalten erzeugen kann. Daher führen im statistischen Sinne die Matrizen zu Eckpunkten. (Das gilt für „Originalmatrizen", die keine Struktur aufweisen; es ist nicht gesagt, dass es zutrifft, wenn wir z.B. im Sinne der Einführung von Schlupfvariablen die Matrix verändern, weil dann die Strukturlosigkeit zerstört wird.)

Wir wissen, dass die Indexbasen genau den relevanten $m \times m$-Matrizen entsprechen, die ihrerseits wieder umkehrbar eindeutig den Eckpunkten zugeordnet sind, *soferne die Punkte auch noch zu* **P** *gehören, d.h.* $\mathbf{x} \geq \mathbf{0}$ *leisten.* Daher ist die Zahl der Indexbasen eng mit der Zahl der Eckpunkte im statistischen Sinn verknüpft. Aus den n Spalten von A lassen sich laut elementarer Kombinatorik genau $\binom{n}{m} = \frac{n!}{(n-m)!m!}$ Indexbasen herausgreifen, was somit gleichzeitig eine Obergrenze für die Zahl der zu erwartenden Ecken angibt. Geringe Bekanntschaft mit dem Pascal'schen Dreieck lehrt, dass man für realistische Werte von n und m sehr leicht mit einer außerordentlich hohen Zahl von potentiellen Eckpunkten rechnen muss, so dass wir die Idee, das Optimierungsproblem durch Ermittlung aller Eckpunkte und Berechnung der Werte der Zielfunktion an denselben zu lösen, sofort verwerfen. Wir beschreiben später das ungleich zweckmäßigere und weit verbreitete Simplexverfahren.

Satz 12.2.5 (Darstellung des Polyeders). *Sind* $\mathbf{q}_1, \ldots, \mathbf{q}_s$ *die Ecken eines kompakten Standardpolyeders* **P**, *so ist*

$$\mathbf{P} = \operatorname{conv}\{\mathbf{q}_1, \ldots, \mathbf{q}_s\}.$$

Beweis. Da **P** konvex ist und die Eckpunkte zu **P** gehören, ist klarer Weise $\mathbf{P} \supseteq \operatorname{conv}\{\mathbf{q}_1, \ldots, \mathbf{q}_s\}$.

Wir haben umgekehrt zu zeigen, dass jeder Punkt $\mathbf{x} \in \mathbf{P}$ als Konvexkombination der Eckpunkte von **P** darstellbar ist. Den Beweis führen wir durch Induktion nach $p := \#\tilde{J}(\mathbf{x})$.

Es gibt keinen Punkt $\mathbf{x}$ mit $p = 0$. Denn dazu würde nur $\mathbf{x} = \mathbf{0}$ gehören. (Im Sinne eines Induktionsbeginnes für die Summe über ν Elemente setzt man für $\nu = 0$, d.h. die leere Summe, den Wert 0 oder **0**, je nach Grundbereich; dann funktioniert die übliche induktive Definition der Summe bestens.) Dann wäre aber $\mathbf{b} = A\mathbf{0} = \mathbf{0}$, d.h. **P** ein Teilraum (genauer: der Teil eines Teilraums, der im ersten Quadranten liegt und daher entweder $= \{\mathbf{0}\}$, ein uninteressanter Fall, oder aber nicht beschränkt) und kein kompakter Polyeder, entgegen unserer Generalvoraussetzung. – Die Aussage ist also für $p = 0$ richtig, weil leer erfüllt. Damit ist der Induktionsanfang geleistet.

Es sei mithin die Aussage für alle Vektoren $\mathbf{y} \in \mathbf{P}$ mit $\#\tilde{J}(\mathbf{y}) \leq p - 1$ bewiesen, und $\mathbf{x}$ sei ein Vektor in **P** mit $\#\tilde{J}(\mathbf{x}) = p$. Es mögen o.B.d.A. die ersten p Komponenten von $\mathbf{x}$ von 0 verschieden sein.

Sind die Vektoren $\mathbf{a}_1, \ldots, \mathbf{a}_p$ linear unabhängig, so ist $\mathbf{x}$ selbst schon Ecke und der Beweis ist beendet. Sind sie hingegen linear abhängig, so gibt es ein $\tilde{\mathbf{w}} = (w_1, \ldots, w_p) \in \mathbb{R}^p$, $\tilde{\mathbf{w}} \neq \mathbf{0}$ mit

$$\sum_{k=1}^{p} \mathbf{a}_k w_k = \mathbf{0}.$$

$\tilde{\mathbf{w}}$ erweitern wir durch Auffüllen mit Nullen zu $\mathbf{w} \in \mathbb{R}^n$. Wegen $A\mathbf{w} = \mathbf{0}$ genügen alle Punkte der Geraden $\mathbf{x} + [\mathbf{w}]$ der Gleichung $A(\mathbf{x} + \lambda\mathbf{w}) = \mathbf{0}$ ($\lambda \in \mathbb{R}$). Soweit noch zusätzlich $x_j + \lambda w_j \geq 0 \;\; \forall j$, liegt $\mathbf{x} + \lambda\mathbf{w} \in \mathbf{P}$.

Zunächst wenden wir uns Parameterwerten $\lambda \geq 0$ zu. Da sich der zugehörige Strahl ins Unendliche erstreckt, kann er nicht ganz in der kompakten Menge

P enthalten sein. Es muss daher für ein gewisses j und ein gewisses $\lambda_j > 0$ notwendig $x_j + \lambda_j w_j < 0$ sein. Das bedeutet insbesondere, dass es gewisse Indizes $j_1, j_2, \ldots$ gibt, für die die zugehörigen $w_{j_k} < 0$ sind. Diese Indexliste sei vollständig. Dann gibt es einen Index $j^\star$, für den $x_{j^\star} + \lambda w_{j^\star}$ zuerst 0 wird, wenn wir λ, von 0 beginnend, wachsen lassen. Den zugehörigen, positiven Wert von λ nennen wir λ^+. Es ist $\mathbf{x} + \lambda \mathbf{w} \in \mathbf{P}$ für $0 \le \lambda \le \lambda^+$, andererseits aber $\mathbf{x} + \lambda \mathbf{w} \notin \mathbf{P}$ für $\lambda > \lambda^+$.

Demnach ist $\mathbf{y}^+ := \mathbf{x} + \lambda^+ \mathbf{w} \in \mathbf{P}$, und ersichtlich ist $\#\tilde{J}(\mathbf{y}^+) \le p - 1$. – Ähnlich konstruiert man mit einem $\lambda^- < 0$ einen Vektor $\mathbf{y}^- := \mathbf{y} + \lambda^- \mathbf{x} \in \mathbf{P}$, für den $\#\tilde{J}(\mathbf{y}^-) \le p - 1$ gilt.

Nach Konstruktion liegt $\mathbf{x}$ auf der Strecke $\overline{\mathbf{y}^- \mathbf{y}^+}$, ist also Konvexkombination dieser Punkte, die ihrerseits wiederum Konvexkombinationen der Eckpunkte von **P** sind. Also ist nach Lemma 12.2.1 auch $\mathbf{x}$ eine Konvexkombination der Ecken. $\square$

Bemerkung (entartete Ecken). In Zusammenhang mit unserem Standardbeispiel haben wir gesehen, dass alle Eckpunkte genau 2 Komponenten $\ne 0$ besitzen; siehe Gleichung 12.24. Diese Aussage ist gleichbedeutend damit, dass sie diese 2 ($= n - m$ in allgemeiner Notation) der Bedingungen *nicht* hart verspüren.

Dass Ecken auch *mehr* als $n - m$ dieser Bedingungen hart verspüren können, belegt die folgende Modifikation des Standardbeispieles. (*Weniger* Bedingungen können es nach unserer Definition nicht sein.)

Die Sache lässt sich rein begrifflich erörtern. Betrachten wir z.B. den Eckpunkt Q_2 (Abbildung 12.1). Er wird durch die harten Bedingungen $x_3 = 0$, $x_4 = 0$ gekennzeichnet (Geraden g_1, g_2). Nun lassen sich durch Q_2 in mannigfacher Weise Geraden legen, die mit g_1 und g_2 nicht übereinstimmen und nicht in $\mathbf{P}_2$ eindringen, z.B. die Gerade $g_4 : x_1 + x_2 = 24$, entsprechend der Bedingung $x_1 + x_2 \le 24$. Durch diese Gerade denken wir uns eine neue Nebenbedingung gegeben und standardisieren das so erweiterte Problem in der üblichen Weise; g_4 entspricht einer Gleichung $x_6 = 0$. (Es ist dies nicht das x_6 aus den langfristigen Abnahmeverträgen vorhin.) Die erweiterten Eckpunkte leben nunmehr in $\mathbb{R}^6$. Es ist jetzt $n = 6$, $m = 4$. Alle Ecken außer $\mathbf{q}_2$ verspüren nach wie genau $n - m = 2$ Bedingungen hart. In $\mathbf{q}_2$ hingegen sind $3 \ne n - m$ Bedingungen aktiv und somit Komponenten $= 0$; es ist $\tilde{J}(\mathbf{q}_2) = (1, 2, 5)$. Für $J(\mathbf{q}_2)$ kann man $(1, 2, 5, 6)$ wählen; A_J ist dann nichtsingulär. – Diese Eigenschaft von Q_2 ist keine Besonderheit des Polyeders $\mathbf{P}_2$, der sich ja nicht geändert hat, sondern seiner *Beschreibung* durch Ungleichungen.

Ecken mit *mehr* als $n - m$ Nulleintragungen nennt man *entartet*. Bei zufällig gewählten Matrizen A ist die Wahrscheinlichkeit 0, entartete Ecken vorzufinden. Wenn der Fall dennoch einmal auftreten sollte, wird bei üblicher numerischer Rechnung gewöhnlich durch Rundungsfehler im Laufe der Rechnung bald ein nichtentarter Fall vorliegen. Bei „schönen" Beispielen oder Fällen, wo Ecken aus strukturellen Gründen entartet sind, mag er aber sehr wohl auftreten. Professionelle Software sollte darauf Rücksicht nehmen.

Für unsere Zwecke *setzen wir allgemein voraus, dass die auftretenden Ecken nicht entartet sind.*

12.3 Die Simplexmethode

Das Prinzip. Die noch immer am häufigsten verwendete Methode zur Lösung von linearen Optimierungsaufgaben ist das *Simplexverfahren*. Es startet von einer Ecke von **P** und beruht auf folgenden Tatsachen bzw. der Durchführung folgender Vorgänge:

- Ist eine Ecke **x** *nicht* optimal, so gibt es eine *benachbarte* Ecke **y** mit $f(\mathbf{y}) < f(\mathbf{x})$.

- Die *Richtung* zu einer derartigen Ecke kann einfach angegeben werden.

- Unter Verwendung der bekannten Richtung kann die benachbarte Ecke aufgesucht werden.

- Das Verfahren wird bis zur Erreichung der Optimalität iteriert.

Wir führen im Folgenden diese Punkte näher aus. Dabei nehmen wir an, dass zu Beginn bereits eine Ecke bekannt ist, von der wir ausgehen. Wie man sich eine derartige Ecke tatsächlich verschafft, besprechen wir anschließend.
Wir setzen dabei voraus, *dass die auftretenden Ecken nicht entartet sind.* Den Fall, dass entartete Ecken auftreten, kommentieren wir später.

Benachbarte Ecken. Zwei Ecken **x**,**y** heißen *benachbart*, wenn

$$\#\left(J(\mathbf{x}) \cap J(\mathbf{y})\right) = m - 1,$$

wenn sie also $m - 1$ Basisvariable miteinander teilen.

Bemerkung (zum Begriff). Die Sprechweise stimmt in den elementaren Fällen mit dem intuitiven Begriff benachbarter Ecken überein. In unserem Standarbeispiel (vgl. Abb. 12.1 bzw. die Diskussion ab Seite 414) sind die Eckpunkte Q_2 und Q_3 (bzw. $\mathbf{q}_2$ und $\mathbf{q}_3$) im intuitiven Sinn benachbart. Gleichzeitig ist hier tatsächlich $\#\left(J(\mathbf{x}) \cap J(\mathbf{y})\right) = m - 1 = 2$. Wir verstehen dies auf folgende Weise. Mit der Frage nach $J(\mathbf{q}_2) \cap J(\mathbf{q}_3)$ suchen wir doch alle Bedingungen, die sowohl von $\mathbf{q}_2$ wie auch von $\mathbf{q}_3$ *nicht* hart verspürt werden. Dazu muss man von den m Bedingungen aus $J(\mathbf{q}_2)$ noch genau die Bedingung entfernen, die zwar für $\mathbf{q}_2$ nicht, wohl aber für $\mathbf{q}_3$ aktiv ist (Gerade g_3 in der Abbildung), was dann tatsächlich zu $\#\left(J(\mathbf{x}) \cap J(\mathbf{y})\right) = m - 1 = 2$ führt.
Dieselbe Argumentation gilt auch in höheren Dimensionen, z.B. im $\mathbb{R}^3$. Betrachten wir den Polyeder aus der Abbildung 12.3. Jede Seitenfläche möge durch genau eine lineare Bedingung definiert sein. Weshalb ist, begrifflicher gesehen, A zwar zu B, nicht aber zu C benachbart? – Bewegen wir uns von A zu B, so folgen wir einer Kante, d.h., wir verlieren nur eine Nebenbedingung, entsprechend der Fläche ADE. Es folgt wieder $\#\left(J(A) \cap J(B)\right) = m - 1$. Bewegen wir uns hingegen im Inneren längs der Verbindungsstrecke von A nach C, so verlieren wir sofort *drei* Nebenbedingungen, entsprechend den Flächen ABD, ABE und ADE, was mit $\#\left(J(A) \cap J(C)\right) = m - 3 < m - 1$ übereinstimmt. – Das lässt natürlich sofort eine schöne Definition für Kanten von Polyedern in beliebigen Dimensionen erraten.

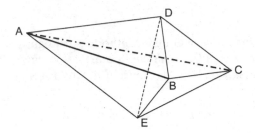

Abbildung 12.3: Ecken und Bedingungen eines Polyeder in $\mathbb{R}^3$ (AC verläuft im *Inneren*; sieht Text)

Zurück zur allgemeinen Entwicklung. Wir betrachten zwei benachbarte Ecken. Offensichtlich kommt folgenden Indexbasen Wichtigkeit zu:

- $J_\mathbf{x}$ und $J_\mathbf{y}$: die Indexbasen für $\mathbf{x}$ bzw. $\mathbf{y}$

- $J_{\mathbf{xy}} = J_\mathbf{x} \cap J_\mathbf{y}$: die Menge der gemeinsamen Basisindizes

- $J_\mathbf{x}^- := J_\mathbf{x} \backslash J_{\mathbf{xy}}$ enthält denjenigen Index j_x^- aus $J_\mathbf{x}$, der nicht zu $J_\mathbf{y}$ gehört

- $J_\mathbf{y}^-$ enthält denjenigen Index j_y^- aus $J_\mathbf{y}$, der nicht zu $J_\mathbf{x}$ gehört.

Damit gilt offenbar
$$J_\mathbf{x} = J_{\mathbf{xy}} \cup J_\mathbf{x}^- \, , \; J_\mathbf{y} = J_{\mathbf{xy}} \cup J_\mathbf{y}^- .$$

Eckentausch. $\mathbf{x}$ sei eine nichtentartete Ecke. Ziel dieses Abschnittes ist

i) die Feststellung, ob bereits $f(\mathbf{x}) = \phi = \min\{f(\mathbf{z}) : \mathbf{z} \in \mathbf{P}\}$ und

ii) falls nicht, Übergang zu einer benachbarten Ecke $\mathbf{y}$ mit $f(\mathbf{y}) < f(\mathbf{x})$.

Um, ausgehend von einer nichtentarteten Ecke $\mathbf{x}$, zu einer anderen Ecke oder zunächst allgemeiner einem anderen Punkt $\mathbf{y} \in \mathbf{P}$ zu gelangen, schreiben wir $\mathbf{y}$ in der Form $\mathbf{x} = \mathbf{y} + \mathbf{r}$. Wegen $A\mathbf{x} = \mathbf{b}$ und $A\mathbf{y} = \mathbf{b}$ gilt $A\mathbf{r} = \mathbf{0}$ oder $A_{J_\mathbf{x}}\mathbf{r}_{J_\mathbf{x}} + A_{N_\mathbf{x}}\mathbf{r}_{N_\mathbf{x}} = \mathbf{0}$; $N_\mathbf{x}$ enthält die Indizes, die nicht in $J_\mathbf{x}$ aufscheinen. Da $A_{J_\mathbf{x}}$ nichtsingulär ist, zieht dies

$$\mathbf{r}_{J_\mathbf{x}} = -A_{J_\mathbf{x}}^{-1} A_{N_\mathbf{x}} \mathbf{r}_{N_\mathbf{x}}$$

nach sich. Aus der Vorgabe von $\mathbf{r}_{N_\mathbf{x}}$ folgt also $\mathbf{y}$. Soll $\mathbf{y}$ tatsächlich in $\mathbf{P}$ liegen, so müssen wir natürlich noch die Vorzeichenbedingungen beachten, d.h.

$$\mathbf{P} = \{\mathbf{y} = \mathbf{x} + \begin{pmatrix} \mathbf{r}_{J_x} \\ \mathbf{r}_{N_x} \end{pmatrix} : \mathbf{r}_{N_x} \geq \mathbf{0} \, , \, \mathbf{r}_{J_x} = -A_{J_\mathbf{x}}^{-1} A_{N_\mathbf{x}} \mathbf{r}_{N_\mathbf{x}} \, , \; \mathbf{x}_{J_x} + \mathbf{r}_{J_x} \geq \mathbf{0}\}. \quad (12.26)$$

Da jedes $\mathbf{y} \in \mathbf{P}$ somit letztlich durch $\mathbf{r}_{N_\mathbf{x}}$ ausgedrückt werden kann, erhebt sich die Frage, wie sich die Kostenfunktion in diesen Variablen darstellt. Es ist

$$\begin{aligned} f^{N_x}(\mathbf{r}_{N_\mathbf{x}}) := f(\mathbf{y}) &= \langle \mathbf{c}, \mathbf{y} \rangle = \langle \mathbf{c}, \mathbf{x} + \mathbf{r} \rangle = \\ &= \langle \mathbf{c}, \mathbf{x} \rangle + \langle -\mathbf{c}_{J_\mathbf{x}}, A_{J_\mathbf{x}}^{-1} A_{N_\mathbf{x}} \mathbf{r}_{N_\mathbf{x}} \rangle + \langle \mathbf{c}_{N_\mathbf{x}}, \mathbf{r}_{N_\mathbf{x}} \rangle = \\ &= f(\mathbf{x}) + \langle -A_{N_\mathbf{x}}^* (A_{J_\mathbf{x}}^*)^{-1} \mathbf{c}_{J_\mathbf{x}} + \mathbf{c}_{N_\mathbf{x}}, \mathbf{r}_{N_\mathbf{x}} \rangle, \end{aligned} \quad (12.27)$$

wobei die inneren Produkte jeweils der Dimensionalität der Vektoren angepasst sind.

Ob also $f(\mathbf{y})$ gegenüber $f(\mathbf{x})$ vermindert werden kann, hängt von den möglichen Vorzeichen des letzten inneren Produktes ab, wobei wir $\mathbf{r}_{N_\mathbf{x}} \geq 0$ zu beachten haben. Dieses Produkt ist jedenfalls von der Form

$$\sum_{k \in N_\mathbf{x}} h_k r_k \tag{12.28}$$

mit

$$\mathbf{h}_{N_\mathbf{x}} := -A^*_{N_\mathbf{x}} (A^*_{J_\mathbf{x}})^{-1} \mathbf{c}_{J_\mathbf{x}}. \tag{12.29}$$

An dieser Stelle können nun folgende Fälle eintreten:

i) $h_k \geq 0 \quad \forall k \in N_\mathbf{x}$: $f(\mathbf{y})$ kann gegenüber $f(\mathbf{x})$ mit zulässigen Vektoren $\mathbf{y}$ nicht weiter verringert werden. $\mathbf{x}$ ist bereits optimale Ecke, das Verfahren kann beendet werden; die jederzeit überprüfbare Bedingung, ob $h_k \geq 0 \ \forall k \in N_\mathbf{x}$, liefert ein gut implementierbares *Stopkriterium*.

ii) $\exists k_0 \in N_k$ mit $c_{k_0} < 0$. Dann ist eine Verkleinerung von $f(\mathbf{y})$ möglich, wie wir sofort näher diskutieren.

Im Fall ii) gehen wir so vor: Da wir uns zu einer benachbarten Ecke hin bewegen wollen, wählen wir $\mathbf{r}_{N_\mathbf{x}}(t) = t e_{k_0}$ mit einem noch zu bestimmenden Parameter $t > 0$ und dem k_0-ten Einheitsvektor $\mathbf{e}_{k_0} \in \mathbb{R}^{n-m}$. Es sei $\mathbf{y}(t) = \mathbf{x} + \mathbf{r}(t)$. Für $t \geq 0$ haben wir die Parameterdarstellung einer Halbgeraden vor uns mit $\mathbf{y}(0) = \mathbf{x}$. Die $J_\mathbf{x}$-Komponenten von $\mathbf{y}(\cdot)$ sind für $t = 0$ echt positiv. Lässt man nun t wachsen, so ist wiederum einer der beiden folgenden Fälle möglich:

α) $\mathbf{y}(t) \geq 0 \ \forall t \geq 0$: Die Halbgerade liegt ganz in $\mathbf{P}$; da sie sich ins Unendliche erstreckt, ist $\mathbf{P}$ nicht kompakt, entgegen unserer Standardvoraussetzung. Noch schlimmer ist, dass $\sum_{k \in N_h} h_k r_k(t) = t h_{k_0}$ dem Betrage nach beliebig große, aber negative Werte annimmt: f ist in $\mathbf{P}$ nicht nach unten beschränkt. Es existiert keine Lösung des Problems.

β) Gewisse $y_l(t)$ nehmen negative Werte an. $l_0 \in J(\mathbf{x})$ sei der Index einer solchen Funktion y_l, die zuerst durch 0 geht, t_0 der zugehörige Parameterwert, sodass $y_{l_0}(t_0) = 0$. Das kann natürlich nur für ein $l_0 \in J_\mathbf{x}$ zutreffen. Dann verwerfen wir die Komponente l_0 der alten Ecke $\mathbf{x}$ und wählen als neue Ecke $\mathbf{y} = \mathbf{y}(t_0)$. Sie ist nach Konstruktion zu $\mathbf{x}$ benachbart und es ist

$$f(\mathbf{y}) < f(\mathbf{x}). \tag{12.30}$$

Dieser Vorgang ist der *Eckenaustausch*.

Damit ist im Prinzip (bis auf die später zu diskutierende Frage, wie man sich eine Startecke verschafft) der Simplexalgorithmus vollkommen beschrieben. Man spricht von der *Phase 2 des Simplexalgorithmus*; Phase 1 widmet sich eben dem dem Aufsuchen einer Startecke.

Bemerkung (zu Gleichung 12.27 bzw. 12.30). Die erste dieser Gleichungen drückt die Veränderung des Wertes der Zielfunktion in Abhängigkeit der N_x- Komponenten des Vektors $\mathbf{r} = \mathbf{y} - \mathbf{x}$ aus. Die Koeffizienten aus dem etwas komplizierten ersten Faktor des skalaren Produktes, d.h. die h_k von Gleichung 12.28 spielen eine entscheidende Rolle. Wir fragen nach ihrer Bedeutung. Diese wird klar, wenn wir beachten, dass wir in Wirklichkeit das skalare Produkt nicht für einen beliebigen Vektor $\mathbf{r}_{N_x}$, sondern für das Vielfache $t_0 \mathbf{e}_{k_0}$ des Einheitsvektor $\mathbf{e}_{k_0}$, also

$$\langle -A_{N_x}^*(A_{J_x}^*)^{-1}\mathbf{c}_{J_x} + \mathbf{c}_{N_x}, t_0\mathbf{e}_{k_0}\rangle = -t_0\mathbf{e}_{k_0}^* A_{N_x}^*(A_{J_x}^*)^{-1}\mathbf{c}_{J_x} + t_0\mathbf{e}_{k_0}^*\mathbf{c}_{N_x} \quad (12.31)$$

berechnen. Betrachten wir zunächst den zweiten Summanden (ohne Faktor t_0). $\mathbf{e}_{k_0}^*\mathbf{c}_{N_x} = c_{k_0}$ hat diejenige Bedeutung, die c_{k_0} von vornherein zukommt: Es ist die Änderung der Kosten bei Änderung von x_{k_0} um eine Einheit. Wir ändern tatsächlich um t_0 Einheiten, was mit dem Auftreten des Vorfaktors t_0 vollkommen harmoniert.

Beim ersten Summanden lassen wir das negative Vorzeichen und t_0 weg. Es verbleibt Größe $-h_{k_0} = -\langle \mathbf{h}, \mathbf{e}_{k_0}\rangle = -\mathbf{h}^*\mathbf{e}_{k_0}$, das heißt

$$\mathbf{c}_{J_x}^* A_{J_x}^{-1} A_{N_x}\mathbf{e}_{k_0} = \mathbf{c}_{J_x}^* A_{J_x}^{-1}\mathbf{a}_{k_0} = \langle \mathbf{c}_{J_x}, A_{J_x}^{-1}\mathbf{a}_{k_0}\rangle.$$

Der Faktor $A_{J_x}^{-1}\mathbf{a}_{k_0}$ im Skalarprodukt ist uns bekannt: er gibt nämlich, vom Vorzeichen abgesehen, die Änderung der J_x-Komponenten von $\mathbf{y}$ an, die einer Änderung in $\mathbf{r}_{N_x}$ um $\mathbf{e}_{k_0}$ entspricht; siehe Gleichung 12.26 mit $\mathbf{r}_{N_x} = \mathbf{e}_{k_0}$. – Der Faktor t_0 versteht sich auch hier wieder von selbst.

Insgesamt handelt es sich bei dem inneren Produkt um die Änderung der Kosten, die der direkten Wirkung einer Änderung in den N_x-Variablen entspricht (zweiter Summand) bzw. der indirekten Änderung, hervorgerufen durch die Wirkung der geänderten N_x-Variablen auf die Basisvariablen.

Bemerkung (zur Numerik). Die in der Regel rechenintensivsten Teile in jedem Schritt bestehen in der Auswertung von $A_{N_x}^*(A_{J_x}^*)^{-1}\mathbf{c}_{J_x}$ (siehe Gl. 12.29). Dies klammert man keinesfalls in der Form $[A_{N_x}^*(A_{J_x}^*)^{-1}]\mathbf{c}_{J_x}$, weil dadurch ein teures Produkt zweier Matrizen erforderlich würde, sondern $A_{N_x}^*[(A_{J_x}^*)^{-1}\mathbf{c}_{J_x}]$.
Es hat also den Anschein, also ob bei jedem Schritt eine neue inverse Matrix $(A_{J_x}^*)^{-1}$ berechnet werden müsste; denn durch Eckentausch verändert sich die Matrix von einem Schritt zum nächsten.
Nun wissen wir, dass man die Berechnung von $\mathbf{u} = (A_{J_x}^*)^{-1}\mathbf{c}_{J_x}$ in der Praxis durch die Lösung des Gleichungssystems $A_{J_x}^*\mathbf{u} = \mathbf{c}_{J_x}$ verwirklicht. Bei einer allgemeinen Matrix wird hier das Gauß'sche Eliminationsverfahren oder eine Variante davon zweckmäßig sein. Wenn man also in diesem Sinne z.B. von einer *LR*-Zerlegung ausgeht, kann man weiteren Vorteil daraus ziehen, dass sich von einem Schritt zum nächsten die Matrix A nur in einer Spalte ändert. Es lassen sich Verfahren angeben, die dies ausnutzen und eine *LR*-Zerlegung der neuen Matrix A aus der alten Zerlegung effizient zu berechnen gestatten. Wir verweisen diesbezüglich auf die weiterführende Literatur.

Bemerkung (Startecke). Betrachten wir zunächst ein Problem mit Nebenbedingungen der Form $M\mathbf{x} = \mathbf{b}, \mathbf{x} \geq 0$; und zwar soll die Matrix M die Gestalt haben wie in Zusammenhang mit der Einführung von Schlupfvariablen bei unserem Standardbeispiel („rechte Seite" von M eine Einheitsmatrix, ähnlich wie in Gleichung 12.9).

Um später, entsprechend unserer allgemeinen Voraussetzung, entartete Ecken zu vermeiden, verlangen wir $b_j \neq 0 \quad \forall j$. (Ist ein $b_j = 0$, kann man einen Wert x_k durch die anderen ausdrücken und sowohl die entsprechend Gleichung wie auch x_k weglassen.) Indem wir ggf. Gleichungen mit negativem b_j mit -1 multiplizieren, können wir sogar o.B.d.A. $b_j > 0 \quad \forall j$ voraussetzen.

Dann ist aber sofort klar, dass durch

$$\mathbf{x} = (\underbrace{0, \ldots, 0}_{n}, b_1, b_2, \ldots, b_m)$$

eine *nichtentartete und wegen Positivität der Eintragungen zulässige Ecke für ein Problem mit der speziellen Struktur von M gegeben ist*, die wir daher als Startpunkt verwenden können.

Gehen wir jetzt von Nebenbedingungen der Gestalt $A\mathbf{x} = \mathbf{b}$ aus, A jetzt wieder eine allgemeine Matrix, so lässt sich eine Startecke durch Lösung eines *anderen* Optimierungsproblems wie folgt konstruieren; dabei setzen wir wieder voraus $b_j \neq 0$ und daher o.B.d.A. $b_j > 0 \quad \forall j$.

Wir betrachten nämlich unter Verwendung von $M := (A, I)$ folgende Minimierungsaufgabe in $\mathbf{z} = (\mathbf{x}, \mathbf{y})^t$ ($\mathbf{y} \in \mathbb{R}^m$):

$$y_1 + \ldots + y_m = Min!$$
$$M\mathbf{z} = \mathbf{b}; \mathbf{z} \geq \mathbf{0}. \tag{12.32}$$

(Beachte, dass $M\mathbf{z} = A\mathbf{x} + \mathbf{y}; \mathbf{z} \geq \mathbf{0}$ bedeutet $\mathbf{x} \geq \mathbf{0}$ und $\mathbf{y} \geq \mathbf{0}$.

Da bei diesem neuen Problem der rechte Teil der Nebenbedingungsmatrix die Einheitsmatrix I ist, können wir für das Problem nach den früheren Bemerkungen eine Startecke angeben und es daher lösen. $\mathbf{z}^\star = (\mathbf{x}^\star, \mathbf{y}^\star)^t$ sei eine Lösung. Es muss einer der beiden folgenden Fälle eintreten:

i) $\mathbf{y}^\star = \mathbf{0}$: es gilt dann $A\mathbf{x}^\star = \mathbf{b}$, $\mathbf{x}^\star \geq \mathbf{0}$. $\mathbf{x}^\star$ ist dann eine (im Sinne unserer allgemeinen Einschränkungen hoffentlich nicht entartete) Ecke zu unserem Polyeder $\mathbf{P} = \{\mathbf{x} : A\mathbf{x} = \mathbf{b}, \mathbf{x} \geq \mathbf{0}\}$. Von $\mathbf{x}^\star$ aus lässt sich die Phase 2 des Simplexverfahrens für das ursprüngliche Problem starten.

ii) $\mathbf{y}^\star \neq \mathbf{0}$ und daher $y_1^\star + \ldots + y_m^\star > 0$: das bedeutet, dass $\mathbf{P}$ leer ist und daher das ursprüngliche Problem keine Lösung besitzt.

Insgesamt ist damit die Initialisierung geleistet.

Aufgaben

12.1. Lösen Sie unsere Produktionsplanungsaufgabe mit der Nebenbedingung 12.10 (langfristige Bindung) graphisch!

12.2. Beweisen Sie mithilfe von Lemma 12.2.1: Die konvexe Hülle reeller Zahlen $x_1, \ldots, x_r$ ist $\text{conv}\{x_1, \ldots, x_r\} = [\min(x_1, \ldots, x_r), \max(x_1, \ldots, x_r)]$.

12.3. Es sei $L \subseteq \mathbb{R}^n$. Zeigen Sie: $\operatorname{conv} \operatorname{conv} L = \operatorname{conv} L$.

12.4. Zeigen Sie: ist K konvex und liegen $\mathbf{x}_1, \ldots, \mathbf{x}_r$ in K, so gehört auch jede Konvexkombination dieser Punkte zu K.

12.5. Gilt für Mengen $L, M \subseteq \mathbb{R}^n$ die Beziehung $\operatorname{conv} L \cap M = \operatorname{conv} L \cap \operatorname{conv} M$? (Beweis oder Gegenbeispiel.)

12.6. $I = [a, b]$ sei ein Intervall, $f \in \mathcal{C}^2(I, \mathbb{R})$ und $f''(x) \geq 0 \;\; \forall x$. Wir definieren dann $K_f := \{(x, y) \in \mathbb{R}^2 : x \in I, y \geq f(x)\}$. Zeigen Sie, dass K_f konvex ist.

12.7. Arbeiten Sie ein Programm zum Simplexverfahren für ihre Plattform aus!

Weiterführende Literatur

R. Fletcher: Practical Methods of Optimization, Wiley, 2000

C. Geiger, Chr. Kanzow: Theorie und Numerik restringierter Optimierungsaufgaben, Springer, 2002

F. Jarre, J. Stoer: Optimierung, Springer, 2004

J. Nocedal, S. Wright: Numerical Optimization, Springer, 1999

Index